# 注册消防工程师考试必备

## ——消防300问（2019版）

王冬亮　编著

中国建筑工业出版社

**图书在版编目（CIP）数据**

注册消防工程师考试必备．消防 300 问 / 王冬亮编著．
—北京：中国建筑工业出版社，2019.5
ISBN 978-7-112-23580-3

Ⅰ.①注…　Ⅱ.①王…　Ⅲ.①消防-安全技术-资格考试-自学参考资料　Ⅳ.① TU998.1

中国版本图书馆 CIP 数据核字 (2019) 第 065860 号

本书将注册消防考试中的要点，诸如建筑防火、室内外给水及消火栓系统、自动喷水灭火系统、气体灭火系统、火灾自动报警系统等重点、难点、必考点，加以总结设问，分为了问和答两部分。本书的主要特点有：总结知识，在问题中学会归纳；方便学员自问自答，自查自纠，学习效果倍增；多角度设问，不留记忆死角；配一些图片、图形，更一目了然；对于一些易混淆点，使用表格对比记忆，效果更显著。

本书可供参加注册消防工程师考试的师生使用，也可供从事消防工作的技术人员、管理人员使用。

责任编辑：胡明安
责任校对：李美娜

**注册消防工程师考试必备——消防300问（2019版）**
王冬亮　编著
*
中国建筑工业出版社出版、发行（北京海淀三里河路9号）
各地新华书店、建筑书店经销
北京佳捷真科技发展有限公司制版
北京京华铭诚工贸有限公司印刷
*
开本：787×1092毫米　1/16　印张：24¼　字数：599千字
2019年6月第一版　2019年6月第一次印刷
定价：**68.00**元
ISBN 978-7-112-23580-3
（33877）

## 本书编委会

# 前言

本书虽是2018年的修订版，但是内容和形式上做了很多的创新和颠覆性的变更，整体变更率达到70%。新版在修订时，重点保证以下几个方面内容。

1. 保证时效性。均是按照最新标准编写，比如《消防应急照明和疏散指示系统技术标准》GB 51309—2018、《建筑防烟排烟系统技术标准》GB 51251—2017、《建筑设计防火规范》GB 50016—2014（2018年版）、《建筑内部装修设计防火规范》GB 50222—2017、《自动喷水灭火系统施工及验收规范》GB 50261—2017、《自动喷水灭火系统设计规范》GB 50084—2017、《建筑钢结构防火技术规范》GB 51249—2017等，还有诸如最近才实施的《自动喷水灭火系统 第9部分 早期抑制快速响应（ESFR）喷头》GB 5135.9—2018等。

2. 保证知识点的易理解程度和深度。将部分规范条文分解成各种类型的问答。虽来源于规范，但不止于规范，更不是对规范条文的堆砌。对规范外的知识，也做了不少的讲解，部分内容对市面上实际的产品做了一些介绍，强调规范和现实的一些差别。对同一个知识点进行不同角度、方式的设问。对部分歧义点也加以说明，防止走进学习误区。另外，对部分问答的答案进行细化，强调解题思路和步骤，方便让大家能建立起解题方向的大框架。

3. 保证问答方式的多样性。问答方式除了2018版的普通问答外，还增加了图形题目问答、两人聊天问答、连连看问答、方案对比问答、案例化问答、混淆点对比问答等。另外还加入各种趣味性对话问答，增加学习乐趣，从乐趣中掌握知识。

本书共2章，第1章建筑防火知识共12节，分别为建筑分类、耐火等级和耐火极限、防火分区、防火间距、平面布置、安全疏散、疏散与避难设施、建筑保温、建筑内部装修、灭火救援设施、防爆、电气。第2章消防设施共6节，分别为消防给水与消火栓系统、自动喷水灭火系统、建筑灭火器、火灾自动报警系统、气体灭火系统、防排烟系统。

本书的主要特点有：（1）总结知识，在问题中学会归纳；（2）方便学员自问自答，自查自纠，学习效果倍增；（3）多角度设问，不留记忆死角；（4）配大量图片、图形，学会辨图、识图、懂图；（5）对于一些易混淆点，使用表格对比记忆，效果更显著。

本书总有300道大问，大约1500多道小问。学习时先看问题，自问自答，然后再看答题，纠错提高。适用于各阶段的考生朋友，也适用于各类学校或单位工作人员使用。本书在编写过程中，除了参考规范编写组对规范的宣贯内容，还参考美国消防协会（NFPA）网站部分内容，另外还参考了部分国内外厂家的产品设计思路和参数（海湾、磐龙、松江飞繁、国泰、金枪鱼、金盾、赋安、霍尼韦尔等）。

由于时间仓促和作者水平有限，对一些规范条文的理解不一定准确，书中难免有错误和不足之处，恳请广大读者批评指正。

为了加强与读者朋友的沟通，读者朋友可以关注作者微信公众号。另外勘误知识会第一时间上传公众号和 QQ 群中，希望大家能通过如下途径反馈所遇到问题。

沟通交流途径一：微信公众号　　沟通交流途径二：QQ 群，群号 103168099。

# 目 录

## 第1章 建筑防火知识

## 第2章 消防设施

# 第1章　建筑防火知识

## 1.1　建筑分类

### 1.1.1　问题

**问1**：商业服务网点是一种小型营业性用房，请问其设置在什么建筑内？第几层？每个分隔单元建筑面积多少平方米？

**问2**：火灾危险性是考试肯定会考的知识，尤其在案例里，需要你判断后再做题，如果判断错，此题很可能得0分，所以刚开始学此处应多下功夫。

（1）请说出表1.1.1–1里厂房的火灾危险性。

厂房的危险性　　表1.1.1–1

| 物质 | 甲醇 | 乙醇 | 甲苯 | 汽油 | 煤油 | 柴油（除35号） |
|---|---|---|---|---|---|---|
| 危险性 | | | | | | |
| 物质 | 植物油加工浸出车间 | 植物油加工 | 石棉厂 | 面粉厂 | 硝酸铵 | 保温瓶胆厂 |
| 危险性 | | | | | | |
| 物质 | 配电室（每台装油量＞60kg） | 酚醛泡沫 | 氟利昂 | 硝酸浓缩 | 赛璐珞 | 车辆装配车间 |
| 危险性 | | | | | | |
| 物质 | 植物油加工 | 配电室（装油量每台≤60kg） | 乙炔 | 硝化棉 | 一氧化碳 | 陶瓷品的烘干烧制 |
| 危险性 | | | | | | |
| 物质 | 液化石油气 | 油浸变压器室 | 锅炉房 | 金属冶炼 | 屠宰场 | 金属制品抛光 |
| 危险性 | | | | | | |

（2）请说出表1.1.1–2里仓库的火灾危险性

仓库的火灾危险性　　表1.1.1–2

| 物质 | 乙二醇 | 丙烯 | 氯乙烯 | 戊醇 | 氯乙醇 | 异丙醇 |
|---|---|---|---|---|---|---|
| 危险性 | | | | | | |
| 物质 | 水泥刨花板 | 陶瓷仓库 | 电石 | 漂白粉 | 赛璐珞棉 | 白兰地成品库 |
| 危险性 | | | | | | |

续表

| 物质 | 溶剂油 | 闪点≥60℃的柴油 | 动物油 | 机油 | 玻璃仓库 | 漆布、油布 |
|---|---|---|---|---|---|---|
| 危险性 | | | | | | |
| 物质 | 陶瓷仓库 | 自熄性塑料 | -35号柴油 | 赤磷 | 碳化钙 | 粮食仓库 |
| 危险性 | | | | | | |

（3）关于厂房火灾危险性的确定，一般情况下肯定是按更危险的来确定，但是有些情况是按危险性小的来确定。

① 如果更危险部位面积足够小，可以按照危险性小的来确定，请问足够小是多少？是小于还是小于等于？

② 何种厂房、何种工段面积可以增加到10%？是小于还是小于等于？

③ 如果情况②面积进一步扩大，需要满足哪4种条件（包含面积要求）？另外面积是小于还是小于等于？

（4）仓库火灾危险性的确定，一般就大（不论危险性大的面积）。但是有一种情况特殊，它可以按丙类确定。请问它是储存什么类物品的仓库？可燃包装重量和可燃包装体积谁是1/2，谁是1/4？是大于还是大于等于？

（5）部分物品生产时和储存时火灾危险性会发生变化，另外加工方式也会带来改变。请说出表1.1.1-3物质生产时和储存时的火灾危险性、表1.1.1-4不同加工方式或不同工艺火灾危险性。

**物质生产时和储存时的火灾危险性** **表1.1.1-3**

| 物　品 | 生产时火灾危险性 | 储存时火灾危险性 |
|---|---|---|
| 白兰地 | ________（蒸馏勾兑灌装） | ________（瓶装成品库） |
| 38度及以上白酒 | ________（蒸馏勾兑灌装） | ________（瓶装成品库房）<br>________金属或陶坛储存的白酒库 |
| 植物油 | ________（浸出车间）<br>________（精炼车间） | ________（成品库房） |
| 油布、漆布、桐油织物 | ________（加工车间） | ________（成品库房） |
| 面粉 | ________（加工车间） | ________（成品库房） |
| 次氯酸钙 | ________（加工车间） | ________（成品库房，又名漂白粉） |

**不同加工方式或不同工艺火灾危险性** **表1.1.1-4**

| 金　属 | ________（冷加工车间） | ________（热加工车间） |
|---|---|---|
| 天然橡胶 | ________（涂胶、胶浆部位） | ________（压延、成型和硫化部位） |

**问3:**（1）建筑高度问题。

① 一类高层公共建筑有很多种类，比如多少米以上公共建筑，有没有等于？

② 对于医疗建筑和重要的公共建筑、藏书超过 100 万册的图书馆和书库，建筑高度要达到多少米才属于一类高层公共建筑？

③ 建筑高度多少米以上、任一楼面积超过多少平方米的何种建筑和其他组合的建筑中也属于一类高层公共建筑？和其他组合的建筑中包不包含和住宅组合的情况？

④ 对于独立建造老年人建筑要达到建筑高度要达到多少米才属于一类高层公共建筑？包不包含贴邻建造的？

（2）下列情况的建筑高度如何计算？

① 某公共建筑建筑屋面为坡屋面时（如图 1.1.1–1），建筑高度如何计算？

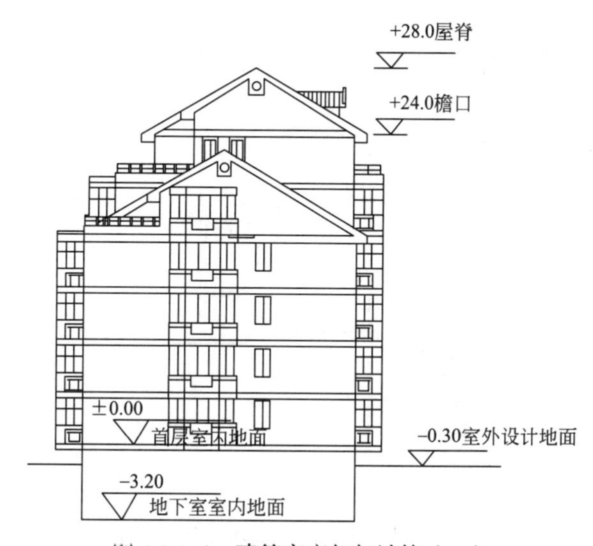


图 1.1.1–1　建筑高度如何计算（一）

② 某公共建筑建筑屋面为平屋面（包括有女儿墙的平屋面）时（图 1.1.1–2），建筑高度如何计算？

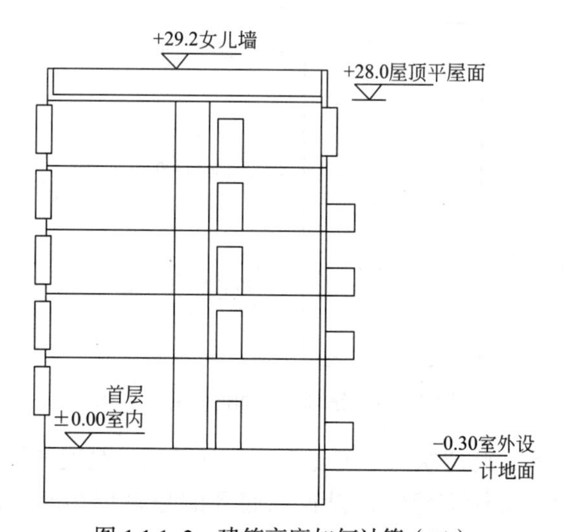


图 1.1.1–2　建筑高度如何计算（二）

③ 对于台阶式地坪上的建筑，当位于不同高程地坪上的同一建筑之间有防火墙分隔，各自有符合规范规定的安全出口，且可沿建筑的两个长边设置贯通式或尽头式消防车道时，建筑高度是多少？

如果其不满足各自有符合规范规定的安全出口（任一条件不满足）建筑高度是多少（图 1.1.1–3）？

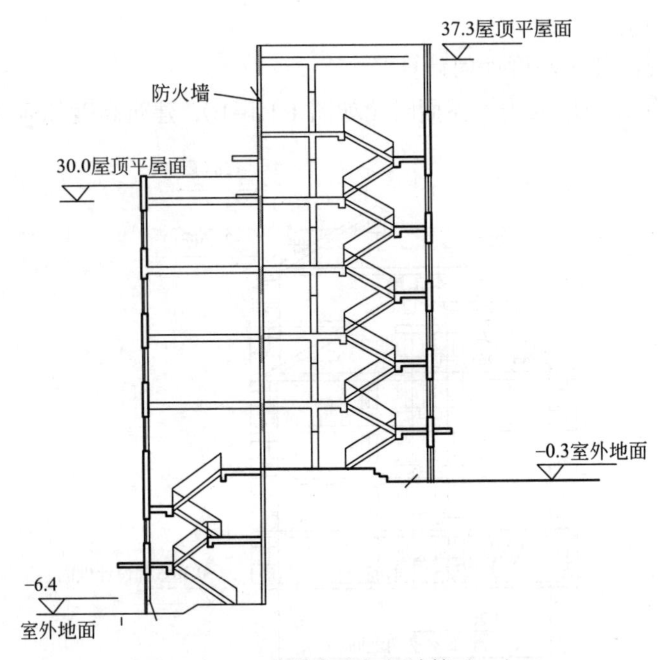


图 1.1.1–3 建筑高度如何计算（三）

④ 某公共建筑局部突出屋顶辅助用房的建筑，其建筑高度如何计算（图 1.1.1–4）？

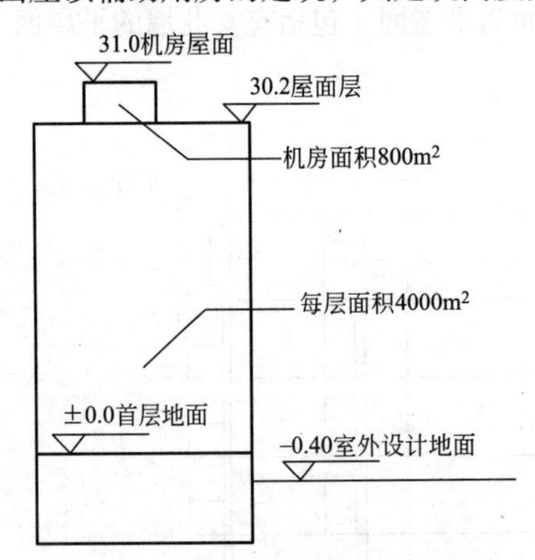


图 1.1.1–4 建筑高度如何计算（四）

⑤ 如图 1.1.1–5 所示，此建筑为住宅建筑。请问其建筑高度如何计算？

如图 1.1.1–6 所示，某住宅建筑，设置在底部的是自行车库。请问其建筑高度如何计算？

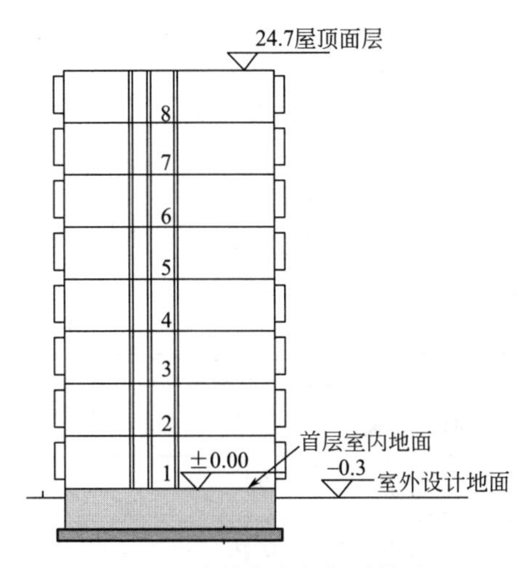


图 1.1.1-5　建筑高度如何计算（五）

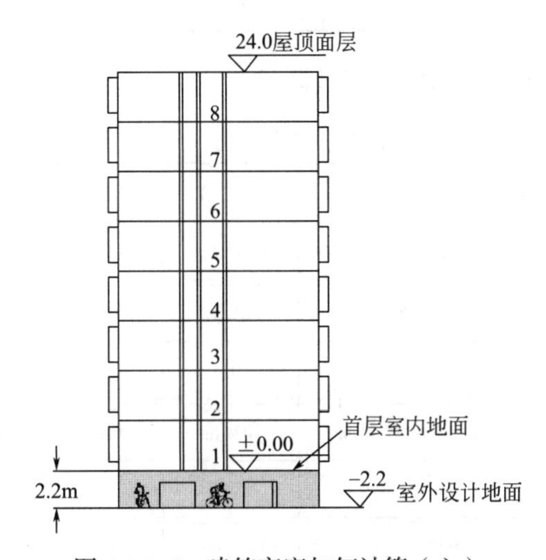


图 1.1.1-6　建筑高度如何计算（六）

## 1.1.2　问题和答题

**答 1：**商业服务网点是一种小型营业性用房，请问其设置在什么建筑内？第几层？每个分隔单元建筑面积多少平方米？

答：商业服务网点：住宅建筑 + 首层或首层及二层 + 每个分隔单元（如两层，即两层面积之和）建筑面积≤ 300m$^2$。

**答 2：**火灾危险性是考试肯定会考的知识，尤其在案例里，需要你判断后再做题，如果判断错，此题很可能得 0 分，所以刚开始学此处应多下功夫。

（1）请说出表 1.1.2-1 里厂房的火灾危险性。

**厂房的火灾危险性**　　**表 1.1.2-1**

| 物质 | 甲醇 | 乙醇 | 甲苯 | 汽油 | 煤油 | 柴油（除 -35 号） |
|---|---|---|---|---|---|---|
| 危险性 | 甲 1 | 甲 1 | 甲 1 | 甲 1 | 乙 1 | 丙 1 |

续表

| 物质 | 植物油加工浸出车间 | 植物油加工 | 石棉厂 | 面粉厂 | 硝酸铵 | 保温瓶胆厂 |
|---|---|---|---|---|---|---|
| 危险性 | 甲1 | 丙1 | 戊 | 乙6 | 甲6 | 丁2 |
| 物质 | 配电室（装油量＞60kg） | 酚醛泡沫厂 | 过氧酸钙 | 硝酸浓缩 | 赛璐珞 | 车辆装配车间 |
| 危险性 | 丙1 | 丁 | 甲5 | 乙3 | 甲3 | 戊 |
| 物质 | 食盐电解厂房 | 配电室（装油量每台≤60kg） | 乙炔厂 | 硝化棉 | 一氧化碳 | 陶瓷品的烘干烧制 |
| 危险性 | 甲2 | 丁2 | 甲2 | 甲3 | 乙2 | 丁2 |
| 物质 | 液化石油气罐瓶间 | 油浸变压器室 | 锅炉房 | 金属冶炼 | 屠宰场 | 金属制品抛光 |
| 危险性 | 甲2 | 丙1 | 丁2 | 丁1 | 丙2 | 乙6 |

（2）请说出表1.1.2-2里仓库的火灾危险性

**仓库的火灾危险性** **表1.1.2-2**

| 物质 | 乙二醇 | 液化丙烯 | 氯乙烯 | 戊醇 | 氯乙醇 | 异丙醇 |
|---|---|---|---|---|---|---|
| 危险性 | 丙1 | 甲1 | 甲2 | 乙1 | 乙1 | 甲1 |
| 物质 | 水泥刨花板 | 陶瓷仓库 | 电石 | 漂白粉 | 赛璐珞棉 | 白兰地成品库 |
| 危险性 | 丁 | 戊 | 甲2 | 乙3 | 甲3 | 丙1 |
| 物质 | 溶剂油 | 闪点大于60℃的柴油 | 动物油 | 机油 | 玻璃仓库 | 漆布、油布 |
| 危险性 | 乙1 | 丙1 | 丙1 | 丙1 | 戊 | 乙6 |
| 物质 | 陶瓷仓库 | 自熄性塑料 | -35号柴油 | 赤磷 | 碳化钙 | 粮食仓库 |
| 危险性 | 戊 | 丁 | 乙1 | 甲6 | 甲2 | 丙1 |

补充：近年来考试范围逐渐加大，规范与书本的盲区也被考察，为了大家学习复习方便，所以将此范围扩大。

①可燃气体的火灾危险性分类举例（表1.1.2-3）

**可燃气体的火灾危险性分类** **表1.1.2-3**

| 类别 | 名称 |
|---|---|
| 甲 | 乙炔，环氧乙烷，氢气，合成气，硫化氢，乙烯，氰化氢，丙烯，丁烯，丁二烯，顺丁烯，反丁烯，甲烷，乙烷，丙烷，丁烷，丙二烯，环丙烷，甲胺，环丁烷，甲醛，甲醚（二甲醚），氯甲烷，氯乙烯，异丁烷，异丁烯 |
| 乙 | 一氧化碳，氨，溴甲烷 |

②液化烃（经过加压或降温使之变为液体的烃类）、可燃液体的火灾危险性分类举例（表1.1.2-4）

**液化烃、可燃液体的火灾危险性分类　　　　表 1.1.2-4**

| 类别 | | 名称 |
|---|---|---|
| 甲 | A | 液化氯甲烷，液化顺式 -2 丁烯，液化乙烯，液化乙烷，液化反式 -2 丁烯，液化环丙烷，液化丙烯，液化丙烷，液化环丁烷，液化新戊烷，液化丁烯，液化丁烷，液化氯乙烯，液化环氧乙烷，液化丁二烯，液化异丁烷，液化异丁烯，液化石油气，液化二甲胺，液化三甲胺，液化二甲基亚硫，液化甲醚（二甲醚） |
| | B | 异戊二烯，异戊烷，汽油，戊烷，二硫化碳，异己烷，己烷，石油醚，异庚烷，环己烷，辛烷，异辛烷，苯，庚烷，石脑油，原油，甲苯，乙苯，邻二甲苯，间、对二甲苯，异丁醇，乙醚，乙醛，环氧丙烷，甲酸甲酯，乙胺，二乙胺，丙酮，丁醛，三乙胺，醋酸乙烯，甲乙酮，丙烯腈，醋酸乙酯，醋酸异丙酯、二氯乙烯、甲醇、异丙醇、乙醇、醋酸丙酯、丙醇、醋酸异丁酯，甲酸丁酯，吡啶，二氯乙烷，醋酸丁酯，醋酸异戊酯，甲酸戊酯，丙烯酸甲酯，甲基叔丁基醚，液态有机过氧化物 |
| 乙 | A | 丙苯，环氧氯丙烷，苯乙烯，喷气燃料，煤油，丁醇，氯苯，乙二胺，戊醇，环己酮，冰醋酸，异戊醇，异丙苯，液氨 |
| | B | 轻柴油，硅酸乙酯，氯乙醇，氯丙醇，二甲基甲酰胺，二乙基苯 |
| 丙 | A | 重柴油，苯胺，锭子油，酚，甲酚，糠醛，20 号重油，苯甲醛，环己醇，甲基丙烯酸，甲酸，乙二醇丁醚，甲醛，糖醇，辛醇，单乙醇胺，丙二醇，乙二醇，二甲基乙酰胺 |
| | B | 蜡油，100 号重油，渣油，变压器油，润滑油，二乙二醇醚，三乙二醇醚，邻苯二甲酸二丁酯，甘油，联苯 - 联苯醚混合物，二氯甲烷，二乙醇胺，三乙醇胺，二乙二醇，三乙二醇，液体沥青，液硫 |

③ 液化烃、可燃液体的火灾危险性分类（了解）（表 1.1.2-5）。

**液化烃、可燃液体的火灾危险性分类　　　　表 1.1.2-5**

| 名称 | 类别 | | 特征 |
|---|---|---|---|
| 液化烃 | 甲 | A | 15℃时的蒸气压力> 0.1MPa 的烃类液体及其他类似的液体 |
| 可燃液体 | | B | 甲 A 类以外，闪点< 28℃ |
| | 乙 | A | 28℃≤闪点≤ 45℃ |
| | | B | 45℃<闪点< 60℃ |
| | 丙 | A | 60℃≤闪点≤ 120℃ |
| | | B | 闪点> 120℃ |

④ 甲、乙、丙类固体的火灾危险性分类举例（表 1.1.2-6）

**甲、乙、丙类固体的火灾危险性分类　　　　表 1.1.2-6**

| 类别 | 名称 |
|---|---|
| 甲 | 黄磷，硝化棉，硝化纤维胶片，喷漆棉，火胶棉，赛璐珞棉，锂，钠，钾，钙，锶，铷，铯，氢化锂、氢化钾，氢化钠，磷化钙，碳化钙，四氢化锂铝，钠汞齐，碳化铝，过氧化钾，过氧化钠，过氧化钡，过氧化锶，过氧化钙，高氯酸钾，高氯酸钠，高氯酸钡，高氯酸铵，高氯酸镁，高锰酸钾，高锰酸钠，硝酸钾，硝酸钠，硝酸铵，硝酸钡，氯酸钾，氯酸钠，氯酸铵，次亚氯酸钙，过氧化二乙酰，过氧化二苯甲酰，过氧化二异丙苯，过氧化氢苯甲酰，（邻、间、对）二硝基苯，2- 二硝基苯酚，二硝基甲苯，二硝基奈，三硫化四磷，五硫化二磷，赤磷，氨基化钠 |
| 乙 | 硝酸镁，硝酸钙，亚硝酸钾，过硫酸钾，过硫酸钠，过硫酸铵，过硼酸钠，重铬酸钾，重铬酸钠，高锰酸钙，高氯酸银，高碘酸钾，溴酸钠，碘酸钠，亚氯酸钠，五氧化二碘，三氧化铬，五氧化二磷，奈，蒽，菲，樟脑，铁粉，铝粉，锰粉，钛粉，咔唑，三聚甲醛，松香，均四甲苯，聚合甲醛偶氮二异丁腈，赛璐珞片，联苯胺，噻吩，苯磺酸钠，环氧树脂，酚醛树脂，聚丙烯腈，季戊四醇，己二酸，炭黑，聚氨酯，硫磺（颗粒度小于 2mm） |
| 丙 | 石蜡，沥青，苯二甲酸，聚酯，有机玻璃，橡胶及其制品，玻璃钢，聚乙烯醇，ABS 塑料，SAN 塑料，乙烯树脂，聚碳酸酯，聚丙烯酰胺，己内酰胺，尼龙 6，尼龙 66，丙纶纤维，蒽醌，（邻、间、对）苯二酚，聚苯乙烯，聚乙烯，聚丙烯，聚氯乙烯，精对苯二甲酸，双酚 A，硫磺（工业成型颗粒度大于等于 2mm），过氯乙烯，偏氯乙烯，三聚氰胺，聚醚，聚苯硫醚，硬脂酸钙，苯酐，顺酐 |

⑤ 记忆技巧：储存物品的火灾危险性类别（注：储存物品的火灾危险性，大部分物品与生产类似，可参考生产的火灾危险性）（表 1.1.2–7、表 1.1.2–8）

甲类 表 1.1.2–7

| 特点：带“甲”“乙”，“丙”单字、“烷”“苯”“烯”单字。此类记忆方法并不能解决所有问题 |
|---|
| 1. 甲醇乙醇丙酮烯，己烷戊烷环戊烷。二硫化碳石脑油，甲酯乙酯苯甲苯。乙醚汽油，38 度上头酒。<br>2. 乙炔氢气石油气，甲烷（环氧）乙烷氯乙烯。乙烯丙烯丁二烯，水煤气，硫化氢，电石，碳化铝。<br>3. 硝化棉赛璐珞（棉），黄磷火胶喷漆棉。<br>4. 金属钾钠锶锂钙，氢化锂钠。<br>5. 氯酸钾钠，过氧钾钠，硝酸铵。<br>6. 赤磷、三硫五硫磷 |

乙类 表 1.1.2–8

| 1. 煤油松节油，樟脑溶剂油，蚁酸冰醋酸。<br>2. 一氧化碳加氨气。<br>3. 硝酸（铜汞钴）亚硝酸，铬酸重铬酸（钾钠），发烟硫酸漂白粉。<br>4. 镁粉铝粉赛璐珞板（片），樟脑硫黄萘松香，硝化纤维布色片。<br>5. 氧气，氟气，液氯。<br>6. 漆布油布油纸绸 |
|---|

（3）关于厂房火灾危险性的确定，一般情况下肯定是按更危险的来确定，但是有些情况是按危险性小的来确定。

① 如果更危险部位面积足够小，可以按照危险性小的来确定，请问足够小是多少？是小于还是小于等于？

② 何种厂房、何种工段面积可以增加到 10%？是小于还是小于等于？

③ 如果情况②面积进一步扩大，需要满足哪 4 种条件（包含面积要求）？另外面积是小于还是小于等于？

答：① ＜ 5%：任何情况，不蔓延或有效分隔。

② ＜ 10%：丁、戊类厂房 + 油漆工段 + 不蔓延或有效分隔→就小原则。

③ ≤ 20%：丁、戊类厂房 + 油漆工段 + 封闭喷漆 + 负压 + 设可燃气体探测报警系统或自动抑爆系统。甲（油漆）按丁戊确定。

（4）同一座仓库或仓库的任一防火分区内储存不同火灾危险性物品时，仓库火灾危险性的确定，一般就大（不论危险性大的面积）。但是有一种情况特殊，它可以按丙类确定。请问它是储存什么类物品的仓库？可燃包装重量和可燃包装体积谁是 1/2，谁是 1/4？是大于还是大于等于？

答：仓库火灾危险性的确定，一般就大（不论危险性大的面积）。但是有一种情况特殊，它可以按丙类确定。按丙类→丁戊类仓库 + 可燃包装重量＞物品本身（不包含包装）重量的 1/4，或可燃包装体积＞本身体积 1/2，反之按丁戊类

（5）部分物品生产时和储存时火灾危险性会发生变化，另外加工方式也会带来改变。请说出表 1.1.2–9 物质生产时和储存时的火灾危险性。

不同加工方式或不同工艺火灾的危险性见表 1.1.2–10。

物质生产时和储存时的火灾危险性　　表 1.1.2–9

| 物　　品 | 生产时火灾危险性 | 储存时火灾危险性 |
| --- | --- | --- |
| 白兰地 | 甲类（蒸馏勾兑灌装） | 丙（瓶装成品库房） |
| 38 度及以上白酒 | 甲类（蒸馏勾兑灌装） | 甲类（金属储罐和陶坛储存的库房）、丙类（瓶装） |
| 植物油 | 甲类（浸出车间）<br>丙类（精炼车间） | 丙类（成品库房） |
| 油布、漆布、桐油织物 | 丙类（加工车间） | 乙类（成品库房） |
| 面粉 | 乙类（加工车间） | 丙类（成品库房） |
| 次氯酸钙 | 甲类（加工车间） | 乙类（成品库房，又名漂白粉） |

不同加工方式或不同工艺火灾的危险性　　表 1.1.2–10

| 金属 | 戊类（冷加工车间） | 丁类（热加工车间） |
| --- | --- | --- |
| 天然橡胶 | 甲类（涂胶、胶浆部位） | 丙类（压延、成型和硫化部位） |

**答 3:**（1）建筑高度问题。

① 一类高层公共建筑有很多种类，比如多少米以上公共建筑，有没有等于？

答：> 50m。

② 对于医疗建筑和重要的公共建筑、藏书超过 100 万册的图书馆和书库，建筑高度要达到多少米才属于一类高层公共建筑？

答：> 24m。

注意：重要公共建筑，一般包括党政机关办公楼，人员密集的大型公共建筑或集会场所，较大规模的中小学校教学楼以及城市集中供水设施、调度和指挥建筑，广播电视建筑，医院、主要的电力设施、宿舍楼，重要的通信、涉及城市或区域生命线的支持性建筑或工程。

③ 建筑高度多少米以上、任一楼面积超过多少平方米的何种建筑和其他组合的建筑中也属于一类高层公共建筑？与其他组合的建筑中包不包含和住宅组合的情况？

答：24m；1000；商店、展览、电信、邮政、财贸金融建筑和其他多种功能组合的建筑；不包含。

④ 对于独立建造老年人建筑要达到建筑高度要达到多少米才属于一类高层公共建筑？包不包含贴邻建造的？

答：> 24m。包含贴邻的。

注：对于与其他建筑上下组合建造或设置在其他建筑内的老年人照料设施，其防火设计要求应根据该建筑的主要用途确定其建筑分类。其他专供老年人使用的、非集中照料的设施或场所，其防火设计要求按《建筑设计防火规范》GB 50016—2014（2018 版）有关公共建筑的规定确定；对于非住宅类老年人居住建筑，按《建筑设计防火规范》GB 50016—2014（2018 版）有关老年人照料设施的规定确定（图 1.1.2–1）。

（2）下列情况的建筑高度如何计算？

① 某公共建筑建筑屋面为坡屋面时（如图 1.1.2–2），建筑高度如何计算？

答：建筑屋面为坡屋面时，建筑高度为建筑室外设计地面至檐口与屋脊的平均高度。

口诀：不平的平均。

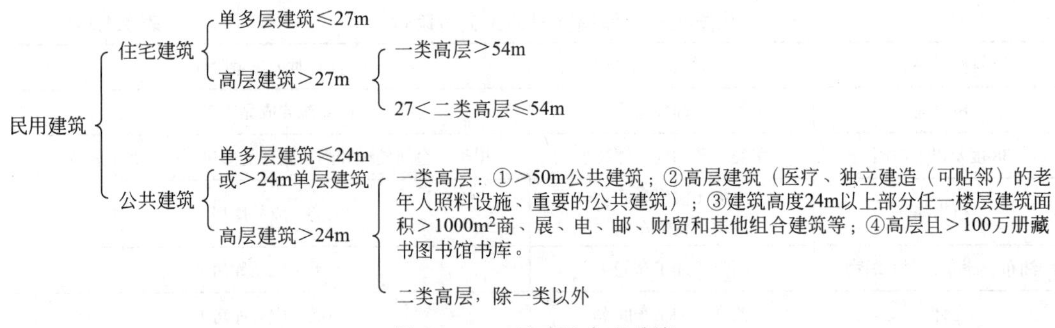


图 1.1.2-1　民建按高度分类

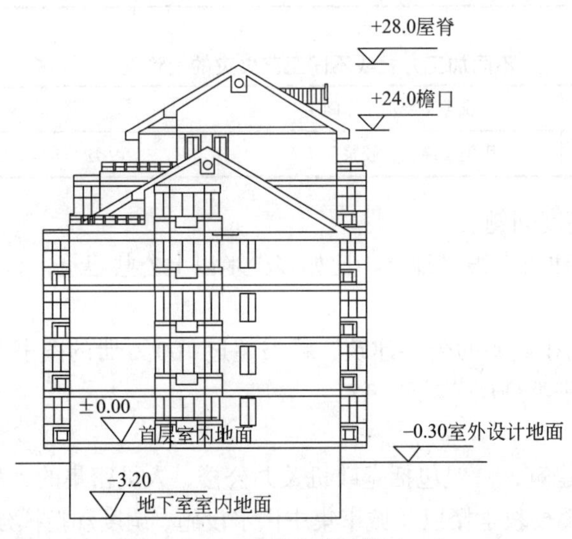


图 1.1.2-2　建筑高度计算（一）

24-（-0.3）+4/2=26.3m。或【28-（-0.3）+24-（-0.3）】/2=26.3m。

② 某公共建筑屋面为平屋面（包括有女儿墙的平屋面）时，建筑高度如何计算（图1.1.2-3）？

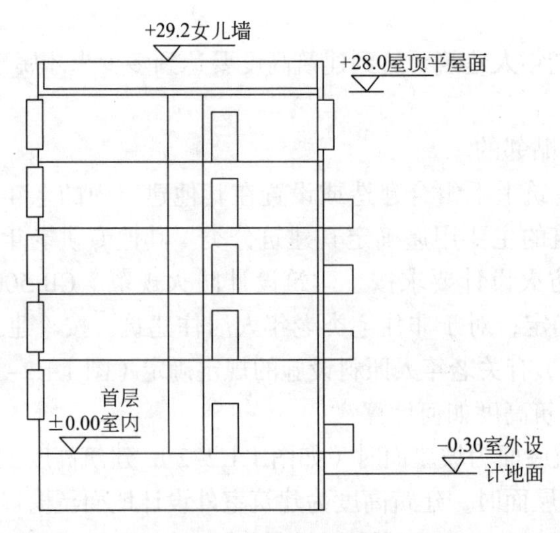


图 1.1.2-3　建筑高度计算（二）

答：建筑屋面为平屋面（包括有女儿墙的平屋面）时，建筑高度应为建筑室外设计地面至其屋面面层的高度但不算女儿墙高度。口诀：平的按平的，不算女儿墙。

28.0-（-0.3）=28.3m。

③ 对于台阶式地坪上的建筑，当位于不同高程地坪上的同一建筑之间有防火墙分隔，各自有符合规范规定的安全出口，且可沿建筑的两个长边设置贯通式或尽头式消防车道时，建筑高度是多少？

如果其不满足各自有符合规范规定的安全出口（任一条件不满足）建筑高度是多少？

答：A．分别计算。如图 1.1.2-4，即左边建筑建筑高度为：30-（-6.4）=36.4m；右边建筑建筑高度为：37.3-（-0.3）=37.6m。

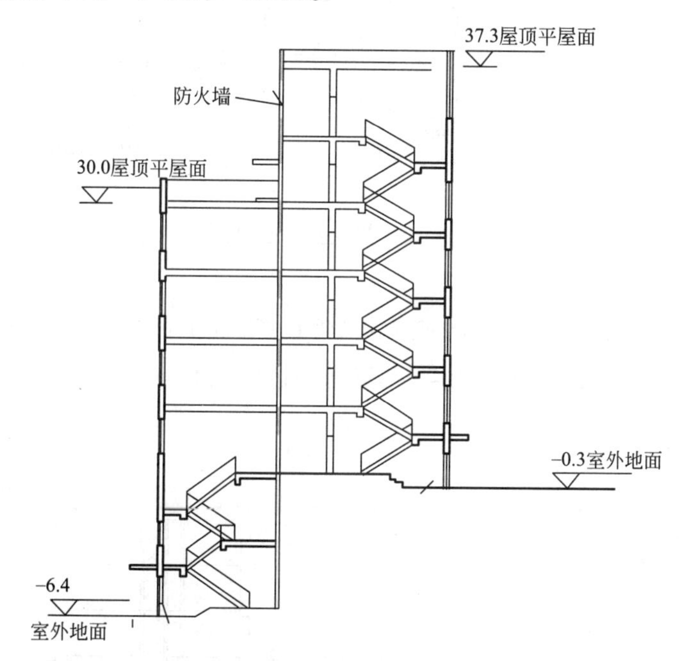


图 1.1.2-4　建筑高度计算（三）

B．如不满足一个条件时。不能分别计算，此时应按整体考虑。建筑高度为：37.3-（-6.4）=43.7m。

台阶式地坪：防火墙分隔 + 各自有安全出口 + 沿建筑的两个长边设置贯通式或尽头式消防车道→分别确定。如不满足三种条件之一，高度是从最低室外地面到最高楼面高度。（如图 1.1.2-5 所示）

④ 某公共建筑局部突出屋顶辅助用房的建筑，其建筑高度如何计算？

答：如图 1.1.2-6 所示局部突出屋顶的瞭望塔、冷却塔、水箱间、微波天线间或设施、电梯机房、排风和排烟机房以及楼梯出口小间等辅助用房占屋面面积不大于 1/4 者，可不计入建筑高度。口诀：≤ 1/4 不算。

800/4000=0.2 ＜ 1/4，不计入建筑高度。30.2-（-0.4）=30.6m。

⑤ 如图 1.1.2-7 所示，此建筑为住宅建筑。请问其建筑高度如何计算？

答：对于住宅建筑，室内外高差或建筑的地下或半地下室的顶板面高出室外设计地面的高度不大于 1.5m 的部分，可不计入建筑高度。所以此建筑高度为 24.7m。

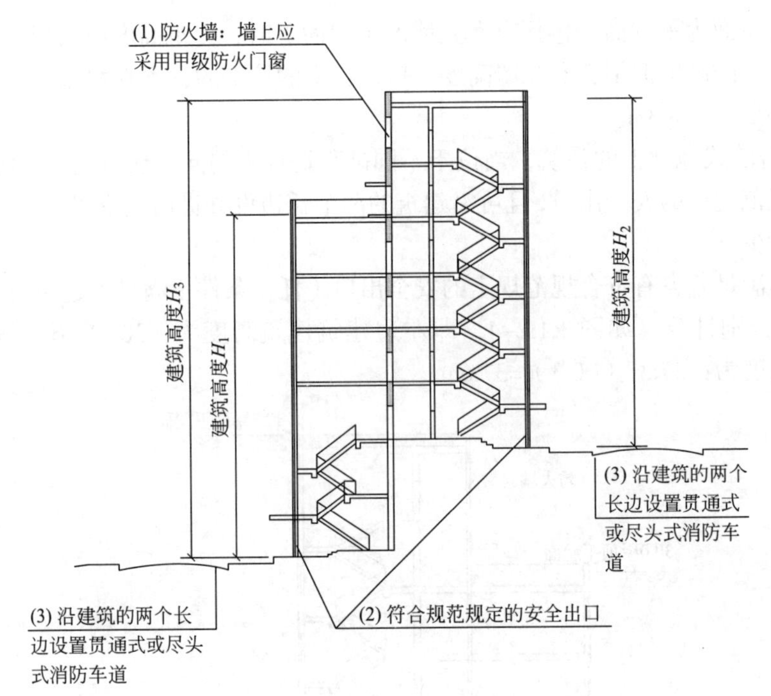


[示例] 同时具备(1)、(2)、(3)三个条件时可按$H_1$、$H_2$分别计算建筑高度；否则应按$H_3$计算建筑高度。

图 1.1.2-5　建筑高度计算（四）

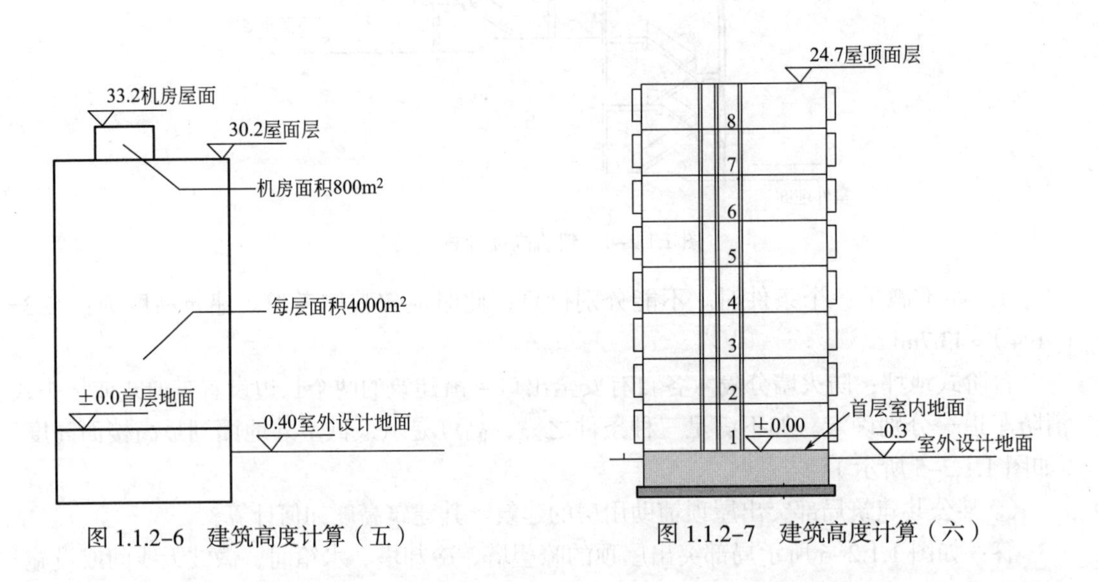


图 1.1.2-6　建筑高度计算（五）

图 1.1.2-7　建筑高度计算（六）

如图 1.1.2-8 所示，某住宅建筑，设置在底部的是自行车库。请问其建筑高度如何计算？

答：对于住宅建筑，设置在底部且室内高度不大于 2.2m 的自行车库、储藏室、敞开空间，可不计入建筑高度。所以此建筑高度为 24.0m。

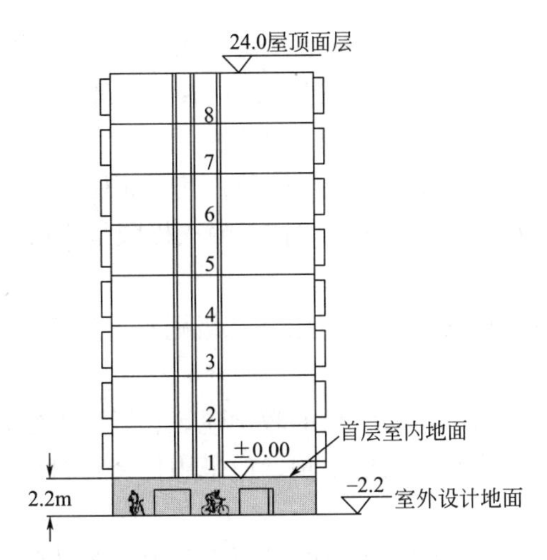


图 1.1.2-8　建设高度计算（七）

## 1.2 耐火等级和耐火极限

### 1.2.1　问题

**问 4**：对于必须知道的建筑的最低耐火等级，你能说出几个？（厂房和仓库何种情况最低二级，何种情况最低三级？民用建筑何种情况最低一级，何种情况最低二级？）。请说出表 1.2.1-1、表 1.2.1-2 中建筑的最低耐火等级。

**建筑的最低耐火等级**　　**表 1.2.1-1**

| | | |
|---|---|---|
| 厂房 | 高层厂房 | 单、多层丙类厂房 |
| | 甲、乙类厂房 | 不大于 300m² 的独立甲、乙类单层厂房 |
| | 使用或产生丙类液体且建筑面积不大于 500m² 的单层丙厂 | 使用或产生丙类液体的厂房 |
| | 有火花、明火的丁类厂房 | 多层丁、戊类厂房 |
| | 建筑面积不大于 1000m² 的单层丁厂 | 存用特殊贵重的机器、仪器的建筑 |
| | 锅炉房 | 燃煤锅炉房且锅炉的总蒸发量不大于 4t/h |
| | 油浸变压器室 | 高压配电装置室 |
| 仓库 | 单层丙类仓库 | 单层乙类仓库 |
| | 甲类仓库、多层乙类仓库 | 高架仓库、高层仓库 |
| | 储存可燃液体的多层丙类仓库 | 储存可燃固体的多层丙类仓库 |
| | 粮食筒仓 | 多层丁、戊类仓库 |

**民用建筑耐火等级**　　**表 1.2.1-2**

| | | |
|---|---|---|
| 民建 | 地下或半地下建筑（室） | 单、多层重要公共建筑 |
| | 一类高层建筑 | 二类高层建筑 |
| | 除木结构外的老年人照料设施 | 步行街两侧建筑 |

**问5**：对于构件耐火极限，哪些防火墙不低于4h的耐火极限？

**问6**：对于一二级厂房（仓库）与民建，楼板、屋顶承重构件、疏散楼梯、梁、柱、吊顶、疏散走道的墙的燃烧性能及耐火极限分别是多少？

**问7**：一、二级耐火等级建筑的上人平屋顶，其屋面板的耐火极限分别多少？

**问8**：众所周知，一级耐火等级建筑的楼板耐火极限是不低于1.5h，请问需要2.0h耐火极限楼板的建筑有哪些？

**问9**：关于吊顶的使用材料和耐火极限。二级耐火等级建筑内采用不燃材料的吊顶，其耐火极限多少？

三级耐火等级的医疗建筑、中小学校的教学建筑、老年人建筑及托儿所、幼儿园的儿童用房和儿童游乐厅等儿童活动场所的吊顶，应采用什么材料？如采用难燃材料时，其耐火极限多少？

二、三级耐火等级建筑内门厅、走道的吊顶应采用什么材料？

## 1.2.2 问题和答题

**答4**：对于必须知道的最低耐火等级，你能说出几个？（厂房和仓库何种情况最低二级，何种情况最低三级？民用建筑何种情况最低一级，何种情况最低二级？）。请说出表中建筑的最低耐火等级。

答：耐火等级判定（见表1.2.2–1、表1.2.2–2）

厂房和仓库耐火等级判定 **表1.2.2–1**

| | 最低二级 | 最低三级 |
|---|---|---|
| 厂房 | 高层厂房 | 单、多层丙类厂房 |
| | 甲、乙类厂房 | 不大于300m² 的独立甲、乙类单层厂房 |
| | 使用或产生丙类液体的厂房 | 使用或产生丙类液体且建筑面积不大于500m² 的单层丙类厂房 |
| | 有火花、明火的丁类厂房 | 有火花、明火的建筑面积不大于1000m² 的单层丁类厂房 |
| | 存用特殊贵重的机器、仪器的建筑 | 多层丁、戊类厂房 |
| | 锅炉房 | 燃煤锅炉房且锅炉的总蒸发量不大于4t/h时，可采用三级耐火等级的建筑。 |
| | 油浸变压器室、高压配电装置室 | —— |
| 仓库 | 高架仓库、高层仓库 | 单层乙类仓库 |
| | 甲类仓库、多层乙类仓库 | 单层丙类仓库 |
| | 储存可燃液体的多层丙类仓库 | 储存可燃固体的多层丙类仓库 |
| | 粮食筒仓 | 多层丁、戊类仓库 |

民用建筑耐火等级判定 **表1.2.2–2**

| 一 级 | 最低二级 | 可为三级 |
|---|---|---|
| 地下或半地下建筑（室） | 单、多层重要公共建筑 | 除木结构建筑外，老年人照料设施 |
| 一类高层建筑 | 二类高层建筑、步行街两侧建筑 | |

**答 5**：对于构件耐火极限，哪些建筑防火墙不低于 4h 的耐火极限？

答：甲乙厂、甲乙丙仓——防火墙 4h。

**答 6**：对于一二级厂房（仓库）与民建，楼板、屋顶承重构件、疏散楼梯、梁、柱、吊顶、疏散走道的墙的燃烧性能及耐火极限分别是多少？

答：一二级【厂房、仓库与民建】耐火极限记忆法则：

楼板 = 屋顶承重构件 = 疏散楼梯【均不燃】（二级 1.0，一级 =1.0+0.5=1.5），梁 = 楼板 / 屋顶承重 +0.5，柱 = 梁 +1.0；吊顶（包含格栅）均为 0.25，但是一级不燃，二级难燃。疏散走道的墙均为不燃 1h。

**答 7**：一、二级耐火等级建筑的上人平屋顶，其屋面板的耐火极限分别多少？

答：一、二级耐火等级建筑的上人平屋顶，其屋面板的耐火极限分别不应低于 1.5h 和 1h。

**答 8**：众所周知，一级耐火等级建筑的楼板耐火极限是不低于 1.5h，请问需要 2h 耐火极限楼板的建筑有哪些？

答：见表 1.2.2–3。

**需要 2.0h 耐火极限楼板的建筑　　表 1.2.2–3**

| |
|---|
| （1）建筑高度大于 100m 的民用建筑 |
| （2）＞2 万 $m^2$ 的地下商店，防火墙 + 2.00h 楼板分隔 |
| （3）高层建筑的住宅部分与非住宅部分之间，防火墙和 +2.00h 不燃性楼板分隔 |
| （4）汽车库设置在托儿所、幼儿园、老年人建筑，中小学校的教学楼，病房楼等的地下部分，应采用耐火极限不低于 2.00h 的楼板完全分隔； |

**答 9**：关于吊顶的使用材料和耐火极限。二级耐火等级建筑内采用不燃材料的吊顶，其耐火极限多少？

三级耐火等级的医疗建筑、中小学校的教学建筑、老年人建筑及托儿所、幼儿园的儿童用房和儿童游乐厅等儿童活动场所的吊顶，应采用什么材料？如采用难燃材料时，其耐火极限多少？

二、三级耐火等级建筑内门厅、走道的吊顶应采用什么材料？

答：二级耐火等级建筑内采用不燃材料的吊顶，其耐火极限不限。【此处很好理解，本来二级耐火的吊顶要求难燃材料即可，耐火极限是 0.25h，如采用不燃材料就上升一个等级，那么相应的耐火极限就不限了】

三级耐火等级“老幼医学”（弱势群体）的吊顶，应采用不燃材料如采用难燃材料时，其耐火极限不小于 0.25h。二、三级耐火等级建筑内门厅、走道的吊顶应采用不燃材料。

补充：（1）工业建筑构件耐火等级升降表（表 1.2.2–4）

**工业建筑构件耐火等级升降表　　表 1.2.2–4**

| 构　件 | 限定条件 | 原规定 | 升降情况 |
|---|---|---|---|
| 吊顶 | 二级耐火等级 | 难燃、0.25h | 不燃材料、耐火极限不限 |
| 柱 | 一、二级耐火等级单层厂房（仓库） | 3h、2.5h | 2.5h 和 2h |
| 屋顶承重构件 | 自动喷水灭火系统全保护的一级耐火等级单、多层厂房（仓库） | 1.5h | 1h |

续表

| 构　件 | 限定条件 | 原规定 | 升降情况 |
|---|---|---|---|
| 非承重外墙 | 除甲、乙类仓库和高层仓库外，一、二级耐火等级建筑 | 0.75 不燃，0.5 不燃 | 不燃 0.25h；难燃 0.5h |
| 房间隔墙 | 二极耐火等级厂房（仓库），当采用难燃性墙体 | 不燃、0.5h | 应提高 0.25h（0.5+0.25=0.75） |
| 楼板 | 二极耐火等级多层厂房和多层仓库内采用预应力钢筋混凝土的楼板， | 1h | 其耐火极限不应低于 0.75h |

（2）民用建筑构件耐火等级升降表（表 1.2.2–5）

民用建筑构件耐火等级升降表　　表 1.2.2–5

| 构　件 | 限定条件 | 原规定 | 升降情况 |
|---|---|---|---|
| 楼板 | 建筑高度大于 100m 的民用建筑 | 1.5h | 2h ↑ |
| 房间隔墙二级耐火 | 难燃性墙体的房间隔墙 | 不燃 0.5h | 难燃、0.75h ↑ |
| | 房间的建筑面积不大于 $100m^2$ | | 难燃、0.5h ↓ |
| | | | 不燃、0.3h ↓ |
| 吊顶 | 二级耐火等级建筑<br>二、三级耐火等级建筑内门厅、走道的吊顶应采用不燃材料。 | 难燃、0.25h | 不燃、耐火极限不限↓ |
| | 三级耐火医疗、教学建筑、老年人照料设施及儿童用房和儿童活动场所的吊顶 | 难燃、0.15h | 不燃、不限↓ |
| | | 难燃、0.15h | 难燃、0.25h ↑ |
| | 二、三级耐火等级建筑内门厅、走道的吊顶 | 难燃 0.25、难燃 0.15 | 不燃 |

## 1.3 防火分区

### 1.3.1 问题

**问 10：**防火分区面积。请问单多层甲乙类厂房、所有丙类厂房（包含地下）防火分区面积是多少？甲类仓库、丙类（1、2 项）仓库的防火分区、占地面积分别是多少？民用建筑又是多少？民用建筑哪些场所，何种条件可以扩大？

**问 11：**汽车库防火分区：

（1）一二级的高层地下汽车库，多层半地下汽车库，单层汽车库防火分区面积最大是多少？三级单层汽车库最小面积是多少？

（2）哪 3 种汽车库的上下连通层面积应叠加计算，每个防火分区的最大允许建筑面积可增加一倍？

（3）室内有车道且有人员停留的机械式汽车库，其防火分区最大允许建筑面积应按规定减少多少？

（4）某一级耐火等级的商场室内有车道且有人员停留的地下机械式汽车库，设置了自动灭火设施，最大防火分区面积为多少？

**问 12：**人防工程防火分区

（1）一般情况下每个防火分区的允许最大建筑面积不应大于多少平方米？当设置有自动灭火系统时，允许最大建筑面积可增加一倍；局部设置时，增加的面积可按该局部面积的一倍计算。

（2）电影院、礼堂的观众厅，防火分区允许最大建筑面积不应大于多少平方米？当设置有火灾自动报警系统和自动灭火系统时，其允许最大建筑面积能否增加？

（3）商业营业厅、展览厅防火分区允许最大建筑面积不应大于多少平方米？它需满足哪 3 个条件？

（4）溜冰馆的冰场、游泳馆的游泳池、射击馆的靶道区、保龄球馆的球道区等，其面积（应 / 不）计入溜冰馆、游泳馆、射击馆、保龄球馆的防火分区面积？溜冰馆的冰场、游泳馆的游泳池、射击馆的靶道区等，其装修材料应采用何种等级材料？

**问 13：**物流建筑防火分区与占地面积确定

物流建筑是一种特殊的建筑，它一般有着分拣、加工和储存多种功能。

当建筑功能以分拣、加工等作业为主时，应按厂房的规定确定，其中仓储部分应按中间仓库确定；

当建筑功能以仓储为主或建筑难以区分主要功能时，应按有关仓库的规定确定。

（1）何种情况物流建筑的作业区和储存区可以分别确定？

（2）满足哪 3 个条件储存区的防火分区最大面积和储存区最大允许占地面积可以扩大？最多扩大几倍？

## 1.3.2　问题和答题

**答 10：**防火分区面积。请问单多层甲乙类厂房、所有丙类厂房（包含地下）防火分区面积是多少？

甲类仓库、丙类（1、2 项）仓库的防火分区、占地面积分别是多少？民建又是多少？民建哪些场所，何种条件可以扩大？

答：防火分区面积

厂房：甲：2334；乙（单多）3445；丙 23 248 36 不【记忆顺序：从右往左，从下往上】地下 500（设自灭 ×2）。（如表 1.3.2–1 所示）

**厂房的层数和每个防火分区的最大允许建筑面积　　表 1.3.2–1**

| 生产的火灾危险性类别 | 厂房的耐火等级 | 最多允许层数 | 每个防火分区的最大允许建筑面积（$m^2$） | | | |
|---|---|---|---|---|---|---|
| | | | 单层厂房 | 多层厂房 | 高层厂房 | 地下或半地下厂房（包括地下或半地下室） |
| 甲 | 一级<br>二级 | 宜采用单层 | 4000<br>3000 | 3000<br>2000 | —<br>— | —<br>— |
| 乙 | 一级<br>二级 | 不限<br>6 | 5000<br>4000 | 4000<br>3000 | 2000<br>1500 | — |
| 丙 | 一级<br>二级<br>三级 | 不限<br>不限<br>2 | 不限<br>8000<br>3000 | 6000<br>4000<br>2000 | 3000<br>2000<br>— | 500<br>500<br>— |

仓库：甲类60、250（中间仓库考点），（占地 ×3）。丙1项：10 7（占地 ×4）、4（占地 ×3）；丙二项：15　12 10（占地 ×4）、7　4（占地 ×3），地下库房丙类500，丁类500，戊类1000。

记忆技巧：甲类仓库危险，三级仓库危险，所以占地面积只能是防火分区面积的3倍。丙类一二级安全，所以占地面积可以是防火分区面积的4倍。

（如表1.3.2–2所示）

**仓库的耐火等级、最多允许层数、最大允许占地面积和每个防火分区的最大允许建筑面积**

表 1.3.2–2

| 储存物品的火灾危险性类别 | | 仓库的耐火等级 | 最多允许层数 | 每座仓库的最大允许占地面积和每个防火分区的最大允许建筑面积（$m^2$） | | | | | | |
|---|---|---|---|---|---|---|---|---|---|---|
| | | | | 单层仓库 | | 多层仓库 | | 高层仓库 | | 地下或半地下仓库（包括地下或半地下室） |
| | | | | 每座仓库 | 防火分区 | 每座仓库 | 防火分区 | 每座仓库 | 防火分区 | 防火分区 |
| 甲 | 3、4项 | 一级 | 1 | 180 | 60 | — | — | — | — | — |
| | 1、2、5、6项 | 一、二级 | 1 | 750 | 250 | — | — | — | — | — |
| 丙 | 1项 | 一、二级 | 5 | 4000 | 1000 | 2800 | 700 | — | — | 150 |
| | | 三级 | 1 | 1200 | 400 | — | — | — | — | — |
| | 2项 | 一、二级 | 不限 | 6000 | 1500 | 4800 | 1200 | 4000 | 1000 | 300 |
| | | 三级 | 3 | 2100 | 700 | 1200 | 400 | — | — | — |

民用建筑：15　25　12　6　5　10。（如表1.3.2–3）

**不同耐火等级建筑的允许建筑高度或层数、防火分区最大允许建筑面积**　　表 1.3.2–3

| 名　称 | 耐火等级 | 允许建筑高度或层数 | 防火分区的最大允许建筑面积（$m^2$） | 备　注 |
|---|---|---|---|---|
| 高层民用建筑 | 一、二级 | 按《建筑设计防火规范》GB 50016—2014（2018版）第5.1.1条确定 | 1500 | 对于体育馆、剧场的观众厅，防火分区的最大允许建筑面积可适当增加 |
| 单、多层民用建筑 | 一、二级 | 按《建筑设计防火规范》GB 50016—2014（2018版）第5.1.1条确定 | 2500 | |
| | 三级 | 5层 | 1200 | |
| | 四级 | 2层 | 600 | |
| 地下或半地下建筑（室） | 一级 | — | 500 | 设备用房的防火分区最大允许建筑面积不应大于1000$m^2$ |

特殊：商店（营业厅）、展览厅+一二级+不燃难燃+自喷、自报：高4千，单/仅多首1万，地下2千。

一、二级耐火等级建筑内的商店营业厅、展览厅，当设置自动灭火系统和火灾自动报警系统并采用不燃或难燃装修材料时，其每个防火分区的最大允许建筑面积应符合下列规定：

1 设置在高层建筑内时，不应大于 4000m$^2$；

2 设置在单层建筑或仅设置在多层建筑的首层内时，不应大于 10000m$^2$；

3 设置在地下或半地下时，不应大于 2000m$^2$。

**答 11**：汽车库防火分区：

（1）一二级的高层地下汽车库，多层半地下汽车库，单层汽车库防火分区面积最大是多少？三级单层汽车库最小面积是多少？

（2）哪 3 种汽车库的上下连通层面积应叠加计算，每个防火分区的最大允许建筑面积可增加一倍？

（3）室内有车道且有人员停留的机械式汽车库，其防火分区最大允许建筑面积应按规定减少多少？

（4）某一级耐火等级的商场室内有车道且有人员停留的地下机械式汽车库，设置了自动灭火设施，最大防火分区面积为多少？

答：汽车库防火分区

（1）记忆核心（危险性：高层，地下＞多层，半地下＞单层，危险性越大，面积应越小）。【一二级】：地下高层 2000 →多层、半地下 2500 →单层 3000。三级单层：1000。

（2）错层、斜楼板、敞开汽车库防火分区最大面积 ×2。

（3）室内有车道且有人员停留的机械式汽车库，其防火分区最大允许建筑面积应按规定减少 35%。

（4）某一级耐火等级的商场室内有车道且有人员停留的地下机械式汽车库，设置了自动灭火设施，最大防火分区面积为 $2000\times2\times0.65=2600$m$^2$。

**答 12**：人防工程防火分区

（1）一般情况下每个防火分区的允许最大建筑面积不应大于多少平方米？当设置有自动灭火系统时，允许最大建筑面积可增加一倍；局部设置时，增加的面积可按该局部面积的一倍计算。

（2）电影院、礼堂的观众厅，防火分区允许最大建筑面积不应大于多少平方米？当设置有火灾自动报警系统和自动灭火系统时，其允许最大建筑面积能否增加？

（3）商业营业厅、展览厅防火分区允许最大建筑面积不应大于多少平方米？它需满足哪 3 个条件？

（4）溜冰馆的冰场、游泳馆的游泳池、射击馆的靶道区、保龄球馆的球道区等，其面积（应 / 不）计入溜冰馆、游泳馆、射击馆、保龄球馆的防火分区面积？溜冰馆的冰场、游泳馆的游泳池、射击馆的靶道区等，其装修材料应采用何种等级材料？

答：人防工程防火分区：

（1）500（一般情况）→ 1000（设自喷）。

（2）1000（电影院、礼堂的观众厅）→设置有火灾自报系统和自灭系统（不得增加，还是 1000）。

（3）2000（商店、展览厅最大）→ 需满足：自喷 + 自报 +A 级。

（4）不燃烧的不计入，应采用A级装修材料【溜冰馆的冰场、游泳馆的游泳池、射击馆的靶道区、保龄球馆的球道区等】。

**答13**：物流建筑防火分区与占地面积确定

物流建筑是一种特殊的建筑，它一般有着分拣、加工和储存多种功能。

当建筑功能以分拣、加工等作业为主时，应按厂房的规定确定，其中仓储部分应按中间仓库确定；

当建筑功能以仓储为主或建筑难以区分主要功能时，应按有关仓库的规定确定。

（1）何种情况物流建筑的作业区和储存区可以分别确定？

答：物流建筑防火分区与占地面积确定。防火墙分隔——作业区和储存区可以分别确定。

（2）满足哪3个条件储存区的防火分区最大面积和储存区最大允许占地面积可以扩大？最多扩大几倍？

答：3个条件扩大3倍（×4）：防火墙分隔+耐火等级（储存除可燃液体、棉、麻、丝、毛及其他纺织品、泡沫塑料等物品外的丙类物品且耐火等级不低于一级；储存丁、戊类物品且建筑的耐火等级不低于二级；）+全设自灭和自报。

## 1.4 防火间距

### 1.4.1 问题

**问14**：防火间距问题。

（1）防火间距测量。如图1.4.1-1所示，一般情况下，防火间距怎么测量？如外墙有可燃/难燃或者不燃凸出屋檐，怎么测量？

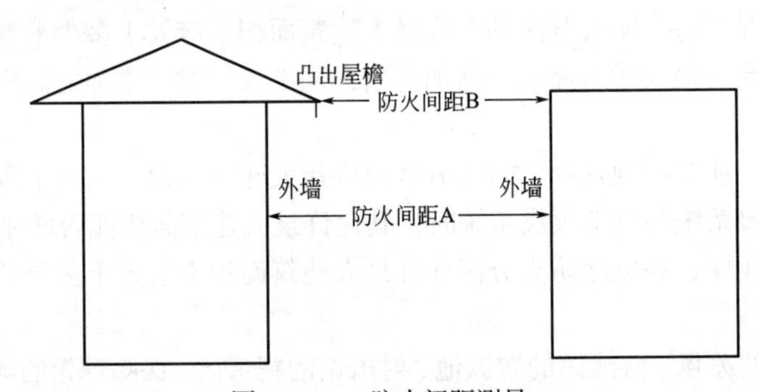


图1.4.1-1 防火间距测量

（2）厂房之间、乙、丙、丁、戊类仓库之间、厂房与乙、丙、丁、戊类仓库之间、厂房与民用建筑之间、乙、丙、丁、戊类仓库与民用建筑之间的防火间距厂房仓库的公式是什么？民用建筑与民用建筑的公式是什么？（能记住的都是好方法，公式记忆的好处可以为解决部分防火间距不足的问题提供帮助）

（3）特殊防火间距连连看。

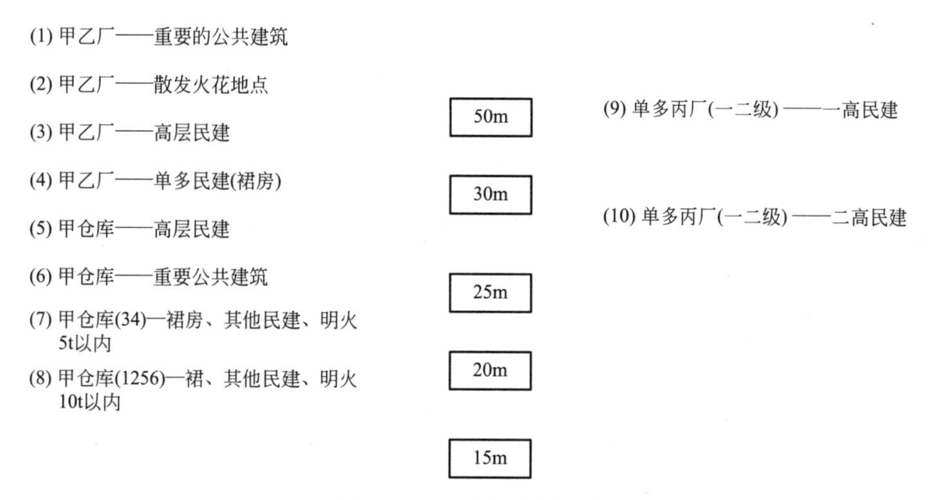


图 1.4.1–2　特殊防火间距

**问 15：**防火间距不足如何处理？（解题思路）

## 1.4.2　问题和答题

**答 14：**防火间距问题。

（1）防火间距测量。如图 1.4.2–1 所示，一般情况下，防火间距怎么测量？如外墙有可燃 / 难燃或者不燃凸出屋檐，怎么测量？

答：一般：建筑外墙之间的最近水平距离测量；

特殊：外墙有可燃 / 难燃凸出屋檐，从凸出部分算。

补充：建筑物储罐堆场与道路铁路的防火间距：外缘到道路最近一侧路边或铁路中心线的距离。

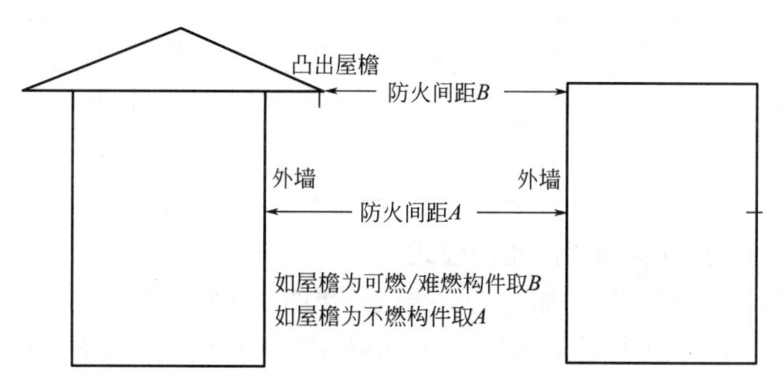


图 1.4.2–1　防火间距实际测量

（2）厂房之间、乙、丙、丁、戊类仓库之间、厂房与乙、丙、丁、戊类仓库之间、厂房与民用建筑之间、乙、丙、丁、戊类仓库与民用建筑之间的防火间距的公式是什么？民用建筑与民用建筑的公式是什么？（能记住的都是好方法，公式记忆的好处可以为解决部分防火间距不足的问题提供帮助）

答：① 厂房之间、乙、丙、丁、戊类仓库之间、厂房与乙、丙、丁、戊类仓库之间、厂房与民用建筑之间、乙、丙、丁、戊类仓库与民建之间（除了甲类仓库）：

$C=A+B_1+B_2$，其中 $A=$（见高层取 13，甲类取 12，其他取 10）遇高取高，没高取甲，都没取10，$B_1B_2$：一二级=0，三级=2，四级=4。

示例：如一个高层丙类厂房（耐火等级一级）与一个单多层甲类厂房（耐火一级）的间距是：

遇高取高13，即13+0+0=13m。此公式可以解决的范围如表1.4.2-1示意。

厂房之间及与乙、丙、丁、戊类仓库、民用建筑等的防火间距（m） 表1.4.2-1

| 名称 | | | 甲类厂房 | 乙类厂房（仓库） | | | 丙、丁、戊类厂房（仓库） | | | | 民用建筑 | | | | |
|---|---|---|---|---|---|---|---|---|---|---|---|---|---|---|---|
| | | | 单、多层 | 单、多层 | | 高层 | 单、多层 | | | 高层 | 裙房，单、多层 | | | 高层 | |
| | | | 一、二级 | 一、二级 | 三级 | 一、二级 | 一、二级 | 三级 | 四级 | 一、二级 | 一、二级 | 三级 | 四级 | 一类 | 二类 |
| 甲类厂房 | 单、多层 | 一、二级 | 12 | 12 | 14 | 13 | 12 | 14 | 16 | 13 | 25 | | | 50 | |
| 乙类厂房 | 单、多层 | 一、二级 | 12 | 10 | 12 | 13 | 10 | 12 | 14 | 13 | | | | | |
| | | 三级 | 14 | 12 | 14 | 15 | 12 | 14 | 16 | 15 | | | | | |
| | 高层 | 一、二级 | 13 | 13 | 15 | 13 | 13 | 15 | 17 | 13 | | | | | |
| 丙类厂房 | 单、多层 | 一、二级 | 12 | 10 | 12 | 13 | 10 | 12 | 14 | 13 | 10 | 12 | 14 | 20 | 15 |
| | | 三级 | 14 | 12 | 14 | 15 | 12 | 14 | 16 | 15 | 12 | 14 | 16 | 25 | 20 |
| | | 四级 | 16 | 14 | 16 | 17 | 14 | 16 | 18 | 17 | 14 | 16 | 18 | | |
| | 高层 | 一、二级 | 13 | 13 | 15 | 13 | 13 | 15 | 17 | 13 | 13 | 15 | 17 | 20 | 15 |
| 丁、戊类厂房 | 单、多层 | 一、二级 | 12 | 10 | 12 | 13 | 10 | 12 | 14 | 13 | 10 | 12 | 14 | 15 | 13 |
| | | 三级 | 14 | 12 | 14 | 15 | 12 | 14 | 16 | 15 | 12 | 14 | 16 | 18 | 15 |
| | | 四级 | 16 | 14 | 16 | 17 | 14 | 16 | 18 | 17 | 14 | 16 | 18 | | |
| | 高层 | 一、二级 | 13 | 13 | 15 | 13 | 13 | 15 | 17 | 13 | 13 | 15 | 17 | 15 | 13 |

② 民用建筑与民用建筑防火间距的公式：

如表1.4.2-2，高层对高层、裙一二、裙三、裙四：3914，即（13m，9m，11m，14m）

单多层（裙房）对单多层（裙房）：$C=6+B_1+B_2$，$B_1B_2$：一二级=0，三级=1，四级=3。

民用建筑之间的防火间距（m） 表1.4.2-2

| 建筑类别 | | 高层民用建筑 | 裙房和其他民用建筑 | | |
|---|---|---|---|---|---|
| | | 一、二级 | 一、二级 | 三级 | 四级 |
| 高层民用建筑 | 一、二级 | 13 | 9 | 11 | 14 |
| 裙房和其他民用建筑 | 一、二级 | 9 | 6 | 7 | 9 |
| | 三级 | 11 | 7 | 8 | 10 |
| | 四级 | 14 | 9 | 10 | 12 |

（3）特殊防火间距连连看（图 1.4.2–2）。

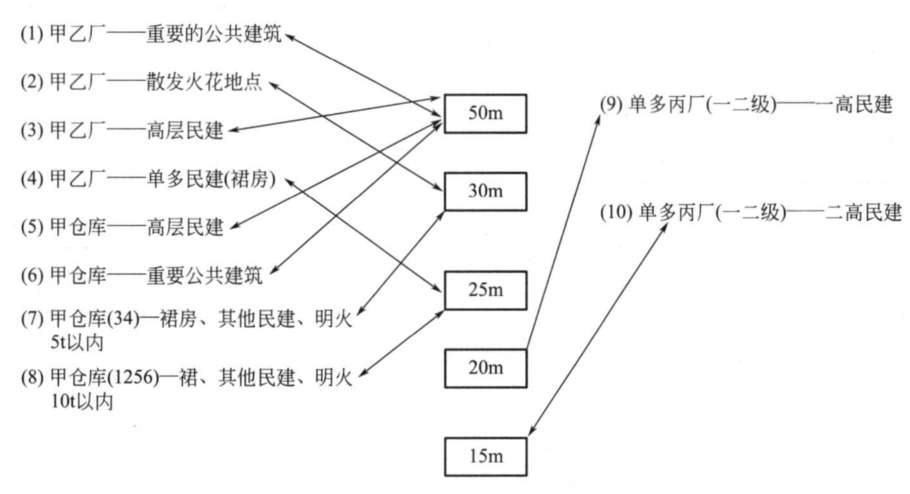


图 1.4.2–2　特殊防火间距的连连看

**答 15：防火间距不足如何处理？（解题思路）。**

答：1. 防火间距不足处理方法【考试应写具体情况处理】。

（1）改变建筑内生产或使用性质，尽量减少建筑物火灾危险性；改变房屋部分结构耐火性能，提高建筑物的耐火等级。

（2）调整生产厂房部分流程和库房储存物品数量；调整部分构件耐火性能和燃烧性能。

（3）将建筑物的普通外墙改为防火墙。

（4）拆除部分耐火等级低、占地面积小、适用性不强且与新建筑相邻的原有陈旧建筑物。

（5）设置独立防火墙。【总结】：改调防拆设。

2. 考试如何书写具体情况的思路：（此处希望学员朋友能分开记忆，如果混在一起，对精准记忆和消化是个挑战）。防火间距不足处理的 5 个得分点，但并非每个点都适用，需逐一分析。

A. 只提高耐火等级

（1）厂房之间与乙、丙、丁、戊类仓库、丙丁戊类厂房（仓库）与单多层之间，从三级提高为一二级，可以减 2m。

（2）单多层民建与单多层民建（裙房），从三级提高为二级可以减 1m。

B. 改变火灾危险性

（1）如一级单层甲类厂房与二级多层丙类厂房之间的防火间距至少为 12m。

把甲厂火灾危险性降为乙类，防火间距变为 10m。

（2）一个一级单层甲类厂房与一个二级多层公共建筑的防火间距为 25m。

把甲类厂房改为丙类间距变为 10m。

把甲类厂房改为戊类，等同于民建与民建，间距为 6m。

C. 防火间距减少 25%（表 1.4.2–3）

D. 防火间距不限（表 1.4.2–4）。但甲类厂房之间不应小于 4m。

防火间距减少25% 表1.4.2-3

| 工业建筑 | 民用建筑 |
|---|---|
| （1）两座丙、丁、戊类厂房；<br>（2）相邻两面外墙均为不燃墙体且无外露可燃屋檐；<br>（3）每面外墙上的门、窗、洞口面积之和各不大于外墙面积的5%，且门、窗、洞口不正对开设 | （1）相邻两座单、多层建筑；<br>（2）相邻外墙为不燃墙体且无外露可燃屋檐；<br>（3）每面外墙上无防火保护的门、窗、洞口不正对开设且该门、窗、洞口的面积之和不大于外墙面积的5% |

防火间距不限 表1.4.2-4

<table>
<tr><th>工业建筑（不含甲类仓库）</th><th>丙丁类厂房与民建（均一二级）</th><th>民建之间</th></tr>
<tr><td>高度不同：<br>高的外墙为防火墙</td><td rowspan="2">高的外墙为防火墙<br>（无门窗洞）<br>或者<br>比较低建筑屋面高15m及以下部分外墙为防火墙<br>（无门窗洞）</td><td>高的外墙为防火墙<br>或者<br>比较低建筑屋面高15m及以下部分外墙为防火墙</td></tr>
<tr><td>高度相同：<br>（1）一、二级耐火等级；<br>（2）任一外墙为防火墙且屋顶的耐火极限不低于1.00h时其防火间距不限；<br>仓库+1条：总占地面积不超</td><td>高度相同<br>（1）一二级；<br>（2）任一侧外墙为防火墙，屋顶的耐火极限不低于1.00h</td></tr>
</table>

E. 防火间距缩小为固定数值（表1.4.2-5）

防火间距缩小为固定数值 表1.4.2-5

| 工业建筑（一二级） | 民建 | 丙丁戊厂与民建（均1、2级） |
|---|---|---|
| 低的面外墙为防火墙且屋顶无天窗，屋顶耐火极限不低于1.00h | 低的不低于二级，低的为防火墙，且屋顶无天窗，耐火极限不低于1.00h | 低的面外墙为防火墙且屋顶无天窗，屋顶耐火极限不低于1.00h |
| 高的外墙的门、窗等开口部位设置甲级防火门、窗或防火分隔水幕或防火卷帘 | 低的不低于二级，且屋顶无天窗，高的建筑高出低的建筑15m及以下部位开口设甲级防火门窗或水幕、卷帘 | 相邻较高一面外墙为防火墙，且墙上开口部位采取了防火措施 |
| 甲乙类 不应小于6m；<br>丙丁戊类 不应小于4m | 不应小于3.5m；<br>对于高层建筑，不应小于4m | 不应小于4m |

特例：

① 两座仓库的相邻外墙均为防火墙时，防火间距可以减小，但丙类仓库，不应小于6m；丁、戊类仓库，不应小于4m。

② 甲乙类厂房与重要公共建筑的防火间距不小于50m；与明火或散发火花地点，不小于30m。

甲乙类厂房与高层民建的防火间距不小于50m，与单多层民建（裙房）防火间距不小于25m。

③ 单、多层戊类厂房与民用建筑的防火间距可将戊类厂房等同民用建筑的规定执行。

## 1.5 平面布置

### 1.5.1 问题

问16：对于一二级耐火等级建筑建筑平面布置

（1）请问商店展览、儿童老人、医院和疗养住院部分、剧院电影院礼堂、会议室多功能厅、歌舞娱乐游艺等场所都能布置在第几层？如果布置在一些危险场所（如 4 层、-1 层等）需满足何种条件？

（2）另外上述建筑的防火分隔是怎么分隔的？住宅与服务单元、住宅与非住宅怎么进行防火分隔？

（3）【总结】在所有建筑中，需要设置独立疏散楼梯或安全出口的场所有哪些？

**问 17：**民用建筑内设备用房平面布置

（1）请问民用建筑内的锅炉房、变压器室、柴油发电机房、消控室、水泵房、机房储油间可以布置在第几层？不能布置在第几层？能否与人员密集场所贴邻或是上下层关系？布置在特殊场所需满足何种条件？

（2）燃油燃气锅炉、油浸变压器、有可燃油的电容器和多油开关贴邻除了人员密集场所的其他民用建筑需满足何种条件？

（3）锅炉、柴油发电机燃料供给管道需采取哪 4 种措施？

（4）采用瓶装液化石油气瓶组供气时，能否贴邻其他建筑？

**问 18：**工业建筑平面布置

（1）请问甲乙丙类厂房与甲乙丙丁类仓库的平面布置的要求和防火分隔分别是什么？

（2）厂房丙类液体中间储罐的防火要求是什么？

（3）厂房内设甲乙丙丁戊类中间仓库的防火分隔要求是什么？

（4）变配电站与甲乙类厂房能否贴邻？

## 1.5.2　问题和答题

**答 16：**对于一二级耐火等级建筑建筑平面布置

（1）请问商店展览、儿童老人、医院和疗养住院部分、剧院电影院礼堂、会议室多功能厅、歌舞娱乐游艺等场所都能布置在第几层？如果布置在一些危险场所（如 4 层、-1 层等）需满足何种条件？

答：一二级耐火等级建筑平面布置（× 代表不可设置）（表 1.5.2–1）。

**一二级耐火等级建筑平面布置**　　**表 1.5.2–1**

| 层 | 商店展览 | 幼儿托儿 | 老年人照料设施 | | 医院、疗养院住院 | 剧院、电影院、礼堂 | 会议室、多功能厅 | 歌舞娱乐游艺场所 |
|---|---|---|---|---|---|---|---|---|
| | | | 一般规定 | （公共活动、康复医疗） | | | | |
| +4 及↑ | √ | × | 独立建造的一、二级耐火等级老年人照料设施的建筑高度不宜大于 32m，不应大于 54m | 200m² 且 30 人 | √ | 2 个疏散门、400m² | 2 个疏散门、400m² | 200m² |
| +3 | √ | √ | | | √ | √ | √ | √ |
| +2 | √ | √ | | | √ | √ | √ | √ |
| 首层 | √ | √ | | | √ | √ | √ | √ |
| −1 | √ | × | | 200m² 且 30 人 | × | √ | 2 个疏散门、400m² | 10m，200m² |
| −2 | √ | × | | × | × | √ | 2 个疏散门、400m² | × |
| −3 及↓ | × | × | | × | × | × | × | × |

续表

| 层 | 商店展览 | 幼儿托儿 | 老年人照料设施 |  | 医院、疗养院住院 | 剧院、电影院、礼堂 | 会议室、多功能厅 | 歌舞娱乐游艺场所 |
|---|---|---|---|---|---|---|---|---|
|  |  |  | 一般规定 | （公共活动、康复医疗） |  |  |  |  |
| 独立疏散 | — | 高层应 | 规范正文未指出，解释中：组合建筑的新建和扩建建筑应该有条件将安全出口全部独立设置 |  | — | 应 | — | — |
| 设施设置 | 详见建规设施配置 |  |  |  |  | 高层：自喷＋自报 |  | 详见建规设施配置 |

（2）另外上述建筑的防火分隔是怎么分隔的？住宅与服务单元、住宅与非住宅怎么进行防火分隔？

答：表1.5.2-1防火分隔：2+1+乙（剧场、电影院、礼堂为甲级）。

住宅与服务网点：2（无开口）+1.5+独立出口【此处为记忆方法，格式为墙＋楼板＋门/出口】。

住宅与非住宅：2（无开口）+1.5+独立出口；高层为防火墙+2+独立。

（3）【总结】在所有建筑中，需要设置独立疏散楼梯或安全出口的场所有哪些？

答：见表1.5.2-2。

独立的安全出口或疏散楼梯　　表1.5.2-2

| 厂房 | 办公室、休息室贴邻甲、乙类厂房时，应设置独立的安全出口【全部独立】 |
|---|---|
|  | 办公室、休息室设置在丙类厂房内时，分隔后并应至少设置1个独立的安全出口【至少一个】 |
|  | 地下或半地下厂房，当有多个防火分区相邻布置，并采用防火墙分隔时，每个防火分区可利用防火墙上通向相邻防火分区的甲级防火门作为第二安全出口，但每个防火分区必须至少有1个直通室外的独立安全出口【至少一个】 |
| 仓库 | 地下或半地下仓库，当有多个防火分区相邻布置并采用防火墙分隔时，每个防火分区可利用防火墙上通向相邻防火分区的甲级防火门作为第二安全出口，但每个防火分区必须至少有1个直通室外的安全出口【至少一个】 |
|  | 办公室、休息室设置在丙、丁类仓库内时，采取分隔后并设置独立的安全出口【全部独立】 |
| 民用建筑 | 儿童活动场设置在高层建筑内时，应设置独立的安全出口和疏散楼梯；设置在单、多层建筑内时，宜设置独立的安全出口和疏散楼梯【全部独立】 |
|  | 老年人照料设施与其他建筑组合建造时，要按规定进行分隔外，对于新建和扩建建筑，应该有条件将安全出口全部独立设置；对于部分改建建筑，受建筑内上、下使用功能和平面布置等条件的限制时，要尽量将老年人照料设施部分的疏散楼梯或安全出口独立设置 |
|  | 剧场、电影院、礼堂设置在其他民用建筑内时，至少应设置1个独立的安全出口和疏散楼梯【至少1个】 |
|  | 除商业服务网点外，住宅建筑与其他使用功能的建筑合建时，住宅部分与非住宅部分的安全出口和疏散楼梯应分别独立设置【全部独立】 |
|  | 设置商业服务网点的住宅建筑，住宅部分和商业服务网点部分的安全出口和疏散楼梯应分别独立设置【全部独立】 |

**答17：民建内设备用房平面布置**

（1）请问民建内的锅炉房、变压器室、柴油发电机房、消控室、水泵房、机房储油间可以布置在第几层？不能布置在第几层？能否与人员密集场所贴邻或是上下层关系？布置在特殊场所需满足何种条件？

答：民建内设备用房平面布置（表1.5.2-3）

民建内设备用房平面布置　　表 1.5.2–3

| | 锅炉房 | 油浸变压器室 | 柴油发电机房 | 消控室 | 水泵房 | 机房储油间 |
|---|---|---|---|---|---|---|
| 人密贴邻 | × | × | × | √ | √ | × |
| +1、-1 | √ | √ | √ | √ | √ | √ |
| -2 | 常负压（油气）-2、屋顶，燃气锅炉屋顶距出口 ≥ 6m | × | √ | × | ≤ 10m | — |
| -3 | × | × | × | × | × | × |
| 分隔 | 2+1.5+ 直通室外出口 + 甲级（消控室为乙级） | | | | | 3+ 甲 |
| 是否靠外墙 | 靠外墙 | 靠外墙 | — | 靠外墙 | — | — |
| 其他 | 相对密度 ≥ 0.75 禁地下， | 放流散，事故储油设施 | — | 单独建造二级，门应直通室外或安全出口，抗干扰，防水淹 | 单独建造二级，门应直通室外或安全出口防水淹 | 储量 1m³ |

（2）燃油燃气锅炉、油浸变压器、有可燃油的电容器和多油开关贴邻除了人员密集场所的其他民用建筑需满足何种条件？

答；燃油燃气锅炉、油浸变压器、有可燃油的电容器和多油开关可贴邻（除了人密场所）的其他民用建筑：

防火墙 + 二级。

（3）锅炉、柴油发电机燃料供给管道需采取哪 4 种措施？

答：自动和手动切断阀 + 油箱密闭 + 通向室外带阻火器的呼吸阀 + 防流散。

（4）采用瓶装液化石油气瓶组供气时，能否贴邻其他建筑？

答：独立瓶组间 + 不应贴邻（与住宅建筑、重要公共建筑和其他高层公共建筑）。

应采用自然气化（不是强制气化，强制气化需要加热）方式供气（液化石油气气瓶的总容积不大于 1m³ 的瓶组间与所服务的其他建筑贴邻时）

**答 18：**工业建筑平面布置

（1）请问甲乙丙类厂房与甲乙丙丁类仓库的平面布置的要求和防火分隔分别是什么？

（2）厂房丙类液体中间储罐的防火要求是什么？

（3）厂房内设甲乙丙丁戊类中间仓库的防火分隔要求是什么？

（4）变配电站与甲乙类厂房能否贴邻？

答：工业建筑平面布置（表 1.5.2–4）

工业建筑平面布置　　表 1.5.2–4

| | 厂　房 | 仓　库 |
|---|---|---|
| 全部 | 禁止设置宿舍 | |
| 甲乙类 | （1）办公休息不得设；<br>（2）可贴邻：二级 + 3.0h 防爆 + 独立出口 | 禁止办公休息，禁贴邻 |
| 丙类 | 办公休息可设内，2.5+1.0+ 乙级 + 至少一个独立出口 | 丙丁设办公休息，2.5+1.0+ 乙级 + 独立 |
| 丁类 | — | |

续表

<table>
<tr><th></th><th>厂　房</th><th>仓　库</th></tr>
<tr><td>其他规定</td><td colspan="2">厂房丙类液体中间储罐：单独房间、5m³、3.0+1.5+甲级（此处3.0指的是3.0h的防火隔墙）；<br>厂房内设甲乙丙类中间仓库：防火墙+1.5（其中甲乙1昼夜）；<br>厂房内设丁戊类仓库：2+1；<br>变配电站与甲乙类厂房：不得设置内部，不得贴邻。甲、乙类厂房专用的10kV及以下的变、配电站可一面贴邻：采用无门、窗、洞口的防火墙分隔时。乙类厂房的配电站确需在防火墙上开窗时，应采用甲级防火窗</td></tr>
</table>

## 1.6 安全疏散

### 1.6.1 问题

**问19：**安全出口和疏散门是生命通道（图1.6.1–1），其数量一般需计算确定，且最少不少于2个。建筑内的安全出口和疏散门应分散布置，且建筑内每个防火分区或一个防火分区的每个楼层、每个住宅单元每层相邻两个安全出口以及每个房间相邻两个疏散门最近边缘之间的水平距离不应小于5m。

(*a*) 安全出口　　(*b*) 疏散门

图1.6.1–1　安全出口和疏散门

（1）请问何种情况下厂房每个防火分区或一个防火分区内的每个楼层可以是一个安全出口？

（2）何种情况下厂房相邻防火分区可以借用安全出口？

（3）每座仓库的安全出口不应少于2个，什么情况可以设一个安全出口？

仓库内每个防火分区通向疏散走道、楼梯或室外的出口不宜少于2个，什么情况可以只设置1个出口？另外通向疏散走道或楼梯的门应为采用什么门？

地下或半地下仓库（包括地下或半地下室）的安全出口不应少于2个；当什么概况下可设置1个安全出口？

（4）公共建筑内每个防火分区或一个防火分区的每个楼层，其安全出口的数量应经计算确定，且不应少于2个。公共建筑里，何种情况可以设一个安全出口或疏散楼梯？

（5）住宅建筑中，何种情况可以设一个安全出口？

（6）设置商业服务网点的住宅建筑，其商业服务网点中每个分隔单元之间应采用耐火极限不低于2h且无门、窗、洞口的防火隔墙相互分隔，当每个分隔单元任一层的建筑面积大于多少平方米时，该层应设置2个安全出口或疏散门？请思考商业服务网店如果只有1层或有2层的情况，安全出口或疏散楼梯如何设置？

（7）在民用建筑中，疏散门的位置常有两个说法。如图1.6.1–2所示。

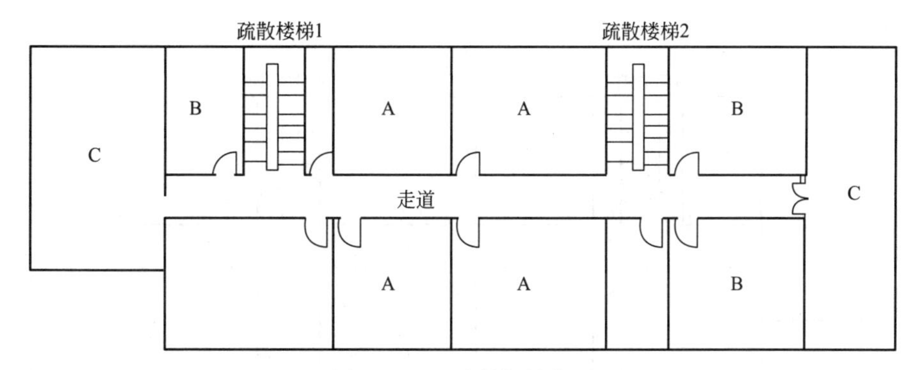


图 1.6.1–2 疏散门的位置

其中 A 房间的疏散门就是典型位于两个安全出口（疏散楼梯）之间的房间门；B 就是典型的位于袋形走道两侧的房间，C 是典型的位于袋形走道尽端的房间。

请问：公共建筑里，何种情况必须设两个疏散门？何种情况可以设一个疏散门？

（8）疏散门的方向一般向疏散方向开启，民建、厂房何种情况开启方向可以不限？

疏散门一般采用平开门，在仓库里何种情况可以用推拉门或卷帘门？

哪些建筑封闭楼梯间的门应采用乙级防火门？哪些封闭楼梯间能采用双向弹簧门？

人员密集场所内平时需要控制人员随意出入的疏散门和设置门禁系统的住宅、宿舍、公寓建筑的外门应采用什么门，有何规定？

**问 20：**疏散宽度的计算，是学习安全疏散时最基本知识点。

请问下列两种情况下疏散宽度的计算思路是什么？

（1）只给面积而不给人数的；（2）直接给人数的。

**问 21：**需要记忆下来的密度。

（1）歌舞娱乐（录像厅）、歌舞娱乐（其他）、展览厅、普通办公室人员的密度分别是多少？

（2）商店中哪三类用途情况特殊，密度可以缩减？缩减为百分之多少？

（3）剧场、电影院、礼堂、体育馆等有固定座位的场所怎么计算人数？除剧场、电影院、礼堂、体育馆外的其他公建有固定座位的场所（如餐饮）怎么计算人数？

（4）百人疏散宽度指标，就是计算 100 人所需的疏散宽度。请问地下人密场所、地下歌舞娱乐游艺场所百人疏散宽度指标分别是多少？厂房和一二级民建的百人疏散宽度指标是多少？

**问 22：**（1）最小疏散宽度。厂房、住宅、一般公共建筑、高层公共、高层医疗的疏散门、疏散楼梯、首层外门、疏散走道的最小宽度分别是多少？

（2）人密场所公共场所、观众厅疏散门最小净宽度是多少？

（3）人密公共场所室外疏散通道最小净宽是多少？

**问 23：**公共建筑的疏散宽度借用。满足哪些条件可以借用？

**问 24：**疏散距离问题。

（1）甲乙丙类厂房的最大疏散距离是多少？设置自动灭火设施可否增加 25%？

（2）一二级丁戊类厂房疏散距离怎么规定？

（3）公共建筑的安全疏散距离。在民用建筑中，疏散门的位置常有两个说法。如

图 1.6.1–3 所示。

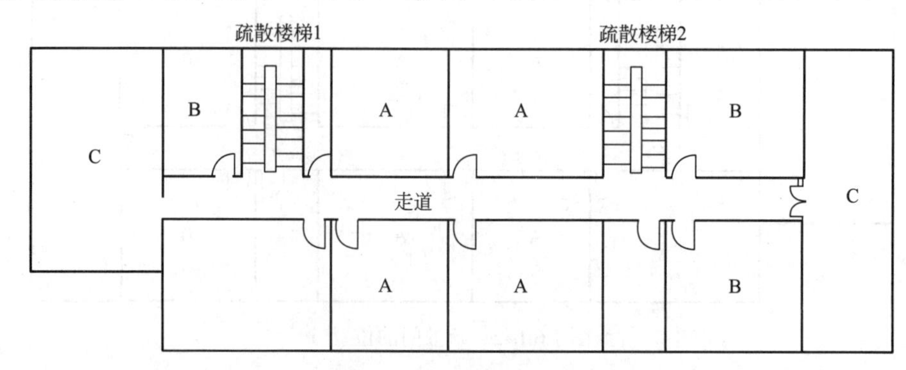


图 1.6.1–3 疏散门位置

其中 A 房间的疏散门就是典型位于两个安全出口（疏散楼梯）之间的房间门；B 就是典型的位于袋形走道两侧的房间，C 是典型的位于袋形走道尽端的房间。

直通疏散走道的房间疏散门至最近安全出口的直线距离最多是多少？何种情况可以增减？

（4）房间内任一点至房间直通疏散走道的疏散门的直线距离，最多是多少？

（5）一二级耐火等级住宅的疏散门至最近安全出口的直线距离和公共建筑的哪种情况相同？

（6）商业服务网点的疏散距离如何确定？

**问 25：**疏散距离特殊情况。

（1）疏散距离在有些场合，按照建规表格的规定很难实施，所以在一些特殊场所，疏散距离可以有所放宽。此类特殊场指的是观众厅、展览厅、多功能厅、餐厅、营业厅等。包含开敞式办公区、会议报告厅、宴会厅、观演建筑的序厅、体育建筑的入场等候与休息厅等，不包括用作舞厅和娱乐场所的多功能厅。请问一、二级耐火等级建筑内疏散门或安全出口不少于 2 个的观众厅、展览厅、多功能厅、餐厅、营业厅等，其室内任一点至最近疏散门或安全出口的直线距离不应大于多少米？当疏散门不能直通室外地面或疏散楼梯间时，应采用长度不大于多少米的疏散走道通至最近的安全出口？当该场所设置自动喷水灭火系统时，室内任一点至最近安全出口的安全疏散距离可分别增加多少？

（2）实战训练。假设下列情形中，室内任一点到两个疏散门的夹角均≥ 45°。

① 情况一：设在高层建筑中，判断 $A$=40m，$B$=40m 是否正确（图 1.6.1–4）。

② 情况二：设在高层建筑中，走道和室内均设置自喷，判断 $A$=36m，$B$=38m，$C$=20m 是否正确（图 1.6.1–5）。

③ 情况三：设在高层建筑中，走道和室内均设置自喷，判断 $A$=37m，$B$=35m，$C$=10m，$D$=9m 是否正确（图 1.6.1–6）。

④ 情况四：设在高层建筑中，走道和室内均设置自喷，判断 $A$=18m，$B$=20m，$C$=50m，$D$=49m 是否正确（图 1.6.1–7）。

**问 26：**楼梯间设置问题。请问在厂房、仓库、住宅、公共建筑里，什么情况应采用防烟楼梯间？什么情况采用封闭楼梯间？什么情况采用室外楼梯？

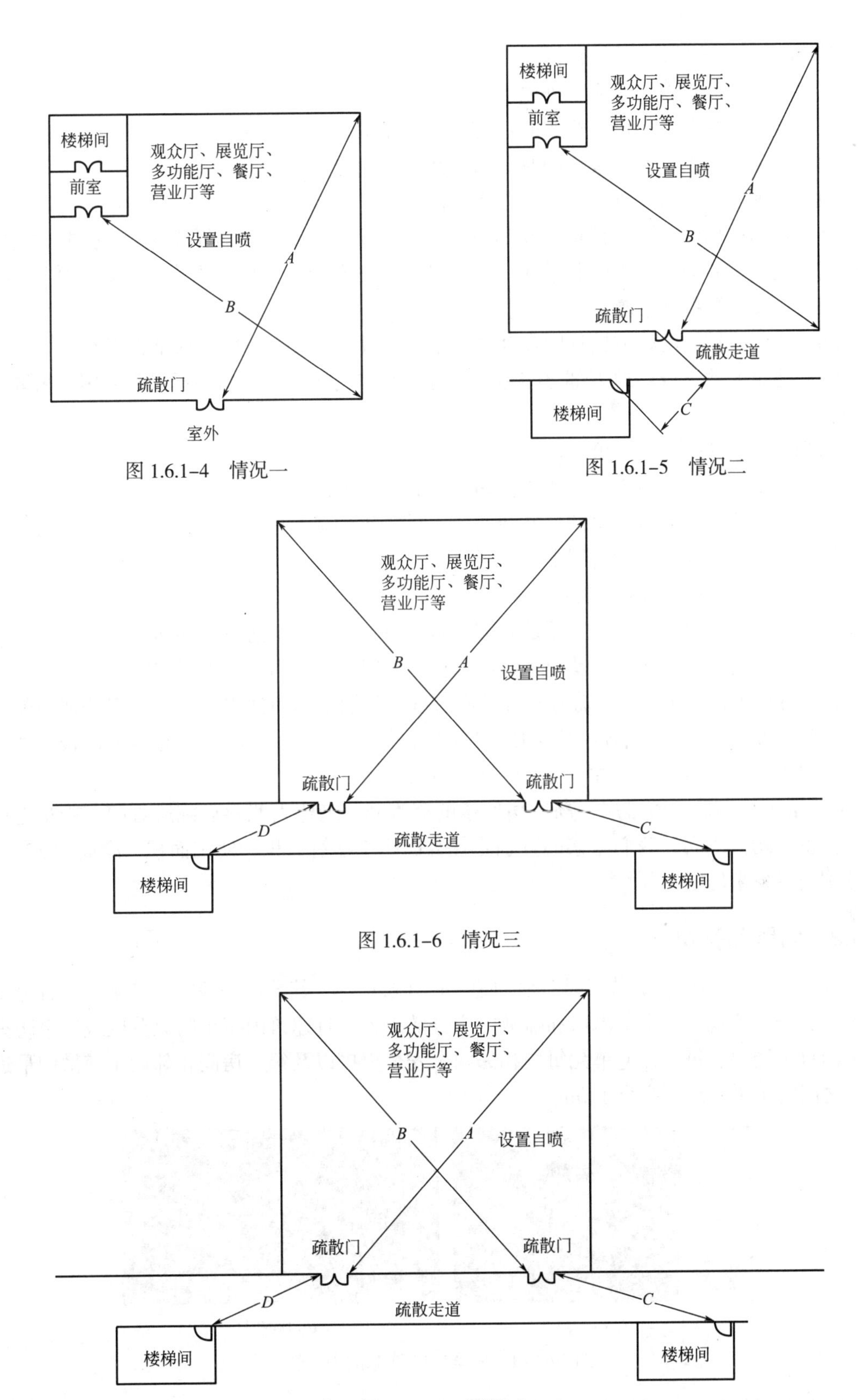


图 1.6.1–4　情况一

图 1.6.1–5　情况二

图 1.6.1–6　情况三

图 1.6.1–7　情况四

**问 27**：关于疏散楼梯间的问题。

（1）宜靠外墙设置还是应靠外墙？

（2）楼梯间内能不能设置烧水间、可燃材料储藏室、垃圾道？

（3）封闭楼梯间、防烟楼梯间及其前室能否设置卷帘？

（4）楼梯间内能否设置甲、乙、丙类液体管道？

（5）封闭楼梯间、防烟楼梯间及其前室内能否穿过或设置可燃气体管道？公共建筑的敞开楼梯间内能否设置可燃气体管道？住宅建筑的敞开楼梯间内能否设置可燃气体管道？如果可以，要设置哪些措施？

（6）任何建筑内的疏散楼梯间在各层的平面位置不应改变。此句话是否正确？

（7）建筑的地下或半地下部分与地上部分能否共用楼梯间？如果不得不公用。采取哪些措施？

**问 28**：关于封闭楼梯间的问题。

（1）封闭楼梯间要不要自然通风？如果不满足怎么办？

（2）高层建筑、人员密集的公共建筑、人员密集的多层丙类厂房、甲、乙类厂房的封闭楼梯间的门采用什么门？向哪个方向开启？

**问 29**：关于防烟楼梯间的问题。

（1）防烟楼梯间设排烟设施还是防烟设施？前室可否与消防电梯间前室合用？

（2）疏散走道通向前室以及前室通向楼梯间的门是甲级门还是乙级门？

**问 30**：【总结】（1）你能说出消防电梯前室、防烟楼梯间独立前室、剪刀楼梯间前室的面积吗？能否合用？如能合用后的面积至少是多少平方米？对于剪刀楼梯间的楼梯间前室能否共用？共用前室又能否与消防电梯前室再合用？

【总结】（2）请问避难层、高层病房楼的避难间、老年人照料设施避难间、避难走道防烟前室、防火隔间，我们考察的分别是什么面积（建筑面积、使用面积、净面积）？面积分别按多少来确定？

## 1.6.2 问题和答题

**答 19**：安全出口和疏散门是生命通道（图 1.6.2-1），其数量一般需计算确定，且最少不少于 2 个。建筑内的安全出口和疏散门应分散布置，且建筑内每个防火分区或一个防火分区的每个楼层、每个住宅单元每层相邻两个安全出口以及每个房间相邻两个疏散门最近边缘之间的水平距离不应小于 5m。

(*a*) 安全出口

(*b*) 疏散门

图 1.6.2-1 安全出口和疏散门设置

（1）请问何种情况下厂房每个防火分区或一个防火分区内的每个楼层可以是一个安全

出口？

答：厂房每个防火分区或一个防火分区内的每个楼层可以是一个安全出口的情况，见表 1.6.2–1。

**一个安全出口的情况** **表 1.6.2–1**

| 厂房类别 | 每层建筑面积（$m^2$） | 且同一时间的作业人数 |
|---|---|---|
| 甲类 | ≤ 100 | ≤ 5 人 |
| 乙类 | ≤ 150 | ≤ 10 人 |
| 丙类 | ≤ 250 | ≤ 20 人 |
| 丁戊类 | ≤ 400 | ≤ 30 人 |
| 地下半地下 | ≤ 50 | ≤ 15 人 |

（2）何种情况下厂房相邻防火分区可以借用安全出口？

答：厂房相邻防火分区可以借用安全出口的情况：

地下或半地下厂房（包括地下或半地下室）+ 相邻防火分区防火墙分隔 + 防火墙上开甲级防火门作为第二安全出口 + 每个防火分区必须至少有 1 个直通室外的独立安全出口（图 1.6.2–2）。

注意：仓库借用安全出口情形与厂房一致，后面不作重复叙述。

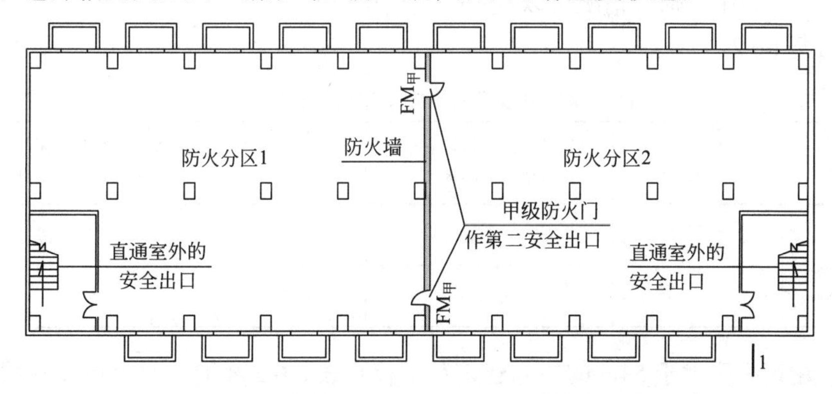


图 1.6.2–2 厂房的地下室、半地下室平面示意图

（3）每座仓库的安全出口不应少于 2 个，什么情况可以设一个安全出口？

仓库内每个防火分区通向疏散走道、楼梯或室外的出口不宜少于 2 个，什么情况下可以只设置 1 个出口？另外通向疏散走道或楼梯的门应为采用什么门？

地下或半地下仓库（包括地下或半地下室）的安全出口不应少于 2 个；当什么情况下可设置 1 个安全出口？

答：见表 1.6.2–2。

**只设一个安全出口情形** **表 1.6.2–2**

| 每座仓库的安全出口 | 仓库的占地面积不大于 $300m^2$ |
|---|---|
| 仓库内每个防火分区通向疏散走道、楼梯或室外的出口 | 防火分区的建筑面积不大于 $100m^2$ |
| 地下或半地下仓库（包括地下或半地下室）的安全出口 | 建筑面积不大于 $100m^2$ |
| 口诀：311 占防下 | |

另外，通向疏散走道或楼梯的门应为乙级防火门（仓库的特殊规定）。

（4）公共建筑内每个防火分区或一个防火分区的每个楼层，其安全出口的数量应经计算确定，且不应少于2个。公共建筑里，何种情况可以设一个安全出口或疏散楼梯？

答：公共建筑里可以设一个安全出口或疏散楼梯的情形（表1.6.2–3）。

**公共建筑里可以设置一个安全出口或疏散楼梯的情形　　表1.6.2–3**

| 耐火等级 | 最多层数 | 每层/分区最大建筑面积 | 人　数 | 其他限定 |
|---|---|---|---|---|
| 一二级 | 3 | 200 | 第2层+第3层≤50人 | 除老幼病娱场所 |
| 三级 | 3 | | 第2层+第3层≤25人 | |
| 四级 | 2 | | 第2层≤15人 | |
| 民建通用 | 【公建】单层或多层首层 | 200 | ≤50人 | 除幼 |
| | 地下或半地下设备间 | | — | 除歌舞娱乐放映游艺场所 |
| | 其他地下或半地下建筑（室） | 50 | ≤15（经常停留人数） | |

（5）住宅建筑中，何种情况可以设一个安全出口？

答：见表1.6.2–4。

**住宅建筑可以设一个安全出口的情形　　表1.6.2–4**

| 建筑高度 | 每单元任一层面积 | 任一户门至最近安全出口的距离 | 户门采用乙级防火门 | 疏散楼梯应通至屋面，且单元之间的疏散楼梯应能通过屋面连通 |
|---|---|---|---|---|
| ≤27m | ≤650m² | ≤15m | — | — |
| 27m＜$x$≤54m | | ≤10m | √ | √ |

注意：建筑高度大于54m的住宅建筑和不符合表1.6.2–4的，每个单元每层的安全出口不应少于2个。

（6）设置商业服务网点的住宅建筑，其商业服务网点中每个分隔单元之间应采用耐火极限不低于2h且无门、窗、洞口的防火隔墙相互分隔，当每个分隔单元任一层的建筑面积大于多少平方米时，该层应设置2个安全出口或疏散门？

答：200m²。具体如图1.6.2–3～图1.6.2–7所示。

情况1：商业服务网点只有一层（图1.6.2–3）。

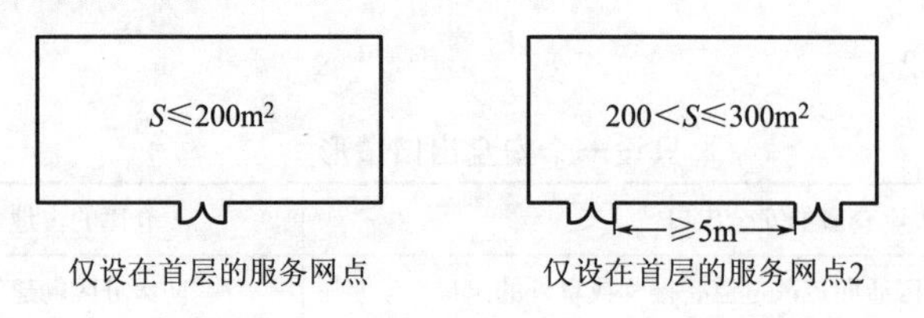


图1.6.2–3　商业服务网点只有一层时设置安全出口的情形

情况2：商业服务网点有2层。虽然一楼面积未超过200m²，但是二楼的两座敞开疏散楼梯均经过一楼，所以一楼需要设置两个安全出口（图 1.6.2–4）。

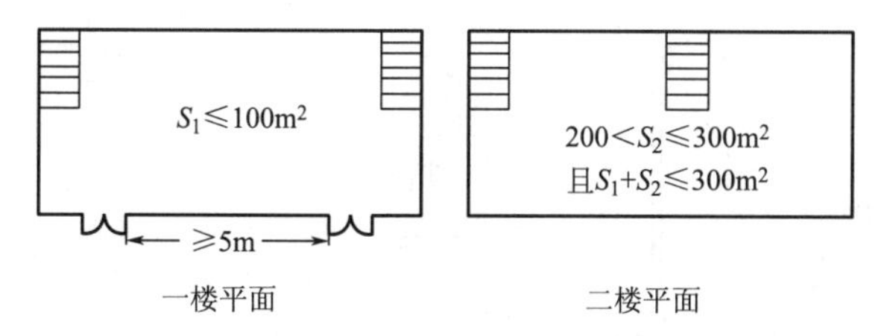


图 1.6.2–4　商业服务网点有 2 层设置疏散楼梯的情形

情况 3：商业服务网点有 2 层。一楼二楼面积均未超过 $200m^2$，所以均设置一个安全出口（敞开疏散楼梯）即可（图 1.6.2–5）。

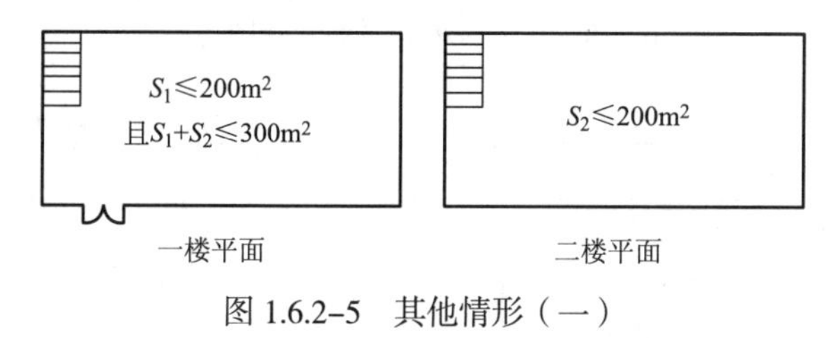


图 1.6.2–5　其他情形（一）

情况 4：商业服务网点有 2 层。一楼面积未超过 $100m^2$，所以设置一个安全出口。二楼面积超过 $200m^2$，设两个安全出口。因为二楼有疏散走道上开的出口，所以只要设置一座疏散楼梯（图 1.6.2–6）。

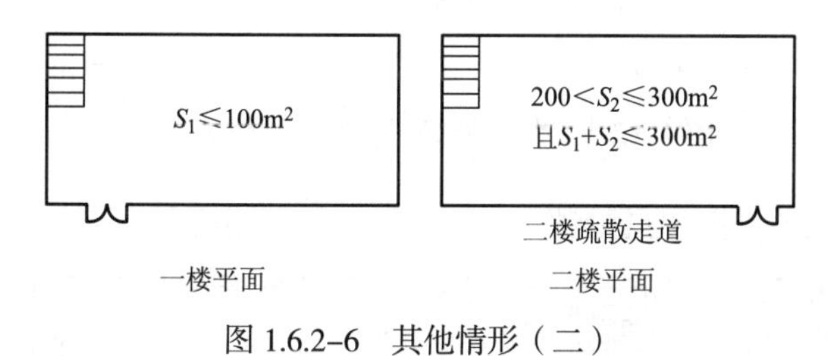


图 1.6.2–6　其他情形（二）

情况 5：商业服务网点有 2 层。二楼面积均未超过 $100m^2$，所以设置一部疏散楼梯下来。一楼面积超过 $200m^2$，设两个安全出口（图 1.6.2–7）。

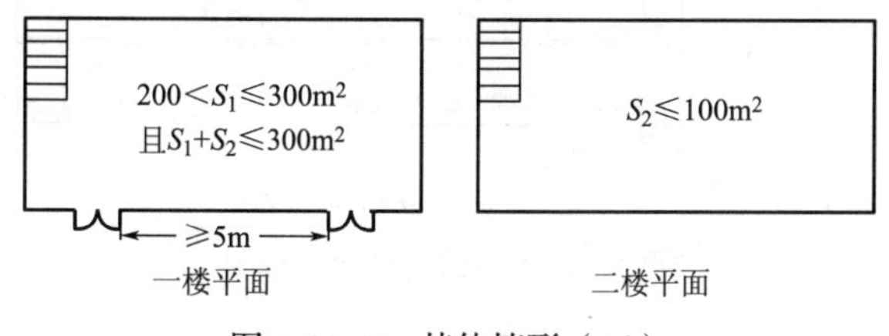


图 1.6.2–7　其他情形（三）

注意：另外有两层商业服务网点除了在二楼设置敞开楼梯间下来外，还可以设置封闭楼梯间，如图 1.6.2–8 ~ 图 1.6.2–10。

（7）在民用建筑中，疏散门的位置常有两个说法。如图 1.6.2–11 所示。

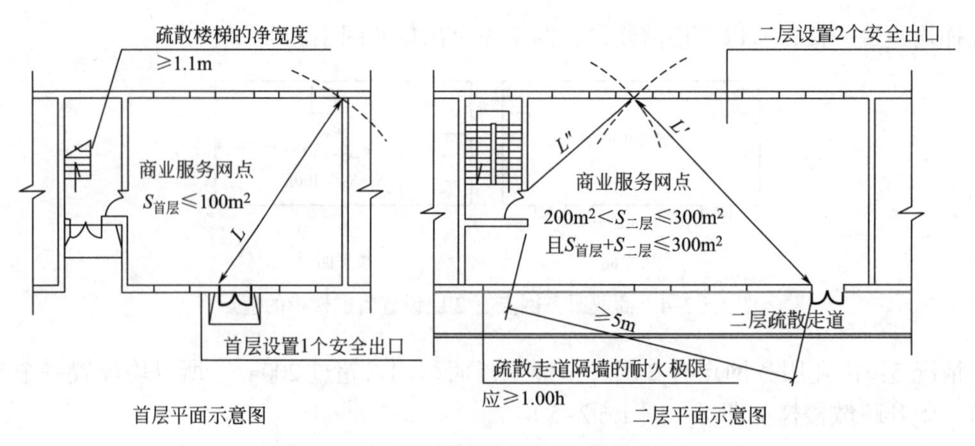


图 1.6.2–8　封闭楼梯间平面示意图（一）

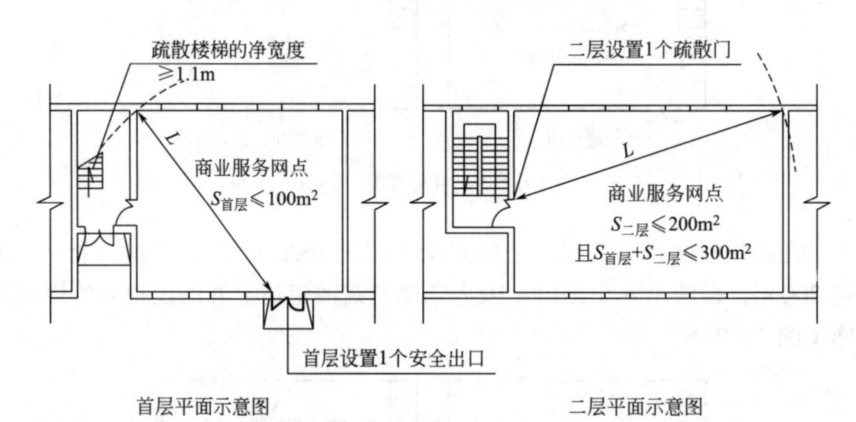


图 1.6.2–9　封闭楼梯间平面示意图（二）

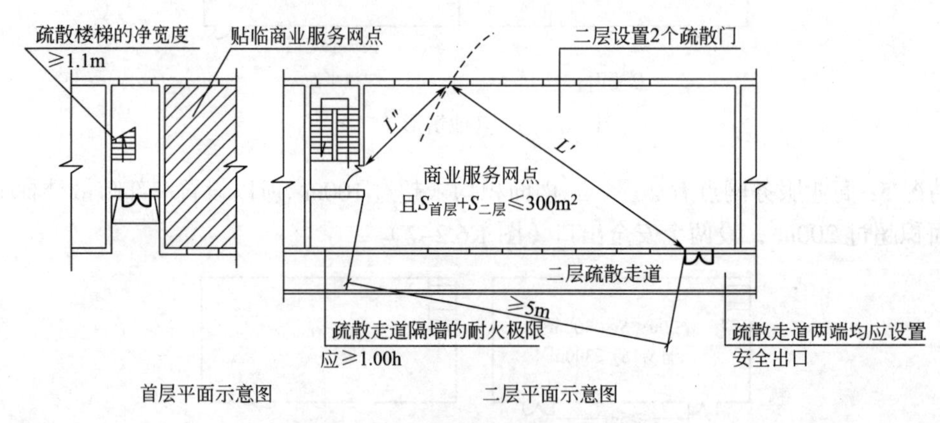


图 1.6.2–10　封闭楼梯间平面示意图（三）

其中 A 房间的疏散门就是典型位于两个安全出口（疏散楼梯）之间的房间门；B 就是典型的位于袋形走道两侧的房间，C 是典型的位于袋形走道尽端的房间。

请问：公共建筑里，何种情况必须设两个疏散门？何种情况可以设一个疏散门？

答:【公共建筑设 2 个疏散门的情形】：托儿所、幼儿园、老年人建筑、医疗建筑、教学建筑内位于走道尽端的房间必须设 2 个门（表 1.6.2–5）。

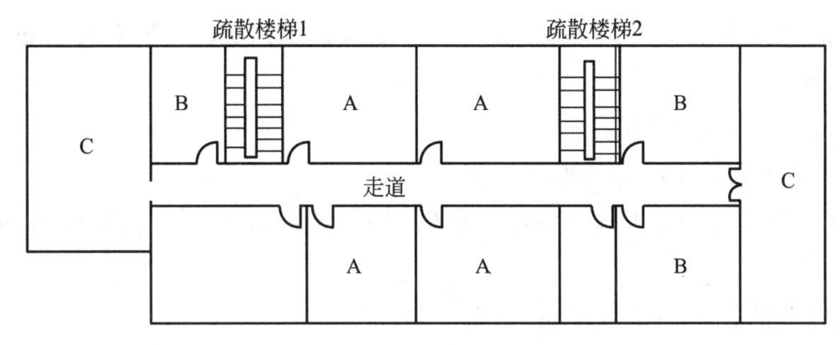


图 1.6.2-11　疏散门的位置

**公共建筑可设 1 个疏散门的情形**　　**表 1.6.2-5**

| | | | |
|---|---|---|---|
| 位于两个安全出口之间或袋形走道两侧的房间 | 老、幼建筑 | ≤ 50m² | 除托儿所、幼儿园、老年人建筑、医疗建筑、教学建筑内位于走道尽端的房间外 |
| | 医、学建筑 | ≤ 75m² | |
| | 其他建筑 | ≤ 120m² | |
| 位于走道尽端的房间 | 面积< 50m² 且疏散门的净宽度≥ 0.90m | | |
| | 由房间内任一点至疏散门的直线距离≤ 15m、建筑面积≤ 200m² 且疏散门的净宽度≥ 1.40m | | |
| 歌舞娱乐放映游艺场所 | 面积≤ 50m² 且经常停留人数≤ 15 人 | | |
| 普通地下房间 | 建筑面积≤ 200m² 的地下或半地下设备间 | | |
| | 建筑面积≤ 50m² 且经常停留人数≤ 15 人的其他地下或半地下房间 | | |

（8）疏散门的方向一般向疏散方向开启，民建、厂房何种情况开启方向可以不限？

疏散门一般采用平开门，在仓库里何种情况可以用推拉门或卷帘门？

哪些建筑封闭楼梯间的门应采用乙级防火门？哪些封闭楼梯间能采用双向弹簧门？

人员密集场所内平时需要控制人员随意出入的疏散门和设置门禁系统的住宅、宿舍、公寓建筑的外门应采用什么门，有何规定？

答：见表 1.6.2-6。

**疏散门**　　**表 1.6.2-6**

| | 规　　定 | 方向不限或可采用其他类型门的情形 |
|---|---|---|
| 民建、厂房 | 疏散方向开启，平开门 | 除甲、乙类生产车间外，人数不超过 60 人，且每樘门的平均疏散人数不超过 30 人的房间 |
| 仓库 | 疏散方向开启，平开门 | 丙、丁、戊类仓库首层靠墙的外侧可用推拉门或卷帘门 |
| 高层建筑、人员密集的公共建筑、人员密集的多层丙类厂房、甲、乙类厂房，其封闭楼梯间的门 | 疏散方向开启，乙级防火门 | 其他建筑，可采用双向弹簧门 |
| 人员密集场所内平时需要控制人员随意出入的疏散门和设置门禁系统的住宅、宿舍、公寓建筑的外门 | 不需使用钥匙等任何工具即能从内部易于打开，显著位置设置具有标识 | — |

**答 20**：疏散宽度的计算，是学习安全疏散时最基本知识点。请问下列两种情况下疏

散宽度的计算思路是什么？（1）只给面积而不给人数的；（2）直接给人数的。

求宽度思路：

答：（1）给面积不给人数的：

密度 × 面积 = 人数（注意30%的情况）；

人数/100× 百人宽度指标 = 总疏散宽度，如果给你 $N$ 个门，再除以 $N$ 和最小宽度做对比。

注意：此处的面积并不是包含所有的建筑面积。

① 对于歌舞娱乐、游艺、放映场所计算疏散人数时，可以不计算疏散走道、卫生间等辅助用房的面积；

② 对于营业厅的建筑面积：包括展示货架、柜台、卫生间、楼梯间、自动扶梯等，对于采用防火分隔且无须进入营业厅的仓储、设备房、工具间、办公室等可不计入该建筑面积内。

【理解记忆要点】：顾客可以到达的要计入，不能到达的不计入。

（2）直接给人数的：

人数/100× 百人宽度指标 = 总疏散宽度，如果给你 $N$ 个门，再除以 $N$ 和最小宽度做对比。

**答21**：需要记忆下来的密度。

（1）歌舞娱乐（录像厅）、歌舞娱乐（其他）、展览厅、普通办公室人员的密度分别是多少？

（2）商场中哪三类用途情况特殊，密度可以缩减？缩减为百分之多少？

答：（1）（2）重要的密度表（表1.6.2–7、表1.6.2–8）

**人员密度** **表1.6.2–7**

| 歌舞娱乐（录像厅） | 歌舞娱乐（其他） | 展览厅 | 商场：表1.6.2–8 | 普通办公室 |
|---|---|---|---|---|
| 1人/m² | 0.5人/m² | 0.75人/m² | 建材、家具、灯饰 ×30% | 0.25人/m² |

**商店营业厅内的人员密度（人/m²）** **表1.6.2–8**

| 楼层位置 | 地下第二层 | 地下第一层 | 地上第一、二层 | 地上第三层 | 地上第四层及以上各层 |
|---|---|---|---|---|---|
| 人员密度 | 0.56 | 0.60 | 0.43 ~ 0.60 | 0.39 ~ 0.54 | 0.30 ~ 0.42 |

注意：上表在取值时，建筑面积小于3000m² 取上限（大值），≥ 3000m² 取下限（小值）。

（3）剧场、电影院、礼堂、体育馆等有固定座位的场所怎么计算人数？除剧场、电影院、礼堂、体育馆外的其他公建有固定座位的场所（如餐饮）怎么计算人数？

答：有座位的场所（表1.6.2–9）

**有座位的场所** **表1.6.2–9**

| 剧场、电影院、礼堂、体育馆 | 除剧场、电影院、礼堂、体育馆外的其他公建（如餐饮） |
|---|---|
| 按座位数 | 座位数的1.1倍 |

（4）百人疏散宽度指标，就是计算100人所需的疏散宽度。地下人密场所、地下歌舞

娱乐游艺场所百人疏散宽度指标分别是多少？一二级厂房和民建的百人疏散宽度指标是多少？

答：百人疏散宽度指标（表 1.6.2–10）。

特殊：地下人密场所、地下歌舞娱乐游艺场所：1m/ 百人。

**百人疏散宽度指标　　　　表 1.6.2–10**

| 建筑层数 | 厂　房 | 一二级民建 |
| --- | --- | --- |
| 1 ~ 2 | 0.6 | 0.65 |
| 3 | 0.8 | 0.75 |
| ≥ 4 | 1.0 | 1.0 |
| 地下高差≤ 10m | — | 0.75 |
| 地下高差＞ 10m | | 1.0 |

**答 22**：（1）最小疏散宽度。厂房、住宅、一般公共建筑、高层公共、高层医疗的疏散门、疏散楼梯、首层外门、疏散走道的最小宽度分别是多少？

答：疏散最小宽度见表 1.6.2–11。厂房疏散宽度见图 1.6.2–12。

**疏散最小宽度　　　　表 1.6.2–11**

| 建　筑 | 门、出口 | 疏散楼梯 | 首层外门 | 疏散走道 | |
| --- | --- | --- | --- | --- | --- |
| 厂房 | 0.9 | 1.1 | 1.2 | 1.4 | |
| 住宅 | 0.9 | 1.1 | 1.1 | 1.1 | |
| 一般公共建筑 | 0.9 | 1.1 | — | 1.1 | |
| 高层公共 | 0.9 | 1.2 | 1.2 | 单：1.3 | 双 1.4 |
| 高层医疗 | 0.9 | 1.3 | 1.3 | 单：1.4 | 双 1.5 |

【记忆技巧】：高层公共建筑：梯首 1.2，题干中见“医疗”+0.1，见“走道”+0.1，见“双面布置”+0.1。举例如一个高层医疗建筑，走道双面布房，请问走道最小多宽？1.2+0.1（医疗）+0.1（走道）+0.1（双面）=1.5m。

厂房疏散宽度四字诀：门 梯 首 走

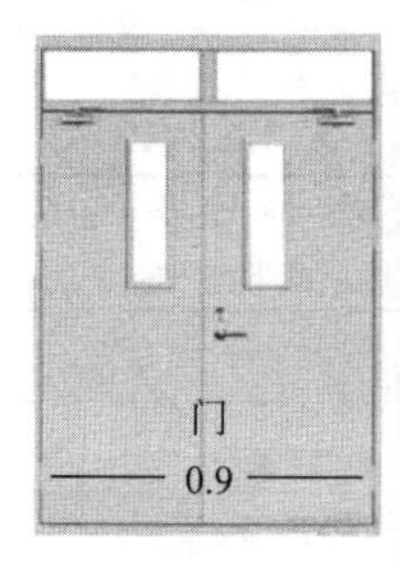

图 1.6.2–12　厂房疏散宽度

（宽度共有 4 个常用数字：0.9、1.1、1.2、1.4，记住四个字，而四个字的顺序正好是

数字由小渐大的顺序）

（2）人密场所公共场所、观众厅疏散门最小净宽度是多少？

答：人密场所公共场所、观众厅疏散门净宽度≥ 1.4m，且 1.4m 内不设踏步。

（3）人密公共场所室外疏散通道最小净宽是多少？

答：人密公共场所室外疏散通道净宽：3m。

**答 23**：公共建筑的疏散宽度借用。满足哪些条件可以借用？

答：【公共建筑宽度借用】

一、二级耐火等级公共建筑内的安全出口全部直通室外确有困难的防火分区，可利用通向相邻防火分区的甲级防火门作为安全出口，但应符合下列要求：

① 利用通向相邻防火分区的甲级防火门作为安全出口时，应采用防火墙与相邻防火分区进行分隔；

② 建筑面积大于 $1000m^2$ 的防火分区，直通室外的安全出口不应少于 2 个；建筑面积不大于 $1000m^2$ 的防火分区，直通室外的安全出口不应少于 1 个；

③ 该防火分区通向相邻防火分区的疏散净宽度不应大于其按本《建筑设计防火规范》GB 50016—2014（2018 版）计算所需疏散总净宽度的 30%，建筑各层直通室外的安全出口总净宽度不应小于按照规范规定计算所需疏散总净宽度。

【总结】*A* 的宽度≤ 1 区所需总宽度 ×30% 得出。2 区所需疏散总宽度 =2 区计算总宽度 +*A*（图 1.6.2–13）。

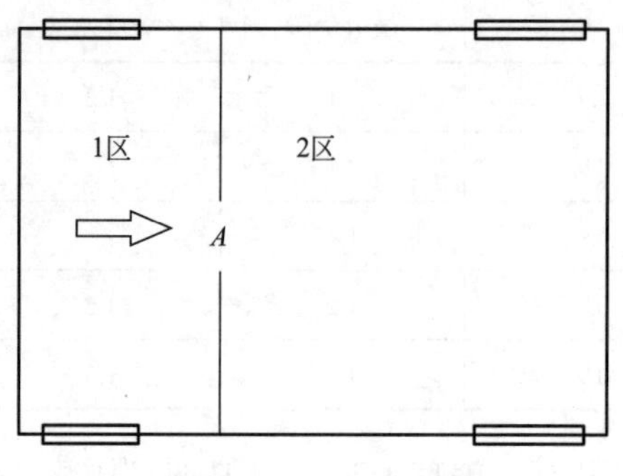


图 1.6.2–13　疏散宽度

**答 24**：疏散距离问题。

（1）甲乙丙类厂房的最大疏散距离是多少？设置自动灭火设施可否增加 25%？

答：（1）厂房：甲 325　丙 86464（表 1.6.2–12）。

**最大疏散距离**　　**表 1.6.2–12**

| 生产的火灾危险性类别 | 耐火等级 | 单层厂房 | 多层厂房 | 高层厂房 | 地下或半地下厂房（包括地下或半地下室） |
|---|---|---|---|---|---|
| 甲 | 一、二级 | 30 | 25 | — | — |
| 乙 | 一、二级 | 75 | 50 | 30 | — |
| 丙 | 一、二级 | 80 | 60 | 40 | 30 |
| | 三级 | 60 | 40 | — | — |

注意：设自动灭火设施，疏散距离也不加。

（2）一二级丁戊类厂房疏散距离怎么规定？

答：一二级耐火丁戊类厂房疏散距离不限。

（3）公共建筑的安全疏散距离。在民用建筑中，疏散门的位置常有两个说法。如图 1.6.2–14 所示。

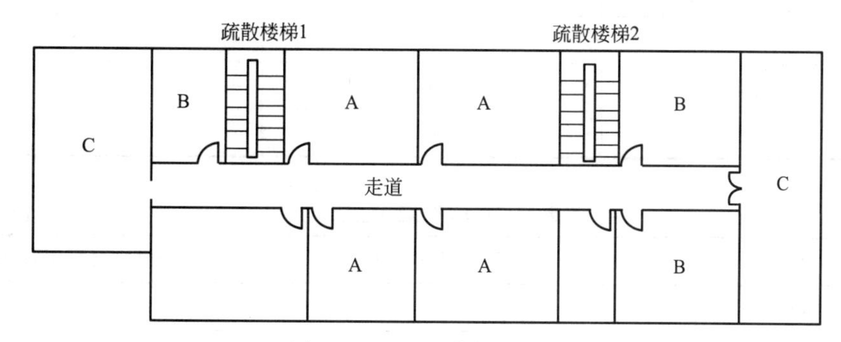


图 1.6.2–14　疏散门的位置

其中 A 房间的疏散门就是典型位于两个安全出口（疏散楼梯）之间的房间门；B 房间就是典型的位于袋形走道两侧的房间，C 房间是典型的位于袋形走道尽端的房间。

直通疏散走道的房间疏散门至最近安全出口的直线距离最多是多少？何种情况可以增减？

答：公共建筑直通疏散走道的房间疏散门至最近安全出口的直线距离，见表 1.6.2–13。

**公共建筑直通疏散走道的房间疏散门至最近安全出口的直线距离　　表 1.6.2–13**

| 名称 | | | 位于两个安全出口之间的疏散门 | | | 位于袋形走道两侧或尽端的疏散门 | | |
|---|---|---|---|---|---|---|---|---|
| | | | 一、二级 | 三级 | 四级 | 一、二级 | 三级 | 四级 |
| 托儿所、幼儿园老年人建筑 | | | 25 | 20 | 15 | 20 | 15 | 10 |
| 歌舞娱乐放映游艺场所 | | | 25 | 20 | 15 | 9 | — | — |
| 医疗建筑 | 单、多层 | | 35 | 30 | 25 | 20 | 15 | 10 |
| | 高层 | 病房部分 | 24 | — | — | 12 | — | — |
| | | 其他部分 | 30 | — | — | 15 | — | — |
| 教学建筑 | 单、多层 | | 35 | 30 | 25 | 22 | 20 | 10 |
| | 高层 | | 30 | — | — | 15 | — | — |
| 高层旅馆、展览建筑 | | | 30 | — | — | 15 | — | — |
| 其他建筑 | 单、多层 | | 40 | 35 | 25 | 22 | 20 | 15 |
| | 高层 | | 40 | — | — | 20 | — | — |

注：表 1.6.2–13 记忆较为困难，很多时候会混淆，所以将表 1.6.2–13 分解成表 1.6.2–14、表 1.6.2–15，方便大家记忆。

① 建筑内开向敞开式外廊的房间疏散门至最近安全出口的直线距离可按本表的规定增加 5m。（安全）

将表 1.6.2–13 分解（一） 表 1.6.2–14

| 高层建筑（两倍关系） | | 两个安全出口之间的疏散门 | 袋形走带两侧尽端的疏散门 |
|---|---|---|---|
| 医疗 | 病房 | 24 | 12 |
| | 其他 | 30 | 15 |
| 教学 | | 30 | 15 |
| 旅馆、展览 | | 30 | 15 |
| 其他 | | 40 | 20 |

将表 1.6.2–13 分解（二） 表 1.6.2–15

| 一二级建筑 | 两个安全出口之间的疏散门 | 袋形走带两侧尽端的疏散门 |
|---|---|---|
| 歌舞娱乐 | 25 | 9 |
| 老幼 | 25 | 20 |
| 单多医疗 | 35 | 20 |
| 单多教学 | 35 | 22 |
| 其他单多层 | 40 | 22 |

② 直通疏散走道的房间疏散门至最近敞开楼梯间（危险）的直线距离，当房间位于两个楼梯间之间时，应减少 5m；当房间位于袋形走道两侧或尽端时，应减少 2m。

③ 建筑物内全部设置自动喷水灭火系统时，其安全疏散距离可按本表的规定增加 25%。（安全）

注意：如果①或②与③同时存在时，应先 ×1.25 再进行加减。

（4）房间内任一点至房间直通疏散走道的疏散门的直线距离，最多是多少？

答：房间内任一点至房间直通疏散走道的疏散门的直线距离，不应大于表规定的袋形走道两侧或尽端的疏散门至最近安全出口的直线距离（图 1.6.2–15）。

【简记：屋里到门距离取表格右边。如门是位于两个安全出口之间的，门到楼梯间取表格左边，如门是位于袋形走道或尽端的，取表格右边。屋里任一点到楼梯间取两者之和，可能是左 + 右，也可能是右 + 右】

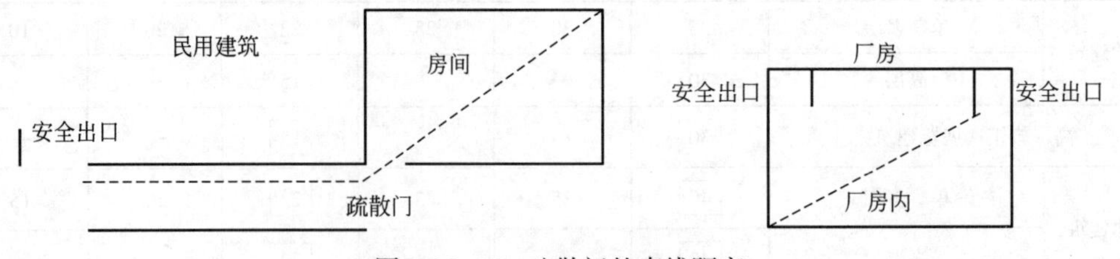


图 1.6.2–15 疏散门的直线距离

（5）一二级耐火等级住宅的疏散距离如何确定？

答：商业服务网点：任一点到直通室外出口 22m。

住宅部分：户门到疏散楼梯间 高层：40（两梯之间），20（袋形走道）。

单多层：40（两梯之间），22（袋形走道）。

室内任一点到户门：高层：20，单多层：22。

**答 25**：疏散距离特殊情况。

（1）疏散距离在有些场合，按照建规表格的规定很难实施，所以在一些特殊场所，疏散距离可以有所放宽。此类特殊场指的是观众厅、展览厅、多功能厅、餐厅、营业厅等。包含开敞式办公区、会议报告厅、宴会厅、观演建筑的序厅、体育建筑的入场等候与休息厅等，不包括用作舞厅和娱乐场所的多功能厅。请问一、二级耐火等级建筑内疏散门或安全出口不少于 2 个的观众厅、展览厅、多功能厅、餐厅、营业厅等，其室内任一点至最近疏散门或安全出口的直线距离不应大于多少米？当疏散门不能直通室外地面或疏散楼梯间时，应采用长度不大于多少米的疏散走道通至最近的安全出口？当该场所设置自动喷水灭火系统时，室内任一点至最近安全出口的安全疏散距离可分别增加多少？

答：疏散距离特殊规定：观众厅、展览厅、多功能厅、餐厅、营业厅。

一、二级耐火等级建筑内疏散门或安全出口不少于 2 个的观众厅、展览厅、多功能厅、餐厅、营业厅等，其室内任一点至最近疏散门或安全出口的直线距离不应大于 30m；当疏散门不能直通室外地面或疏散楼梯间时，应采用长度不大于 10m 的疏散走道通至最近的安全出口。当该场所设置自动喷水灭火系统时，室内任一点至最近安全出口的安全疏散距离可分别增加 25%。

（2）实战训练。假设下列情形中，室内任一点到两个疏散门的夹角均≥ 45° 。

① 情况一：设在高层建筑中，判断 $A$=40m，$B$=40m 是否正确。

答：室内任一点至最近疏散门（直通室外地面或疏散楼梯间）或安全出口的直线距离不应大于 30m，设置自喷，所以 30 × 1.25=37.5m。所以 40m 不符合要求（图 1.6.2–16）。

② 情况二：设在高层建筑中，走道和室内均设置自喷，判断 $A$=36m，$B$=38m，$C$=20m 是否正确。

答：室内任一点至安全出口的直线距离不应大于 30m，设置自喷，所以 30 × 1.25= 37.5m。所以 $B$=38m 不符合要求（图 1.6.2–17）。

室内任一点至最近疏散门（不能直通室外地面或疏散楼梯间）的直线距离不应大于 30m，设置自喷，所以 30 × 1.25=37.5m。所以 $A$=36m 符合要求。

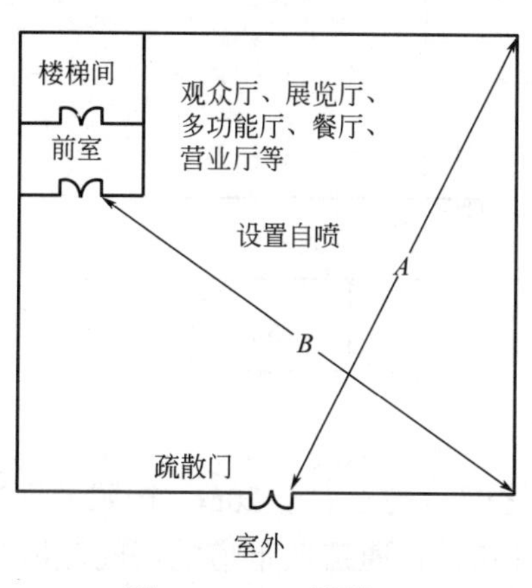


图 1.6.2–16　情况一

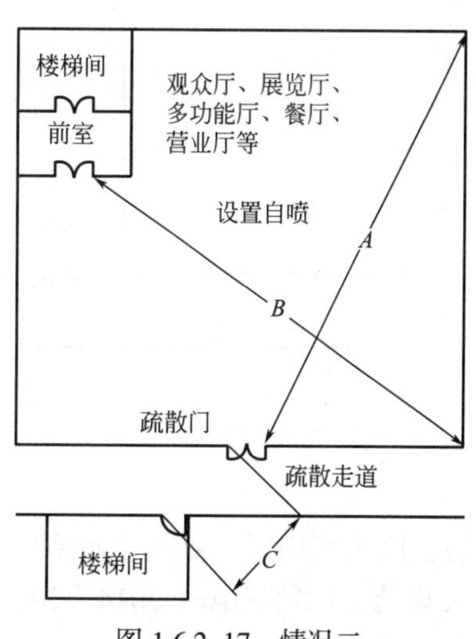


图 1.6.2–17　情况二

当疏散门不能直通室外地面或疏散楼梯间时，应采用长度不大于10m的疏散走道通至最近的安全出口。设置自喷，所以10×1.25=12.5m。所以C=20m不符合要求。

③ 情况三：设在高层建筑中，走道和室内均设置自喷，判断A=37m，B=35m，C=10m，D=9m是否正确。

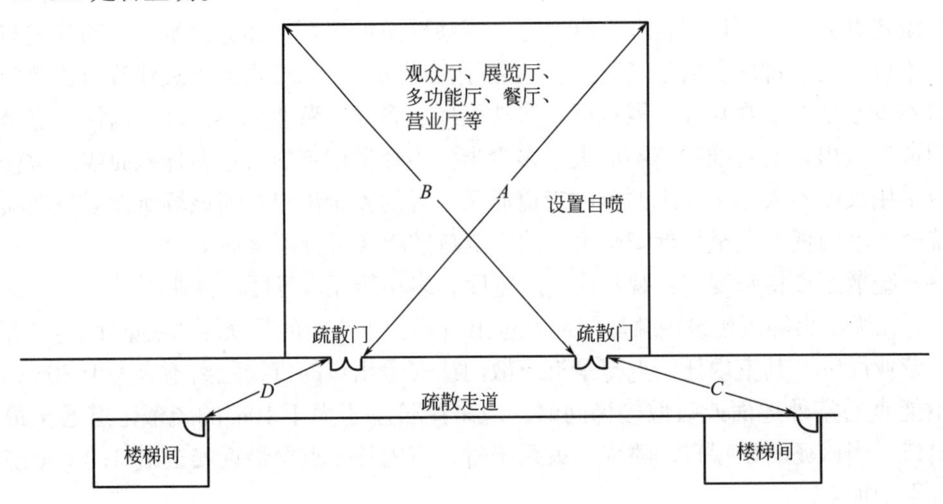


图1.6.2–18　情况三

答：室内任一点至最近疏散门（不能直通室外地面或疏散楼梯间）的直线距离不应大于30m，设置自喷，所以30×1.25=37.5m。所以A、B均符合要求（图1.6.2–18）。

当疏散门不能直通室外地面或疏散楼梯间时，应采用长度不大于10m的疏散走道通至最近的安全出口。设置自喷，所以10×1.25=12.5m。所以C、D均符合要求。

④ 情况四：设在高层建筑中，走道和室内均设置自喷，判断A=18m，B=20m，C=50m，D=49m是否正确。

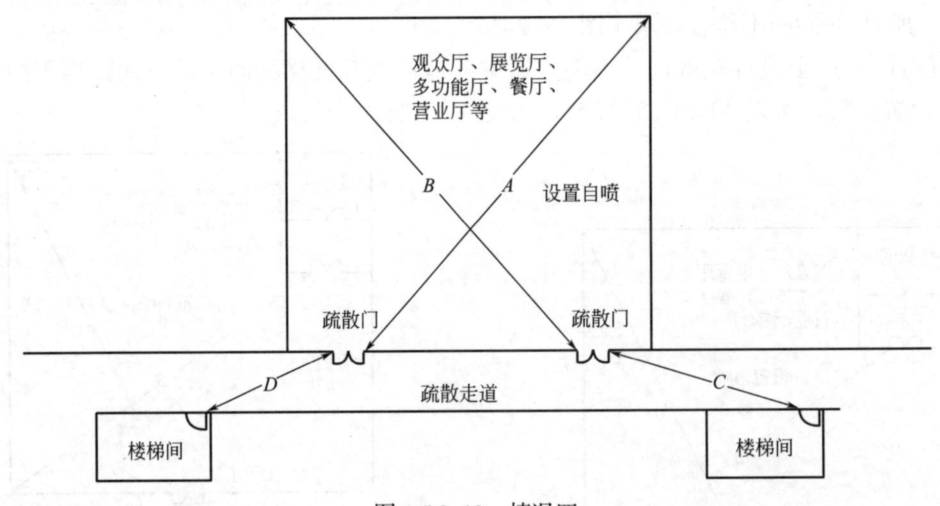


图1.6.2–19　情况四

答：因为室内任一点到达疏散门（两个安全出口之间）均不大于20m，按照《建筑设计防火规范》GB 50016—2014（2018版）表5.5.17可知，直通疏散走道的房间疏散门至最近安全出口的直线距离不应大于 40m，所以从疏散门到楼梯间的距离可以为 40m，设置自喷，40 × 1.25=50m。所以 $C$=50m，$D$=49m 均正确（图 1.6.2–19）。

**答 26**：楼梯间设置问题。请问在厂房、仓库、住宅、公共建筑里，什么情况应采用防烟楼梯间？什么情况采用封闭楼梯间？什么情况采用室外楼梯？

答：楼梯间设置类型，见表 1.6.2–16。

**楼梯间设置类型**　　**表 1.6.2–16**

<table>
<tr><th colspan="3">场所与情形</th><th>敞开</th><th>封闭</th><th>防烟</th><th>室外</th></tr>
<tr><td rowspan="2">厂房</td><td colspan="2">甲乙丙类多层厂房、高层厂房</td><td></td><td>√</td><td></td><td>√</td></tr>
<tr><td colspan="2">H ＞ 32m 且任一层人数＞ 10 人的厂房</td><td></td><td></td><td>√</td><td>√</td></tr>
<tr><td>仓库</td><td colspan="2">高层仓库</td><td></td><td>√</td><td></td><td></td></tr>
<tr><td rowspan="4">多层公共建筑</td><td rowspan="2">医疗、旅馆、歌舞娱乐、商店、图书馆、展览建筑、会议中心；6 层及以上的其他建筑</td><td>与敞开式外廊直接连通</td><td>√</td><td></td><td></td><td></td></tr>
<tr><td>不与敞开式外廊直接连通</td><td></td><td>√</td><td></td><td></td></tr>
<tr><td rowspan="2">老年人照料设施</td><td>宜与敞开式外廊直接连通</td><td>√</td><td></td><td></td><td></td></tr>
<tr><td>不能与敞开式外廊直接连通的室内疏散楼梯</td><td></td><td>√</td><td></td><td></td></tr>
<tr><td rowspan="3">高层公共建筑</td><td colspan="2">一类高层公共建筑（包含＞ 24m 的医疗和老年人照料设施）、高度大于 32m 的二类高层公共建筑</td><td></td><td></td><td>√</td><td></td></tr>
<tr><td colspan="2">裙房、建筑高度不大于 32m 的二类高层公共建筑</td><td></td><td>√</td><td></td><td></td></tr>
<tr><td colspan="2">大于 32m 的老年人照料设施</td><td colspan="4">在 32m 以上部分增设能连通老年人居室和公共活动场所的连廊，各层连廊应直接与疏散楼梯、安全出口或室外避难场地连通</td></tr>
<tr><td rowspan="2">地下、半地下建筑</td><td colspan="2">室内地面与室外出入口地坪高差大于 10m 或 3 层及以上的（室）</td><td></td><td></td><td>√</td><td></td></tr>
<tr><td colspan="2">其他地下或半地下建筑（室）</td><td></td><td>√</td><td></td><td></td></tr>
</table>

住宅情况较为特殊，所以单独列表，见表 1.6.2–17。

**住宅楼梯间设置**　　**表 1.6.2–17**

| 住宅楼梯间 | 条　件 |
|---|---|
| 敞开楼梯间 | ≤ 21m |
| | 21m ＜ $x$ ≤ 33m 且户门为乙级防火门 |
| | ≤ 21m 但楼梯与电梯井相邻，且户门为乙级防火门 |
| 封闭楼梯间 | 21m ＜ $x$ ≤ 33m |
| | ≤ 21m 但楼梯与电梯井相邻 |
| 防烟楼梯间 | ＞ 33m（户门不宜直接开向前室，有困难，最多 3 樘门户开向前室且门为乙级门） |

**答 27**：关于疏散楼梯间的问题。

（1）宜靠外墙设置还是应靠外墙？

答：楼梯间应能天然采光和自然通风，并宜靠外墙设置。

（2）楼梯间内能不能设置烧水间、可燃材料储藏室、垃圾道？

答：楼梯间内不应设置烧水间、可燃材料储藏室、垃圾道。

（3）封闭楼梯间、防烟楼梯间及其前室能否设置卷帘？

答：封闭楼梯间、防烟楼梯间及其前室，不应设置卷帘。

（4）楼梯间内能否设置甲、乙、丙类液体管道？

答：楼梯间内不应设置甲、乙、丙类液体管道。

（5）封闭楼梯间、防烟楼梯间及其前室内能否穿过或设置可燃气体管道？公共建筑的敞开楼梯间内能否设置可燃气体管道？住宅建筑的敞开楼梯间内能否设置可燃气体管道？如可以，要设置哪些措施？

答：封闭楼梯间、防烟楼梯间及其前室内禁止穿过或设置可燃气体管道。

公共建筑敞开楼梯间内不应设置可燃气体管道。

住宅建筑的敞开楼梯间可以设置可燃气体管道和可燃气体计量表，应采用金属管和设置切断气源的阀门。

（6）任何建筑内的疏散楼梯间在各层的平面位置不应改变。此句话是否正确？

答：任何建筑内的疏散楼梯间在各层的平面位置不应改变。此句话不正确。

应该是“除通向避难层错位的疏散楼梯外，建筑内的疏散楼梯间在各层的平面位置不应改变”。因为避难层的疏散楼梯需上同层错位，或上下层断开等。

（7）建筑的地下或半地下部分与地上部分能否共用楼梯间？如不得不公用。采取哪些措施？

答：建筑的地下或半地下部分与地上部分不应共用楼梯间，确需共用楼梯间时，应在首层采用耐火极限不低于2.00h的防火隔墙和乙级防火门将地下或半地下部分与地上部分的连通部位完全分隔，并应设置明显的标志（图1.6.2–20）。

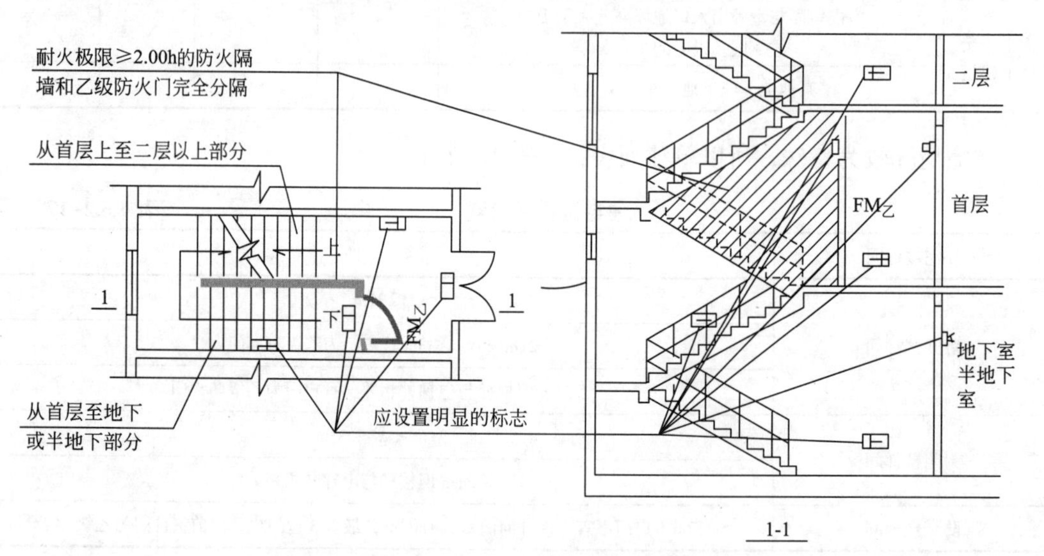


图1.6.2–20 地下与地上共同疏散楼梯间措施图

**答28：**关于封闭楼梯间的问题。

（1）封闭楼梯间要不要自然通风？如不满足怎么办？

答：封闭楼梯间需要自然通风。如不能自然通风或自然通风不能满足要求时，可以采取的方法：

①应设置机械加压送风系统；②采用防烟楼梯间。

（2）高层建筑、人员密集的公共建筑、人员密集的多层丙类厂房、甲、乙类厂房的封闭楼梯间的门采用什么门？向何方向开启？

答：高层建筑、人员密集的公共建筑、人员密集的多层丙类厂房、甲、乙类厂房，其封闭楼梯间的门应采用乙级防火门，并应向疏散方向开启；其他建筑，可采用双向弹簧门。

**答 29：**关于防烟楼梯间的问题。

（1）防烟楼梯间设排烟设施还是防烟设施？前室可否与消防电梯间前室合用？

（2）疏散走道通向前室以及前室通向楼梯间的门是甲级门还是乙级门？

答：关于防烟楼梯间的问题。

（1）防烟楼梯间应设置防烟设施。前室可与消防电梯间前室合用。

（2）疏散走道通向前室以及前室通向楼梯间的门应采用乙级防火门。

注意：总建筑面积大于 20000$m^2$ 的地下或半地下商店，应采用无门、窗、洞口的防火墙、耐火极限不低于 2.00h 的楼板分隔为多个建筑面积不大于 20000$m^2$ 的区域。相邻区域确需局部连通时如采用防烟楼梯间进行连通时，防烟楼梯间的门应采用甲级防火门。

**答 30：**【总结】（1）你能说出消防电梯前室、防烟楼梯间独立前室、剪刀楼梯间前室的面积吗？能否合用？如能合用后的面积至少是多少？对于剪刀楼梯间的楼梯间前室能否共用？共用前室又能否与消防电梯前室再合用？

答：电梯前室、防烟楼梯前室的面积、剪刀楼梯间的面积总结（表 1.6.2–18）。

**面积总结**　　**表 1.6.2–18**

| 前室位置 | 建筑类别 | 使用面积（$m^2$） | 与消防电梯合用（$m^2$） |
|---|---|---|---|
| 消防电梯前室 | — | 6，短边≥ 2.4m | — |
| 防烟楼梯间前室 | 公建、高层工业 | 6 | 10，短边≥ 2.4m |
| | 住宅 | 4.5 | 6，短边≥ 2.4m |
| 剪刀楼梯间前室 | 高层公建 | 分别设，不能共用 | — |
| | 住宅 | 两梯前室共用：6 | （三合一，共用再合用前室）12，短边≥ 2.4m |

【总结】（2）请问避难层、高层病房楼的避难间、老年人照料设施避难间、避难走道防烟前室、防火隔间，我们考察的分别是什么面积（建筑面积、使用面积、净面积）？面积分别按多少来确定？

答：见表 1.6.2–19。

**面积的确定**　　**表 1.6.2–19**

| | |
|---|---|
| 避难层（间）的净面积 | ≤ 5.0 人 /$m^2$，或≥ 0.2$m^2$/ 人 |
| 高层病房楼避难间净面积 | 每个护理单元≥ 25.0$m^2$，最多 2 个单元 |
| 老年人照料设施避难间净面积 | ≥ 12$m^2$ |
| 避难走道防烟前室的使用面积 | ≥ 6.0$m^2$ |
| 防火隔间的建筑面积 | ≥ 6.0$m^2$ |

## 1.7 疏散与避难设施

### 1.7.1 问题

**问 31**：关于避难走道的问题。

（1）避难走道应采用什么样的防火隔墙和楼板？

（2）避难走道直通地面的出口不应少于 2 个，应如何设置？何时可只 1 个直通地面的出口？

（3）任一防火分区通向避难走道的门至该避难走道最近直通地面的出口的距离不应大于多少米？

（4）避难走道内部装修材料的燃烧性能是何等级？

（5）防火分区至避难走道入口处应设置什么类型的前室，前室的使用面积不应小于多少平方米，开向前室的门和前室开向避难走道的门应分别采用哪一种门？

（6）避难走道内应设置哪些消防设施？（案例常考，一般考补充题）

**问 32**：关于避难层的问题。

（1）哪种建筑要设避难层？

（2）高度要求？从哪里算？

（3）通向避难层（间）的疏散楼梯应在避难层怎么设置？

（4）避难层（间）的净面积按 5 人 /$m^2$，还是 5$m^2$/ 人？

（5）可否作为设备层？设备管道区域与避难区域可否作为整体设置？如不能怎么设置？管道井和设备间的门能否直接开向避难区？

（6）消防电梯停不停避难层？避难层要设防烟还是排烟？

（7）避难层应设置哪些有关消防安全的设施？

**问 33**：关于高层病房楼避难间。

（1）什么医院要设避难间？几层开始？哪个部位要设？

（2）护理单元最多几个？净面积多少？避难间能否兼作其他用途？净面积能否减少？

（3）避难间与其他部分怎么分隔？

（4）避难间要设防烟还是排烟设施？

（5）避难间要设哪些消防设施？

**问 34**：关于住宅的“避难间”。

（1）何种住宅应设“避难间”？

（2）“避难间”如何设置？

**问 35**：关于下沉式广场的问题。

（1）分隔后的不同区域通向下沉式广场等室外开敞空间的开口最近边缘之间的水平距离不应小于多少米？

（2）室外开敞空间可否用于商业经营等用途？

（3）用于疏散的净面积不应小于多少平方米？

（4）下沉式广场等室外开敞空间内应设置几部直通哪里的疏散楼梯？

（5）诸多下沉式广场都在顶上设置防风雨棚，防风雨篷是否应该完全封闭？

（6）四周开口时，开口的面积不应小于该空间地面面积的多少？开口高度不应小于多少米？开口设置百叶时，百叶的有效排烟面积可按百叶通风口面积的百分之多少计算？

**问 36**：关于防火隔间的问题。

（1）防火隔间的作用是什么？

（2）防火隔间的建筑面积不应小于多少平方米？

（3）防火隔间的门应采用什么门？

（4）不同防火分区通向防火隔间的门应归为安全出口，这句话是否正确？不同的门之间的间距不应小于多少米？

（5）防火隔间内部装修材料中的顶棚和墙面燃烧性能应为 A 是否正确？防火隔间能否经营商业？

### 1.7.2　问题和答题

**答 31**：关于避难走道的问题。

（1）避难走道应采用什么样的防火隔墙和楼板？

（2）避难走道直通地面的出口不应少于 2 个，应如何设置？何时可只 1 个直通地面的出口？

（3）任一防火分区通向避难走道的门至该避难走道最近直通地面的出口的距离不应大于多少米？

（4）避难走道内部装修材料的燃烧性能是何等级？

（5）防火分区至避难走道入口处应设置什么类型的前室，前室的使用面积不应小于多少平方米，开向前室的门和前室开向避难走道的门应分别采用哪一种门？

（6）避难走道内应设置哪些消防设施？（案例常考，一般考补充题）

答：关于避难走道的问题。

（1）避难走道防火隔墙耐火极限不应低于 3.00h，楼板的耐火极限不应低于 1.50h。

（2）避难走道直通地面的出口不应少于 2 个，并应设置在不同方向；当避难走道仅与一个防火分区相通且该防火分区至少有 1 个直通室外的安全出口时，可设置 1 个直通地面的出口。

（3）防火分区通向避难走道的门至该避难走 道最近直通地面的出口的距离不应大于 60m。

（4）避难走道内部装修材料的燃烧性能应为 A 级。

（5）防火分区至避难走道入口处应设置防烟前室，前室的使用面积不应小于 $6.0m^2$，开向前室的门应采用甲级防火门，前室开向避难走道的门应采用乙级防火门。

（6）避难走道内应设置消火栓、消防应急照明、应急广播和消防专线电话（图 1.7.2–1）。

**答 32**：关于避难层的问题。

（1）哪种建筑要设避难层？

答：建筑高度大于 100m 的公共建筑和住宅建筑均应设置避难层。

（2）高度要求？从哪里算？

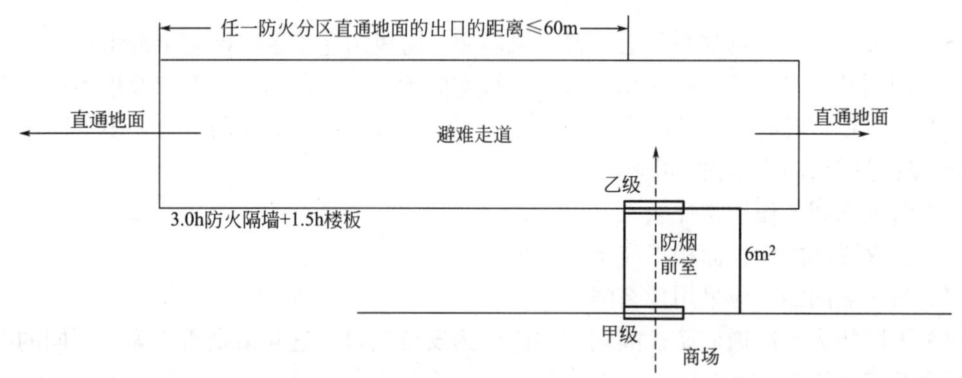


图 1.7.2–1　避难走道设置

答：第一个避难层（间）的楼地面至灭火救援场地地面的高度不应大于 50m，两个避难层（间）之间的高度不宜大于 50m（图 1.7.2–2）。

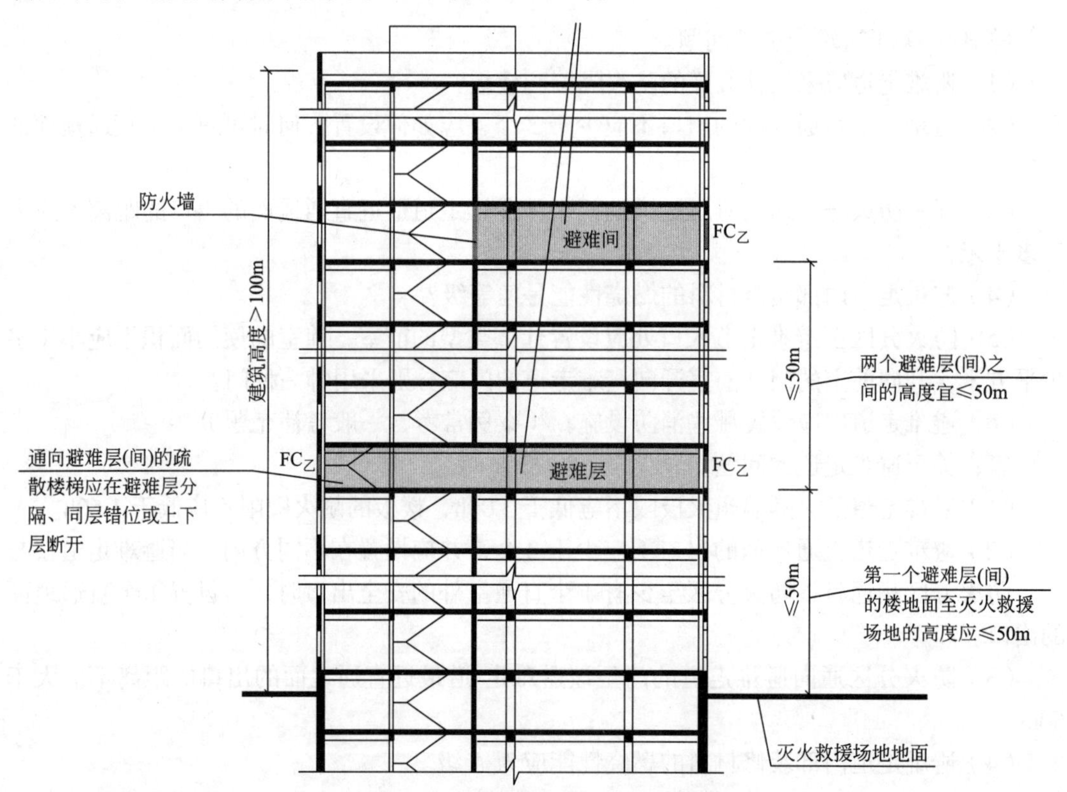


图 1.7.2–2　两个避难层（间）之间的高度

（3）通向避难层（间）的疏散楼梯应在避难层怎么设置？

答：通向避难层（间）的疏散楼梯应在避难层分隔、同层错位或上下层断开（图 1.7.2–3 ~ 图 1.7.2–5）。

（4）避难层（间）的净面积按 5 人 /m²，还是 5m²/ 人？

答：避难层（间）的净面积应能满足设计避难人数避难的要求，并宜按 5.0 人 /m² 计算，即 0.2m²/ 人。

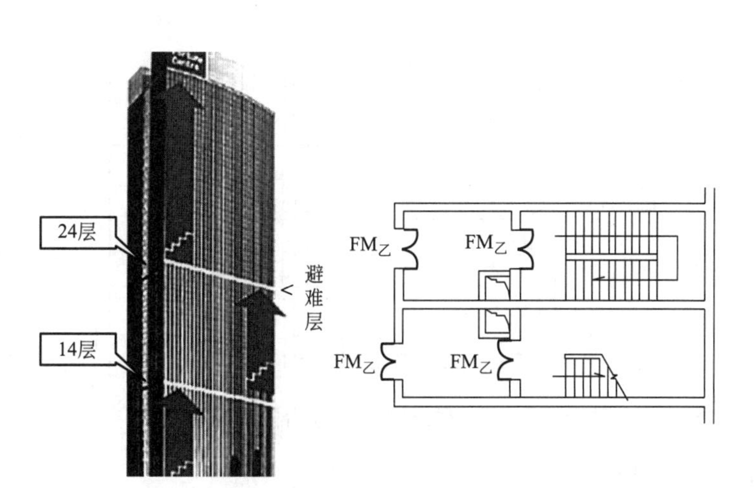


图 1.7.2–3　防烟楼梯在避难层同层错位平面示意图

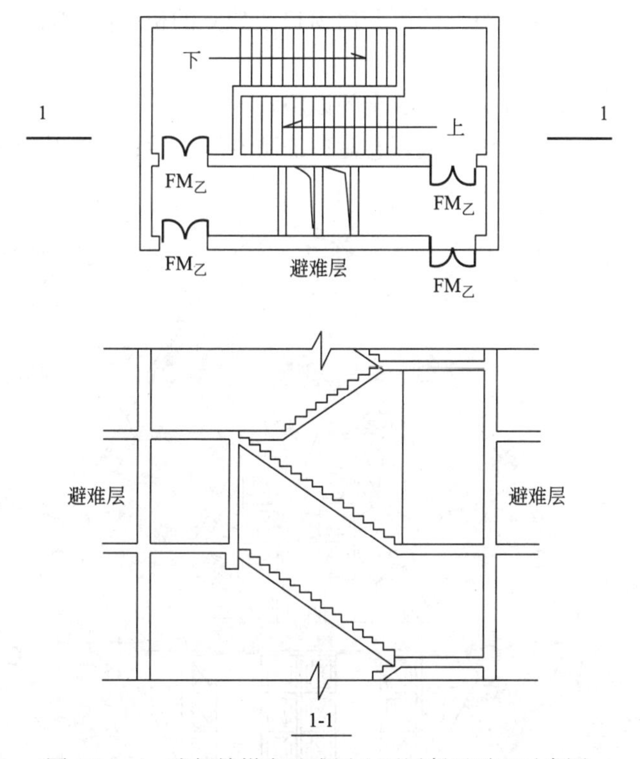


图 1.7.2–4　防烟楼梯在避难层上下层断开平面示意图

（5）可否作为设备层？设备管道区域与避难区域可否作为整体设置？如不能怎么设置？管道井和设备间的门能否直接开向避难区？

答：避难层可兼作设备层。不能作为整体设置。设备管道宜集中布置，其中的易燃、可燃液体或气体管道应集中布置，设备管道区应采用耐火极限不低于 3.00h 的防火隔墙与避难区分隔。

管道井和设备间的门不应直接开向避难区；确需直接开向避难区时，与避难层区出入口的距离不应小于 5m，且应采用甲级防火门。管道井和设备间应采用耐火极限不低于 2.00h

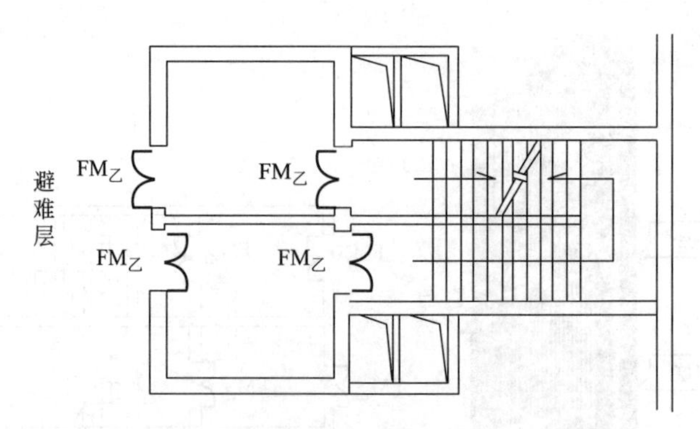


图 1.7.2–5　防烟楼梯在避难层分隔平面示意图

的防火隔墙与避难区分隔。

（6）消防电梯是否要停靠避难层？避难层要设防烟还是排烟？

答：消防电梯应能每层（包含避难层）停靠，避难层应设置消防电梯出口。

防烟。避难层应设置直接对外的可开启窗口或独立的机械防烟设施，外窗应采用乙级防火窗。

（7）避难层应设置哪些有关消防安全的设施？

答：消防电梯；消火栓；消防软管卷盘；消防专线电话；应急广播；机械防烟设施。

避难层平面示意图见图 1.7.2–6。

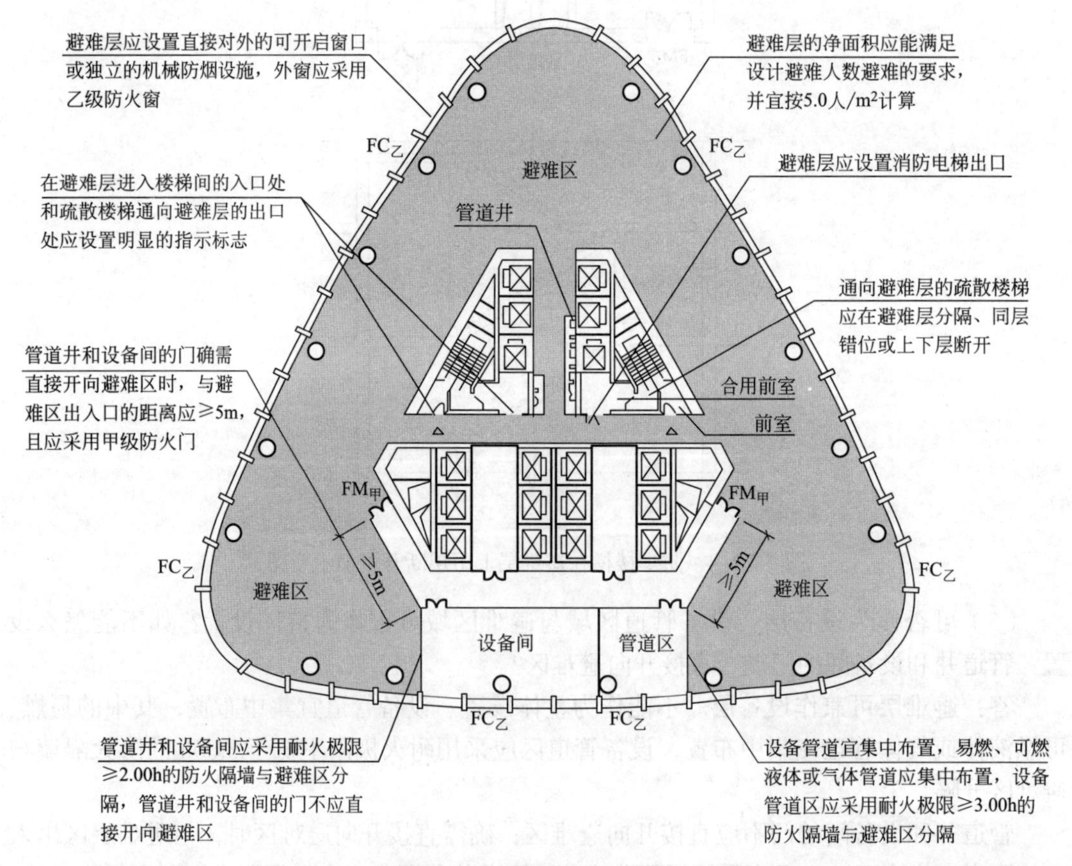


图 1.7.2–6　避难层平面示意图

**答 33：**病房楼避难间和老年人照料设施的避难间有部分相似之处。

（1）对于病房楼避难间

1）什么医院要设避难间？几层开始？哪个部位要设？

答：高层病房楼；应在二层及以上的楼层；病房和洁净手术部（躺着的、疏散不便的）。

2）护理单元最多几个？净面积多少？避难间能否兼作其他用途？净面积能否减少？

答：避难间服务的护理单元不应超过 2 个；其净面积应按每个护理单元不小于 $25.0m^2$ 确定。避难间可兼作其他用途，但应保证人员的避难安全，且不得减少可供避难的净面积；

3）避难间与其他部分怎么分隔？

答：应采用耐火极限不低于 2.00h 的防火隔墙和甲级防火门与其他部位分隔，而且设置时应靠近楼梯间。

4）避难间要设防烟还是排烟设施？

答：独立的机械防烟设施。也可以设直接对外的可开启窗口，外窗应采用乙级防火窗。

5）避难间要设哪些消防设施？

答：应设置消防专线电话、消防应急广播、入口处应设明显的指示标志、独立的机械防烟设施。

6）避难间能否利用每层的监护室、电梯前室、合用前室？如不能合用原因是什么？

答：可以利用平时使用的房间，如每层的监护室，也可以利用电梯前室。但合用前室不适合用作避难间，以防止病床影响人员通过楼梯疏散（图 1.7.2–7 ~ 图 1.7.2–9）。

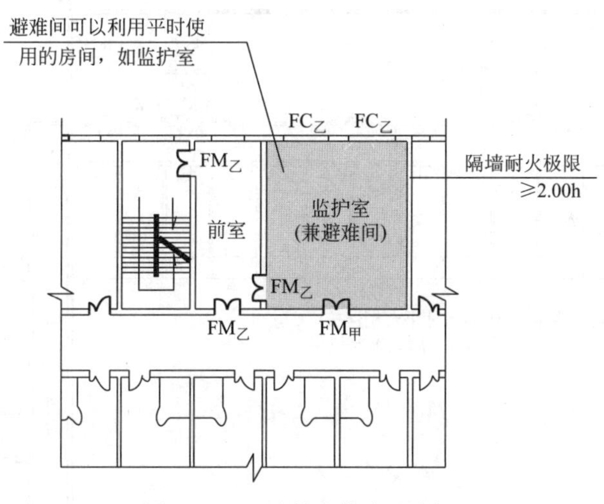


图 1.7.2–7　监护室作为避难间

（2）对于老年人照料设施的避难间

1）哪些老年照料设施应设置避难间？从几楼开始设置？每层设置数量有何要求？

答：3 层及 3 层以上总建筑面积大于 $3000m^2$（包括设置在其他建筑内三层及以上楼层）的老年人照料设施。应在二层及以上各层老年人照料设施部分设置。每座疏散楼梯间的相邻部位设置 1 间避难间，如有两部楼梯，那么每层设置两个避难间。

2）满足层数要求和面积要求的情况下，可不可以不设置避难间？

答：老年人照料设施设置与疏散楼梯或安全出口直接连通的开敞式外廊、与疏散

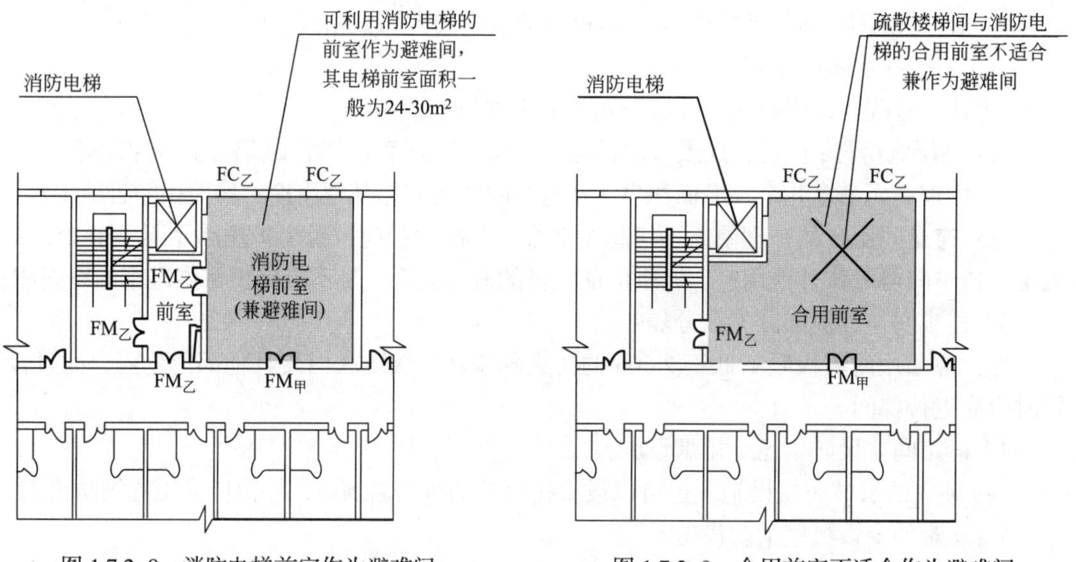


图 1.7.2-8　消防电梯前室作为避难间　　　图 1.7.2-9　合用前室不适合作为避难间

走道直接连通且符合人员避难要求的室外平台等时，可不设置避难间（图 1.7.2-10、图 1.7.2-11）。

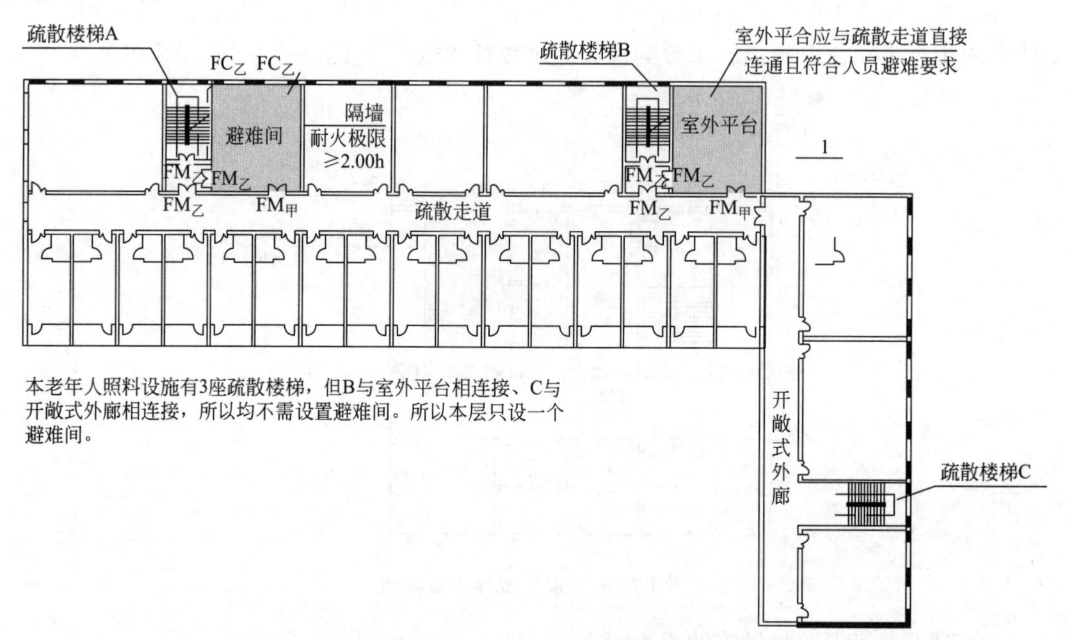


图 1.7.2-10　老年人照料设施避难间设置

3）避难间内可供避难的净面积不应小于多少平方米？

答：不应小于 $12m^2$。

4）避难间能否可利用疏散楼梯间的前室或消防电梯的前室？能否利用合用前室？

答：可利用疏散楼梯间的前室或消防电梯的前室，但考虑到救援与上下疏散的人流交织情况，疏散楼梯间与消防电梯的合用前室不适合兼作避难间（图 1.7.2-12 ~ 图 1.7.2-16）。

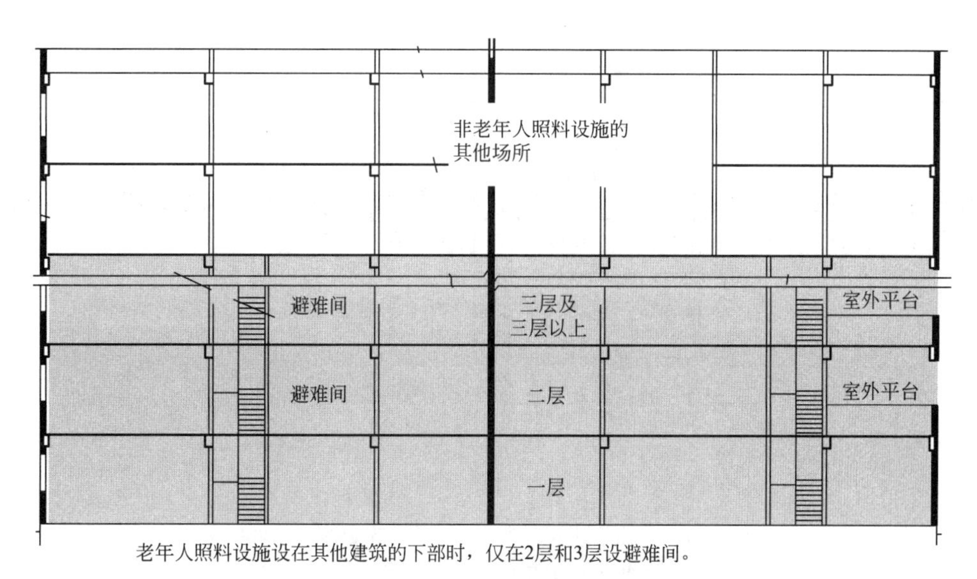


图 1.7.2–11　老年人照料设施避难间

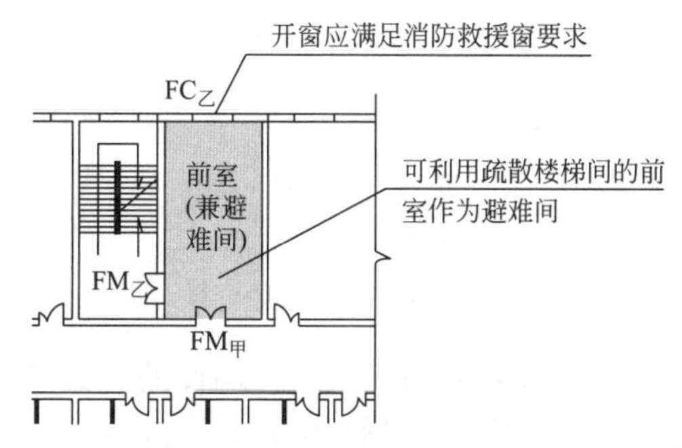


图 1.7.2–12　楼梯间前室作为避难间

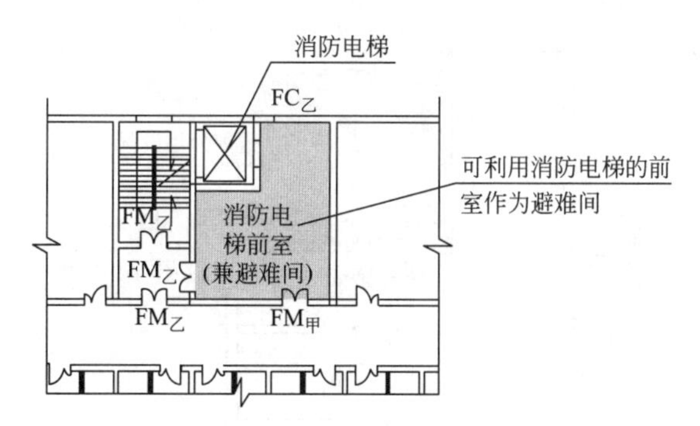


图 1.7.2–13　消防电梯前室作为避难间

**答 34**：关于住宅的“避难间”。

（1）何种住宅应设“避难间”？

答：建筑高度大于 54m 的住宅建筑，每户应有一间房间符合“避难间”要求。

（2）“避难间”如何设置？

答：靠外墙 + 有外窗 + 内外墙和外窗 1.0h+ 房间门乙级。

规范原文：建筑高度大于 54m 的住宅建筑，每户应有一间房间符合下列规定：

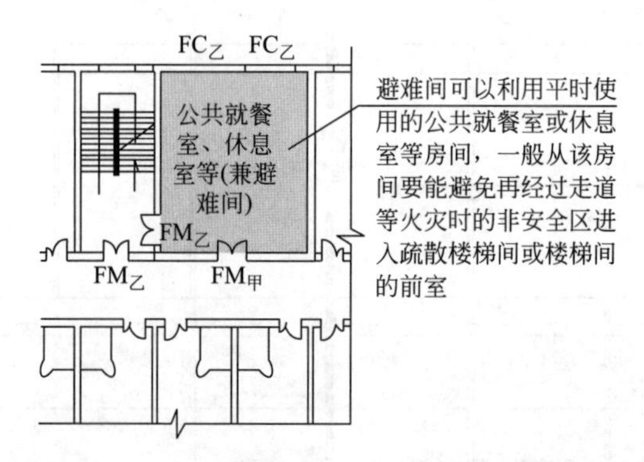


图 1.7.2-14　公共就餐、休息室等作为避难间

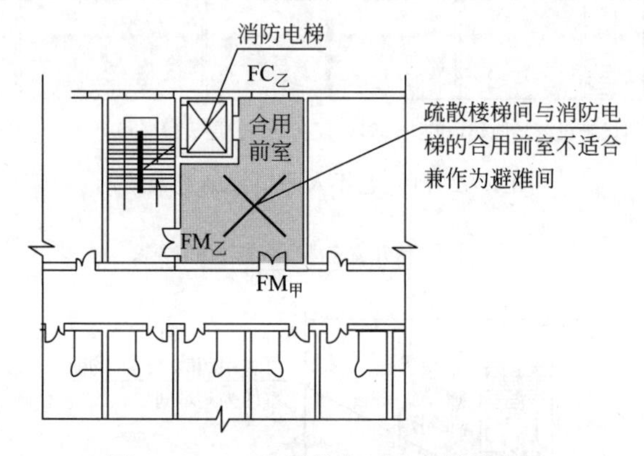


图 1.7.2-15　合用前室不适合做避难间

应靠外墙设置，并应设置可开启外窗；内、外墙体的耐火极限不应低于 1.00h，该房间的门宜采用乙级防火门，外窗的耐火完整性不宜低于 1.00h。

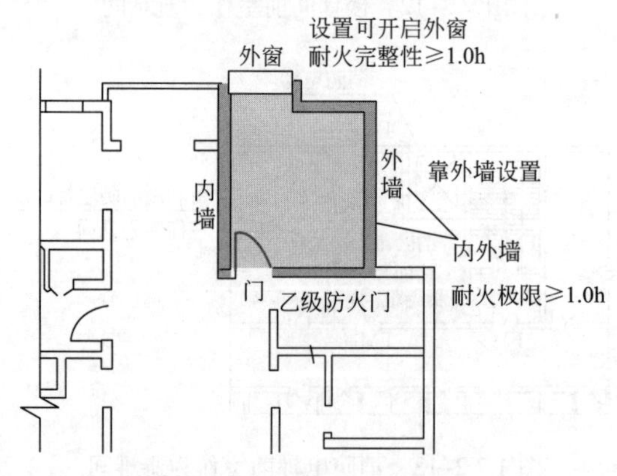


图 1.7.2-16　住宅“避难间”

**答 35**：关于下沉式广场的问题。

（1）分隔后的不同区域通向下沉式广场等室外开敞空间的开口最近边缘之间的水平距离不应小于多少米？

答：13m。

（2）室外开敞空间可否用于商业经营等用途？

答：室外开敞空间除用于人员疏散外不得用于其他商业或可能导致火灾蔓延的用途。

（3）用于疏散的净面积不应小于多少平方米？

答：169m²。（13 × 13）

（4）下沉式广场等室外开敞空间内应设置几部直通哪里的疏散楼梯？疏散宽度怎么确定？

答：应设置不少于 1 部直通地面的疏散楼梯。疏散楼梯的总净宽度不应小于任一防火分区通向室外开敞空间的设计疏散总净宽度（图 1.7.2–17）。

（5）诸多下沉式广场都在顶上设置防风雨棚，防风雨篷是否应该完全封闭？

答：防风雨篷不应完全封闭，四周开口部位应均匀布置。

（6）四周开口时，开口的面积不应小于该空间地面面积的多少？开口高度不应小于多少米？开口设置百叶时，百叶的有效排烟面积可按百叶通风口面积的百分之多少计算？

答：开口的面积不应小于该空间地面面积的 25%，开口高度不应小于 1.0m；开口设置百叶时，百叶的有效排烟面积可按百叶通风口面积的 60% 计算。

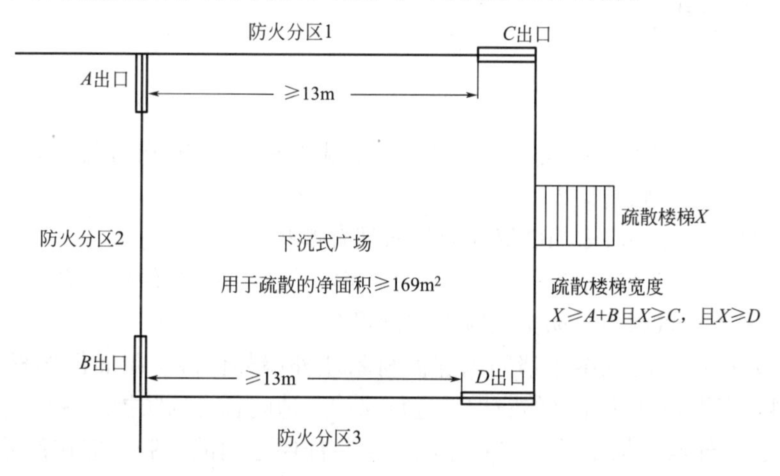


图 1.7.2–17　下沉式广场

**答 36**：关于防火隔间的问题（图 1.7.2–18）。

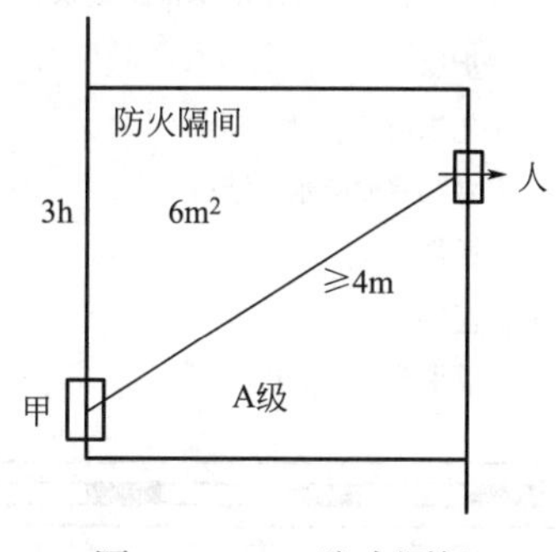


图 1.7.2–18　防火隔间

（1）防火隔间的作用是什么？

答：将大型地下商店分隔为多个建筑面积不大于 20000m² 的相互相对独立的区域，一旦某个区域着火且不能有效控制时，该空间要能防止火灾蔓延至其他区域。

（2）防火隔间的建筑面积不应小于多少平方米？

答：6m²。

（3）防火隔间的门应采用什么门？

答：甲级防火门。千万别记混淆，此处非甲乙门。

（4）不同防火分区通向防火隔间的门应归为安全出口，这句话是否正确？不同的门之间的间距不应小于多少米？

答：不正确，不同防火分区通向防火隔间的门不应计入安全出口，门的最小间距不应小于4m。

（5）防火隔间内部装修材料中的顶棚和墙面燃烧性能应为A是否正确？防火隔间能否经营商业？

答：不正确，全A。不应用于除人员通行外的其他用途。

## 1.8 建筑保温

### 1.8.1 问题

**问37：**（1）请问内保温系统、无空腔的外保温系统、有空腔外保温系统这三者中，按危险程度进行排列，谁最危险？

（2）常见的A级、B1级、B2级保温材料都有哪些？

**问38：**请说出内保温系统、无空腔的外保温系统、有空腔外保温系统各类场所保温材料应采用何种性能的材料？防护层应怎样设置？

**问39：**【防护层厚度总结】请问内保温材料或外墙外保温、屋面保温材料如采用B1或B2级材料，则需要设置A级的防护层进行保护，请问各自的防护层厚度最小是多少？

**问40：**建筑外墙外保温系统与基层墙体、装饰层之间的空腔，应在何处采用防火封堵材料封堵？

**问41：**关于屋面保温系统的问题。

图1.8.1–1、图1.8.1–2中，两种不同的屋面保温层敷设方式。

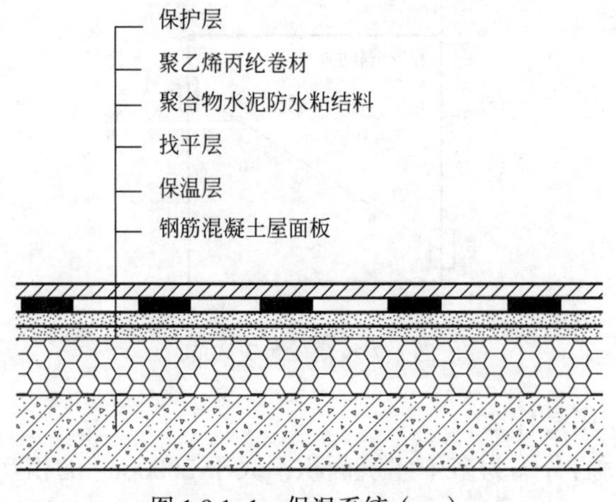


图1.8.1–1 保温系统（一）

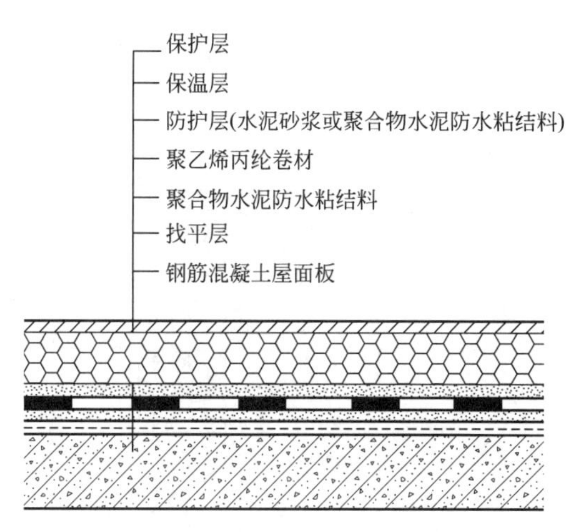


图 1.8.1–2　保温系统（二）

（1）很多人说，不管一类高层公共建筑还是普通的单多层公共建筑，屋面保温材料都可以用 B1 级，不必要 A 级。你是否赞同？

（2）很多人说，当建筑的外墙每层之间的保温系统、屋面和外墙之间的分隔要求（采用防火隔离带）是相同的。你是否赞同？

**问 42：** 关于建筑外墙装饰层的问题。

（1）高度不大于 50m 建筑外墙的装饰层应采用何种材料？

（2）建筑高度大于 50m 时，可采用何种等级的材料？

## 1.8.2　问题和答题

**答 37：**（1）请问内保温系统、无空腔的外保温系统、有空腔外保温系统这三者中，按危险程度进行排列，谁最危险？

答：按危险程度进行排列，内保温＞有空腔外保温＞无空腔的外保温。所以内保温的要求最为严格。

（2）常见的 A 级、B1 级、B2 级保温材料都有哪些？

答：见表 1.8.2–1。

**部分材料举例**　　**表 1.8.2–1**

| | |
|---|---|
| A 级 | WW 无机活性墙体保温隔热材料、水泥发泡保温板、玻化微珠保温砂浆、岩棉板、玻璃棉板、发泡陶瓷片 |
| B1 级 | 处理后的模塑聚苯乙烯泡沫塑料 EPS（白板）、处理后的模塑聚苯乙烯泡沫塑料 EPS（灰板）、处理后的聚苯乙烯泡挤沫塑沫塑料 XPS、聚氨酯板材、喷涂聚氨酯板材、酚醛板等 |
| B2 级 | 模塑聚苯板（EPS）、挤塑聚苯板（XPS）、聚氨酯（PU）、聚乙烯（PE）等 |

图 1.8.2–1 为 EPS 板外墙外保温系统构造。

表 1.8.2–2 为现浇混凝土网架聚苯板外保温系统基本构造。

聚苯板类有机保温材料里面添加了 HBCDD 阻燃剂，此类物质在自然环境中很难降解，同时具备生物蓄积性、长距离迁移能力及生物危害性，早已被列为全球禁用类有机污染物。聚苯板类有机保温材料多添加 HBCDD 将面临淘汰或被替代。在欧洲及美国等，该化学物质已被欧盟定为严重关切物质，到 2015 年分阶段淘汰并禁止使用。我国现在很多地区的

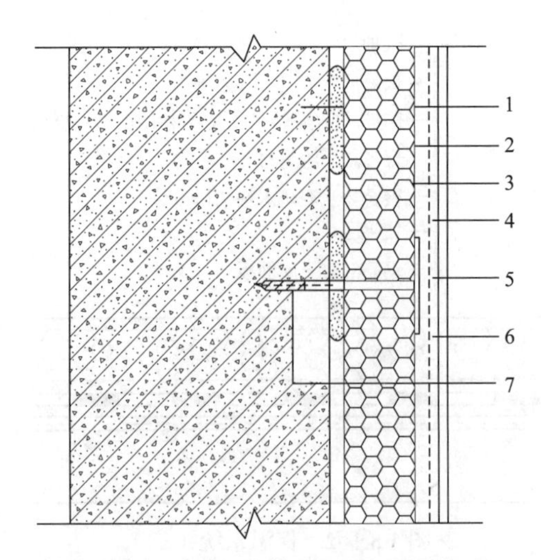


图 1.8.2-1　EPS 板外墙外保温系统构造

1- 基层；2- 胶粘剂；3-EPS 板；4- 玻纤网；5- 薄抹面层；6- 饰面涂层；7- 锚栓

现浇混凝土网架聚苯板外保温系统基本构造　　表 1.8.2-2

| 饰面类型 | 构造层 | 组成材料 | 构造示意图 |
|---|---|---|---|
| 涂装饰面 | 基层墙体① | 现浇混凝土 | |
| | 保温层② | 钢丝网架 EPS 板或钢丝网架 XPS 板 + 防火隔离带 Ⅰ（固定卡 Ⅱ 固定） | |
| | 找平层③ | 轻质防火保温浆料 | |
| | 抗裂层④ | 抗裂砂浆复合玻纤网 + 弹性底涂 | |
| | 饰面层⑤ | 涂装材料 | |
| 面砖饰面 | 基层墙体① | 现浇混凝土 | |
| | 保温层② | 钢丝网架 EPS 板或钢丝网架 XPS 板 + 防火隔离带 Ⅰ（固定卡 Ⅱ 固定） | |
| | 找平层③ | 轻质防火保温浆料 | |
| | 抗裂层④ | 抗裂砂浆 + 热镀锌电焊网或玻纤网（锚栓 Ⅲ 固定）+ 抗裂砂浆 | |
| | 饰面层⑤ | 面砖粘结砂浆 + 面砖 + 勾缝料 | |

消防部门已经禁止采用此类保温材料，强制或推荐采用水泥发泡、泡沫混凝土等，这样既可以达到防火和保温的效果，又不会造成环境污染和健康问题。

**答 38：** 请说出内保温系统、无空腔的外保温系统、有空腔外保温系统各类场所保温材料应采用何种性能的材料？防护层应怎样设置？

答：见表 1.8.2-3。

**保温材料性能** **表 1.8.2-3**

<table>
<tr><th></th><th colspan="2">场所或位置</th><th>A 级</th><th>B1 级</th><th>B2 级</th></tr>
<tr><td rowspan="3">内保温</td><td colspan="2">人密场所；用火、燃油、燃气等具有火灾危险性的场所；建筑内的疏散楼梯间、避难走道、避难间、避难层；独立建造的老年人照料设施；与其他建筑组合建造且老年人照料设施部分的总建筑面积大于 500m² 的老年人照料设施。（除 6.7.3 三明治）</td><td>√</td><td></td><td></td></tr>
<tr><td colspan="2">其他场所</td><td></td><td>√</td><td></td></tr>
<tr><td colspan="2">防护层</td><td colspan="3">A 级。如用 B1 保温需 10mm 厚</td></tr>
<tr><td rowspan="9">外保温无空腔</td><td colspan="2">人密场所</td><td>√</td><td></td><td></td></tr>
<tr><td colspan="2">独立建造的老年人照料设施；与其他建筑组合建造且老年人照料设施部分的总建筑面积大于 500m² 的老年人照料设施。（除 6.7.3 三明治）</td><td>√</td><td></td><td></td></tr>
<tr><td rowspan="3">住宅</td><td>H ＞ 100m</td><td>√</td><td></td><td></td></tr>
<tr><td>27m ＜ H ≤ 100m</td><td></td><td>√</td><td></td></tr>
<tr><td>H ≤ 27m</td><td></td><td></td><td>√</td></tr>
<tr><td rowspan="3">除住宅和人密外</td><td>H ＞ 50m</td><td>√</td><td></td><td></td></tr>
<tr><td>24m ＜ H ≤ 50m</td><td></td><td>√</td><td></td></tr>
<tr><td>H ≤ 24m</td><td></td><td></td><td>√</td></tr>
<tr><td colspan="2">【6.7.3】两侧墙体</td><td colspan="3">保温材料 B1、B2 时，两侧墙体厚度 50mm【三明治】</td></tr>
<tr><td rowspan="4">外保温有空腔</td><td colspan="2">人员密集场所</td><td>√</td><td></td><td></td></tr>
<tr><td colspan="2">独立建造的老年人照料设施；与其他建筑组合建造且老年人照料设施部分的总建筑面积大于 500m² 的老年人照料设施。（除 6.7.3 三明治）</td><td>√</td><td></td><td></td></tr>
<tr><td rowspan="2">除人密场所</td><td>H ＞ 24m</td><td>√</td><td></td><td></td></tr>
<tr><td>H ≤ 24m</td><td></td><td>√</td><td></td></tr>
</table>

注意（针对外保温系统）：

（1）在 A 级里打√必须采用 A 级。

（2）如在 B1 级里打√，宜采用 A 级，如你非要采用 B1 级【可采用的最低一级】，必须满足两个条件：

①每层设防火隔离带（高度 300mm）；②外墙门窗 0.5h。

（3）如在 B2 级里打√，宜采用 A 级，如你非要采用 B2 级【可采用的最低一级】，必须满足两个条件：

①每层设防火隔离带（高度 300mm）；②外墙门窗 0.5h。

如你想采用 B1 级（比最低一级提升一级，但非 A 级），只需满足一个条件：每层设防火隔离带（高度 300mm）。具体可参照【建规 6.7.7】，详见表 1.8.2-4、图 1.8.2-2、图 1.8.2-3。

**无空腔外保温系统采用 B1、B2 级的条件** **表 1.8.2-4**

| 建筑场所 | 高　度 | A 级保温 | B1 级保温 | B2 级保温 |
|---|---|---|---|---|
| 人员密集 | — | 应 | × | × |
| 住宅 | H ＞ 100 | 应 | × | × |

续表

| 建筑场所 | 高　度 | A级保温 | B1级保温 | B2级保温 |
|---|---|---|---|---|
| 住宅 | $27 < H \leqslant 100$ | 宜 | 可，（1）每层防火隔离带，（2）外墙门窗0.5h | × |
| | $H \leqslant 27$ | 宜 | 可，每层防火隔离带 | 可，（1）每层防火隔离带；（2）外墙门窗0.5h |
| 除住宅和人密场所外其他建筑 | $H > 50$ | 应 | × | × |
| | $24 < H \leqslant 50$ | 宜 | 可。（1）每层防火隔离带；（2）外墙门窗0.5h | × |
| | $H \leqslant 24$ | 宜 | 可采用，每层防火隔离带 | 可，（1）每层防火隔离带；（2）外墙门窗0.5h |

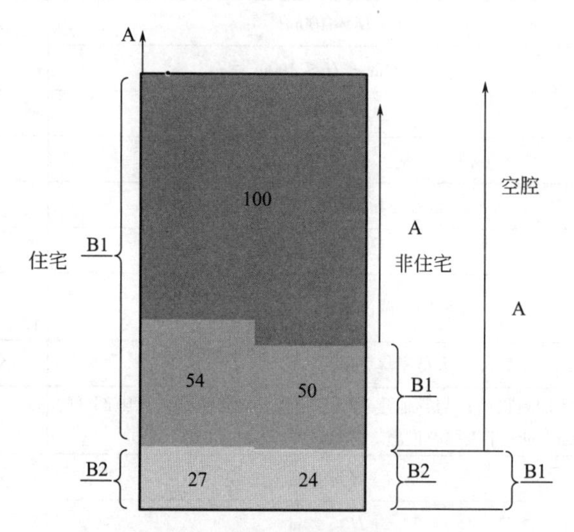


图1.8.2-2　建筑外保温系统防火材料

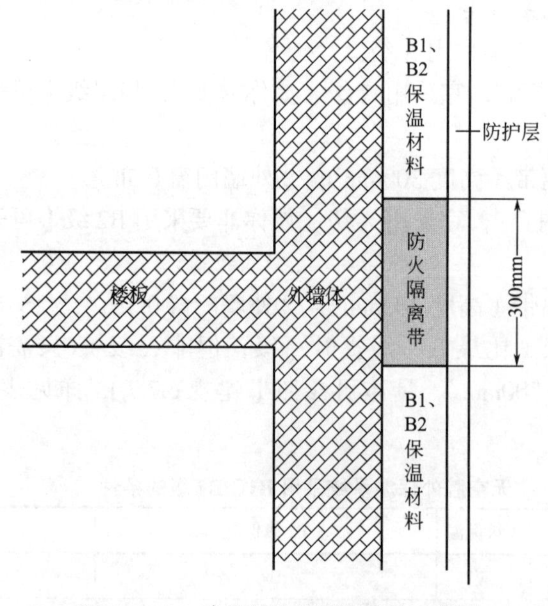


图1.8.2-3　建筑外墙外保温系统示意图

**答 39:**【防护层厚度总结】请问内保温材料或外墙外保温、屋面保温材料如采用 B1 或 B2 级材料，则需要设置 A 级的防护层进行保护，请问各自的防护层厚度最小是多少？

答：见表 1.8.2-5。

**防护层厚度**　　**表 1.8.2-5**

| | | 防护层厚度 |
|---|---|---|
| 内保温 | | ≥ 10mm |
| 外保温 | 首层 | ≥ 15mm |
| | 其他层 | ≥ 5mm |
| 屋面外保温 | | ≥ 10mm |

**答 40:** 建筑外墙外保温系统与基层墙体、装饰层之间的空腔，应在何处采用防火封堵材料封堵？

答：每层楼板处。

**答 41:** 关于屋面保温系统的问题（图 1.8.2-4、图 1.8.2-5）。

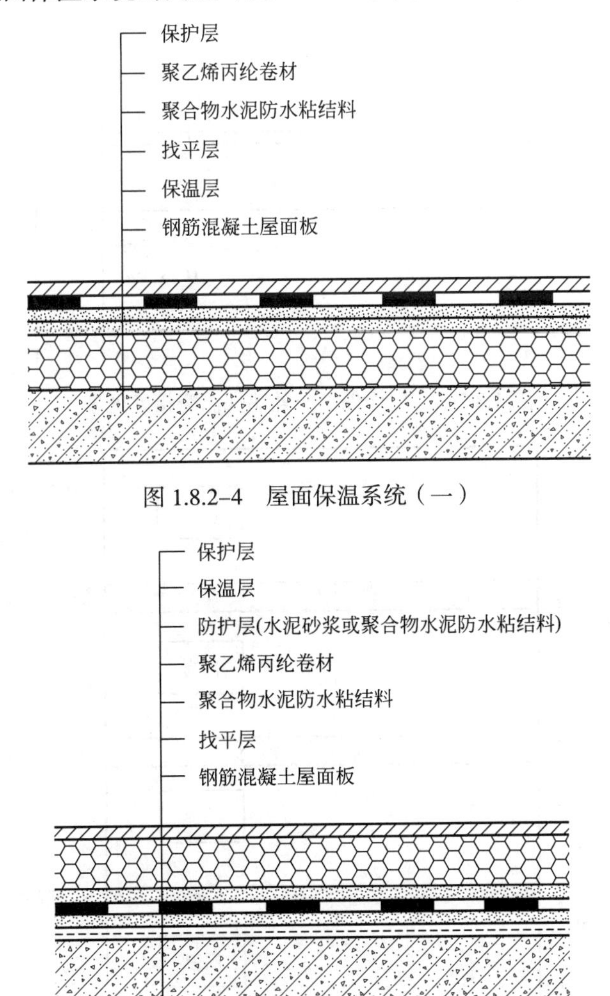


图 1.8.2-4　屋面保温系统（一）

图 1.8.2-5　屋面保温系统（二）

图1.8.2-4、图1.8.2-5中两种不同的屋面保温层敷设方式。

（1）很多人说，不管一类高层公共建筑还是普通的单多层公共建筑，屋面保温材料都可以用B1级，不必要A级。你是否赞同？

答：我双手举起表示赞同。因当屋面板的耐火极限不低于1.00h时，屋面保温材料的燃烧性能不应低于B2级；当屋面板的耐火极限低于1.00h时，不应低于B1级。而一类高层公共建筑楼板的最低耐火极限为1.5h（超高层为2.0h），要求不低于B2级即可。普通单多层公建，如采用三级耐火等级，楼板耐火极限最低要求是0.5h，所以采取B1级保温材料即可。

（2）很多人说，当建筑的外墙每层之间的保温系统、屋面和外墙之间的分隔要求（采用防火隔离带）是相同？

答：我摇摇头表示反对。外墙应在保温系统中每层设置水平防火隔离带。防火隔离带应采用燃烧性能为A级的材料，防火隔离带的高度不应小于300mm。外墙每层屋面与外墙之间应采用宽度不小于500mm的不燃材料设置防火隔离带进行分隔（如图1.8.2-6、图1.8.2-7所示）。

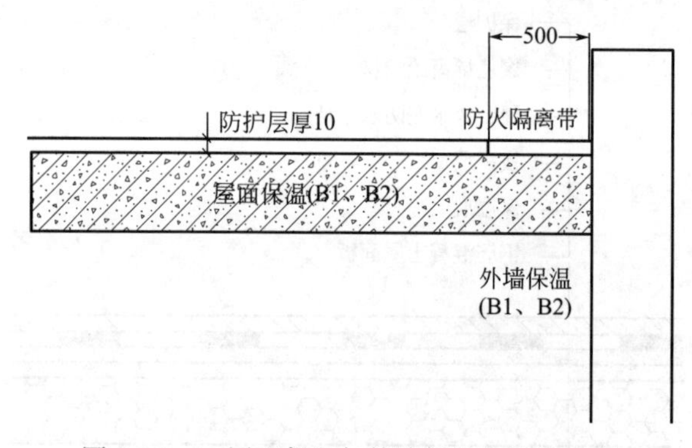


图1.8.2-6　屋面保温与外墙保温交接处处理

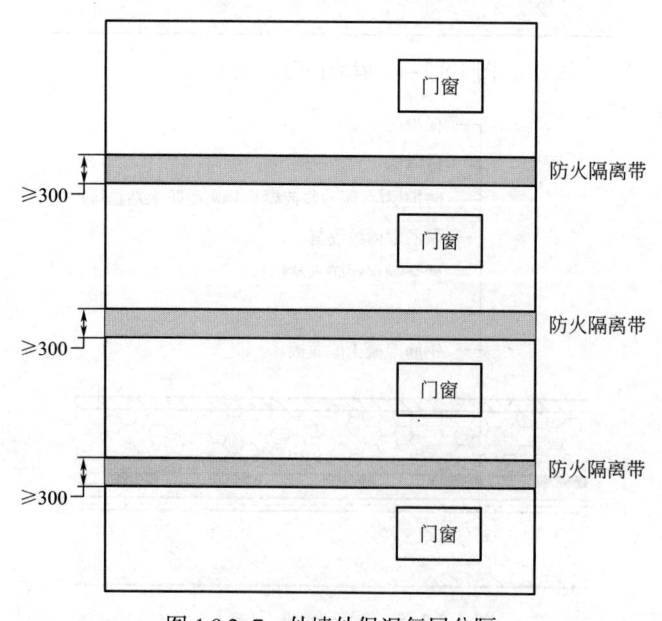


图1.8.2-7　外墙外保温每层分隔

**答 42：**关于建筑外墙装饰层的问题。

（1）高度不大于 50m 建筑外墙的装饰层可采用何种材料？

答：可 B1 级。

（2）建筑高度大于 50m 时，应采用何种等级的材料？

答：应 A 级

## 1.9　建筑内部装修

### 1.9.1　问题

**问 43：**装修材料的分类和分级。

（1）装修材料按其使用部位和功能，可划分哪七类？

（2）装修材料按其燃烧性能应划分为几级？很多人说保温材料和装修材料分级的级数相同，请问是否正确？

**问 44：**（1）纸面石膏板（图 1.9.1–1）、矿棉吸声板（图 1.9.1–2）属于哪个等级？何时可升高一级？

图 1.9.1–1　纸面石膏板

图 1.9.1–2　矿棉吸声板

（2）纸质、布质壁纸一般属于可燃材料，何时可作为 B1 级材料使用？

**问 45：**在消防检查中，一些特别场所的建筑内部装修要考虑到人员疏散、安全逃生、火灾蔓延等因素，所以是非常重要的。请问地上建筑的水平疏散走道和安全出口的门厅、地下民用建筑的疏散走道和安全出口的门厅、散楼梯间和前室、建筑物内设有上下层相连通的中庭、走马廊、开敞楼梯、自动扶梯；以及消防水泵房、机械加压送风排烟机房、固定灭火系统钢瓶间、配电室、变压器室、发电机房、储油间、通风和空调机房；消防控制室等重要房间；建筑厨房等场所的装修材料有何要求？

**问 46：**（1）建筑内部变形缝（包括沉降缝、伸缩缝、抗震缝等）两侧基层的表面装修应采用不低于什么级的装修材料？

（2）民用建筑内的库房或贮藏间，其内部所有装修除应符合相应场所规定外，且应采用不低于什么级的装修材料？

（3）照明灯具及电气设备、线路的高温部位，当靠近非 A 级装修材料或构件时，应采取什么措施？与窗帘、帷幕、幕布、软包等装修材料的距离不应小于多少毫米？灯饰应采用不低于什么级别的材料？

（4）建筑内部的配电箱、控制面板、接线盒、开关、插座等不应直接安装在低于什么级的装修材料上？

（5）用于顶棚和墙面装修的木质类板材，当内部含有电器、电线等物体时，应采用不低于什么级的材料？

（6）当室内顶棚、墙面、地面和隔断装修材料内部安装电加热供暖系统时，室内采用的装修材料和绝热材料的燃烧性能等级应为什么级？

**问47：**请问单多层、高层、地下的下列场所内部装修材料的燃烧性能分别是什么？（观众厅、会议厅、多功能厅、商店营业厅、宾馆、饭店的客房及公共活动用房、老幼场所、医院、教学场所、教学实验场所歌舞娱乐游艺场所、餐饮场所、办公场所、电信楼、财贸金融楼、邮政楼、广播电视楼、电力调度楼、防灾指挥调度楼、汽车库修车库等）

**问48：**单多层民用建筑，除“问45”的特别场所和重要图书、档案场所、歌舞娱乐游艺场所、重要机房外，面积多少平方米以内的房间，当采用耐火极限不低于多少小时的防火隔墙和什么防火门、窗与其他部位分隔时，其装修材料的燃烧性能等级可在规范规定的基础上降低一级？

**问49：**除特别场所和重要图书、档案场所、歌舞娱乐游艺场所、重要机房外，当单层、多层民用建筑需做内部装修的空间内装有自动灭火系统时，内部装修材料的燃烧性能等级可否降低？当同时装有火灾自动报警装置和自动灭火系统时，内部装修材料的燃烧性能等级可否降低？

**问50：**除特别场所和重要图书、档案场所、歌舞娱乐游艺场所、重要机房外，高层民用建筑的裙房内面积小于多少平方米的房间？当设有什么系统，并且采用耐火极限不低于多少小时的防火隔墙和什么防火门、窗与其他部位分隔时，何处装修材料的燃烧性能等级可在本规范规定的基础上降低一级？

**问51：**除特别场所和重要图书、档案场所、歌舞娱乐游艺场所、重要机房外，以及大于$400m^2$的观众厅、会议厅和100m以上的高层民用建筑外，当设有什么系统时的高层民用建筑，其内部装修材料的燃烧性能等级可否降低一级？

**问52：**电视塔等特殊高层建筑的内部装修，其内部装修材料的燃烧性能如何确定？

**问53：**除特别场所和重要图书、档案场所、歌舞娱乐游艺场所、重要机房外，单独建造的地下民用建筑的地上部分，其门厅、休息室、办公室等内部装修材料的燃烧性能等级可在否降低一级？地下部分可否降低？

**问54：**（1）无窗房间内部装修材料的燃烧性能应如何确定？

（2）经常使用明火器具的餐厅、科研试验室，其装修材料的燃烧性能如何确定？

**问55：**关于建筑内部装修施工验收的知识。

（1）装修材料进入施工现场后，材料员小王检查了产品材料外观后，认为产品合格，随机将此批材料投入使用。请问小王的做法是否正确？

（2）木质材料广泛用于建筑内部装修中，木质材料表面进行防火涂料处理时，施工员小李指挥工人对木质材料的表面进行涂刷防火涂料处理。小李此时有两种做法：

做法一：为了节省时间，第一次涂完后立即进行第二次涂刷；

做法二：为了节约材料，只进行一次涂刷。

请问这两种做法是否正确，说明理由。

（3）某建筑装修工程，材料使用复合材料。已知此复合保温材料芯材的燃烧性能为 B2 级，现场人员在复合材料表面包覆玻璃纤维布（不燃性材料）后就安装了起来。请问是否正确？

### 1.9.2　问题与答题

**答 43：** 装修材料的分类和分级。

（1）装修材料按其使用部位和功能，可划分哪七类？

答：顶棚装修材料、墙面装修材料、地面装修材料、隔断装修材料、固定家具、装饰织物、其他装修装饰材料七类。

（2）装修材料按其燃烧性能应划分为几级？很多人说保温材料和装修材料分级的级数相同，请问是否正确？

答：分为四级，如表 1.9.2-1。

**装修材料燃烧性能**　　　　**表 1.9.2-1**

| 等　级 | 装修材料燃烧性能 |
| --- | --- |
| A | 不燃性 |
| B1 | 难燃性 |
| B2 | 可燃性 |
| B3 | 易燃性 |

装修材料的分级数与保温材料的分级数是不同的，保温材料分三级，也就是装修材料的前三级（A、B1、B2）。

**答 44：**（1）纸面石膏板、矿棉吸声板属于哪个等级？何时可升高一级？

答：纸面石膏板、矿棉吸声板属于 B1 级，当安装在金属龙骨上燃烧性能达到 B1 级的纸面石膏板、矿棉吸声板，可作为 A 级装修材料使用（图 1.9.2-1、图 1.9.2-2）。

图 1.9.2-1　纸面石膏板

图 1.9.2-2　矿棉吸声板

（2）纸质、布质壁纸一般属于可燃材料，何时可作为 B1 级材料使用？

答：单位面积质量小于 $300g/m^2$ 的纸质、布质壁纸，当直接粘贴在 A 级基材上时，可作为 B1 级装修材料使用。

**答 45：** 在消防检查中，一些特别场所的建筑内部装修要考虑到人员疏散、安全逃生、火灾蔓延等因素，所以是非常重要的。请问地上建筑的水平疏散走道和安全出口的门厅、地下民用建筑的疏散走道和安全出口的门厅、散楼梯间和前室、建筑物内设有上下层相连通的中庭、走马廊、开敞楼梯、自动扶梯；以及消防水泵房、机械加压送风排烟机房、固定灭火系统钢瓶间、配电室、变压器室、发电机房、储油间、通风和空调机房；消防控制室等重要房间；建筑厨房等场所的装修材料有何要求？

答：见表1.9.2–2。

装修材料燃烧性能 表1.9.2–2

| 场　所 | 装修材料燃烧性能 | 简　记 |
|---|---|---|
| 地上建筑的水平疏散走道和安全出口的门厅 | 顶棚应采用A级装修材料，其他部位应采用不低于B1级 | 1A（顶A，其他B1） |
| 地下民用建筑的疏散走道和安全出口的门厅 | 其顶棚、墙面和地面均应采用A级装修材料 | 3A（顶墙地） |
| 疏散楼梯间和前室 | 顶棚、墙面和地面均应采用A级装修材料 | 3A（顶墙地） |
| 建筑物内设有上下层相连通的中庭、走马廊、开敞楼梯、自动扶梯时，其连通部位 | 顶棚、墙面应采用A级装修材料，其他部位应采用不低于B1级的装修材料 | 2A（顶墙A，其他B1） |
| 防水泵房、机械加压送风排烟机房、固定灭火系统钢瓶间、配电室、变压器室、发电机房、储油间、通风和空调机房等 | 其内部所有装修均应采用A级装修材料 | 全A |
| 消防控制室等重要房间 | 其顶棚和墙面应采用A级装修材料，地面及其他装修应采用不低于B1级的装修材料 | 2A（顶墙A，其他B1） |
| 建筑物内的厨房 | 顶棚、墙面、地面均应采用A级装修材料 | 3A（顶墙地） |

**答46：**（1）建筑内部变形缝（包括沉降缝、伸缩缝、抗震缝等）两侧基层的表面装修应采用不低于什么级的装修材料？

答：B1级。

（2）民用建筑内的库房或贮藏间，其内部所有装修除应符合相应场所规定外，且应采用不低于什么级的装修材料？

答：B1级。

（3）照明灯具及电气设备、线路的高温部位，当靠近非A级装修材料或构件时，应采取什么措施？与窗帘、帷幕、幕布、软包等装修材料的距离不应小于多少毫米？灯饰应采用不低于什么级别的材料？

答：隔热、散热等防火保护措施；500mm；B1级。

（4）建筑内部的配电箱、控制面板、接线盒、开关、插座等不应直接安装在低于什么级的装修材料上？

答：B1级。

（5）用于顶棚和墙面装修的木质类板材，当内部含有电器、电线等物体时，应采用不低于什么级的材料？

答：B1级。

（6）当室内顶棚、墙面、地面和隔断装修材料内部安装电加热供暖系统时，室内采用的装修材料和绝热材料的燃烧性能等级应为什么级？

答：A 级。

**答 47：**请问单多层、高层、地下的下列场所内部装修材料的燃烧性能分别是什么？（观众厅、会议厅、多功能厅、商店营业厅、宾馆、饭店的客房及公共活动用房、老幼场所、医院、教学场所、教学实验场所、歌舞娱乐游艺场所、餐饮场所、办公场所、电信楼、财贸金融楼、邮政楼、广播电视楼、电力调度楼、防灾指挥调度楼、汽车库修车库等）。

答：见表 1.9.2–3。

**内部装修材料燃烧性能** **表 1.9.2–3**

<table>
<tr><th colspan="2" rowspan="2">建筑场所</th><th colspan="3">内部装修材料燃烧性能</th></tr>
<tr><th>单多层</th><th>高 层</th><th>地 下</th></tr>
<tr><td rowspan="2">观众厅、会议厅、多功能厅</td><td>每个厅建筑面积＞ 400m²</td><td>2A</td><td>2A</td><td rowspan="2">3A</td></tr>
<tr><td>每个厅建筑面积≤ 400m²</td><td>1A</td><td>1A</td></tr>
<tr><td rowspan="2">商店营业厅</td><td>每层建筑面积＞ 1500m² 或总建筑面＞ 3000m²</td><td>1A</td><td>1A</td><td rowspan="2">3A</td></tr>
<tr><td>每层建筑面积≤ 1500m² 或总建筑面积≤ 3000m²</td><td>1A</td><td>1A</td></tr>
<tr><td rowspan="2">宾馆、饭店的客房及公共活动用房</td><td>设置送回风管道的几种空调系统</td><td>1A</td><td rowspan="2">一类：1A<br>二类：1A</td><td rowspan="2">1A</td></tr>
<tr><td>其他</td><td>2B1</td></tr>
<tr><td>老幼场所</td><td>居住和活动场所</td><td>2A</td><td>2A</td><td>——</td></tr>
<tr><td>医院</td><td>病房区、诊疗区、手术区</td><td>2A</td><td>2A</td><td>2A</td></tr>
<tr><td colspan="2">教学场所、教学实验场所</td><td>1A</td><td>1A</td><td>2A</td></tr>
<tr><td colspan="2">歌舞娱乐游艺场所</td><td>1A</td><td>1A</td><td>2A</td></tr>
<tr><td rowspan="2">餐饮场所</td><td>营业面积＞ 100m²</td><td>1A</td><td rowspan="2">1A</td><td rowspan="2">3A</td></tr>
<tr><td>营业面积≤ 100m²</td><td>3B1</td></tr>
<tr><td rowspan="2">办公场所</td><td>设置送回风管道的几种空调系统</td><td>1A</td><td rowspan="2">一类：1A<br>二类：1A</td><td rowspan="2">1A</td></tr>
<tr><td>其他</td><td>2B1</td></tr>
<tr><td colspan="2">电信楼、财贸金融楼、邮政楼、广播电视楼、电力调度楼、防灾指挥调度楼</td><td>—</td><td>一类：2A<br>二类：1A</td><td>—</td></tr>
<tr><td colspan="2">汽车库、修车库</td><td>—</td><td>—</td><td>2A</td></tr>
</table>

**答 48：**单多层民用建筑，除“问 45”的特别场所和重要图书、档案场所、歌舞娱乐游艺场所、重要机房外，面积多少平方米以内的房间，当采用耐火极限不低于多少小时的防火隔墙和什么防火门、窗与其他部位分隔时，其装修材料的燃烧性能等级可在规范规定的基础上降低一级？

答：面积小于 100m² 的房间，当采用耐火极限不低于 2.00h 的防火隔墙和甲级防火门、窗与其他部位分隔时，其装修材料的燃烧性能等级可在本规范的基础上降低一级。

**答 49：**除特别场所和重要图书、档案场所、歌舞娱乐游艺场所、重要机房外，当单层、多层民用建筑需做内部装修的空间内装有自动灭火系统时，内部装修材料的燃烧性能等级可否降低？当同时装有火灾自动报警装置和自动灭火系统时，内部装修材料的燃烧性能等级可否降低？

答:（1）只设自喷：除顶棚外，其内部装修材料的燃烧性能等级可在规定的基础上降低一级（顶不变，其他降一级）；

（2）自喷 + 自报：当同时装有火灾自动报警装置和自动灭火系统时，其装修材料的燃烧性能等级可在本规范规定的基础上降低一级（都降一级）。

**答 50：**除特别场所和重要图书、档案场所、歌舞娱乐游艺场所、重要机房外，高层民用建筑的裙房内面积小于多少平方米的房间？当设有什么系统，并且采用耐火极限不低于多少 h 的防火隔墙和什么防火门、窗与其他部位分隔时，何处装修材料的燃烧性能等级可在本规范规定的基础上降低一级？

答：500$m^2$；自动灭火系统；耐火极限不低于 2.00h 的防火隔墙 + 甲级防火门、窗与顶棚、墙面、地面装修材料的燃烧性能等级可在本规范规定的基础上降低一级。

**答 51：**除特别场所和重要图书、档案场所、歌舞娱乐游艺场所、重要机房外，以及大于 400$m^2$ 的观众厅、会议厅和 100m 以上的高层民用建筑外，当设有什么系统时的高层民用建筑，其内部装修材料的燃烧性能等级可否降低一级？

答：当设有火灾自动报警装置和自动灭火系统时的高层民用建筑，除顶棚外，其内部装修材料的燃烧性能等级可在本规范表 5.2.1 规定的基础上降低一级。

【高层双系统，顶不变，其他降一级。】

**答 52：**电视塔等特殊高层建筑的内部装修，其内部装修材料的燃烧性能如何确定？

答：装饰织物应采用不低于 B1 级的材料，其他均应采用 A 级装修材料。

**答 53：**除特别场所和重要图书、档案场所、歌舞娱乐游艺场所、重要机房外，单独建造的地下民用建筑的地上部分，其门厅、休息室、办公室等内部装修材料的燃烧性能等级可在否降低一级？地下部分可否降低？

答：可以降低；不可降低。

**答 54：**（1）无窗房间内部装修材料的燃烧性能应如何确定？

答：等级除 A 级外，应在规定的基础上提高一级。

（2）经常使用明火器具的餐厅、科研试验室，其装修材料的燃烧性能如何确定？

答：等级除 A 级外，应在规定的基础上提高一级。

**答 55：**关于建筑内部装修施工验收的知识。

（1）装修材料进入施工现场后，材料员小王检查了产品材料外观后，认为产品合格，随机将此批材料投入使用。请问小王的做法是否正确？

答：不正确。进入施工现场的装修材料应完好，并应核查其燃烧性、防火性能型式检验报告、合格证书等技术文件是否符合防火设计要求。核查、检验后，应按照规范要求填写进场验收记录。

（2）木质材料广泛用于建筑内部装修中，木质材料表面进行防火涂料处理时，施工员小李指挥工人对木质材料的表面进行涂刷防火涂料处理。小李此时有两种做法：

做法一：为了节省时间，第一次涂完后立即进行第二次涂刷；

做法二：为了节约材料，只进行一次涂刷。

请问这两种做法是否正确，说明理由。

答：不正确。木质材料涂刷防火涂料不应少于 2 次，第二次涂刷应在第一次涂层表面干后进行；涂刷防火涂料用量不应少于 500g/m$^2$。

图 1.9.2–3 为防火木材阻燃剂示范效果

图 1.9.2–3　防火木材阻燃剂示范效果

（3）某建筑装修工程，材料使用复合材料。已知此复合保温材料芯材的燃烧性能为 B2 级，现场人员在复合材料表面包覆玻璃纤维布（不燃性材料）后就安装了起来。请问是否正确？

答：不正确。包覆玻璃纤维布后还应在其表面涂刷饰面型防火涂料。防火涂料湿涂覆比值应大于 500g/m$^2$，且至少涂刷 2 次。

## 1.10 灭火救援设施

### 1.10.1 问题

**问 56**：关于消防电梯的问题。

（1）哪些建筑应设消防电梯？消防电梯设置数量怎么确定？

（2）一日，准消防工程师小李和小王在学习过程中为了一些问题，争执了起来。请判断下列说法是否正确。

① 小李说：一个带有裙房的高层主体建筑设置了消防电梯，裙房也必须要设置。

② 小李还说：一个建筑的地上部分按要求设置了消防电梯，地下部分如未达到设置要求，可以不设置。

③ 小李又说：一个建筑的地下部分按要求设置了消防电梯，就算地上部分未达到设置要求也应设置。

④ 小李接着说：独立建造的 5 层及以上且总建筑面积大于 3000m$^2$ 的老年人照料设施肯定是要设置消防电梯的，那么如果只设置在一个建筑的 5 楼和 6 楼，总建筑面积大于 3000m$^2$，1 ~ 4 楼为其他用途，此时老年人照料设施只有两层不需要设置消防电梯。

小李说完，小王陷入了深深地思考中……

（3）符合消防电梯要求的客梯或货梯可否兼作消防电梯？消防电梯可否兼做客梯或货梯？

（4）任何场所的消防电梯均应设置前室，是否正确？

（5）前室或合用前室的门应采用何种门？可否用卷帘代替？

（6）消防电梯前室宜靠外墙设置，并应在首层满足什么条件？

（7）消防电梯井、机房与相邻电梯井、机房之间应怎样分隔？

（8）消防电梯的井底应设置排水设施，排水井和排水泵应满足什么条件？

（9）请脱口而出地答出下列问题：

怎么停靠？载重量？运行时间？何处需要防水？哪里设供消防队员专用的操作按钮？轿厢的内部装修采用何种材料？轿厢内部还应设置什么设施？

**问57**：关于直升机停机坪的问题。

（1）何种建筑要设置直升机停机坪或供直升机救助的设施？是应设置还是宜设置？

（2）直升机停机坪距离设备机房、电梯机房、水箱间、共用天线等突出物的距离有何要求？

（3）建筑通向停机坪的出口数量与宽度要求是什么？

（4）建筑通向停机坪的出口要配备哪些设施？

**问58**：关于消防救援入口的问题。

（1）哪些建筑的外墙要设置可供消防救援人员进入的窗口？哪几层要设置？

（2）供消防救援人员进入的窗口的净高度和净宽度、下沿距室内地面的高度分别是多少？

（3）消防救援入口的间距是多少？每个分区应设置几个？设置位置有何要求？

（4）窗口玻璃有何要求？

**问59**：关于消防救援场地的问题（图1.10.1-1）。

图1.10.1-1 消防救援场地

（1）某公共建筑主体高54m，裙房紧挨着其东南角。消防部门到现场检查时发现：$A$=5m，$B$=20m，$C$=10m，$D$=4m。请问是否正确说明理由（图1.10.1-2）？

（2）某公共建筑高49m，如下图所示。消防部门到现场检查时发现：$A_1$=25m，$A_2$=14m，$A_3$=20m，$B_1$=21m，$B_2$=45m，$C_1$=4m，$C_2$=5m，$D$=11m，$E$=12m。请判断是否正确，说明理由（图1.10.1-3）。

（3）某医院高度54m，总平面布局如下图所示。请找出此图中的错误之处，并说明理由（图1.10.1-4）。

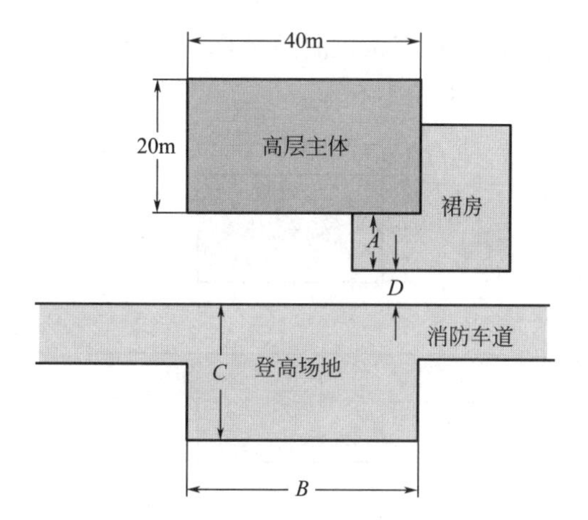


图 1.10.1–2　登高场地的设置（一）

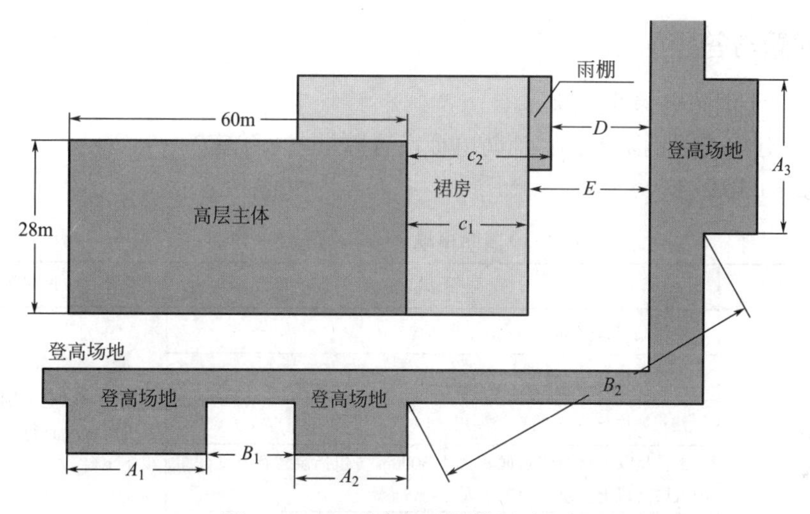


图 1.10.1–3　登高场地的设置（二）

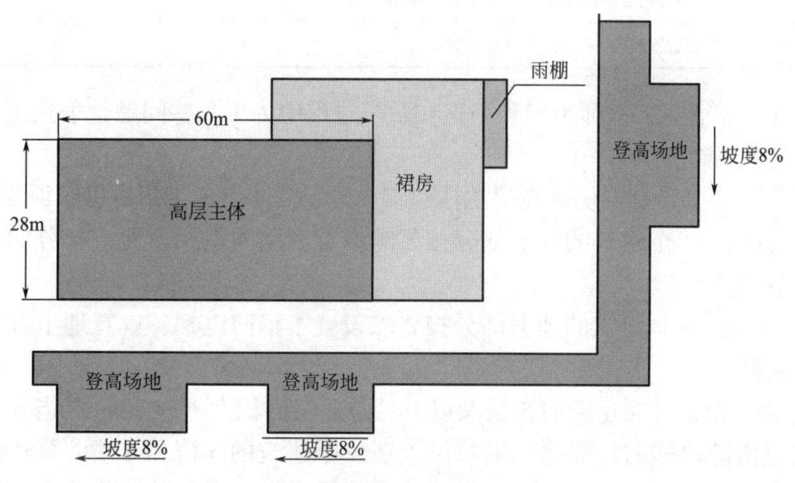


图 1.10.1–4　登高场地的设置（三）

（4）某单身公寓，建筑高度为 52m。消防部门到现场检查时发现：$A$=18m，$B$=10m。请判断是否正确，说明理由（图 1.10.1-5）。

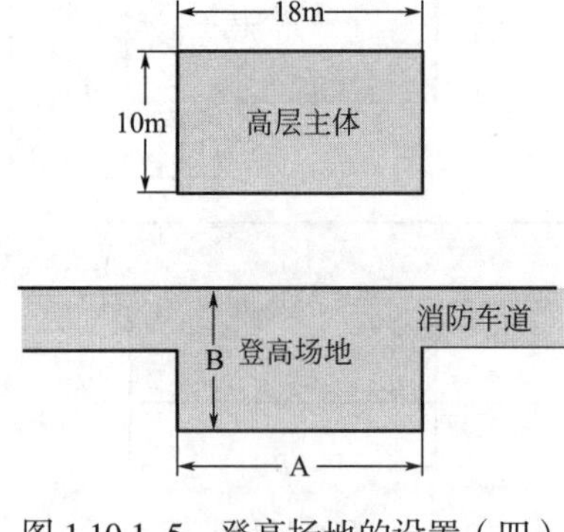


图 1.10.1-5　登高场地的设置（四）

## 1.10.2　问题与答题

**答 56**：关于消防电梯的问题。

（1）哪些建筑应设消防电梯？消防电梯设置数量怎么确定？

答：见表 1.10.2-1。

**消防电梯设置**　　**表 1.10.2-1**

| | 设置条件 | 设置数量 |
|---|---|---|
| 住宅建筑 | 建筑高度＞33m | 消防电梯应分别设置在不同防火分区内，且每个防火分区不应少于 1 台 |
| 公共建筑 | 一类高层 | |
| | 建筑高度＞32m 的二类高层 | |
| | 5 层及以上且总建筑面积大于 3000m$^2$（包括设置在其他建筑内五层及以上楼层）的老年人照料设施 | |
| 地下或半地下建筑 | 地上部分设置消防电梯的建筑 | |
| | 埋深＞10m 且总建筑面积＞3000m$^2$ | 每个防火分区宜设置 1 台 |
| 高层厂房（仓库） | 建筑高度＞32m 且设置电梯 | |

（2）一日，准消防工程师小李和小王在学习过程中为了一些问题，争执了起来。请判断下列说法是否正确。

① 小李说：一个带有裙房的高层主体建筑设置了消防电梯，裙房也必须要设置。

② 小李还说：一个建筑的地上部分按要求设置了消防电梯，地下部分如未达到设置要求，可以不设置。

③ 小李又说：一个建筑的地下部分按要求设置了消防电梯，就算地上部分未达到设置要求也应设置。

④ 小李接着说：独立建造的 5 层及以上且总建筑面积大于 3000m$^2$ 的老年人照料设施肯定是要设置消防电梯的，那么如果只设置在一个建筑的 5 楼和 6 楼，总建筑面积大于 3000m$^2$，1 ~ 4 楼为其他用途，此时老年人照料设施只有两层不需要设置消防电梯。

小李说完，小王陷入了深深地思考中……

答：① 不需要。如图 1.10.2–1。

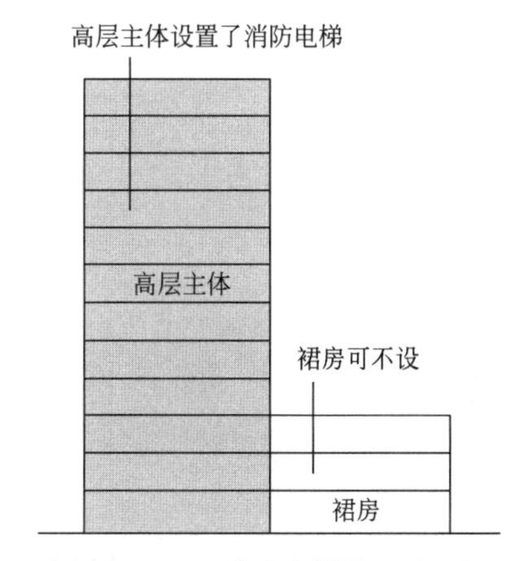


图 1.10.2–1　消防电梯设置（一）

② 如表 1.10.2–1，应设置。如图 1.10.2–2。

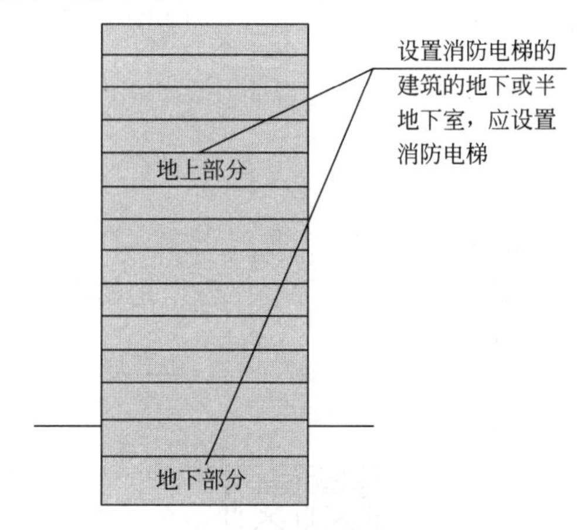


图 1.10.2–2　消防电梯设置（二）

③ 不需设置。如图 1.10.2–3。

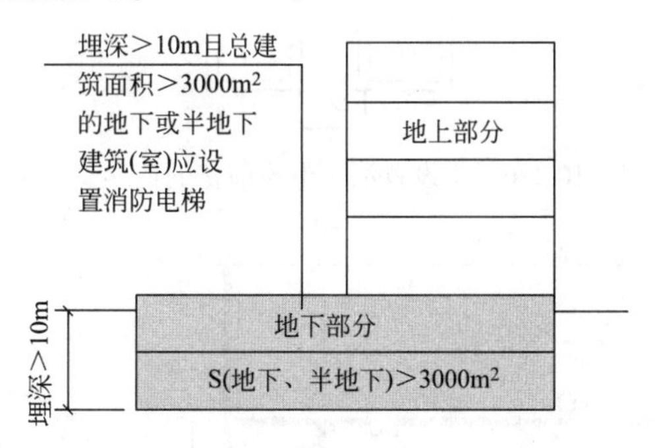


图 1.10.2–3　消防电梯设置（三）

④ 错误。如果只设置在一个建筑的 5 楼和 6 楼，总建筑面积大于 3000m$^2$，1 ~ 4 楼为其他用途，应设消防电梯。这里主要根据消防员负荷登高与救援的体力需求以及老年人照料设施中使用人员的特性确定的。如图 1.10.2–4、图 1.10.2–5。

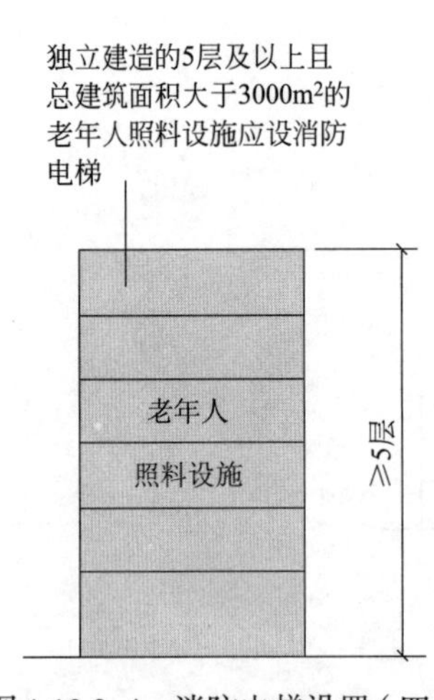


图 1.10.2–4　消防电梯设置（四）

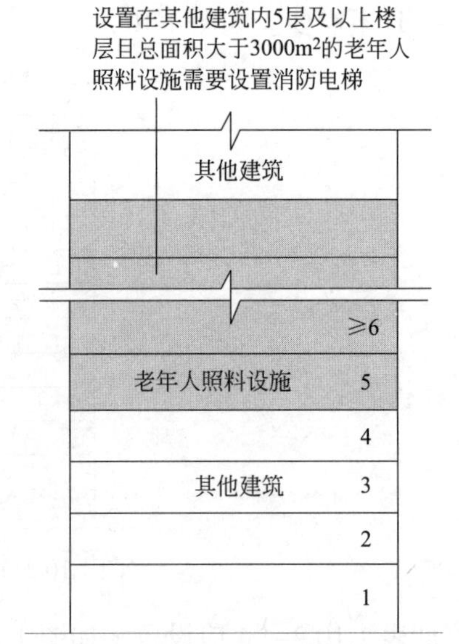


图 1.10.2–5　消防电梯设置（五）

（3）符合消防电梯要求的客梯或货梯可否兼作消防电梯？消防电梯可否兼做客梯或货梯？

答：可以；可以。

（4）任何场所的消防电梯均应设置前室，是否正确？

答：错误。仓库连廊、冷库穿堂或谷物筒仓工作塔内的消防电梯为了方便装运，不设前室（图 1.10.2–6、图 1.10.2–7）。

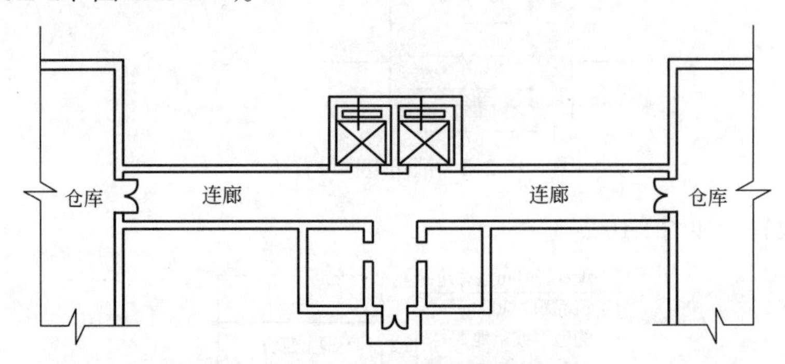


图 1.10.2–6　未设置消防电梯前室的情形（一）

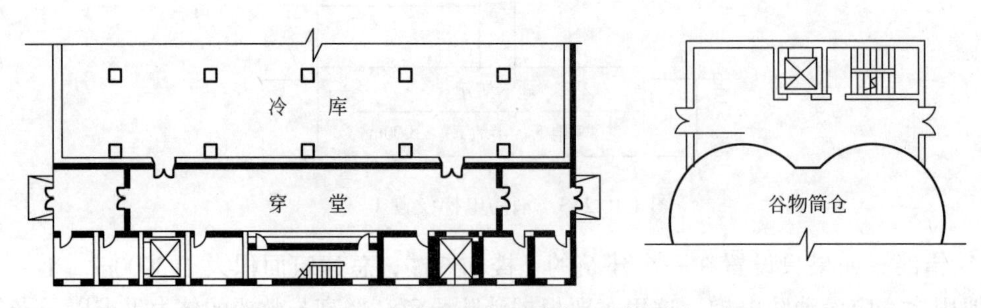


图 1.10.2–7　未设置消防电梯前室的情形（二）

（5）前室或合用前室的门应采用何种门？可否用卷帘代替？

答：前室或合用前室的门应采用乙级防火门，不应设置卷帘。因为卷帘的不可靠性会使得疏散逃生存在不可靠性。

（6）消防电梯前室宜靠外墙设置，并应在首层满足什么条件？

答：在首层直通室外或经过长度不大于 30m 的通道通向室外。

（7）消防电梯井、机房与相邻电梯井、机房之间应怎样分隔？

答：消防电梯井、机房与相邻电梯井、机房之间应设置耐火极限不低于 2.00h 的防火隔墙，隔墙上的门应采用甲级防火门。

（8）消防电梯的井底应设置排水设施，排水井和排水泵应满足什么条件？

答：消防电梯的井底应设置排水设施，排水井的容量不应小于 $2m^3$，排水泵的排水量不应小于 10L/s。消防电梯间前室的门口宜设置挡水设施。

（9）请脱口而出地答出下列问题：

怎么停靠？载重量？运行时间？何处需要防水？哪里设供消防队员专用的操作按钮？轿厢的内部装修采用何种材料？轿厢内部还应设置什么设施？

答：应能每层停靠；电梯的载重量不应小于 800kg；电梯从首层至顶层的运行时间不宜大于 60s；电梯的动力与控制电缆、电线、控制面板应采取防水措施；在首层的消防电梯入口处应设置供消防队员专用的操作按钮；电梯轿厢的内部装修应采用不燃材料；电梯轿厢内部应设置专用消防对讲电话。

注：图 1.10.2–8 为图形记忆法。经过 4 年的时间验证，在消防的学习过程中，图形逻辑记忆的效果要好于其他记忆方法，建议大家可以多采用此种方法。

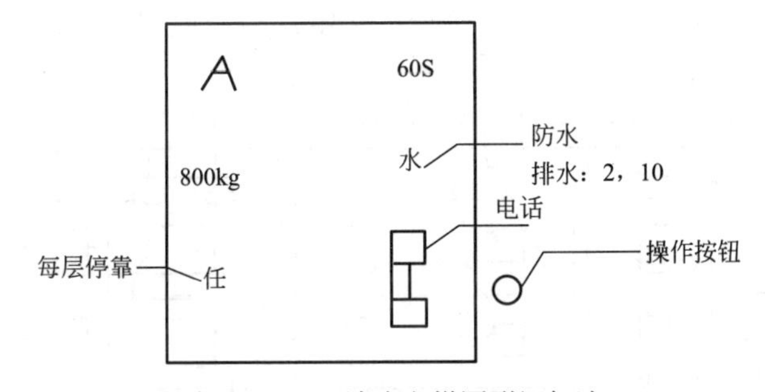


图 1.10.2–8　消防电梯图形记忆法

**答 57**：关于直升机停机坪的问题。

（1）何种建筑要设置直升机停机坪或供直升机救助的设施？是应设置还是宜设置？

答：建筑高度大于 100m 且标准层建筑面积大于 $2000m^2$ 的公共建筑；宜设置，没有强制要求。

（2）直升机停机坪距离设备机房、电梯机房、水箱间、共用天线等突出物的距离有何要求？

答：直升机停机坪应距离突出物不应小于 5m（图 1.10.2–9）。

（3）建筑通向停机坪的出口数量与宽度要求是什么？

答：2 个，0.9m。

（4）建筑通向停机坪的出口要配备哪些设施？

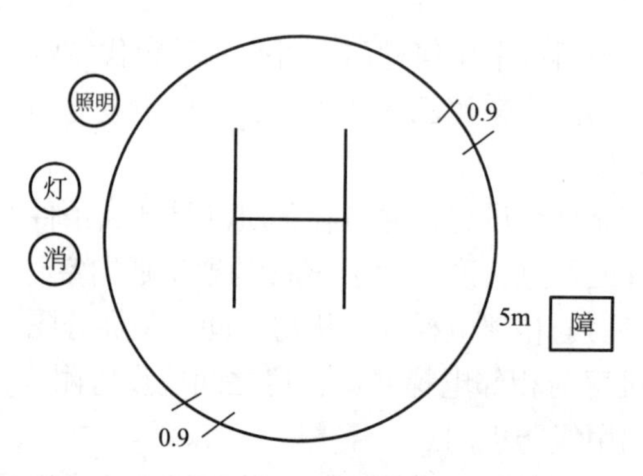


图 1.10.2–9　直升机停机坪图形记忆法

答：航空障碍灯；应急照明；消火栓。

**答 58**：关于消防救援入口的问题。

（1）哪些建筑的外墙要设置可供消防救援人员进入的窗口？哪几层要设置？

答：厂房、仓库、公共建筑的外墙；每层。

（2）供消防救援人员进入的窗口的净高度和净宽度、下沿距室内地面的高度分别是多少？

答：1m；1m；1.2m。

（3）消防救援入口的间距是多少？每个分区应设置几个？设置位置有何要求？

答：20m；2 个；设置位置应与消防车登高操作场地相对应。

（4）窗口玻璃有何要求？

答：窗口的玻璃应易于破碎，并应设置可在室外易于识别的明显标志。

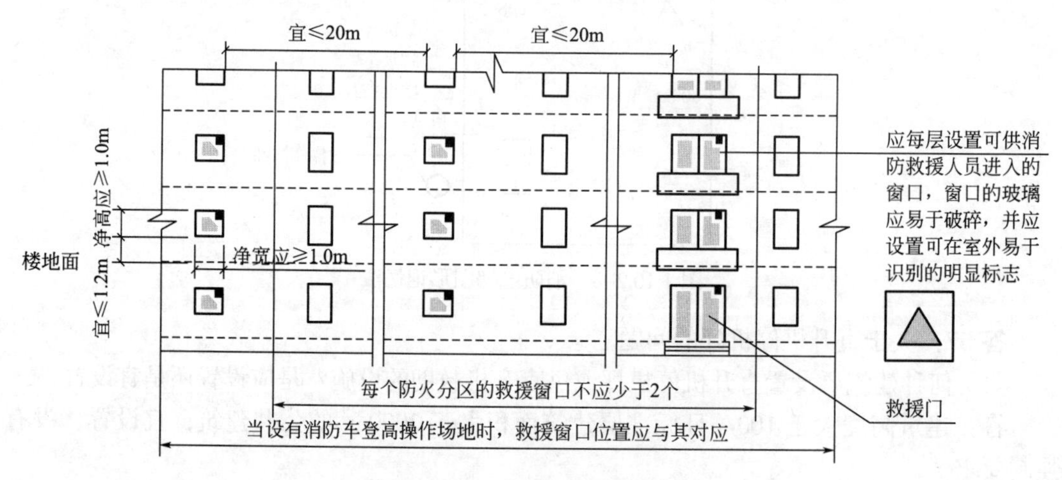


图 1.10.2–10　消防救援口设置

**答 59**：关于消防救援场地的问题（图 1.10.2–11）。

（1）某公共建筑主体高 54m，裙房紧挨着其东南角。消防部门到现场检查时发现：$A$=5m，$B$=20m，$C$=10m，$D$=4m。请问是否正确说明理由？

答：如图 1.10.2–12，$A$=5m 不正确，登高范围内的裙房进深不应大于 4m。

图 1.10.2–11　消防救援场地

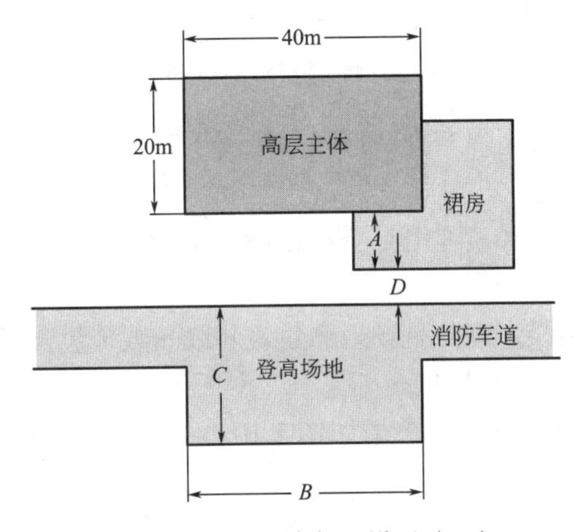


图 1.10.2–12　登高场地设置（一）

$B$=20m 不正确，高层建筑至少沿一个长边或周边长度的 1/4 且不小于一个长边长度的底边连续布置消防车登高操作场地，所以 $B$ 应≥ 40m。

$C$=10m 正确，因为场地的长度和宽度分别不应小于 15m 和 10m。对于建筑高度大于 50m 的建筑，场地的长度和宽度分别不应小于 20m 和 10m。所以 10m 符合要求。

$D$=4m 不正确，场地靠建筑外墙一侧的边缘距离建筑外墙不宜小于 5m，且不应大于 10m。

（2）某公共建筑高 49m，如图 1.10.2–13 所示。消防部门到现场检查时发现：$A_1$=25m，$A_2$=14m，$A_3$=20m。$B_1$=21m，$B_2$=45m。$C_1$=4m，$C_2$=5m。$D$=11m，$E$=12m。请判断是否正确，说明理由。

答：$A_1$=25m 正确，$A_2$=14m 错误，$A_3$=20m 正确，因为场地的长度和宽度分别不应小于 15m 和 10m。

$A_1+A_2+A_3$=59m 错误，理由是其< 60m。高层建筑至少沿一个长边或周边长度的 1/4 且不小于一个长边长度的底边连续布置消防车登高操作场地。连续布置有困难可间隔布置，距离不宜大于 30m，且消防车登高操作场地的总长度仍应符合上述规定。即 $A_1+A_2+A_3$ 应≥ 60m。

$B_1$=21m 正确，$B_2$=45m 错误。理由：建筑高度不大于 50m 的建筑，连续布置消防车登

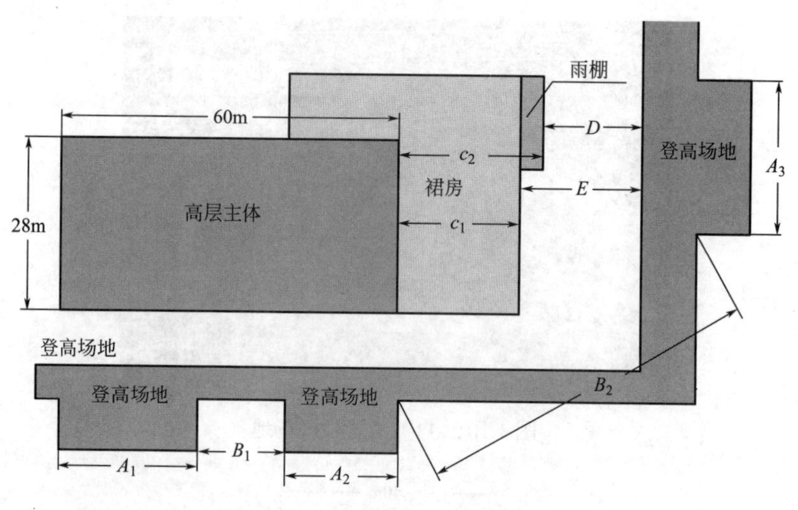


图 1.10.2-13 登高场地设置（二）

高操作场地确有困难时，可间隔布置，但间隔距离不宜大于 30m，且消防车登高操作场地的总长度仍应符合上述规定。

$C_1$=4m 正确，$C_2$=5m 错误，理由是登高范围内的裙房进深（包含雨棚、挑檐等宽度）不应大于 4m。

$D$=11m，$E$=12m 均错误，理由是场地靠建筑外墙一侧（包含雨棚宽度）的边缘距离建筑外墙不宜小于 5m，且不应大于 10m。

（3）某医院高度 54m，总平面布局如图 1.10.2-14 所示。请找出此图中的错误之处，并说明理由。

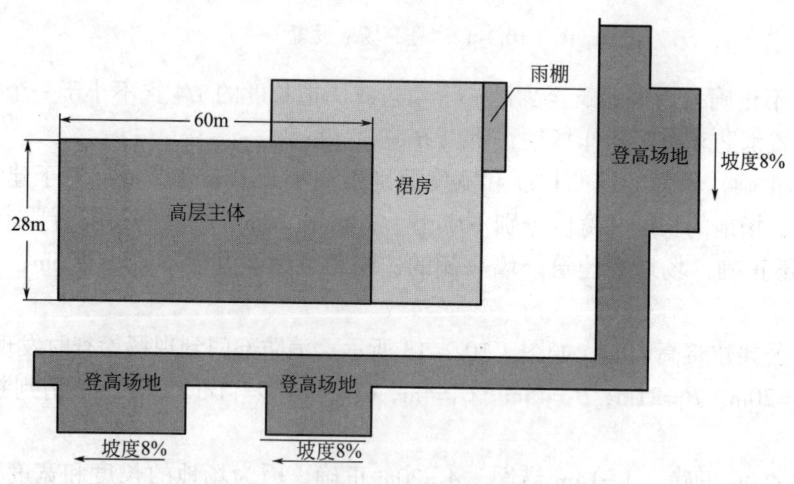


图 1.10.2-14 登高场地设置（三）

答：① 间断布置登高场地错误，理由建筑高度不大于 50m 的建筑，连续布置消防车登高操作场地确有困难时，可间隔布置。本题高度为 54m 不可间断布置，必须连续。

② 坡度 8% 错误，不宜大于 3%。

（4）某单身公寓，建筑高度为 52m。消防部门到现场检查时发现：$A$=18m，$B$=10m。请判断是否正确，说明理由（图 1.10.2-15）。

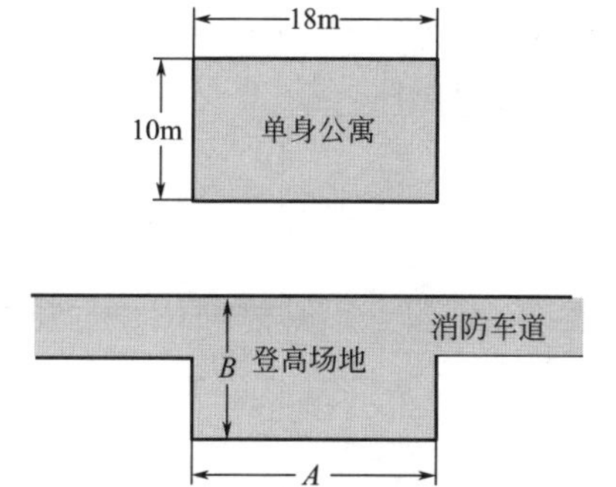


图 1.10.2–15　登高场地设置（四）

答：$A$=18m 错误，理由：虽然长度≥建筑最长边，但是规范还规定，场地的长度和宽度分别不应小于 15m 和 10m。对于建筑高度大于 50m 的建筑，场地的长度和宽度分别不应小于 20m 和 10m。所以 $A$ 至少是 20m。$B$=10m 正确。

## 1.11　防爆

### 1.11.1　问题

**问 60：**（1）关于爆炸性环境危险区域划分的问题。

0 区、1 区、2 区和 20 区、21 区、22 区哪些是指爆炸性气体环境，哪些是指爆炸性粉尘环境，各自的意思是什么？

（2）关于爆炸性环境电气设备的选择的问题。爆炸性环境内电气设备保护级别应如何选择？

**问 61：**关于厂房与仓库的防爆。

（1）厂房和仓库的防爆工作至关重要，有爆炸危险的厂房或厂房内有爆炸危险的部位应设置泄压设施。

那么常用的泄压设施有哪些？质量有何要求？

（2）厂房的泄压面积的计算公式是什么？第一步先求什么？怎么求？

（3）请确定图 1.11.1–1 中厂房的泄压面积。

① 某镁粉厂房，长宽高分别为 36m，12m，6.5m。

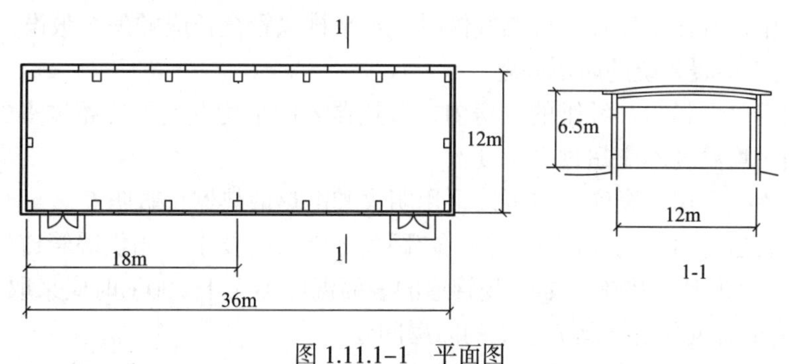


图 1.11.1–1　平面图

② 某煤粉厂房，具体信息如图 1.11.1–2、图 1.11.1–3 所示。

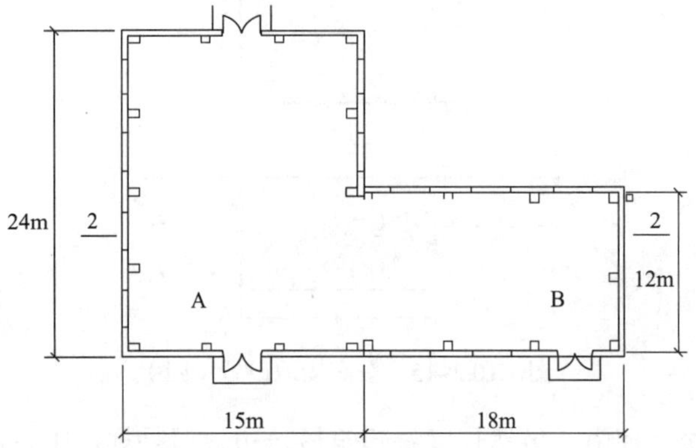

图 1.11.1–2　平面图

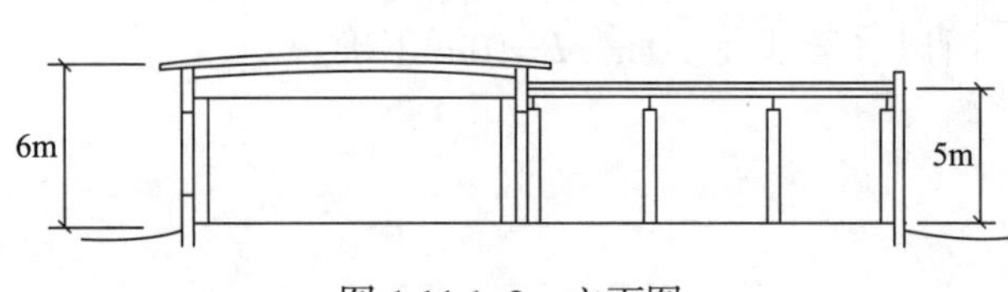


图 1.11.1–3　立面图

（4）对于散发较空气轻的可燃气体、可燃蒸气的甲类厂房和散发较空气重的可燃气体、可燃蒸气的甲类厂房和有粉尘、纤维爆炸危险的乙类厂房，预防措施是不同的，请问各自有何措施？

**问 62：**（1）有爆炸危险的甲、乙类厂房的总控制室和分控制室分别要如何设置？

（2）有爆炸危险区域内的楼梯间、室外楼梯或有爆炸危险的区域与相邻区域连通处要如何防护？

（3）生产甲、乙、丙类液体的厂房，其管、沟可不可以与相邻厂房的管、沟相通？储存甲、乙、丙类液体的仓库要采取什么措施？

**问 63：**（1）很多危险场所内的空气如循环使用，尽管可减少一定能耗，但火灾危险性可能持续增大。请问哪类厂房的空气不应循环使用？

（2）丙类厂房内含有燃烧或爆炸危险粉尘、纤维的空气，在循环使用前应经净化处理，并应使空气中的含尘浓度低于其爆炸下限的多少才是安全的？

（3）为甲、乙类厂房服务的送风设备与排风设备能否放置于同一机房？

（4）空气中含有比空气轻的可燃气体时，水平排风管全长应顺怎么敷设？

**问 64：**关于供暖系统的防爆问题。

（1）在散发可燃粉尘、纤维的厂房内，散热器表面平均温度不应超过多少℃？输煤廊的散热器表面平均温度不应超过多少度？

（2）甲、乙类厂房（仓库）内可以采用明火和电热散热器供暖吗？

（3）供暖管道与可燃物之间应保持一定距离才能符合要求，当供暖管道的表面温度大于 100℃时，应采取什么措施？如供暖管道的表面温度不大于 100℃时应采取什么措施？

**问 65：**关于通风和空气调节系统的防爆问题。

（1）厂房内有爆炸危险场所的排风管道，可以穿过防火墙和有爆炸危险的房间隔墙，但必须采取不燃材料封堵。此句话是否正确？

（2）含有燃烧和爆炸危险粉尘的空气，在进入排风机前应采用何种除尘器进行处理？对于遇水可能形成爆炸的粉尘，严禁采用什么除尘器？

（3）净化有爆炸危险粉尘的干式除尘器和过滤器宜布置在厂房外的独立建筑内，建筑外墙与所属厂房的防火间距不应小于多少米？

（4）净化或输送有爆炸危险粉尘和碎屑的除尘器、过滤器或管道，哪些部位应设置泄压装置？净化有爆炸危险粉尘的干式除尘器和过滤器应布置在系统的哪一段上？

（5）排除有燃烧或爆炸危险气体、蒸气和粉尘的排风系统，应满足哪 3 个条件？

（6）发生火灾时，防火阀可以起到隔离防止火灾蔓延的作用。请问通风、空气调节系统的风管在哪些部位应设置公称动作温度为 70℃的防火阀？

（7）哪些部位应设置公称动作温度为 150℃的防火阀？

（8）燃油或燃气锅炉房应设置自然通风或机械通风设施。燃气锅炉房应选用何种排风机？当采取机械通风时，机械通风设施应设置导除静电的接地装置，燃油和燃气锅炉房的正常与事故通风量分别是多少？

**问 66：**如图 1.11.1–4 所示，防爆门斗的设置有何问题？

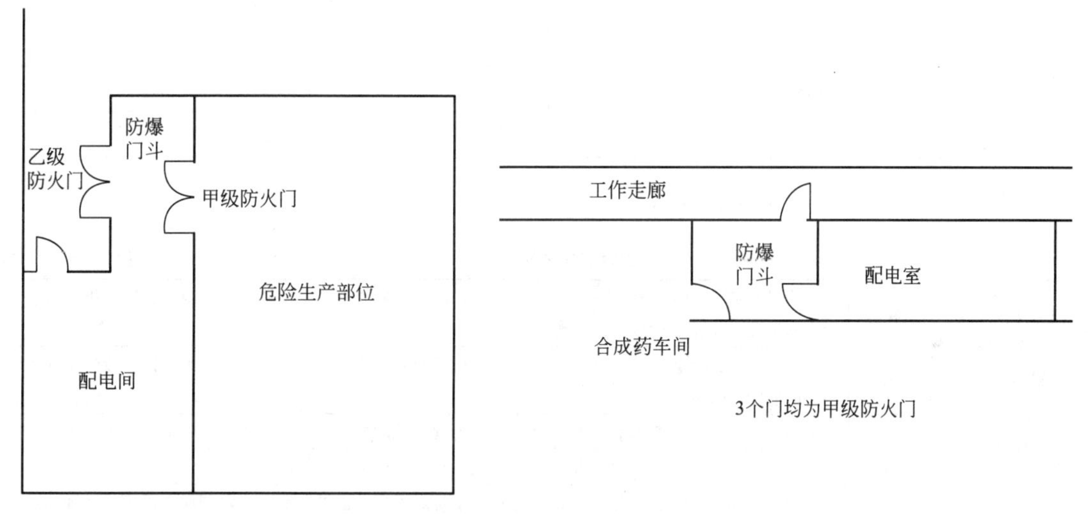


图 1.11.1–4　防爆门斗的设置

## 1.11.2　问题和答题

**答 60：**（1）关于爆炸性环境危险区域划分的问题。

0 区、1 区、2 区和 20 区、21 区、22 区哪些是指爆炸性气体环境，哪些是指爆炸性粉尘环境，各自的意思是什么？

答：见表 1.11.2–1。

（2）关于爆炸性环境电气设备的选择的问题。

爆炸性环境内电气设备保护级别应如何选择？

答：见表 1.11.2–2。

爆炸性气体、粉尘环境　　表 1.11.2-1

| | 划分 | 含　义 |
|---|---|---|
| 爆炸性气体环境 | 0 区 | 连续出现或长期出现爆炸性气体混合物的环境 |
| | 1 区 | 在正常运行时可能出现爆炸性气体混合物的环境 |
| | 2 区 | 在正常运行时不太可能出现爆炸性气体混合物的环境，或即使出现也仅是短时存在的爆炸性气体混合物的环境 |
| 爆炸性粉尘环境 | 20 区 | 空气中的可燃性粉尘云持续地或长期地或频繁地出现于爆炸性环境中的区域 |
| | 21 区 | 在正常运行时，空气中的可燃性粉尘云很可能偶尔出现于爆炸性环境中的区域 |
| | 22 区 | 在正常运行时，空气中的可燃粉尘云一般不可能出现于爆炸性粉尘环境中的区域，即使出现，持续时间也是短暂的 |

爆炸性环境内电气设备保护级别　　表 1.11.2-2

| 危险区域 | 设备保护级别（EPL） |
|---|---|
| 0 区 | Ga |
| 1 区 | Ga 或 Gb |
| 2 区 | Ga、Gb 或 Gc |
| 20 区 | Da |
| 21 区 | Da 或 Db |
| 22 区 | Da、Db 或 Dc |

级别表示的含义，见表 1.11.2-3。

级别的含义　　表 1.11.2-3

| | | |
|---|---|---|
| Ⅰ类煤矿甲烷爆炸性环境设备 | Ma | 具有“很高”的保护级别，在其正常运行、出现预期故障或罕见故障，甚至在瓦斯突出时设备带电的情况下均不可能成为点燃源 |
| | Mb | 具有“高”的保护级别，在正常运行中或在瓦斯突出和设备断电的时间内出现预期故障条件下不可能成为点燃源 |
| Ⅱ类爆炸性气体（含蒸气）环境用设备 | Ga | 具有“很高”的保护级别，在正常运行、出现的预期故障或罕见故障时不可能成为点燃源 |
| | Gb | 具有“高”的保护级别，在正常运行或预期故障条件下不可能成为点燃源 |
| | Gc | 其有“一般”的保护级别，在正常运行中不是点燃源，也可采取一些附加保护措施，保证在点燃源预期经常出现的情况下（如灯具的故障）不会形成有效点燃 |
| Ⅲ类爆炸性粉尘环境用设备 | Da | 具有“很高”的保护级别，在正常运行、出现预期故障或罕见故障条件下不可能成为点燃源 |
| | Db | 具有“高”的保护级别，在正常运行或出现的预期故障条件下不可能成为点燃源 |
| | Dc | 具有“一般”的保护级别，在正常运行过程中不是点燃源，也可采取一些附加保护措施，保证在点燃源预期经常出现的情况下（如灯具的故障）不会形成有效点燃 |

注意：电气设备保护级别（EPL）与电气设备防爆结构的关系如表 1.11.2-4。

表 1.11.2-4

| 设备保护级别（EPL） | 电气设备防爆结构 | 防爆形式 |
|---|---|---|
| Ga | 本质安全型 | “ia” |
| | 浇封型 | “ma” |
| | 由两种独立的防爆类型组成的设备，每一种 | — |

续表

| 设备保护级别（EPL） | 电气设备防爆结构 | 防爆形式 |
| --- | --- | --- |
| Ga | 类型达到保护级别“Gb”的要求 | — |
| | 光辐射式设备和传输系统的保护 | “op is” |
| Gb | 隔爆型 | “d” |
| | 增安型 | “e”① |
| | 本质安全型 | “ib” |
| | 浇封型 | “mb” |
| | 油浸型 | “o” |
| | 正压型 | “px”、“py” |
| | 充砂型 | “q” |
| | 本质安全现场总线概念（FISCO） | — |
| | 光辐射式设备和传输系统的保护 | “op pr” |
| Gc | 本质安全型 | “ic” |
| | 浇封型 | “mc” |
| | 无火花 | “n”、“nA” |
| | 限制呼吸 | “nR” |
| | 限能 | “nL” |
| | 火花保护 | “nC” |
| | 正压型 | “pz” |
| | 非可燃现场总线概念（FNICO） | — |
| | 光辐射式设备和传输系统的保护 | “op sh” |
| Da | 本质安全型 | “iD” |
| | 浇封型 | “mD” |
| | 外壳保护型 | “tD” |
| Db | 本质安全型 | “iD” |
| | 浇封型 | “mD” |
| | 外壳保护型 | “tD” |
| | 正压型 | “pD” |
| Dc | 本质安全型 | “iD” |
| | 浇封型 | “mD” |
| | 外壳保护型 | “tD” |
| | 正压型 | “pD” |

**答61**：关于厂房与仓库的防爆。

（1）厂房和仓库的防爆工作至关重要，有爆炸危险的厂房或厂房内有爆炸危险的部位应设置泄压设施。

那么常用的泄压设施有哪些？质量有何要求？

答：泄压设施宜采用轻质屋面板、轻质墙体和易于泄压的门、窗等，应采用安全玻璃等在爆炸时不产生尖锐碎片的材料。作为泄压设施的轻质屋面板和墙体的质量不宜大于 $60kg/m^2$。

（2）厂房的泄压面积的计算公式是什么？第一步先求什么？怎么求？

答：$A=10CV^{2/3}$

式中 $A$——泄压面积，$m^2$；

$V$——厂房的容积，$m^3$；

$C$——泄压比，$m^2/m^3$。

第一步需要求长径比。建筑平面几何外形尺寸的最长尺寸与其横截面周长的积和 4.0 倍截面积之比。即 $\dfrac{L_{max}\times 横截面周长}{4\times S_{横截面}}$

图 1.11.2-1　建筑几何外形

如图 1.11.2-1 所示，$L_{max}=A$；横截面周长 $=2(B+C)$；横截面积 $=B\times C$。

（3）请确定图 1.11.2-2 中厂房的泄压面积。

① 某镁粉厂房，长宽高分别为 36m，12m，6.5m。

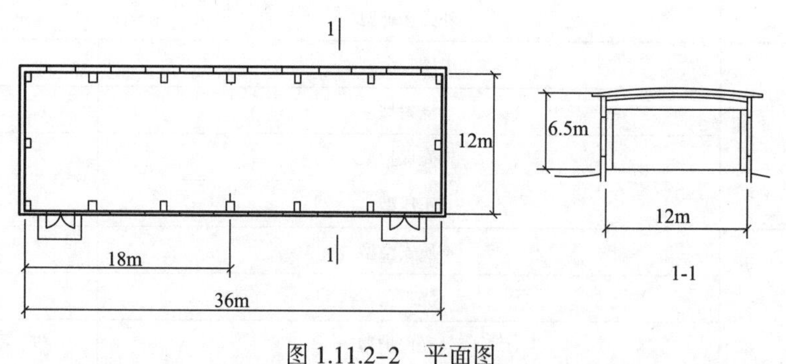


图 1.11.2-2　平面图

答：第一步：本厂房属于乙类厂房，首先确定泄压比。根据表 1.11.2-5 可知，泄压比 $C=0.11$（$m^2/m^3$）。

第二步计算厂房的长径比：$36\times(12+6.5)\times 2/(4\times 12.\times 6.5)=1332/312=4.3>3$ 以上计算结果不满足本条文的要求，因此将该厂房分为两段再进行长径比计算。

第三步分成两段后的长径比：18×（12+6.5）×2/（4×12.0×6.5）=666/312=2.1 < 3，满足要求。

第四步代入公式：$A$=10×0.11×（18×12×6.5）2/3=137.9m$^2$，最终所需的泄压面积 = 137.9×2=275.8m$^2$。

**厂房内爆炸性危险物质的类别与泄压比规定值（m$^2$/m$^3$）　　表 1.11.2–5**

| 厂房内爆炸性危险物质的类别 | $C$ 值 |
| --- | --- |
| 氨、粮食、纸、皮革、铅、铬、铜等 $K_{尘}$< 10MPa．m·s$^{-1}$ 的粉尘 | ≥ 0.030 |
| 木屑、炭屑、煤粉、锑、锡等 10MPa·m·S$^{-1}$ ≤ $K_{尘}$≤ 30MPa．m·S$^{-1}$ 的粉尘 | ≥ 0.055 |
| 丙酮、汽油、甲醇、液化石油气、甲烷、喷漆间或干燥室，苯酚树脂、铝、镁、锆等 $K_{尘}$> 30MPa·m·S$^{-1}$ 的粉尘 | ≥ 0.110 |
| 乙烯 | ≥ 0.160 |
| 乙炔 | ≥ 0.200 |
| 氢 | ≥ 0.250 |

② 某煤粉厂房，具体信息如图 1.11.2–3、图 1.11.2–4 所示。

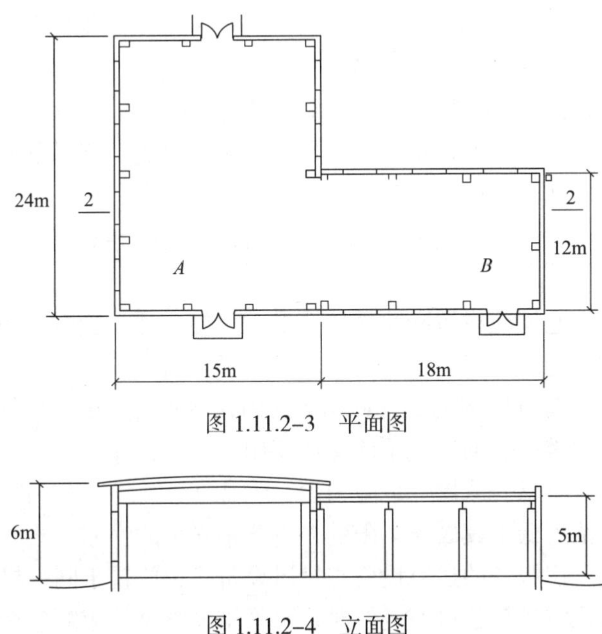


图 1.11.2–3　平面图

图 1.11.2–4　立面图

答：第一步：计算厂房的长径比：按 $A$、$B$ 两段分别计算。

$A$ 段跨度 15m：24×（15+6）×2/（15×6×4）=1008/360=2.8 < 3

$B$ 段跨度 12m：10×（12+5）×2/（12×5×4）=612/240=2.55 < 3

以上计算结果均满足长径比的要求

第二步：查表得知 C=0.055，代入公式

$A$ 段 $A_A$=10×0.055×2160$^{2/3}$=91.85m$^2$

$B$ 段 $A_B$=10×0.055×1080$^{2/3}$=57.90m$^2$

计算段中的公共截面，不得作为泄压面积。

（4）对于散发较空气轻的可燃气体、可燃蒸气的甲类厂房和散发较空气重的可燃气体、可燃蒸气的甲类厂房和有粉尘、纤维爆炸危险的乙类厂房，我们的预防措施是不同的，请问各自有何措施？

答：散发较空气轻的可燃气体、可燃蒸气的甲类厂房，这些气体或蒸汽肯定是往上飘散的，所以房顶宜采用轻质屋面板作为泄压面积。而且顶棚应尽量平整、无死角，厂房上部空间应通风良好。

① 散发较空气重的可燃气体、可燃蒸气的甲类厂房和有粉尘、纤维爆炸危险的乙类厂房，这些气体肯定是往下部聚集，所以地面应不发火花，采用绝缘材料作整体面层时，应采取防静电措施；

② 散发可燃粉尘、纤维的厂房，其内表面应平整、光滑，并易于清扫；

③ 厂房内不宜设置地沟，确需设置时，其盖板应严密，地沟应采取防积聚措施，且应在与相邻厂房连通处采用防火材料密封。

**答62：**（1）有爆炸危险的甲、乙类厂房的总控制室和分控制室分别要如何设置？

（2）有爆炸危险区域内的楼梯间、室外楼梯或有爆炸危险的区域与相邻区域连通处要如何防护？

（3）生产甲、乙、丙类液体的厂房，其管、沟可不可以与相邻厂房的管、沟相通？储存甲、乙、丙类液体的仓库要采取什么措施？

答：（1）爆炸危险的甲、乙类厂房的总控制室应独立设置。

（2）有爆炸危险的甲、乙类厂房的分控制室宜独立设置，当贴邻外墙设置时，应采用耐火极限不低于3.00h的防火隔墙与其他部位分隔。

（3）使用和生产甲、乙、丙类液体厂房，其管沟不应与相邻厂房的管、沟相通，下水道应设置隔油设施。

甲、乙、丙类液体仓库应设置防止液体流散的设施。遇湿会发生燃烧爆炸的物品仓库应采取防止水浸渍的措施。

**答63：**（1）很多危险场所内的空气如循环使用，尽管可减少一定能耗，但火灾危险性可能持续增大。请问哪类厂房的空气不应循环使用？

（2）丙类厂房内含有燃烧或爆炸危险粉尘、纤维的空气，在循环使用前应经净化处理，并应使空气中的含尘浓度低于其爆炸下限的多少才是安全的？

（3）为甲、乙类厂房服务的送风设备与排风设备能否放置于同一机房？

（4）空气中含有比空气轻的可燃气体时，水平排风管全长应顺怎么敷设？

答：（1）甲、乙类厂房内的空气不应循环使用。

（2）25%。

（3）不能。应分别布置在不同通风机房内，且排风设备不应和其他房间的送、排风设备布置在同一通风机房内。

（4）水平排风管全长应顺气流方向向上坡度敷设。

**答64：**关于供暖系统的防爆。

（1）在散发可燃粉尘、纤维的厂房内，散热器表面平均温度不应超过多少摄氏度？输煤廊的散热器表面平均温度不应超过多少摄氏度？

答：82.5℃；130℃。

（2）甲、乙类厂房（仓库）内可以采用明火和电热散热器供暖吗？

答：严禁。

（3）供暖管道与可燃物之间应保持一定距离才能符合要求，当供暖管道的表面温度大于100℃时，应采取什么措施？如供暖管道的表面温度不大于100℃时应采取什么措施？

答：当供暖管道的表面温度大于100℃时：①应保持不小于100mm的距离；②采用不燃材料隔热；

当供暖管道的表面温度不大于100℃时，①应保持不小于50mm的距离；②采用不燃材料隔热。

**答65：**（1）厂房内有爆炸危险场所的排风管道，可以穿过防火墙和有爆炸危险的房间隔墙，但必须采取不燃材料封堵。此句话是否正确？

答：不正确。严禁穿过。

（2）含有燃烧和爆炸危险粉尘的空气，在进入排风机前应采用何种除尘器进行处理？对于遇水可能形成爆炸的粉尘，严禁采用什么除尘器？

答：采用不产生火花的除尘器；严禁采用湿式除尘器。

（3）净化有爆炸危险粉尘的干式除尘器和过滤器宜布置在厂房外的独立建筑内，建筑外墙与所属厂房的防火间距不应小于多少米？

答：10m。

（4）净化或输送有爆炸危险粉尘和碎屑的除尘器、过滤器或管道，哪些部位应设置泄压装置？净化有爆炸危险粉尘的干式除尘器和过滤器应布置在系统的哪一段上？

答：除尘器、过滤器或管道均应设置；系统的负压段上。

（5）排除有燃烧或爆炸危险气体、蒸气和粉尘的排风系统，应满足哪3个条件？

答：①系统应设导除静电的接地装置；②设备不应布置在地下或半地下建筑内；③排风管应采用金属管道，并应直接通向室外安全地点，不应暗设。

（6）发生火灾时，防火阀可以起到隔离防止火灾蔓延的作用。请问通风、空气调节系统的风管在哪些部位应设置公称动作温度为70℃的防火阀？

答：穿越防火分区处；穿越通风、空气调节机房的房间隔墙和楼板处；穿越重要或火灾危险性大的场所的房间隔墙和楼板处；穿越防火分隔处的变形缝两侧；竖向风管与每层水平风管交接处的水平管段上。

（7）哪些部位应设置公称动作温度为150℃的防火阀？

答：公共建筑内厨房的排油烟管道在与竖向排风管连接的支管处应设置公称动作温度为150℃的防火阀。

（8）燃油或燃气锅炉房应设置自然通风或机械通风设施。燃气锅炉房应选用何种排风机？当采取机械通风时，机械通风设施应设置导除静电的接地装置，燃油和燃气锅炉房的正常与事故通风量分别是多少？

答：防爆型的事故排风机。

① 燃油锅炉房的正常通风量应按换气次数不少于3次/h确定，事故排风量应按换气次数不少于6次/h确定；

② 燃气锅炉房正常通风量应按换气次数不少于6次/h确定，事故排风量应按换气次数不少于12次/h确定。

**答66**：如图1.11.2–5、图1.11.2–6所示，防爆门斗的设置有何问题？

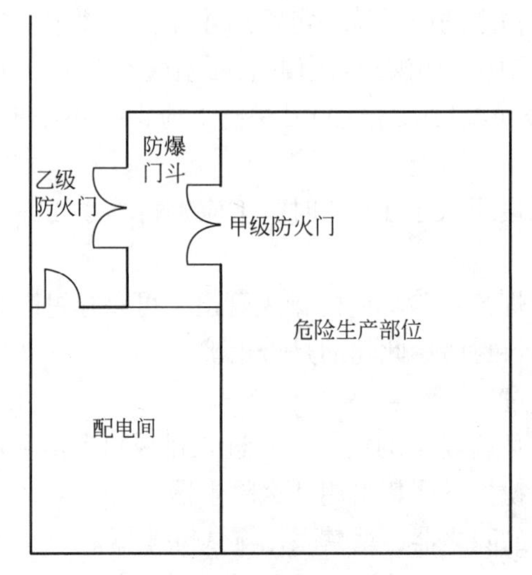


图1.11.2–5 防爆门斗的设置（一）

答：防爆门斗的门应采用甲级防火门。两个门应错位设置（图1.11.2–6）。

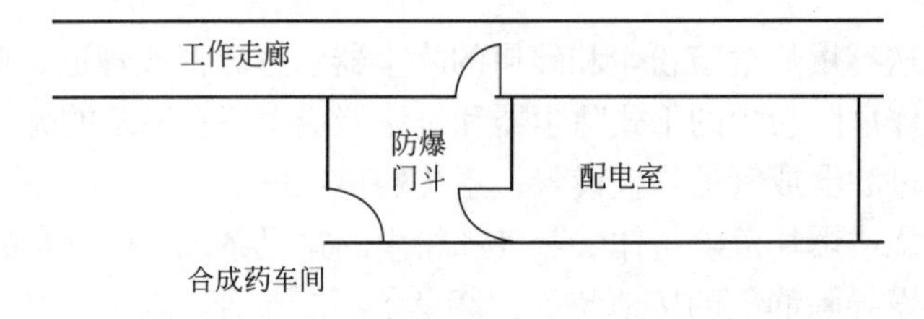


图1.11.2–6 防爆门斗的设置（二）

答：配电室的门不应开向防爆门斗，应开向走廊。

具体知识：有爆炸危险区域内的楼梯间、室外楼梯或有爆炸危险的区域与相邻区域连通处，应设置门斗等防护措施。门斗的隔墙应为耐火极限不应低于2.00h的防火隔墙，门应采用甲级防火门并应与楼梯间的门错位设置。

## 1.12 电气

### 1.12.1 问题

**问67**：关于消防电源及其配电的问题。

（1）① 什么叫一级负荷供电和二级负荷供电？

② 哪些建筑物的消防用电应按一级负荷供电？哪些建筑应按二级供电？

（2）关于建筑内消防应急照明和灯光疏散指示标志的备用电源的连续供电时间，哪些建筑是 1.5h，哪些是 1.0h，哪些是 0.5h？

（3）请判断以下的说法是否正确?

1）为了消防控制室、消防水泵房、防烟和排烟风机房的消防用电设备及消防电梯等的供电不被影响，应在其配电线路的第一级配电箱处设置自动切换装置。

2）发生火灾后，应尽快切断所有供电线路，防火火灾蔓延。

3）只有独立于正常电源的发电机组才能作为应急电源。

4）UPS 和 EPS 是同一个意思。

5）UPS 和 EPS 的额定输出功率不应小于所连接的消防设备负荷总容量的 100%。

**答 68：**关于应急照明和疏散指示系统。

（1）哪些建筑的哪些部位应设置疏散照明系统?

（2）建筑内下列场所的疏散照明的地面最低水平照度分别是多少?

【疏散走道、人员密集场所、避难层（间），病房楼或手术部避难间、老年人照料设施、楼梯间、前室或合用前室、避难走道】

（3）哪些场所应设置备用照明，其作业面的最低照度不应低于正常照明的照度?

（4）哪些建筑应设置灯光疏散指示标志?

（5）请判断下面图中应急照明和灯光疏散指示标志安装设置是否正确。

① 某场所的应急照明灯具安装如图 1.12.1–1，其中 B 灯具的安装剖面图如图 1.12.1–2 所示。请判断安装是否正确，说明理由。

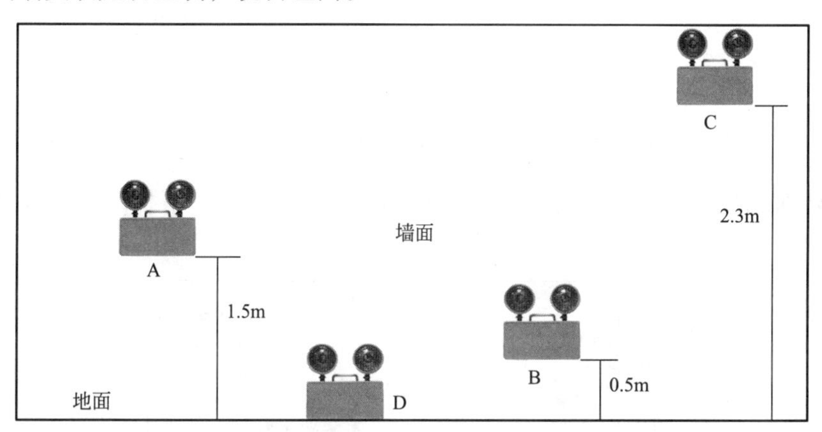


图 1.12.1–1　应急照明灯具安装

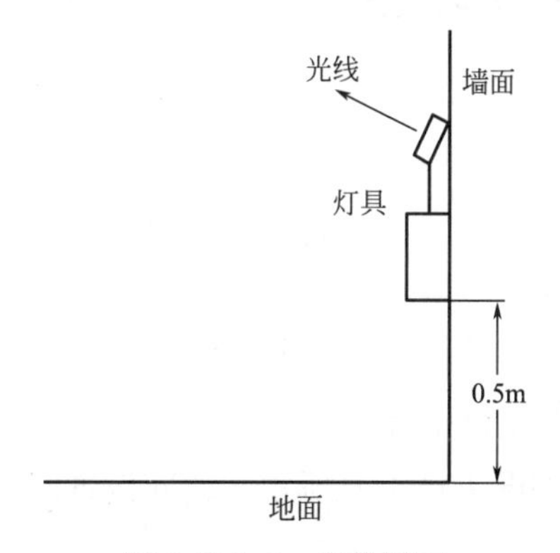


图 1.12.1–2　安装剖面

② 疏散指示灯安装图（图 1.12.1–3）。

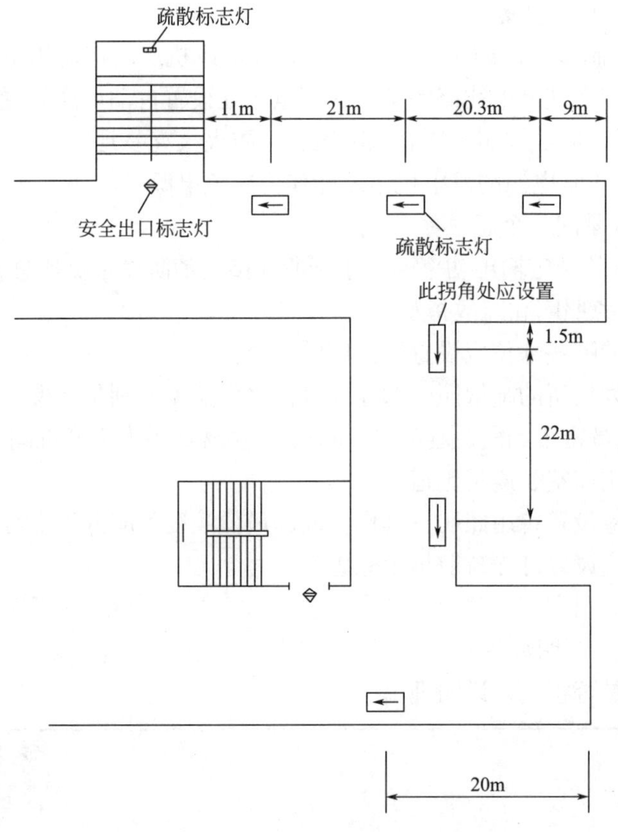


图 1.12.1–3　疏散指示灯安装

③ 某建筑的出口标志灯和方向标志灯如图 1.12.1–4 所示，请指出不正确之处，说明理由。

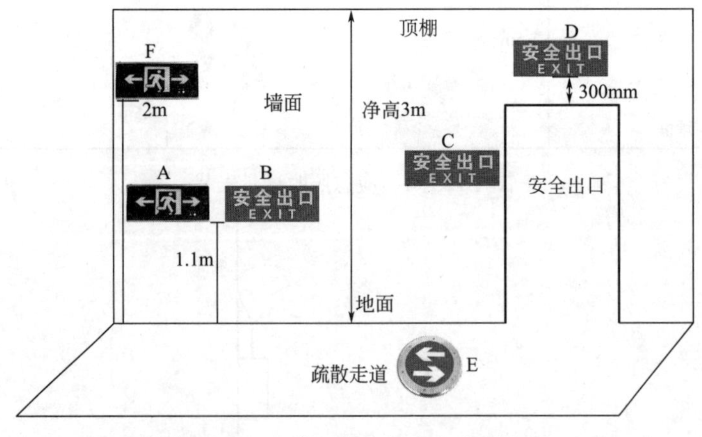


图 1.12.1–4　出口标志灯和方向标志灯

其中 E 灯具的剖面图如图 1.12.1–5 所示。

④ 某建筑的楼梯间灯具如图 1.12.1–6 所示，请问设置的是否正确？

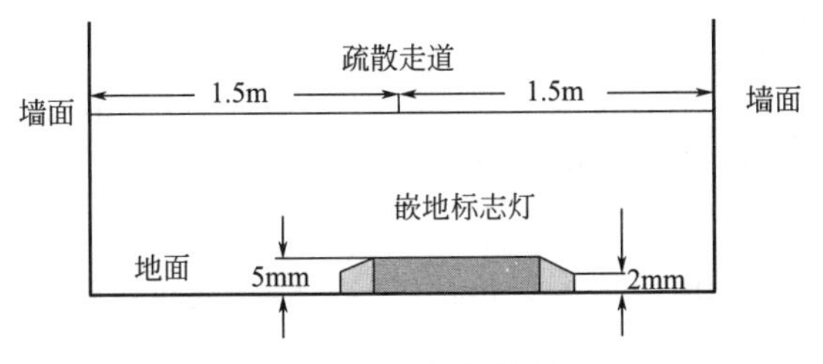


图 1.12.1-5　灯具的剖面

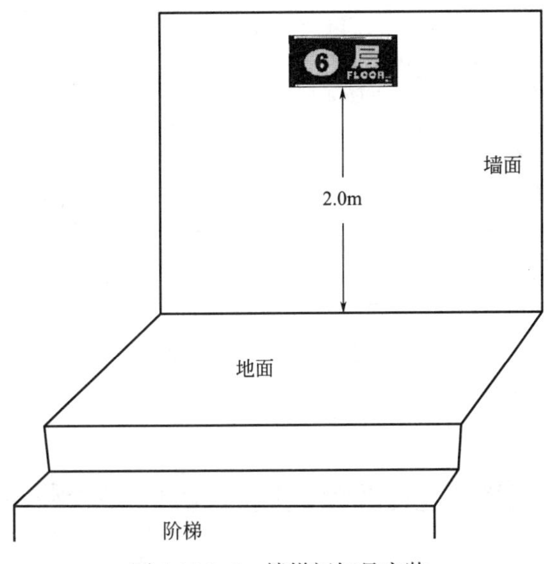


图 1.12.1-6　楼梯间灯具安装

（6）哪些建筑或场所应在疏散走道和主要疏散路径的地面上增设能保持视觉连续的灯光疏散指示标志或蓄光疏散指示标志？

（7）各个场所的消防应急照明和疏散指示系统的应急转换时间均不应大于 5s，此句话是否正确？

## 1.12.2　问题和答题

答 67：关于消防电源及其配电的问题。

（1）① 什么叫一级负荷供电和二级负荷供电？

答：具备下列条件之一的供电，可视为一级负荷（表 1.12.2-1）。

一级负荷　　表 1.12.2-1

| 一级负荷 |
| --- |
| 电源来自两个不同发电厂 |
| 电源来自两个区域变电站（电压一般在 35kV 及以上） |
| 电源来自一个区域变电站，另一个设置自备发电设备 |

建筑的电源分正常电源和备用电源两种。正常电源一般是直接取自城市低压输电网，电压等级为 380V/220V。当城市有两路高压（10kV 级）供电时，其中一路可作为备用电源；当城市只有一路供电时，可采用自备柴油发电机作为备用电源。

二级负荷的供电系统，要尽可能采用两回线路供电。在负荷较小或地区供电条件困难时，二级负荷可以采用一回6kV及以上专用的架空线路或电缆供电。当采用架空线时，可为一回架空线供电；当采用电缆线路，应采用两根电缆组成的线路供电，其每根电缆应能承受100%的二级负荷。

② 哪些建筑物的消防用电应按一级负荷供电？哪些建筑应按二级负荷供电？

答：见表1.12.2–2。

一、二级负荷供电　　表1.12.2–2

| | |
|---|---|
| 一级负荷供电（自启30s内供电） | 建筑高度大于50m的乙、丙类厂房和丙类仓库<br>一类高层民用建筑 |
| 二级负荷供电（自启30s内供电） | 室外消防用水量大于30L/s的厂房（仓库）；<br>室外消防用水量大于35L/s的可燃材料堆场、可燃气体储罐（区）和甲、乙类液体储罐（区）；<br>粮食仓库及粮食筒仓；<br>二类高层民用建筑；<br>座位数超过1500个的电影院、剧场，座位数超过3000个的体育馆，任一层建筑面积大于3000m$^2$的商店和展览建筑，省（市）级及以上的广播电视、电信和财贸金融建筑，室外消防用水量大于25L/s的其他公共建筑 |

（2）关于建筑内消防应急照明和灯光疏散指示标志的备用电源的连续供电时间，哪些建筑是1.5h，哪些是1.0h，哪些是0.5h？

答：见表1.12.2–3。

建筑内消防应急照明和灯光疏散指示标志的备用电源的连续供电时间　　表1.12.2–3

| | |
|---|---|
| 1.5h | 建筑高度大于100m的民用建筑 |
| 1.0h | 老、医、面积大于10万m$^2$的公建、面积大于2万m$^2$的地下建筑 |
| 0.5h | 其他建筑 |

根据最新版的《消防应急照明和疏散指示系统技术标准》GB 51309—2018第3.2.4条系统应急启动后，在蓄电池电源供电时的持续工作时间应满足下列要求：

第4款 城市交通隧道应符合下列规定（前3款和建规一致，见表1.12.2–3）：

1）一、二类隧道不应小于1.5h，隧道端口外接的站房不应小于2.0h；

2）三、四类隧道不应小于1.0h，隧道端口外接的站房不应小于1.5h。

（3）请判断以下的说说法是否正确？

1）为了消防控制室、消防水泵房、防烟和排烟风机房的消防用电设备及消防电梯等的供电不被影响，应在其配电线路的第一级配电箱处设置自动切换装置。

答：不正确。消防控制室、消防水泵房、防烟和排烟风机房的消防用电设备及消防电梯等的供电，应在其配电线路的最末一级配电箱处设置自动切换装置（图1.12.1–1、图1.12.2–2）。

最末一级配电箱，简单来说就是顺着电流方向，到设备的最后一个配电箱。通俗地讲就是消防设备控制箱前的那个电源箱。切换以后，就直接对用电设备配电，中间没有配电的母线或断路器之类的元件，只有本回路的断路器、接触器、热继电器等。

2）发生火灾后，应尽快切断所有供电线路，防火火灾蔓延。

图 1.12.2–1　双电源自动切换装置

图 1.12.2–2　最末一级配电箱

答：不正确。消防用电设备应采用专用的供电回路，当建筑内的生产、生活用电被切断时，应仍能保证消防用电。

3）只有独立于正常电源的发电机组才能作为应急电源。

答：不正确。下列电源都可作为应急电源：供电网络中独立于正常电源的专用馈电线路；独立于正常电源的发电机组；蓄电池。

4）UPS 和 EPS 是同一个意思。

答：错误。不间断电源装置（UPS），应急电源装置（EPS）。

5）UPS 和 EPS 的额定输出功率不应小于所连接的消防设备负荷总容量的 100%。

答：EPS 的额定输出功率不应小于所连接的应急照明负荷总容量的 1.3 倍。UPS 装置的额定输出功率大于消防用电设备供电最大计算负荷的 1.3 倍。

**答 68**：关于应急照明和疏散指示系统。

（1）哪些建筑的哪些部位应设置疏散照明系统？

答：1）除建筑高度小于 27m 的住宅建筑外，民用建筑、厂房和丙类仓库的下列部位应设置疏散照明。

2）① 封闭楼梯间、防烟楼梯间及其前室、消防电梯间的前室或合用前室、避难走道、避难层（间）；

② 观众厅、展览厅、多功能厅和建筑面积大于 200m$^2$ 的营业厅、餐厅、演播室等人员密集的场所；

③ 建筑面积大于 100m$^2$ 的地下或半地下公共活动场所；

④ 公共建筑内的疏散走道；

⑤ 人员密集的厂房内的生产场所及疏散走道。

（2）建筑内下列场所的疏散照明的地面最低水平照度分别是多少？

【疏散走道、人员密集场所、避难层（间），病房楼或手术部避难间、老年人照料设施、楼梯间、前室或合用前室、避难走道】

答：根据建规 10.3.2 建筑内疏散照明的地面最低水平照度应符合表 1.12.2–4 规定。

根据最新版的《消防应急照明和疏散指示系统技术标准》GB 51309—2018 第 3.2.5 条（表 1.12.2–5）。

最低水平照度　　表 1.12.2-4

| 场　所 | | 最低照度（lx） |
|---|---|---|
| 老年人照料设施、病房楼或手术部的避难间 | | 10 |
| 楼梯间、前室或合用前室、避难走道 | 人员密集场所、老年人照料设施、病房楼或手术部内 | 10 |
| 楼梯间、前室或合用前室、避难走道 | 其他场所 | 5 |
| 人员密集场所、避难层（间） | | 3 |
| 疏散走道 | | 1 |

地面水平最低照度　　表 1.12.2-5

| 场　所 | 地面水平最低照度（lx） |
|---|---|
| Ⅰ-1. 病房楼或手术部的避难间；<br>Ⅰ-2. 老年人照料设施；<br>Ⅰ-3. 人员密集场所、老年人照料设施、病房楼或手术部内的楼梯间、前室或合用前室、避难走道；<br>Ⅰ-4. 逃生辅助装置存放处等特殊区域；<br>Ⅰ-5 屋顶直升机停机坪 | 10 |
| Ⅱ-1. 除Ⅰ-3. 规定的敞开楼梯间、封闭楼梯间、防烟楼梯间及其前室，室外楼梯；<br>Ⅱ-2. 消防电梯间的前室或合用前室；<br>Ⅱ-3. 除Ⅰ-3. 规定的避难走道；<br>Ⅱ-4. 寄宿制幼儿园和小学的寝室、医院手术室及重护室等病人行动不便的病房等需要救援人员协助疏散的区域 | 5 |
| Ⅲ-1. 除Ⅰ-1. 规定的避难层（间）；<br>Ⅲ-2. 观众厅、展览厅、电影院、多功能厅，建筑面积大于 200m² 的营业厅、餐厅、演播厅，建筑面积超过 400m² 的办公大厅、会议室等人员密集场所；<br>Ⅲ-3. 人员密集场所内的生产场所；<br>Ⅲ-4. 室内步行街两侧的商铺；<br>Ⅲ-5. 建筑面积大于 100m² 的地下或半地下公共活动场所 | 3 |
| Ⅳ-1. 除Ⅰ-2、Ⅱ-4、Ⅲ-2~Ⅲ-5 规定场所的疏散走道、疏散通道；<br>Ⅳ-2. 室内步行街；<br>Ⅳ-3. 城市交通隧道两侧、人行横通道和人行疏散通道；<br>Ⅳ-4. 宾馆、酒店的客房；<br>Ⅳ-5. 自动扶梯上方或侧上方；<br>Ⅳ-6. 安全出口外面及附近区域、连廊的连接处两段；<br>Ⅳ-7. 进入屋顶直升机停机坪的途径；<br>Ⅳ-8. 配电室、消防控制室、消防水泵房、自备发电机房等发生火灾时仍需工作、值守的区域 | 1 |

（3）哪些场所应设置备用照明，其作业面的最低照度不应低于正常照明的照度？

答：在《建筑设计防火规范》GB 50016—2014（2018 年版）中：

10.3.3 消防控制室、消防水泵房、自备发电机房、配电室、防排烟机房以及发生火灾时仍需正常工作的消防设备房应设置备用照明，其作业面的最低照度不应低于正常照明的照度。

在《消防应急照明和疏散指示系统技术标准》GB 51309—2018 中：

3.8.1 避难间（层）及配电室、消防控制室、消防水泵房、自备发电机房等发生火灾时仍需工作、值守的区域应同时设置备用照明、疏散照明和疏散指示标志。

（4）哪些建筑应设置灯光疏散指示标志？

答：公共建筑、建筑高度大于 54m 的住宅建筑、高层厂房（库房）和甲、乙、丙类单、多层厂房。

（5）请判断下面图中应急照明和灯光疏散指示标志安装设置是否正确。

① 某场所的应急照明灯具安装如图 1.12.2–3，其中 B 灯具的安装剖面图如图 1.12.2–4 所示。请判断安装是否正确，说明理由。

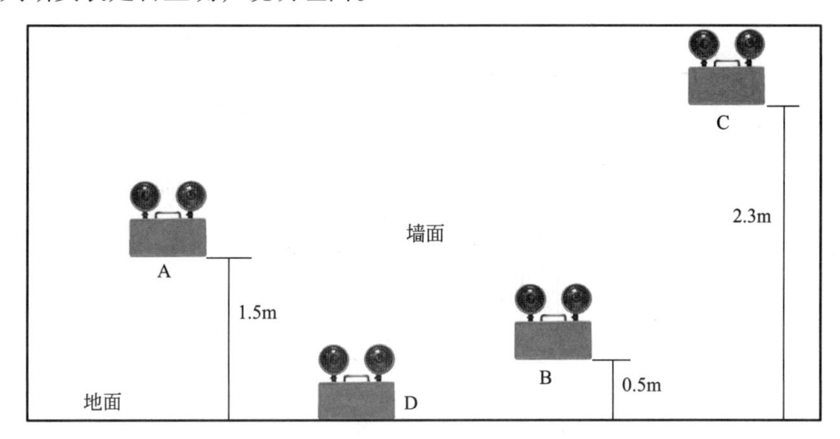


图 1.12.2–3　应急照明灯具安装

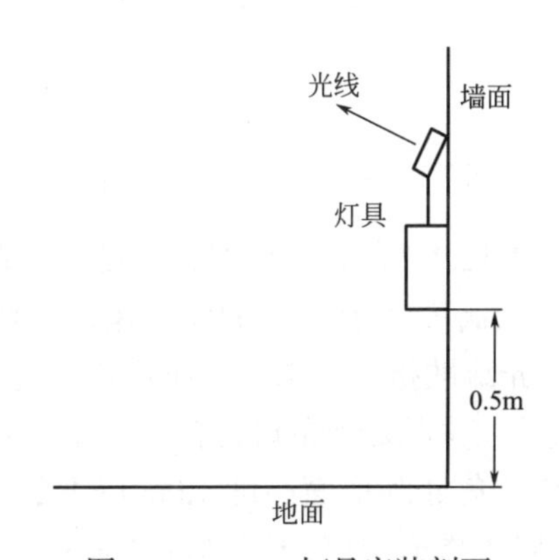


图 1.12.2–4　B 灯具安装剖面

答：C 灯具安装正确。理由：在《建筑设计防火规范》GB 50016—2014（2018 年版）中 10.3.4 疏散照明灯具应设置在出口的顶部、墙面的上部或顶棚上；备用照明灯具应设置在墙面的上部或顶棚上。

在《消防应急照明和疏散指示系统技术标准》GB 51309—2018 中 4.5.6 规定照明灯宜安装在顶棚上。

A 灯具安装错误，B 灯具安装错误。理由是：当条件限制时，照明灯可安装在走道侧面墙上，并应符合下列规定：安装高度不应在距地面 1 ~ 2m 之间；在距地面 1m 以下侧面墙上安装时，应保证光线照射在灯具的水平线以下，而 B 灯具光线向上，并未在灯具水平线以下。

D 灯具安装错误。理由是照明灯不应安装在地面上。

② 疏散指示灯安装图（图 1.12.2–5）。

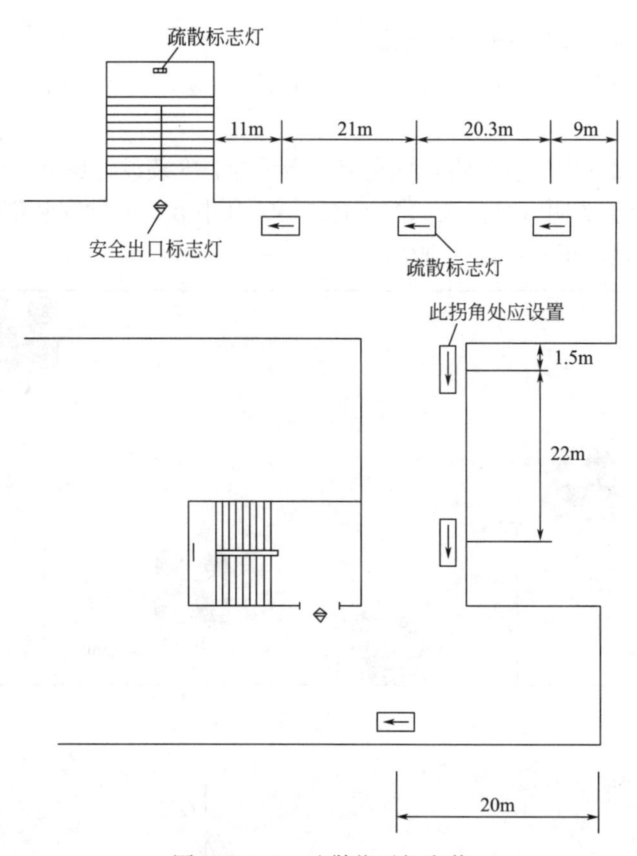


图 1.12.2–5　疏散指示灯安装

答：错误及改正情况见图 1.12.2–6。在《建筑设计防火规范》GB 50016—2014（2018年版）中 10.3.5 公共建筑、建筑高度大于 54m 的住宅建筑、高层厂房（库房）和甲、乙、丙类单、多层厂房，应设置灯光疏散指示标志，并应符合下列规定：

1 应设置在安全出口和人员密集的场所的疏散门的正上方；

2 应设置在疏散走道及其转角处距地面高度 1.0m 以下的墙面或地面上。灯光疏散指示标志的间距不应大于 20m；对于袋形走道，不应大于 10m；在走道转角区，不应大于 1.0m。

③ 某建筑的出口标志灯和方向标志灯如图 1.12.2–7 所示，请指出不正确之处，说明理由。

其中 E 灯具的剖面图如图 1.12.2–8 所示。

答：A 方向标志灯错误，理由：安装在疏散走道、通道两侧的墙面或柱面上时，标志灯底边距地面的高度应小于 1m。

B 出口标志灯安装错误，理由：应安装在安全出口或疏散门内侧上方居中的位置。

C 出口标志灯安装错误，理由：应安装在安全出口或疏散门内侧上方居中的位置；受安装条件限制标志灯无法安装在门框上侧时，可安装在门的两侧，但门完全开启时标志灯不能被遮挡。

D 出口标志灯安装错误，理由：室内高度不大于 3.5m 的场所，标志灯底边离门框距离不应大于 200mm；室内高度大于 3.5m 的场所，特大型、大型、中型标志灯底边距地面

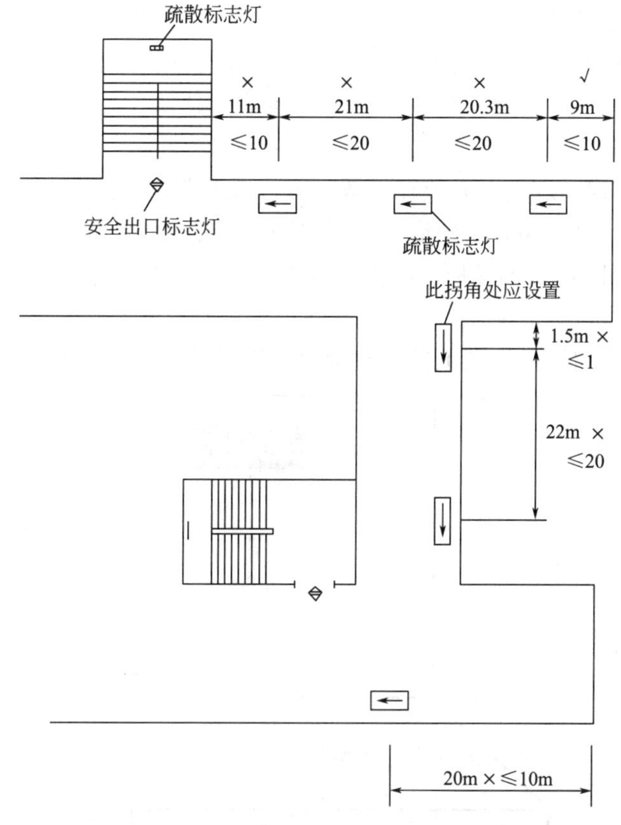


图 1.12.2–6　疏散灯具安装错误及改正情况

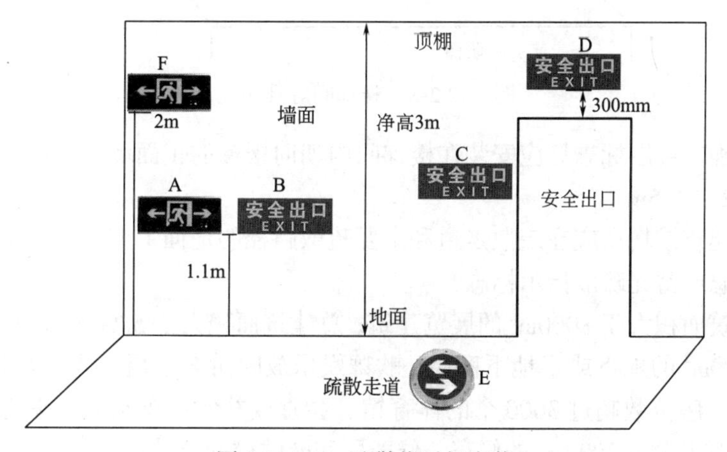


图 1.12.2–7　疏散指示灯安装

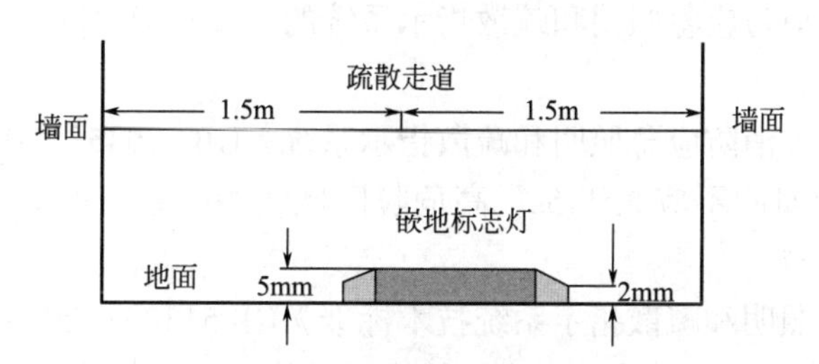


图 1.12.2–8　E 灯具的剖面图安装

高度不宜小于3m，且不宜大于6m。

E方向标志灯错误，理由：标志灯应安装在疏散走道、通道的中心位置；标志灯表面应与地面平行，高于地面距离不应大于3mm，标志灯边缘与地面垂直距离高度不应大于1mm。

F方向标志灯错误，理由：安装在疏散走道、通道上方时：

1）室内高度不大于3.5m的场所，标志灯底边距地面的高度宜为2.2 ~ 2.5m；

2）室内高度大于3.5m的场所，特大型、大型、中型标志灯底边距地面高度不宜小于3m，且不宜大于6m。

④ 某建筑的楼梯间灯具如图1.12.2–9所示，请问设置的是否正确？

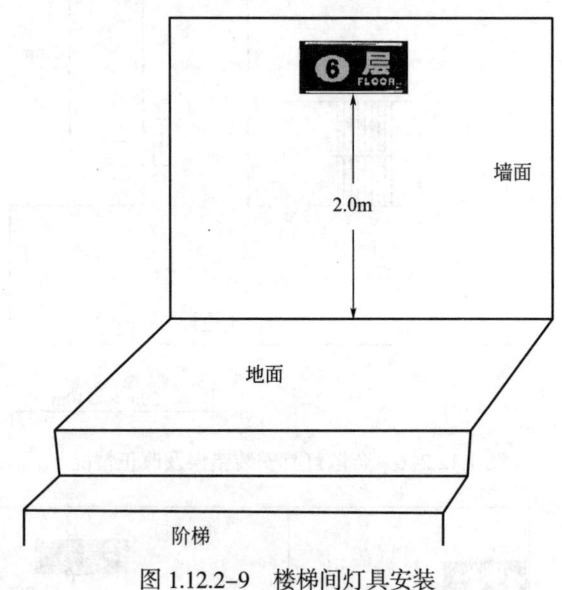


图1.12.2–9　楼梯间灯具安装

答：不正确。楼层标志灯应安装在楼梯间内朝向楼梯的正面墙上，标志灯底边距地面的高度宜为2.2 ~ 2.5m。

（6）哪些建筑或场所应在疏散走道和主要疏散路径的地面上增设能保持视觉连续的灯光疏散指示标志或蓄光疏散指示标志？

答：总建筑面积大于8000m²的展览建筑；总建筑面积大于5000m²的地上商店；总建筑面积大于500m²的地下或半地下商店；歌舞娱乐放映游艺场所；座位数超过1500个的电影院、剧场，座位数超过3000个的体育馆、会堂或礼堂；车站、码头建筑和民用机场航站楼中建筑面积大于3000m²的候车、候船厅和航站楼的公共区。

（7）各个场所的消防应急照明和疏散指示系统的应急转换时间均不应大于5s，此句话是否正确？

答：错误。根据《消防应急照明和疏散指示系统》GB 17945—2010中第6.3.1.1条：

系统的应急转换时间不应大于5s；高危险区域使用的系统的应急转换时间不应大于0.25s。

根据《消防应急照明和疏散指示系统技术标准》GB 51309—2018中

2.3 火灾状态下，灯具光源应急点亮、熄灭的响应时间应符合下列规定：

1 高危险场所灯具光源应急点亮的响应时间不应大于 0.25s；

2 其他场所灯具光源应急点亮的响应时间不应大于 5s；

3 具有两种及以上疏散指示方案的场所，标志灯光源点亮、熄灭的响应时间不应大于 5s。

此处多了第 3 条的两种方案的情形。

# 第2章　消防设施

## 2.1　消防给水与消火栓系统

### 2.1.1　问题

**问69：**（1）消防给水系统通常包括哪些设施？

（2）请问高压消防给水系统和临时高压消防给水系统有何区别？

**问70：**请问什么是动水压力？什么是静水压？

**问71：**（1）消火栓系统分为哪两类？有什么区别？

（2）屋顶试验消火栓的作用是什么？

**问72：**关于消火栓系统室外设计流量的问题。

（1）对于单栋建筑，室外消防用水量40L/s，消防水池储存室内外消防用水量，设2个消防车取水口，建筑在消防车取水口150m保护范围内。请问：按一个取水口等同于1个室外消防栓，室外消防水泵的流量可否减少30L/s？

（2）当市政管网为环状，建筑在1个市政消火栓的保护范围内，室外消防水泵的流量是否可以减少15L/s？

**问73：**关于消防水泵的问题。

（1）在日常生活及工作中，我们常说消防泵、喷淋泵、消火栓泵，它们的区别在哪里？

（2）在临时高压消防给水系统、稳高压消防给水系统中均需设置消防泵。在串联消防给水系统和重力消防给水系统中，除了需设置消防泵外，还需设置消防转输泵。请问设置消防水泵和消防转输泵时是不是均应设置备用泵？另外消火栓给水系统与自动喷水灭火系统宜分别设置消防泵还是共用消防泵？自动喷水灭火系统可按“用几备几”的比例来设置备用泵？

（3）什么情况下可不设备用泵？

（4）消防水泵所配驱动器的功率应满足所选水泵流量扬程性能曲线上最高点运行所需功率的要求，此句话是否正确？

（5）当采用电动机驱动的消防水泵时，应选择电动机干式还是湿式安装的消防水泵？原因是什么？

（6）流量扬程性能曲线应为何种曲线？零流量时的压力不应大于设计工作压力的多少，且宜大于设计工作压力的多少？

（7）当出流量为设计流量的150%时，其出口压力不应低于设计工作压力的多少？

（8）消防给水同一泵组的消防水泵型号宜一致，且工作泵不宜超过几台？

（9）多台消防水泵串、并联时，扬程和流量如何变化？

**问74**：轴流深井泵宜安装于水井、消防水池和其他消防水源上。

（1）轴流深井泵安装于水井时，其淹没深度应满足其可靠运行的要求，在水泵出流量为150%设计流量时，在海拔1200m处其第一个水泵叶轮底部水位线以上最低淹没深度应至少是多少？

（2）当消防水池最低水位低于离心水泵出水管中心线或水源水位不能保证离心水泵吸水时，可采用何种泵？如何安装？

**问75**：判断以下关于离心式消防水泵吸水管、出水管及其上面的组件问题的说法是否正确。

（1）一组消防水泵，考虑经济型的原则，吸水管只需一条即可。

（2）消防水泵吸水管和出水管都可以采用同心异径管（同心大小头）进行连接。

（3）消防水泵的吸水管和出水管上的启闭阀门都可以用暗杆阀门。

（4）消防水泵的出水管应装止回阀和压力表。一般情况下，我们将压力表装于止回阀后。

（5）消防水泵吸水管和出水管上均应设置压力表，某单位为了方便后期的维修更换，采购了相同型号相同规格的压力表安装于此处。

（6）一组消防水泵应在消防水泵房内设置流量和压力测试装置，请判断如下做法：

1）水泵的额定流量为30L/s，额定扬程60m，预留了测量用流量计和压力计接口。

2）消防水泵压力检测装置的计量精度要高于消防水泵流量检测装置。

3）消防水泵出水管上设置*DN*50的试水管，并应采取排水措施。

**问76**：关于消防水泵吸水的问题。

（1）消防水泵应采取何种吸水方式？为何？此种吸水方式如何满足？

（2）消防水泵吸水口的淹没深度应满足消防水泵在最低水位运行安全的要求，当用吸水井时，吸水管喇叭口在消防水池最低有效水位下的淹没深度不应小于多少毫米？当采用旋流防止器时，淹没深度不应小于多少毫米？

（3）消防水泵从市政管网直接抽水时，经常会因为消防给水系统的水背压高而倒灌，请问需要采取什么措施？

（4）当吸水口处无吸水井时，吸水口处应设置什么设施？

（5）消防水泵一般在吸水管还是出水管设置管道过滤器？管道过滤器有何要求？

（6）临时高压消防给水系统应采取防止消防水泵低流量空转过热的技术措施，请问有哪些措施？

**问77**：关于增压稳压问题。图2.1.1–1为稳压泵与气压水罐。

（1）关于增压设备的工作原理。气压罐内设定的几个压力值？分别代表什么含义？请叙述其工作原理是什么？

（2）稳压泵的设计流量怎么确定？

（3）稳压泵设计压力（最低工作压力）如何确定？

（4）稳压泵的启泵压力如何确定？

（5）关于气压水罐的容积问题。

1）气压水罐的容积由哪几部分构成？

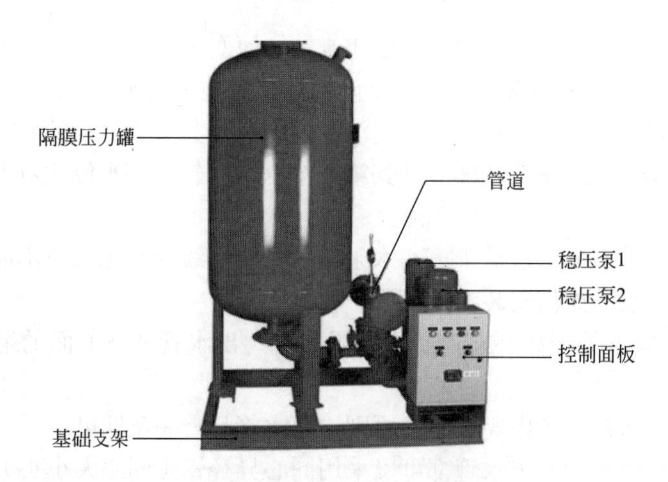


图2.1.1-1 稳压泵与气压水罐

2）临时高压消防给水系统的稳压调节容积怎么确定？

3）消火栓系统和自动喷水灭火系统的储存水容积是否一致？消火栓系统和自动喷水灭火系统能否合用气压罐？如能合用最小是多少？

4）缓冲水容积是多少？

（6）判断下列说法是否正确？

1）稳压泵吸水管和出水管都可以装带启闭刻度的暗杆闸阀。

2）消声止回阀装在稳压泵出水管。

3）稳压泵就是为系统提供稳压，所以可不设置备用泵。

**问78：**关于消防水泵接合器的问题。

（1）消防水泵接合器连接室内管网还是室外管网？

（2）哪些场所的室内消火栓给水系统应设置消防水泵接合器？

（3）哪些灭火系统应设置消防水泵接合器？

（4）消防水泵接合器的给水流量宜按多少流量计算？每种水灭火系统的消防水泵接合器设置的数量应按系统设计流量经计算确定，但当计算数量超过几个时，可根据供水可靠性适当减少？

（5）消防给水为竖向分区供水时，在消防车供水压力范围内的分区，可公用一个水泵接合器，是否正确？

当建筑高度超过消防车供水高度时，消防给水采取何种措施满足要求？

（6）水泵接合器应设在室外便于消防车使用的地点，且距室外消火栓或消防水池的距离不宜小于多少米，且不宜大于多少米？墙壁消防水泵接合器的安装高度距地面宜为多少米？水泵接合器不应安装在玻璃幕墙下方，与墙面上的门、窗、孔、洞的净距离不应小于多少米？地下消防水泵接合器的安装，应使进水口与井盖底面的距离不大于多少米？且不应小于多少？

（7）水泵接合器处应设置什么？上面标明什么？

（8）消防水泵接合器有哪些组件构成，顺序是什么？

（9）消防水泵接合器使用前应什么阀门？使用后要开启什么阀门？为什么？

**问 79**：关于消防水池的问题。

（1）在消防水池有效容积的计算时，当市政给水管网能保证室外消防给水设计流量时和当市政给水管网不能保证室外消防给水设计流量时，分别如何确定？

（2）消防水池的给水管应根据其有效容积和补水时间确定，补水时间不宜大于多少小时？但当消防水池有效总容积大于 2000m$^3$ 时，不应大于多少小时？

（3）消防水池进水管管径应计算确定，且不应小于多少？

（4）当消防水池采用两路消防供水且在火灾情况下连续补水能满足消防要求时，消防水池的有效容积应根据计算确定，但不应小于多少立方米？当仅设有消火栓系统时不应小于多少立方米？

（5）消防水池何时分两格设置，何时分两座设置？

（6）消防水池应设置取水口（井），且吸水高度不应大于多少米？取水口（井）与建筑物（水泵房除外）的距离不宜小于多少米？

（7）消防用水与其他用水共用的水池，应该注意什么？采取何种措施？

**问 80**：关于消防水池的出水、排水和水位的问题。

（1）消防水池的出水管应保证消防水池的有效容积能被全部还是大部分利用？

（2）消防水池应设置就地水位显示装置，并应在消防控制中心或值班室等地点设置显示消防水池水位的装置，同时应有哪些报警水位？

（3）消防水池为防止水量过满应设置什么设施？采用何种排水方法？

（4）为了防止消防水池的水被污染恶化应采取什么措施？

**问 81**：关于高位消防水池的问题。

（1）高位消防水池与消防水池、高位消防水箱的区别是什么？

（2）一般情况下，向高位消防水池供水的给水管不应少于几条？

（3）当高层民用建筑采用高位消防水池供水的高压消防给水系统时，高位消防水池储存室内消防用水量确有困难，但火灾时补水可靠，其总有效容积不应小于室内消防用水量的多少？

（4）高层民用建筑高压消防给水系统的高位消防水池何时分为两格？何时分为独立的两座？

（5）高位消防水池设置在建筑物内时，应如何进行防火分隔？

**问 82**：关于高位水箱的问题。

（1）高位水箱的作用是什么？

（2）① 临时高压消防给水系统的高位消防水箱的有效容积应满足初期火灾消防用水量的要求，所以其容积是我们消防检查的关键。请问一类高层公共建筑、建筑高度大于 100m 的公共建筑、建筑高度大于 150m 的公共建筑；多层公共建筑、二类高层公共建筑和一类高层住宅，建筑高度超过 100m 的一类高层住宅；二类高层住宅；建筑高度大于 21m 的多层住宅；室内消防给水设计流量小于或等于 25L/s 的工业建筑、室内消防给水设计流量大于 25L/s 的工业建筑；总建筑面积大于 10000m$^2$ 且小于 30000m$^2$ 的商店建筑、总建筑面积大于 30000m$^2$ 的商店最小容积分别是多少？

② 某 12 层二类高层建筑，1 ～ 3 层为商业（层高 4.5m，建筑总面积 4000m$^2$），4 ～ 12

层为住宅（层高3m)。《建筑设计防火规范》GB 50016—2014（2018版）第5.4.10条规定，对于住宅和其他使用功能合建的建筑，室内消防设施可以分开执行，消火栓的火灾延续时间、消防水箱有效容积按整体考虑还是可以分开考虑?

（3）高位消防水箱的设置位置有何要求?

（4）括号内建筑高位消防水箱的最低有效水位应满足水灭火设施最不利点处的静水压力分别是多少?（一类高层公共建筑、建筑高度超过100m的一类高层公共建筑；高层住宅、二类高层公共建筑、多层公共建筑；建筑体积小于20000m$^3$和≥20000m$^3$的工业建筑；自动喷水灭火系统）

（5）当高位消防水箱不能满足规范要求的静压要求时应采用什么设施?

（6）高位水箱静压、消火栓栓口动压、稳压泵静水压力的区别是什么?压力值分别有何要求?另外市政消火栓、消防水鹤的压力值如何要求?

（7）高位消防水箱可以用什么材料制造?

（8）室内采用临时高压消防给水系统时，哪些场所必须设置高位消防水箱?

（9）有些建筑应设置高位消防水箱，但当设置高位消防水箱确有困难，且采用安全可靠的消防给水形式时，可不设高位消防水箱，但应设什么设施来代替?

（10）当市政供水管网的供水能力在满足生产、生活最大小时用水量后，仍能满足初期火灾所需的消防流量和压力时，市政直接供水可否替代高位消防水箱?

（11）当高位消防水箱在屋顶露天设置时，水箱的人孔以及进出水管的阀门等应采取什么措施保护?

（12）严寒、寒冷等冬季冰冻地区的消防水箱应设置在何处?最低温度多少?

（13）高位消防水箱的最低有效水位应根据出水管喇叭口和防止旋流器的淹没深度确定，当采用出水管喇叭口时，是多少毫米?当采用防止旋流器时不应小于多少毫米?

（14）高位消防水箱外壁与建筑本体结构墙面或其他池壁之间的净距，应满足施工或装配的需要，无管道的侧面，净距不宜小于多少米?安装有管道的侧面，净距不宜小于多少米?且管道外壁与建筑本体墙面之间的通道宽度不宜小于多少米?设有人孔的水箱顶，其顶面与其上面的建筑物本体板底的净空不应小于多少米?

（15）当高位消防水箱进水管为淹没出流时，应在进水管上采取什么措施?

（16）高位消防水箱出水管应位于高位消防水箱最低水位以上还是以下?为防止消防用水进入高位消防水箱应设置什么阀门?

**问83：**管径问题。

（1）高位水箱进水管的管径应满足消防水箱8h充满水的要求，但管径不应小于多少?进水管宜设置什么阀门?

（2）溢流管的直径不应小于进水管直径的几倍，且不应小于多少?

（3）高位消防水箱出水管管径应满足消防给水设计流量的出水要求,且不应小于多少?

（4）室内消火栓竖管、消防水池进水管管径、自动喷水灭火系统末端试水装置的测试排水立管管径、自动喷水灭火系统短立管及末端试水装置的连接管的管径、报警阀测试排水立管、水力警铃与报警阀连接的管道管径、减压阀压力试验排水管道管径分别是多少?

**问 84**：关于消防水泵房的问题。

（1）消防水泵房的通风宜按每小时多少次设计？

（2）消防水泵房应设置什么设施？

（3）独立建造的消防水泵房耐火等级不应低于几级？附设在建筑物内的消防水泵房，不应设置在哪里？

（4）附设在建筑物内的消防水泵房，应如何防火分隔？

**问 85**：当建筑物高度超过 100m 时，室内消防给水系统应分析比较多种系统的可靠性，采用安全可靠的消防给水形式，请问安全可靠的消防给水形式有哪些？当采用常高压消防给水系统时，但高位消防水池无法满足上部楼层所需的压力和流量时，上部楼层应采用何种消防给水系统？该系统的高位消防水箱的有效容积怎么确定？

**问 86**：关于分区供水的问题。

（1）为何要进行分区供水？

（2）何时应分区供水？

（3）分区供水的方式有哪些？常高压系统一般采用哪种？当系统的工作压力大于 2.40MPa 时，应采用哪种？

（4）采用消防水泵串联分区供水时，宜采用消防水泵转输水箱串联供水方式。

① 当采用消防水泵转输水箱串联时，转输水箱的有效储水容积不应小于多少立方米？转输水箱能否兼作高位消防水箱？

② 串联转输水箱的溢流管宜连接到何处？

③ 消防水泵转输水箱串联时，消防泵（转输泵和上区供水泵）启动的先后顺序是什么？原因是什么？如采用水泵直接串联，顺序一样吗？为什么？

④ 当采用消防水泵直接串联时，应校核系统供水压力，并应在串联消防水泵出水管上设置何种设施？

（5）关于减压阀减压分区供水的问题。

① 减压阀应根据消防给水设计流量和压力选择，且设计流量应在减压阀流量压力特性曲线的有效段内，并校核在 150% 设计流量时，减压阀的出口动压不应小于设计值的多少？

② 每一供水分区应设不少于几组减压阀组，每组减压阀组是否要设置备用减压阀？

③ 减压阀是设置在单向流动的供水管上，还是在有双向流动的输水干管上？

④ 减压阀宜采用什么式减压阀？当超过 1.20MPa 时，宜采用什么式减压阀？

⑤ 减压阀的阀前阀后压力比值不宜大于几比几？当一级减压阀减压不能满足要求时，可采用减压阀串联还是并联减压？串联减压不应大于几级？第二级减压阀宜采用何式减压阀？阀前后压力差不宜超过多少兆帕？

⑥ 如减压阀设在自动喷水灭火系统中，应设置在报警阀组入口前还是入口后？当连接几个及以上报警阀组时，应设置备用减压阀？

⑦ 减压阀的安装顺序。减压阀、过滤器、安全阀、压力表、压力试验排水阀都应如何安装？

⑧ 垂直安装的减压阀，水流方向宜向上还是下？比例式减压阀宜垂直还是水平安装？可调式减压阀宜水平还是垂直安装？

（6）关于减压水箱减压分区供水的问题。

① 减压水箱的有效容积不应小于多少立方米，分不分格？

② 减压水箱应有几条进、出水管，且每条进、出水管应满足消防给水系统所需消防用水量的要求？

③ 减压水箱进水管的水位控制应可靠，宜采用什么阀？

④ 减压水箱进水管应设置防冲击和溢水的技术措施，并宜在进水管上设置什么阀门，溢流水宜回流到何处？

**问87：**关于干式消火栓系统和干式消防竖管的问题。

（1）何种场所应采用湿式消火栓系统，何种场所应采用干式消火栓系统，何种场所采用干式消防竖管？

（2）干式消火栓系统充水时间不应大于多少分钟？

（3）在供水干管上可以设哪些快速启闭装置？

（4）当采用电动阀时开启时间不应超过多长时间？当采用雨淋阀、电磁阀和电动阀时，在何处设置直接开启快速启闭装置的手动按钮？

（5）在系统管道的最高处应设置什么阀？

（6）什么建筑可以采用干式消防竖管？

（7）干式消防竖管仅应配置消火栓栓口，宜设置在何处？

（8）干式消防竖管应设置消防车供水的接口，消防车供水接口应设置在哪层便于消防车接近和安全的地点？

（9）竖管顶端应设置什么阀？

**问88：**关于市政消火栓的问题。

（1）市政消火栓与室外消火栓有何区别？

（2）市政消火栓的保护半径不应超过多少米，间距不应大于多少米？

（3）距建筑外缘多少米范围的市政消火栓可计入建筑室外消火栓的数量？但当为消防水泵接合器供水时，距建筑外缘多少米范围的市政消火栓可计入建筑室外消火栓的数量？

（4）市政消火栓应布置在消防车易于接近的人行道和绿地等地点，且不应妨碍交通。市政消火栓距路边和距建筑外墙或外墙边缘的距离分别有何要求？

（5）当市政给水管网设有市政消火栓时，其平时运行工作压力不应小于多少兆帕？火灾时水力最不利市政消火栓的出流量不应小于每秒多少升，且供水压力从地面算起不应小于多少兆帕？

**问89：**关于室外消火栓的问题。

（1）建筑室外消火栓的数量应根据室外消火栓设计流量和保护半径经计算确定，保护半径不应大于多少米？每个室外消火栓的出流量宜按每秒多少升计算？

（2）室外消火栓宜沿建筑如何布置？

（3）下列场所（人防工程、地下工程等建筑；停车场；甲、乙、丙类液体储罐区和液化烃罐罐区等构筑物；工艺装置区等采用高压或临时高压消防给水系统的场所）的室外消火栓应如何布置？

（4）当工艺装置区、罐区、堆场、可燃气体和液体码头等构筑物的面积较大或高度较高，室外消火栓的充实水柱无法完全覆盖时，宜在适当部位设置什么设施？

（5）当工艺装置区、储罐区、堆场等构筑物采用高压或临时高压消防给水系统时，室外消火栓处宜配置什么设施？工艺装置休息平台等处需要设置的消火栓的场所应采用室外还是室内消火栓？

（6）室外消防给水引入管当设有倒流防止器，且火灾时因其水头损失导致室外消火栓不能满足供水压力从地面算起至少 0.1MPa 的要求时，应如何处理？

**问 90：关于室内消火栓的问题。**

（1）室内消火栓的栓口直径是多少？可否与消防软管卷盘或轻便水龙设置在同一箱体内？

（2）消防水带的直径是多少？长度不宜超过多少？

（3）消防软管卷盘的内径和长度，与轻便水龙的公称直径和长度都是相同的，此句话是否正确？消防软管卷盘和轻便水龙的用水量计不计入消防用水总量？

（4）消防水枪的直径一般是多少的？

（5）设置室内消火栓的建筑，哪些层应设置消火栓？设备层设不设？

特殊①：层高小于 2.2m 的管道层需不需要设？

特殊②：高出建筑屋顶层的电梯机房（机房面积小于 1/4 屋顶面积）是否也属于规范条文中所说的设备层？是否需要设置消火栓？

（6）屋顶设有直升机停机坪的建筑，应在何处设置消火栓？距停机坪机位边缘的距离不应小于几米？

（7）消防电梯前室是否要设置室内消火栓？要不要计入消火栓使用数量？消防电梯前室的消火栓能否跨越防火分区借用？

（8）消火栓及消火栓箱的安装问题。

① 建筑室内消火栓的安装高度从哪里到哪里？高度为多少？其出水方向怎么设置？

② 阀门的设置位置应便于操作使用，阀门的中心距箱侧面的距离、距箱后内表面的距离，分别是多少？允许偏差是多少？

③ 消火栓箱门的开启角度应不小于多少度？

（9）一般情况下，室内消火栓的布置应满足同一平面有几支消防水枪的几股充实水柱同时达到任何部位的要求？哪些建筑可采用 1 支消防水枪的 1 股充实水柱到达室内任何部位？它们的间距分别是多少？

（10）建筑高度小于或等于 54m 且每单元设置一部疏散楼梯的住宅，可采用 1 支消防水枪的 1 股充实水柱到达室内任何部位。单规范要求大多数建筑室内消火栓管道成环。例如，对于某住宅，共 12 层，只有 1 个单元，见图 2.1.1–2、图 2.1.1–3 所示，图 2.1.1–2 的室内消火栓只安装在一根竖管上，图 2.1.1–3 二根立管间隔交错各设一个消火栓，请问日常设计采用哪种？

（11）一类公共建筑，总高度＞ 50m，按《消防给水及消火栓系统技术规范》GB 50974 第 3.5.2 条，室内消火栓用水量为 40L/s，同时使用消防水枪数 8 支。是不是意思该层要布置 8 个室内消火栓？

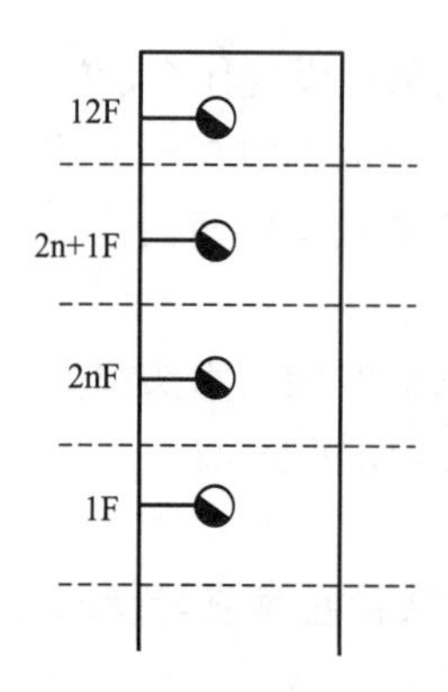


图 2.1.1–2　室内消火栓只安装在一根竖管上

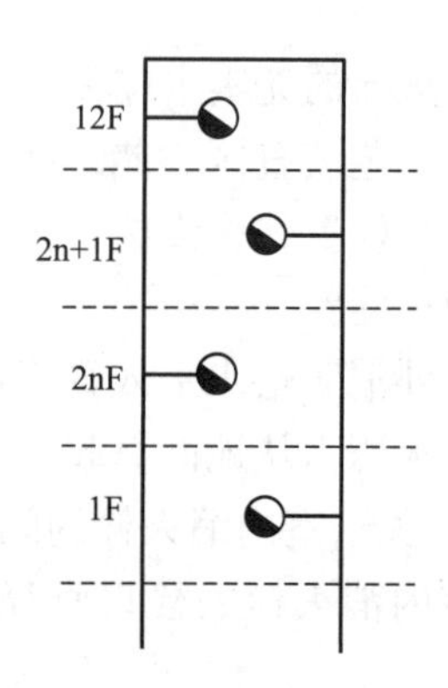


图 2.1.1–3　两根主管交错各设一个消火栓

**问 91**：室内消火栓栓口压力和消防水枪充实水柱的问题（图 2.1.1–4）。

（1）栓口动压有最大值。消火栓栓口动压力不应大于多少兆帕，当大于多少兆帕时必须设置减压装置？减压装置有哪些？

（2）栓口动压有 2 个最小值。不同场所对应不同最小值。请问这两个最小动压对应哪类建筑？其消防水枪充实水柱分别是多少？

（3）有一厂房内设置有室内消火栓，采用水枪上倾角为 45° 该厂房的层高为 10m，充实水柱长度为 10m，请问水枪的充实水柱长度是否满足要求？

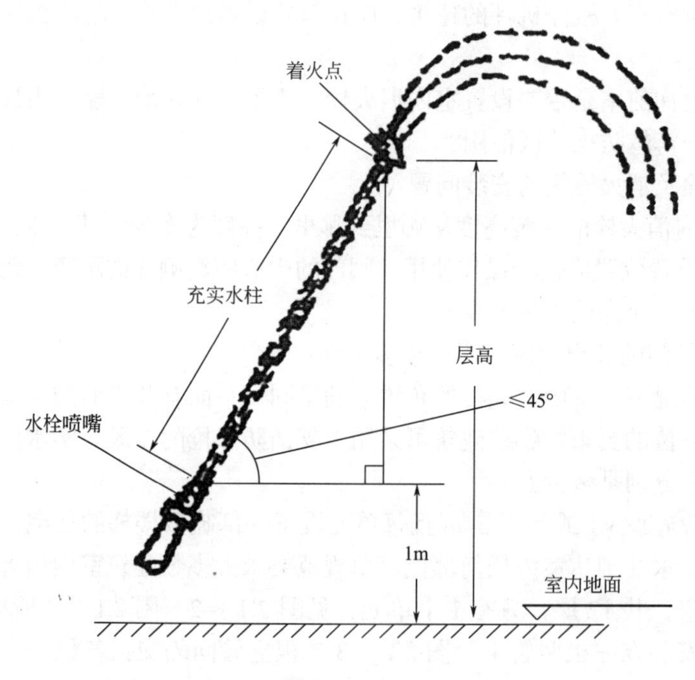


图 2.1.1–4

**问 92**：关于消防室内外管网的问题。

（1）哪些消防给水系统应采用环状给水管网？

（2）室外消防给水管网管道的直径不应小于多少？

（3）室外消防给水管道应采用阀门分成若干独立段，每段内室外消火栓的数量不宜超过几个？

（4）室内消防给水管网应布置成环状，何时可布置成支状？

（5）室内消火栓竖管管径应根据竖管最低流量经计算确定，但不应小于多少？

（6）室内消火栓竖管应保证检修管道时关闭停用的竖管不超过几根，当竖管超过几根时，可关闭不相邻的2根？每根竖管与供水横干管相接处应设置什么？

（7）室内消火栓给水管网宜与自动喷水等其他水灭火系统的管网怎么设置？可否合用消防泵？如合用消防泵时，供水管路沿水流方向应在什么前分开设置？

（8）埋地管道当系统工作压力不大于1.20MPa时，当系统工作压力大于1.20MPa且小于1.60MPa时；当系统工作压力大于1.60MPa时，其分别采用什么材质的管道？

（9）关于埋地金属管道的管顶覆土厚度。管道最小管顶覆土不应小于多少米？但当在机动车道下时管道最小管顶覆土应经计算确定，并不宜小于多少米？管道最小管顶覆土应至少在冰冻线以下多少米？

（10）钢丝网骨架塑料复合管道最小管顶覆土深度，在人行道下不宜小于多少米？在轻型车行道下不应小于多少米？应在冰冻线下多少米？在重型汽车道路或铁路、高速公路下应设置保是什么？其与钢丝网骨架塑料复合管的净距不应小于多少毫米？钢丝网骨架塑料复合管道与热力管道间的距离，应在保证聚乙烯管道表面温度不超过40℃的条件下计算确定，但最小净距不应小于多少米？

（11）当系统工作压力小于等于1.20MPa、大于1.20MPa和大于1.60MPa时，架空管道分别采用哪些材质？

**问93：**消防水泵出水管上的止回阀宜采用何种止回阀？当消防水泵供水高度超过24m时，应采用什么设施？当消防水泵出水管上设有什么时，可不设此种设施？

**问94：**哪些建筑物和场所内应采取消防排水措施？

**问95：**（1）在减压计算中，减压孔板的设置位置、材质、孔口直径分别是多少？

（2）节流管的直径、长度、平均最大流速分别是多少？

**问96：**控制与操作的问题。

（1）消防水泵控制柜应设置在何处？

（2）消防水泵控制柜在平时应使消防水泵处于自动还是手动启泵状态？

（3）当自动水灭火系统为开式系统，且设置自动启动确有困难时，经论证后消防水泵可设置在手动启动状态，但应确保什么？

（4）消防水泵应还是不应设置自动停泵的控制功能？如要停泵应由谁根据火灾扑救情况确定？

（5）消防水泵应确保从接到启泵信号到水泵正常运转的自动启动时间不应大于几分钟？

（6）消防水泵启泵应由什么信号来直接控制？消防水泵房内的压力开关宜引入哪里？消火栓按钮能不能作为直接启动消防水泵的开关？如不能，其可作为什么信号？

（7）消防水泵只需设置自动启动，手动停止。是否正确？

（8）稳压泵应由什么来控制？

（9）消防控制室或值班室的消防控制柜或控制盘应设置什么按钮？应能显示什么信息

和信号？

（10）消防水泵、稳压泵应不应设置就地强制启停泵按钮？

（11）消防水泵控制柜设置在专用消防水泵控制室时，其防护等级不应低于多少？与消防水泵设置在同一空间时，其防护等级不应低于多少？

（12）消防水泵控制柜应设置机械应急启泵功能，并应保证在控制柜内的控制线路发生故障时由有管理权限的人员在紧急时启动消防水泵。机械应急启动时，应确保消防水泵在报警几分钟内正常工作？

（13）电动驱动消防水泵自动巡检时，巡检周期不宜大于几天？自动巡检是严格按逻辑程序还是能按需要任意设定？当有启泵信号时，巡检是否要退出？

（14）消防水泵的双电源切换应符合下列规定：双路电源自动切换时间不应大于几秒？当一路电源与内燃机动力的切换时间不应大于多少秒？

（15）消防水泵控制柜应有什么功能的输出端子及什么功能的输入端子？控制柜应具有什么功能？对话界面应有什么语言？

**问 97：**关于管网的试压和冲洗的问题。

（1）管网安装完毕后，应对其进行什么试验？

（2）强度试验和严密性试验宜用什么介质进行试验？干式消火栓系统应做什么试验？

（3）管网冲洗应在试压合格后分段还是整段进行？冲洗顺序应先室内，后室外；先地上，后地下；室内部分的冲洗应按水平管和立管、供水干管的顺序进行是否正确？

（4）水压强度试验的测试点应设在系统管网的最低点还是最高点？对管网注水时，应将管网内的空气排净，并应缓慢升压，达到试验压力后，稳压多少分钟后，管网应无泄漏、无变形，且压力降不应大于多少兆帕？

**问 98：**（1）维护管理的周期问题。请问消防给水及消火栓系统各个部位的检查周期是什么？比如消防水泵的自动启动和手动启动的周期是否一样？减压阀的放水试验、系统连锁试验的周期是否一样呢？

（2）消火栓系统调试内容是什么？

（3）消火栓系统的验收如何要求？哪些属于A类缺陷？

## 2.1.2 问题和答题

**答 69：**（1）消防给水系统通常包括哪些设施？

答：消防给水设施通常包括消防供水管道、消防水池、消防水箱、消防水泵、消防稳（增）压设备、消防水泵接合器等。

（2）请问高压消防给水系统和临时高压消防给水系统有何区别？

答：高压给水系统就是能始终保持满足水灭火设施所需的工作压力和流量，火灾时无须消防水泵直接加压的供水系统，一般用高位水池或水塔来维持压力。而临时高压是平时不能满足水灭火设施所需的工作压力和流量，火灾时能自动启动消防水泵以满足水灭火设施所需的工作压力和流量的供水系统。所以说消防水泵是临时高压系统的核心部件。（图2.1.2-1、图2.1.2-2）。

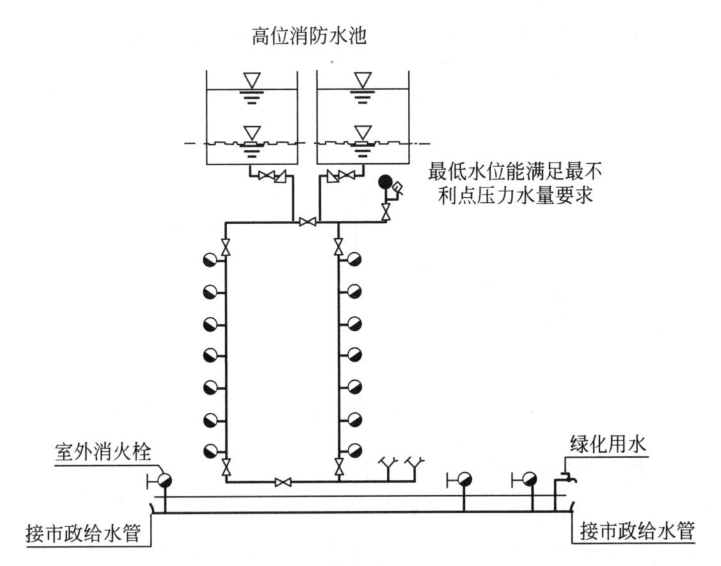


图 2.1.2–1　高压给水系统

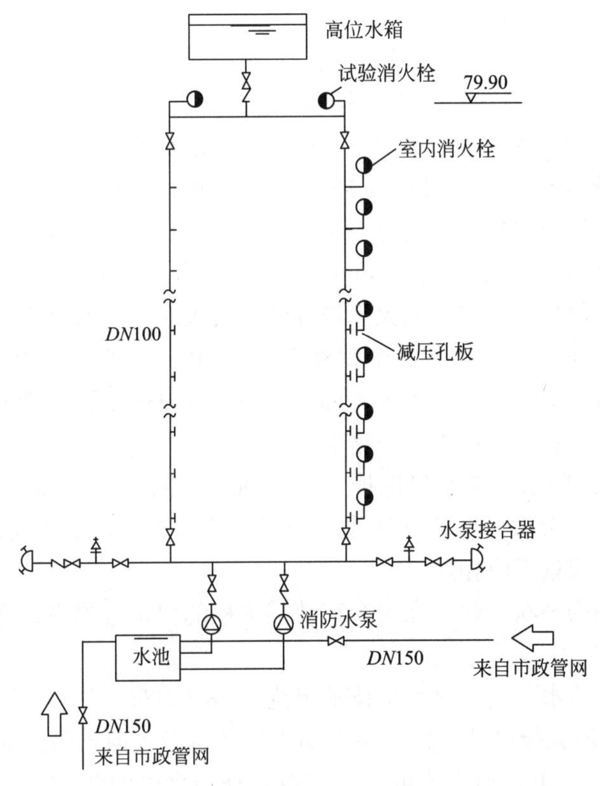


图 2.1.2–2　临时高压给水系统

**答 70：请问什么是动水压力？什么是静水压？**

答：动压：消防给水系统管网内水在流动时管道某一点的总压力与速度压力之差。又称工作压力。

静压：消防给水系统管网内水在静止时管道某一点的压力，图 2.1.2–3 中。

（1）管道中流量 $Q$=0 时，其该管道上安装的压力表读数为该管道的静水压力值。

（2）管道中流量 $Q>0$ 时，其该管道上安装的压力表读数为该管道的动水压力值。

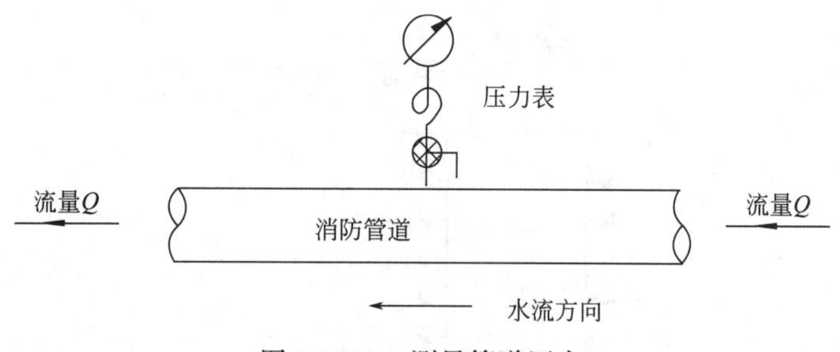


图 2.1.2–3　测量管道压力

**答 71：**（1）消火栓系统分为哪两类？有什么区别？

答：分为湿式消火栓系统和干式消火栓系统。

湿式消火栓系统是指平时配水管网内充满水的消火栓系统。

干式消火栓系统是指平时配水管网内不充水，火灾时向配水管网充水的消火栓系统。

（2）屋顶试验消火栓的作用是什么？

答：（1）试验系统压力；（2）试验系统各联动装置工作情况；（3）扑救邻近建筑火灾。

**答 72：**关于消火栓系统室外设计流量的问题。

（1）对于单栋建筑，室外消防用水量 40L/s，消防水池储存室内外消防用水量，设 2 个消防车取水口，建筑在消防车取水口 150m 保护范围内。请问：按一个取水口等同于 1 个室外消防栓，室外消防水泵的流量可否减少 30L/s？

答：1）如果建筑在消防水池取水口 150m 保护范围内、取水口距消防水泵接合器不大于 40m，且取水口数量满足室外消火栓设计流量要求时（当取水口的尺寸大小及周围场地能满足 2 台消防车取水时，可按 2 个室外消火栓 30L/s 计算），该建筑可不设室外消火栓泵（若地下出入口距取水口距离大于 40m，可由市政自来水引入管上接出的室外消火栓保护，引入管可以是两路，也可以是一路）。

2）如果建筑在消防水池取水口保护半径 150m 以外，则需设室外消火栓泵、室外消防管网及室外消火栓，此时消防水池取水口数量仍然需按室外消火栓设计流量计算确定，且室外消火栓泵设计流量不应扣除。

（2）当市政管网为环状，建筑在 1 个市政消火栓的保护范围内，室外消防水泵的流量是否可以减少 15L/s？

答：根据《消防给水及消火栓系统技术规范》GB 50974—2014 第 6.1.5 条："距建筑外缘 5 ~ 150m 的市政消火栓可计入建筑室外消火栓的数量，但当为消火栓泵接合器供水时距建筑外缘 5 ~ 40m 的市政消火栓可计入建筑室外消火栓的数量。当市政给水管网为环状管网时符合本条上述内容的室外消火栓出流量宜计入建筑室外消火栓设计流量；但当市政给水管网为枝状管网时计入建筑的室外消火栓设计流量不宜超过一个市政消火栓的出流量"。因此可根据计入的市政消火栓数量扣除消防水池容积和室外消火栓泵设计流量。

**答 73：**关于消防水泵的问题。

（1）在日常生活及工作中，我们常说消防泵、喷淋泵、消火栓泵，它们的区别在哪里？

答：消防泵是在涉及各种消防系统供水的专用的泵的统称。一般情况下，设计施工所单提的消防泵指的是消火栓泵，喷淋泵和消火栓泵只是在系统中用途不同，其实都归于消防泵，所不同的只是参数不同（流量、扬程、功率等），这是因为系统设置的消火栓系统和喷淋系统的流量、压力不同。如果从结构、功能上来说是相同的。

喷淋泵的自启动是通过各保护区的管网喷嘴玻璃球高温下爆碎，引起管网水流流动，从而联动报警阀压力开关动作，达到自启动喷淋泵的目的。通过水流指示器联动模块或报警阀压力开关引线至控制室，消防控制室能准确反映其动作信号，同时控制室应能直接控制喷淋泵启停。

（2）在临时高压消防给水系统、稳高压消防给水系统中均需设置消防泵。在串联消防给水系统和重力消防给水系统中，除了需设置消防泵外，还需设置消防转输泵。请问设置消防水泵和消防转输泵时是不是均应设置备用泵？另外消火栓给水系统与自动喷水灭火系统宜分别设置消防泵还是共用消防泵？自动喷水灭火系统可按“用几备几”的比例来设置备用泵？

答：均应设置；分别设置；自动喷水灭火系统可按“用一备一”或“用二备一”的比例设置备用泵。

（3）什么情况下可不设备用泵？

答：1）建筑高度小于 54m 的住宅和室外消防给水设计流量小于或等于 25L/s 时。

2）建筑的室内消防给水设计流量小于或等于 10L/s 的建筑。

（4）消防水泵所配驱动器的功率应满足所选水泵流量扬程性能曲线上最高点运行所需功率的要求，此句话是否正确？

答：错误。应该是任何一点。

（5）当采用电动机驱动的消防水泵时，应选择电动机干式还是湿式安装的消防水泵？原因是什么？

答：消防水泵应干式安装，水泵放置在水池外。

原因：电机湿式安装维修时困难，有时要排空消防水池才能维修，造成消防给水的可靠性降低。电机在水中，电缆漏电会给操作人员和系统带来危险，因此，从安全可靠性和可维修性来讲本规范规定采用干式电机安装。

（6）流量扬程性能曲线应为何种曲线？零流量时的压力不应大于设计工作压力的多少，且宜大于设计工作压力的多少？

答：流量扬程性能曲线应为无驼峰、无拐点的光滑曲线，零流量时的压力不应大于设计工作压力的 140%，且宜大于设计工作压力的 120%，即 1.2 ~ 1.4 倍（图 2.1.2–4）。

（7）当出流量为设计流量的 150% 时，其出口压力不应低于设计工作压力的多少？

答：当出流量为设计流量的 150% 时，其出口压力不应低于设计工作压力的 65%。

（8）消防给水同一泵组的消防水泵型号宜一致，且工作泵不宜超过几台？

答：3 台。

（9）多台消防水泵串、并联时，扬程和流量如何变化？

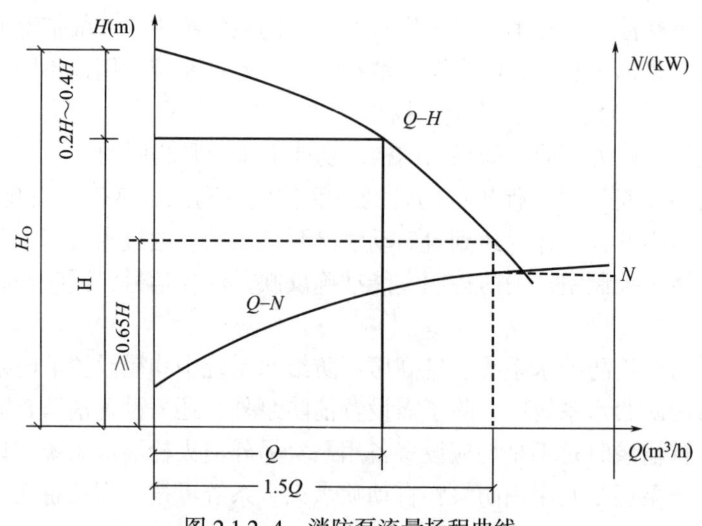


图 2.1.2–4　消防泵流量扬程曲线

答：见图 2.1.2–5、图 2.1.2–6、表 2.1.2–1。

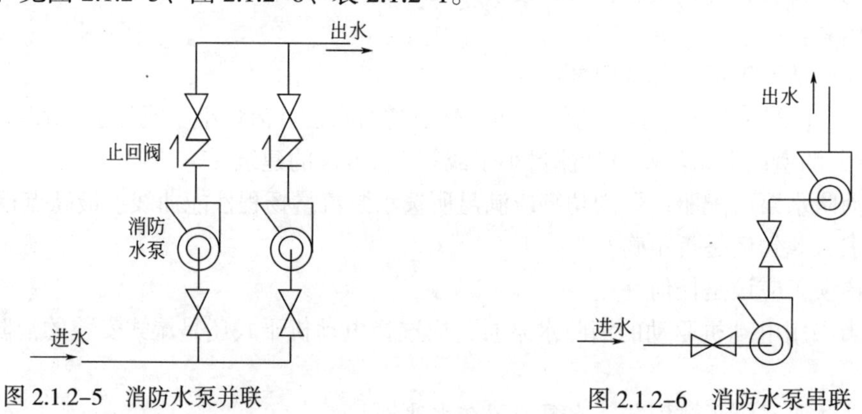


图 2.1.2–5　消防水泵并联　　　　图 2.1.2–6　消防水泵串联

消防泵串、并联时流量和扬程的变化　　　　表 2.1.2–1

| | 串联 | 并联 |
|---|---|---|
| 流量 | 不变 | 叠加 |
| 扬程 | 叠加（有所下降） | 不变 |
| 用途 | 给水管网加压，室外给水管网的加压泵站 | 单台泵不满足流量，选择系统流量过大的单台水泵成本高，备用水泵 |

**答 74**：轴流深井泵宜安装于水井、消防水池和其他消防水源上。

（1）轴流深井泵安装于水井时，其淹没深度应满足其可靠运行的要求，在水泵出流量为 150% 设计流量时，在海拔 1200m 处其第一个水泵叶轮底部水位线以上最低淹没深度应至少是多少？

答：轴流深井泵安装于水井时，在水泵出流量为 150% 设计流量时，其最低淹没深度应是第一个水泵叶轮底部水位线以上不少于 3.20m，且海拔高度每增加 300m，深井泵的最低淹没深度应至少增加 0.30m。

所以，本处最低淹没深度 =3.2m+（1200 × 0.3）/300=4.4m。

（2）当消防水池最低水位低于离心水泵出水管中心线或水源水位不能保证离心水泵吸水时，可采用何种泵？如何安装？

答：可采用轴流深井泵，并应采用湿式深坑的安装方式安装于消防水池等消防水源上（图 2.1.2–7、图 2.1.2–8）。

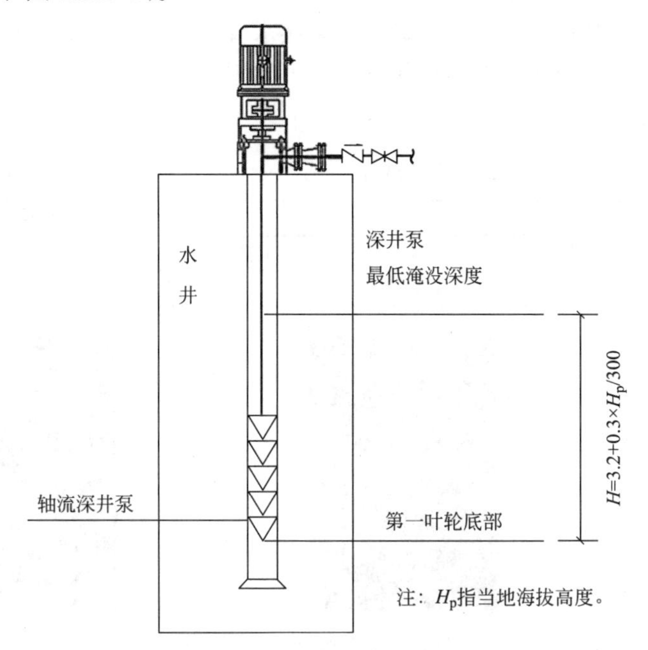


图 2.1.2–7　安装于水井

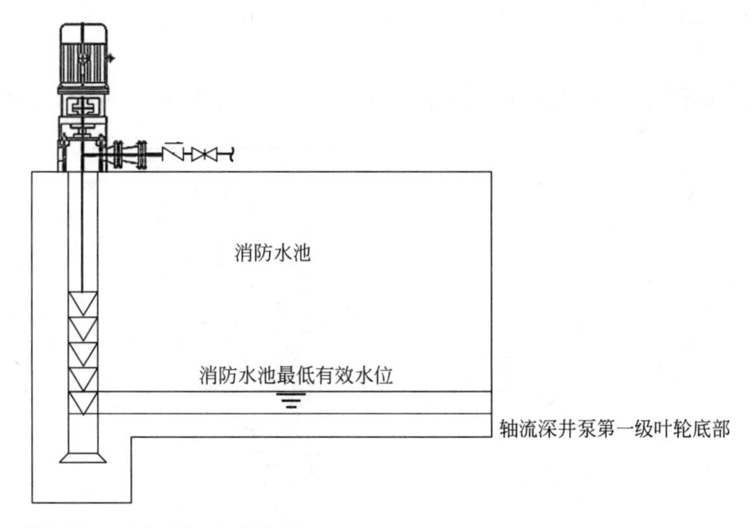


图 2.1.2–8　安装于消防水池

**答 75：**判断以下关于离心式消防水泵吸水管、出水管及其上面的组件问题的说法是否正确。

（1）一组消防水泵，考虑经济型的原则，吸水管只需一条即可。

答：错误，应由两条；原因是当其中一条损坏或检修时，其余吸水管应仍能通过全部消防给水设计流量。

（2）消防水泵吸水管和出水管都可以采用同心异径管（同心大小头）进行连接。

答：错误。吸水管布置应避免形成气囊，应用偏心异径接头，采用管顶平接形式。因为气体会聚集于管道顶部，如顶部不平就会形成气囊。

而出水管应采用同心异径接头，目的是满足水泵吸水管及出水管的设计流速要求。

（3）消防水泵的吸水管和出水管上的启闭阀门都可以用暗杆阀门。

答：错误。见表2.1.2-2、图2.1.2-9～图2.1.2-11。

启闭阀的选择　　表2.1.2-2

| | 启闭阀门选择 | 管径超过DN300时 |
|---|---|---|
| 出水管 | 明杆闸阀、带自锁装置的蝶阀、设有开启刻度和标志的暗杆阀门 | 电动阀门 |
| 吸水管 | 明杆闸阀、带自锁装置的蝶阀 | |

图2.1.2-9　明杆闸阀

图2.1.2-10　暗杆闸阀

图2.1.2-11　带自锁装置的蝶阀

（4）消防水泵的出水管应装止回阀和压力表。一般情况下，我们将压力表装于止回阀后。

答：错误。如图2.1.2-12所示，图中杆件代号见表2.1.2-3。【顺序要谨记】

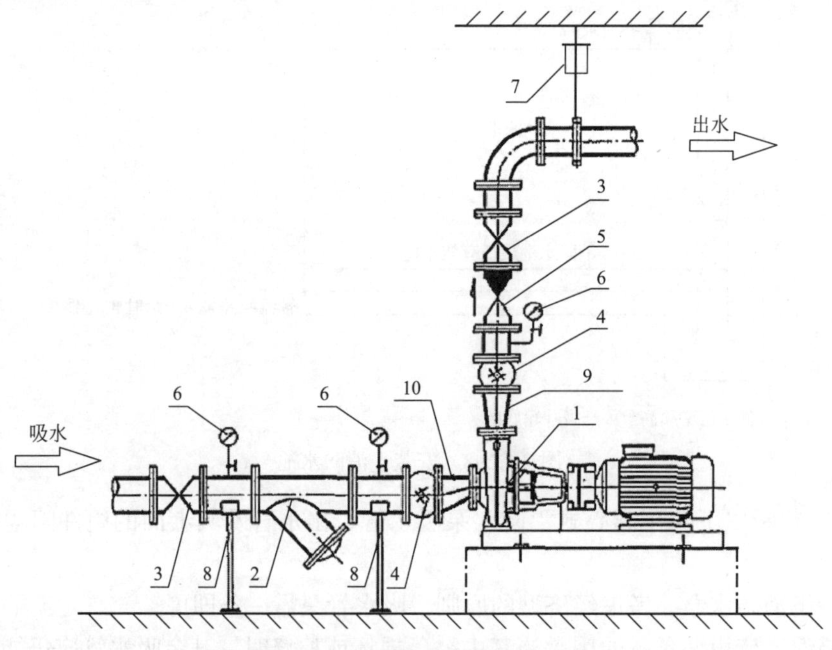


图2.1.2-12　消防水泵出水管安装

图 2.1.2–12 中杆件代号　　表 2.1.2–3

| 编号 | 名称 | 编号 | 名称 |
|---|---|---|---|
| 1 | 水泵（包括电机） | 6 | 压力表 |
| 2 | Y型过滤器 | 7 | 弹性吊架 |
| 3 | 阀门 | 8 | 弹性托架 |
| 4 | 可曲挠接头 | 9 | 同心大小头 |
| 5 | 止回阀 | 10 | 偏心大小头 |

原因：如是止回阀后的话，会发现泵停了还有压力。而且安装在止回阀上游是避免水锤对压力表的损坏。

（5）消防水泵吸水管和出水管上均应设置压力表，某单位为了方便后期的维修更换，采购了相同型号相同规格的压力表安装于此处。

答：不正确。如表 2.1.2–4。

压力表的设置　　表 2.1.2–4

| | 选型 | 目的 | 量程 |
|---|---|---|---|
| 吸水管 | 真空表 | 水泵抽水前测量水泵吸水测的真空度的，达到一定的真空度，水就可以吸到泵向上压的位置。另可检查真空度是否正常。 | 不应低于0.70MPa，真空表的最大量程宜为–0.10MPa |
| 出水管 | 压力表 | 测量管内的水压 | 不应低于其设计工作压力的2倍，且不应低于1.60MPa |

（6）一组消防水泵应在消防水泵房内设置流量和压力测试装置，请判断如下做法：

1）水泵的额定流量为 30L/s，额定扬程 60m，预留了测量用流量计和压力计接口。

答：错误。单台消防给水泵的流量不大于 20L/s、设计工作压力不大于 0.50MPa 时，泵组应预留测量用流量计和压力计接口，其他泵组宜设置泵组流量和压力测试装置（图 2.1.2–13）。

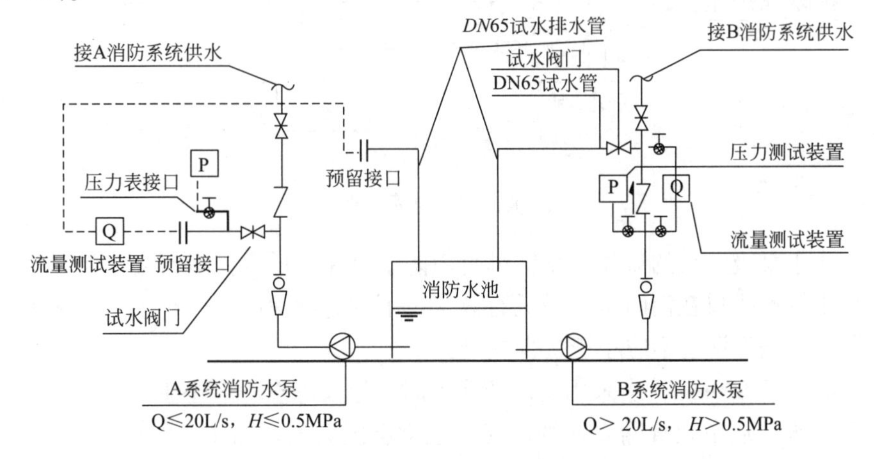


图 2.1.2–13　流量和压力测试装置

2）消防水泵压力检测装置的计量精度要高于消防水泵流量检测装置。

答：错误。消防水泵流量检测装置的计量精度应为 0.4 级，最大量程的 75% 应大于最大一台消防水泵设计流量值的175%；消防水泵压力检测装置的计量精度应为0.5级，最大量程的75%应大于最大一台消防水泵设计压力值的165%。精度级别的数值越小越精密。

3）消防水泵出水管上设置*DN*50的试水管，并应采取排水措施。

答：错误。每台消防水泵出水管上应设置*DN*65的试水管，并应采取排水措施。

**答76**：关于消防水泵吸水的问题。

（1）消防水泵应采取何种吸水方式？为何？此种吸水方式如何满足？

答：①自灌式吸水。

②火灾的发生是不定时的，为保证消防水泵随时启动并可靠供水，消防水泵应经常充满水，以保证及时启动供水，所以消防水泵应自灌吸水。

③自灌式吸水条件（表2.1.2-5、图2.1.2-14）。

**自灌式泵吸水条件表** **表2.1.2-5**

| 卧式水泵 | 立式消防水泵 |
| --- | --- |
| 满足自灌式启泵的最低水位高于泵壳顶部放气孔 | 满足自灌式启泵的最低水位应高于水泵出水管中心线 |

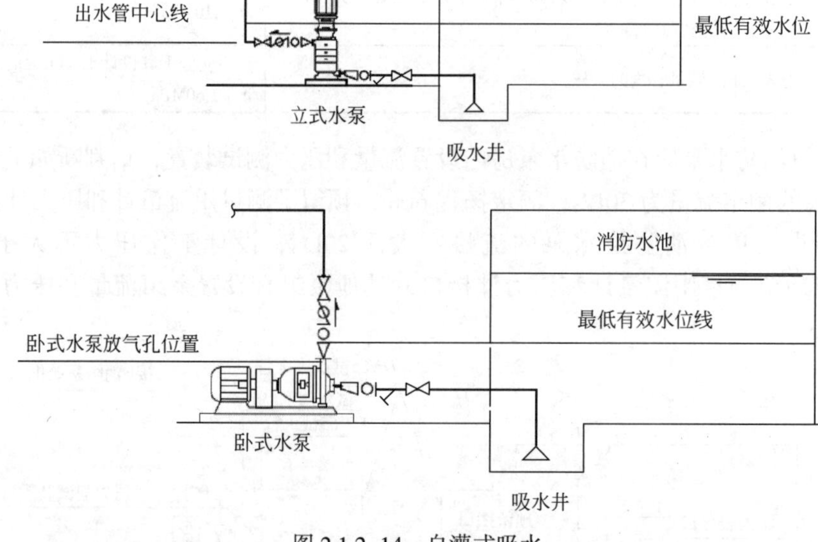


图2.1.2-14 自灌式吸水

（2）消防水泵吸水口的淹没深度应满足消防水泵在最低水位运行安全的要求，当用吸水井时，吸水管喇叭口在消防水池最低有效水位下的淹没深度不应小于多少毫米？当采用旋流防止器时，淹没深度不应小于多少毫米？

答：不应小于600mm，当采用旋流防止器时，淹没深度不应小于200mm。

（3）消防水泵从市政管网直接抽水时，经常会因为消防给水系统的水背压高而倒灌，请问需要采取什么措施？

答：设置有空气隔断的倒流防止器。

（4）当吸水口处无吸水井时，吸水口处应设置什么设施？

答：吸水口处应设置旋流防止器（图 2.1.2–15）。

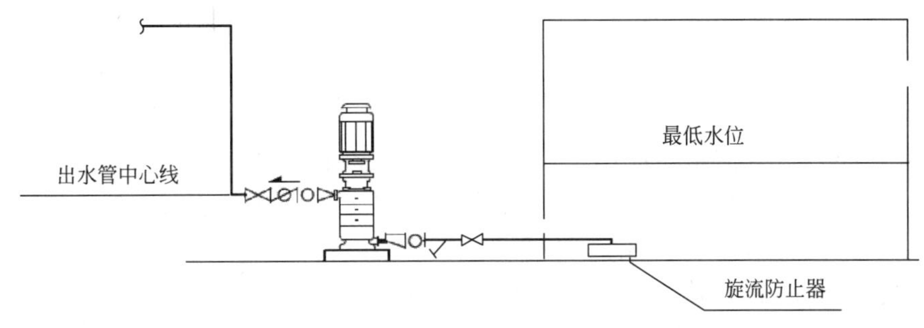


图 2.1.2–15　设置旋流防止器

（5）消防水泵一般在吸水管还是出水管设置管道过滤器？管道过滤器有何要求？

答：吸水管。管道过滤器的过水面积应大于管道过水面积的 4 倍，且孔径不宜小于 3mm。

（6）临时高压消防给水系统应采取防止消防水泵低流量空转过热的技术措施，请问有哪些措施？

答：设置超压泄压阀或者采用旁通管的措施。

**答 77：**关于增压稳压问题。图 2.1.2–16 为稳压泵与气压水罐。

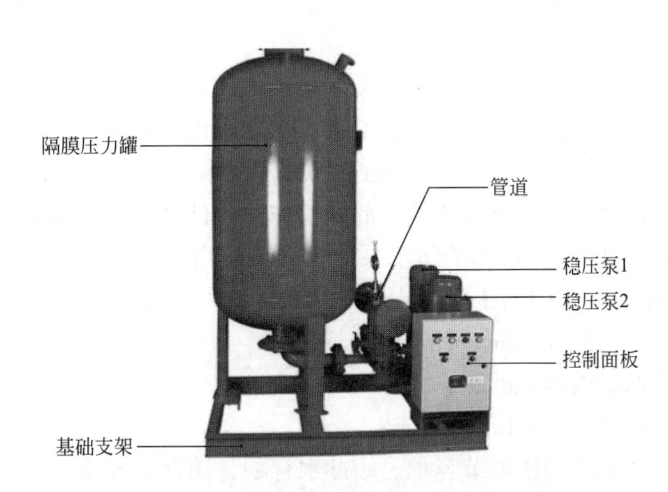


图 2.1.2–16　稳压泵与气压水罐

（1）关于增压设备的工作原理。气压罐内设定的几个压力值？分别代表什么含义？请叙述其工作原理是什么？

答：4 个压力值。$P_1$ 为气压罐设计最小工作压力，$P_2$ 为消防水泵启动压力，$P_{s1}$（$P_3$）为稳压泵启动压力，$P_{s2}$（$P_4$）为稳压泵停泵压力。

工作原理：当罐内压力为 $P_4$，消防给水管网处于较高压力状态，稳压泵和消防水泵均处于停止状态随着管网渗漏或其他原因造成泄压，罐内压力从 $P_4$ 降至 $P_3$ 时，便自动启动稳压泵向气压罐补水，直到罐内压力达到 $P_4$ 时，稳压泵停止运转，从而保证了气压罐内消防储水的常备储存。

若建筑物内发生火灾，随着灭火设备的开启用水，使气压罐内的水量减少，压力不断下降，压力迅速降至$P_2$时，在发出警报的同时，输出信号到消防控制中心，连锁启动消防水泵向消防给水管网供水，当消防水泵启动后，稳压泵便自动停止运转，消防增压稳压功能完成。

（2）稳压泵的设计流量怎么确定？

答：稳压泵的设计流量不应小于消防给水系统管网的正常泄漏量和系统自动启动流量。消防给水系统管网当没有管网泄漏量数据时，稳压泵的设计流量宜按消防给水设计流量的1% ~ 3%计，且不宜小于1L/s。水流指示器灵敏度为：流量不大于15.0L/min(0.25L/s）时，不报警；流量在15.0 ~ 37.5L/min（0.25 ~ 0.625L/s）间的任一数值上报警；到37.5L/min（0.625L/s）时，必须报警。对泵房进行测试时，进口水压大于0.14MPa、放水流量大于1L/s时，报警阀启动，水力警铃和压力开关均动作，即报警阀的最小启动流量为1L/s。因此稳压泵流量按不低于消防给水系统管网的正常泄漏量(1% ~ 3%的消防给水设计流量）且不小于1L/s的原则进行确定能满足系统要求。

（3）稳压泵设计压力（最低工作压力）如何确定？

答：1)根据《消防给水及消火栓系统技术规范》GB 50974—2014稳压泵的设计压力(最低工作压力$P_1$)应保持最不利点处水灭火设施在准工作状态时的静水压力应大于0.15MPa。

2)《固定消防给水设备 第3部分 消防增压稳压给水设备》GB 27898.3—2011规定消防增压稳压给水设备（以下简称设备）的气压水罐止气/充气压力$P_1$不应小于0.15MPa。

（4）稳压泵的启泵压力如何确定？

答：稳压泵的设计压力应保持系统自动启泵压力设置点处的压力在准工作状态时大于系统设置自动启泵压力值，且增加值宜为0.07 ~ 0.10MPa。此处的“准工作状态系指主泵启动前系统的工作状态。”当稳压泵设置在屋顶时，根据《消防给水及消火栓系统技术规范》GB 50974—2014第5.3.3条第3款，此处仅作简化计算，主泵启动前稳压泵处的压力取15m（规范规定＞15m），也即消防水泵压力开关的启泵压力=15m+（稳压泵与消防水泵压力开关的净高差）。稳压泵的启泵压力＝15m+（7 ~ 10）m=（22 ~ 25）m。稳压泵的停泵压力＝（22 ~ 25）m+5m=（27 ~ 30）m。

（5）关于气压水罐的容积问题。（如图2.1.2-17）

1）气压水罐的容积由哪几部分构成？

答：压缩空气容积、稳压调节容积、缓冲水容积、储存水容积。

2）临时高压消防给水系统的稳压调节容积怎么确定？

答：设置稳压泵的临时高压消防给水系统应设置防止稳压泵频繁启停的技术措施，当采用气压水罐时，其调节容积应根据稳压泵启泵次数不大于15次/h计算确定，但有效储水容积不宜小于150L。

3）消火栓系统和自动喷水灭火系统的储存水容积是否一致？消火栓系统和自动喷水灭火系统能否合用气压罐？如能合用最小是多少？

答：不一致。消火栓给水系统的气压罐消防储存水容积应满足火灾初期供2支水枪工作30s的消防用水量要求，即$V_x$=2×5×30L=300L。自动喷水灭火系统的储存水容积应满足火灾初期提供5个喷头工作30s的消防用水量要求，即$V_x$=5×1×30L=150L。

可以合用，当消火栓系统与自动喷水灭火系统合用气压罐时，其容积应为300L+150L=450L。

4）缓冲水容积是多少？

答：此处只作了解。

《固定消防给水设备 第 3 部分 消防增压稳压给水设备》GB 27898. 3—2011 规定稳压水容积不小于 50L，缓冲水容积不小于 50L。《消防给水及消火栓系统技术规范》GB 50974—2014 只规定了稳压水容积应满足稳压泵 1h 内起泵次数不超过 15 次，未对缓冲水容积作要求。

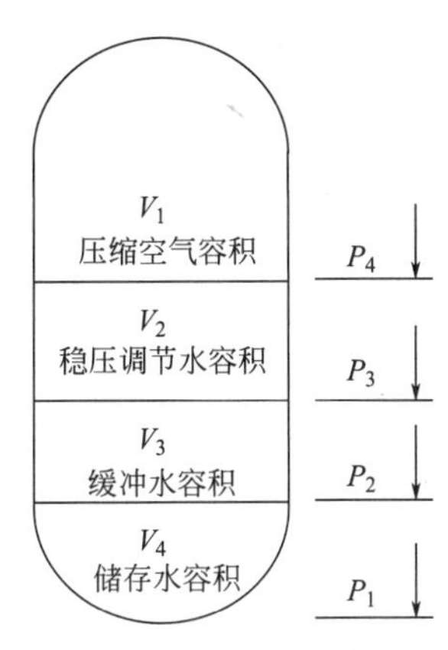


图 2.1.2–17　气压水罐容积

（6）判断下列说法是否正确？

1）稳压泵吸水管和出水管都可以装带启闭刻度的暗杆闸阀。

2）消声止回阀装在稳压泵出水管。

3）有人说稳压泵就是为系统提供稳压，所以可不设置备用泵。

答：均不正确。稳压泵吸水管应设置明杆闸阀，稳压泵出水管应设置消声止回阀和明杆闸阀，不可设置暗杆闸阀。稳压泵应设置备用泵。

**答 78**：关于消防水泵接合器的问题。

（1）消防水泵接合器连接室内管网还是室外管网？

答：室内。

（2）哪些场所的室内消火栓给水系统应设置消防水泵接合器？

答：见表 2.1.2–6。

**应设置消防水泵接合器的场所**　　**表 2.1.2–6**

| 民用建筑 | 高层民用建筑 |
| --- | --- |
| | 设有消防给水的住宅 |
| | 超过五层的其他多层民用建筑 |
| 人防工程 | 室内消火栓设计流量大于10L/s |
| 地下或半地下建筑（室） | 超过2层或建筑面积大于10000m$^2$ |
| 工业建筑 | 高层工业建筑 |
| | 超过四层的多层工业建筑 |
| 城市交通隧道 | —— |

（3）哪些灭火系统应设置消防水泵接合器?

答：自动喷水灭火系统、水喷雾灭火系统、泡沫灭火系统和固定消防炮灭火系统等水灭火系统。

（4）消防水泵接合器的给水流量宜按多少流量计算？每种水灭火系统的消防水泵接合器设置的数量应按系统设计流量经计算确定，但当计算数量超过几个时，可根据供水可靠性适当减少?

答：每个10～15L/s计算。3个。

（5）消防给水为竖向分区供水时，在消防车供水压力范围内的分区，可公用一个水泵接合器，是否正确？当建筑高度超过消防车供水高度时，消防给水采取何种措施满足要求?

答：不正确，应分别设置水泵接合器。

当建筑高度超过消防车供水高度时，消防给水应在设备层等方便操作的地点设置手抬泵或移动泵接力供水的吸水和加压接口（图2.1.2-18）。

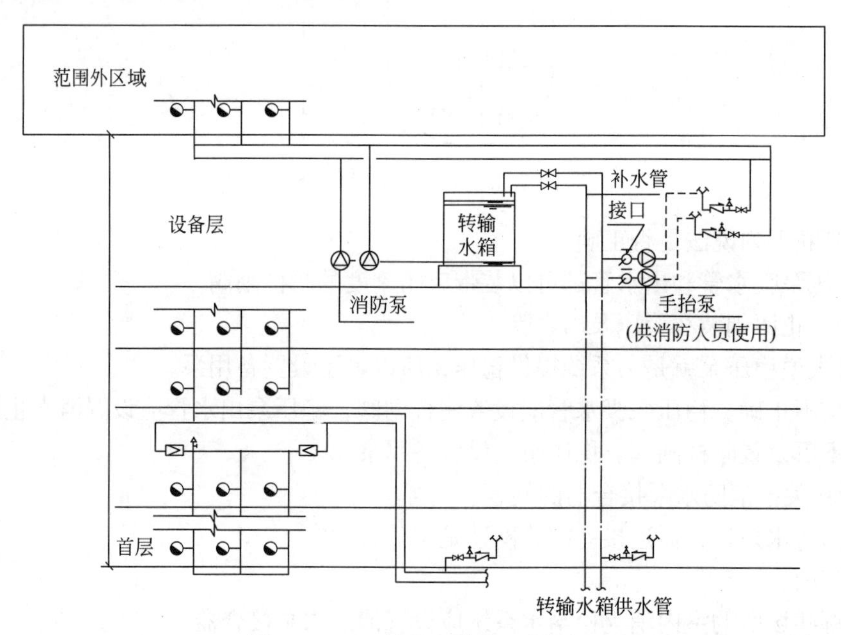


图2.1.2-18 消防车供水压力范围

（6）水泵接合器应设在室外便于消防车使用的地点，且距室外消火栓或消防水池的距离不宜小于多少米，并不宜大于多少米？墙壁消防水泵接合器的安装高度距地面宜为多少米？水泵接合器不应安装在玻璃幕墙下方，与墙面上的门、窗、孔、洞的净距离不应小于多少米？地下消防水泵接合器的安装，应使进水口与井盖底面的距离不大于多少米？且不应小于多少?

答：水泵接合器应设在室外便于消防车使用的地点，且距室外消火栓或消防水池的距离不宜小于15m，并不宜大于40m。墙壁消防水泵接合器的安装高度距地面宜为0.70m；与墙面上的门、窗、孔、洞的净距离不应小于2.0m，且不应安装在玻璃幕墙下方；地下消防水泵接合器的安装，应使进水口与井盖底面的距离不大于0.4m，且不应小于井盖的半径（图2.1.2-19）。

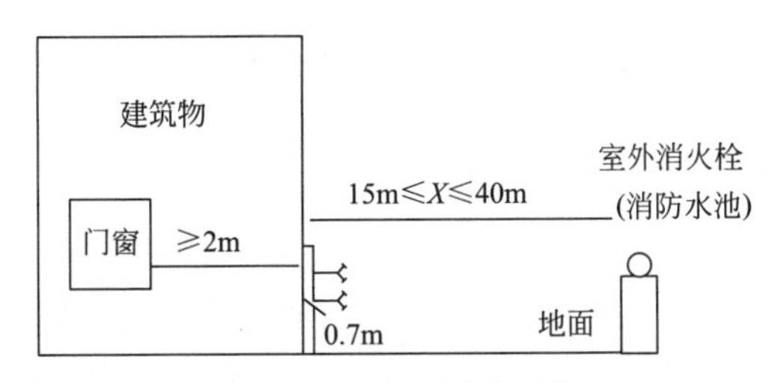


图 2.1.2–19　水泵接合器位置

（7）水泵接合器处应设置什么？上面标明什么？

答：永久性标志铭牌；并应标明供水系统、供水范围和额定压力。

（8）消防水泵接合器有哪些组件构成，顺序是什么？

答：有接口、本体、连接管、止回阀、安全阀、放空管、控制阀、锁链、闷盖等（图 2.1.2–20）。

顺序：接口、本体、连接管、止回阀、安全阀、放空管、控制阀。（本处略有争议，考试按规范答题）

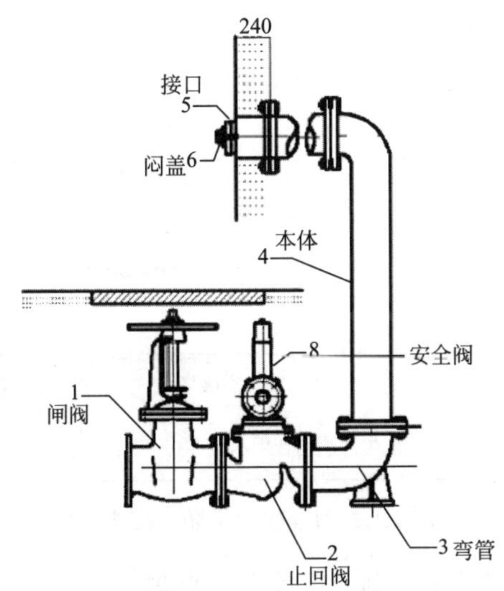


图 2.1.2–20　水泵接合器组成

（9）消防水泵接合器使用前应什么阀门？使用后要开启什么阀门？为什么？

答：关闭放水阀；用后开启放水阀。原因：用后打开排出积水，防止冻坏。使用前关闭，防止泄漏。

**答 79：** 关于消防水池的问题。

（1）在消防水池有效容积的计算时，当市政给水管网能保证室外消防给水设计流量时和当市政给水管网不能保证室外消防给水设计流量时，分别如何确定？

答：当市政给水管网能保证室外消防给水设计流量时，消防水池的有效容积应满足在火灾延续时间内室内消防用水量的要求；

当市政给水管网不能保证室外消防给水设计流量时，消防水池的有效容积应满足火灾延续时间内室内消防用水量和室外消防用水量不足部分之和的要求。

（2）消防水池的给水管应根据其有效容积和补水时间确定，补水时间不宜大于多少小时？但当消防水池有效总容积大于 2000m³ 时，不应大于多少小时？

答：48h；96h。

（3）消防水池进水管管径应计算确定，且不应小于多少？

答：*DN*100。

（4）当消防水池采用两路消防供水且在火灾情况下连续补水能满足消防要求时，消防水池的有效容积应根据计算确定，但不应小于多少立方米？当仅设有消火栓系统时不应小于多少立方米？

答：不应小于 100m³；当仅设有消火栓系统时不应小于 50m³。

（5）消防水池何时分两格设置，何时分两座设置？

答：消防水池的总蓄水有效容积大于 500m³ 时，宜设两格能独立使用的消防水池；当大于 1000m³ 时，应设置能独立使用的两座消防水池

（6）消防水池应设置取水口（井），且吸水高度不应大于多少米？取水口（井）与建筑物（水泵房除外）的距离不宜小于多少米？

答：6m；15m。

（7）消防用水与其他用水共用的水池，应该注意什么？采取何种措施？

答：应采取确保消防用水量不作他用的技术措施。

具体措施见图 2.1.2-21。

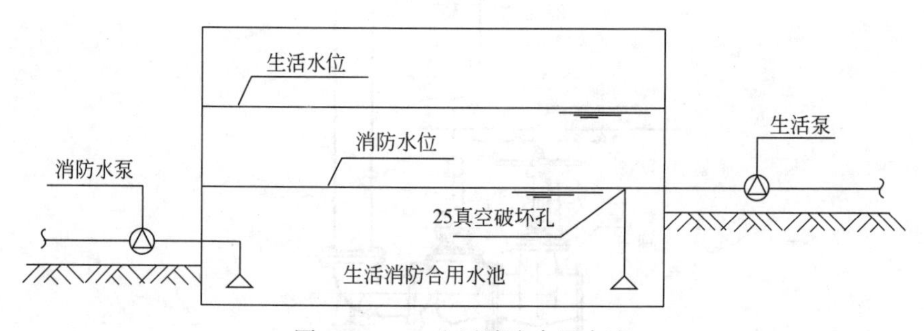


图 2.1.2-21　生活消防合用水池

**答 80**：关于消防水池的出水、排水和水位的问题。

（1）消防水池的出水管应保证消防水池的有效容积能被全部还是大部分利用？

答：全部被利用。

（2）消防水池应设置就地水位显示装置，并应在消防控制中心或值班室等地点设置显示消防水池水位的装置，同时应有哪些报警水位？

答：同时应有最高和最低报警水位。

（3）消防水池为防止水量过满应设置什么设施？采用何种排水方法？

答：应设置溢流水管和排水设施，并应采用间接排水。

（4）为了防止消防水池的水被污染恶化应采取什么措施？

答：消防水池应设置通气管，呼吸管。消防水池通气管、呼吸管和溢流水管等应采取防止虫鼠等进入消防水池的技术措施。

**答 81**：关于高位消防水池的问题。

（1）高位消防水池与消防水池、高位消防水箱的区别是什么？

答：消防水池、高位消防水池、高位消防水箱是三个不同的概念。消防水池的有效容积是为了满足消防用水量的要求，其位置高度满足消防水泵自灌式要求；高位消防水箱的位置高度一般能满足水灭火设施最不利点处的静水压力，其有效容积是为了满足初期火灾消防用水量的要求，有可能兼做转输水箱，不能计入消防水池容量；高位消防水池是设置在高处直接向水灭火设施重力供水的储水设施，其位置高度能满足其所服务的水灭火设施所需的工作压力和流量，且有效容积满足火灾延续时间内所需消防用水量。一般情况下，当系统高位水池用于高压消防给水系统，消防水池和高位消防水箱用于临时高压系统。

（2）一般情况下，向高位消防水池供水的给水管不应少于几条？

答：2 条。

（3）当高层民用建筑采用高位消防水池供水的高压消防给水系统时，高位消防水池储存室内消防用水量确有困难，但火灾时补水可靠，其总有效容积不应小于室内消防用水量的多少？

答：50%。

（4）高层民用建筑高压消防给水系统的高位消防水池何时分为两格？何时分为独立的两座？

答：见表 2.1.2–7、图 2.1.2–22【此处与消防水池作对比】。

**消防水池和高位消防水池比较**　　　　**表 2.1.2–7**

| | | |
|---|---|---|
| 消防水池 | 两格 | 总蓄水有效容积大于500m³ |
| | 两座 | 总蓄水有效容积大于1000m³ |
| 高位消防水池 | 两格 | 总有效容积大于200m³ |
| | 两座 | 建筑高度大于100m |

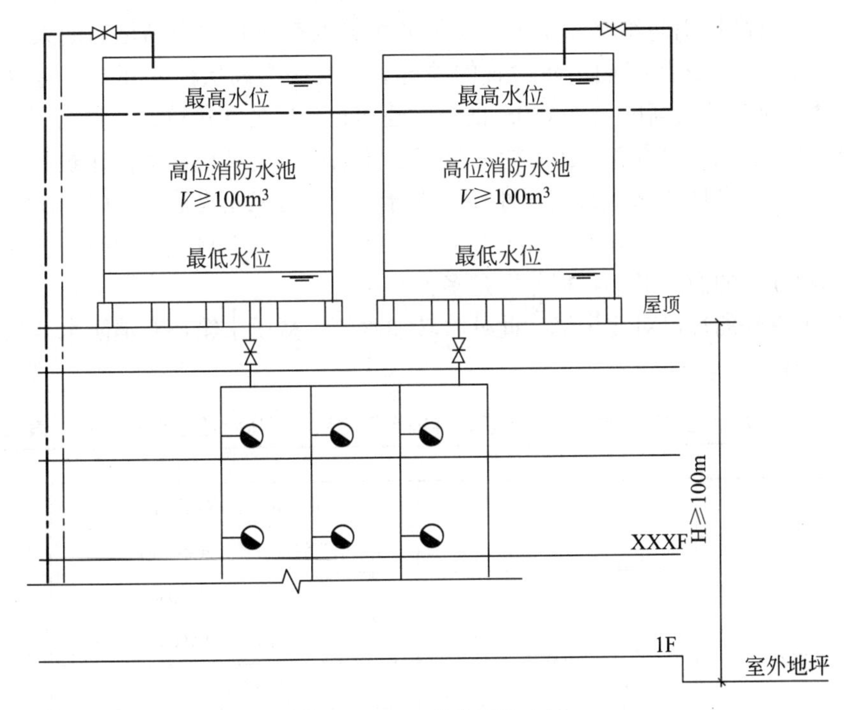


图 2.1.2–22　高位消防水池

（5）高位消防水池设置在建筑物内时，应如何进行防火分隔？

答:【 2+1.5+ 甲 】应采用耐火极限不低于 2.00h 的隔墙和 1.50h 的楼板与其他部位隔开，并应设甲级防火门。

**答 82**：关于高位水箱的问题。

（1）高位水箱的作用是什么？

答：供建筑初期火灾时消防用水水流（一般是 10min），并保证相应的水压要求，如不能满足，需设稳压泵。对于室内消火栓系统消防水枪，即使不考虑供水管网的压力损失，水枪达到 10m 水柱需要 20m 的静水压，达到 13m 水柱需要 26m 的静水压，而规范规定的超高层的建筑静水压力要达到 0.15MPa，很明显按照规范要求的最低静水压满足不了最不利点充实水柱的要求。

对与高位消防水箱有一定的高度差的楼层，重力产生的压力能够满足消防用水设备，如 1 ~ 2 个消火栓、4 ~ 5 个自动喷水灭火系统的喷头工作压力和流量要求．此时，高位消防水箱的作用就是提供初期火灾消防用水量，同时又能为消防水泵的自动启动创造条件。

对距高位消防水箱较近的楼层，重力（即使加上稳压泵）所提供的压力，无法满足消防灭火设施的所需压力和流量要求，此时的高位消防水箱的作用就是为消防泵自动启动创造条件。如对消火栓系统，其高位水箱出水管道上一般会设置流量感应装置，当最不利点的消火栓打开时，在高位消防水箱静水压的作用下，会有一定流量的水流出，启动消火栓泵。流量感应装置感应到水流，通过控制系统，联锁启动消火栓泵。对闭式自动喷水灭火系统，通过设定最不利点静水压力，保证最不利点的喷头破碎时，管网中会有一定流量的水流流经。该水流能打开相应的报警阀组，进而通过压力开关动作联锁启动喷淋泵（也可以由水泵出水干管低压压力开关或高位水箱出管的流量开关启泵）。

（2）① 临时高压消防给水系统的高位消防水箱的有效容积应满足初期火灾消防用水量的要求，所以其容积是我们消防检查的关键。请问一类高层公共建筑、建筑高度大于 100m 的公共建筑、建筑高度大于 150m 的公共建筑；多层公共建筑、二类高层公共建筑和一类高层住宅，建筑高度超过 100m 的一类高层住宅；二类高层住宅；建筑高度大于 21m 的多层住宅；室内消防给水设计流量小于或等于 25L/s 的工业建筑、室内消防给水设计流量大于 25L/s 的工业建筑；总建筑面积大于 10000m$^2$ 且小于 30000m$^2$ 的商店建筑、总建筑面积大于 30000m$^2$ 的商店最小容积分别是多少？

答：为了更好的加以对比记忆，此处将转输水箱、减压水箱还有消防水池的容积都加以列出（表 2.1.2-8）。

消防水池容积、高位水箱容积、转输水箱容积、减压水箱容积表　　表 2.1.2-8

| 分类 | | | 最小容积（m$^3$） |
|---|---|---|---|
| 消防水池 | — | 两路消防供水且补水 | 100 |
| | | 当仅设有消火栓系统时 | 50 |
| 高位水箱（临时高压） | 公共建筑 | 建筑高度大于150m | 100 |
| | | 建筑高度大于100m | 50 |
| | | 一类高层 | 36 |
| | | 多层、二类高公 | 18 |

续表

| 分类 | | | 最小容积（$m^3$） |
|---|---|---|---|
| 高位水箱（临时高压） | 住宅 | 一类高层住宅建筑高度超过100m | 36 |
| | | 一类高层住宅 | 18 |
| | 工业 | 室内给水设计流量，大于25L/s | 18 |
| | | 小于等于25L/s | 12 |
| | 商店 | $S$>3万$m^3$ | 50 |
| | | 1万$m^3$<$S$<3万$m^3$ | 36 |
| 转输水箱 | — | | 60 |
| 减压水箱 | 2格 | | 18 |

注意：1. 当公共建筑的功能是商店时，两者求得的高位水箱容积不一致时，取大者。
2. 高位水箱容积指的是屋顶水箱，不含转输水箱兼高位水箱。

② 某 12 层二类高层建筑，1 至 3 层为商业（层高 4.5m，建筑总面积 4000$m^2$），4 ~ 12 层为住宅（层高 3m）。《建筑防火设计规范》GB 50016—2014（2018 版）第 5.4.10 条规定，对于住宅和其他使用功能合建的建筑，室内消防设施可以分开执行，消火栓的火灾延续时间、消防水箱有效容积按整体考虑还是可以分开考虑？

答：应按整体考虑，根据建筑总高度、建筑类别，分别计算取大值。

a. 消火栓的火灾延续时间：室内、室外消火栓的火灾延续时间应一致，查《消防给水及消火栓系统技术规范》GB 50974—2014 表 3.6.2，按高层建筑中的商业楼火灾延续时间为 3h（本建筑仅商业一种公共建筑，不按综合楼考虑），上述建筑火灾延续应为 3h。

b. 消防水箱有效容积：根据《消防给水及消火栓系统技术规范》GB 50974—2014 第 5.2.1 条第 2 款，二类公共建筑不应小于 18$m^3$，二类高层住宅不应小于 12$m^3$，上述建筑消防水箱有效容积不应小于 18$m^3$。

（3）高位消防水箱的设置位置有何要求？

答：高位消防水箱的设置位置应高于其所服务的水灭火设施，且最低有效水位应满足水灭火设施最不利点处的静水压力（图 2.1.2-23）。

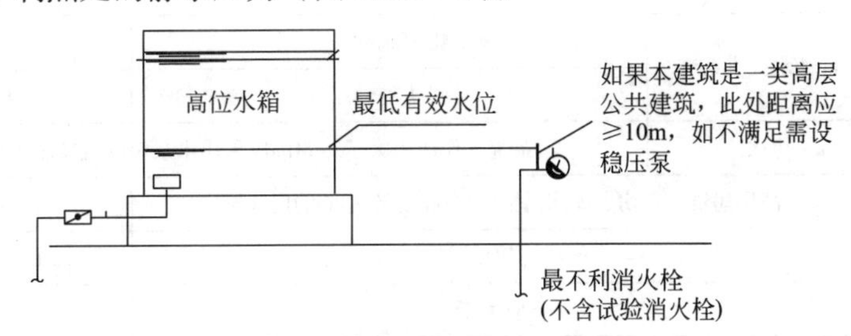


图 2.1.2-23　高位水箱满足设施静压要求

（4）括号内建筑高位消防水箱的最低有效水位应满足水灭火设施最不利点处的静水压力分别是多少？（一类高层公共建筑、建筑高度超过 100m 的一类高层公共建筑；高层住宅、二类高层公共建筑、多层公共建筑；建筑体积小于 20000$m^3$ 和≥ 20000$m^3$ 的工业建筑；自动喷水灭火系统）。

答：见图 2.1.2–24。

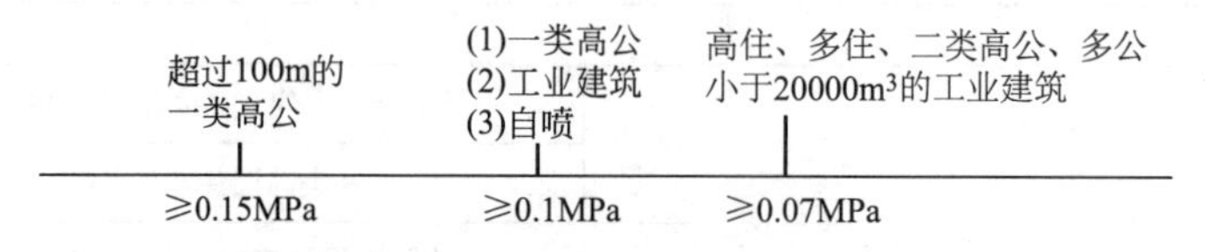


图 2.1.2–24 最不利点处的静水压力

（5）当高位消防水箱不能满足规范要求的静压要求时应采用什么设施？

答：设置稳压泵。

（6）高位水箱静压、消火栓栓口动压、稳压泵静水压力的区别是什么？压力值分别有何要求？另外市政消火栓、消防水鹤的压力值如何要求？

答：为了方便比较，此处将分区供水压力也加以列出，分区供水等具体知识详见后面。

高位水箱静水压力（最低水位—最不利点）、稳压泵静水压力（压力开关—最不利点）、消火栓动水压力（压力表读数）、分区供水压力（最大压力。常高压：最高水位到最低点、临时高压只有水箱：$H_0$+$H_1$，$H_0$ 为水泵零流量扬程、$H_1$ 为水池最高水位到吸水口的高度、临时高压（稳压泵 + 水箱）：$H_0$+$H_1$ 与稳压泵维持系统压力较大者。)（表 2.1.2–9）。

**压力值** **表 2.1.2–9**

<table>
<tr><td rowspan="7">高位水箱满足最不利点静水压力（不满足加稳压泵）</td><td rowspan="3">公共建筑</td><td>建筑高度超过100m</td><td>≥0.15MPa</td></tr>
<tr><td>一类高层公共建筑</td><td>≥0.10MPa</td></tr>
<tr><td>二类高层公共建筑、多层公共建筑</td><td>≥0.07MPa</td></tr>
<tr><td>住宅</td><td>高层住宅、多层住宅</td><td>≥0.07MPa</td></tr>
<tr><td rowspan="2">工业建筑</td><td>建筑体积≥20000m³</td><td>≥0.10MPa</td></tr>
<tr><td>建筑体积小于20000m³</td><td>≥0.07MPa</td></tr>
<tr><td colspan="2">自动喷水灭火系统</td><td>≥0.10MPa</td></tr>
<tr><td>稳压泵</td><td colspan="2">准工作状态系统最不利点静水压</td><td>>0.15MPa</td></tr>
<tr><td rowspan="5">分区供水</td><td>—</td><td>系统工作压力</td><td>大于2.40MPa</td></tr>
<tr><td>—</td><td>消火栓栓口处静压</td><td>大于1.0MPa</td></tr>
<tr><td rowspan="2">自动水灭火系统</td><td>报警阀动压</td><td>大于1.60MPa</td></tr>
<tr><td>喷头处动压</td><td>大于1.20MPa</td></tr>
<tr><td>注意：</td><td colspan="2">系统工作压力大于2.4MPa应采用水泵串联或减压水箱分区供水</td></tr>
<tr><td rowspan="4">室内消火栓栓口动水压力</td><td colspan="2">高层建筑、厂房、库房;室内净空高度超过8m的民建筑</td><td>≥0.35MPa，13m水柱</td></tr>
<tr><td colspan="2">其他</td><td>≥0.25MPa，10m水柱</td></tr>
<tr><td colspan="2">不应大于</td><td>0.50MPa</td></tr>
<tr><td colspan="2">当大于时必须设置减压装置</td><td>0.70MPa</td></tr>
<tr><td>市政消火栓</td><td colspan="2">15L/s，从地面算起</td><td>≥0.10MPa</td></tr>
<tr><td>水鹤</td><td colspan="2">30L/s，从地面算起</td><td>≥0.10MPa</td></tr>
</table>

（7）高位消防水箱可以用什么材料制造？

答：可采用热浸锌镀锌钢板、钢筋混凝土、不锈钢板等建造。

（8）室内采用临时高压消防给水系统时，哪些场所必须设置高位消防水箱？

答：高层民用建筑、总建筑面积大于10000m$^2$且层数超过2层的公共建筑和其他重要建筑，必须设置高位消防水箱。

（9）有些建筑应设置高位消防水箱，但当设置高位消防水箱确有困难，且采用安全可靠的消防给水形式时，可不设高位消防水箱，但应设什么设施来代替？

答：增稳压设施。

（10）当市政供水管网的供水能力在满足生产、生活最大小时用水量后，仍能满足初期火灾所需的消防流量和压力时，市政直接供水可否替代高位消防水箱？

答：可以。

（11）当高位消防水箱在屋顶露天设置时，水箱的人孔以及进出水管的阀门等应采取什么措施保护？

答：锁具或阀门箱。

（12）严寒、寒冷等冬季冰冻地区的消防水箱应设置在何处？最低温度多少？

答：设置在消防水箱间内。环境温度或水温不应低于5℃。

（13）高位消防水箱的最低有效水位应根据出水管喇叭口和防止旋流器的淹没深度确定，当采用出水管喇叭口时，是多少毫米？当采用防止旋流器时不应小于多少毫米？

答：出水管喇叭口时，应≥600mm；当采用防止旋流器≥150mm（注意水池是≥200mm）（图2.1.2–25）。

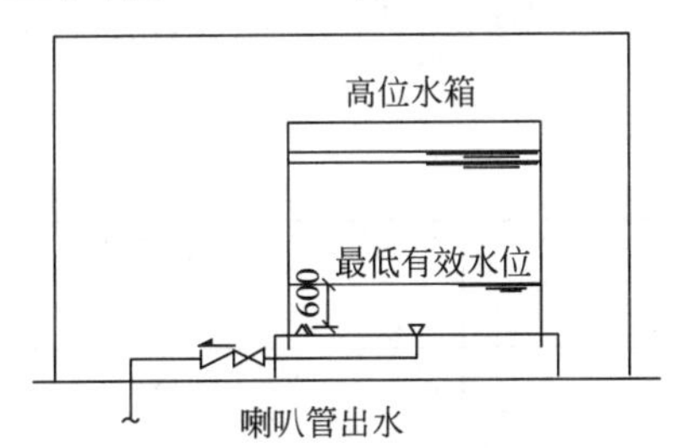


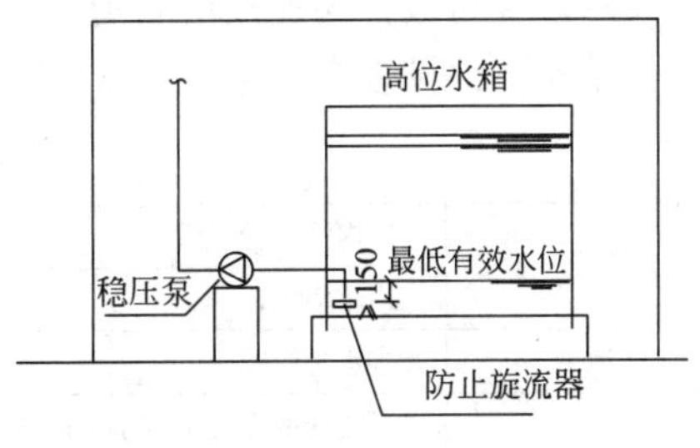


图2.1.2–25 高位水箱最低水位要求

（14）高位消防水箱外壁与建筑本体结构墙面或其他池壁之间的净距，应满足施工或装配的需要，无管道的侧面，净距不宜小于多少米？安装有管道的侧面，净距不宜小于多少米？且管道外壁与建筑本体墙面之间的通道宽度不宜小于多少米？设有人孔的水箱顶，其顶面与其上面的建筑物本体板底的净空不应小于多少米？

答：消防水箱外壁与建筑本体结构墙面或其他池壁之间的净距，应满足施工或装配的需要，无管道的侧面，净距不宜小于0.7m；安装有管道的侧面，净距不宜小于1.0m，且管道外壁与建筑本体墙面之间的通道宽度不宜小于0.6m，设有人孔的水箱顶，其顶面与其上面的建筑物本体板底的净空不应小于0.8m。如图2.1.2–26。

（15）当高位消防水箱进水管为淹没出流时，应在进水管上采取什么措施？

答：防止倒流的措施或在管道上设置虹吸破坏孔和真空破坏器，虹吸破坏孔的孔径不宜小于管径的1/5，且不应小于25mm。

（16）高位消防水箱出水管应位于高位消防水箱最低水位以上还是以下？为防止消防用水进入高位消防水箱应设置什么阀门？

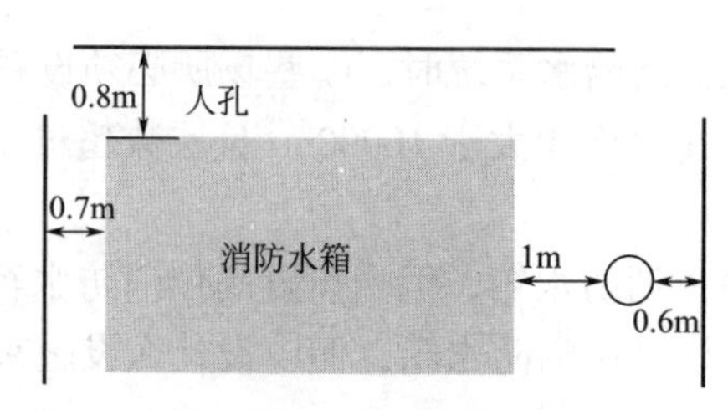


图 2.1.2-26 消防水箱位置

答：以下，并应设置止回阀（任何水系统包括气体灭火系统，出去的都不能再回头）。

**答 83：**管径问题。

（1）高位水箱进水管的管径应满足消防水箱 8h 充满水的要求，但管径不应小于多少？进水管宜设置什么阀门？

答：*DN*32。液位阀或浮球阀。

（2）溢流管的直径不应小于进水管直径的几倍，且不应小于多少？

答：2 倍，且不应小于 *DN*100。

（3）高位消防水箱出水管管径应满足消防给水设计流量的出水要求，且不应小于多少？

答：不应小于 *DN*100。

（4）室内消火栓竖管、消防水池进水管管径、自动喷水灭火系统末端试水装置的测试排水立管管径、自动喷水灭火系统短立管及末端试水装置的连接管的管径、报警阀测试排水立管、水力警铃与报警阀连接的管道管径、减压阀压力试验排水管道管径分别是多少？

答：管径问题，见表 2.1.2-10。（总结）

管径 **表 2.1.2-10**

| | | |
|---|---|---|
| 消火栓 | 室内消火栓竖管 | ≥*DN*100 |
| | 市政消火栓 | *DN*150 |
| 消防水池 | 进水管管径 | ≥*DN*100 |
| 高位消防水箱 | 溢流管的直径不应小于进水管直径的2倍 | ≥*DN*100 |
| | 出水管管径 | ≥*DN*100 |
| | 进水管的管径应满足水箱8h充满水的要求 | ≥*DN*32 |
| 自动喷水灭火系统末端试水装置 | 测试排水立管管径 | ≥*DN*75 |
| | 短立管及末端试水装置的连接管 | ≥25mm |
| 报警阀 | 测试排水立管 | 宜为*DN*100 |
| | 水力警铃与报警阀连接的管道 | 应为20mm，总长不宜大于20m |
| 减压阀 | 压力试验排水管道 | ≥*DN*100 |
| 消防水泵 | 消防水泵出水管上应设置的试水管 | *DN*65 |
| 给水管网 | 连接市政消火栓的环状给水管网的管径 | ≥*DN*150 |
| | 连接市政消火栓的枝状管网的管径 | ≥*DN*200 |
| | 室外消防给水管网 | ≥*DN*100 |

**答 84：**关于消防水泵房的问题。

（1）消防水泵房的通风宜按每小时多少次设计？

答：按 6 次 /h 设计。

（2）消防水泵房应设置什么设施？

答：供暖、通风和排水设施、防水淹没的措施。

（3）独立建造的消防水泵房耐火等级不应低于几级？附设在建筑物内的消防水泵房，不应设置在哪里？

答：二级；不应设置在地下三层及以下，或室内地面与室外出入口地坪高差大于 10m 的地下楼层。

（4）附设在建筑物内的消防水泵房，应如何防火分隔？

答：【2+1.5+ 甲】采用耐火极限不低于 2.0h 的隔墙和 1.50h 的楼板与其他部位隔开，其疏散门应直通安全出口，且开向疏散走道的门应采用甲级防火门（图 2.1.2-27）。

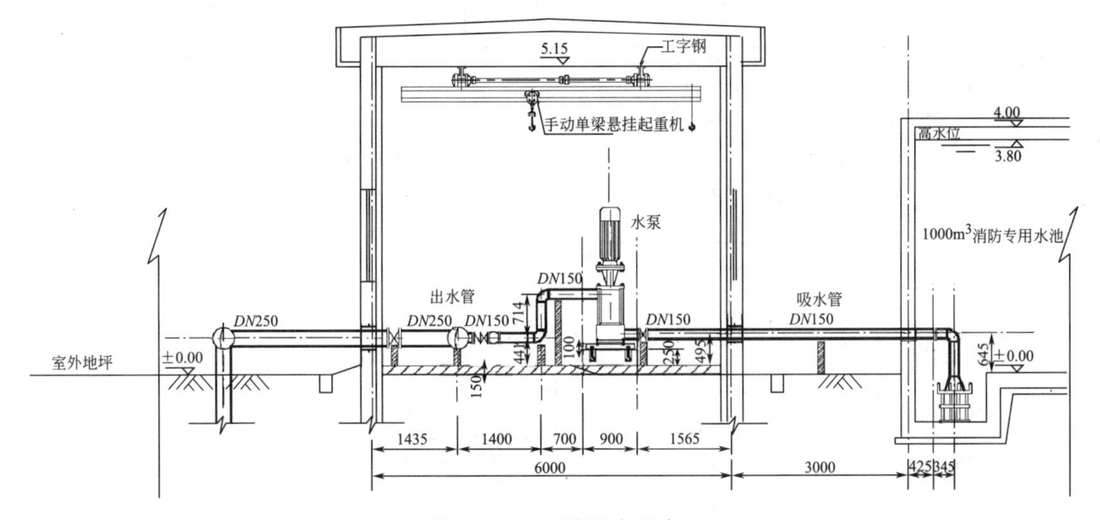


图 2.1.2-27　消防水泵房

**答 85**：当建筑物高度超过 100m 时，室内消防给水系统应分析比较多种系统的可靠性，采用安全可靠的消防给水形式，请问安全可靠的消防给水形式有哪些？当采用常高压消防给水系统时，但高位消防水池无法满足上部楼层所需的压力和流量时，上部楼层应采用何种消防给水系统？该系统的高位消防水箱的有效容积怎么确定？

答：安全可靠的消防给水形式有：备用泵、供水管网成环、设置稳压设施、转输管线转输水泵两路等。

临时高压消防给水系统；该系统的高位消防水箱的有效容积应按根据图 2.1.2-28$H$ 高度来确定（如此建筑为公共建筑，$H$ 达到一类高层公共建筑的要求，此处即为 36m$^3$），且不应小于 18m$^3$。

**答 86**：关于分区供水的问题。

（1）为何要进行分区供水？

答：分区供水是为了解决系统静水压力过高、超过管材和接头承压极限、局部超过设施允许工作压力极限、一次送水动能消耗过大等情况。分区给水是将整个给水系统分成几区，每区有独立的泵站和管网等，但各区之间有适当的联系，以保证供水可靠和调度灵活。

（2）何时应分区供水？

答：符合下列条件时，消防给水系统应分区供水：

① 系系统工作压力大于 2.40MPa（系统工作压力图 2.1.2-29 ~ 图 2.1.2-31）；

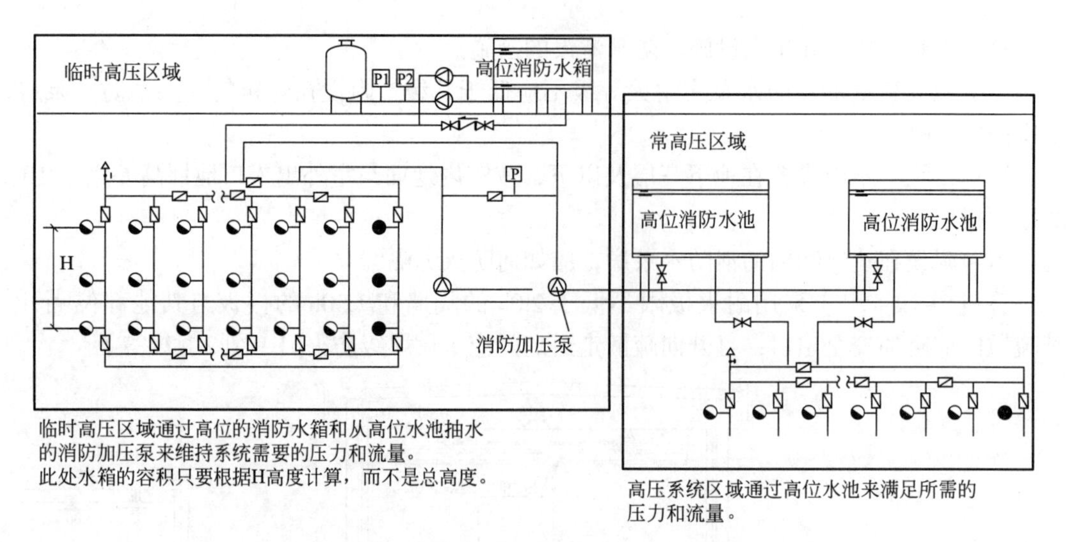


图 2.1.2-28　常高压与临时高压组合的消防给水形式

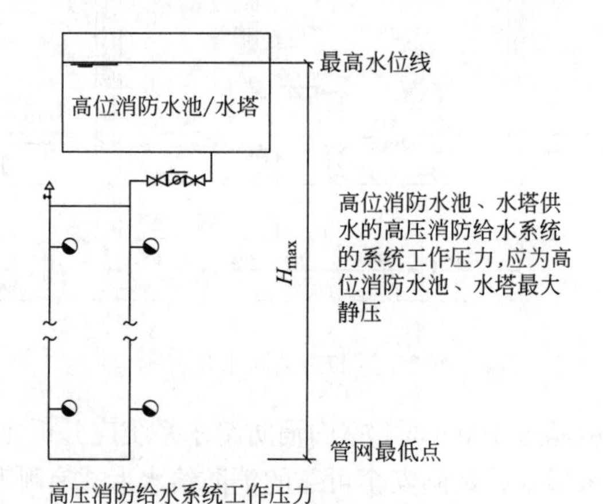


图 2.1.2-29　消防给水系统系统工作压力（一）

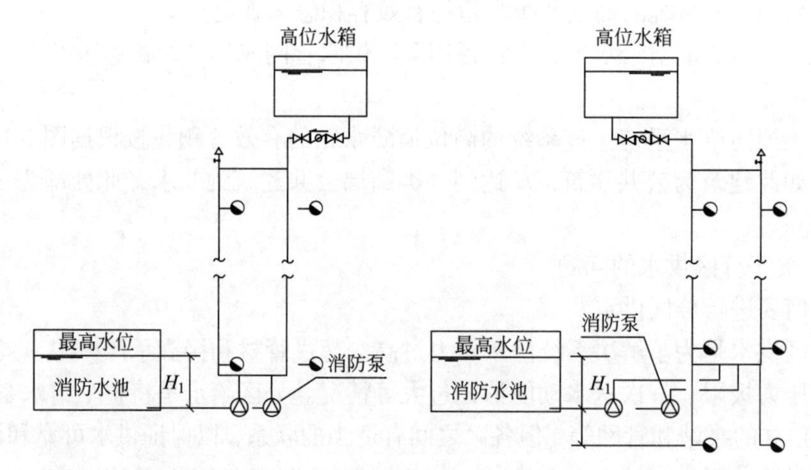


图 2.1.2-30　消防给水系统系统工作压力（二）

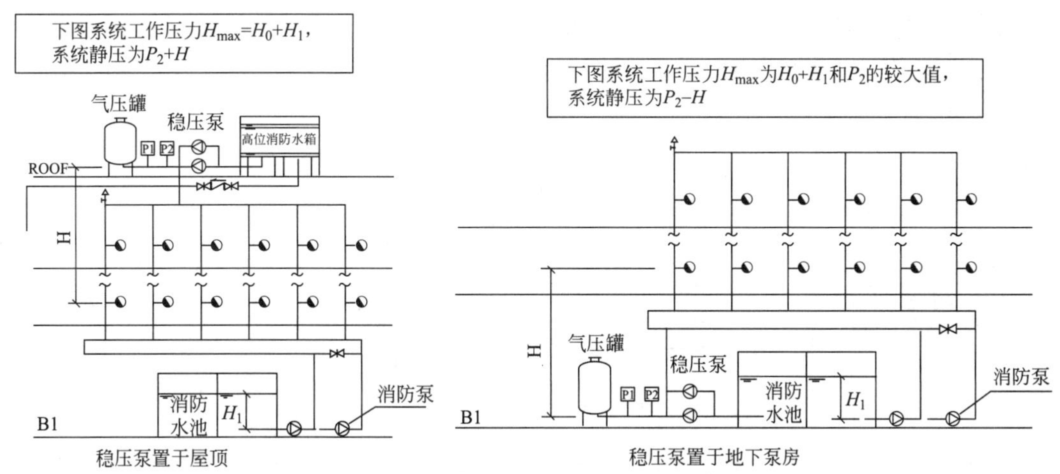


采用稳压泵稳压的临时高压消防给水系统的系统工作压力，应取消防水泵零流量时的压力、消防水泵吸水口最大静压二者之和与稳压泵维持系统压力时两者其中的较大值。

图 2.1.2–31　系统工作压力消防给水系统（三）

② 消火栓栓口处静压大于 1.0MPa；

③ 自动水灭火系统报警阀处的工作压力大于 1.60MPa 或喷头处的工作压力大于 1.20MPa（动压）。

（3）分区供水的方式有哪些？常高压系统一般采用哪种？当系统的工作压力大于 2.40MPa 时，应采用哪种？

答：形式有消防水泵串联分区、转输水箱分区、减压阀减压分区、减压水箱分区等。

常高压系统一般采用减压阀减压分区、减压水箱分区分区供水的形式。

当系统的工作压力大于 2.40MPa 时，应采用消防水泵串联或减压水箱分区供水形式（可靠性）。

（4）采用消防水泵串联分区供水时，宜采用消防水泵转输水箱串联供水方式。

① 当采用消防水泵转输水箱串联时，转输水箱的有效储水容积不应小于多少立方米？转输水箱能否兼作高位消防水箱？

答：60$m^3$；可以。

② 串联转输水箱的溢流管宜连接到何处？

答：消防水池。

③ 消防水泵转输水箱串联时，消防泵（转输泵和上区供水泵）启动的先后顺序是什么？原因是什么？如采用水泵直接串联，顺序一样吗？为什么？

答：先启动上区供水泵，后启转输泵。原因是如果转输泵先启动，转输水箱有溢流管，高出的水会从溢流管流出，做了无用功。

当采用水泵直接串联，应先启动转输泵（低区），后启动供水泵（高区）（图 2.1.2–32、图 2.1.2–33）。原因是如果供水泵先启动，中间管道被抽真空，转输泵会启动困难。

④ 当采用消防水泵直接串联时，应校核系统供水压力，并应在串联消防水泵出水管上设置何种设施？

答：出水管上设置减压型倒流防止器。

（5）关于减压阀减压分区供水的问题。

① 减压阀应根据消防给水设计流量和压力选择，且设计流量应在减压阀流量压力特性曲线的有效段内，并校核在 150% 设计流量时，减压阀的出口动压不应小于设计值的多少？

答：65%。

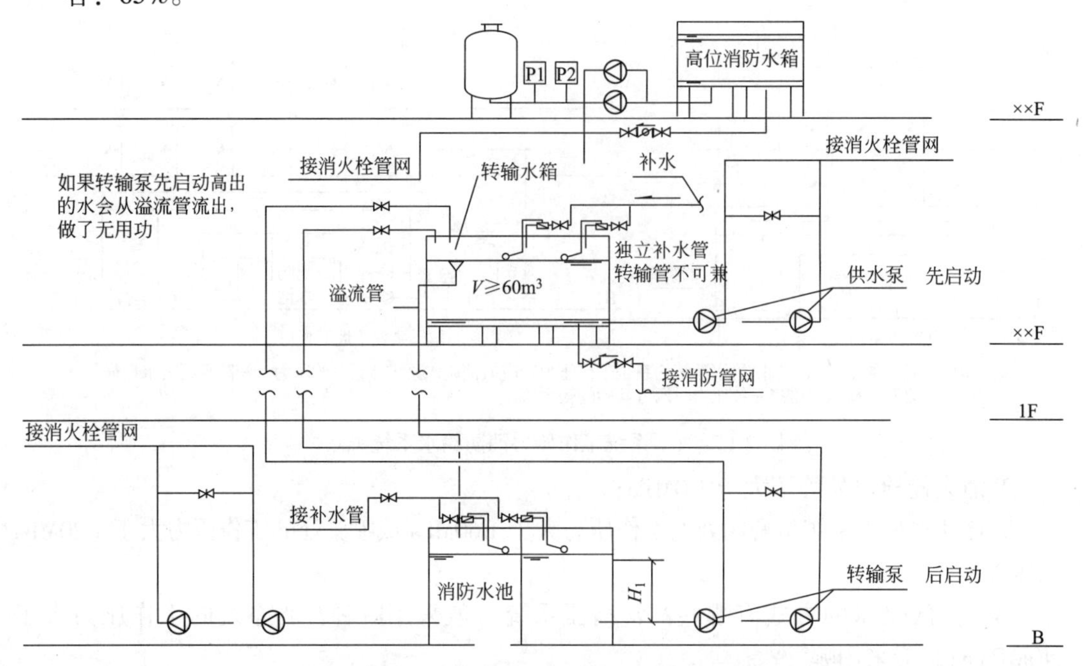


图 2.1.2-32 消防水泵、转输水箱串联分区供水

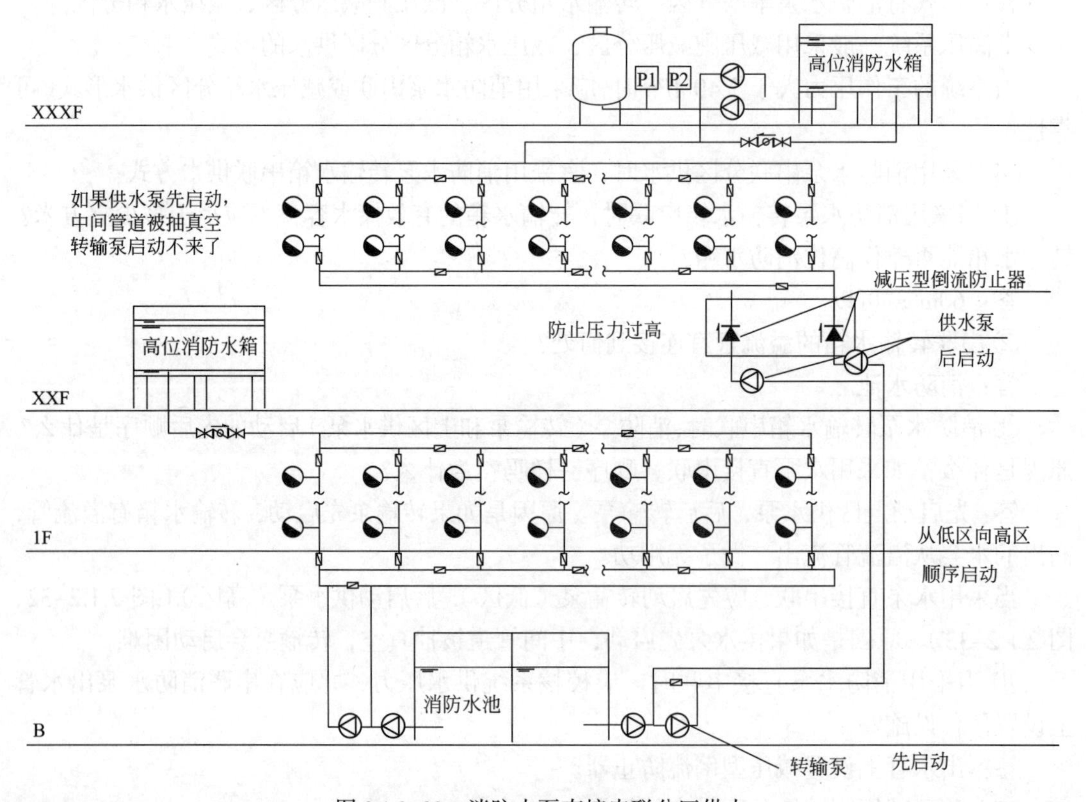


图 2.1.2-33 消防水泵直接串联分区供水

② 每一供水分区应设不少于几组减压阀组，每组减压阀组是否要设置备用减压阀？

答：2 组；宜要设。

③ 减压阀是设置在单向流动的供水管上，还是在有双向流动的输水干管上？

答：单向，不应双向。

④ 减压阀宜采用什么式减压阀？当超过 1.20MPa 时，宜采用什么式减压阀？

答：减压阀宜采用比例式减压阀，当超过 1.20MPa 时，宜采用先导式减压阀。

⑤ 减压阀的阀前阀后压力比值不宜大于几比几？当一级减压阀减压不能满足要求时，可采用减压阀串联还是并联减压？串联减压不应大于几级？第二级减压阀宜采用何式减压阀？阀前后压力差不宜超过多少兆帕？

答：减压阀的阀前阀后压力比值不宜大于 3 ∶ 1，当一级减压阀减压不能满足要求时，可采用减压阀串联减压，但串联减压不应大于两级，第二级减压阀宜采用先导式减压阀，阀前后压力差不宜超过 0.40MPa。

⑥ 如减压阀设在自动喷水灭火系统中，应设置在报警阀组入口前还是入口后？当连接几个及以上报警阀组时，应设置备用减压阀？

答：报警阀组入口前，当连接两个及以上报警阀组时，应设置备用减压阀（图 2.1.2–34）。

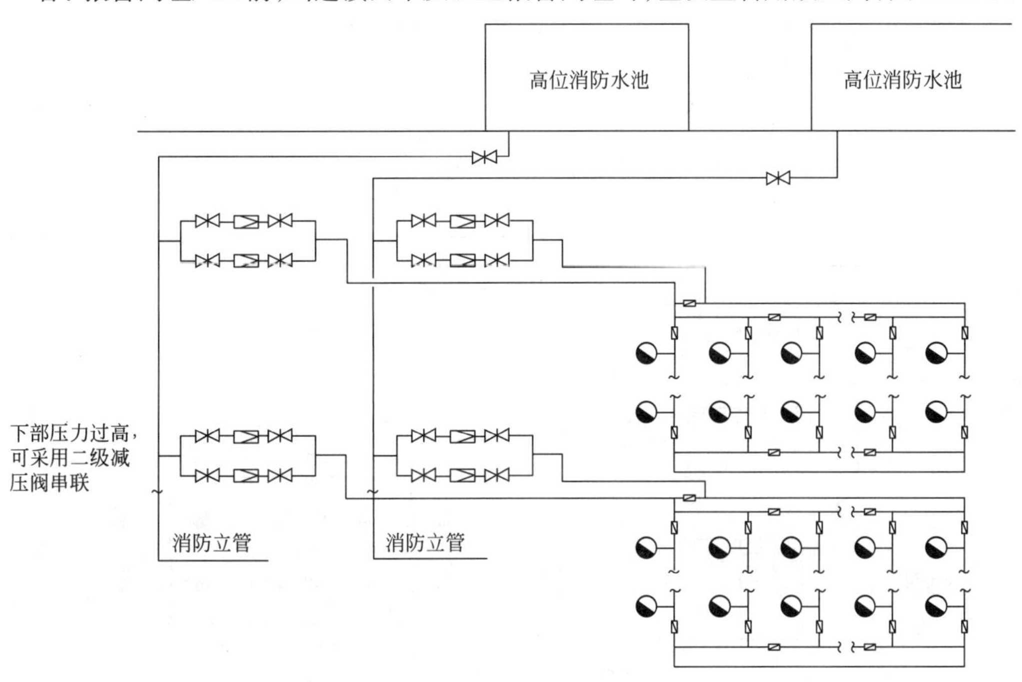


图 2.1.2–34　减压阀分区供水

⑦ 减压阀的安装顺序。减压阀、过滤器、安全阀、压力表、压力试验排水阀都应如何安装？

答：过滤器和减压阀前后应设压力表，压力表的表盘直径不应小于 100mm，最大量程宜为设计压力的 2 倍；减压阀的进口处应设置过滤器，减压阀后应设置压力试验排水阀；过滤器前和减压阀后应设置控制阀门。减压阀后应设置安全阀。具体如图 2.1.2–35、图 2.1.2–36 所示。

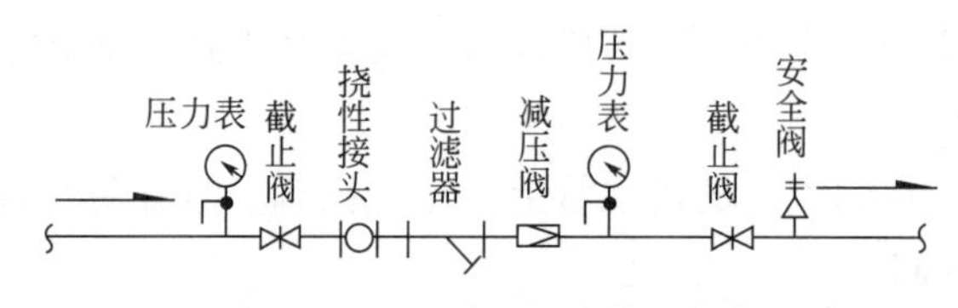


图 2.1.2-35 减压阀安装示意图

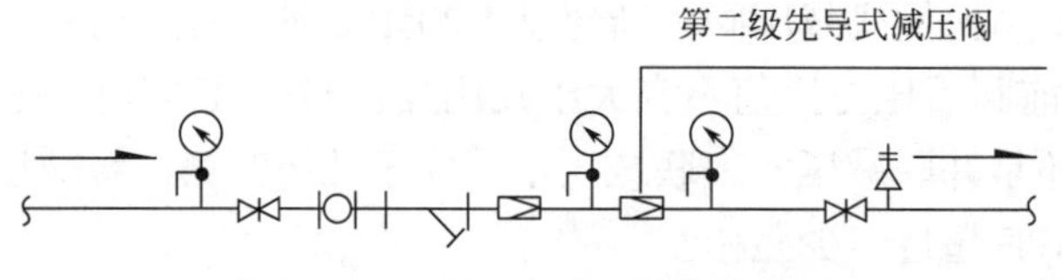


图 2.1.2-36 减压阀串联安装示意图

⑧ 垂直安装的减压阀，水流方向宜向上还是下？比例式减压阀宜垂直海是水平安装？可调式减压阀宜水平还是垂直安装？

答：垂直安装的减压阀，水流方向宜向下。比例式减压阀宜垂直安装，可调式减压阀宜水平安装。

（6）关于减压水箱减压分区供水的问题（图 2.1.2-37）。

① 减压水箱的有效容积不应小于多少立方米，分不分格？

答：$18m^3$，宜分为两格。

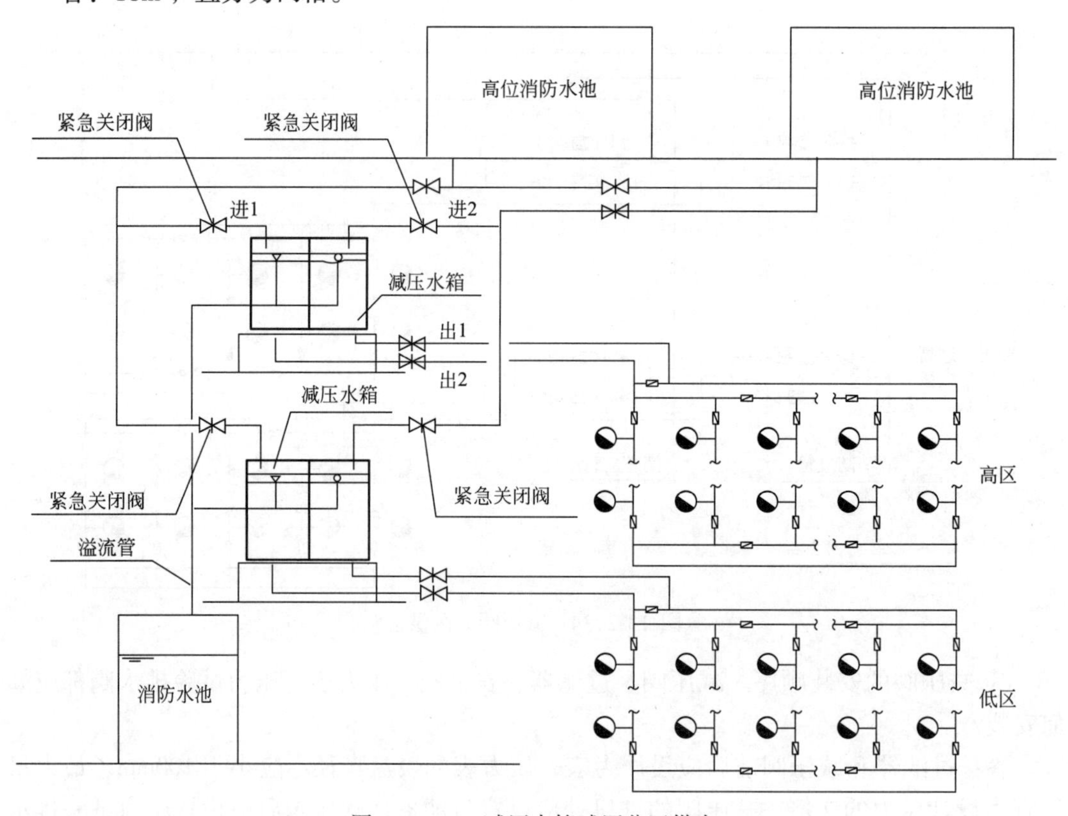


图 2.1.2-37 减压水箱减压分区供水

② 减压水箱应有几条进、出水管，且每条进、出水管应满足消防给水系统所需消防用水量的要求？

答：两条。

③ 减压水箱进水管的水位控制应可靠，宜采用什么阀？

答：宜采用水位控制阀。

④ 减压水箱进水管应设置防冲击和溢水的技术措施，并宜在进水管上设置什么阀门，溢流水宜回流到何处？

答：设置紧急关闭阀门，溢流水宜回流到消防水池。

**答 87**：关于干式消火栓系统和干式消防竖管的问题。

（1）何种场所应采用湿式消火栓系统，何种场所应采用干式消火栓系统，何种场所采用干式消防竖管？

答：见表 2.1.2–11。

消火栓系统的选择　　表 2.1.2–11

| 室外消火栓 | 湿式消火栓系统 | 市政消火栓 |
|---|---|---|
| | | 建筑室外消火栓 |
| | 干式室外消火栓 | 严寒、寒冷等冬季结冰地区城市隧道及其他构筑物的消火栓系统 |

（2）干式消火栓系统充水时间不应大于多少分钟？

答：5min。

（3）在供水干管上可以设哪些快速启闭装置？

答：在供水干管上宜设干式报警阀、雨淋阀或电磁阀、电动阀等快速启闭装置。

（4）当采用电动阀时开启时间不应超过多长时间？当采用雨淋阀、电磁阀和电动阀时，在何处设置直接开启快速启闭装置的手动按钮？

答：30s。在消火栓箱处。

（5）在系统管道的最高处应设置什么阀？

答：快速排气阀（图 2.1.2–38）。

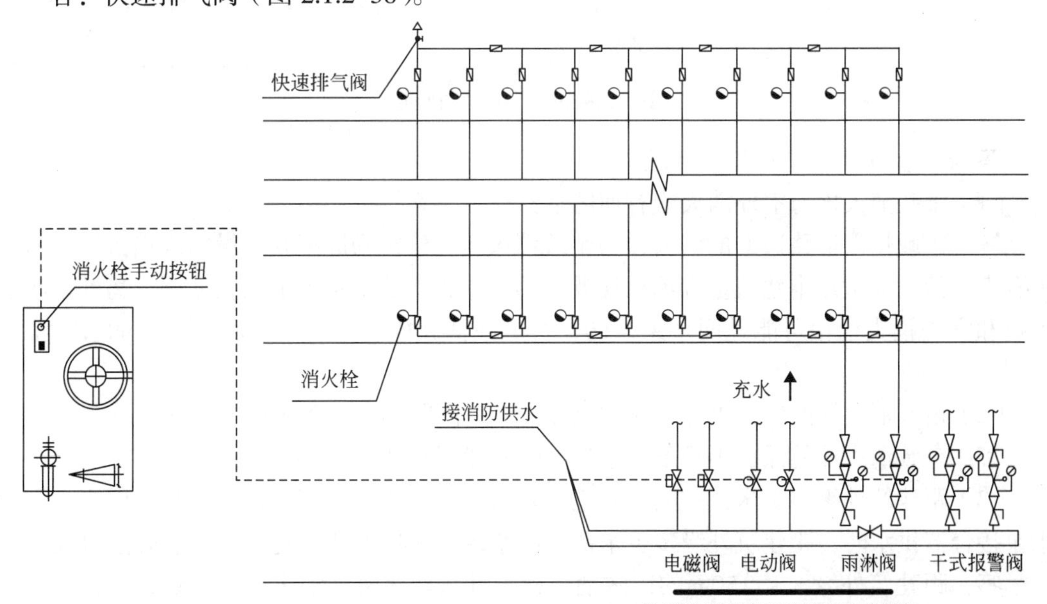


图 2.1.2–38　干式消火栓系统

（6）什么建筑可以采用干式消防竖管?

答：建筑高度不大于27m的住宅，当设置消火栓时，可采用干式消防竖管。

（7）干式消防竖管仅应配置消火栓栓口，宜设置在何处?

答：楼梯间休息平台。

（8）干式消防竖管应设置消防车供水的接口，消防车供水接口应设置在哪层便于消防车接近和安全的地点?

答：首层（图2.1.2-39）。

（9）竖管顶端应设置什么阀?

答：快速排气阀（图2.1.2-39）。

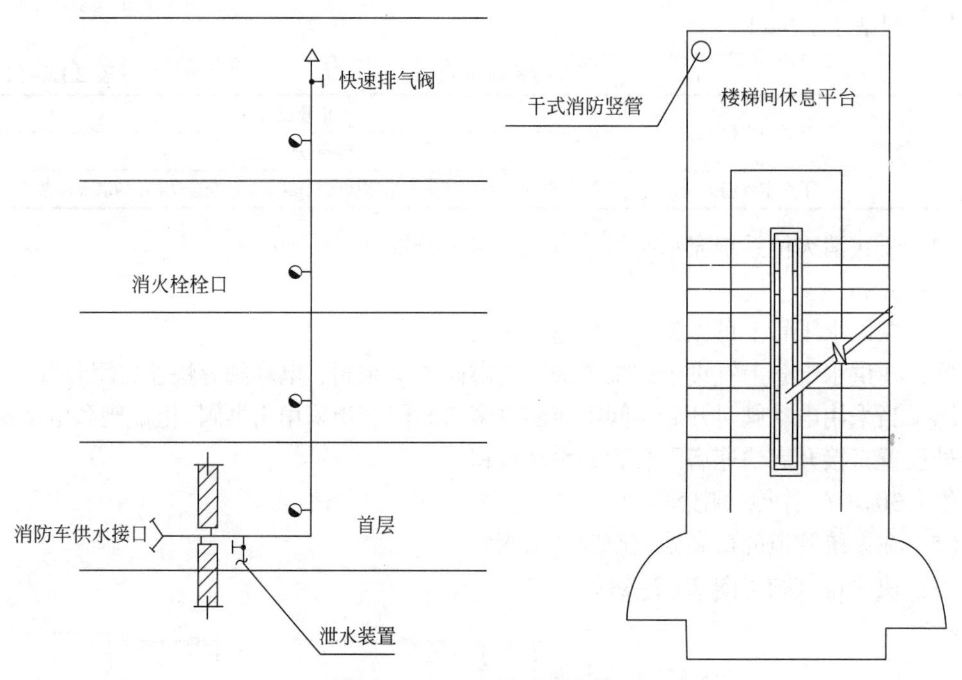


图2.1.2-39　干式消防竖管

**答88**：关于市政消火栓的问题。

（1）市政消火栓与室外消火栓有何区别?

答：市政规划道路边上的消火栓为市政消火栓，建筑物周围要求设室外消火栓，但旁边有市政消火栓满足本建筑室外消火栓要求的可作为本建筑室外消火栓使用。另外市政消火栓和室外消火栓很可能是两个系统的，可能在消火栓型号口径上和主干管的管径都有区别。

（2）市政消火栓的保护半径不应超过多少米，间距不应大于多少米?

答：市政消火栓的保护半径不应超过150m，间距不应大于120m。

（3）距建筑外缘多少米范围的市政消火栓可计入建筑室外消火栓的数量？但当为消防水泵接合器供水时，距建筑外缘多少米范围的市政消火栓可计入建筑室外消火栓的数量?

答：距建筑外缘5 ~ 150m的市政消火栓可计入建筑室外消火栓的数量，但当为消防水泵接合器供水时，距建筑外缘5 ~ 40m的市政消火栓可计入建筑室外消火栓的数量。

（4）市政消火栓应布置在消防车易于接近的人行道和绿地等地点，且不应妨碍交通。市政消火栓距路边和距建筑外墙或外墙边缘的距离分别有何要求？

答：市政消火栓距路边不宜小于 0.5m，并不应大于 2.0m；市政消火栓距建筑外墙或外墙边缘不宜小于 5.0m。

（5）当市政给水管网设有市政消火栓时，其平时运行工作压力不应小于多少兆帕？火灾时水力最不利市政消火栓的出流量不应小于每秒多少升，且供水压力从地面算起不应小于多少兆帕？

答：0.14MPa；15L/s；0.10MPa。

**答 89**：关于室外消火栓的问题。

（1）建筑室外消火栓的数量应根据室外消火栓设计流量和保护半径经计算确定，保护半径不应大于多少米？每个室外消火栓的出流量宜按每秒多少升计算？

答：保护半径不应大于 150.0m，每个室外消火栓的出流量宜按 10 ~ 15L/s 计算。

（2）室外消火栓宜沿建筑如何布置？

答：沿建筑周围均匀布置，且不宜集中布置在建筑一侧；建筑消防扑救面一侧的室外消火栓数量不宜少于 2 个。

（3）下列场所（人防工程、地下工程等建筑；停车场；甲、乙、丙类液体储罐区和液化烃罐罐区等构筑物；工艺装置区等采用高压或临时高压消防给水系统的场所）的室外消火栓应如何布置？

答：见表 2.1.2–12。

**室外消火栓设置**　　**表 2.1.2–12**

| 场所 | 室外消火栓设置位置 | 其他要求 |
|---|---|---|
| 人防工程、地下工程 | 在出入口附近设置 | 距出入口的距离不宜小于5m，并不宜大于40m |
| 停车场 | 沿停车场周边设置 | 与最近一排汽车的距离不宜小于7m，距加油站或油库不宜小于15m |
| 甲、乙、丙类液体储罐区和液化烃罐罐区 | 设在防火堤或防护墙外 | 量应根据每个罐的设计流量经计算确定，但距罐壁15m范围内的消火栓，不应算在该罐可使用的数量内 |
| 工艺装置区采用高压或临时高压给水系统 | 周围设置 | 间距不应大于60.0m。当工艺装置区宽度大于120.0m时，宜在该装置区内的路边设置室外消火栓 |

（4）当工艺装置区、罐区、堆场、可燃气体和液体码头等构筑物的面积较大或高度较高，室外消火栓的充实水柱无法完全覆盖时，宜在适当部位设置什么设施？

答：适当部位设置室外固定消防炮。

（5）当工艺装置区、储罐区、堆场等构筑物采用高压或临时高压消防给水系统时，室外消火栓处宜配置什么设施？工艺装置休息平台等处需要设置的消火栓的场所应采用室外还是室内消火栓？

答：消防水带和消防水枪；采用室内消火栓。

（6）室外消防给水引入管当设有倒流防止器，且火灾时因其水头损失导致室外消火栓不能满足供水压力从地面算起至少 0.1MPa 的要求时，应如何处理？

答：应在该倒流防止器前设置一个室外消火栓（图 2.1.2–40）。

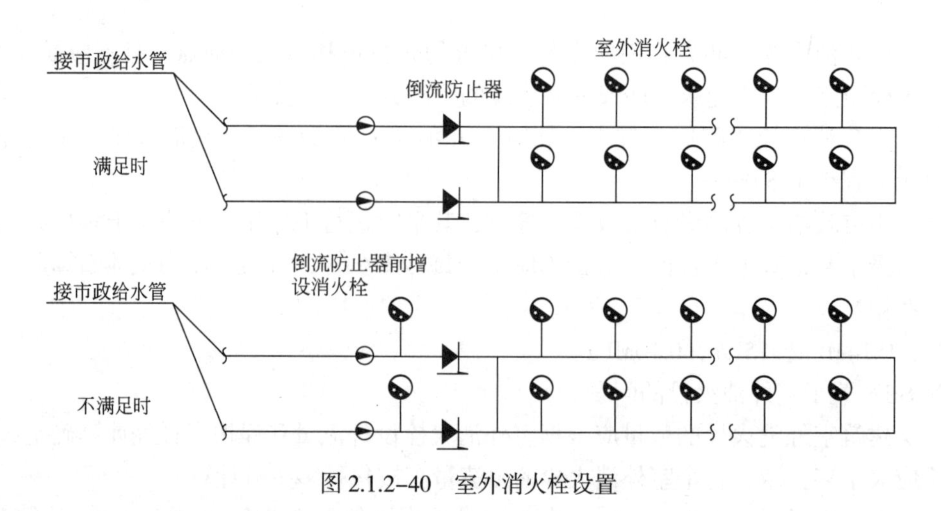


图 2.1.2–40　室外消火栓设置

**答 90**：关于室内消火栓的问题。

（1）室内消火栓的栓口直径是多少？可否与消防软管卷盘或轻便水龙设置在同一箱体内？

答：*DN*65；可以。

（2）消防水带的直径是多少？长度不宜超过多少？

答：直径 65mm；不宜超过 25.0m。

（3）消防软管卷盘的内径和长度，与轻便水龙的公称直径和长度都是相同的，此句话是否正确？消防软管卷盘和轻便水龙的用水量计不计入消防用水总量？

答：① 不正确。直径不同，长度可相同（表 2.1.2–13）。

**消防软管与轻便水龙的内径和长度　　表 2.1.2–13**

| | 消防软管卷盘 | 轻便水龙 |
|---|---|---|
| 直径 | 内径不小于$\phi$19的消防软管 | 公称直径25有内衬里的消防水带 |
| 长度 | 长度宜为30.0m | 长度宜为30.0m |

② 消防软管卷盘和轻便水龙的用水量可不计入消防用水总量。

（4）消防水枪的直径一般是多少的？

答：喷嘴直径 16mm 或 19mm 的消防水枪。

（5）设置室内消火栓的建筑，哪些层应设置消火栓？设备层设不设？

答：包括设备层在内的各层；设备层也要设置。

特殊①：层高小于 2.2m 的管道层需不需要设？

答：不需设置。见图 2.1.2–41。

特殊②：高出建筑屋顶层的电梯机房（机房面积小于 1/4 屋顶面积）是否也属于规范条文中所说的设备层？是否需要设置消火栓？

答：当屋顶机房内仅设置生活水箱间、消防水箱间、太阳能热水水箱间、电梯机房等功能的设备间，且设备间总建筑面积小于 1/4 屋顶面积时，可不算使用层，设置试验消火栓即可。

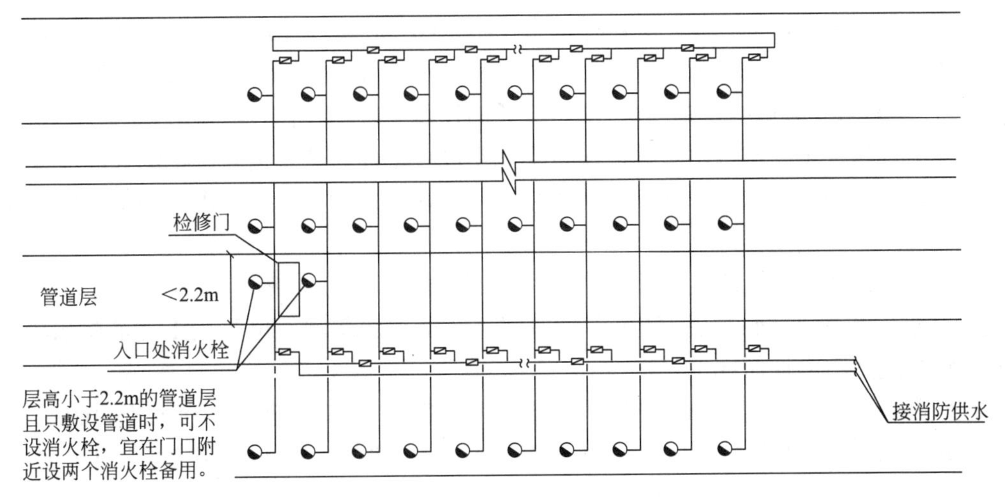


图 2.1.2–41　管道层设置消火栓系统示意图

（6）屋顶设有直升机停机坪的建筑，应在何处设置消火栓？距停机坪机位边缘的距离不应小于几米？

答：在停机坪出入口处或非电器设备机房处；5m。

（7）消防电梯前室是否要设置室内消火栓？要不要计入消火栓使用数量？消防电梯前室的消火栓能否跨越防火分区借用？

答：消防电梯前室应设置室内消火栓，并应计入消火栓使用数量。可以跨区借用（图 2.1.2–42）。

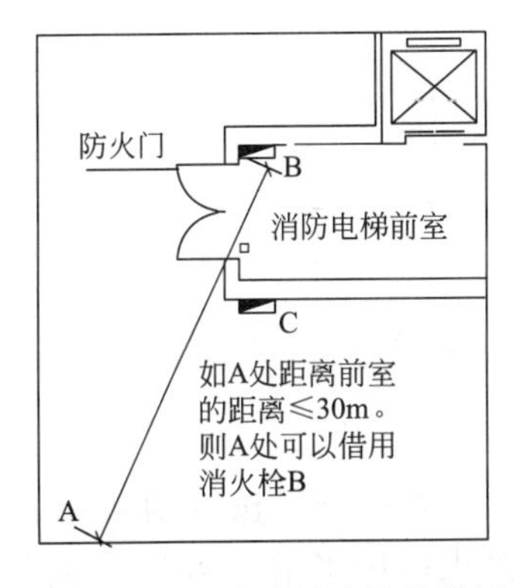


图 2.1.2–42　室内消火栓的借用

（8）消火栓及消火栓箱的安装问题。

① 建筑室内消火栓的安装高度从哪里到哪里？高度为多少？其出水方向怎么设置？

答：栓口中心距地面，1.1m；出水方向与设置消火栓的墙面成 90° 角或向下。

② 阀门的设置位置应便于操作使用，阀门的中心距箱侧面的距离、距箱后内表面的距离，分别是多少？允许偏差是多少？

答：140mm；100mm；允许偏差 ±5mm。

③ 消火栓箱门的开启角度应不小于多少度？

答：消火栓箱规范规定 160°，详见《消火栓箱》GB 14561—2003，消水规规定

120°，详见《消防给水及消火栓系统技术规范》GB 50974—2014 第 12.3.10 条。看似矛盾其实也不矛盾，160° 是对安装前的检查要求，即产品状态的消火栓箱的门要能打开到 160°，后者是对安装后的检查要求，即安装好后的消火栓箱的门要能打开到 120°。

（9）一般情况下，室内消火栓的布置应满足同一平面有几支消防水枪的几股充实水柱同时达到任何部位的要求？哪些建筑可采用 1 支消防水枪的 1 股充实水柱到达室内任何部位？它们的间距分别是多少？

答：2 只 2 股。建筑高度小于或等于 24.0m 且体积小于或等于 5000m$^3$ 的多层仓库、建筑高度小于或等于 54m 且每单元设置一部疏散楼梯的住宅，可采用 1 支消防水枪的 1 股充实水柱到达室内任何部位。

2 支消防水枪的 2 股充实水柱布置的建筑物，消火栓的布置间距不应大于 30.0m；

1 支消防水枪的 1 股充实水柱布置的建筑物，消火栓的布置间距不应大于 50.0m。

（10）建筑高度小于或等于 54m 且每单元设置一部疏散楼梯的住宅，可采用 1 支消防水枪的 1 股充实水柱到达室内任何部位。单规范要求大多数建筑室内消火栓管道成环。例如，对于某住宅，共 12 层，只有 1 个单元，见图 2.1.2-43、图 2.1.2-44 所示，图 2.1.2-43 的室内消火栓只安装在一根竖管上，图 2.1.2-44 两根立管间隔交错各设一个消火栓，请问日常设计采用哪种？

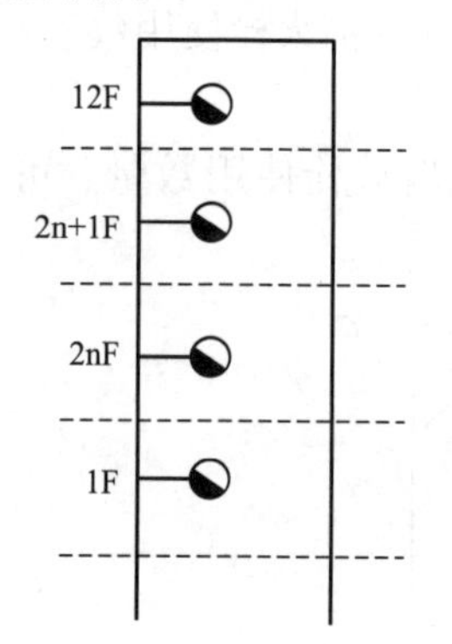

图 2.1.2-43 室内消火栓只安装在一根竖管上

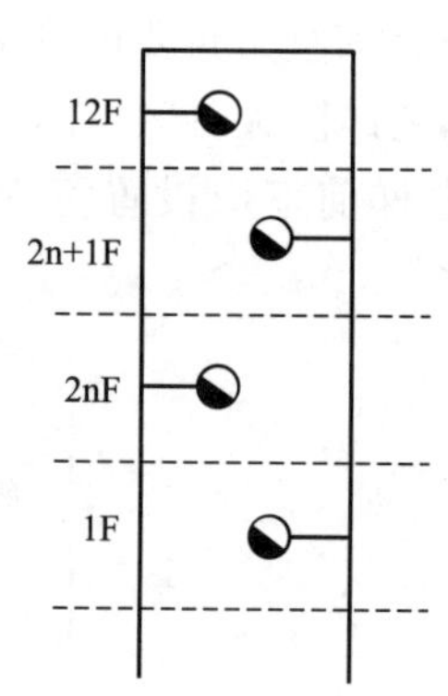

图 2.1.2-44 两根主管间隔交错各设一个消火栓

答：上述方案均可行，只需满足环状供水即可。

（11）一类公共建筑，总高度＞50m，按《消防给水及消火栓系统技术规范》GB 50974—2014 第 3.5.2 条，室内消火栓用水量为 40L/s，同时使用消防水枪数 8 支。是不是意思该层要布置 8 个室内消火栓？

答：不是。发生火灾时，除了着火层需要使用消火栓，着火层的下层和上层都需要使用消火栓进行冷却防护或灭火。表 3.5.2 中，一类高层公共建筑每根竖管的最小流量为 15L/s，每支水枪流量为 5L/s。也即发生火灾时应考虑最少有三层消火栓使用。因此表 3.5.2 中，同时使用消防水枪数 8 支，并不一定是每层的消火栓数量不小于 8 个。每层消火栓的数量是由每层建筑面积大小、房间分布情况等因数确定，在设计中按同一平面有 2 支消火栓水枪的充实水柱同时到达任何部位的原则进行布置室内消火栓即可。

**答 91**：室内消火栓栓口压力和消防水枪充实水柱的问题。

（1）栓口动压有最大值。消火栓栓口动压力不应大于多少兆帕，当大于多少兆帕时必须设置减压装置？减压装置有哪些？

答：消火栓栓口动压力不应大于 0.50MPa，当大于 0.70MPa 时必须设置减压装置；减压装置有：减压孔板、减压稳定消火栓等。

（2）栓口动压有 2 个最小值。不同场所对应不同最小值。请问这两个最小动压对应哪类建筑？其消防水枪充实水柱分别是多少？

答：见表 2.1.2–14、图 2.1.2–45。

**消防水枪充实水柱和动压要求　　表 2.1.2–14**

| 场所 | 最小动压 | 消防水枪充实水柱长度 |
| --- | --- | --- |
| 高层建筑 | ≥0.35MPa | 13m |
| 厂房、库房 | | |
| 室内净空高度超过8m的民建 | | |
| 其他场所 | ≥0.25MPa | 10m |

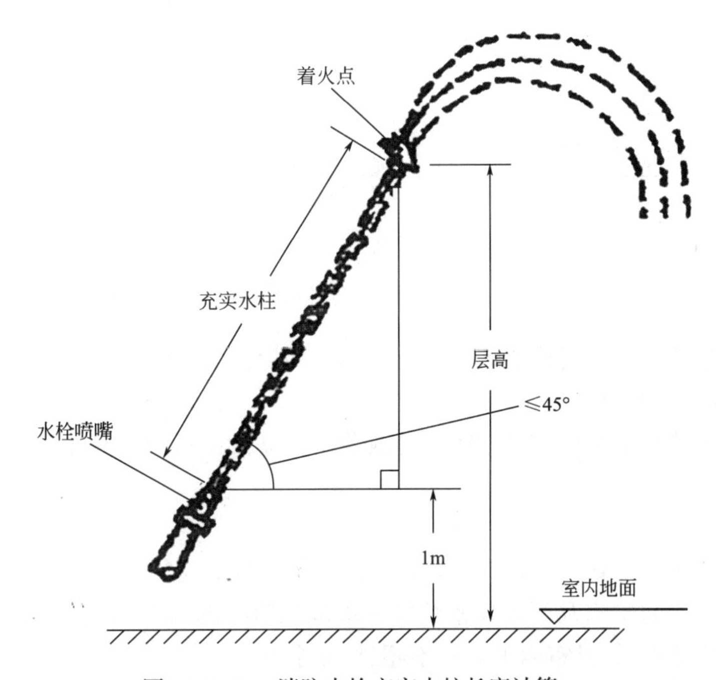


图 2.1.2–45　消防水枪充实水柱长度计算

（3）有一厂房内设置有室内消火栓，采用水枪上倾角为 45° 该厂房的层高为 10m，充实水柱为 10m。请问水枪的充实水柱长度是否满足要求？

答：$S_K=\dfrac{H_{层高}-1}{\sin\alpha}$

$S_K=\dfrac{10-1}{\sin 45^\circ}=\dfrac{9}{0.707}$=12.7m，因为厂房充水水柱长度需达到 13m。所以不满足要求。

**答 92：**关于消防室内外管网的问题。

（1）哪些消防给水系统应采用环状给水管网？

答：如图2.1.2–46。

1）向两栋或两座及以上建筑供水时；

2）向两种及以上水灭火系统供水时；

3）采用设有高位消防水箱的临时高压消防给水系统时；

4）向两个及以上报警阀控制的自动水灭火系统供水时。

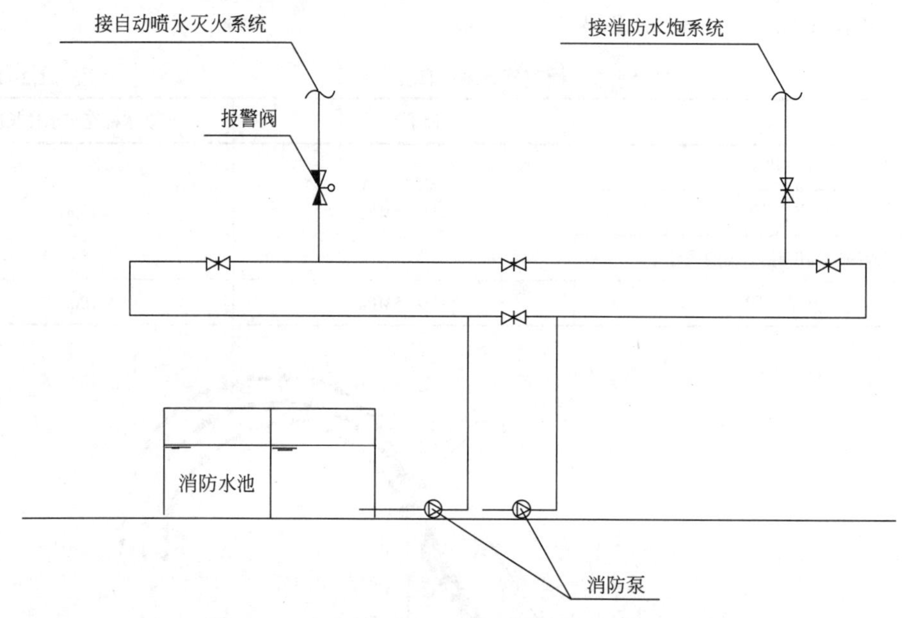


图2.1.2–46 两种及以上水灭火系统环状给水管网

（2）室外消防给水管网管道的直径不应小于多少？

答：不应小于*DN*100。

（3）室外消防给水管道应采用阀门分成若干独立段，每段内室外消火栓的数量不宜超过几个？

答：5个。

（4）室内消防给水管网应布置成环状，何时可布置成支状？

答：除了《消防给水及消火栓系统技术规范》GB 50974第8.1.2条外，当室外消火栓设计流量不大于20L/s，且室内消火栓不超过10个时。

（5）室内消火栓竖管管径应根据竖管最低流量经计算确定，但不应小于多少？

答：不应小于*DN*100。

（6）室内消火栓竖管应保证检修管道时关闭停用的竖管不超过几根，当竖管超过几根时，可关闭不相邻的2根？每根竖管与供水横干管相接处应设置什么？

答：关闭停用的竖管不超过1根，当竖管超过4根时可关闭不相邻的2根。

（7）室内消火栓给水管网宜与自动喷水等其他水灭火系统的管网怎么设置？可否合用消防泵？如合用消防泵时，供水管路沿水流方向应在什么前分开设置？

答：分别；可合用；在报警阀前（图2.1.2–47）。

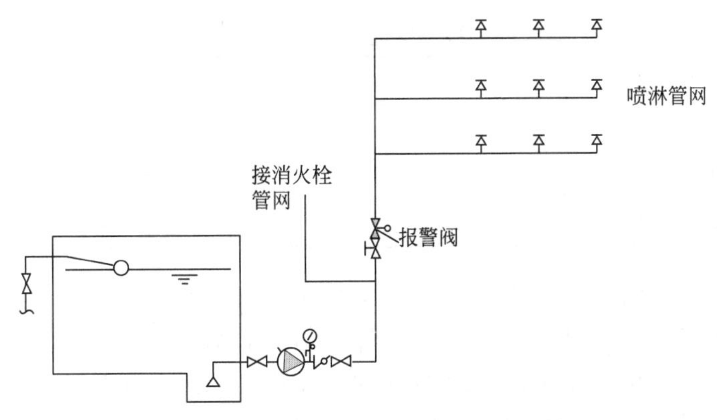


图 2.1.2–47　消火栓系统与喷淋系统共用消防泵

（8）埋地管道当系统工作压力不大于 1.20MPa 时，当系统工作压力大于 1.20MPa 且小于 1.60MPa 时；当系统工作压力大于 1.60MPa 时，其分别采用什么材质的管道？

答：见表 2.1.2–15。

**埋地管道材质**　　　　**表 2.1.2–15**

| 压力值 | 埋地管道材质 |
|---|---|
| 不大于1.20MPa | 球墨铸铁管或钢丝网骨架塑料复合管 |
| 大于1.20MPa，小于1.60MPa | 钢丝网骨架塑料复合管、加厚钢管和无缝钢管 |
| 大于1.60MPa | 无缝钢管 |

（9）关于埋地金属管道的管顶覆土厚度。管道最小管顶覆土不应小于多少米？但当在机动车道下时管道最小管顶覆土应经计算确定，并不宜小于多少米？管道最小管顶覆土应至少在冰冻线以下多少米？

答：0.70m；0.90m；管道最小管顶覆土应少在冰冻线以下 0.30m（图 2.1.2–48）。

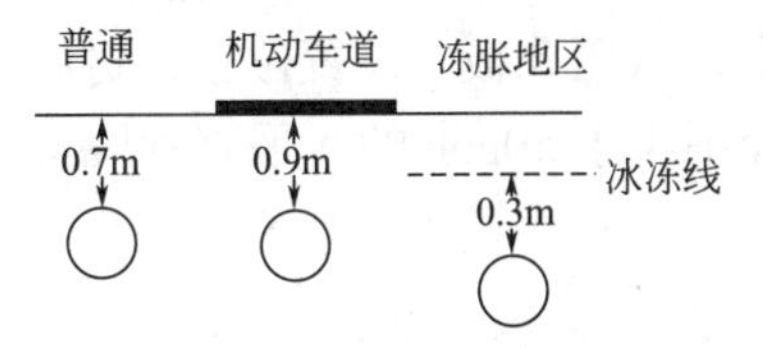


图 2.1.2–48　金属管理地示意图

（10）钢丝网骨架塑料复合管道最小管顶覆土深度，在人行道下不宜小于多少米？在轻型车行道下不应小于多少米？应在冰冻线下多少米？在重型汽车道路或铁路、高速公路下应设置保是什么？其与钢丝网骨架塑料复合管的净距不应小于多少毫米？钢丝网骨架塑料复合管道与热力管道间的距离，应在保证聚乙烯管道表面温度不超过 40℃的条件下计算确定，但最小净距不应小于多少米？

答：0.80 m，1.0 m，应在冰冻线下 0.3m；设置保护套管，净距不应小于 100mm；1.5m。

（11）当系统工作压力小于等于 1.20MPa、大于 1.20MPa，和压力大于 1.60MPa 时，架空管道分别采用哪些材质？

答：见表 2.1.2–16。

架空管道材质 表 2.1.2–16

| 工作压力值 | 架空管道材质 |
|---|---|
| 压力小于等于1.20MPa | 热浸锌镀锌钢管 |
| 压力大于1.20MPa | 热浸镀锌加厚钢管或热浸镀锌无缝钢管 |
| 压力大于1.60MPa | 浸镀锌无缝钢管 |

**答 93**：消防水泵出水管上的止回阀宜采用何种止回阀？当消防水泵供水高度超过24m时，应采用什么设施？当消防水泵出水管上设有什么时，可不设此种设施？

答：宜采用水锤消除止回阀，当消防水泵供水高度超过24m时，应采用水锤消除器。当消防水泵出水管上设有囊式气压水罐时，可不设水锤消除设施(图2.1.2–49、图2.1.2–50)。室内消防给水系统由生活、生产给水系统管网直接供水时，应在引入管处设置倒流防止器。

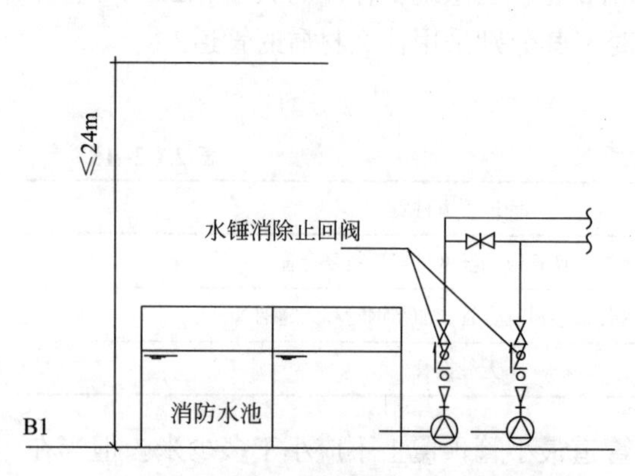


图 2.1.2–49 水锤消除止回阀示意图

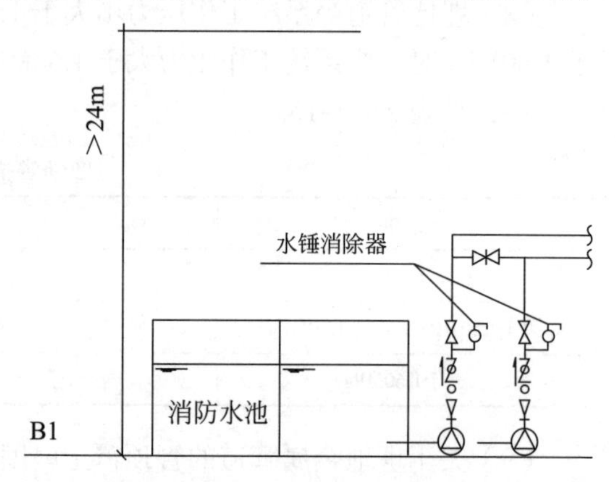


图 2.1.2–50 水锤消除器示意图

**答 94**：哪些建筑物和场所内应采取消防排水措施？

答：消防水泵房；设有消防给水系统的地下室；消防电梯的井底；仓库。

**答 95**：(1)在减压计算中，减压孔板的设置位置、材质、孔口直径分别是多少？

答：减压孔板应设在直径不小于50mm的水平直管段上，前后管段的长度均不宜小于该管段直径的5倍；孔口直径不应小于设置管段直径的30%，且不应小于20mm；应采用不锈钢板材制作。

(2)节流管的直径、长度、平均最大流速分别是多少？

答：节流管直径宜按上游管段直径的1/2确定；长度不宜小于1m；管内水的平均流速不应大于20m/s(图2.1.2–51)。

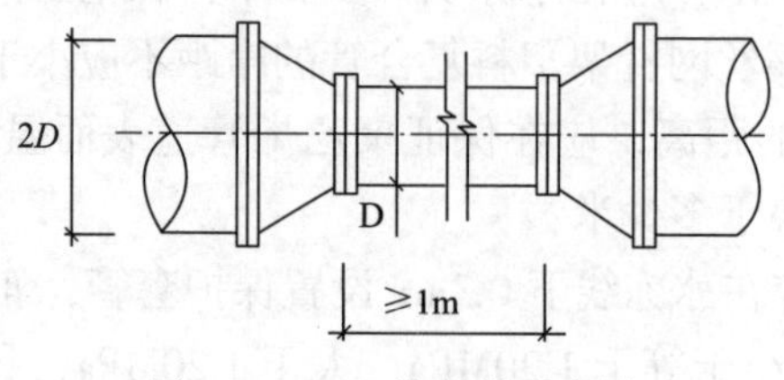


图 2.1.2–51 节流管示意图

**答 96**：控制与操作的问题。

（1）消防水泵控制柜应设置在何处？

答：消防水泵房或专用消防水泵控制室内。

（2）消防水泵控制柜在平时应使消防水泵处于自动还是手动启泵状态？

答：自动启泵。

（3）当自动水灭火系统为开式系统，且设置自动启动确有困难时，经论证后消防水泵可设置在手动启动状态，但应确保什么？

答：确保 24h 有人工值班。

（4）消防水泵应还是不应设置自动停泵的控制功能？如要停泵应由谁根据火灾扑救情况确定？

答：不应设置自动停泵的控制功能，由具有管理权限的工作人员确定。

（5）消防水泵应确保从接到启泵信号到水泵正常运转的自动启动时间不应大于几分钟？

答：2min。

（6）消防水泵启泵应由什么信号来直接控制？消防水泵房内的压力开关宜引入哪里？消火栓按钮能不能作为直接启动消防水泵的开关？如不能，其可作为什么信号？

答：消防水泵出水干管上设置的压力开关、高位消防水箱出水管上的流量开关，或报警阀压力开关等开关信号直接启泵。消防水泵房内的压力开关宜引入消防水泵控制柜内。消火栓按钮不宜作为直接启动消防水泵的开关，但可作为发出报警信号的开关或启动干式消火栓系统的快速启闭装置等。

（7）消防水泵只需设置自动启动，手动停止。是否正确？

答：错误。消防水泵应能手动启停和自动启动。

（8）稳压泵应由什么来控制？

答：消防给水管网或气压水罐上设置的稳压泵自动启停泵压力开关或压力变送器控制。

（9）消防控制室或值班室的消防控制柜或控制盘应设置什么按钮？应能显示什么信息和信号？

答：专用线路连接的手动直接启泵按钮。

显示消防水泵和稳压泵的运行状态；显示消防水池、高位消防水箱等水源的高水位、低水位报警信号，以及正常水位。

（10）消防水泵、稳压泵应不应设置就地强制启停泵按钮？

答：应设置。

（11）消防水泵控制柜设置在专用消防水泵控制室时，其防护等级不应低于多少？与消防水泵设置在同一空间时，其防护等级不应低于多少？

答：IP30；IP55。

含义：防尘和防水的能力。前面的数字是防尘能力，后面的数字是防水能力，数字越高，能力越强。其中防尘有 6 个等级，防水有 8 个等级。所以规范规定是 55，只要等于 55 或者比 55 高都可以。

（12）消防水泵控制柜应设置机械应急启泵功能，并应保证在控制柜内的控制线路发生故障时由有管理权限的人员在紧急时启动消防水泵。机械应急启动时，应确保消防水泵在报警几分钟内正常工作？

答：机械应急启动时，应确保消防水泵在报警 5.0min 内正常工作。

（13）电动驱动消防水泵自动巡检时，巡检周期不宜大于几天？自动巡检是严格按逻辑程序还是能按需要任意设定？当有启泵信号时，巡检是否要退出？

答：巡检周期不宜大于7d；应能按需要任意设定；当有启泵信号时，应立即退出巡检，进入工作状态。

（14）消防水泵的双电源切换应符合下列规定：双路电源自动切换时间不应大于几秒？当一路电源与内燃机动力的切换时间不应大于多少秒？

答：2s；15s。

（15）消防水泵控制柜应有什么功能的输出端子及什么功能的输入端子？控制柜应具有什么功能？对话界面应有什么语言？

答：显示消防水泵工作状态和故障状态的输出端子，远程控制消防水泵启动的输入端子。控制柜应具有自动巡检可调、显示巡检状态和信号等功能，且对话界面应有汉语语言。

**答97：**关于管网的试压和冲洗的问题。

（1）管网安装完毕后，应对其进行什么试验？

答：强度试验、冲洗和严密性试验。

（2）强度试验和严密性试验宜用什么介质进行试验？干式消火栓系统应做什么试验？

答：水。水压试验和气压试验。

（3）管网冲洗应在试压合格后分段还是整段进行？冲洗顺序应先室内，后室外；先地上，后地下；室内部分的冲洗应按水平管和立管、供水干管的顺序进行是否正确？

答：分段进行；不正确，应该是先室外，后室内；先地下，后地上；室内部分的冲洗应按供水干管、水平管和立管的顺序进行。

（4）水压强度试验的测试点应设在系统管网的最低点还是最高点？对管网注水时，应将管网内的空气排净，并应缓慢升压，达到试验压力后，稳压多少分钟后，管网应无泄漏、无变形，且压力降不应大于多少兆帕？

答：最低点（压力最高）。30min后，压力降不应大于0.05MPa。

**答98：**（1）维护管理的周期问题。请问消防给水及消火栓系统各个部位的检查周期是什么？比如消防水泵的自动启动和手动启动的周期是否一样？减压阀的放水试验、系统连锁试验的周期是否一样呢？

答：具体见表2.1.2-17。

消防水泵的自动启动和手动启动的周期不一样，自动周检，手动月检。减压阀的放水试验、系统连锁试验的周期也是不一样的，防水月检，连锁年检。

**消火栓系统检查周期** **表2.1.2-17**

| 周期 | 部位 | 工作内容 |
|---|---|---|
| 日检 | 冬季室外水池和供水设备 | 室内温度和水温检测 |
| | 水源控制阀、报警阀组 | 外观检查 |
| | 稳压泵 | 停泵启泵压力和启泵次数 |
| | 柴油机消防水泵的启动电池 | 电量 |
| 周检 | 消防水泵 | 自动启动一次、自动巡检记录 |
| | 柴油机消防水泵储油箱 | 储油量 |

续表

| 周期 | 部位 | 工作内容 |
|---|---|---|
| 月检 | 消防水池、高位消防水池、高位消防水箱 | 水位检测（消防水箱玻璃水位计两端的角阀在不进行水位观察时应关闭） |
| | 消防水泵 | 手动启泵 |
| | 检测自动启泵的巡检记录 | （非自动启泵，只是查看记录） |
| | 气压水罐 | 气压、容积、水位 |
| | 减压阀 | 放水试验 |
| | 雨淋阀的附属电磁阀 | 开启检查 |
| | 电动阀、电磁阀 | 供电、启闭功能 |
| | 所有控制阀门 | 铅封、锁链 |
| | 倒流防止器 | 压差监测 |
| | 喷头 | 完好性、除异物、备用量 |
| | 水泵接合器 | 完好状况 |
| 季检 | 市政给水官网 | 压力和供水能力 |
| | 消防水泵 | 压力和流量 |
| | 室外阀门井中的控制阀门 | 开启状况（全开启） |
| | 消火栓 | 外观和漏水试验 |
| | 末端试水装置、报警阀的试水阀 | 放水试验、启动性能 |
| | 水泵接合器接口和附件检查 | — |
| 年检 | 地表水源、水井 | 各种水位、流量、蓄水量 |
| | 减压阀 | 压力和流量 |
| | 过滤器 | 排渣、完好状态 |
| | 系统连锁试验 | 运行功能 |
| | 储水设备（水池水箱等） | 结构材料 |

（2）消火栓系统调试内容是什么？

答：见表 2.1.2–18。

**消火栓系统调试内容　　表 2.1.2–18**

| 系统 | | 调试内容及标准 |
|---|---|---|
| 消防给水及消火栓系统 | 消防水泵调试 | （1）自动或手动直启泵，55s内投入运行，无噪声和振动；<br>（2）备用电源切换或备用泵切换1min或2min启动水泵；<br>（3）水泵零流量压力不超过设计压力140%；流量为设计流量的150%时，其出口压力不应低于设计额定压力的65% |
| | 稳压泵调试 | 低启高停；消防主泵启、稳压泵停；启停次数不应大于15次/h |
| | 减压阀调试 | （1）当出流量为设计流量的150%时，阀后动压不应小于设计压力的65%；<br>（2）减压阀在小流量、设计流量和设计流量的150%时不应出现噪声明显增加 |

续表

| 系统 | | 调试内容及标准 |
|---|---|---|
| | 消火栓调试 | （1）试验消火栓动作时，应检测消防水泵是否在本规范规定的时间内自动启动；<br>（2）测试其出流量、压力和充实水柱的长度；并应根据消防水泵的性能曲线核实消防水泵供水能力 |
| | 验收：抽查消火栓数量10%，且总数每个供水分区不应少于10个，合格率应为100% | |

（3）消火栓系统的验收如何要求？哪些属于A类缺陷？

答：质量验收判定（表2.1.2-19）（口诀：水烟026）

消火栓系统与各系统的验收项目　　表2.1.2-19

| 项目 | 合格依据 |
|---|---|
| 自动喷水灭火系统、防排烟系统 | $A$=0，$B$≤2，且$B$+$C$≤6 |
| 消防给水及消火栓系 | $A$=0，$B$≤2，且$B$+$C$≤6 |
| 灭火器 | $A$=0，$B$≤1，且$B$+$C$≤4 |
| 火灾自动报警系 | $A$=0，$B$≤2，且$B$+$C$≤5% |
| 泡沫灭火系统 | 功能验收不合格，判为不合格 |
| 气体灭火系统 | 一项不合格，系统不合格 |

A类缺陷（表2.1.2-20）

消防给水消火栓系统A类缺陷　　表2.1.2-20

| | |
|---|---|
| A类缺陷项目 | （1）室外管网进水管管径及供水能力，高位消防水箱、高位消防水池和消防水池等有效容积和水位测量装置；<br>（2）工作泵、备用泵、吸水管、出水管及出水管上的泄压阀、水锤消除设施、止回阀、信号阀等的规格、型号、数量，应符合设计要求；吸水管、出水管上的控制阀应锁定在常开位置，并应有明显标记；<br>（3）消防水泵启动控制应置于自动启动挡；<br>（4）稳压泵的型号性能等应符合设计要求；<br>（5）消防水池、高位消防水池和高位消防水箱验收应符合下列要求：设置位置应符合设计要求；<br>（6）消防水池、高位消防水池和高位消防水箱的有效容积、水位、报警水位等，应符合设计要求；进出水管、溢流管、排水管等应符合设计要求，且溢流管应采用间接排水；<br>（7）消火栓的设置场所、位置、规格、型号应符合设计要求；<br>（8）消防给水系统流量、压力的验收，应通过系统流量、压力检测装置和末端试水装置进行放水试验，系统流量、压力和消火栓充实水柱等应符合设计要求；<br>（9）应进行系统模拟灭火功能试验，且应符合下列要求：流量开关、低压压力开关和报警阀压力开关等动作，应能自动启动消防水泵及与其连锁的相关设备，并应有反馈信号显示；消防水泵启动后，应有反馈信号显示 |

## 2.2 自动喷水灭火系统

### 2.2.1 问题

**问99：**闭式系统和开式系统的区别是什么？对于常见的湿式系统、干式系统、预作用系统、雨淋系统、水幕系统、防护冷却系统中，谁是闭式系统，谁是开式系统？

**问 100：**（1）自动喷水灭火系统有哪些组件构成？

（2）湿式系统、干式系统、预作用系统 3 者都由什么组件构成？ 3 者有何优缺点？

**问 101：** 在学习自动喷水灭火系统时，小王和小张又一次进行了探讨。

（1）小王说：在开式系统中，雨淋系统和水幕系统启动方式均是相同的。

（2）小李说：防护冷却系统因为和防护冷却水幕均是为防火卷帘和防火玻璃墙服务，所以两者均是开式系统。

（3）小李说：昨天去一座大剧院参观，发现其地下车库采用预作用自动喷水灭火系统，演员化妆间等采用湿式自动喷水灭火系统，舞台葡萄架下采用雨淋系统，舞台口采用防护冷却水幕系统。所以昨天共看见了 4 种报警阀组。

（4）小王说：标准响应洒水喷头、快速响应洒水喷头和特殊响应洒水喷头中，特殊响应洒水喷头最灵敏，

快速响应洒水喷头次之。

（5）小李说：为了及时输送水流进入管网灭火，一般情况下，高位水箱和气压给水设备的出水口，接在系统侧而不是供水侧。

**问 102：** 自动喷水灭火系统管网中有配水管、配水支管、配水干管、短立管等，请问它们分别指的是哪段管道？

**问 103：** 请说出湿式自动喷水灭火系统的工作原理。

**问 104：** 请说出干式自动喷水灭火系统的工作原理。

**问 105：** 请说出预作用自动喷水灭火系统的工作原理。

**问 106：** 请说出雨淋系统（电动启动、传动管启动）的工作原理。

**问 107：** 对于湿式系统、干式系统、预作用系统、雨淋系统、水幕系统的易混淆问题。

（1）谁跟谁的阀组相同？

（2）哪些系统有延迟器？

（3）哪些系统有充气设备？

（4）哪些系统需要探测器？

（5）启动方式中，谁是利用火灾自动报警系统或液流（气流）传动管启动阀组，谁是利用喷头开启供水测和系统侧存在压力差启动阀组？谁是利用火灾自动报警系统启动装置喷头爆裂开式喷水？

（6）湿式系统中，水流进入报警管路后，接触部件先后顺序是什么？

**问 108：** 自动喷水灭火系统的设置场所火灾危险等级共分为哪几级？你能分清下列场所属于哪一级吗（幼儿园、住宅、医院、总建筑面积 6000m$^2$ 的商场等）？

**问 109：** 请问湿式系统、干式系统、预作用系统和雨淋系统分别用于什么场所？

**问 110：** 一些建筑内因场所性质的不同，所以会造成系统选用的不同。

（1）建筑物中保护局部场所的干式系统、预作用系统、雨淋系统、自动喷水—泡沫联用系统，可否串联接入同一建筑物内的湿式系统？

（2）如果可以串联接入，这些系统是接到湿式系统的供水侧还是系统侧？

（3）这些系统是与其配水干管、还是配水管相连？

**问 111：** 几个问题的探讨。

（1）配水干管能不能直接接喷头？

（2）喷头选用的流量选择到底有何要求？

（3）系统最不利点处洒水喷头的工作压力取0.05MPa，会不会影响系统？

**问112：**自动喷水灭火系统管网中，控制管道静压的区段采用何种措施？控制管道动压的区段采取什么措施？

**问113：**喷头的类别与选择。

（1）关于喷头公称动作温度和颜色标志的问题。

喷头颜色某地建筑各种场所安装了相应的喷头，经检查情况如表2.2.1–1。

表2.2.1–1

| 场所 | 选用喷头 |
|---|---|
| 商场 | 93℃的绿色玻璃泡喷头 |
| 厨房 | 68℃红色玻璃泡喷头 |
| 锅炉房 | 93℃的黄色玻璃泡喷头 |
| 保护钢结构 | 107℃绿色玻璃泡喷头 |
| 在设有保温的蒸汽管道上方0.76m和两侧0.3m以内的空间 | 93℃的黄色玻璃泡喷头 |

（2）下列场所的湿式系统的洒水喷头该任何选择？

① 不做吊顶的场所，当配水支管布置在梁下时，选用什么喷头？

② 吊顶下布置的洒水喷头，选用什么喷头？

③ 顶板为水平面的轻危险级、中危险级Ⅰ级住宅建筑、宿舍、旅馆建筑客房、医疗建筑病房和办公室，可采用什么喷头？

④ 易受碰撞的部位，应采用什么喷头？

⑤ 顶板为水平面，且无梁、通风管道等障碍物影响喷头洒水的场所，可采用什么喷头？

⑥ 住宅建筑和宿舍、公寓等非住宅类居住建筑宜采用什么喷头？

⑦ 隐蔽式洒水喷头宜不宜选用？如确需采用时，应仅适用于什么场所？

（3）干式系统、预作用系统、水幕系统（防火分隔水幕、防护冷却水幕）、自动喷水防护冷却系统采用什么类型的喷头？

（4）当采用快速响应洒水喷头时，系统应为湿式系统。那么哪些场所宜采用快速响应洒水喷头？

（5）关于喷头的代表符号的问题。

① M1 ZSTX 15–93℃的含义。

② GB2 K–ZSTBX 20–68℃的含义。

③ ESFR–202/68℃ P Q2.5 的含义。

④ ESFR– 363/74℃ U Y 的含义。

⑤ CMSA–363/74℃ P。

（6）在喷头检查里，同一隔间内应采用什么要求的喷头？自动喷水灭火系统应有备用洒水洒头，其数量有何要求？

**问114：**设计基本参数的选择。

（1）某百货商场，地上 4 层，每层建筑面积均为 1500 $m^2$，层高均为 5.2m，该商场的营业厅设置自动喷水灭火系统，该自动喷水灭火系统最低喷水强度应为多少？

（2）如何理解采用临时高压系统供水的自动喷水灭火系统的喷头的两个压力（0.1MPa 和 0.05MPa）？

（3）某建筑中庭，净高 15m，采用 $K$=115 的标准覆盖面积快速响应喷头，如图 2.2.1–1 所示。请判断是否正确？

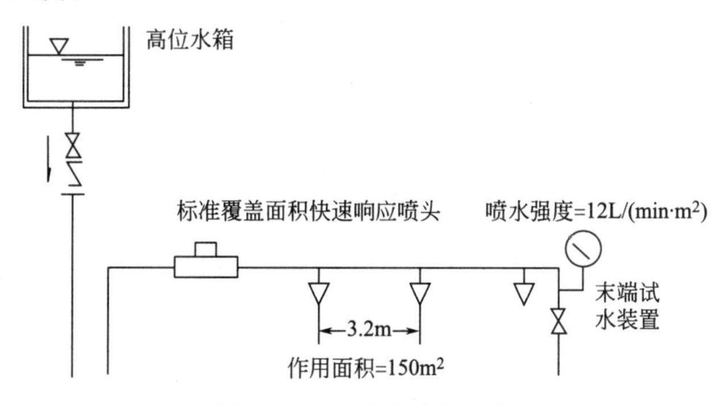


图 2.2.1–1　快速响应喷头

（4）某玩具厂，净高 7m。采用标准覆盖面积特殊响应喷头，$K$=80。喷水强度 =6L/（min · $m^2$）作用面积 =160$m^2$（图 2.2.1–2）。请判断是否正确？

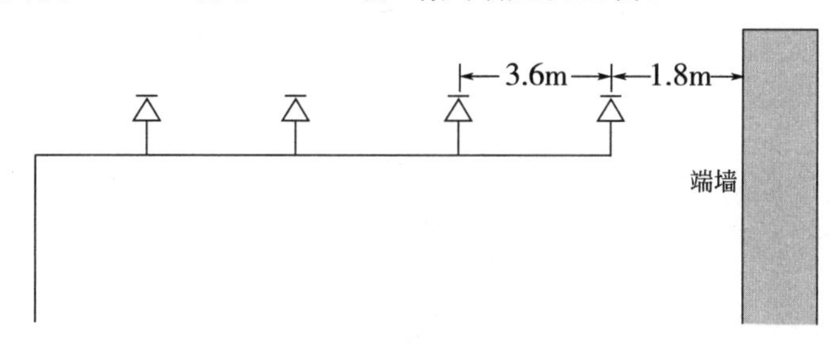


图 2.2.1–2　特殊响应喷头

（5）某棉纺厂，室内净高 10m。喷头采用 $K$=80 的扩大覆盖面积标准响应喷头，喷水强度 =15L/（min · $m^2$），作用面积 =160$m^2$。喷头安装间距为 3.4m。请判断是否正确？

（6）某地食品仓库，采用双排货架储存货物，如图 2.2.1–3 所示。某日该公司请消防工程师小王和小李来评估，并让他们留下宝贵的整改意见。已知，喷头采用 $K$=80 的标准覆盖面积特殊响应喷头，喷水强度 =12L/（min · $m^2$）。作用面积 160$m^2$，持续喷水时间不应小于 1h。

如果你是小王或小李，你会如何整改？

（7）某皮草仓库，如图 2.2.1–4 所示。采用干式系统，在顶板下安装了下垂型喷头，喷头流量系数 $K$=115，采用标准覆盖面积的特殊响应喷头。作用面积开放喷头数取 10 只。请提出整改措施。

（8）某建筑一处应设置耐火极限为 2.5h 的防火隔墙，因确有困难，经论证后采用防火分隔水幕系统。已知室内净高 10m，设置两排水幕喷头，简图如图 2.2.1–5 所示。喷水强度按 1L/（s · m）来设计，喷头最低工作压力达到 0.05MPa，持续喷水时间和其他灭火系统的相同，均是 1h。请判断以上说法是否正确？

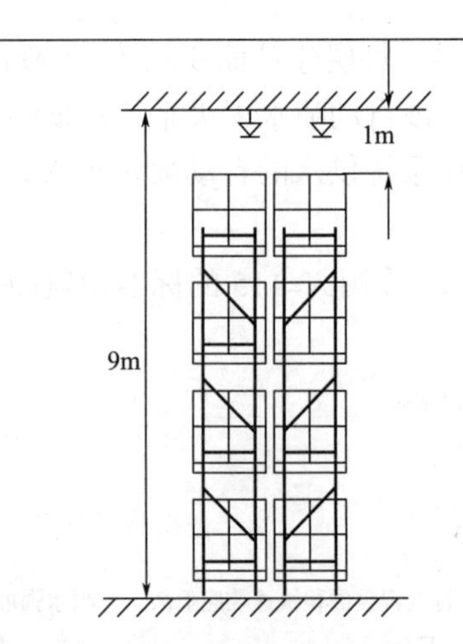


图 2.2.1–3 食品仓库喷头设置

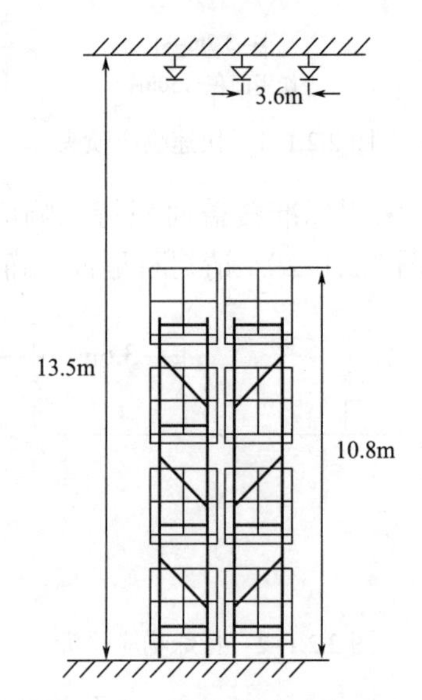


图 2.2.1–4 皮草仓库喷头设置

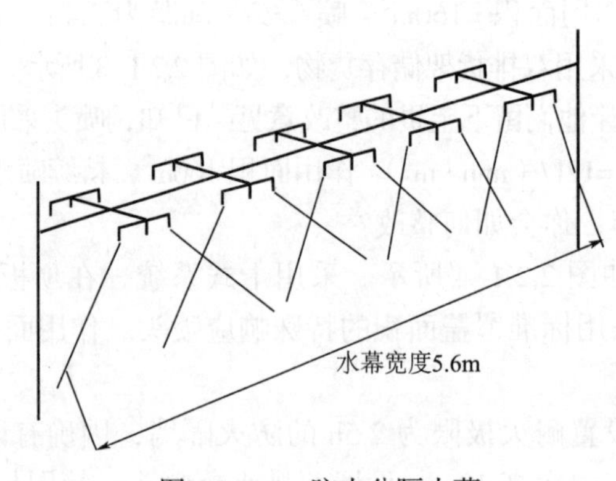


图 2.2.1–5 防水分隔水幕

（9）某酒店建筑防火卷帘采用防护冷却系统保护，采用干式系统。喷头采用边墙型标准响应喷头，具体布置如下（侧视图和正视图）（图 2.2.1–6、图 2.2.1–7）。喷水强度按

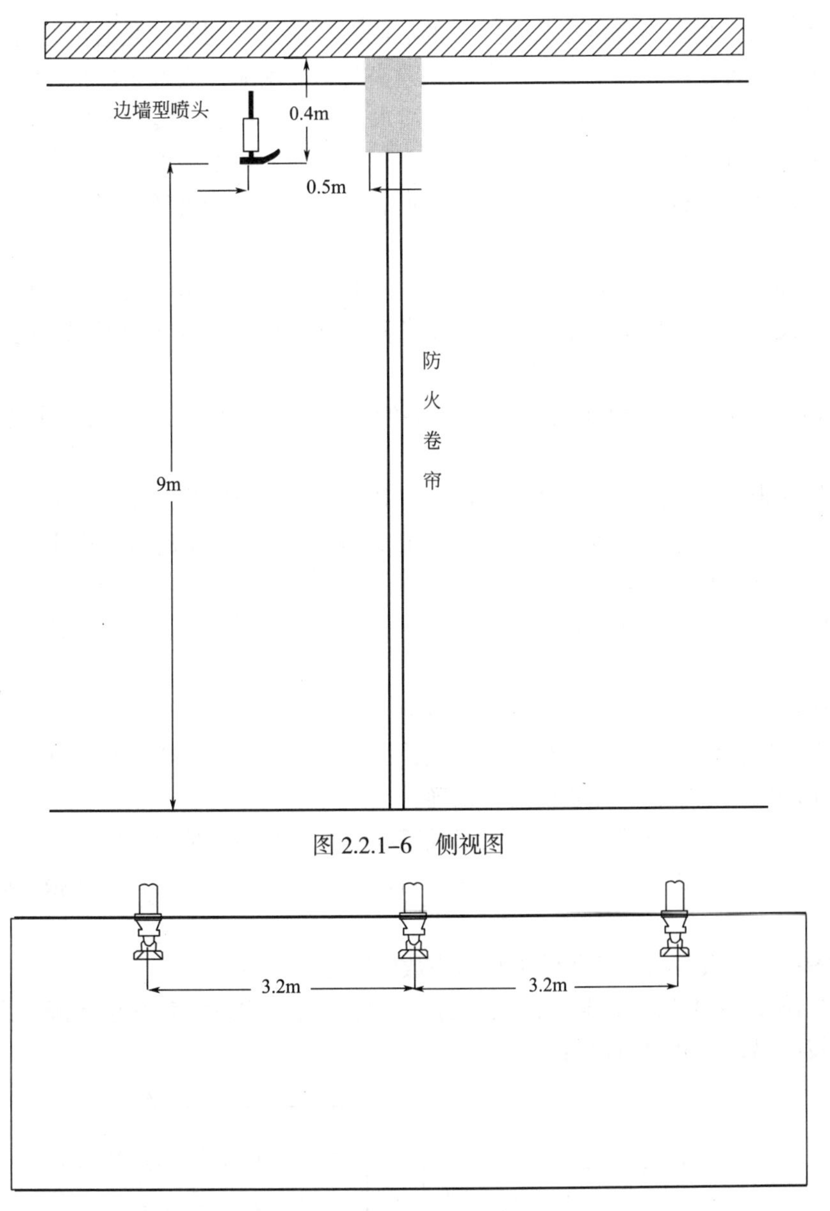


图 2.2.1–6　侧视图

图 2.2.1–7　正视图

0.5L/（s·m）设计，为了更好管理，系统串联接入酒店的灭火系统。请判断是否正确。

**问 115:**（1）民用建筑里的高大空间场所能否采用 *K*=80 的标准响应喷头？

（2）净空高度 13m 的仓库，能否采用仓库型特殊应用喷头？

（3）边墙型扩大覆盖面积洒水喷头的最大保护跨度和配水支管上的洒水喷头间距，应按洒水喷头工作压力下能够喷湿对面墙和邻近端墙距溅水盘多少米高度以下的墙面确定？

（4）设置自动喷水灭火系统的仓库及类似场所，当采用货架储存时应采用什么货架？并应采用什么层板？层板中通透部分的面积不应小于层板总面积的百分之多少？当采用木制货架或采用封闭层板货架时，其系统设置应按什么场所来确定？

（5）货架仓库的最大净空高度或最大储物高度超过规范的规定时，应设货架内还是货架外置洒水喷头？货架内置洒水喷头上方的层间隔板应为实层板还是通透层板？洒水喷头间距是多少？设置2层及以上货架内置洒水喷头时，洒水喷头应怎么样布置？

**问116**：特殊系统和场所的作用面积和喷水强度，及系统持续喷水时间。

（1）干式系统的喷水强度还是系统作用面积要增加？增加多少？为什么？

（2）装设网格、栅板类通透性吊顶的场所，系统的喷水强度还是作用面积要增加？增加多少？为什么？

（3）在环境温度低于4℃的地区，建设一座地下车库，采用干式自动喷水灭火系统保护，系统的设计参数按照火灾危险等级的中危险级Ⅱ级确定，其作用面积不应小于多少平方米？

（4）如果一个中危险级Ⅱ级干式系统有格栅吊顶（净空高度7m的民用建筑），请问流量怎么求？

（5）仅在走道设置洒水喷头的闭式系统，其作用面积应按什么面积确定？

（6）除《自动喷水灭火系统设计规范》GB 50084—2017规范另有规定外，自动喷水灭火系统的持续喷水时间应按火灾延续时间不小于几小时确定？

**问117**：扩大覆盖面积洒水喷头和标准覆盖面积洒水喷头有何区别？都包含哪类喷头？

**问118**：自动喷水灭火系统应设报警阀组。

（1）保护室内钢屋架等建筑构件的闭式系统，其给水管可以串联接入建筑的湿式自动喷水灭火系统的配水干管。此句话是否正确？

（2）水幕系统必须设独立的报警阀组或感温雨淋报警阀，是否正确？

（3）串联接入湿式系统配水干管的其他自动喷水灭火系统，可以合用报警阀组，是否正确？

**问119**：关于报警阀组控制的洒水喷头数的问题。

（1）如图2.2.1-8所示，某建筑为了方便管理，将干式系统串联接入湿式系统的配水干管。请找出错误，并说明理由。

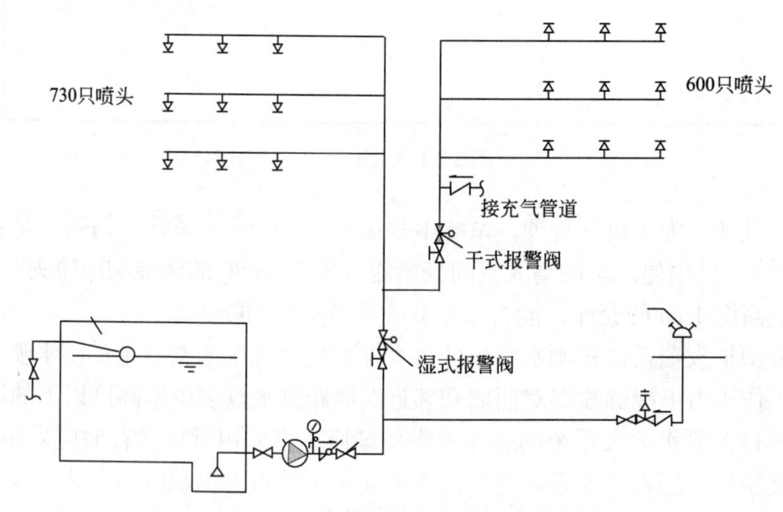


图2.2.1-8 其他系统接人湿式系统示意图

（2）某建筑设置吊顶，配水支管同时设置保护吊顶下方和上方空间的洒水喷头。如图 2.2.1-9 所示，请问设置一个湿式报警阀是否正确？

（3）每个报警阀组供水的最高与最低位置洒水喷头，其高程差不宜大于多少米？

（4）报警阀组宜设在安全及易于操作的地点，报警阀距地面的高度宜为多少米？设置报警阀组的部位应设有什么设施？

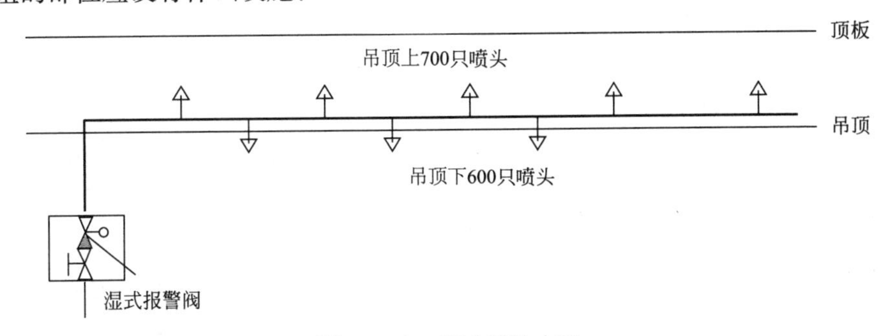


图 2.2.1-9 洒水喷头布置

**问 120：**雨淋报警阀组的电磁阀，其入口应设什么组件？并联设置雨淋报警阀组的雨淋系统，其雨淋报警阀控制腔的入口应设什么阀？

**问 121：**连接报警阀进出口的控制阀应采用什么阀？当不采用信号阀时，控制阀应设置什么设施？

**问 122：**关于水力警铃的问题。

（1）水力警铃的工作压力不应小于多少兆帕？

（2）水力警铃应设在什么场所？

（3）水力警铃与报警阀连接的管道，其管径应为多少毫米？总长不宜大于多少米？

（4）水力警铃的设置位置应正确。测试时，水力警铃喷嘴处压力不应小于多少兆帕？距水力警铃几米远处警铃声声强不应小于多少分贝？

**问 123：**关于水流指示器的问题。

（1）水流指示器的作用是什么？

（2）信号阀应安装在水流指示器前还是后的管道上？与水流指示器之间的距离不宜小于多少毫米？

（3）水流指示器可以跨防火分区或跨楼层使用，此句话是否正确？

（4）仓库内顶板下洒水喷头与货架内置洒水喷头可以合用一个水流指示器，此句话是否正确？

**问 124：**（1）关于水流报警装置，小王和小李进行了探讨。请说明其是否正确，并判断是否正确？

小李说：雨淋系统和防火分隔水幕，和其他湿式系统、干式系统一样，都可以使用压力开关或流量开关作为水流报警装置。

小王说：自动喷水灭火系统的稳压泵应采用流量开关控制，因为其更灵敏。

（2）请说出水流指示器和压力开关的工作原理。

（3）试着说明 ZSJZ100-YF-1.2 和 ZSJZ100-M-1.2 的含义。

**问 125**：关于末端试水装置的问题。

（1）试水接头出水口的流量系数的选择。例如：某酒店在客房中安装流量系数为 $K$ 等于115的边墙型扩大覆盖面积洒水喷头，走廊安装下垂型标准流量洒水喷头，其所在楼层如设置末端试水装置，试水接头出水口的流量系数，如何选择？

（2）请解释：ZSPM-80/1.2-S 和：ZSPM-80/1.2- DX 的含义。

（3）如图 2.2.1-10 所示，请说明哪种设置不合理？

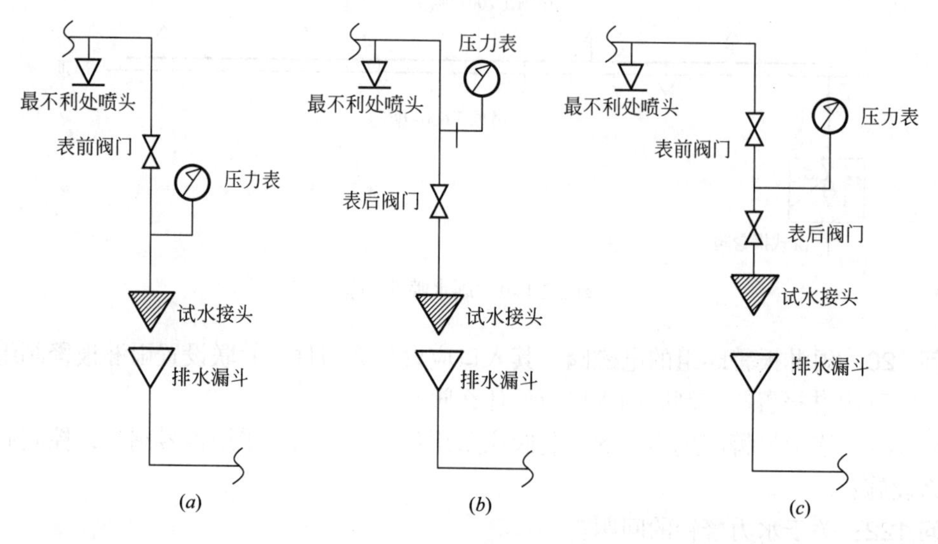


图 2.2.1-10　末端试水装置

（4）判断下列说法是否正确。

① 设设置自动喷水灭火系统的建筑，只设置一个末端试水装置。

② 末端试水装置的出水一般直接排入排水管道。

（5）排水立管一般不设伸顶通气管，且管径不应小于 65mm。

（6）为防止末端试水装置被挪用，可以放在吊顶内。

（7）短立管及末端试水装置的连接管，其管径为 20mm（图 2.2.1-11）。

**问 126**：某地消防部门进行消防检查，发现了诸多喷头与墙体或其他障碍物布置距离的问题，请改正。

（1）某商店采用标准覆盖面积洒水喷头（图 2.2.1-12）。

（2）某娱乐场所，在梁下布置的喷头情形如图 2.2.1-13。

（3）某餐厅，在梁间安装的喷头如图 2.2.1-14 所示。为了不受梁边的梁等障碍物影响，将喷头下移。

（4）某展览建筑，在梁间布置标准覆盖面积喷头。已知喷头距离两个梁的距离相等（图 2.2.1-15）。

（5）某地下车库，采用标准覆盖面积洒水喷头，已知喷头溅水盘到顶板距离符合要求。如图 2.2.1-16 所示。

（6）某图书馆两排书架通道上方设置了标准覆盖面积洒水喷头，具体情况如图 2.2.1-17。

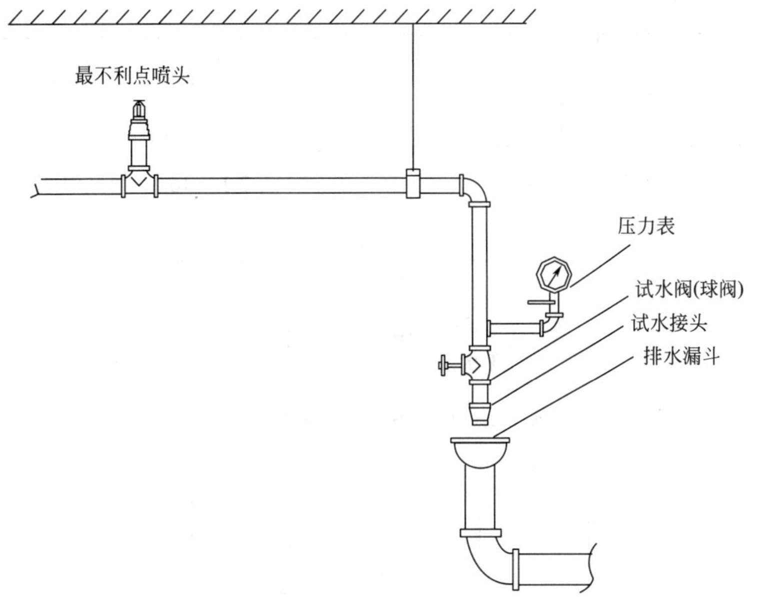


图 2.2.1-11　末端试水装置图

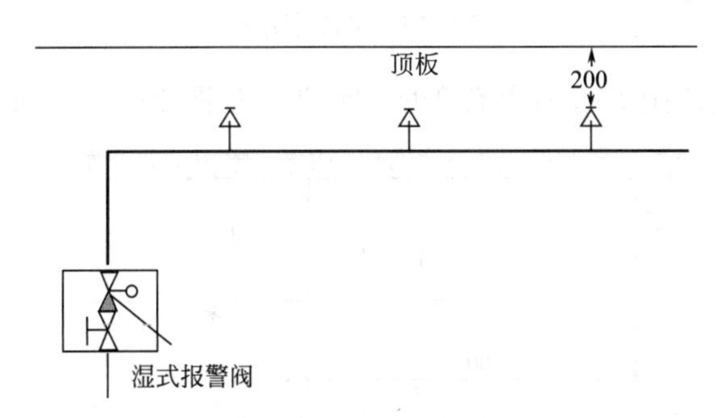


图 2.2.1-12　某酒店喷头

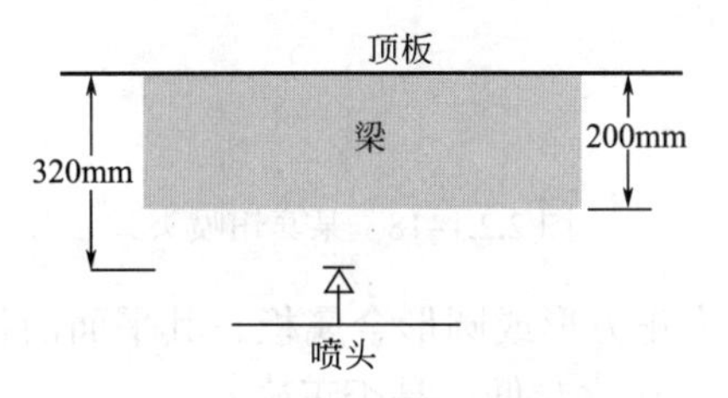


图 2.2.1-13　娱乐场所喷头

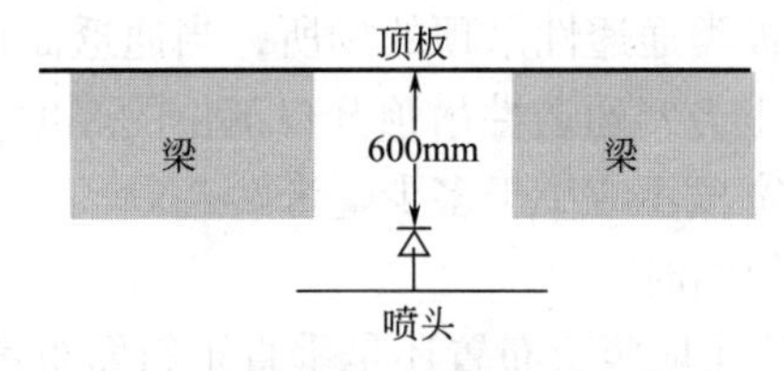


图 2.2.1-14　某餐厅喷头

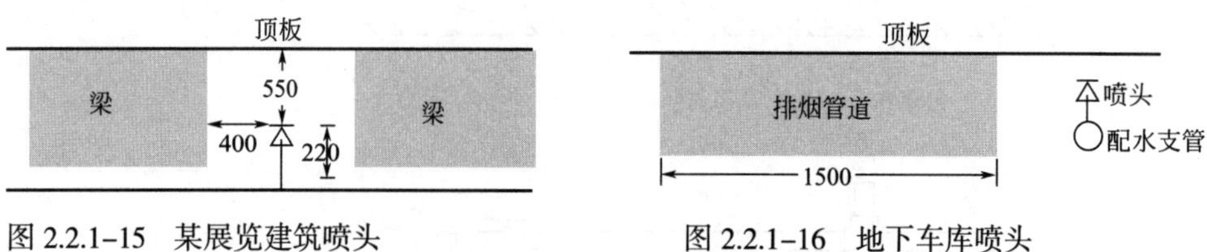


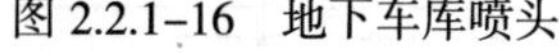

图 2.2.1–15　某展览建筑喷头　　　　图 2.2.1–16　地下车库喷头

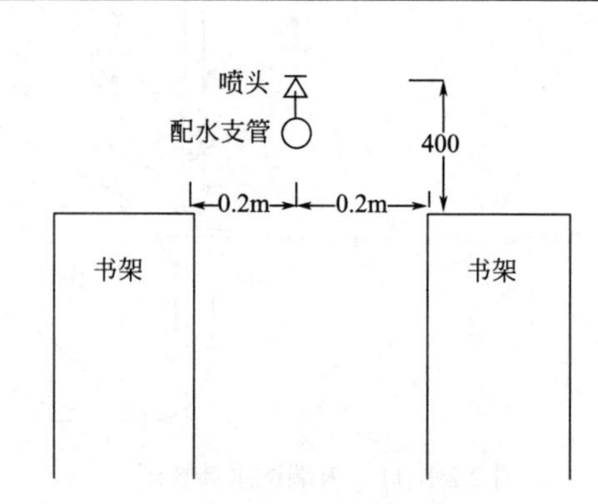


图 2.2.1–17　某图书馆喷头

（7）某宾馆客房采用边墙型标准覆盖面积喷头，如图 2.2.1–18 所示。

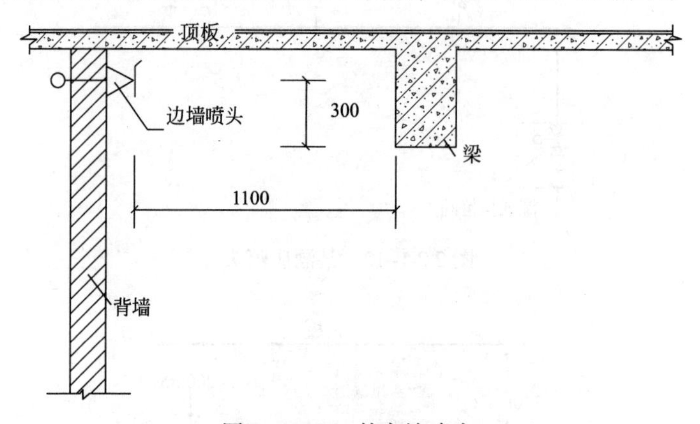


图 2.2.1–18　某宾馆喷头

**问 127：**（1）挡水板应为正方形或圆形金属板，其平面面积不宜小于多少平方米？周围弯边的下沿宜比洒水喷头的溅水盘低，是否正确？

（2）为了喷头更好地集热，任何场所都可以装上挡水板。是否正确？

**问 128：**装设网格、栅板类通透性吊顶的场所，当通透面积占吊顶总面积的比例大于多少时，喷头应设置在吊顶上方？通透性吊顶开口部位的厚度不应大于还是不应小于开口的最小宽度，开口部位的净宽度不应小于多少毫米？

**问 129：**顶板或吊顶为斜面时。

（1）喷头应如何布置（喷头应竖直布置还是垂直于斜面布置）？喷头间距怎么确定（是按水平间距确定喷头间距还是按斜面距离确定喷头间距）？

（2）很多人说，坡屋顶只需在屋脊两侧布置喷头即可，是否正确？

（3）当屋顶坡度不小于 1/3 时和当屋顶坡度小于 1/3 时，喷头溅水盘至屋脊的垂直距离分别不应大于多少毫米？

**问 130：**关于配水管道的问题。

（1）配水管道的工作压力不应大于多少兆帕？可不可以设置其他用水设施？

（2）配水管道可采用什么材料？当报警阀入口前管道采用不防腐的钢管时应采取什么措施？

（3）某酒店，建筑高度为 130m，地上 38 层，地下 3 层，消防泵房设置在地下一层，自动喷水灭火系统高区稳压泵设置在屋顶消防水箱间内，每层为一个防火分区。配水支管采用氯化聚氯乙烯管，安装在客房内并连接两层的客房，管径为 100mm。房间内没吊顶，喷头溅水盘与顶板的距离不应大于 150mm。请判定此案例有哪些不符规范之处？

（4）如洒水喷头与配水管道采用消防洒水软管连接时，只能用于什么场所？本系统是什么系统？消防洒水软管应设置在吊顶外还是吊顶内？软管最长的长度是多少米？

（5）系统中直径等于或大于 100mm 的管道应采用什么连接方式？水平管道上法兰间的管道长度不宜大于多少米？管上法兰间的距离，不应跨越几个楼层？

答：法兰或沟槽式连接件（卡箍）连接；水平向 20m；竖向不应跨越 3 个及以上楼层。

（6）配水管两侧每根配水支管控制的标准流量洒水喷头数量，轻危险级、中危险级场所不应超过几只？同时在吊顶上下设置喷头的配水支管，上下侧均不应超过还是加不起不超过一定数量？几只？严重危险级及仓库危险级场所均不应超过几只？

（7）公称管径 100mm 的中危险级场所中配水支管、配水管控制的标准流量洒水喷头数量，不宜超过多少只？

**问 131：**干式系统、由火灾自动报警系统和充气管道上设置的压力开关开启预作用装置（双连锁）的预作用系统，其配水管道充水时间不宜大于几分钟？雨淋系统和仅由火灾自动报警系统联动开启预作用装置（单连锁）的预作用系统，其配水管道充水时间不宜大于几分钟？

**问 132：**自动喷水灭火系统的减压阀的设置问题。

（1）应设在报警阀组入口前还是报警阀组后？

（2）入口前应设什么组件？作用？

（3）当连接几个及以上报警阀组时，应设置备用减压阀？原因是？

（4）垂直设置的减压阀，水流方向宜向下还是向上？原因？

（5）比例式减压阀宜垂直还是水平设置，可调式减压阀宜垂直还是水平设置？

（6）减压阀前后应设什么设施？

**问 133：**某建筑设置自动喷水灭火系统，共设置 4 个报警阀组。请找出不妥之处（图 2.2.1-19）。

**问 134：**关于消防水泵的问题。

（1）采用临时高压给水系统的自动喷水灭火系统，宜设置独立的消防水泵，并应按什么比例配置备用泵？可以不可与消火栓系统合用消防水泵？如可以系统管道应什么前分开？

（2）按二级负荷供电的建筑，宜采用什么泵作备用泵？

（3）系统的消防水泵、稳压泵，应采用什么式吸水方式？

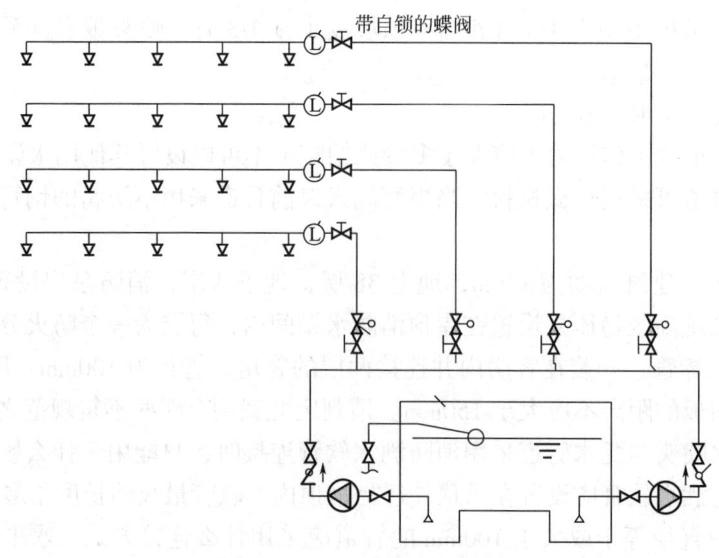


图 2.2.1-19　自动喷水灭火系统

（4）每组消防水泵的吸水管不应少于几根？报警阀入口前设置环状管道的系统，每组消防水泵的出水管不应少于几根？消防水泵的吸水管应设什么设施？出水管应设什么设施？

**问 135：**关于高位消防水箱的问题。

（1）采用什么给水系统的自动喷水灭火系统，应设高位消防水箱？目的是什么？

（2）高位消防水箱的设置高度不能满足系统最不利点处喷头的工作压力时，系统应采取什么措施？采取的设施一般由什么构成？作用是什么？

（3）采用临时高压给水系统的自动喷水灭火系统，对于一些建筑高度不高的民用建筑，或者屋顶无法设置高位消防水箱的工业建筑，可否采用气压供水设备代替高位消防水箱？如可以气压给水设备的有效容积按什么计算？

（4）高位消防水箱的出水管应设什么阀？出水管管径不应小于多少毫米？

**问 136：**关于消防水泵接合器的问题。

（1）每个消防水泵接合器的流量宜按多少升每秒计算？

答：10 ~ 15L/s。

（2）当消防水泵接合器的供水能力不能满足最不利点处作用面积的流量和压力要求时，应采取什么措施？

**问 137：**喷淋泵的控制。

（1）湿式系统、干式系统可由哪 3 种方法直接启泵？原有规范规定仅采用报警阀压力开关信号直接连锁启泵这一种启泵方式，请问此种方法的缺点是什么？

（2）预作用系统可由哪 4 种方法直接启泵？

（3）预作用装置的自动控制方式可采用仅有火灾自动报警系统（单连锁）直接控制，或由火灾自动报警系统和充气管道上设置的压力开关（双连锁）控制。①处于准工作状态时严禁误喷的场所和②处于准工作状态时严禁管道充水的场所和用于替代干式系统的场所，宜分别采用哪一种控制方式？

（4）雨淋系统和自动控制的水幕系统。当采用火灾自动报警系统控制雨淋报警阀时，消防水泵应由哪些方法直接启泵？当采用充液（水）传动管控制雨淋报警阀时，消防水泵应由哪些方法直接启泵？

（5）消防水泵除具有自动控制启动方式外，还应具备哪些启动方式？

（6）雨淋报警阀的自动控制方式可采用哪些方式？

（7）预作用系统、雨淋系统和自动控制的水幕系统，应同时具备哪三种开启报警阀组的控制方式？

（8）快速排气阀入口前的电动阀应在何时开启？为什么这么设置？

（9）消防控制室（盘）应能显示什么信号？能控制什么操作？

**问 138：**关于局部应用系统的问题。

（1）局部应用系统应用于哪些场所？这么场所是什么危险等级？

（2）局部应用系统应采用什么喷头？喷水时间不应低于多少小时？

（3）局部应用系统保护区域内哪些场所均应布置喷头？

（4）不设报警阀组的局部应用系统，配水管可与什么相连接？配水管的入口处设置哪些设施？

**问 139：**在《自动喷水灭火系统施工及验收规范》GB 50261—2017 中，现场检验是非常重要的。

（1）喷头的标志要齐全，包括商标、型号，还有哪些？

（2）喷头还有什么必须也要进行检查？

（3）闭式喷头应进行什么试验，以无渗漏、无损伤为合格？试验数量、过程与不合格标准是什么？

（4）报警阀除应有什么标志？报警阀还应进行什么试验？

**问 140：**关于喷淋系统消防组件的安装问题。

（1）消防水泵安装时，吸水管上宜设什么设施，并应安装在控制阀后？吸水管上的控制阀应在消防水泵固定于基础上之前还是之后再进行安装？消防水泵的出水管上应安装什么设施？系统的总出水管上还应安装压力表；安装压力表时应加设什么装置？缓冲装置的前面应安装什么设施？

（2）在水泵出水管上，为了测量压力流量，我们需安装什么设施？

（3）消防气压给水设备的气压罐安装时，应检查什么内容？

（4）组装式消防水泵接合器的安装，应按什么顺序进行？

（5）关于喷头的安装问题。

① 喷头安装必须在什么工作之后进行？

② 很多场所为了场所整体美观性，会把隐蔽式喷头的装饰盖板或者喷头涂上图案，请问此种做法是否正确？

③ 很多安装人员在喷头安装时，利用喷头的框架施拧，另外喷头等原件发生变形时，有些人采用大一规格的喷头来代替，请问是否正确？

④ 当喷头的公称直径小于 10mm 时，应在配水干管或配水管上安装什么设施？

⑤ 当梁、通风管道、排管、桥架宽度大于多少米时，需增设喷头，增设的喷头应安

装在其腹面以下部位？

（6）关于报警阀组安装问题

① 报警阀组的安装应在什么找工作后进行？

② 安装时先连接报警阀辅助管道，然后安装水源控制阀、报警阀是否正确？

③ 报警阀组应安装在便于操作的明显位置，距室内地面高度宜为多少米？两侧与墙的距离不应小于多少米？正面与墙的距离不应小于多少？报警阀组凸出部位之间的距离不应小于多少米？安装报警阀组的室内地面应有什么设施？排水能力应满足哪些要求？

④ 干式报警阀组安装完成后，应向报警阀气室注入什么？充气连接管接口应在什么位置？充气连接管上应安装什么设施？安全排气阀应安装在气源与报警阀之间，且应靠近报警阀还是气源？低气压预报警装置应安装在哪侧？

⑤ 干式报警阀下哪些部位应安装压力表？

⑥ 水流指示器应使电器元件部位竖直还是水平安装在水平管道上侧？其动作方向有何要求？

⑦ 水力警铃应安装在何处？水力警铃和报警阀的连接应采用什么管？当公称直径为20mm时，其长度不宜大于多少米？安装后的水力警铃启动时，警铃声强度应不小于多少分贝？

⑧ 排气阀应安装在什么位置？

⑨ 很多人在倒流防止器的安装时，会在倒流防止器的进口前安装过滤器，请问是否正确？倒流防止器两端应分别安装什么阀门？

⑩管网安装完毕后，必须对其进行什么试验？试验介质是什么？

强度试验和严密性试验宜用水进行。干式喷水灭火系统、预作用喷水灭火系统应做水压试验和气压试验。

⑪ 系统试压过程中，当出现泄漏时应如何处理？

⑫ 冲洗直径大于100mm的管道时，应如何处理？

**问141**：关于系统组件调试的问题。

（1）系统调试应包括哪些内容？

（2）消防水泵调试时，应以什么方式启动消防水泵？消防水泵应在多少秒内投入正常运行？以备用电源切换方式或备用泵切换启动消防水泵时，消防水泵应分别在多长时间内投入正常运行？

（3）稳压泵调试时，当达到设计启动条件时，稳压泵应立即启动；当达到系统设计压力时，稳压泵应？当消防主泵启动时，稳压泵应？

（4）湿式报警阀调试时，在末端装置处放水，当湿式报警阀进口水压大于多少兆帕，放水流量大于多少升每秒时，报警阀应及时启动，带延迟器的水力警铃应在多少秒内发出报警铃声，不带延迟器的水力警铃应在多少秒内发出报警铃声；压力开关应及时动作，启动消防泵并反馈信号？

（5）干式报警阀调试时，开启系统试验阀，哪些参数要符合设计要求？

（6）雨淋阀调试宜利用检测、试验管道进行。自动和手动方式启动的雨淋阀，在多少秒之内启动？公称直径大于200mm的雨淋阀调试时，应在多少秒之内启动？雨淋阀调试时，当报警水压为多少兆帕时，水力警铃应发出报警铃声？

（7）如何进行湿式系统的联动试验？

（8）何如进行预作用系统、雨淋系统、水幕系统的联动试验？

（9）如何进行干式系统的联动试验？

**问 142：**验收的问题。

（1）系统验收时，施工单位应提供哪些资料？

（2）消防水泵验收时，分别开启系统中的每一个末端试水装置和试水阀，水流指示器、压力开关等信号装置的功能应均符合设计要求。湿式自动喷水灭火系统的最不利点做末端放水试验时，自放水开始至水泵启动时间不应超过多少分钟？

（3）消防水泵停泵时，水锤消除设施后的压力不应超过水泵出口额定压力的多少倍？

（4）对消防气压给水设备验收，当系统气压下降到设计最低压力时，通过压力变化信号能否启动稳压泵？

（5）干式系统、由火灾自动报警系统和充气管道上设置的压力开关开启预作用装置的预作用系统，其配水管道充水时间不宜大于几分钟？雨淋系统和仅由水灾自动报警系统联动开启预作用装置的预作用系统，其配水管道充水时间不宜大于几分钟？

（6）喷淋系统工程质量验收判定合格标准是什么？

**问 143：**（1）自动喷水灭火系统维护管理工作检查项目的周期分别多少？

（2）自动喷水灭火系统的调试应如何进行？

（3）自动喷水灭火系统的验收，哪些属于 A 类缺陷？

## 2.2.2 问题和答题

**答 99：**闭式系统和开式系统的区别是什么？对于常见的湿式系统、干式系统、预作用系统、雨淋系统、水幕系统、防护冷却系统中，谁是闭式系统，谁是开式系统？

答：如图 2.2.2–1、图 2.2.2–2，闭式系统是采用闭式洒水喷头的自动喷水灭火系统。开式系统是采用开式洒水喷头的自动喷水灭火系统。两者最大的区别就在于喷头与报警组阀。闭式喷头的感温、闭锁装置只有在预定的温度环境下，才会脱落，开启喷头。因此是爆一个喷一个，一般用于室内；开式喷头处于常开状态。发生火灾时，火灾所处的系统保护区域内的所有开式喷头一起出水灭火，常用于区域的灭火，一般用于露天和舞台等高大净空场所。

**答 100：**（1）自动喷水灭火系统有哪些组件构成？

答：由洒水喷头、报警阀组、水流报警装置（水流指示器或压力开关）等组件，以及管道、供水设施等组成。

开式洒水喷头

闭式喷头(玻璃泡)

图 2.2.2–1 喷头

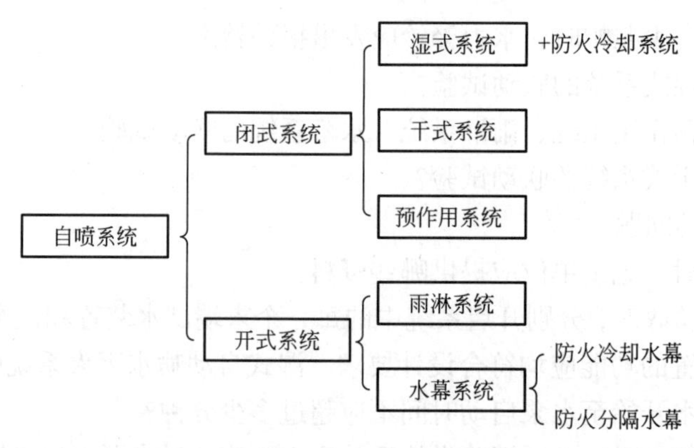


图 2.2.2–2　自动喷水灭火系统

（2）湿式系统、干式系统、预作用系统3者都由什么组件构成？3者有何优缺点？

答：见表 2.2.2–1。

自动喷水灭火系统组件构成　　表 2.2.2–1

| 系统 | 组件构成 | 区别 | 优缺点 |
|---|---|---|---|
| 湿式自动喷水灭火系统 | 闭式喷头、湿式报警阀组、水流指示器或压力开关、供水与配水管道以及供水设施 | 在准工作状态下，管道内充满用于启动系统的有压水 | 从喷头到报警阀组都有水，优点：出水快，缺点：永远有水易腐蚀，冬天结冰或者平常漏水对设施有影响 |
| 干式自动喷水灭火系统 | 闭式喷头、干式报警阀组、水流指示器或压力开关、供水与配水管道、充气设备以及供水设施 | 在准工作状态下，配水管道内充满用于启动系统的有压气体 | 从喷头到报警阀组没有水，优点：不会漏水和结冰，缺点：及时性不好 |
| 预作用自动喷水灭火系统 | 闭式喷头、预作用装置、水流报警装置、供水与配水管道、充气设备和供水设施、配套火灾自动报警系统 | 在准工作状态下，配水管道内不充水，由火灾自动报警系统、充气管道上的压力开关连锁控制预作用装置和启动消防水泵，向配水管道供水的闭式系统。预作用系统与湿式系统、干式系统的不同之处在于系统的阀组，并配套设置火灾自动报警系统 | 集两者优点，平常为干式，遇火灾时转换为湿式系统 |

答 101：在学习自动喷水灭火系统时，小王和小张又一次进行了探讨。

（1）小王说：在开式系统中，雨淋系统和水幕系统启动方式均是相同的。

答：错误。雨淋系统的雨淋报警阀组发生火灾时由火灾自动报警系统或传动管控制。而水幕系统可以由火灾自动报警系统打开雨淋报警阀组或感温雨淋报警阀打开阀组来控制。

（2）小李说：防护冷却系统因为和防护冷却水幕均是为防火卷帘和防火玻璃墙服务，所以两者均是开式系统。

答：错误。防护冷却系统是闭式系统里的湿式系统，采用闭式洒水喷头、湿式报警阀组，作用是发生火灾时冷却防火卷帘、防火玻璃墙等防火分隔设施。

而防护冷却水幕是开式系统，采用雨淋报警阀组或感温雨淋报警阀来控制。

（3）小李说：昨天去一座大剧院参观，发现其地下车库采用预作用自动喷水灭火系统，演员化妆间等采用湿式自动喷水灭火系统，舞台葡萄架下采用雨淋系统，舞台口采用防护冷却水幕系统。所以昨天共看见了 4 种报警阀组。

答：错误。共 3 种。预作用自动喷水灭火系统采用预作用报警装置控制，湿式自动喷水灭火系统采用湿式报警阀控制，雨淋系统和防护冷却水幕系统均采用雨淋报警阀控制。

（4）小王说：标准响应洒水喷头、快速响应洒水喷头和特殊响应洒水喷头中，特殊响应洒水喷头最灵敏，快速响应洒水喷头次之。

答：错误。快速响应洒水喷头是响应时间指数 RTI ≤ 50（m · s）$^{0.5}$ 的闭式洒水喷头，最为灵敏。特殊响应洒水喷头是响应时间指数 50 < RTI ≤ 80（m · s）$^{0.5}$ 的闭式洒水喷头，灵敏度不如快速响应。标准响应洒水喷头是响应时间指数 80 < RTI ≤ 350（m · s）$^{0.5}$ 的闭式洒水喷头。

（5）小李说：为了及时输送水流进入管网灭火，一般情况下，高位水箱和气压给水设备的出水口，接在系统侧而不是供水侧。

答：错误。如图 2.2.2–3 所示。无论是高位水箱还是气压给水设备的出水口，都接在供水侧。如果接在系统侧，发生火灾，喷头爆裂开始喷水，而高位水箱或气压罐的水会源源不断的供应，报警阀上下腔短时间形不成压力差，所以阀瓣不能打开，以致报警延迟。

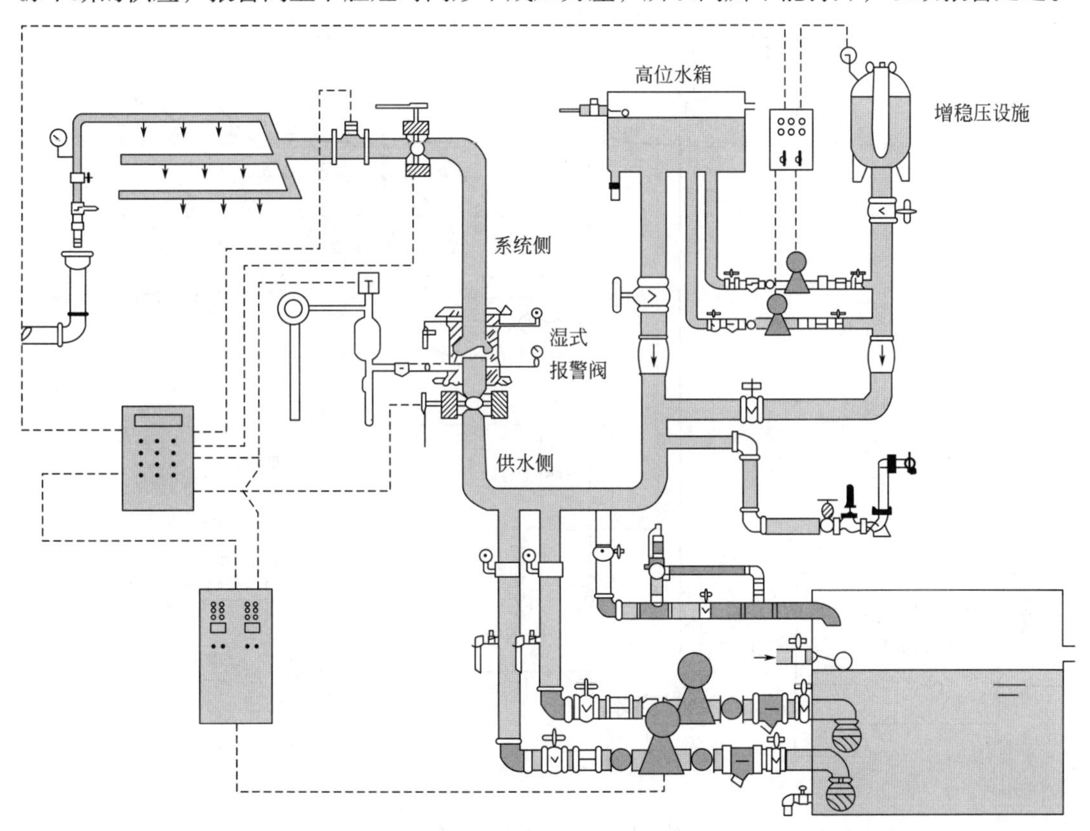


图 2.2.2–3　自动喷水灭火系统图

**答102**：自动喷水灭火系统管网中有配水管、配水支管、配水干管、短立管等，请问它们分别指的是哪段管道？

答：如图2.2.2-4，配水干管：报警阀后向配水管供水的管道。

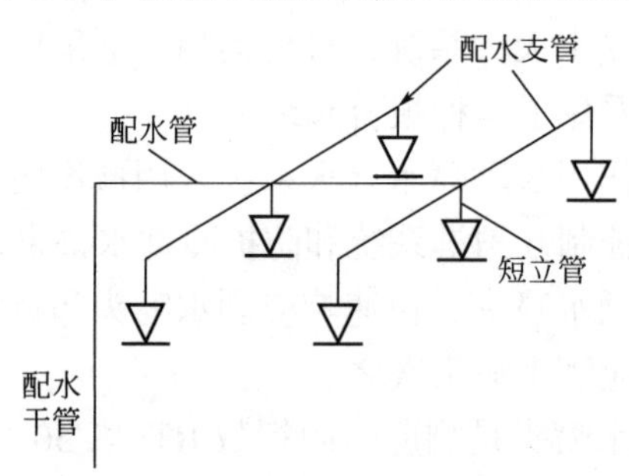


图2.2.2-4　自动喷水灭火系统管网

配水管：向配水支管供水的管道。

配水支管：直接或通过短立管向洒水喷头供水的管道。

短立管：连接洒水喷头与配水支管的立管。

**答103**：请说出湿式自动喷水灭火系统的工作原理。

答：如图2.2.2-5，湿式系统在准工作状态时，由消防水箱或稳压泵、气压给水设备等稳压设施维持管道内充水的压力。发生火灾时，在火灾温度的作用下，闭式喷头的热敏

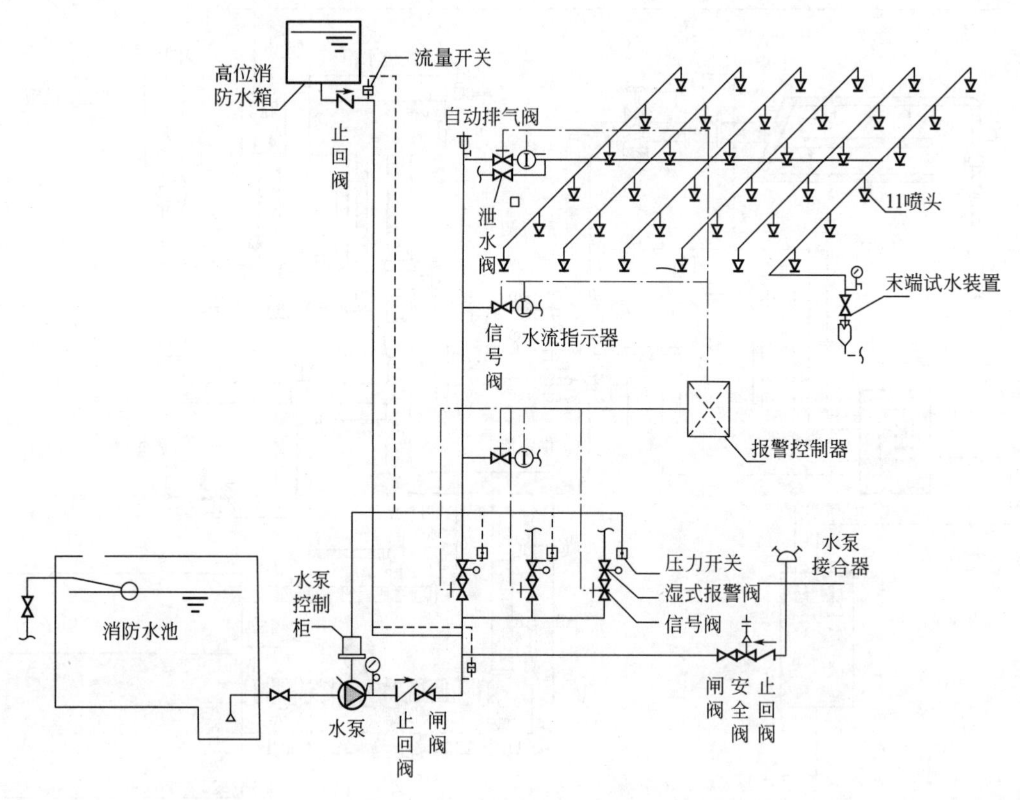


图2.2.2-5　湿式系统示意图

元件（玻璃泡、易熔元件）动作，喷头开启并开始喷水。此时，管网中的水由静止变为流动，水流指示器动作送出电信号，在报警控制器上显示某一区域喷水的信息。由于持续喷水泄压造成湿式报警阀的上部水压低于下部水压，在压力差的作用下，原来处于关闭状态的湿式报警阀自动开启。此时压力水通过湿式报警阀流向管网，同时打开通向水力警铃的通道，延迟器充满水后，水力警铃发出声响警报，压力开关动作并输出启动供水泵的信号。供水泵投入运行后，完成系统的启动过程。

下面我们再详细了解湿式报警阀的构造和报警原理。见图 2.2.2–6。

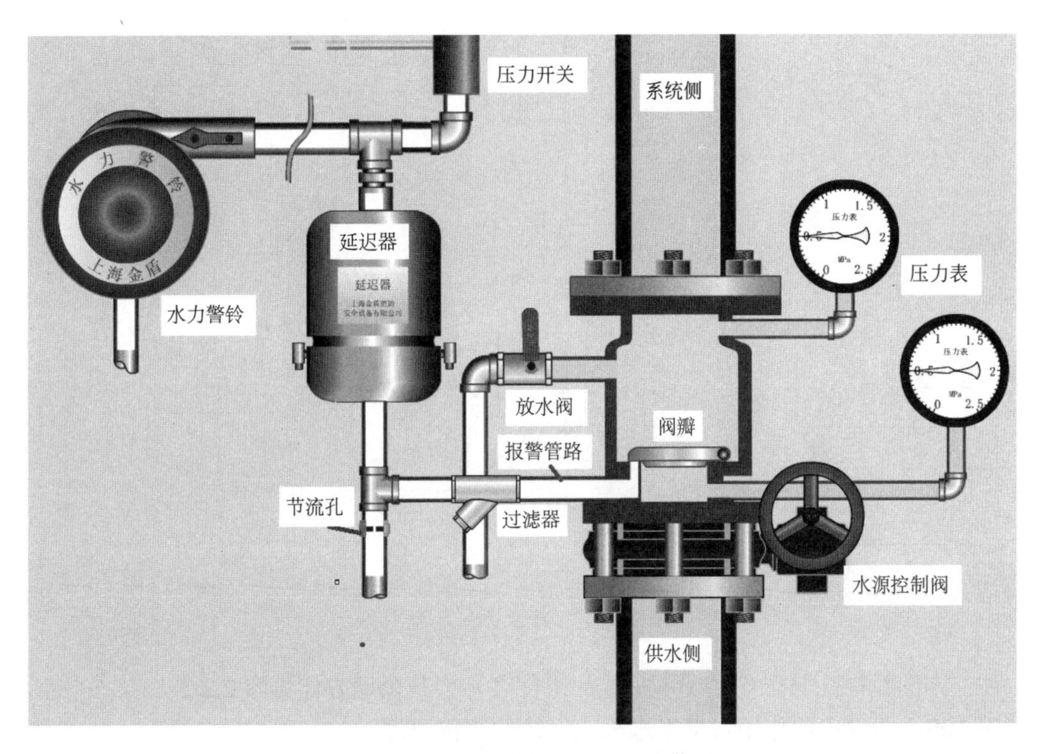


图 2.2.2–6　湿式报警阀的构造和报警原理

准工作状态下，阀瓣上方的接触面积要大于阀瓣下方的，所以上面的压力大于下方。此时，阀瓣不会开启。阀瓣牢牢地压住，水流无法进入报警管路，从而不会报警。如发生火灾，喷头爆裂，系统侧水压降低，阀瓣开启，水流进入报警管道，水力警铃和压力开关报警。

**答 104：**请说出干式自动喷水灭火系统的工作原理。

答：如图 2.2.2–7，干式系统在准工作状态时，由消防水箱或稳压泵、气压给水设备等稳压设施维持干式报警阀入口前管道内充水的压力，报警阀出口后的管道内充满有压气体（通常采用压缩空气），报警阀处于关闭状态。发生火灾时，在火灾温度的作用下，闭式喷头的热敏元件动作，闭式喷头开启，使干式阀出口压力下降，加速器动作后促使干式报警阀迅速开启，管道开始排气充水，剩余压缩空气从系统最高处的排气阀和开启的喷头处喷出，此时通向水力警铃和压力开关的通道被打开，水力警铃发出声响警报，压力开关动作并输出启泵信号，启动系统供水泵；管道完成排气充水过程后，开启的喷头开始喷水。

从闭式喷头开启至供水泵投入运行前，由消防水箱、气压给水设备或稳压泵等供水设施为系统的配水管道充水。

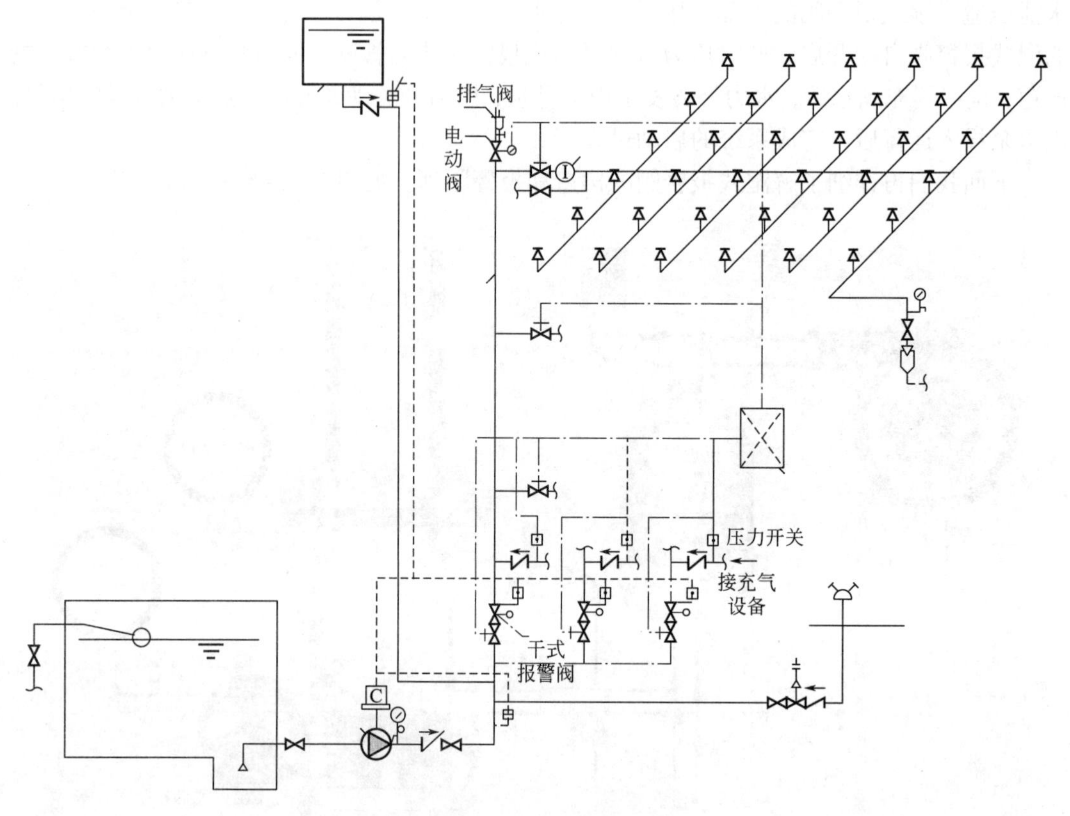


图 2.2.2–7　干式系统示意图

注：本图只标注与湿式系统不一致的组件名称，其余地方详见图 2.2.2–5。

**答 105**：请说出预作用自动喷水灭火系统的工作原理。

答：（1）单连锁系统：系统处于准工作状态时，由消防水箱或稳压泵、气压给水设备等稳压设施维持预作用装置入口前管道内充水的压力，预作用装置后的管道内平时无水或充以有压气体。（图 2.2.2–8）发生火灾时，由火灾自动报警系统自动开启预作用装置的电磁阀（或人工打开手动快开阀）排水，同时打开排气阀前的电磁阀开始排气，推杆顶不住压紧扣，B 区域之间的阀瓣打开（平时无水、无高压气），配水管道开始排气充水，水流进入报警管路，水力警铃报警，压力开关动作打开消防水泵。此时系统转化为湿式系统。排气充满水后的情形见图 2.2.2–9。单连锁预作用系统的探测元件对火灾的响应速度比自动灭火洒水喷头更快。因此系统管道充水成湿式系统时，仅经历很短的延迟，在灭火洒水喷头动作前，系统已充水成湿式系统。

随着温度升高，闭式喷头开启后立即喷水。以上叙述是当系统采用仅由火灾自动报警系统直接控制预作用装置时的工作原理，简称预作用单连锁系统。图 2.2.2–10 为系统整体图。

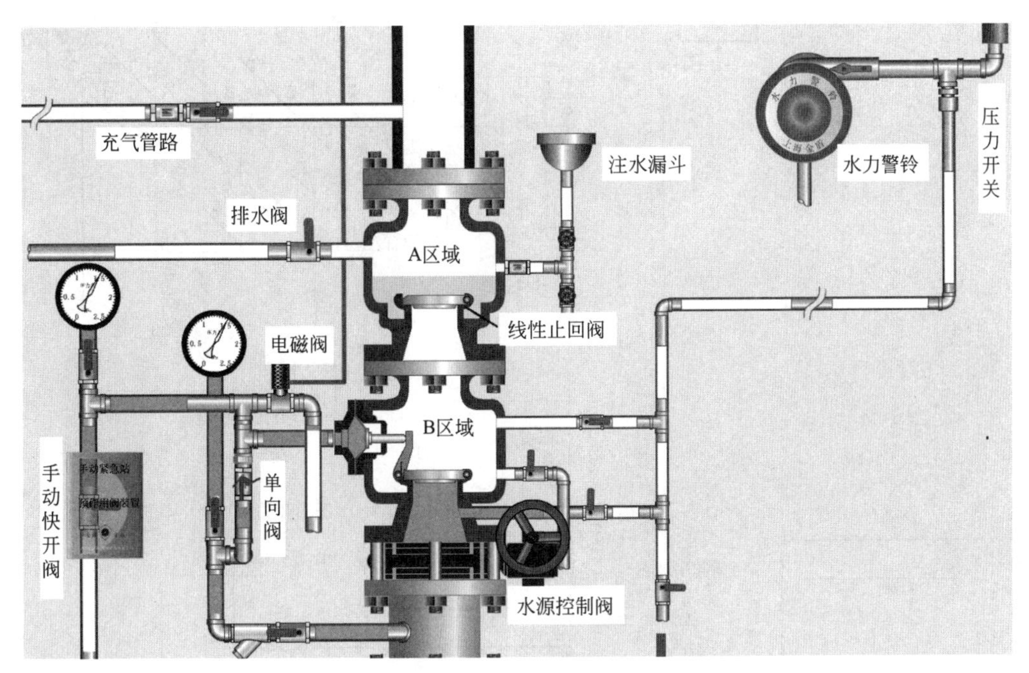


图 2.2.2–8　单连锁系统

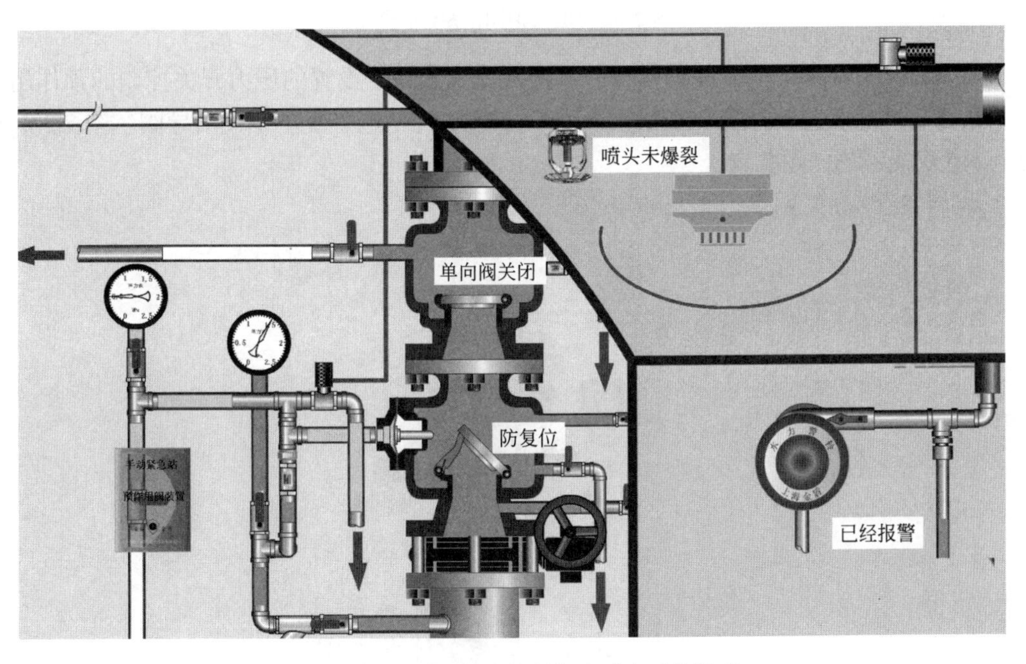


图 2.2.2–9　单连锁系统排气充满水后的情形

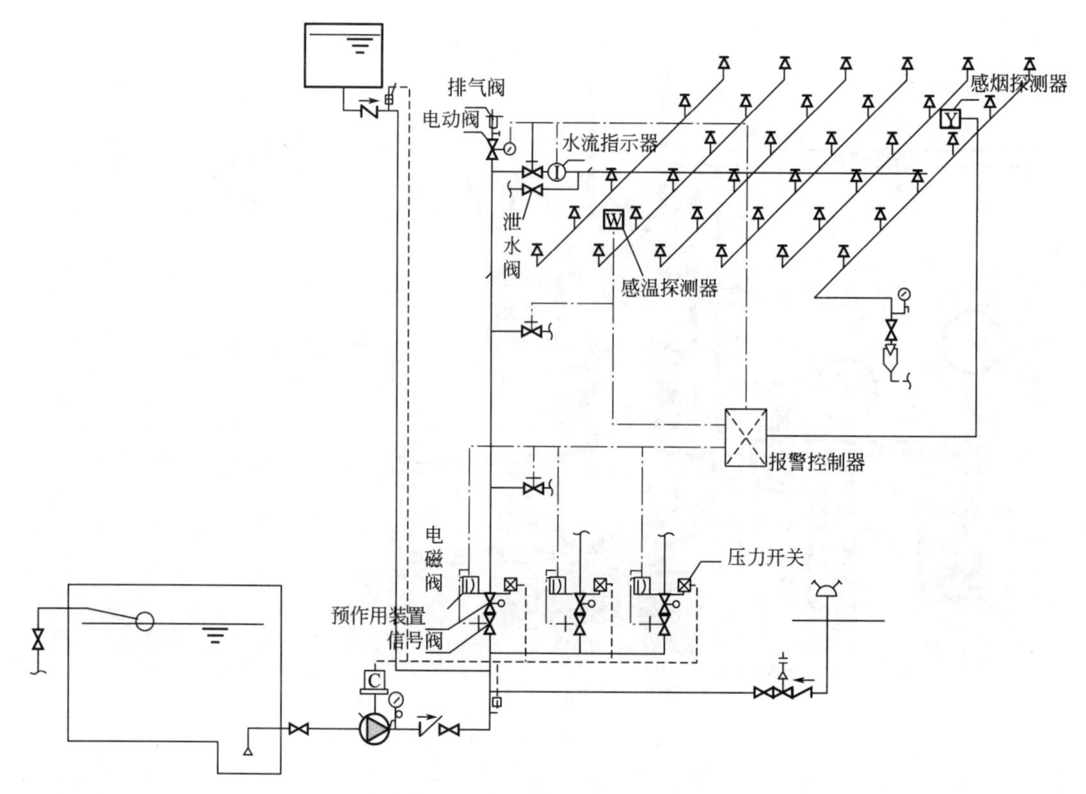


图 2.2.2–10　预作用系统示意图

（2）双连锁系统（由火灾自动报警系统和充气管路上设置的压力开关控制的预作用系统）分为电 – 电双连锁，电 – 气双连锁，电气双连锁比电电多了一个气动导阀。图 2.2.2–11 为电 / 电双连锁预作用装置。

图 2.2.2–11　电 / 电双连锁预作用装置

原理：如图 2.2.2–12 在“设定”位置，压力水通过引水管路 2、easyLock 手动复位装置 3 进入主阀控制腔 1。EasyLock 内置止回阀、封闭的电磁阀 4、封闭手动紧急释放装置 5 控制腔内的水压。系统压力使主阀隔膜和阀芯组件压向阀座 6，从而使主阀门处于完全关闭状态。管道系统中充满低压空气以检测所有自动喷头是否完好密封。采用在线式止回阀 7 可形成一个中间空腔，配合常开滴漏检查装置 8 使用时可避免造成水渍损失。图 2.2.2–13，发生火灾时，电探测系统 1 动作；喷头 2 打开后气压下降，压力开关 3 动作。跨区域控制面板 4 触发电磁阀开启，水压排出主阀控制腔。EasyLock 防止系统水压进入主阀控制腔，因而预作用阀保持开启状态，消防水进入喷淋及报警系统 5（水力警铃）。

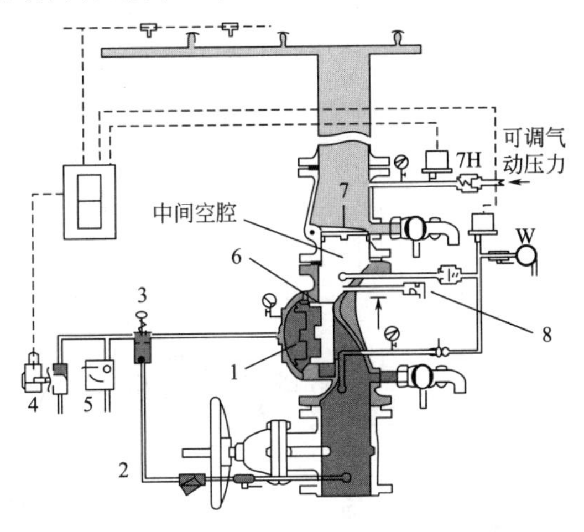


图 2.2.2–12　双联锁预作用系统（设定位置）

1—主阀控制腔；2—引水管路；3—手动复位装置；4—电磁阀；5—紧急释放装置；6—阀座；7—在线式止回阀；8—滴漏检查装置；9—喷头

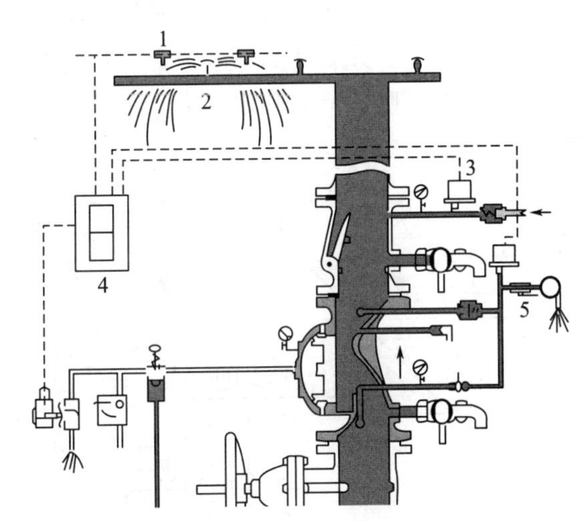


图 2.2.2–13　双联锁预作用系统（工作状态）

1—电探测系统；2—喷头；3—压力开关；4—控制面板；5—喷淋及报警系统

**答 106：请说出雨淋系统（电动启动、传动管启动）的工作原理。**

答：（1）电动启动雨淋阀：系统处于准工作状态时，由消防水箱或稳压泵、气压给水设备等稳压设施维持雨淋阀入口前管道内充水的压力。发生火灾时，探测器动作后，由火灾自动报警系统自动开启雨淋报警阀的电磁阀排水，雨淋阀打开后，水流进入报警管路，压力开关动作后水泵启动，向系统管网供水，由雨淋阀控制的开式喷头同时喷水灭火（图 2.2.2–14）。

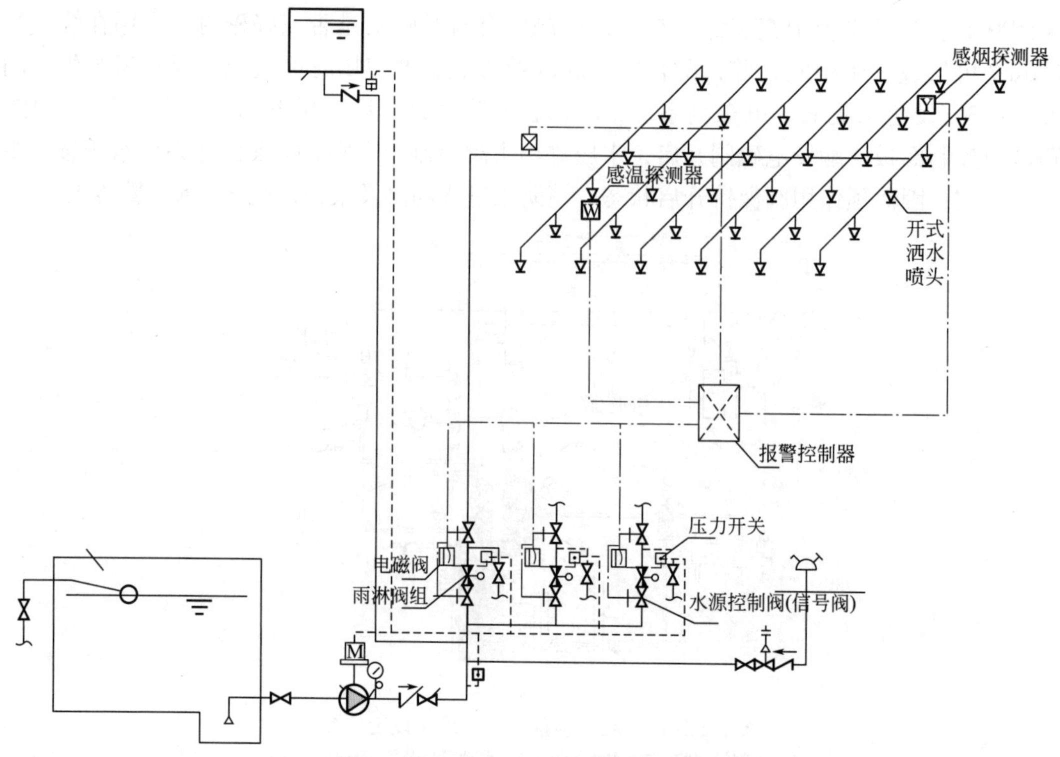


图 2.2.2-14　电动启动雨淋阀示意图

（2）传动管启动：如图 2.2.2-15，发生火灾时，传导管系统的闭式喷头开启排水，由于雨淋阀两侧压力差，雨淋阀组打开，水流进入报警管路，压力开关动作后水泵启动，向系统管网供水，由雨淋阀控制的开式喷头同时喷水灭火。

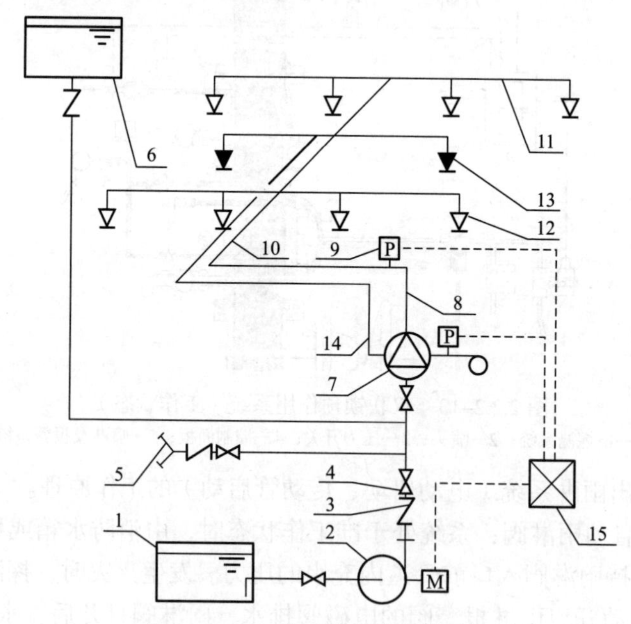


图 2.2.2-15　传动管启动雨淋系统

1—水池；2—水泵；3—止回阀；4—闸阀；5—水泵接合器；6—消防水箱；7—雨淋报警阀组；8—配水干管；9—压力开关；10—配水管；11—配水支管；12—开式洒水喷头；13—闭式喷头；14—传动管；15—报警控制器

**答 107：**对于湿式系统、干式系统、预作用系统、雨淋系统、水幕系统的易混淆问题。

（1）谁跟谁的阀组相同？

答：湿式系统用的是湿式报警阀、干式系统用的是干式报警阀组、预作用系统用的是预作用报警装置、雨淋系统和水幕系统用的是雨淋阀组。所以雨淋系统和水幕系统可采用相同阀组。

（2）哪些系统有延迟器？

答：湿式系统有延迟器。

（3）哪些系统有充气设备？

答：干式系统和预作用系统。

（4）哪些系统需要探测器？

答：预作用系统、雨淋系统（电动）、水幕系统。

（5）启动方式中，谁是利用火灾自动报警系统或液流（气流）传动管启动阀组，谁是利用喷头开启供水测和系统侧存在压力差启动阀组？谁是利用火灾自动报警系统启动装置喷头爆裂开式喷水？

答：雨淋系统；湿式系统和干式系统；预作用系统。

湿式系统、干式系统应在开放一只洒水喷头后自动启动，预作用系统、雨淋系统和水幕系统应根据其类型由火灾探测器、闭式洒水喷头作为探测元件，报警后自动启动。

（6）湿式系统中，水流进入报警管路后，接触部件先后顺序是什么？

① 压力开关和水力警铃；②过滤器；③延迟器。

答：②③①。

**答 108：**自动喷水灭火系统的设置场所火灾危险等级共分为哪几级？你能分清下列场所属于哪一级吗（幼儿园、住宅、医院、总建筑面积 6000m$^2$ 的商场等）？

答：设置场所的火灾危险等级应划分为轻危险级、中危险级（Ⅰ级、Ⅱ级）、严重危险级（Ⅰ级、Ⅱ级）和仓库危险级（Ⅰ级、Ⅱ级、Ⅲ级）。

幼儿园、住宅属于轻危险级；医院属于中危Ⅰ级、总建筑面积 6000m$^2$ 的商场属于中危Ⅱ级。其他的场所见表 2.2.2–2。

**设置场所的火灾危险等级　　　　表 2.2.2–2**

| 火灾危险等级 | | 设置场所 |
|---|---|---|
| 轻危险级 | | 住宅建筑、幼儿园、老年人建筑、建筑高度为24m及以下的旅馆、办公楼；仅在走道设置闭式系统的建筑等 |
| 中危险级 | Ⅰ级 | （1）高层民用建筑：旅馆、办公楼、综合楼、邮政楼、金融电信楼、指挥调度楼、广播电视楼（塔）等；<br>（2）公共建筑（含单多高层）：医院、疗养院；图书馆（书库除外）、档案馆、展览馆（厅）；影剧院、音乐厅和礼堂（舞台除外）及其他娱乐场所；火车站、机场及码头的建筑；总建筑面积小于5000m$^2$的商场、总建筑面积小于1000m$^2$的地下商场等；<br>（3）文化遗产建筑：木结构古建筑、国家文物保护单位等；<br>（4）工业建筑：食品、家用电器、玻璃制品等工厂的备料与生产车间等；冷藏库、钢屋架等建筑构件 |
| | Ⅱ级 | （1）民用建筑：书库、舞台（葡萄架除外）、汽车停车场（库）、总建筑面积5000m$^2$及以上的商场、总建筑面积1000m$^2$及以上的地下商场、净空高度不超过8m、物品高度不超过3.5m的超级市场等；<br>（2）工业建筑：棉毛麻丝及化纤的纺织、织物及制品、木材木器及胶合板、谷物加工、烟草及制品、饮用酒（啤酒除外）、皮革及制品、造纸及纸制品、制药等工厂的备料与生产车间等 |

续表

| 火灾危险等级 | | 设置场所 |
|---|---|---|
| 严重危险级 | Ⅰ级 | 印刷厂、酒精制品、可燃液体制品等工厂的备料与车间、净空高度不超过8m、物品高度超过3.5m的超级市场等 |
| | Ⅱ级 | 易燃液体喷雾操作区域、固体易燃物品、可燃的气溶胶制品、溶剂清洗、喷涂油漆、沥青制品等工厂的备料及生产车间、摄影棚、舞台葡萄架下部等 |
| 仓库危险级 | Ⅰ级 | 食品、烟酒；木箱、纸箱包装的不燃、难燃物品等 |
| | Ⅱ级 | 木材、纸、皮革、谷物及制品、棉毛麻丝化纤及制品、家用电器、电缆、B组塑料与橡胶及其制品、钢塑混合材料制品、各种塑料瓶盒包装的不燃、难燃物品及各类物品混杂储存的仓库等 |
| | Ⅲ级 | A组塑料与橡胶及其制品；沥青制品等 |

**答109**：请问湿式系统、干式系统、预作用系统和雨淋系统分别用于什么场所？

答：见表2.2.2-3。

各系统的适用场所　　表2.2.2-3

| 系统 | 适用场所 |
|---|---|
| 湿式系统 | 环境温度不低于4℃且不高于70℃的场所 |
| 干式系统 | 环境温度低于4℃或高于70℃的场所 |
| 预作用系统 | 系统处于准工作状态时严禁误喷和严禁管道充水的场所；用于替代干式系统的场所。注：灭火后必须及时停止喷水的场所，应采用重复启闭预作用系统 |
| 雨淋系统 | 火灾的水平蔓延速度快、闭式洒水喷头的开放不能及时使喷水有效覆盖着火区域的场所；火灾危险等级为严重危险级Ⅱ级的场所。 |

**答110**：一些建筑内因场所性质的不同，所以会造成系统选用的不同。

（1）建筑物中保护局部场所的干式系统、预作用系统、雨淋系统、自动喷水—泡沫联用系统，可否串联接入同一建筑物内的湿式系统？

答：可以串联接入，如图2.2.2-16。

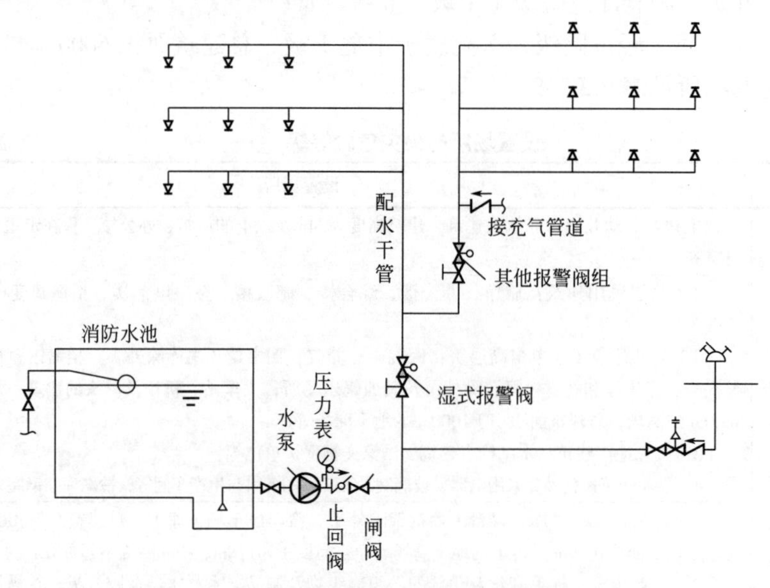


图2.2.2-16　其他系统接入湿式系统图

（2）如果可以串联接入，这些系统是接到湿式系统的供水侧还是系统侧？

答：系统侧。

（3）这些系统是与其配水干管、还是配水管相连？

答：配水干管。

**答 111**：几个问题的探讨。

（1）配水干管能不能直接接喷头？

答：配水干管上不宜直接布置喷头，供水顺序宜为配水干管、配水管（或没有）、配水支管、喷头。因为配水干管管径较大，一般为 *DN*100 及以上，若从配水干管处直接开孔接 *DN*25 的短管，其水力条件不好，又增加造价，不合理。

（2）喷头选用的流量选择到底有何要求？

答：《自动喷水灭火系统设计规范》GB 50084—2017 第 6.1.1 条：设置闭式系统的场所，洒水喷头类型和场所的最大净空高度，应符合表 6.1.1 的规定。

不同的最大净空高度场所适用的洒水喷头类型，即：对于 $h \leqslant 8m$ 的普通场所，采用 $K \geqslant 80$ 喷头；对于 $8m < h \leqslant 12m$ 的高大空间场所，采用 $K \geqslant 115$ 喷头或非仓库型特殊应用喷头；对于 $12m < h \leqslant 18m$ 的高大空间场所，采用非仓库型特殊应用喷头，即流量系数 $K \geqslant 161$ 喷头。严重、仓库危险级场所宜采用流量系数 $K > 80$ 的洒水喷头。

（3）系统最不利点处洒水喷头的工作压力取 0.05MPa，会不会影响系统？

答：《自动喷水灭火系统设计规范》GB 50084—2017 第 5.0.1 条注：系统最不利点处洒水喷头的工作压力不应低于 0.05MPa。

此压力为工作压力最低值，非设计值，将最不利点处洒水喷头的工作压力确定为 0.05MPa，是为降低高位水箱的设置高度，降低建筑造型、结构处理上的难度。降低最不利点喷头工作压力而产生的问题，可通过其他途径解决。工作压力值与喷头间距共同影响喷淋系统的喷水强度与作用面积，设计应注意的是：系统最不利点处洒水喷头的工作压力若采用 0.05MPa，则应减小喷头布置间距；为达到规范《自动喷水灭火系统设计规范》GB 50084—2017 第 7.1.2 条规定的喷头间距及保护面积，喷头设计压力应计算确定，一般约取 0.1MPa。

**答 112**：自动喷水灭火系统管网中，控制管道静压的区段采用何种措施？控制管道动压的区段采取什么措施？

答：控制管道静压的区段宜分区供水或设减压阀，控制管道动压的区段宜设减压孔板或节流管，如图 2.2.2-17、图 2.2.2-18。

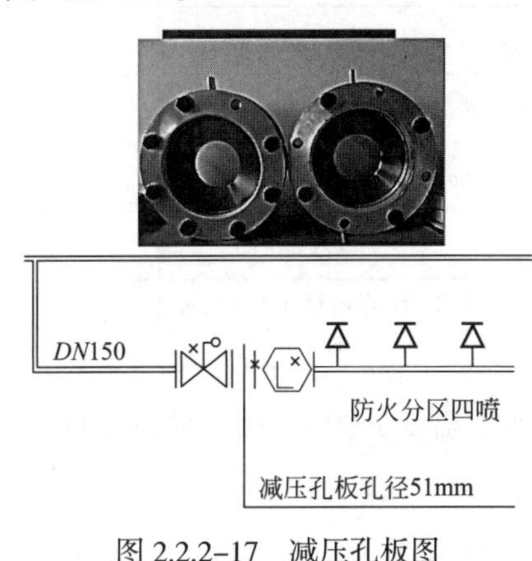


图 2.2.2-17　减压孔板图

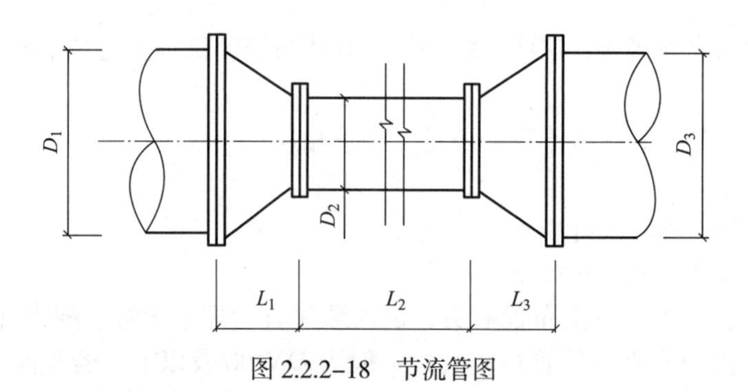


图 2.2.2-18 节流管图

**答 113**：喷头的类别与选择。

（1）关于喷头公称动作温度和颜色标志的问题。某地建筑各种场所安装了相应的喷头，经检查情况如表 2.2.4-4。

**喷头选用的颜色** **表 2.2.2-4**

| 场所 | 选用喷头 |
|---|---|
| 商场 | 93℃的绿色玻璃泡喷头 |
| 厨房 | 68℃红色玻璃泡喷 |
| 锅炉房 | 93℃的黄色玻璃泡喷头 |
| 保护钢结构 | 107℃绿色玻璃泡喷头 |
| 在设有保温的蒸汽管道上方0.76m和两侧0.3m以内的空间 | 93℃的黄色玻璃泡喷头 |

答：选用错误。喷头的公称动作温度应按如表 2.2.2-5 参考选择。

**喷头的公称动作温度** **表 2.2.2-5**

<table>
<tr><th colspan="2">场所</th><th>选用喷头的公称动作温度</th></tr>
<tr><td colspan="2">一般公共场所，如办公室、商场、市场、餐厅、娱乐场所、宾馆、学校</td><td>68℃</td></tr>
<tr><td colspan="2">厨房</td><td>79℃或93℃</td></tr>
<tr><td colspan="2">锅炉房等高温操作场所</td><td>107℃</td></tr>
<tr><td colspan="2">保护钢结构</td><td>141℃</td></tr>
<tr><td colspan="2">在设有保温的蒸汽管道上方0.76m和两侧0.3m以内的空间</td><td>79～107℃</td></tr>
<tr><td colspan="2">在低压蒸汽安全阀旁边2m以内</td><td>121～141℃</td></tr>
<tr><td rowspan="2">在蒸汽压力小于0.1MPa的散热器附近</td><td>2m以内的空间</td><td>121～141℃</td></tr>
<tr><td>2～6m以内空气热流趋向的一面</td><td>79～107℃</td></tr>
</table>

玻璃球洒水喷头的公称动作温度分为 13 档，易熔元件洒水喷头的公称动作温度分为 7 档（表 2.2.2-6）。

**喷头的公称动作温度　　　　表 2.2.2–6**

| 玻璃球喷头 | | 易熔元件喷头 | |
|---|---|---|---|
| 公称动作温度（℃） | 液体色标 | 公称动作温度（℃） | 轭臂色标 |
| 57 | 橙 | | |
| 68 | 红 | | |
| 79 | 黄 | 57~77 | 无色 |
| 93 | 绿 | 80~107 | 白 |
| 107 | 绿 | | |
| 121 | 蓝 | 121~149 | 蓝 |
| 141 | 蓝 | 163~191 | 红 |
| 163 | 紫 | 204~246 | 绿 |
| 182 | 紫 | | |
| 204 | 黑 | 260~ 302 | 橙 |
| 227 | 黑 | 320~343 | 橙 |
| 260 | 黑 | | |
| 343 | 黑 | | |

（2）下列场所的湿式系统的洒水喷头该任何选择？

① 不做吊顶的场所，当配水支管布置在梁下时，选用什么喷头？

② 吊顶下布置的洒水喷头，选用什么喷头？

③ 顶板为水平面的轻危险级、中危险级 I 级住宅建筑、宿舍、旅馆建筑客房、医疗建筑病房和办公室，可采用什么喷头？

④ 易受碰撞的部位，应采用什么喷头？

⑤ 顶板为水平面，且无梁、通风管道等障碍物影响喷头洒水的场所，可采用什么喷头？

⑥ 住宅建筑和宿舍、公寓等非住宅类居住建筑宜采用什么喷头？

⑦ 隐蔽式洒水喷头宜不宜选用？如确需采用时，应仅适用于什么场所？

答：见表 2.2.2–7。

**各场所选用的喷头　　　　表 2.2.2–7**

| 场所 | 选用喷头 | 图示 |
|---|---|---|
| 不做吊顶的场所，当配水支管布置在梁下时 | （应）直立型洒水喷头 | |
| 吊顶下布置的洒水喷头 | （应）下垂型洒水喷头或吊顶型洒水喷头 | 下垂型　吊顶型 |
| 顶板为水平面的轻危险级、中危险级 I 级住宅建筑、宿舍、旅馆建筑客房、医疗建筑病房和办公室 | （可）边墙型洒水喷头 | 边墙型 |

续表

| 场所 | 选用喷头 | 图示 |
|---|---|---|
| 易受碰撞的部位 | （应）带保护罩的洒水喷头或吊顶型洒水喷头 | 带保护罩的喷头 |
| 顶板为水平面，且无梁、通风管道等障碍物影响喷头洒水的场所 | （可）扩大覆盖面积洒水喷头 | 扩大覆盖面积洒水喷头 |
| 住宅建筑和宿舍、公寓等非住宅类居住建筑 | （宜）家用喷头 | |
| 仅适用于轻危险级和中危险级Ⅰ级场所 | （不宜）隐蔽式洒水喷头 | 隐蔽式洒水喷头 |

（3）干式系统、预作用系统、水幕系统（防火分隔水幕、防护冷却水幕）、自动喷水防护冷却系统采用什么类型的喷头？

答：见表 2.2.2-8、图 2.2.2-19 ~ 图 2.2.2-21。

各系统选用的喷头　　表 2.2.2-8

| 系统 | | 喷头类型 |
|---|---|---|
| 干式系统 | | 直立型洒水喷头或干式下垂型洒水喷头 |
| 预作用系统 | | |
| 水幕系统 | 防火分隔水幕 | 开式洒水喷头或水幕喷头 |
| | 防护冷却水幕 | 水幕喷头 |
| 自动喷水防护冷却系统 | | 边墙型洒水喷头 |

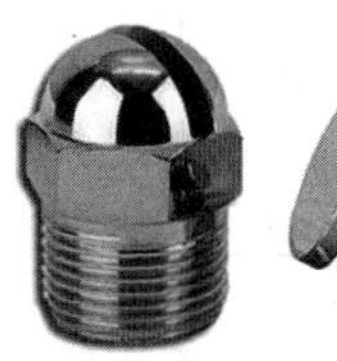

图 2.2.2-19 水幕喷头

图 2.2.2-20 干式下垂型喷头

图 2.2.2-21 开式洒水喷头

（4）当采用快速响应洒水喷头时，系统应为湿式系统。那么哪些场所宜采用快速响应洒水喷头？

答：公共娱乐场所、中庭环廊；医院、疗养院的病房及治疗区域，老年、少儿、残疾人的集体活动场所；超出消防水泵接合器供水高度的楼层；地下商业场所。

（5）关于喷头的代表符号的问题。

① M1 ZSTX 15–93℃的含义。

答：表示 M1 型，标准响应、下垂安装，公称口径为 15mm，公称动作温度为 93℃的喷头。

总结：a. 性能代号表明喷头的洒水分布类型、热响应类型或安装位置等特性，由表 2.2.2-9 符号构成。

**喷头类型的性能代号** **表 2.2.2-9**

| 喷头类型 | 性能代号 |
|---|---|
| 通用型喷头 | ZSTP |
| 直立型喷头 | ZSTZ |
| 下垂型喷头 | ZSTX |
| 直立边墙型喷头 | ZSTBZ |
| 下垂边墙型喷头 | ZSTBX |
| 通用边墙型喷头 | ZSTBP |
| 水平边墙型喷头 | ZSTBS |
| 齐平式喷头 | ZSTDQ |

续表

| 喷头类型 | 性能代号 |
| --- | --- |
| 嵌入式喷头 | ZSTDR |
| 隐蔽式喷头 | ZSTDY |
| 干式喷头 | ZSTG |

快速响应喷头、特殊响应喷头在性能代号前分别加“K”,“T”并以“–”与性能代号间隔，标准响应喷头在性能代号前不加符号；带涂层喷头、带防水罩的喷头在性能代号前分别加“C”、“S”，并以“–”与性能代号间隔。

b. 标记示例　洒水喷头的标记如下：

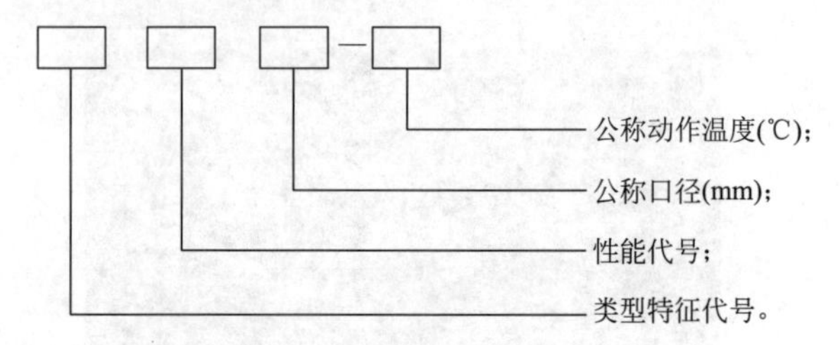


c. 喷头公称口径与流量系数的关系（表 2.2.2–10）。

喷头公称口径与流量系数的关系　　**表 2.2.2–10**

| 公称口径（mm） | 流量系数$K$ | 干式喷头流量系数$K$ |
| --- | --- | --- |
| 10 | 57 ± 3 | 57 ± 5 |
| 15 | 80 ± 4 | 80 ± 6 |
| 20 | 115 ± 6 | 115 ± 9 |

② GB2 K–ZSTBX 20–68℃的含义。

答：表示 GB2 型，快速响应、边墙型、下垂安装，公称口径为 20mm，公称动作温度为 68℃的喷头。

③ ESFR–202/68℃　P　Q2.5 的含义。

答：表示公称流量系数为 202、公称动作温度为 68℃、下垂式安装、热敏感元件为∮ 2.5mm 玻璃球的早期抑制快速响应的喷头。

④ ESFR– 363/74℃　U　Y 的含义。

答：公称流量系数为 363，公称动作温度为 71℃、直立式安装、热敏感元件为易熔合金的 ESFR 喷头。

总结：ESFR 喷头型号标记：

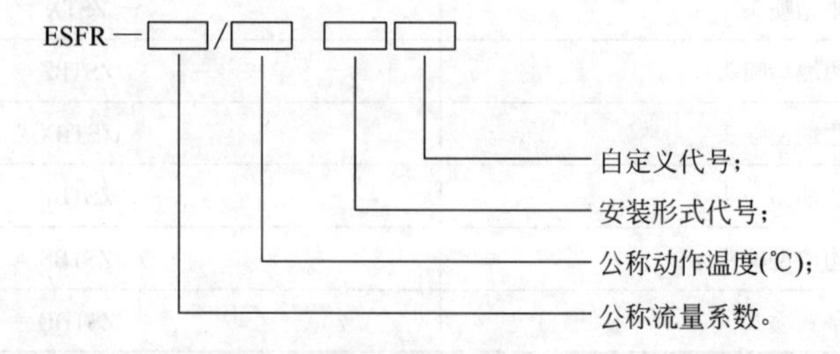

总结：ESFR 喷头的公称动作温度和颜色对照（表 2.2.2–11）。

**ESFR 喷头的公称动作温度和颜色对照　　表 2.2.2–11**

| 玻璃球型ESFR喷头 | | 易熔元件型ESFR喷头 | |
|---|---|---|---|
| 公称动作温度（℃） | 工作液颜色 | 公称动作温度（℃） | 轭臂颜色 |
| 68 | 红 | 68~74 | 无色标 |
| 93 | 绿 | 93~104 | 白 |

⑤ CMSA–363/74℃ P。

答：④表示特殊应用喷头 - 流量系数 K363，公称动作温度 74℃，下垂型安装的喷头。

（6）在喷头检查里，同一隔间内应采用什么要求的喷头？自动喷水灭火系统应有备用洒水洒头，其数量有何要求？

答：同一隔间内应采用相同热敏性能的洒水喷头。备用洒水洒头的数量不应少于总数的 1%，且每种型号均不得少于 10 只。

**答 114：**设计基本参数的选择。

（1）某百货商场，地上 4 层，每层建筑面积均为 1500m$^2$，层高均为 5.2m，该商场的营业厅设置自动喷水灭火系统，该自动喷水灭火系统最低喷水强度应为多少？

答：该百货商场总建筑面积为 1500 × 4=6000m$^2$，根据《自动喷水灭火系统设计规范》GB 50084—2017 附录 A，总建筑面积 5000m$^2$ 及以上的商场属于中危险Ⅱ级。根据 5.0.1，喷水强度不应低于 8L/（min·m$^2$）（表 2.2.2–12）。

**民用建筑和厂房采用湿式系统的设计基本参数　　表 2.2.2–12**

| 火灾危险等级 | | 最大净空高度$h$（m） | 喷水强度［L/（min·m$^2$）］ | 作用面积（m$^2$） |
|---|---|---|---|---|
| 轻危险级 | | $h$≤8 | 4+2 | 160 |
| 中危险级 | Ⅰ级 | | 6+2 | |
| | Ⅱ级 | | 8+4 | |
| 严重危险级 | Ⅰ级 | | 12+4 | 260 |
| | Ⅱ级 | | 16 | |

注：系统最不利点处洒水喷头的工作压力不应低于0.05MP。

（2）如何理解采用临时高压系统供水的自动喷水灭火系统的喷头的两个压力（0.1MPa 和 0.05MPa）？

答：《自动喷水灭火系统设计规范》GB 50084—2017 5.0.1 的注释部分：系统最不利点处洒水喷头的工作压力是 0.05MPa，此压力我们一般理解为动压。也就是系统启动后，喷头处的动水压。而系统报警所需最低水压是 0.05MPa，所以我们要求最不利点的动水压达到 0.05MPa 即可。即图 2.2.2–22 中在测试时，打开末端试水装置试水阀时所测量的压力。

根据《消防给水及消火栓系统技术规范》GB 50974 第 5.2.2 条高位消防水箱的设置位置应高于其所服务的水灭火设施，且最低有效水位应满足水灭火设施最不利点处的静水压力，并应按下列规定确定：自动喷水灭火系统等自动水灭火系统应根据喷头灭火需求压力确定，但最小不应小于0.10MPa（即10m）；当高位消防水箱不能满足本条的静压要求时，应设稳压泵。此处讲的是静水压（图2.2.2-22）。

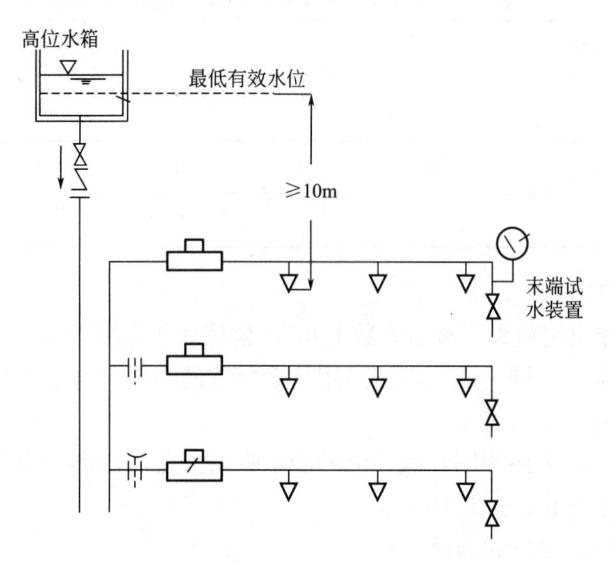


图2.2.2-22 高位水箱放置

（3）某建筑中庭，净高15m，采用$K$=115的标准覆盖面积快速响应喷头，如图2.2.2-23所示。请判断是否正确？

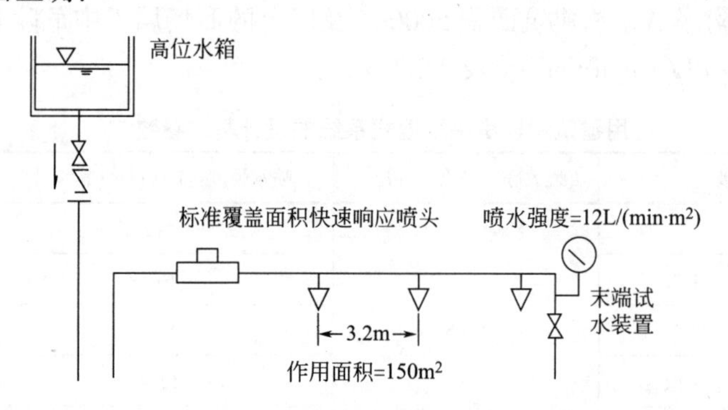


图2.2.2-23 快速响应喷头

答：①喷头采用$K$=115的标准覆盖面积快速响应喷头有误，当民用建筑高大空间场所的最大净空高度为12m＜$h$≤18m时，应采用非仓库型特殊应用喷头（CMSA）。

② 喷水强度不足，应达到15L/（min·m$^2$）。

③ 作用面积不够，应达到160m$^2$。

（4）某玩具厂，净高7m。采用标准覆盖面积特殊响应喷头，$K$=80。喷水强度=6L/（min·m$^2$）作用面积=160m$^2$。请判断是否正确？

答：①玩具厂属于中危Ⅱ级场所。所以喷水强度=8L/（min·m$^2$），作用面积=160m$^2$。如图2.2.2-24，其使用直立型喷头，根据表2.2.2-13可知。按正方形布置的边长（间距）最大为3.4m，与端墙的距离最大为1.7m。

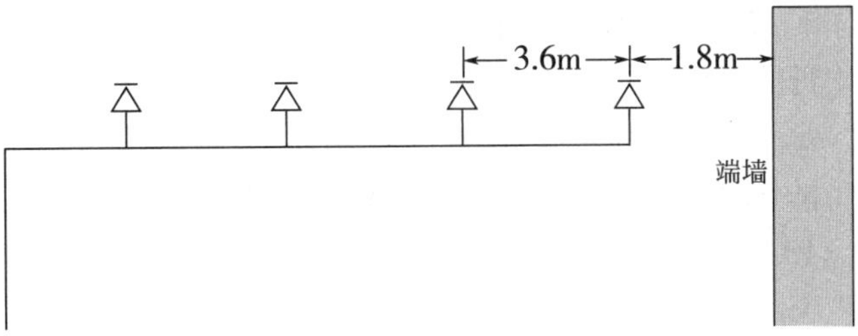

图 2.2.2-24　某玩具厂的喷头设置

**直立型、下垂型标准覆盖面积洒水喷头的布置**　　表 2.2.2-13

| 火灾危险等级 | 正方形布置的边长（m） | 矩形或平行四边形布置的长边边长（m） | 一只喷头的最大保护面积（$m^2$） | 喷头与端墙的距离（m） | |
|---|---|---|---|---|---|
| | | | | 最大 | 最小 |
| 轻危险级 | 4.4 | 4.5 | 20.0 | 2.2 | 0.1 |
| 中危险级Ⅰ级 | 3.6 | 4.0 | 12.5 | 1.8 | |
| 中危险级Ⅱ级 | 3.4 | 3.6 | 11.5 | 1.7 | |
| 严重危险级、仓库危险级 | 3.0 | 3.6 | 9.0 | 1.5 | |

注：a．布置间距不应超过表的规定且不应小于1.8m。
b．严重危险级或仓库危险级场所宜采用流量系数>80的洒水喷头。

② 根据表 2.2.2-14 可知：厂房高度未超过 8m，可采用 $K$=80 的喷头。

**洒水喷头类型和场所净空高度**　　表 2.2.2-14

| 设置场所 | | 喷头类型 | | | 场所净空高度$h$（m） |
|---|---|---|---|---|---|
| | | 一只喷头的保护面积 | 响应时间性能 | 流量系数$K$ | |
| 民用建筑 | 普通场所 | 标准覆盖面积洒水喷头 | 快速响应喷头<br>特殊响应喷头<br>标准响应喷头 | $K$≥80 | $h$≤8 |
| | | 扩大覆盖面积洒水喷头 | 快速响应喷头 | $K$≥80 | |
| | 高大空间场所 | 标准覆盖面积洒水喷头 | 快速响应喷头 | $K$≥115 | 8<$h$≤12 |
| | | 非仓库型特殊应用喷头 | | | |
| | | 非仓库型特殊应用喷头 | | | 12<$h$≤18 |
| 厂房 | | 标准覆盖面积洒水喷头 | 特殊响应喷头<br>标准响应喷头 | $K$≥80 | $h$≤8 |
| | | 扩大覆盖面积洒水喷头 | 标准响应喷头 | $K$≥80 | |
| | | 标准覆盖面积洒水喷头 | 特殊响应喷头<br>标准响应喷头 | $K$≥115 | 8<$h$≤12 |
| | | 非仓库型特殊应用喷头 | | | |
| 仓库 | | 标准覆盖面积洒水喷头 | 特殊响应喷头<br>标准响应喷头 | $K$≥80 | $h$≤9 |
| | | 仓库型特殊应用喷头 | | | $h$≤12 |
| | | 早期抑制快速响应喷头 | | | $h$≤13.5 |

补充知识点：如何确定闭式系统的作用面积内喷头位置。

假定最不利点附近的系统管网布置如图2.2.2-25所示，喷头布置为正方形，间距3m，该场所为中危险Ⅰ级。那么根据场所危险等级，可以知道对应的作用面积为160m$^2$，那么作用面积内的喷头数量=160/9=17.8。取整数为18个喷头，作用面积的长边=1.2×$\sqrt{160}$=15.2m。

长边上喷头数=15.2/3=5.06，取整数为6个喷头，所以作业面积内的喷头应沿支管布置为6×3的矩形。

如果喷头布置成长方形，间距4×3m。那么作用面积内的喷头数=160/12=13.3，取整14个喷头。作用面积长边上的喷头数为15.24=3.8，取整4个，作用面积内喷头布置如图2.2.2-26所示。

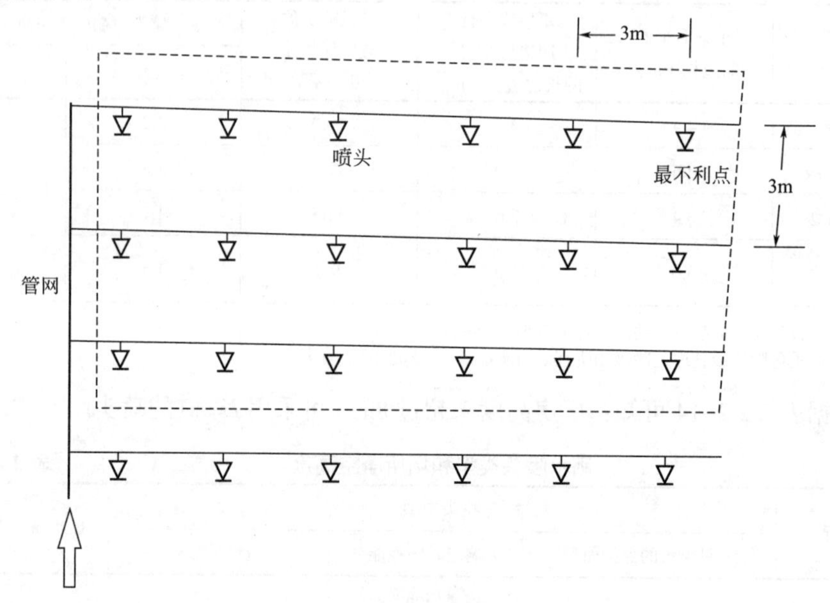


图2.2.2-25　喷头布置（一）

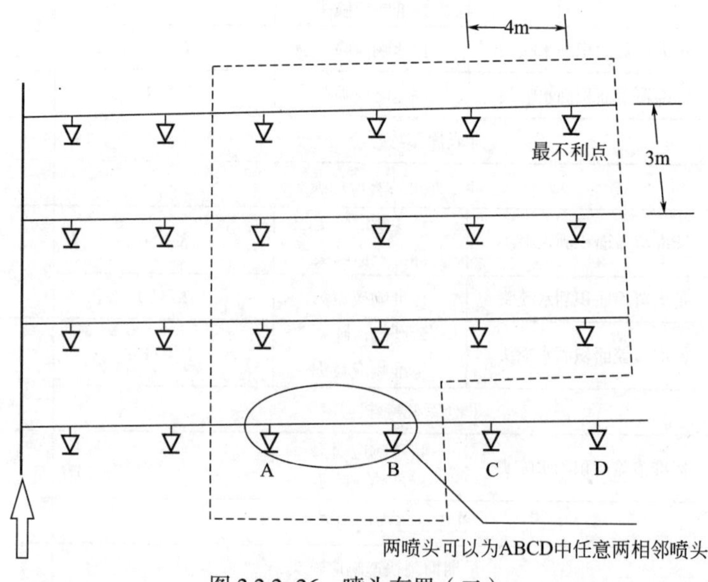


图2.2.2-26　喷头布置（二）

（5）某棉纺厂，室内净高 10m。喷头采用 $K$=80 的扩大覆盖面积标准响应喷头，喷水强度 =15L/（min·m$^2$），作用面积 =160m$^2$。喷头安装间距为 3.4m。请判断是否正确？

答：如表 2.2.2-15，①喷头采用 $K$=80 的扩大覆盖面积标准响应喷头不正确，应采用非仓库型特殊应用喷头或采用 $K \geqslant$ 115 标准覆盖面积的特殊响应 / 标准响应喷头。

② 喷水强度≥ 20L/（min·m$^2$）。

③ 喷头间距：1.8m ≤ $S$ ≤ 3.0m。

**民用建筑和厂房高大空间场所采用湿式系统的设计基本参数　　　表 2.2.2-15**

| 适用场所 | | 最大净空高度 $h$（m） | 喷水强度［L/（min·m$^2$）］ | 作用面积（m$^2$） | 喷头间距 $S$（m） |
|---|---|---|---|---|---|
| 民用建筑 | 中庭、体育馆、航站楼等 | 8＜$h$≤12 | 12 | 160 | 1.8≤$S$≤3.0 |
| | | 12＜$h$≤18 | 15 | | |
| | 影剧院、音乐厅、会展中心等 | 8＜$h$≤12 | 15 | | |
| | | 12＜$h$≤18 | 20 | | |
| 厂房 | 制衣制鞋、玩具、木器、电子生产车间等 | 8＜$h$≤12 | 15 | | |
| | 棉纺厂、麻纺厂、泡沫塑料生产车间等 | | 20 | | |

注：1. 表中未列入的场所，应根据本表规定场所的火灾危险性类比确定。
　　2. 当民用建筑高大空间场所的最大净空高度为12m＜$h$≤18m时，应采用非仓库型特殊应用喷头。

（6）某地食品仓库，采用双排货架储存货物，如图 2.2.2-27 所示。某日该公司请消防工程师小王和小李来评估，并让他们留下宝贵的整改意见。已知，喷头采用 $K$=80 的标准覆盖面积特殊响应喷头，喷水强度 =12L/（min·m$^2$）。作用面积 160m$^2$，持续喷水时间不应小于 1h。

如果你是小王或小李，你会如何整改？

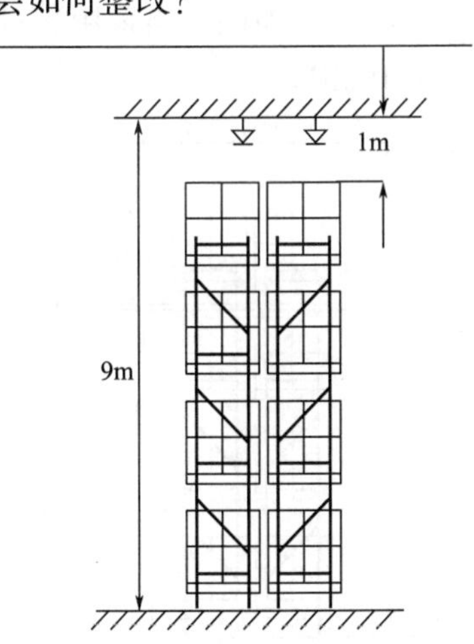


图 2.2.2-27　食品仓库喷头设置

答：本场所属于仓库危险Ⅰ级。净高不超过 9m，货架储物高度大于 7.5m（此处 9-1=8m）时，应设置货架内置洒水喷头。顶板下洒水喷头的喷水强度不应低于 18L/（min·m$^2$），作用面积不应小于 200m$^2$，持续喷水时间不应小于 2h。

根据货架仓库的最大净空高度或最大储物高度超过规定时，应设货架内置洒水喷头，且货架内置洒水喷头上方的层间隔板应为实层板。货架内置洒水喷头的设置应符合下列规定：

① 仓库危险级Ⅰ级、Ⅱ级场所应在自地面起每3.0m设置一层货架内置洒水喷头，仓库危险级Ⅲ级场所应在自地面起每1.5 ~ 3.0m设置一层货架内置洒水喷头，且最高层货架内置洒水喷头与储物顶部的距离不应超过3.0m；

② 当采用流量系数等于80的标准覆盖面积洒水喷头时，工作压力不应小于0.20MPa；当采用流量系数等于115的标准覆盖面积洒水喷头时，工作压力不应小于0.10MPa；

③ 洒水喷头间距不应大于3m，且不应小于2m。计算货架内开放洒水喷头数量不应小于表2.2.2-16的规定；

**货架内开放洒水喷头数量** **表2.2.2-16**

| 仓库危险级 | 货架内置洒水喷头的层数 | | |
|---|---|---|---|
| | 1 | 2 | ＞2 |
| Ⅰ级 | 6 | 12 | 14 |
| Ⅱ级 | 8 | 14 | |
| Ⅲ级 | 10 | | |

注：货架内置洒水喷头超过2层时，计算流量应按最顶层2层，且每层开放洒水喷头数按本表规定值的1/2确定。

④ 设置2层及以上货架内置洒水喷头时，洒水喷头应交错布置。

所以整改措施如图2.2.2-28，B距地面，A距地面均是3m以内，AB两处增设货架内喷头。B距货物顶部也是3m以内。A喷头与B喷头，B喷头与顶板下喷头均要间隔布置。AB两处喷头间距不应大于3m,且不应小于2m。货架内喷头开放数量按总数12只确定(即A开放6只，B开放6只)。另外AB两处洒水喷头的当采用流量系数等于80的标准覆盖面积洒水喷头时，工作压力不应小于0.20MPa；当采用流量系数等于115的标准覆盖面积洒水喷头时，工作压力不应小于0.10MPa。

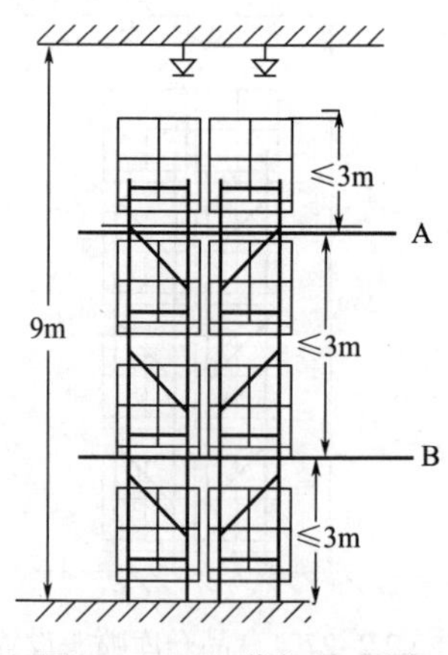


图2.2.2-28 货架整改图

（7）某皮草仓库，如图2.2.2-29所示。采用干式系统，在顶板下安装了下垂型喷头，喷头流量系数$K$=115，采用标准覆盖面积的特殊响应喷头。作用面积开放喷头数取10只。请提出整改措施。

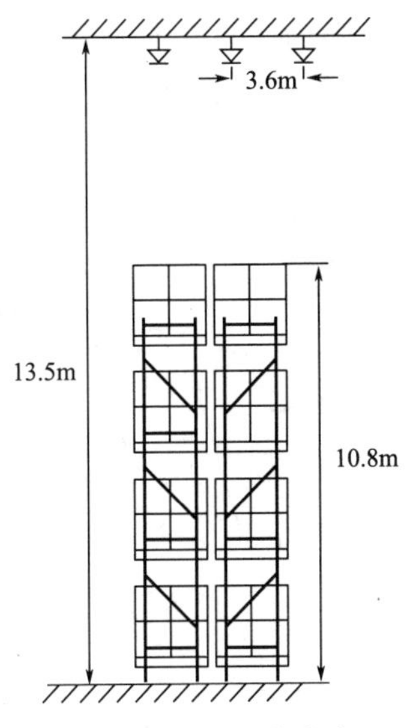


图 2.2.2-29　皮草仓库

答：本场所属于仓库危险Ⅱ级。最大净高 13.5m，堆垛高度为 10.8m，需采用早期抑制快速响应喷头。所以只能采用湿式系统。根据表 2.2.2-17 可知，采用早期抑制快速响应喷头（ESFR），流量系数 $K$ 取值 363，采用下垂型安装，喷头最低工作压力取 0.35MPa，喷头间距为 2.4 ~ 3.0m 之间即可。作用面积开放喷头数取 12 只。

**采用早期抑制快速响应喷头的系统设计基本参数　　表 2.2.2-17**

<table>
<tr><th>储物类别</th><th>最大净空高度（m）</th><th>最大储物高度（m）</th><th>喷头流量系数K</th><th>喷头设置方式</th><th>喷头最低工作压力（MPa）</th><th>喷头最大间距（m）</th><th>喷头最小间距（m）</th><th>作用面积内开放的喷头数</th></tr>
<tr><td rowspan="16">Ⅰ、Ⅱ级、沥青制品、箱装不发泡塑料</td><td rowspan="6">9.0</td><td rowspan="6">7.5</td><td rowspan="2">202</td><td>直立型</td><td rowspan="2">0.35</td><td rowspan="6">3.7</td><td rowspan="16">2.4</td><td rowspan="16">12</td></tr>
<tr><td>下垂型</td></tr>
<tr><td rowspan="2">242</td><td>直立型</td><td rowspan="2">0.25</td></tr>
<tr><td>下垂型</td></tr>
<tr><td>320</td><td>下垂型</td><td>0.20</td></tr>
<tr><td>363</td><td>下垂型</td><td>0.15</td></tr>
<tr><td rowspan="6">10.5</td><td rowspan="6">9.0</td><td rowspan="2">202</td><td>直立型</td><td rowspan="2">0.50</td><td rowspan="10">3.0</td></tr>
<tr><td>下垂型</td></tr>
<tr><td rowspan="2">242</td><td>直立型</td><td rowspan="2">0.35</td></tr>
<tr><td>下垂型</td></tr>
<tr><td>320</td><td>下垂型</td><td>0.25</td></tr>
<tr><td>363</td><td>下垂型</td><td>0.20</td></tr>
<tr><td rowspan="3">12.0</td><td rowspan="3">10.5</td><td>202</td><td>下垂型</td><td>0.50</td></tr>
<tr><td>242</td><td>下垂型</td><td>0.35</td></tr>
<tr><td>363</td><td>下垂型</td><td>0.30</td></tr>
<tr><td>13.0</td><td>12.0</td><td>363</td><td>下垂型</td><td>0.35</td></tr>
</table>

（8）某建筑一处应设置耐火极限为2.5h的防火隔墙，因确有困难，经论证后采用防火分隔水幕系统。已知室内净高10m，设置两排水幕喷头，简图如图2.2.2–30所示。喷水强度按1L/（s·m）来设计，喷头最低工作压力达到0.05MPa，持续喷水时间和其他灭火系统的相同，均是1h。请判断以上说法是否正确？

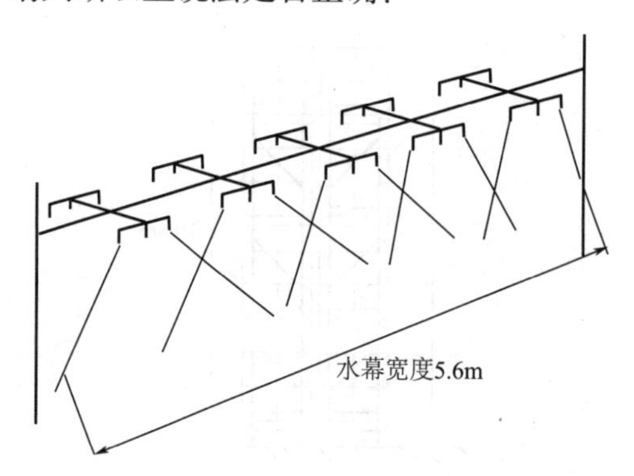


图2.2.2–30　防水分隔水幕系统

答：①"喷水强度按1L/（s·m）来设计，喷头最低工作压力达到0.05MPa，持续喷水时间和其他灭火系统的相同，均是1h"错误，由表2.2.2–18可知，喷水强度应按2L/（s·m）来设计，喷头最低工作压力为0.1MPa，持续喷水时间不应小于系统设置部位的耐火极限要求，即2.5h。

水幕系统的设计基本参数　　表2.2.2–18

| 水幕系统类别 | 喷水点高度$h$（m） | 喷水强度［L/（s·m）］ | 喷头工作压力（MPa） |
|---|---|---|---|
| 防火分隔水幕 | $h \leq 12$ | 2.0 | 0.1 |
| 防护冷却水幕 | $h \leq 4$ | 0.5 | |

注：1．防护冷却水幕的喷水点高度每增加1m，喷水强度应增加0.1L/（s·m），但超过9m时喷水强度仍采用1.0L/（s·m）。
2．系统持续喷水时间不应小于系统设置部位的耐火极限要求。
3．喷头布置应符合《自动喷水灭火系统设计规范》GB 50084—2017第7.1.16条的规定。

② 设置两排水幕喷头错误，水幕宽度5.6m错误。根据《自动喷水灭火系统设计规范》GB 50084—2017第7.1.16条：防火分隔水幕的喷头布置，应保证水幕的宽度不小于6m。采用水幕喷头时，喷头不应少于3排；采用开式洒水喷头时，喷头不应少于2排。防护冷却水幕的喷头宜布置成单排。

（9）某酒店建筑防火卷帘采用防护冷却系统保护，采用干式系统。喷头采用边墙型标准响应喷头，具体布置如下（侧视图和正视图）（图2.2.2–31、图2.2.2–32）。喷水强度按0.5L/（s·m）设计，为了更好管理，系统串联接入酒店的灭火系统。按请判断是否正确。

答：①采用干式系统错误，应采用湿式系统。

② 喷头设置高度错误，采用边墙型标准响应喷头错误，理由：喷头设置高度不应超过8m；当设置高度为4 ~ 8m时，应采用快速响应洒水喷头。

③ 系统串联接入酒店的灭火系统错误。理由：当采用防护冷却系统保护防火卷帘、防火玻璃墙等防火分隔设施时，系统应独立设置。

④ 喷水强度按0.5L/（s·m）设计错误，喷头设置高度不超过4m时，喷水强度不应

小于 0.5L/（s·m）；当超过 4m 时，每增加 1m，喷水强度应增加 0.1L/（s·m）。如整改后喷头最大设置高度为 8m，则喷水强度为 0.5+（8–4）×0.1=0.9L/（s·m）。

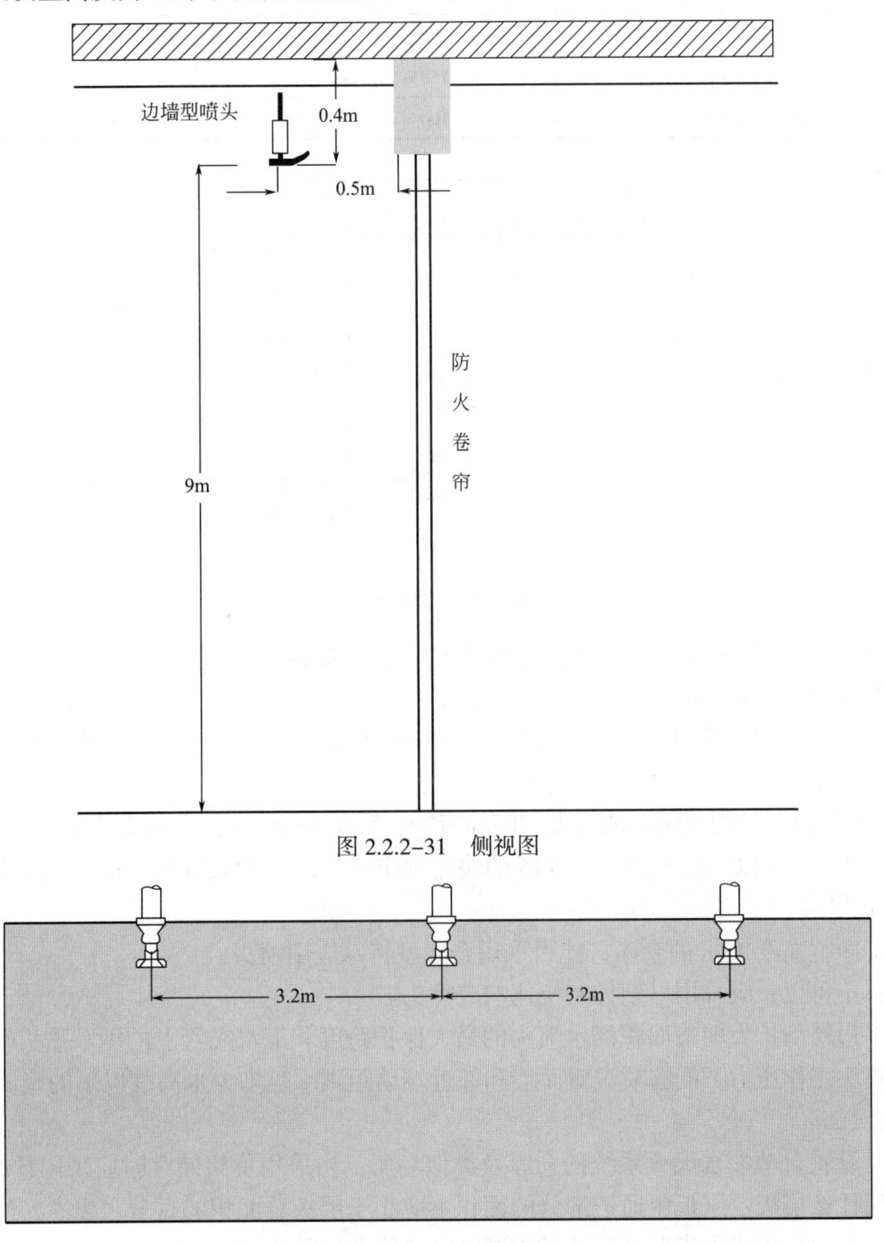


图 2.2.2–31　侧视图

图 2.2.2–32　正视图

⑤ 喷头溅水盘到顶板的距离 0.4m 错误，应为 100 ~ 150mm（图 2.2.2–33）。

知识总结：边墙型洒水喷头溅水盘与顶板和背墙的距离应符合表 2.2.2–19 的规定。

**边墙型洒水喷头溅水盘与顶板和背墙的距离（mm）**　　**表 2.2.2–19**

| 喷头类型 | | 喷头溅水盘与顶板的距离 $S_L$（mm） | 喷头溅水盘与背墙的距离 $S_W$（mm） |
|---|---|---|---|
| 边墙型标准覆盖面积洒水喷头 | 直立式 | $100 \leqslant S_L \leqslant 150$ | $50 \leqslant S_W \leqslant 100$ |
| | 水平式 | $150 \leqslant S_L \leqslant 300$ | — |

续表

| 喷头类型 | | 喷头溅水盘与顶板的距离$S_L$（mm） | 喷头溅水盘与背墙的距离$S_W$（mm） |
|---|---|---|---|
| 边墙型扩大覆盖面积洒水喷头 | 直立式 | $100 \leqslant S_L \leqslant 150$ | $100 < S_W \leqslant 150$ |
| | 水平式 | $150 \leqslant S_L \leqslant 300$ | — |
| 边墙型家用喷头 | | $100 \leqslant S_L \leqslant 150$ | — |

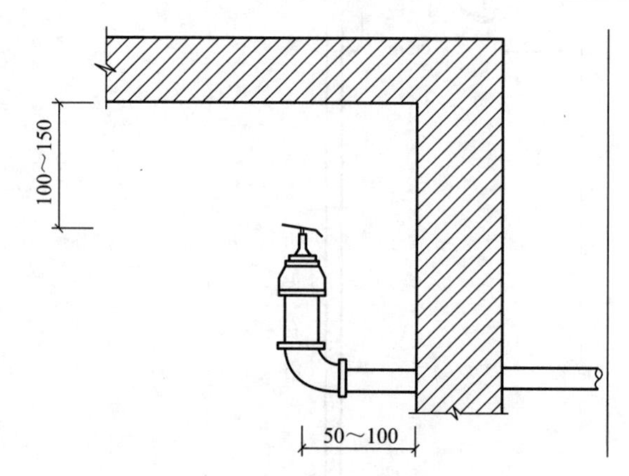


图 2.2.2-33　边墙型喷头溅水盘设置

⑥ 喷头间距为 3.2m 错误，理由：喷头的设置应确保喷洒到被保护对象后布水均匀，喷头间距应为 1.8 ~ 2.4m。

⑦ 喷头溅水盘与防火分隔设施的水平距离为 0.5m 错误，理由：喷头溅水盘与防火分隔设施的水平距离不应大于 0.3m。

**答 115:**（1）民用建筑里的高大空间场所能否采用 $K$=80 的标准响应喷头？

答:（1）不可以；应采用 $K \geqslant 115$ 的快速响应喷头，大于 12m 时，应采用非仓库型特殊应用喷头。

（2）净空高度 13m 的仓库，能否采用仓库型特殊应用喷头？

答：不可以；应采用早期抑制快速响应喷头。

（3）边墙型扩大覆盖面积洒水喷头的最大保护跨度和配水支管上的洒水喷头间距，应按洒水喷头工作压力下能够喷湿对面墙和邻近端墙距溅水盘多少米高度以下的墙面确定？

答：1.2m。

（4）设置自动喷水灭火系统的仓库及类似场所，当采用货架储存时应采用什么货架？并应采用什么层板？层板中通透部分的面积不应小于层板总面积的百分之多少？当采用木制货架或采用封闭层板货架时，其系统设置应按什么场所来确定？

答：钢制货架；通透层板；通透部分的面积不应小于层板总面积的 50%。应按堆垛储物仓库确定。

（5）货架仓库的最大净空高度或最大储物高度超过规范的规定时，应设货架内还是货架外置洒水喷头？货架内置洒水喷头上方的层间隔板应为实层板还是通透层板？洒水喷头间距是多少？设置 2 层及以上货架内置洒水喷头时，洒水喷头应怎么样布置？

答：货架内（顶部喷头的水会受货架阻挡，所以货架内要增设）；实层板；洒水喷头间距不应大于 3m，且不应小于 2m。设置 2 层及以上货架内置洒水喷头时，洒水喷头应交错布置（图 2.2.2–34）。

注意：货架内置洒水喷头宜与顶板下洒水喷头交错布置，其溅水盘与上方层板的距离应符合《自动喷水灭火系统设计规范》GB 50084—2017 第 7.1.6 条的规定，与其下部储物顶面的垂直距离不应小于 150mm。

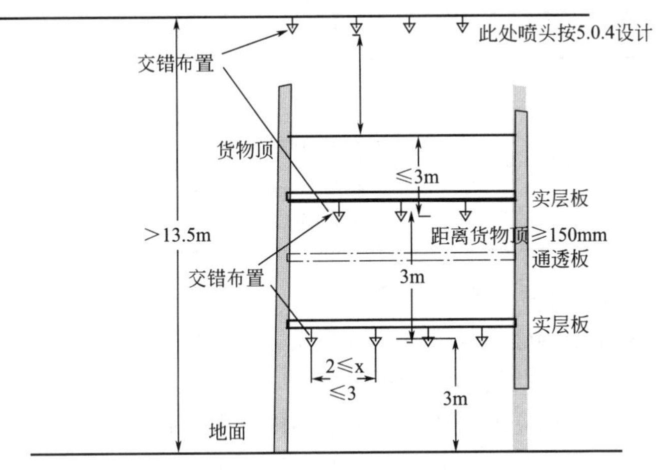


图 2.2.2–34　货架内喷头布置

**答 116：**特殊系统和场所的作用面积和喷水强度，及系统持续喷水时间。

干式系统的喷水强度还是系统作用面积要增加？增加多少？为什么？

答：（1）系统作用面积，增加 30% 即应按对应值的 1.3 倍确定。

原因：干式系统的配水管道内平时维持一定气压，因此系统启动后将滞后喷水，而滞后喷水无疑将增大灭火难度，等于相对削弱了系统的灭火能力，因此本条提出采用扩大作用面积的办法来补偿滞后喷水对灭火能力的影响。

（2）装设网格、栅板类通透性吊顶的场所，系统的喷水强度还是作用面积要增加？增加多少？为什么？

答：系统的喷水强度增加，按规范增加 30% 即 1.3 倍确定。

原因：此类吊顶会严重阻碍喷头的洒水分布性能和动作性能，进而影响系统的控、灭火性能。因此应适当增大系统的喷水强度。

（3）在环境温度低于 4 度的地区，建设一座地下车库，采用干式自动喷水灭火系统保护，系统的设计参数按照火灾危险等级的中危险级Ⅱ级确定，其作用面积不应小于多少平方米？

答：160 × 1.3=208。

（4）如果一个中危Ⅱ级干式系统有格栅吊顶（净空高度 7m 的民用建筑），请问流量怎么求？

答：8 × 1.3 × 160 × 1.3/60（L/s）。

（5）仅在走道设置洒水喷头的闭式系统，其作用面积应按什么面积确定？

答：按最大疏散距离所对应的走道面积确定。

（6）除本规范另有规定外，自动喷水灭火系统的持续喷水时间应按火灾延续时间不小于几小时确定？

答：1h。

**答 117**：扩大覆盖面积洒水喷头和标准覆盖面积洒水喷头有何区别？都包含哪类喷头？

答：见表 2.2.2–20。

**喷头类型和保护面积** **表 2.2.2–20**

| | 喷头类型 | 保护面积 |
|---|---|---|
| 标准覆盖面积洒水喷头 | 直立型、下垂型洒水喷头 | ≤$20m^2$ |
| | 边墙型洒水喷头 | ≤$18m^2$ |
| 扩大覆盖面积洒水喷头 | 直立型、下垂型和边墙型扩大覆盖面积洒水喷头 | ≤$36m^2$ |

**答 118**：自动喷水灭火系统应设报警阀组。

（1）保护室内钢屋架等建筑构件的闭式系统，其给水管可以串联接入建筑的湿式自动喷水灭火系统的配水干管。此句话是否正确？

（2）水幕系统必须设独立的报警阀组或感温雨淋报警阀，是否正确？

（3）串联接入湿式系统配水干管的其他自动喷水灭火系统，可以合用报警阀组，是否正确？

答：（1）错误，保护室内钢屋架等建筑构件的闭式系统应设置独立的自动喷水灭火系统，所以应设独立的报警阀组。

（2）正确。水幕系统应设独立的报警阀组或感温雨淋报警阀。

（3）错误。串联接入湿式系统配水干管的其他自动喷水灭火系统，应分别设置报警阀组。

**答 119**：关于报警阀组控制的洒水喷头数的问题。

（1）如图 2.2.2–35 所示，某建筑为了方便管理，将干式系统串联接入湿式系统的配水干管。请找出错误，并说明理由。

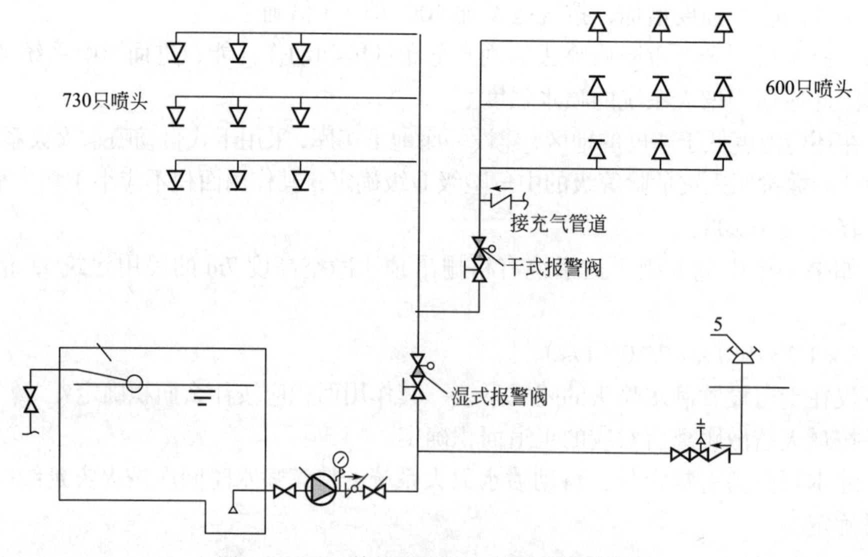


图 2.2.2–35　其他系统接入湿式系统示意图

答：①干式报警阀组控制 600 只喷头错误，理由：干式系统控制的洒水喷头总数不宜超过 500 只。

② 湿式报警阀控制 730+600=1330 只喷头错误，理由：串联接入湿式系统配水干管的其他自动喷水灭火系统，应分别设置独立的报警阀组，其控制的洒水喷头数计入湿式报警阀组控制的洒水喷头总数。

另：湿式系统、预作用系统不宜超过 800 只。所以要再设置一个湿式报警阀。

（2）某建筑设置吊顶，配水支管同时设置保护吊顶下方和上方空间的洒水喷头。如图 2.2.2–36 所示，请问设置一个湿式报警阀是否正确？

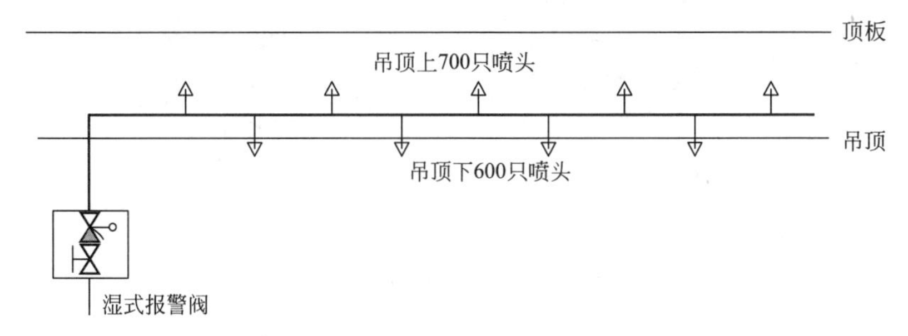


图 2.2.2–36　洒水喷头布置

答：当配水支管同时设置保护吊顶下方和上方空间的洒水喷头时，应只将数量较多一侧的洒水喷头计入报警阀组控制的洒水喷头总数。所以此处只算 700 只，又湿式系统控制不宜超过 800 只喷头，所以满足要求。

（3）每个报警阀组供水的最高与最低位置洒水喷头，其高程差不宜大于多少米？

答：50m。

（4）报警阀组宜设在安全及易于操作的地点，报警阀距地面的高度宜为多少米？设置报警阀组的部位应设有什么设施？

答：1.2m，排水设施。

**答 120：**雨淋报警阀组的电磁阀，其入口应设什么组件？并联设置雨淋报警阀组的雨淋系统，其雨淋报警阀控制腔的入口应设什么阀？

答：过滤器；止回阀。并联设置雨淋报警阀组的系统启动时，将根据火情开启一部分雨淋报警阀。当开阀供水时，雨淋报警阀的入口水压将产生波动，有可能引起其他雨淋报警阀的误动作。为了稳定控制腔的压力，保证雨淋报警阀的可靠性，所以要求设有止回阀（图 2.2.2–37）。

**答 121：**连接报警阀进出口的控制阀应采用什么阀？当不采用信号阀时，控制阀应设置什么设施？

答：信号阀（防止关闭，如一关闭就会发出信号）（图 2.2.2–38）；锁定阀位的锁具（开启位置锁住）（图 2.2.2–39）。

**答 122：**关于水力警铃的问题。

（1）水力警铃的工作压力不应小于多少兆帕？

（2）水力警铃应设在什么场所？

（3）水力警铃与报警阀连接的管道，其管径应为多少毫米？总长不宜大于多少米？

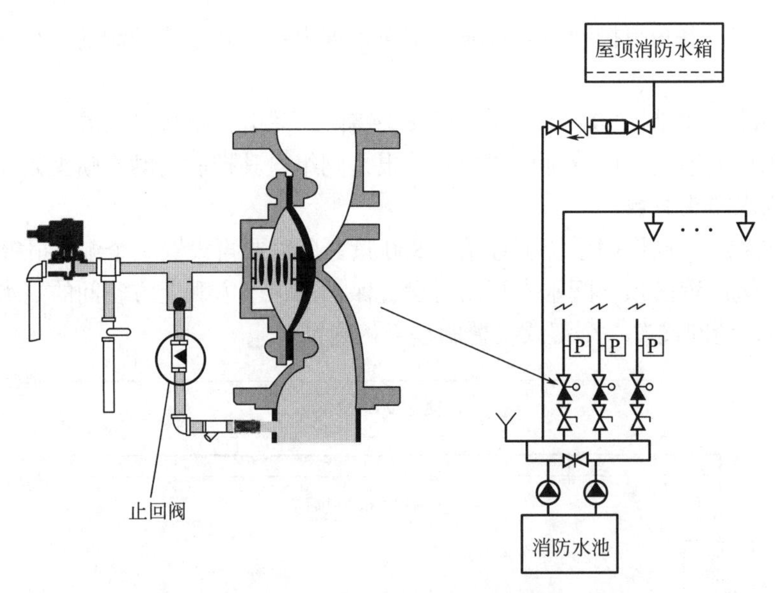


图 2.2.2–37 雨淋阀止回阀设置

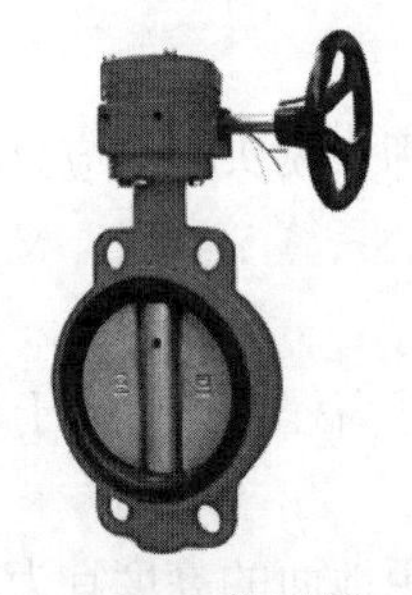

图 2.2.2–38 信号阀

图 2.2.2–39 带锁定阀位的锁具的控制阀

（4）水力警铃的设置位置应正确。测试时，水力警铃喷嘴处压力不应小于多少兆帕？距水力警铃几米远处警铃声声强不应小于多少分贝？

答：（1）水力警铃的工作压力不应小于0.05MPa。

（2）应设在有人值班的地点附近或公共通道的外墙上。

（3）与报警阀连接的管道，其管径应为20mm，总长不宜大于20m。

（4）水力警铃喷嘴处压力不应小于0.05MPa，且距水力警铃3m远处警铃声声强不应小于70dB。

**答123：**关于水流指示器的问题。

（1）水流指示器的作用是什么？

（2）信号阀应安装在水流指示器前还是后的管道上？与水流指示器之间的距离不宜小于多少毫米？

（3）水流指示器可以跨防火分区或跨楼层使用，此句话是否正确？

（4）仓库内顶板下洒水喷头与货架内置洒水喷头可以合用一个水流指示器，此句话是否正确？

答：（1）水流指示器是在自动喷水灭火系统中，将水流信号转换成电信号传给消防总机的一种水流报警装置。

（2）前；300mm。

（3）错误；除报警阀组控制的洒水喷头只保护不超过防火分区面积的同层场所外，每个防火分区、每个楼层均应设水流指示器。

（4）不正确；仓库内顶板下洒水喷头与货架内置洒水喷头应分别设置水流指示器。

**答 124：**（1）关于水流报警装置，小王和小李进行了探讨。请说明其是否正确，并判断是否正确？

小李说：雨淋系统和防火分隔水幕，和其他湿式系统、干式系统一样，都可以使用压力开关或流量开关作为水流报警装置。

小王说：自动喷水灭火系统的稳压泵应采用流量开关控制，因为其更灵敏。

答：①小李说的有误。原因是雨淋系统和水幕系统采用开式喷头，平时报警阀出口后的管道内（系统侧）没有水，系统启动后的管道充水阶段，管内水的流速较快，容易损伤水流指示器，因此采用压力开关较好。

② 小王说的有误。自动喷水灭火系统应采用压力开关控制稳压泵，并应能调节启停压力。

（2）请说出水流指示器和压力开关的工作原理。

答：①压力开关

压力开关是将系统的压力信号转换为电信号的装置，水灭火系统中压力开关的构造比较简单，为机械式开关。图 2.2.2-40 所示为常见的可调动作压力的活塞式压力开关示意图，主要由壳体、开关、活塞、隔膜、调整螺钉、压缩弹簧等组成。工作原理为：平时弹簧处于压缩状态，给活塞一个向下的力，使得压力开关处于断开状态，调整螺钉可旋转上下移动，通过调整弹簧的压缩程度，达到调整压力开关的动作压力的作用。一旦压力水从入水口进入压力开关，隔膜使得水只能在开关壳体下部，不进入有电气元件的上部。当压力水作用在活塞上的力大于压缩弹簧作用在活塞的力与重力之和时，活塞向上运动，活塞上侧端顶住开关，使得开关由断开状态变为连通状态，压力开关输出动作信号完成报警。

压力开关按照在水灭火系统中的应用形式可分为普通型压力开关、预作用型压力开关和特殊型压力开关。普通型压力开关可安装在除预作用系统外的自动喷水灭火系统中，动作压力为 0.035~0.05MPa，主要用于系统的报警阀报警管路上，起到启动消防泵的作用。预作用型压力开关主要安装在预作用系统中动作压力为 0.03~0.05MPa，主要用于系统的报警阀报警管路上，起到启动消防泵的作用。特殊型系统压力开关的动作压力范围由厂家确定，一般可应用在配水干管、稳压泵系统中，控制、监测水流流动和稳压泵的启停。同时，根据压力开关的结构形式，可分为可调式压力开关、不可调式压力开关和记忆式压力开关。记忆式压力开关具有记忆功能，当压力信号撤除后，在人为复位前仍能维持动作状态。在水灭火系统中用于控制消防泵的压力开关，应采用具有记忆功能的压力开关。当采用其他压力开关控制消防泵启动时，必须在控制电路上设计自锁功能。防止压力开关信号消失后，压力开关自行复位而影响消防泵的运行。

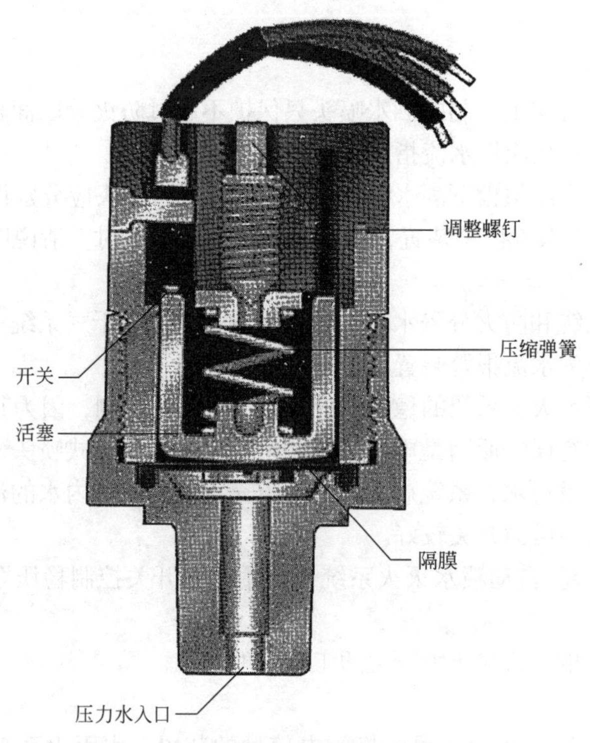


图 2.2.2–40　压力开关

② 水流指示器

水流指示器是将水流信号转换成电信号的一种报警装置，作用是监视管内是否有水流通过。图 2.2.2–41 所示为插入式水流指示器示意图，主要由壳体微动开关等组成。

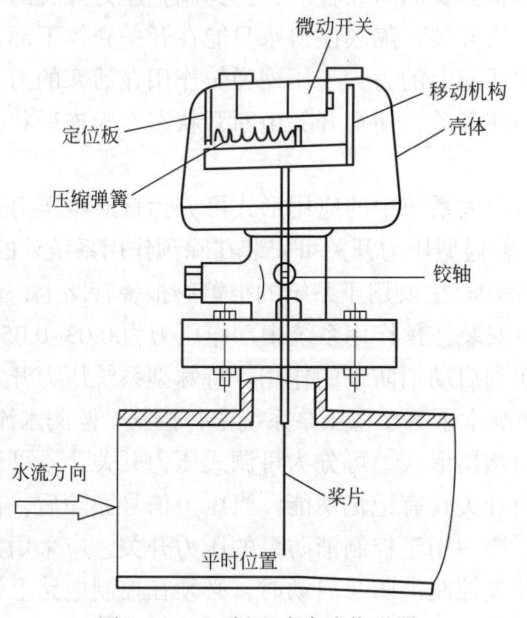


图 2.2.2–41　插入式水流指示器

工作原理为：平时管道中无水流，弹簧处于压缩状态，桨片处于垂直状态，内部电路断开；当管道中有一定流量的水流流过时，桨片在水下作用力下，向水流方向偏移，通过杠杆作用，移动机构向左移动，压微动开关，接通电路，水流指示器输出动作信号完成报警。

水流指示器必须满足一定的灵敏度要求，报警流量应在15.0 ~ 37.5L/min。这是因为报警流量太小时，如系统存在正常的漏水都可能会引起误报；报警流量太大时，又会导致系统不能及时报警。因此规定，流量小于15L/min时，水流指示器不得报警，流量到达37.5L/min时，必须报警。水路中有时会存在冲击水流，或水流波动并非喷头破裂，会导致水流报警器误报。为避免误报，可安装带延时功能的水流报警器。带延迟功能的水流指示器的延迟时间可以在2 ~ 90s之间调节在自动喷水灭火系统中，水流指示器担负着及时报告火灾部位的功能。因此要求每个防火分区、每个楼层均应设水流指示器。但对同一防火分区、同楼层只用一个报警阀保护的情况，该防火分区或楼层可不设水流指示器。为了解货架喷头的动作情况，仓库内顶板下喷头与货架内喷头应分别设置。

水流指示器的安装必须注意以下要点：一是水流指示器的前端应安装信号阀，之间距离不宜小于300mm；二是水流指示器宜竖直安装在水平管段上，不能倒装、侧装，也可安装在垂直管段上，水流方向必须由下向上；三是水流方向必须与水流指示器的桨片动作方向一致，否则水流指示器永远不会动作，起不到报警作用。需要指出的是，水流指示器一般只用于水流速度不是特别快的地方，如湿式、干式、预作用系统等（干式、预作用系统存在排气过程，这使得充水时，水流速度不会太快），对雨淋系统、水幕系统由于其采用开式喷头，平时报警阀出口后的管道内也没有水，系统启动后的管道充水阶段，管内水的流速较快，容易损伤水流指示器。因此应采用压力开关作为水流监测报警装置。应注意到，对湿式、干式、预作用系统，水流指示器能起到指示火灾发生部位（防火分区、楼层）的作用，雨淋系统、水幕系统管道中安装的压力开关起到的主要作用是判别是否有水流从需要灭火的部位喷出，起火部位可由火灾报警系统、传动系统探测。

（3）说明ZSJZ100–YF–1.2和ZSJZ100–M–1.2的含义。

答：ZSJZ100–YF–1.2表示额定工作压力为1.2MPa，具有延迟功能，法兰结构，公称直径为100mm的水流指示器。

ZSJZ100–M–1.2表示表示额定工作压力为1.2MPa，无延迟功能，马鞍式结构，公称直径为100mm的水流指示器。

**答125：**关于末端试水装置的问题。

（1）试水接头出水口的流量系数的选择。例如：某酒店在客房中安装流量系数为$K$等于115的边墙型扩大覆盖面积洒水喷头，走廊安装下垂型标准流量洒水喷头，其所在楼层如设置末端试水装置，试水接头出水口的流量系数，如何选择?

答：应等同于同楼层或防火分区内的最小流量系数洒水喷头。所以取$K$等于80。

（2）请解释：ZSPM–80/1.2–S和ZSPM–80/1.2– DX的含义。

答：ZSPM–80/1.2–S表示公称流量系数$K$=80、额定工作压力为1.2MPa的手动式末端试水装置。

ZSPM–80/1.2– DX表示公称流量系数$K$=80、额定工作压力为1.2MPa的电动带信号反馈装置式末端试水装置。

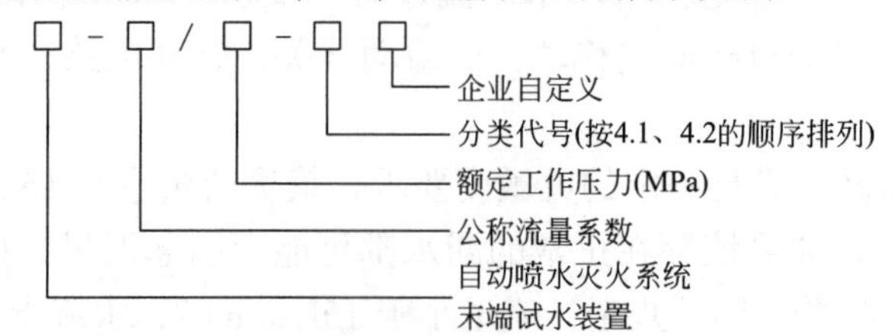


（3）如图 2.2.2–42 所示，请说明哪种设置不合理？

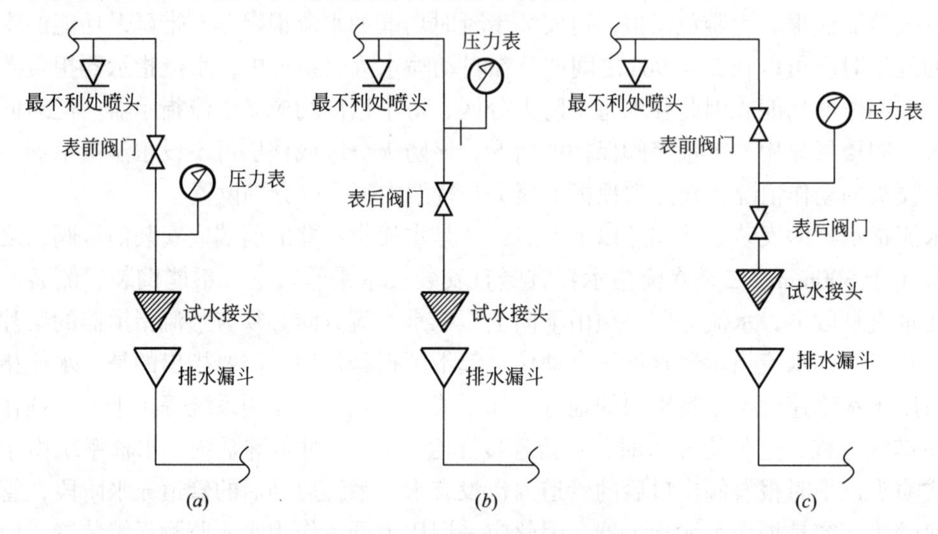


图 2.2.2–42　末端试水装置设置

答：图 2.2.2–42（*a*）不合理。图 2.2.2–42（*a*）平时阀门关闭，压力表不工作，无法测量系统准工作压力下的静水压力，只能测量动压。

图 2.2.2–42（*b*）优点是可以测量系统准工作压力下的静水压力，缺点是更换表后阀门停用最不利楼层或防火分区的喷水系统。

图 2.2.2–42（*c*）平时需要关闭表后阀，打开表前阀门。其优点在于：更换表后阀门只需关闭表前阀门，而不需停用最不利楼层或防火分区。

（4）判断下列说法是否正确。

① 设设置自动喷水灭火系统的建筑，只设置一个末端试水装置。

答：不正确。每个报警阀组控制的最不利点洒水喷头处应设末端试水装置，应看此建筑设置了几个报警阀组。

② 末端试水装置的出水一般直接排入排水管道。

答：错误。采用孔口出流方式。

（5）排水立管一般不设伸顶通气管，且管径不应小于 65mm。

答：错误，排水立管宜设伸顶通气管，且管径不应小于 75mm。

（6）为防止末端试水装置被挪用，可以放在吊顶内。

答：错误：其距地面的高度宜为 1.5m。

（7）短立管及末端试水装置的连接管，其管径为 20mm。

答：错误，不应小于 25mm（图 2.2.2–43）。

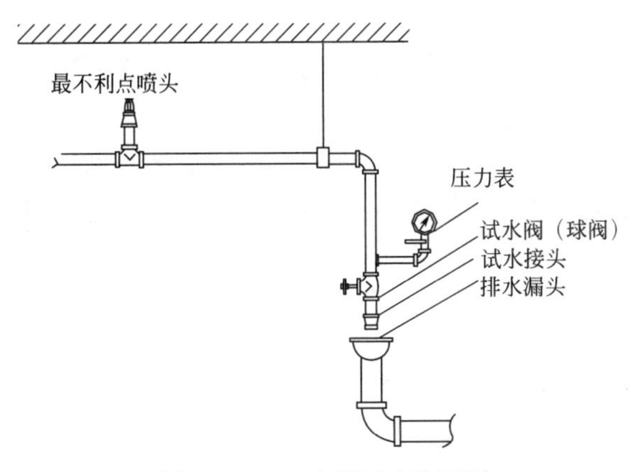

图 2.2.2-43　末端试水装置图

**答 126**：某地消防部门进行消防检查，发现了诸多喷头与墙体或其他障碍物布置距离的问题，请改正。

（1）某商店采用标准覆盖面积洒水喷头（图 2.2.2-44）。

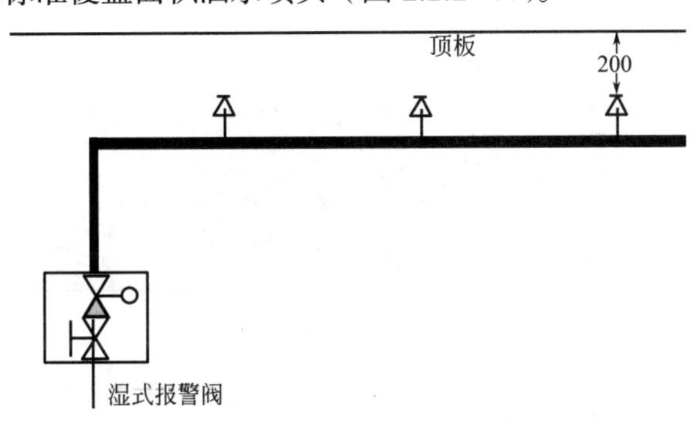

图 2.2.2-44　某商店采用标准覆盖面积洒水喷头

答：错误。除吊顶型洒水喷头及吊顶下设置的洒水喷头外，直立型、下垂型标准覆盖面积洒水喷头和扩大覆盖面积洒水喷头溅水盘与顶板的距离应为 75 ~ 150mm（图 2.2.2-45）。

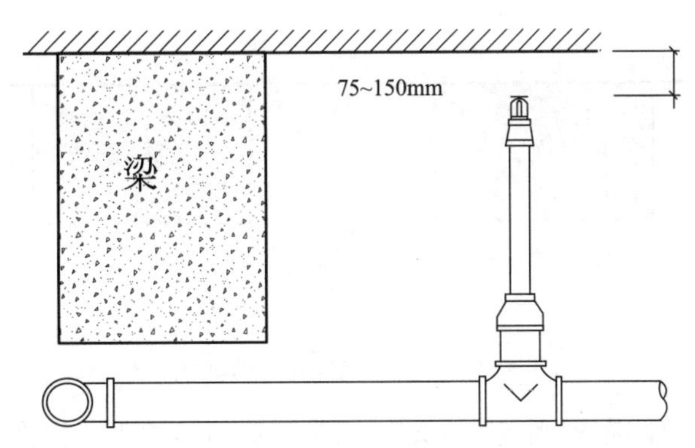

图 2.2.2-45　直立或下垂型标准覆盖面积洒水喷头和扩大覆盖面积洒水喷头溅水盘与顶板的距离

（2）某娱乐场所，在梁下布置的喷头情形如图 2.2.2-46。

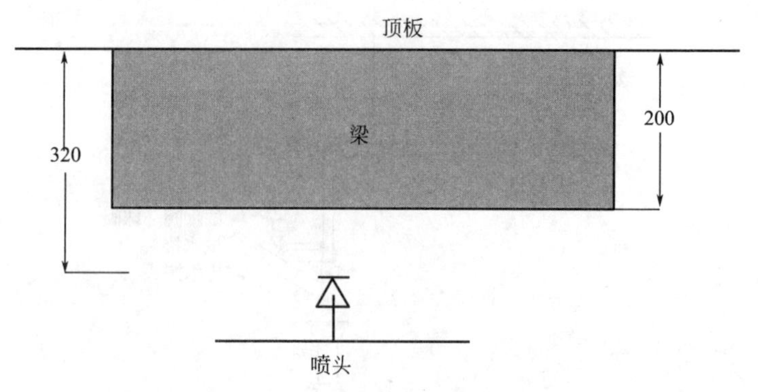


图 2.2.2–46　梁下布置错误的喷头（一）

答：错误。当在梁或其他障碍物底面下方的平面上布置洒水喷头时，溅水盘与顶板的距离不应大于 300mm，同时溅水盘与梁等障碍物底面的垂直距离应为 25 ~ 100mm。此处喷头溅水盘到梁底距离为 120mm，到顶板距离为 320mm，均超过要求。实际此条文变相的限制了梁的厚度，如梁太厚，喷头动作时间会受延迟或一直不动作（图 2.2.2–47）。

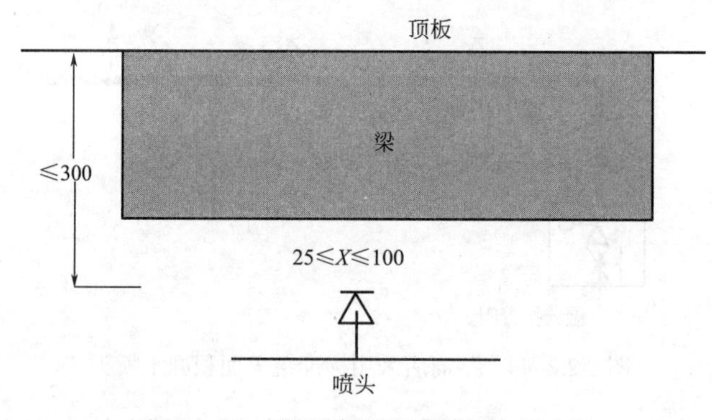


图 2.2.2–47　梁下布置正确的喷头（二）

（3）某餐厅，在梁间安装的喷头如图 2.2.2–48 所示。为了不受梁边的梁等障碍物影响，将喷头下移。

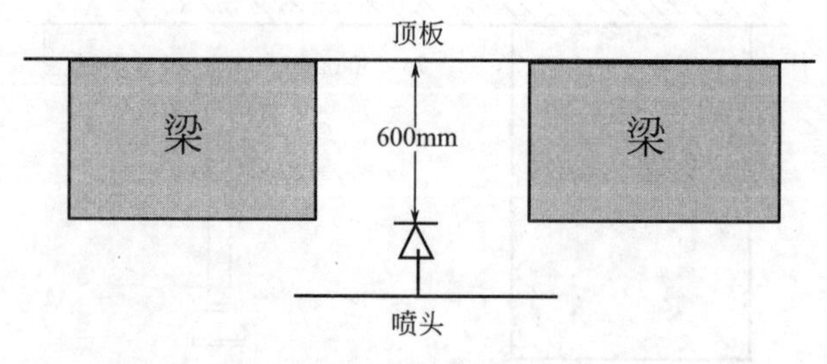


图 2.2.2–48　餐厅布置的喷头

答：错误。当在梁间布置洒水喷头时，洒水喷头与梁的距离很难符合规范规定时，溅水盘与顶板的距离不应大于 550mm。

（4）某展览建筑，在梁间布置标准覆盖面积喷头。已知喷头距离两个梁的距离相等（图 2.2.2–49）。

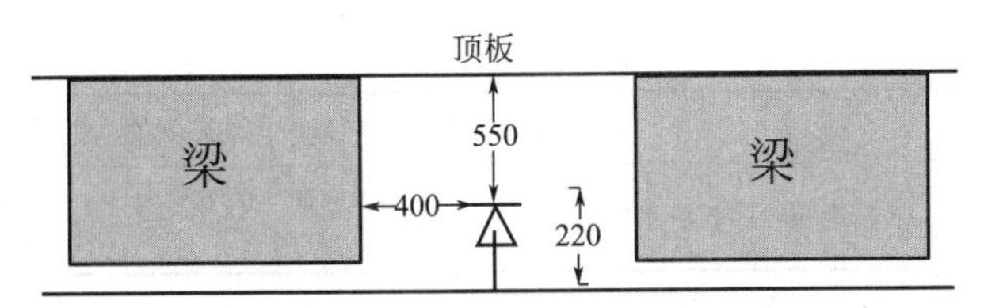


图 2.2.2-49　展览建筑布置错误的喷头

答：布置有误。理由：喷头溅水盘距离顶板的距离已经是极限，此时看溅水盘距离梁边的距离和距离梁底的距离。根据以下具体知识可知，当 $a$=400mm 时，$b$ 应不大于 60mm。而此时已经达到 220mm。所以应该在梁下布置喷头进行补充（图 2.2.2-50）。

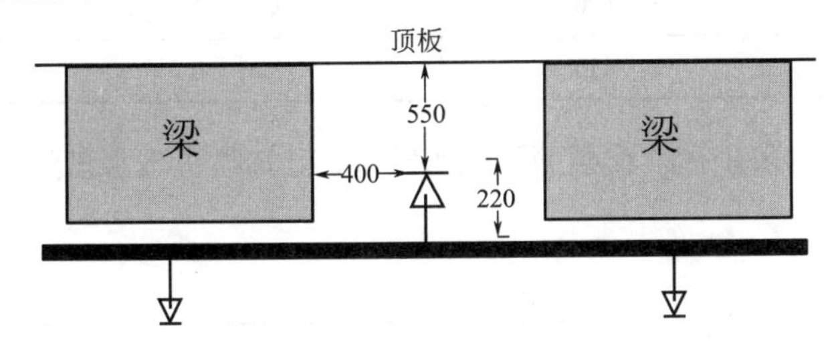


图 2.2.2-50　展览建筑布置正确的喷头

具体知识：当在梁间布置洒水喷头时，洒水喷头与梁的距离应符合《自动喷水灭火系统设计规范》GB 50084-2017 第 7.2.1 条的规定。确有困难时，溅水盘与顶板的距离不应大于 550mm。梁间布置的洒水喷头，溅水盘与顶板距离达到 550mm 仍不能符合《自动喷水灭火系统设计规范》GB 50084-2017 第 7.2.1 条的规定时，应在梁底面的下方增设洒水喷头。

7.2.1　直立型、下垂型喷头与梁、通风管道等障碍物的距离（如图 2.2.2-51）宜符合表 2.2.2-21 的规定。

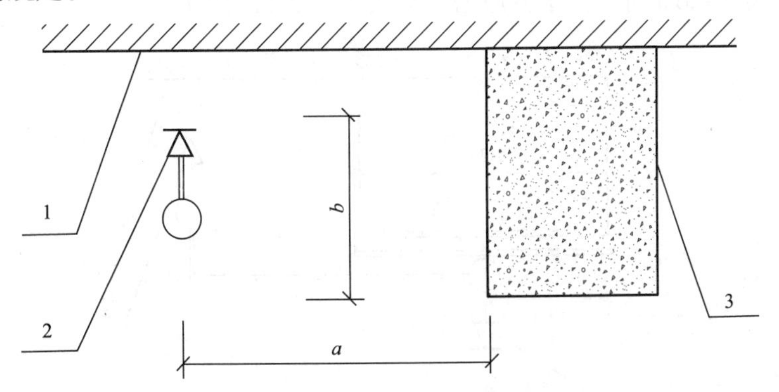


图 2.2.2-51　喷头与梁、通风管道等障碍物的距离

1—顶板；2—直立型喷头；3—梁（或通风管道）

**喷头与梁、通风管道等障碍物的距离（mm）**　　**表 2.2.2-21**

| 喷头与梁、通风管道的水平距离 $a$ | 喷头溅水盘与梁或通风管道的底面的垂直距离 $b$ | | |
|---|---|---|---|
| | 标准覆盖面积洒水喷头 | 扩大覆盖面积洒水喷头、家用喷头 | 早期抑制快速响应喷头、特殊应用喷头 |
| $a < 300$ | 0 | 0 | 0 |
| $300 \leqslant a < 600$ | $b \leqslant 60$ | 0 | $b \leqslant 40$ |

续表

| 喷头与梁、通风管道的水平距离 $a$ | 喷头溅水盘与梁或通风管道的底面的垂直距离 $b$ | | |
|---|---|---|---|
| | 标准覆盖面积洒水喷头 | 扩大覆盖面积洒水喷头、家用喷头 | 早期抑制快速响应喷头、特殊应用喷头 |
| $600 \leqslant a < 900$ | $b \leqslant 140$ | $b \leqslant 30$ | $b \leqslant 140$ |
| $900 \leqslant a < 1200$ | $b \leqslant 240$ | $b \leqslant 80$ | $b \leqslant 250$ |
| $1200 \leqslant a < 1500$ | $b \leqslant 350$ | $b \leqslant 130$ | $b \leqslant 380$ |
| $1500 \leqslant a < 1800$ | $b \leqslant 450$ | $b \leqslant 180$ | $b \leqslant 550$ |
| $1800 \leqslant a < 2100$ | $b \leqslant 600$ | $b \leqslant 230$ | $b \leqslant 780$ |
| $a \geqslant 2100$ | $b \leqslant 880$ | $b \leqslant 350$ | $b \leqslant 780$ |

（5）某地下车库，采用标准覆盖面积洒水喷头，已知喷头溅水盘到顶板距离符合要求。如图2.2.2–52所示。

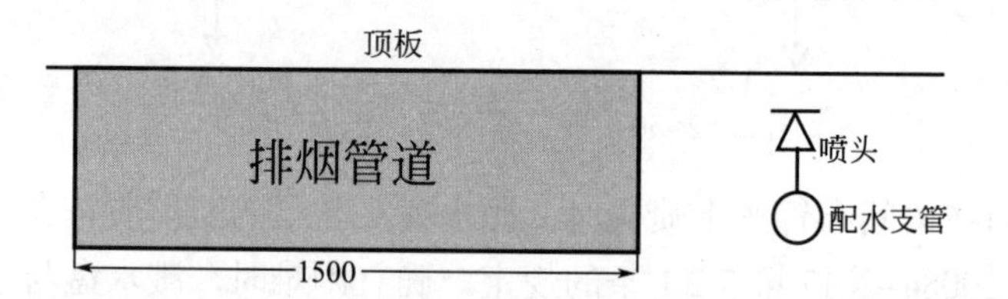


图2.2.2–52　地下车库喷头设置

答：排烟管道下应增设喷头。当梁、通风管道、成排布置的管道、桥架等障碍物的宽度大于1.2m时，其下方应增设喷头；采用早期抑制快速响应喷头和特殊应用喷头的场所，当障碍物宽度大于0.6m时，其下方应增设喷头（图2.2.2–53）。

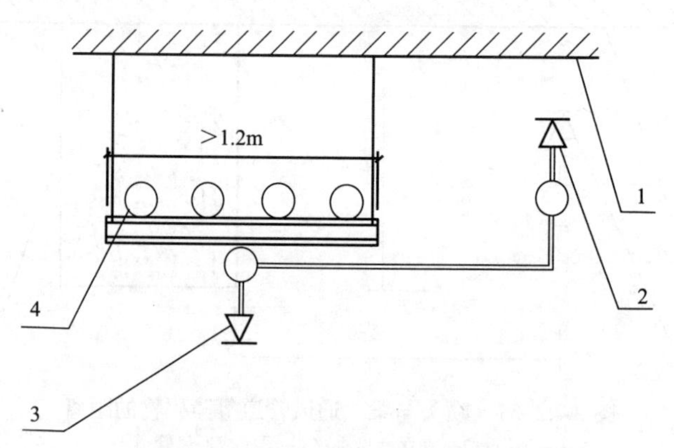


图2.2.2–53　障碍物下方增设喷头

1—顶板；2—直立型喷头；3—下垂型喷头；
4—成排布置的管道（或梁、通风管道、桥架等）

（6）某图书馆两排书架通道上方设置了标准覆盖面积洒水喷头，具体情况如图2.2.2–54。

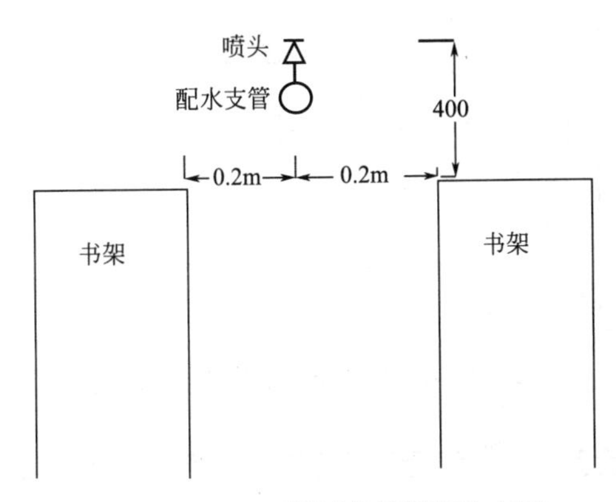


图 2.2.2-54　某图书馆的喷头布置

答：布置错误。图书馆、档案馆、商场、仓库中的通道上方宜设有喷头。喷头与被保护对象的水平距离不应小于 0.30m（图 2.2.2-55），喷头溅水盘与保护对象的最小垂直距离不应小于表 2.2.2-22 的规定。并符合

**喷头溅水盘与保护对象的最小垂直距离（mm）**　　　　**表 2.2.2-22**

| 喷头类型 | 最小垂直距离 |
|---|---|
| 标准覆盖面积洒水喷头、扩大覆盖面积洒水喷头 | 450 |
| 特殊应用喷头、早期抑制快速响应喷头 | 900 |

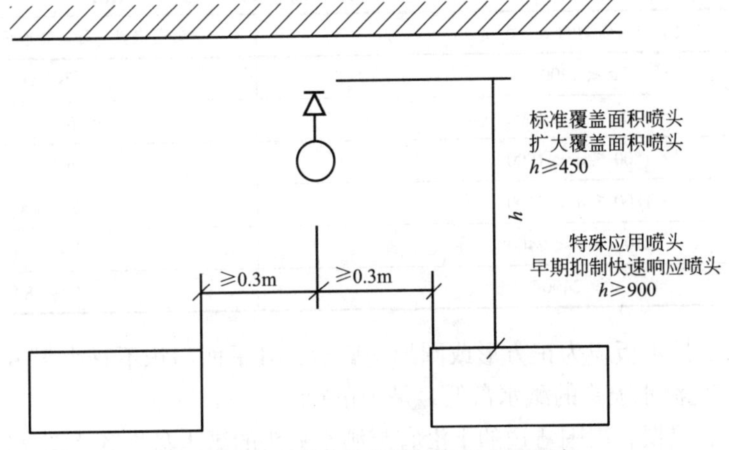


图 2.2.2-55　喷头与保护对象的水平距离

（7）某宾馆客房采用边墙型标准覆盖面积喷头，如图 2.2.2-56 所示。

答：错误。边墙型标准覆盖面积洒水喷头正前方 1.2m 范围内，顶板或吊顶下不应有阻挡喷水的障碍物（图 2.2.2-57）。

具体知识：边墙型标准覆盖面积洒水喷头正前方 1.2m 范围内，边墙型扩大覆盖面积洒水喷头和边墙型家用喷头正前方 2.4m 范围内，顶板或吊顶下不应有阻挡喷水的障碍物，

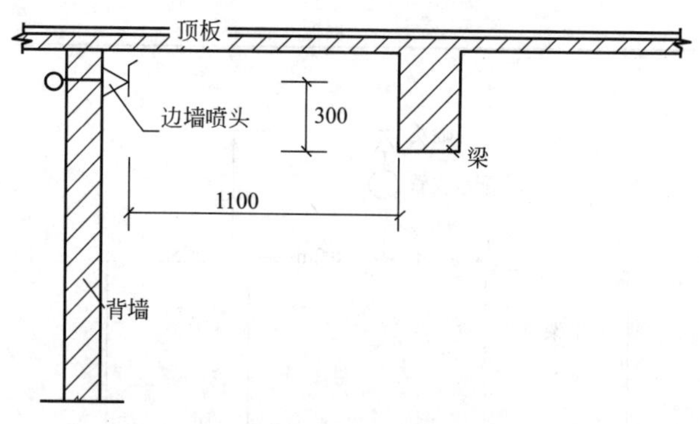


图 2.2.2-56　某宾馆安装错误的喷头

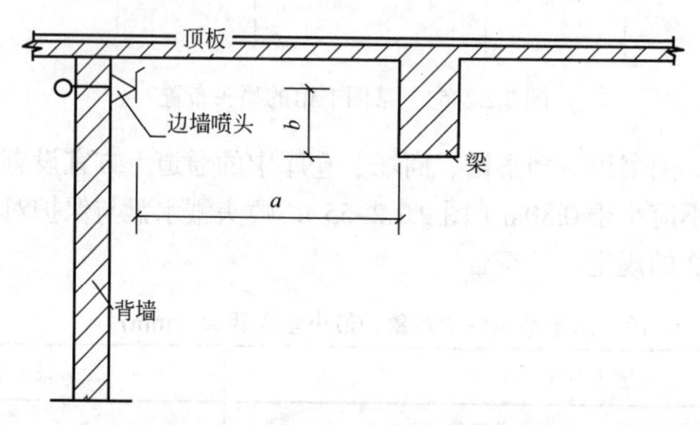


图 2.2.2-57　边墙型喷头安装示意图

其布置要求应符合表 2.2.2-23 的规定。

**边墙型标准覆盖面积洒水喷头与正前方障碍物的垂直距离（mm）**　　　表 2.2.2-23

| 喷头与障碍物的水平距离 $a$ | 喷头溅水盘与障碍物底面的垂直距离 $b$ |
|---|---|
| $a < 1200$ | 不允许 |
| $1200 \leqslant a < 1500$ | $b \leqslant 25$ |
| $1500 \leqslant a < 1800$ | $b \leqslant 50$ |
| $1800 \leqslant a < 2100$ | $b \leqslant 100$ |
| $2100 \leqslant a < 2400$ | $b \leqslant 175$ |
| $a \geqslant 2400$ | $b \leqslant 280$ |

**答 127:**（1）挡水板应为正方形或圆形金属板，其平面面积不宜小于多少平方米？周围弯边的下沿宜比洒水喷头的溅水盘低，是否正确？

答：0.12m$^2$；错误，周围弯边的下沿宜与洒水喷头的溅水盘平齐（图 2.2.2-58）。

（2）为了喷头更好地集热，任何场所都可以装上挡水板。是否正确？

答：错误。设置货架内置洒水喷头的仓库，当货架内置洒水喷头上方有孔洞、缝隙时，可在洒水喷头的上方设置挡水板；宽度大于本规范 1.2m 的障碍物，增设的洒水喷头上方有孔洞、缝隙时，可在洒水喷头的上方设置挡水板。其他地点不能随便设置。据美国消防协会（NFPA）公布的实验数据，多数情况在通透性吊顶下方布置喷头，就算在喷头上方装挡水板集热，喷头也不会工作。

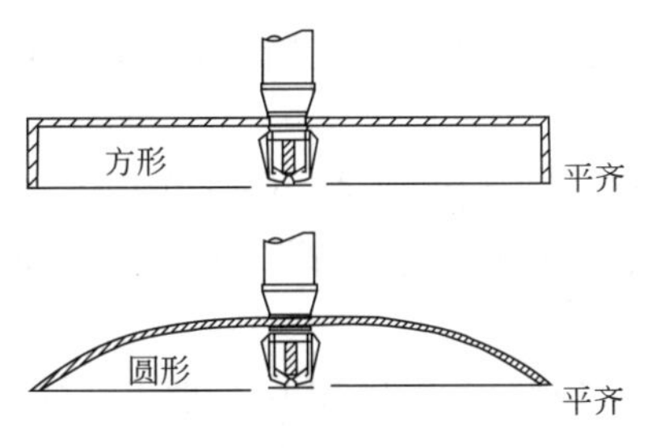


图 2.2.2–58　挡水板

**答 128**：装设网格、栅板类通透性吊顶的场所，当通透面积占吊顶总面积的比例大于多少时，喷头应设置在吊顶上方？通透性吊顶开口部位的厚度不应大于还是不应小于开口的最小宽度，开口部位的净宽度不应小于多少毫米？

答：70%；不应大于；10mm，如图 2.2.2–59。

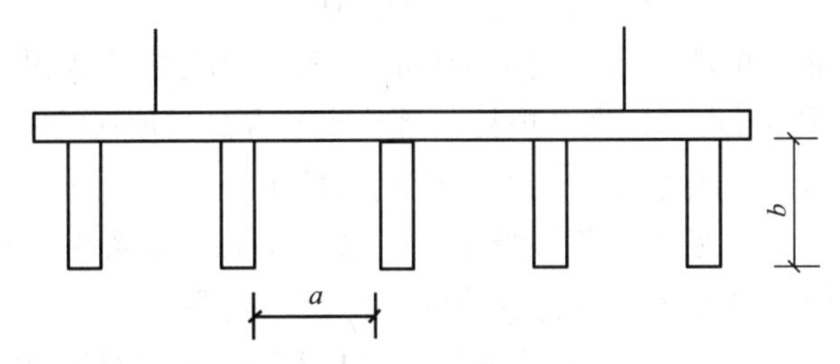


图 2.2.2–59　通透性吊顶示意图（注：$b \leqslant a$）

**答 129**：顶板或吊顶为斜面时。

（1）喷头应如何布置（喷头应竖直布置还是垂直于斜面布置）？喷头间距怎么确定（是按水平间距确定喷头间距还是按斜面距离确定喷头间距）？

答：垂直于斜面布置；按斜面距离确定喷头间距。

（2）很多人说，坡屋顶只需在屋脊两侧布置喷头即可，是否正确？

答：错误。屋脊处也应设一排喷头。

（3）当屋顶坡度不小于 1/3 时和当屋顶坡度小于 1/3 时，喷头溅水盘至屋脊的垂直距离分别不应大于多少毫米？

答：800mm；600mm（图 2.2.2–60）。

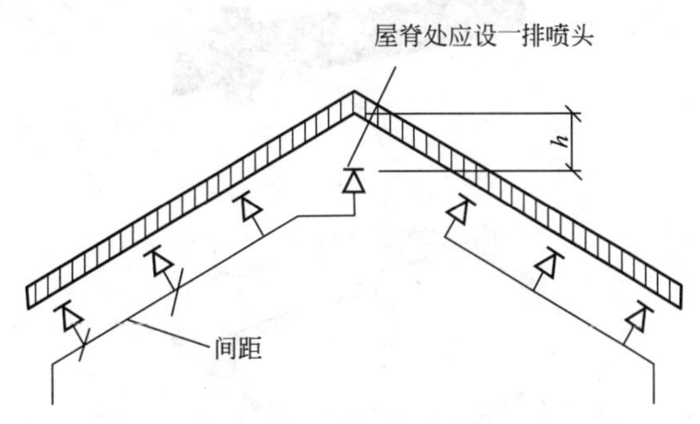


图 2.2.2–60　坡屋面喷头设置示意图

**答 130**：关于配水管道的问题。

（1）配水管道的工作压力不应大于多少兆帕？可不可以设置其他用水设施？

答：1.20MPa；不应。

（2）配水管道可采用什么材料？当报警阀入口前管道采用不防腐的钢管时应采取什么措施？

答：内外壁热镀锌钢管、涂覆钢管、铜管、不锈钢管和氯化聚氯乙烯（PVC–C）管；应在报警阀前设置过滤器。

（3）某酒店，建筑高度为130m，地上38层，地下3层，消防泵房设置在地下一层，自动喷水灭火系统高区稳压泵设置在屋顶消防水箱间内，每层为一个防火分区。配水支管采用氯化聚氯乙烯管，安装在客房内并连接两层的客房，管径为100mm。房间内没吊顶，喷头溅水盘与顶板的距离不应大于150mm。请判定此案例有哪些不符合规范之处。

答：首先判定该场所的火灾危险性，高层酒店为中危险Ⅰ级。可以采用PVC–C管。

① 安装客房内并连接两层的客房不妥，不应跨越防火分区。

② 管径为100mm不妥，公称直径不超过*DN*80。

③ 喷头溅水盘与顶板的距离不应大于150mm不妥，当设置在无吊顶场所时，该场所应为轻危险级场所，顶板应为水平、光滑顶板，且喷头溅水盘与顶板的距离不应大于100mm。

具体知识：自动喷水灭火系统采用氯化聚氯乙烯（PVC–C）管材及管件时，设置场所的火灾危险等级应为轻危险级或中危险级Ⅰ级，系统应为湿式系统，并采用快速响应洒水喷头，且氯化聚氯乙烯（PVC–C）管材及管件应符合下列要求：

1 应符合现行国家标准《自动喷水灭火系统　第19部分　塑料管道及管件》GB/T 5135.19的规定；

2 应用于公称直径不超过*DN*80的配水管及配水支管，且不应穿越防火分区；

3 当设置在有吊顶场所时，吊顶内应无其他可燃物，吊顶材料应为不燃或难燃装修材料；

4 当设置在无吊顶场所时，该场所应为轻危险级场所，顶板应为水平、光滑顶板，且喷头溅水盘与顶板的距离不应大于100mm。

（4）如洒水喷头与配水管道采用消防洒水软管连接时，只能用于什么场所？本系统是什么系统？消防洒水软管应设置在吊顶外还是吊顶内？软管最长的长度是多少米？

答：仅适用于轻危险级或中危险级Ⅰ级场所，系统应为湿式系统；吊顶内；长度不应超过1.8m（图2.2.2–61）。

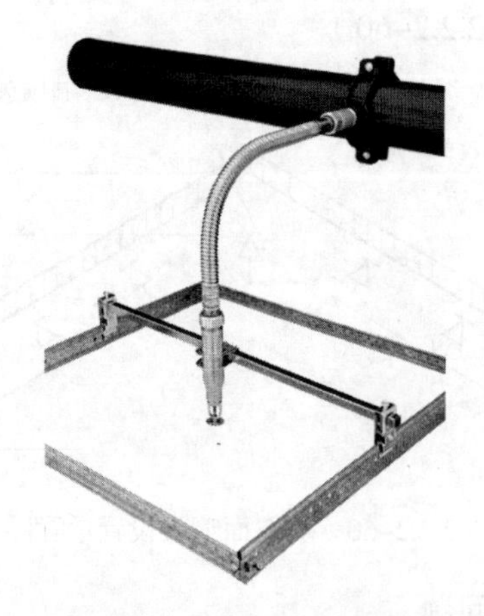

图2.2.2–61　洒水喷头与配水管之间安装洒水软管

（5）系统中直径等于或大于 100mm 的管道应采用什么连接方式？水平管道上法兰间的管道长度不宜大于多少米？管上法兰间的距离，不应跨越几个楼层？

答：法兰或沟槽式连接件（卡箍）连接；水平向 20m；竖向不应跨越 3 个及以上楼层。

（6）配水管两侧每根配水支管控制的标准流量洒水喷头数量，轻危险级、中危险级场所不应超过几只？同时在吊顶上下设置喷头的配水支管，上下侧均不应超过还是加不起不超过一定数量？几只？严重危险级及仓库危险级场所均不应超过几只？

答：轻危险级、中危险级场所不应超过 8 只；吊顶上下梁侧均不应超过 8 只。严重危险级及仓库危险级场所均不应超过 6 只。

（7）公称管径 100mm 的中危险级场所中配水支管、配水管控制的标准流量洒水喷头数量，不宜超过多少只？

答：100 只。

**答 131：** 干式系统、由火灾自动报警系统和充气管道上设置的压力开关开启预作用装置（双连锁）的预作用系统，其配水管道充水时间不宜大于几分钟？雨淋系统和仅由火灾自动报警系统联动开启预作用装置（单连锁）的预作用系统，其配水管道充水时间不宜大于几分钟？

答：1min；2min。

**答 132：** 自动喷水灭火系统的减压阀的设置问题。

（1）应设在报警阀组入口前还是报警阀组后？

答：入口前。

（2）入口前应设什么组件？作用？

答：过滤器，排污。

（3）当连接几个及以上报警阀组时，应设置备用减压阀？原因是？

答：两个。检修时不关停系统。

（4）垂直设置的减压阀，水流方向宜向下还是向上？原因？

答：向下，目的是为了保证减压阀稳定正常的工作。

（5）比例式减压阀宜垂直还是水平设置，可调式减压阀宜垂直还是水平设置？

答：垂直，水平。

（6）减压阀前后应设什么设施？

答：控制阀、压力表（自身带有压力表时，可不设置）（图 2.2.2-62）。

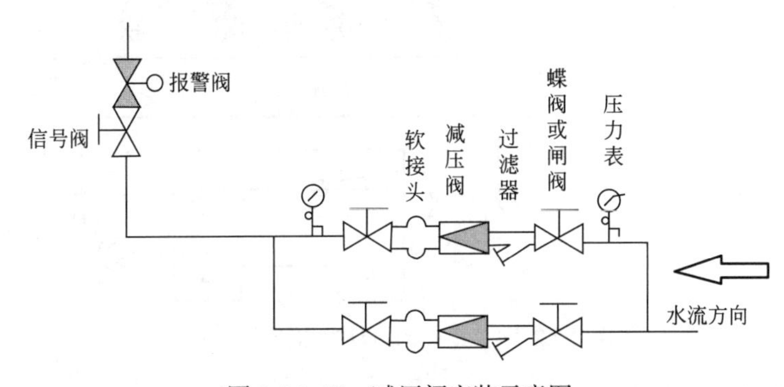


图 2.2.2-62　减压阀安装示意图

**答133**：某建筑设置自动喷水灭火系统，共设置4个报警阀组。请找出不妥之处（图2.2.2–63）。

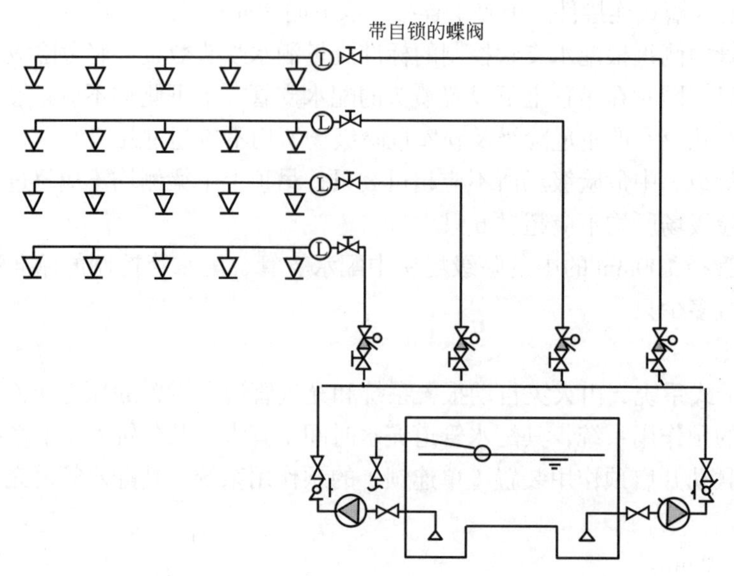


图2.2.2–63 有不妥之处的自动喷水灭火系统

答：① 水流指示器前设置带自锁的蝶阀不妥，应设置信号阀。

② 供水管道采用支状供水不妥，当自动喷水灭火系统中设有2个及以上报警阀组时，报警阀组前应设环状供水管道。环状供水管道上设置的控制阀应采用信号阀；当不采用信号阀时，应设锁定阀位的锁具。如图2.2.2–64所示。

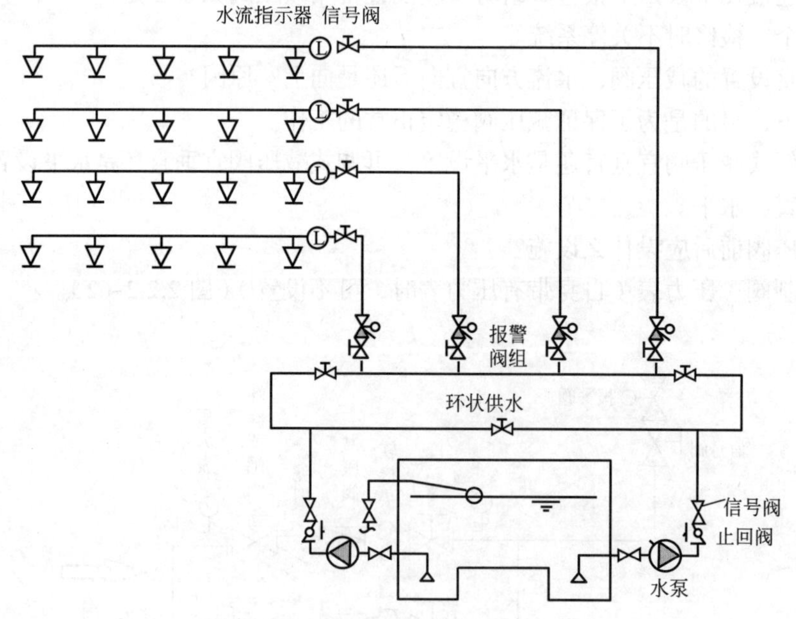


图2.2.2–64 正确的自动喷水灭火系统

注意：信号阀是具有输出启闭状态信号功能的阀门。阀门有个电节点，用信号线引出至消控中心，阀门开启、关闭，有信号传到消控中心，便于监控。ZSDF 型消防信号蝶阀，当阀门被误关闭 25%（全开度的 1/4）时，就会报警。

**答 134**：关于消防水泵的问题。

（1）采用临时高压给水系统的自动喷水灭火系统，宜设置独立的消防水泵，并应按什么比例配置备用泵？可以不可与消火栓系统合用消防水泵？如可以系统管道应什么前分开？

答：一用一备或二用一备；可以；系统管道应在报警阀前分开。

一般在消防审核中，是不允许合用的，原因如下：

① 消火栓泵和自动喷淋泵启动的原理不同；

② 室内消火栓灭火系统和自动喷水灭火系统的作用时间不同，室内消火栓灭火系统使用延续时间为 2~3h，自动喷水灭火系统使用延续时间为 1h；

③ 压力的要求不同。室内消火栓的工作压力一般在 200kPa，自动喷水灭火系统喷头处工作压力一般为 100kPa，最不利点允许降至 50kPa；

④ 水质要求不同。消火栓系统对水质要求不甚严格，自动喷水灭火系统由于喷头孔较小，容易堵塞，要求水质较好；

⑤ 消火栓用水易影响自动喷水灭火系统用水，或者消火栓平日漏水引起自动喷水灭火系统发生误报警。

（2）按二级负荷供电的建筑，宜采用什么泵作备用泵？

答：柴油机泵。

（3）系统的消防水泵、稳压泵，应采用什么式吸水方式？

答：自灌式。

（4）每组消防水泵的吸水管不应少于几根？报警阀入口前设置环状管道的系统，每组消防水泵的出水管不应少于几根？消防水泵的吸水管应设什么设施？出水管应设什么设施？

答：2；2；吸水管应设控制阀和压力表；出水管设控制阀、止回阀和压力表、流量和压力检测装置或预留可供连接流量和压力检测装置的接口。

**答 135**：关于高位消防水箱的问题。

（1）采用什么给水系统的自动喷水灭火系统，应设高位消防水箱？目的是什么？

答：临时高压给水。设置高位消防水箱的目的在于：①利用位差为系统提供准工作状态下所需要的水压，达到使管道内的充水保持一定压力的目的；②提供系统启动初期的用水量和水压，在消防水泵出现故障的紧急情况下应急供水，确保喷头开放后立即喷水，控制初期火灾和为外援灭火争取时间。

（2）高位消防水箱的设置高度不能满足系统最不利点处喷头的工作压力时，系统应采取什么措施？采取的设施一般由什么构成？作用是什么？

答：应设置增压稳压设施。增压稳压设施一般由稳压泵和气压罐组成，稳压泵的作用是保证管网处于充满水的状态，并保证管网内的压力。设置气压罐的目的是防止稳压泵频繁启停，并提供一定的初期水量。

（3）采用临时高压给水系统的自动喷水灭火系统，对于一些建筑高度不高的民用建筑，或者屋顶无法设置高位消防水箱的工业建筑，可否采用气压供水设备代替高位消防水箱？如可以气压给水设备的有效容积按什么计算？

答：可以，最不利处4只喷头在最低工作压力下的5min用水量计算。

（4）高位消防水箱的出水管应设什么阀？出水管管径不应小于多少毫米？

答：止回阀；100mm。

**答136：**关于消防水泵接合器的问题。

（1）每个消防水泵接合器的流量宜按多少计算？

答：10 ~ 15L/s。

（2）当消防水泵接合器的供水能力不能满足最不利点处作用面积的流量和压力要求时，应采取什么措施？

答：增压措施（接力供水设施）（图2.2.2-65）。

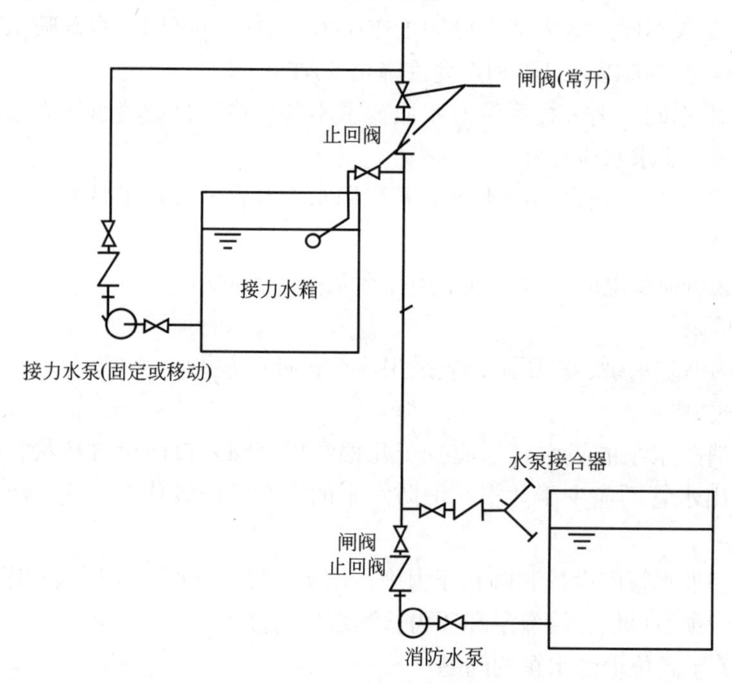


图2.2.2-65 接力供水示意图

**答137：**喷淋泵的控制。

（1）湿式系统、干式系统可由哪3种方法直接启泵？以前老规范规定仅采用报警阀压力开关信号直接连锁启泵这一种启泵方式，请问此种方法的缺点是什么？

答：消防水泵出水干管上设置的压力开关、高位消防水箱出水管上的流量开关、报警阀组压力开关。

缺点：压力开关存在易堵塞、启泵时间长等缺点。

（2）预作用系统可由哪4种方法直接启泵？

火灾自动报警系统直接启动（火灾自动报警系统有两组信号：一组控制预作用装置，另有一组信号可直接启动消防水泵）、消防水泵出水干管上设置的压力开关、高位消防水箱出水管上的流量开关、报警阀组压力开关直接自动启动消防水泵。

（3）预作用装置的自动控制方式可采用仅有火灾自动报警系统（单连锁）直接控制，或由火灾自动报警系统和充气管道上设置的压力开关（双连锁）控制。①处于准工作状态时严禁误喷的场所和②处于准工作状态时严禁管道充水的场所和用于替代干式系统的场所，宜分别采用哪一种控制方式？

答：①仅有火灾自动报警系统直接控制的预作用系统；②由火灾自动报警系统和充气管道上设置的压力开关控制的预作用系统。

（4）雨淋系统和自动控制的水幕系统。当采用火灾自动报警系统控制雨淋报警阀时，消防水泵应由哪些方法直接启泵？当采用充液（水）传动管控制雨淋报警阀时，消防水泵应由哪些方法直接启泵？

答：火灾自动报警系统控制有 4 种方法：火灾自动报警系统、消防水泵出水干管上设置的压力开关、高位消防水箱出水管上的流量开关和报警阀组压力开关直接自动启动；

采用充液（水）传动管控制有 3 种方法：消防水泵出水干管上设置的压力开关、高位消防水箱出水管上的流量开关和报警阀组压力开关。

（5）消防水泵除具有自动控制启动方式外，还应具备哪些启动方式？

答：消防控制室（盘）远程控制（消控室手动）；消防水泵房现场应急操作（现场手动）。

（6）雨淋报警阀的自动控制方式可采用哪些方式？

答：电动、液（水）动或气动。

（7）预作用系统、雨淋系统和自动控制的水幕系统，应同时具备哪三种开启报警阀组的控制方式？

答：自动控制；消防控制室（盘）远程控制（消控室手动）；预作用装置或雨淋报警阀处现场手动应急操作。

（8）快速排气阀入口前的电动阀应在何时开启？为什么这么设置？

答：在启动消防水泵的同时。此举为了让充气管道迅速排气。

（9）消防控制室（盘）应能显示什么信号？能控制什么操作？

答：显示水流指示器、压力开关、信号阀、消防水泵、消防水池及水箱水位、有压气体管道气压，以及电源和备用动力等是否处于正常状态的反馈信号；控制：消防水泵、电磁阀、电动阀等的操作。

**答 138：**关于局部应用系统的问题。

（1）局部应用系统应用于哪些场所？这么场所是什么危险等级？

答：应用于室内最大净空高度不超过 8m 的民用建筑中，为局部设置且保护区域总建筑面积不超过 1000m$^2$ 的湿式系统。局部应用系统设置局部应用系统的场所应为轻危险级或中危险级 I 级场所。

（2）局部应用系统应采用什么喷头？喷水时间不应低于多少小时？

答：快速响应洒水喷头，持续喷水时间不应低于 0.5h。

（3）局部应用系统保护区域内哪些场所均应布置喷头？

答：房间和走道。

（4）不设报警阀组的局部应用系统，配水管可与什么相连接？配水管的入口处设置哪些设施？

答：室内消防竖管连接，其配水管的入口处应设过滤器和带有锁定装置的控制阀。

**答139**：在《自动喷水灭火系统施工及验收规范》GB 50261—2017中，现场检验是非常重要的。

（1）喷头的标志要齐全，包括商标、型号，还有哪些？

答：公称动作温度、响应时间指数（RTI）、制造厂及生产日期。

（2）喷头还有什么必须也要进行检查？

答：外观、喷头螺纹密封面。

（3）闭式喷头应进行什么试验，以无渗漏、无损伤为合格？试验数量、过程与不合格标准是什么？

答：密封性能。试验数量应从每批中抽查1%，并不得少于5只，试验压力应为3.0MPa，保压时间不得少于3min。当两只及两只以上不合格时，不得使用该批喷头。当仅有一只不合格时，应再抽查2%，并不得少于10只，并重新进行密封性能试验；当仍有不合格时，亦不得使用该批喷头。

（4）报警阀除应有什么标志？报警阀还应进行什么试验？

答：商标、型号、规格等标志还有水流方向的永久性标志；渗漏试验，试验压力应为额定工作压力的2倍，保压时间不应小于5min，阀瓣处应无渗漏。

**答140**：关于喷淋系统消防组件的安装问题。

（1）消防水泵安装时，吸水管上宜设什么设施，并应安装在控制阀后？吸水管上的控制阀应在消防水泵固定于基础上之前还是之后再进行安装？消防水泵的出水管上应安装什么设施？系统的总出水管上还应安装压力表；安装压力表时应加设什么装置？缓冲装置的前面应安装什么设施？

答：过滤器；固定于基础上之后再进行安装；止回阀、控制阀和压力表；缓冲装置（图2.2.2–66）；旋塞（图2.2.2–67）。

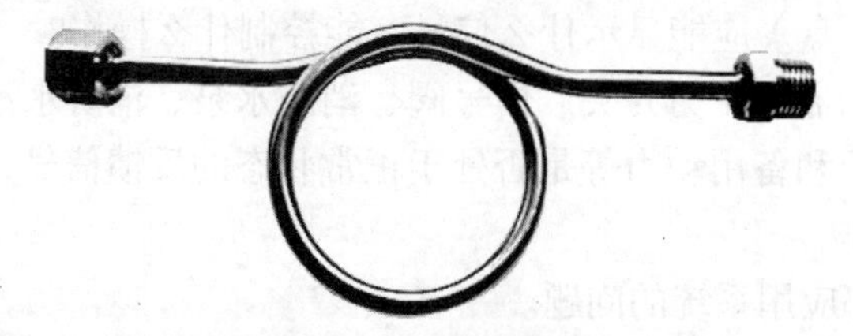

图2.2.2–66　缓冲装置：表弯
作用：可保护压力表，也可使压力表指针稳定

图2.2.2–67　旋塞阀
作用：排气；便于隔离检修

（2）在水泵出水管上，为了测量压力流量，我们需安装什么设施？

答：应安装由控制阀、检测供水压力、流量用的仪表及排水管道组成的系统流量压力检测装置或预留可供连接流量压力检测装置的接口。

（3）消防气压给水设备的气压罐安装时，应检查什么内容？

答：其容积（总容积、最大有效水容积）、气压、水位及工作压力应符合设计要求。

（4）组装式消防水泵接合器的安装，应按什么顺序进行？

答：接口、本体、连接管、止回阀、安全阀、放空管、控制阀的顺序进行。

（5）关于喷头的安装问题。

① 喷头安装必须在什么工作之后进行？

答：系统试压、冲洗合格。

② 很多场所为了场所整体美观性，会把隐蔽式喷头的装饰盖板或者喷头涂上图案，请问此种做法是否正确？

答：不正确。喷头安装时，不应对喷头进行拆装、改动，并严禁给喷头、隐蔽式喷头的装饰盖板附加任何装饰性涂层。

③ 很多安装人员在喷头安装时，利用喷头的框架施拧，另外喷头等原件发生变形时，有些人采用大一规格的喷头来代替，请问是否正确？

答：不正确。严禁利用喷头的框架施拧；喷头的框架、溅水盘产生变形或释放原件损伤时，应采用规格、型号相同的喷头更换。

④ 当喷头的公称直径小于 10mm 时，应在配水干管或配水管上安装什么设施？

答：过滤器。

⑤ 当梁、通风管道、排管、桥架宽度大于多少米时，需增设喷头，增设的喷头应安装在其腹面以下部位？

答：1.2m。

（6）关于报警阀组安装问题。

① 报警阀组的安装应在什么找工作后进行？

答：供水管网试压、冲洗合格

② 安装时先连接报警阀辅助管道，然后安装水源控制阀、报警阀是否正确？

答：错误，应先安装水源控制阀、报警阀，然后进行报警阀辅助管道的连接。

③ 报警阀组应安装在便于操作的明显位置，距室内地面高度宜为多少米？两侧与墙的距离不应小于多少米？正面与墙的距离不应小于多少？报警阀组凸出部位之间的距离不应小于多少米？安装报警阀组的室内地面应有什么设施？排水能力应满足哪些要求？

答：1.2m；0.5m；1.2m；0.5m。排水设施，排水能力应满足报警阀调试、验收和利用试水阀门泄空系统管道的要求。

④ 干式报警阀组安装完成后，应向报警阀气室注入什么？充气连接管接口应在什么位置？充气连接管上应安装什么设施？安全排气阀应安装在气源与报警阀之间，且应靠近报警阀还是气源？低气压预报警装置应安装在哪侧？

答：高度为 50 ~ 100mm 的清水；报警阀气室充注水位以上部位；止回阀、截止阀；靠近报警阀；配水干管一侧。

⑤ 干式报警阀下哪些部位应安装压力表？

答：报警阀充水一侧和充气一侧；空气压缩机的气泵和储气罐上；加速器上。

⑥ 水流指示器应使电器元件部位竖直还是水平安装在水平管道上侧？其动作方向有何要求？

答：竖直；应和水流方向一致。

⑦ 水力警铃应安装在何处？水力警铃和报警阀的连接应采用什么管？当公称直径为20mm时，其长度不宜大于多少米？安装后的水力警铃启动时，警铃声强度应不小于多少分贝？

答：公共通道或值班室附近的外墙上；热镀锌钢管，长度不宜大于20m；安装后的水力警铃启动时，警铃声强度应不小于70dB。

⑧ 排气阀应安装在什么位置？

答：配水干管顶部、配水管的末端，且应确保无渗漏。

⑨ 很多人在倒流防止器的安装时，会在倒流防止器的进口前安装过滤器，请问是否正确？倒流防止器两端应分别安装什么阀门？

答：不正确。不应在倒流防止器的进口前安装过滤器或者使用带过滤器的倒流防止器。闸阀。

⑩ 管网安装完毕后，必须对其进行什么试验？试验介质是什么？

强度试验和严密性试验宜用水进行。干式喷水灭火系统、预作用喷水灭火系统应做水压试验和气压试验。

答：强度试验、严密性试验和冲洗。强度试验和严密性试验宜用水进行。干式喷水灭火系统、预作用喷水灭火系统应做水压试验和气压试验。管网冲洗宜用水进行。

⑪ 系统试压过程中，当出现泄漏时应如何处理？

答：应停止试压，并应放空管网中的试验介质，消除缺陷后重新再试。

⑫ 冲洗直径大于100mm的管道时，应如何处理？

答：对其死角和底部进行敲打，但不得损伤管道。

**答141**：关于系统组件调试的问题。

（1）系统调试应包括哪些内容？

答：水源测试；消防水泵调试；稳压泵调试；报警阀调试；排水设施调试；联动试验。

（2）消防水泵调试时，应以什么方式启动消防水泵？消防水泵应在多少秒内投入正常运行？以备用电源切换方式或备用泵切换启动消防水泵时，消防水泵应分别在多长时间内投入正常运行？

答：自动或手动方式，55s内。以备用电源切换方式或备用泵切换启动消防水泵时，消防水泵应在1min或2min内投入正常运行。

（3）稳压泵调试时，当达到设计启动条件时，稳压泵应立即启动；当达到系统设计压力时，稳压泵应？当消防主泵启动时，稳压泵应？

答：停止运行，停止运行。

（4）湿式报警阀调试时，在末端装置处放水，当湿式报警阀进口水压大于多少兆帕，放水流量大于多少升每秒时，报警阀应及时启动，带延迟器的水力警铃应在多少秒内发出报警铃声，不带延迟器的水力警铃应在多少秒内发出报警铃声；压力开关应及时动作，启动消防泵并反馈信号？

答：0.14MPa、1L/s；带延迟器的水力警铃应在 5~90s 内发出报警铃声，不带延迟器的水力警铃应在 15s 内发出报警铃声。

（5）干式报警阀调试时，开启系统试验阀，哪些参数要符合设计要求？

答：报警阀的启动时间、启动点压力、水流到试验装置出口所需时间。

（6）雨淋阀调试宜利用检测、试验管道进行。自动和手动方式启动的雨淋阀，在多少秒之内启动？公称直径大于 200mm 的雨淋阀调试时，应在多少秒之内启动？雨淋阀调试时，当报警水压为多少兆帕时，水力警铃应发出报警铃声？

答：15s；60s。雨淋阀调试时，当报警水压为 0.05MPa 时，水力警铃应发出报警铃声。

（7）如何进行湿式系统的联动试验？

答：启动一只喷头或以 0.94 ~ 1.5L/s 的流量从末端试水装置处放水时，水流指示器、报警阀、压力开关、水力警铃和消防水泵等应及时动作，并发出相应的信号。

（8）如何进行预作用系统、雨淋系统、水幕系统的联动试验？

答：预作用系统、雨淋系统、水幕系统的联动试验，可采用专用测试仪表或其他方式，对火灾自动报警系统的各种探测器输入模拟火灾信号，火灾自动报警控制器应发出声光报警信号，并启动自动喷水灭火系统；采用传动管启动的雨淋系统、水幕系统联动试验时，启动 1 只喷头，雨淋阀打开，压力开关动作，水泵启动。

（9）如何进行干式系统的联动试验？

答：启动 1 只喷头或模拟 1 只喷头的排气量排气，报警阀应及时启动，压力开关、水力警铃动作并发出相应信号。

**答 142**：验收的问题。

（1）系统验收时，施工单位应提供哪些资料？

答：竣工验收申请报告、设计变更通知书、竣工图；工程质量事故处理报告；施工现场质量管理检查记录；自动喷水灭火系统施工过程质量管理检查记录。自动喷水灭火系统质量控制检查资料；系统试压、冲洗记录；系统调试记录。

（2）消防水泵验收时，分别开启系统中的每一个末端试水装置和试水阀，水流指示器、压力开关等信号装置的功能应均符合设计要求。湿式自动喷水灭火系统的最不利点做末端放水试验时，自放水开始至水泵启动时间不应超过多少分钟？

答：5min。

（3）消防水泵停泵时，水锤消除设施后的压力不应超过水泵出口额定压力的多少倍？

答：1.3 ~ 1.5 倍。

（4）对消防气压给水设备验收，当系统气压下降到设计最低压力时，通过压力变化信号能否启动稳压泵？

答：能。

（5）干式系统、由火灾自动报警系统和充气管道上设置的压力开关开启预作用装置的预作用系统，其配水管道充水时间不宜大于几分钟？雨淋系统和仅由水灾自动报警系统联动开启预作用装置的预作用系统，其配水管道充水时间不宜大于几分钟？

答：1min；2min。

（6）喷淋系统工程质量验收判定合格标准是什么？

答：系统验收合格判定的条件为：$A$=0，且 $B \leqslant 2$，且 $B+C \leqslant 6$ 为合格，否则为不合格。其中，严重缺陷项（$A$），重缺陷项（$B$），轻缺陷项（$C$）。

**答 143：**（1）自动喷水灭火系统维护管理工作检查项目的周期分别多少？

答：详表 2.2.2-24。

自动喷水灭火系统维护管理工作检查项目表 **表 2.2.2-24**

| 周期 | 部位 | 内容 |
|---|---|---|
| 每日 | 水源控制阀、报警控制装置 | 目测巡检完好及开闭状态 |
| | 电源 | 接通、电压 |
| | 储水设备的房间室温 | 温度 |
| 每月 | 内燃机驱动消防水泵、电动消防水泵 | 启动试运转 |
| | 消防水泵为自动控制启动方式 | 自动启动 |
| | 喷头 | 完好、清除异物、备用量 |
| | 所有控制阀门铅封、锁链 | 完好性 |
| | 稳压泵 | 启动试运转 |
| | 气压给水设备（气压罐） | 气压、水位 |
| | 蓄水池、高位水箱 | 水位、不被他用 |
| | 水泵接合器 | 完好 |
| | 信号阀、水流指示器（利用末端试水装置试验）、电磁阀启动 | 启闭状态、动作 |
| | 报警阀、试水阀 | 放水试验，启动性能 |
| | 过滤器 | 排渣 |
| | 内燃机 | 油箱油位，驱动泵运行 |
| 每季 | 电磁阀 | |
| | 水流指示器 | 试验报警 |
| | 室外阀门井控制阀门 | 开启 |
| | 系统所有的末端试水阀和报警阀旁的放水试验阀 | 进行一次放水试验 |
| 每年 | 泵流量检测 | 启动、放水试验 |
| | 水源 | 测试供水能力 |
| | 水泵接合器 | 通水试验 |
| | 储水设备 | 检查完好 |
| | 系统联动试验 | 运行功能 |

（2）自动喷水灭火系统的调试应如何进行？

答：见表 2.2.2-25。

自动喷水灭火系统的调试内容　表 2.2.2-25

| | | |
|---|---|---|
| 自动喷水灭火系统 | 水泵调试 | （1）自动或手动启水，消防水泵应在 55s 内投入正常运行；<br>（2）备用电源切换 1min 或备用泵切换 2min 内启动水泵 |
| | 稳压泵调试 | 同消火栓 |
| | 湿式报警阀 | 在试水装置处放水，报警阀进口水压大于 0.14MPa、放水流量大于 1L/s 时，报警阀应及时启动；带延迟器的水力警铃应在 5 ~ 90s 内发出报警铃声，不带延迟器的水力警铃应在 15s 内发出报警铃声，压力开关应及时动作，并反馈信号 |
| | 干式报警阀 | 自动控制方式，开启系统试验阀，报警阀的启动时间、启动点压力、水流到试验装置出口所需时间，均应符合设计要求 |
| | 雨淋阀 | 自动和手动方式启动的雨淋阀，应在 15s 之内启动：公称直径大于 200mm 的雨淋阀调试时，应在 60s 之内启动。雨淋阀调试时，当报警水压为 0.05MPa，水力警铃应发出报警铃声 |

（3）自动喷水灭火系统的验收，哪些属于 A 类缺陷？

答：见表 2.2.2-26。

自动喷水灭火系统的 A 类缺陷　表 2.2.2-26

| | |
|---|---|
| 自动喷水灭火系统 A 类缺陷 | （1）室外给水管网的进水管管径及供水能力，并应检查消防水箱和消防水池容量合格；<br>（2）打开消防水泵出水管上试水阀，当采用主电源启动消防水泵时，消防水泵应启动正常；关掉主电源，主、备电源应能正常切换。（55s、1min 或 2min）；<br>（3）管道的材质、管径、接头、连接方式及采取的防腐、防冻措施；<br>（4）喷头设置场所、规格、型号、公称动作温度、响应时间指数 (RTI)；<br>（5）通过流量压力检测装置进行放水试验，系统流量、压力应符合设计要求；<br>（6）压力开关动作，应启动消防水泵及与其联动的相关设备，并应有反馈信号显示。<br>电磁阀打开，雨淋阀应开启，并应有反馈信号显示 |

## 2.3 建筑灭火器

### 2.3.1 问题

**问 144：**（1）灭火器配置场所的火灾种类可划分为哪五类？

（2）下列灭火剂（水、水喷雾、细水雾、二氧化碳、七氟丙烷、IG541、热气溶胶、泡沫、干粉）的灭火机理分别是什么？各自能运用于什么火灾？

**问 145：**（1）工业建筑灭火器配置场所的危险等级如何划分？

（2）民用建筑灭火器配置场所的危险等级如何划分？

**问 146：**灭火器的最大保护距离是消防检查中重点检查项目。A 类火灾场所和 B 类场所（严重危险级、中危险级、轻危险级）的手提式和推车式灭火器最大保护距离（m）分别是多少？

**问 147：**灭火器的最低配置基准。

（1）A 类火灾场所（严重危险级、中危险级、轻危险级）灭火器的最低配置基准分别是多少？

（2）B、C 类火灾场所（严重危险级、中危险级、轻危险级）灭火器的最低配置基准分别是多少？

**问148**：灭火器配置的设计与计算应按计算单元进行。

（1）灭火器最小需配灭火级别和最少需配数量的计算值应进位取整还是四舍五入？

（2）灭火器设置点的位置和数量应根据灭火器的最大保护距离确定，并应保证最不利点至少在几具灭火器的保护范围内？

（3）灭火器配置设计的计算单元时，当一个楼层或一个水平防火分区内各场所的危险等级和火灾种类相同时或当一个楼层或一个水平防火分区内各场所的危险等级和火灾种类不相同时，计算单元分别怎么确定？

（4）计算单元选取时，同一计算单元能否跨越防火分区和楼层？

（5）计算单元的最小需配灭火级别的公式是什么？

（6）修正系数 $K$ 怎么取值？

（7）计算单元中每个灭火器设置点的最小需配灭火级别怎么计算？

（8）哪些场所的计算单元的最小需配灭火级别需要增加？增加多少？

**问149**：（1）在同一灭火器配置场所，选择灭火器要注意什么？

（2）在同一灭火器配置场所，当选用两种或两种以上类型灭火器，要注意什么？

（3）请问哪些灭火剂是不相容的？

**问:150**：请说出表2.3.1-1灭火器类型规格代码的含义。

灭火器类型规格代码　　表2.3.1-1

| MF/ABC5 | MF4 | MT5 | MFT/ABC20 | MY4 |
|---|---|---|---|---|

**问:151**：灭火器配置的具体案例。

（1）某学校宿舍长度40m，宽度13m，建筑层数6层，建筑高度21m，设有室内消火栓系统。宿舍楼每层设置15间宿舍，每间宿舍学生人数为4人。每层中间沿长度方向设2m宽的走道。以下有4种方案，请判断其是否合理？

① 从距走道端部5m处开始每10m布置一具MF/ABC5灭火器（图2.3.1-1）。

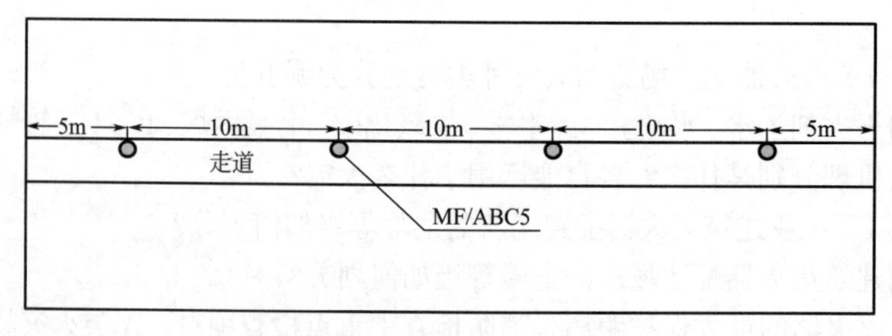


图2.3.1-1　灭火器布置（一）

② 在走道尽端各5m处分别布置2具MF/ABC4灭火器（图2.3.1-2）。

③ 在走道尽端各5m处分别布置2具MF/ABC5灭火器（图2.3.1-3）。

④ 从距走道端部5m处开始每隔10m布置一具1具MS/Q6灭火器（图2.3.1-4）。

（2）消防部门对某宾馆建筑灭火器的配置进行检查时，发现了有多种灭火器。如：水型灭火器、碳酸氢钠灭火器、泡沫灭火器、磷酸铵盐灭火器。

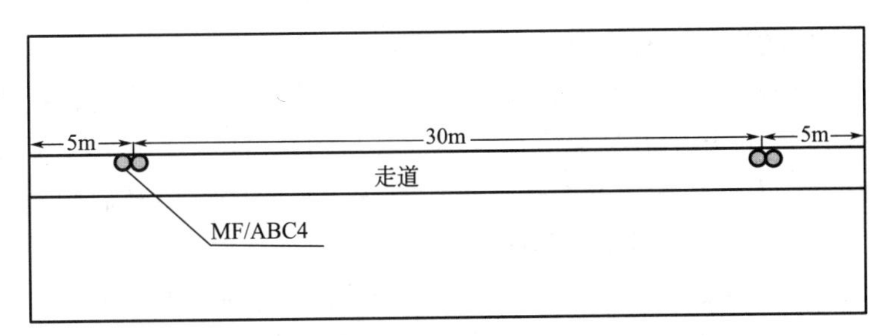


图 2.3.1-2 灭火器布置（二）

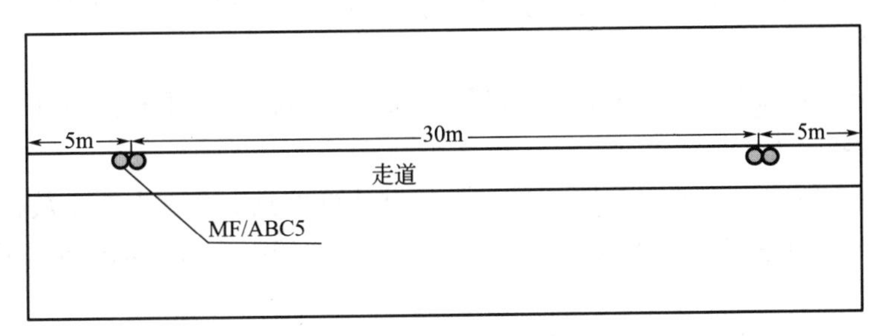


图 2.3.1-3 灭火器布置（三）

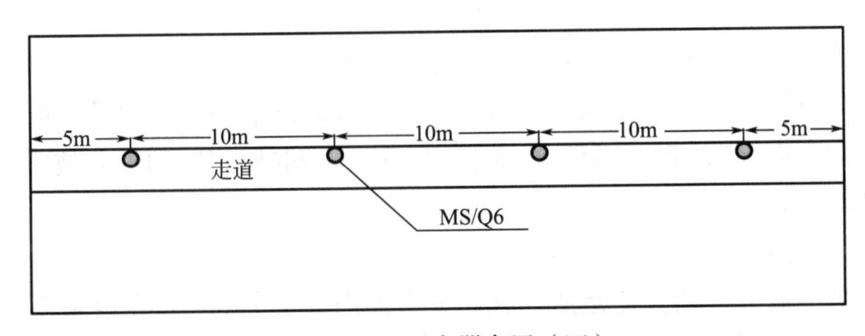


图 2.3.1-4 灭火器布置（四）

（3）某服装加工厂，共 4 层，建筑高度 23M，呈矩形布置，长 40m，宽 25m，设有室内消栓系统和自动喷水灭大系统，该服装加工厂拟每层配置 4 具 MF/ABC3 型手提式灭火器，将其分别放置于 4 个角落。

**问 152：**关于灭火器的设置位置。

（1）灭火器应设置在位置明显和便于取用的地点，且不得影响安全疏散。对有视线障碍的灭火器设置点，应采取什么措施?

（2）灭火器的摆放应稳固，其铭牌应朝内还是朝外? 灭火器的器头宜向上还是向下? 手提式灭火器宜设置在灭火器箱内或挂钩、托架上，其顶部离地面高度不应大于多少米? 底部离地面高度不宜小于多少米?

（3）灭火器存放场所有没有温度要求?

**问 153：**关于灭火器的配置数量的问题。

（1）一个计算单元内配置的灭火器数量不得少于几具?

（2）每个设置点的灭火器数量不宜多于几具?

（3）当住宅楼每层的公共部位建筑面积超过 100m$^2$ 时，应配置几具 1A 的手提式灭火器? 每增加 100m$^2$ 时，增配几具 1A 的手提式灭火器?

**问154**：灭火器的进场检查主要检查什么内容？

**问155**：在灭火器箱的正面右下角应设置耐久性铭牌，上面的内容包括哪些？

**问156**：灭火器箱的箱门开启应方便灵活，其箱门开启后不得阻挡人员安全疏散。除不影响灭火器取用和人员疏散的场合外，开门型灭火器箱的箱门开启角度不应小于多少度？翻盖型灭火器箱的翻盖开启角度不应小于多少度？

**问157**：挂钩、托架安装后应能承受一定的静载荷，不应出现松动、脱落、断裂和明显变形。检查时，以几倍的手提式灭火器的载荷悬挂于挂钩、托架上，作用5min，观察是否出现松动、脱落、断裂和明显变形等现象？当N倍手提式灭火器质量小于45kg时，应按45kg进行检查。

**问158**：灭火器配置验收的判定规则是什么？哪些属于严重缺陷项（A）？常见的B类和C类有哪些？

**问159**：（1）每次送修的灭火器数量不得超过计算单元配置灭火器总数量的多少？

（2）超出时，应选择何种灭火器替代，替代灭火器的灭火级别不应小于原配置灭火器的灭火级别？

（3）检查或维修后的灭火器怎么摆放？

（4）需维修、报废的灭火器应由什么单位进行？

**问160**：关于灭火器维修的问题。请回答下列问题

（1）某物业公司工作人员发现灭火器损失，自行进行维修。请问是否可以？

（2）二氧化碳灭火器和贮气瓶的再充装的企业只需取得相应的消防技术服务机构资质证书即可。是否正确？

（3）拆卸灭火器时一般采用直接拆解。

（4）不管是干粉灭火剂，还是洁净气体灭火器内的灭火剂、二氧化碳灭火器内的灭火剂，亦或是水基型灭灭火剂都可以回收再充装。

（5）哪些部件应做水压试验，哪些做残余变形率的测定？

（6）某维修机构维修时，对下列组件进行了更换，更换表如表2.3.1-2。已知共送修5瓶水基型灭火器、4瓶二氧化碳灭火器、3瓶干粉灭火器。请问是否有问题？

更换的组件　　表2.3.1-2

| 更换部位 | | 数量 |
|---|---|---|
| 灭火器气瓶（筒体） | | 3 |
| 器头 | | 2 |
| 阀门 | | 1 |
| 密封片、圈、垫 | | 2 |
| 压力指示器 | | 0 |
| 水基型灭灭火器 | 滤网 | 4 |
| | 灭火剂 | 2 |
| 二氧化碳灭火器的超压安全膜片 | | 1 |

（7）每具经维修出厂检验合格的灭火器应加贴维修合格证。维修合格证的内容应包括

哪些？

**问 161**：关于灭火器的维护管理周期。

（1）灭火器的配置、外观应多长时间进行一次检查？

（2）什么场所配置的灭火器，每半月进行一次检查？

**问 162**：关于灭火器的送修问题。

（1）哪些灭火器应及时进行维修？

（2）水基型、干粉型、洁净气体型、二氧化碳灭火器的维修期限分别是多长时间？

**问 163**：关于灭火器报废的问题。

（1）哪些类型的灭火器应报废（危险的，污染环境的）？

（2）有哪些情况的灭火器应报废？

（3）水基型、干粉型、洁净气体型、二氧化碳灭火器的报废期限分别是多少？

## 2.3.2　问题与答题

**答 144**：（1）灭火器配置场所的火灾种类可划分为哪五类？

答：见表 2.3.2–1。

**灭火器配置场所的火灾种类　　表 2.3.2–1**

| | |
|---|---|
| A 类火灾 | 固体物质火灾 |
| B 类火灾 | 液体火灾或可熔化固体物质火灾 |
| C 类火灾 | 气体火灾 |
| D 类火灾 | 金属火灾 |
| E 类火灾 | 物体带电燃烧的火灾 |

（2）下列灭火剂（水、水喷雾、细水雾、二氧化碳、七氟丙烷、IG541、热气溶胶、泡沫、干粉）的灭火机理分别是什么？各自能运用于什么火灾？

答：见表 2.3.2–2。

**灭火剂　　表 2.3.2–2**

| 灭火机理 / 灭火剂名称 | 冷却 | 窒息 | 隔离 | 乳化 | 化学抑制 | 稀释 | 浸湿 | 辐射热阻隔 | 适用火灾种类 |
|---|---|---|---|---|---|---|---|---|---|
| 水 | √ | | | | | | | | A |
| 水喷雾 | √ | √ | | √ | | | √ | √ | A、B、E |
| 细水雾 | √ | √ | | √ | | | √ | √ | A、B、E |
| 二氧化碳 | √ | √ | | | | | | | A、B、C、E |
| 七氟丙烷 | √ | √ | | | √ | | | | A、B、C、E |
| IG541 | | √ | | | | | | | A、B、C、E |
| 热气溶胶 | √ | | | | √ | | | | |
| 泡沫 | √ | √ | √ | | | | | √ | A、B |
| 干粉 | √ | √ | √ | | √ | | | | 普通：B、C、E<br>多用途：A、B、C、E<br>专用：D |

**答145：**（1）工业建筑灭火器配置场所的危险等级如何划分？

答：见表2.3.2-3。

**工业建筑灭火器配置场所的危险等级划分** **表2.3.2-3**

| 危险等级配置场所 | 严重危险级 | 中危险级 | 轻危险级 |
|---|---|---|---|
| 厂房 | 甲、乙类 | 丙类 | 丁、戊类 |
| 库房 | 甲、乙类 | 丙类 | 丁、戊类 |

（2）民用建筑灭火器配置场所的危险等级如何划分？

答：见表2.3.2-4。

**民用建筑灭火器配置场所的危险等级划分** **表2.3.2-4**

| 危险等级 | 配置场所 |
|---|---|
| 严重危险级 | （1）县级及以上的文物保护单位、档案馆、博物馆的库房、展览室、阅览室；<br>（2）设备贵重或可燃物多的实验室；<br>（3）广播电台、电视台的演播室、道具间和发射塔楼；<br>（4）专用电子计算机房；<br>（5）城镇及以上的邮政信函和包裹分拣房、邮袋库、通信枢纽及其电信机房；<br>（6）客房数在50间以上的旅馆、饭店的公共活动用房、多功能厅、厨房；<br>（7）体育场（馆）、电影院、剧院、会堂、礼堂的舞台及后台部位；<br>（8）住院床位在50张及以上的医院的手术室、理疗室、透视室、心电图室、药房、住院部、门诊部、病历室；<br>（9）建筑面积在2000$m^2$及以上的图书馆、展览馆的珍藏室、阅览室、书库、展览厅；<br>（10）民用机场的候机厅、安检厅及空管中心、雷达机房；<br>（11）超高层建筑和一类高层建筑的写字楼、公寓楼；<br>（12）电影、电视摄影棚；<br>（13）建筑面积在1000$m^2$及以上的经营易燃易爆化学物品的商场、商店的库房及铺面；<br>（14）建筑面积在200$m^2$及以上的公共娱乐场所；<br>（15）老人住宿床位在50张及以上的养老院；<br>（16）幼儿住宿床位在50张及以上的托儿所、幼儿园；<br>（17）学生住宿床位在100张及以上的学校集体宿舍；<br>（18）县级及以上的党政机关办公大楼的会议室；<br>（19）建筑面积在500$m^2$及以上的车站和码头的候车（船）室、行李房；<br>（20）城市地下铁道、地下观光隧道；<br>（21）汽车加油站、加气站；<br>（22）机动车交易市场（包括旧机动车交易市场）及其展销厅；<br>（23）民用液化气、天然气灌装站、换瓶站、调压站 |
| 中危险级 | （1）县级以下的文物保护单位、档案馆、博物馆的库房、展览室、阅览室；<br>（2）一般的实验室；<br>（3）广播电台电视台的会议室、资料室；<br>（4）设有集中空调、电子计算机、复印机等设备的办公室；<br>（5）城镇以下的邮政信函和包裹分拣房、邮袋库、通信枢纽及其电信机房；<br>（6）客房数在50间以下的旅馆、饭店的公共活动用房、多功能厅和厨房；<br>（7）体育场（馆）、电影院、剧院、会堂、礼堂的观众厅；<br>（8）住院床位在50张以下的医院的手术室、理疗室、透视室、心电图室、药房、住院部、门诊部、病历室；<br>（9）建筑面积在2000$m^2$以下的图书馆、展览馆的珍藏室、阅览室、书库、展览厅；<br>（10）民用机场的检票厅、行李厅；<br>（11）二类高层建筑的写字楼、公寓楼；<br>（12）高级住宅、别墅； |

续表

| | |
|---|---|
| 中危险级 | （13）建筑面积在1000m²以下的经营易燃易爆化学物品的商场、商店的库房及铺面；<br>（14）建筑面积在200m²以下的公共娱乐场所；<br>（15）老人住宿床位在50张以下的养老院；<br>（16）幼儿住宿床位在50张以下的托儿所、幼儿园；<br>（17）学生住宿床位在100张以下的学校集体宿舍；<br>（18）县级以下的党政机关办公大楼的会议室；<br>（19）学校教室、教研室；<br>（20）建筑面积在500m²以下的车站和码头的候车（船）室、行李房；<br>（21）百货楼、超市、综合商场的库房、铺面；<br>（22）民用燃油、燃气锅炉房；<br>（23）民用的油浸变压器室和高、低压配电室 |
| 轻危险级 | （1）日常用品小卖店及经营难燃烧或非燃烧的建筑装饰材料商店；<br>（2）未设集中空调、电子计算机、复印机等设备的普通办公室；<br>（3）旅馆、饭店的客房；<br>（4）普通住宅；<br>（5）各类建筑物中以难燃烧或非燃烧的建筑构件分隔的并主要存贮难燃烧或非燃烧材料的辅助房间 |

是多注意：普通商场、超市属于中危险级，只有建筑面积在1000m²及以上的经营易燃易爆化学物品的商场、商店的库房及铺面才属于严重危险级。小卖部属于轻危险级。

**答146：**灭火器的最大保护距离是消防检查中重点检查项目。A类火灾场所和B类场所（严重危险级、中危险级、轻危险级）的手提式和推车式灭火器最大保护距离（m）分别是多少？

答：见表2.3.2–5、表2.3.2–6。

**A类火灾场所的灭火器最大保护距离（m）　　表2.3.2–5**

| | 手提式灭火器 | 推车式灭火器 |
|---|---|---|
| 严重危险级 | 15 | 30 |
| 中危险级 | 20 | 40 |
| 轻危险级 | 25 | 50 |

**B、C类火灾场所的灭火器最大保护距离（m）　　表2.3.2–6**

| | 手提式灭火器 | 推车式灭火器 |
|---|---|---|
| 严重危险级 | 9 | 18 |
| 中危险级 | 12 | 24 |
| 轻危险级 | 15 | 30 |

**答147：**灭火器的最低配置基准。

（1）A类火灾场所（严重危险级、中危险级、轻危险级）灭火器的最低配置基准分别是多少？

答：见表2.3.2–7。

A 类火灾场所灭火器的配置　　表 2.3.2–7

| 危险等级 | 严重危险级 | 中危险级 | 轻危险级 |
|---|---|---|---|
| 单具灭火器最小配置灭火级别 | 3A | 2A | 1A |
| 单位灭火级别最大保护面积（$m^2$/A） | 50 | 75 | 100 |

（2）B、C 类火灾场所（严重危险级、中危险级、轻危险级）灭火器的最低配置基准分别是多少？

答：见表 2.3.2–8。

B、C 类火灾场所灭火器配置　　表 2.3.2–8

| 危险等级 | 严重危险级 | 中危险级 | 轻危险级 |
|---|---|---|---|
| 单具灭火器最小配置灭火级别 | 89B | 55B | 21B |
| 单位灭火级别最大保护面积（$m^2$/A） | 0.5 | 1.0 | 1.5 |

**答 148：**灭火器配置的设计与计算应按计算单元进行。

（1）灭火器最小需配灭火级别和最少需配数量的计算值应进位取整还是四舍五入？

答：进位取整。

（2）灭火器设置点的位置和数量应根据灭火器的最大保护距离确定，并应保证最不利点至少在几具灭火器的保护范围内？

答：1 具。

（3）灭火器配置设计的计算单元时，当一个楼层或一个水平防火分区内各场所的危险等级和火灾种类相同时或当一个楼层或一个水平防火分区内各场所的危险等级和火灾种类不相同时，计算单元分别怎么确定？

答：将其作为一个计算单元；应将其分别作为不同的计算单元。

（4）计算单元选取时，同一计算单元能否跨越防火分区和楼层？

答：不得跨越防火分区和楼层。

（5）计算单元的最小需配灭火级别的公式是什么？

答：$Q=KS/U$。

式中 $Q$——计算单元的最小需配灭火级别（A 或 B）；

$S$——计算单元的保护面积，$m^2$；

$U$——A 类或 B 类火灾场所单位灭火级别最大保护面积，$m^2$/A 或 $m^2$/B；

$K$——修正系数。

（6）修正系数 $K$ 怎么取值？

答：见表 2.3.2–9。

修正系数 $K$　　表 2.3.2–9

| 计算单元 | $K$ |
|---|---|
| 未设室内消火栓系统和灭火系统 | 1.0 |
| 设有室内消火栓系统 | 0.9 |
| 设有灭火系统 | 0.7 |
| 设有室内消火栓系统和灭火系统 | 0.5 |
| 甲、乙、丙类液体储罐区<br>可燃气体储罐区 | 0.3 |

（7）计算单元中每个灭火器设置点的最小需配灭火级别怎么计算？

答：$Q_e=Q/N$

式中　$Q_e$——计算单元中每个灭火器设置点的最小需配灭火级别（A 或 B）;

$N$——计算单元中的灭火器设置点数，个。

（8）哪些场所的计算单元的最小需配灭火级别需要增加？增加多少？

答：歌舞娱乐放映游艺场所、网吧、商场、寺庙以及地下场所（口诀：上帝是歌王）：增加 30%，即 1.3 倍。

**答 149：**（1）在同一灭火器配置场所，选择灭火器要注意什么？

答：宜选用相同类型和操作方法的灭火器。当同一灭火器配置场所存在不同火灾种类时，应选用通用型灭火器。

（2）在同一灭火器配置场所，当选用两种或两种以上类型灭火器，要注意什么？

答：应采用灭火剂相容的灭火器。

（3）请问哪些灭火剂是不相容的？

答：见表 2.3.2–10。

**不相容的灭火剂　　表 2.3.2–10**

| 灭火剂类型 | 不相容的灭火剂 | |
|---|---|---|
| 干粉与干粉 | 磷酸铵盐（ABC） | 碳酸氢钠、碳酸氢钾（BC） |
| 干粉与泡沫 | 碳酸氢钠、碳酸氢钾 | 蛋白泡沫 |
| 泡沫与泡沫 | 蛋白泡沫、氟蛋白泡沫 | 水成膜泡沫 |

**答 150：**（1）请说出表 2.3.2–11 灭火器类型规格代码的含义。

**灭火器类型规格代码　　表 2.3.2–11**

| MF/ABC5 | MF4 | MT5 | MFT/ABC20 | MY4 |
|---|---|---|---|---|

答：见表 2.3.2–12。

**灭火器类型规格代码的含义　　表 2.3.2–12**

| |
|---|
| MF/ABC5：5kg 的干粉（磷酸铵盐）手提灭火器，最小灭火级别 3A |
| MF4：4kg 的干粉（碳酸氢钠）手提灭火器，最小灭火级别 55B |
| MT5：5kg 的二氧化碳手提灭火器，最小灭火级别 34B |
| MFT/ABC20：20kg 的干粉（磷酸铵盐）推车式灭火器，最小灭火级别 6A |
| MY4：4kg 的卤代烷（1211）手提灭火器，最小灭火级别 1A 或 34B |

其他灭火器类型、规格和灭火级别如表 2.3.2–13 所示。

**其他灭火器类型、规格和灭火级别　　表 2.3.2–13**

| 火器类型 | 灭火剂充装量（规格） | | 灭火器类型规格代码（型号） | 灭火级别 | |
|---|---|---|---|---|---|
| | L | kg | | A 类 | B 类 |
| 水型 | 3 | — | MS/Q3 | 1A | – |
| | | | MS/T3 | | 55B |
| | 6 | — | MS/Q6 | 1A | – |
| | | | MS/T6 | | 55B |

续表

| 火器类型 | 灭火剂充装量（规格） | | 灭火器类型规格代码（型号） | 灭火级别 | |
|---|---|---|---|---|---|
| | L | kg | | A类 | B类 |
| 水型 | 9 | — | MS/Q9 | 2A | - |
| | | | MS/T9 | | 89B |
| 泡沫 | 3 | — | MP3、MP/AR3 | 1A | 55B |
| | 4 | — | MP4、MP/AR4 | 1A | 55B |
| | 6 | — | MP6、MP/AR6 | 1A | 55B |
| | 9 | — | MP9、MP/AR9 | 2A | 89B |
| 干粉（碳酸氢钠） | — | 1 | MF1 | — | 21B |
| | — | 2 | MF2 | — | 21B |
| | — | 3 | MF3 | — | 34B |
| | — | 4 | MF4 | — | 55B |
| | — | 5 | MF5 | — | 89B |
| | — | 6 | MF6 | — | 89B |
| | — | 8 | MF8 | — | 144B |
| | — | 10 | MF10 | — | 144B |
| 干粉（磷酸铵盐） | — | 1 | MF/ABC1 | 1A | 21B |
| | — | 2 | MF/ABC2 | 1A | 21B |
| | — | 3 | MF/ABC3 | 2A | 34B |
| | — | 4 | MF/ABC4 | 2A | 55B |
| | — | 5 | MF/ABC5 | 3A | 89B |
| | — | 6 | MF/ABC6 | 3A | 89B |
| | — | 8 | MF/ABC8 | 4A | 144B |
| | — | 10 | MF/ABC10 | 6A | 144B |
| 卤代烷（1211） | — | 1 | MY1 | — | 21B |
| | — | 2 | MY2 | （0.5A） | 21B |
| | — | 3 | MY3 | （0.5A） | 34B |
| | — | 4 | MY4 | 1A | 34B |
| | — | 6 | MY6 | 1A | 55B |
| 二氧化碳 | — | 2 | MT2 | — | 21B |
| | — | 3 | MT3 | — | 21B |
| | — | 5 | MT5 | — | 34B |
| | — | 7 | MT7 | — | 55B |

**答 151**：灭火器配置的具体案例。

（1）某学校宿舍长度 40m，宽度 13m，建筑层数 6 层，建筑高度 21m, 设有室内消火栓系统。宿舍楼每层设置 15 间宿舍，每间宿舍学生人数为 4 人。每层中间沿长度方向设 2m 宽的走道。以下有 4 种方案，请判断其是否合理?

① 从距走道端部 5m 处开始每 10m 布置一具 MF/ABC5 灭火器（图 2.3.2–1）。

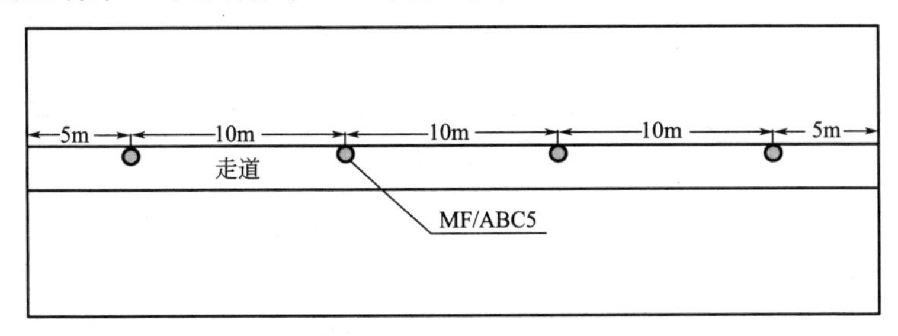


图 2.3.2–1　灭火器布置（一）

答：合理。6 × 15 × 4=360（床），属于严重危险级，对应最小灭火级别为 3A。每层视为一个计算单元，$Q=KS/U=0.9\times40\times13/50=9.36$（A）≈ 10（A）。$QN=10/3=3.33\approx4$ 具。保护距离为 15m，如图 2.3.2–2，完全覆盖。

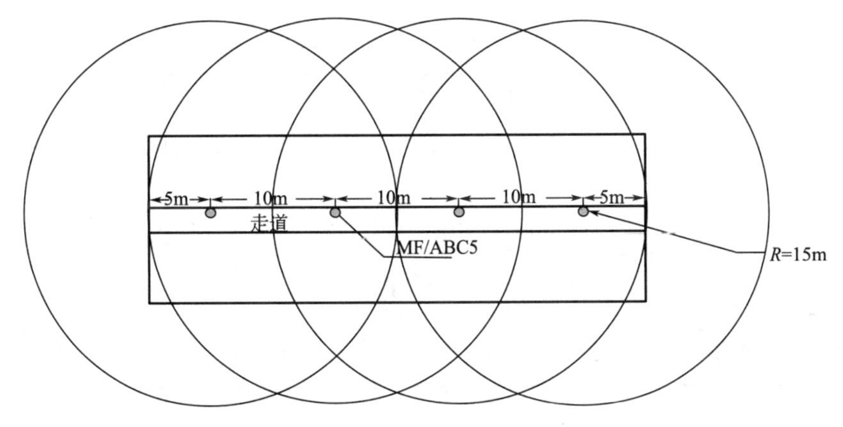


图 2.3.2–2　灭火器覆盖范围（一）

② 在走道尽端各 5m 处分别布置 2 具 MF/ABC4 灭火器（图 2.3.2–3）。

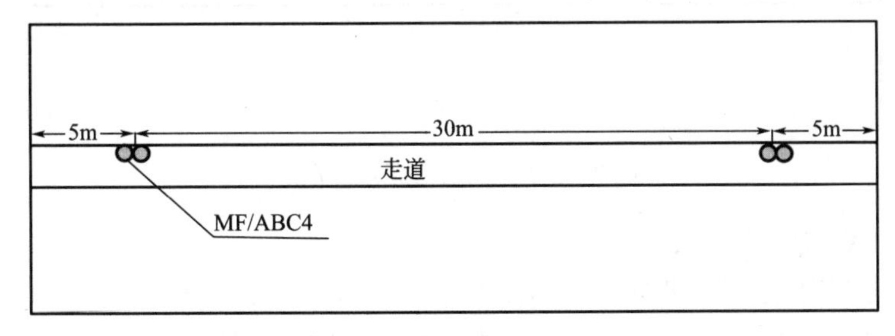


图 2.3.2–3　灭火器布置（二）

答：错误。6 × 15 × 4=360（床），属于严重危险级，对应灭火级别为 3A。MF/ABC4 对应级别为 2A，不符要求。

③ 在走道尽端各5m处分别布置2具MF/ABC5灭火器（图2.3.2–4）。

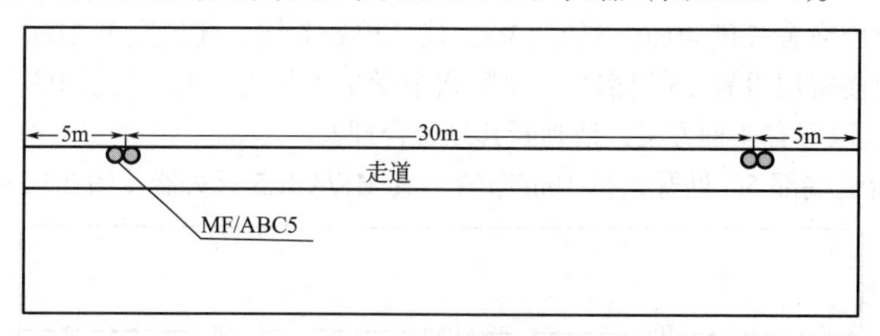


图2.3.2–4 灭火器布置（三）

答：配置数量合理。6×15×4=360（床），属于严重危险级，对应灭火级别为3A。每层视为一个计算单元，$Q=KS/U=0.9\times40\times13/50=9.36$（A）≈10（A）。$QN=10/3=3.33\approx4$具。

保护距离不正确，此处保护距离为15m，如图2.3.2–5，未完全覆盖。

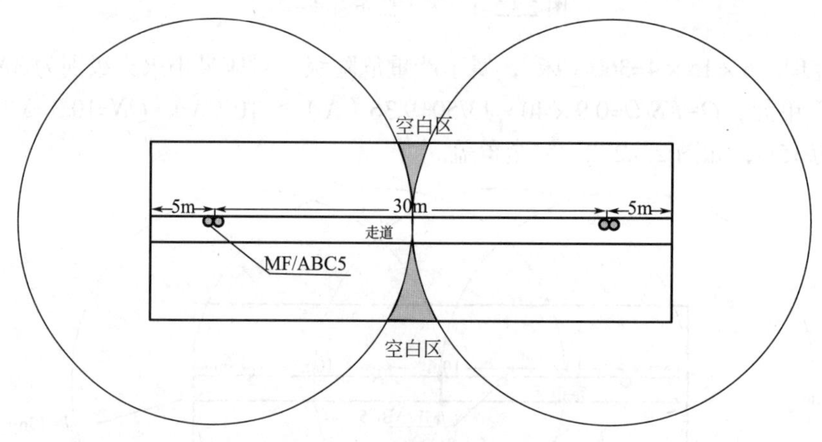


图2.3.2–5 灭火器覆盖范围（二）

④ 从距走道端部5m处开始每隔10m布置一具1具MS/Q6灭火器（图2.3.2–6）。

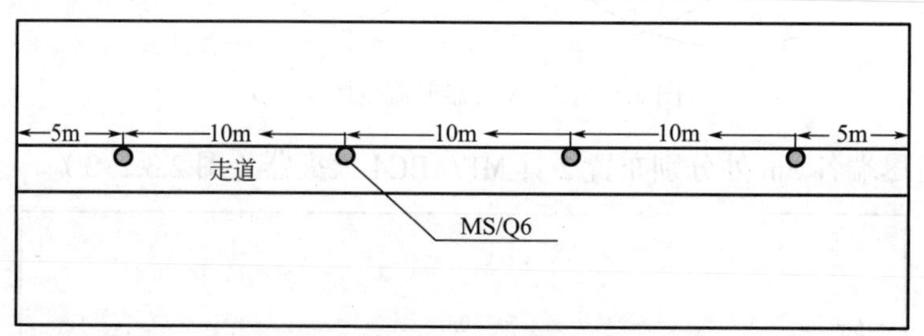


图2.3.2–6 灭火器布置（四）

答：错误，MS/Q6灭火级别为1A，此处为3A场所。

（2）消防部门对某宾馆建筑灭火器的配置进行检查时，发现了有多种灭火器。如下：水型灭火器、碳酸氢钠灭火器、泡沫灭火器、磷酸铵盐灭火器。

答：错误。宾馆火灾属于A类火灾，碳酸氢钠灭火器属于BC型灭火器，不能灭A类火灾。另外碳酸氢钠灭火器和磷酸铵盐灭火器属于互不相容的灭火器，不能存在于同一场所。

（3）某服装加工厂，共4层，建筑高度23m，呈矩形布置，长40m，宽25m，设有室内消栓系统和自动喷水灭火系统，该服装加工厂拟每层配置 4 具 MF/ABC3 型手提式灭火器，将其分别放置于 4 个角落。

答：首先判定其属于中危险级，A 类火灾场所，灭火器最小级别为 2A。

其次，判断灭火器数量。$Q=KS/U=0.5\times40\times25/75=6.67$（A），取 7（A）。$QN=7/2=4$ 具。符合要求。

最后判断保护距离。因为中危险级保护距离为 20m。情况如图 2.3.2–7，不符合要求。

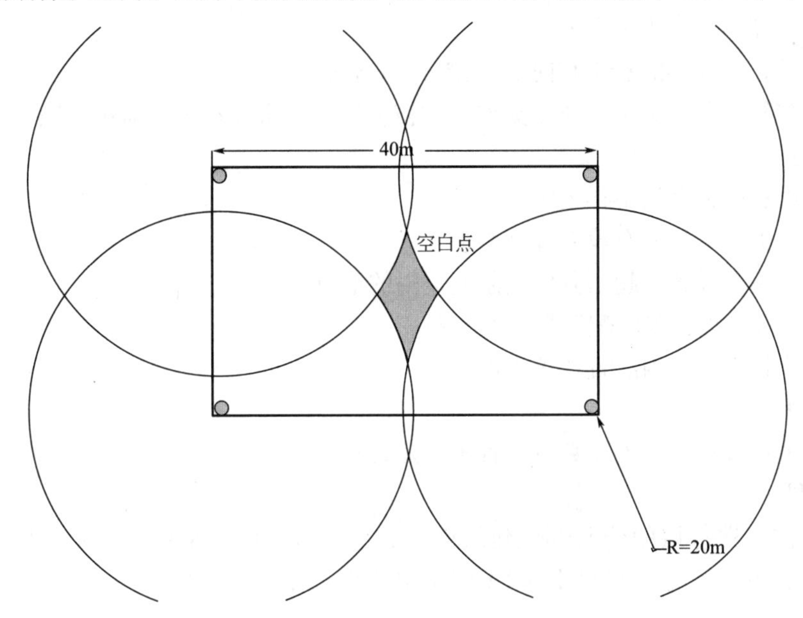


图 2.3.2–7　灭火器覆盖范围（三）

解决方法：① 将手提式改为推车式。

② 如图 2.3.2–8 所示。将配置点转移。

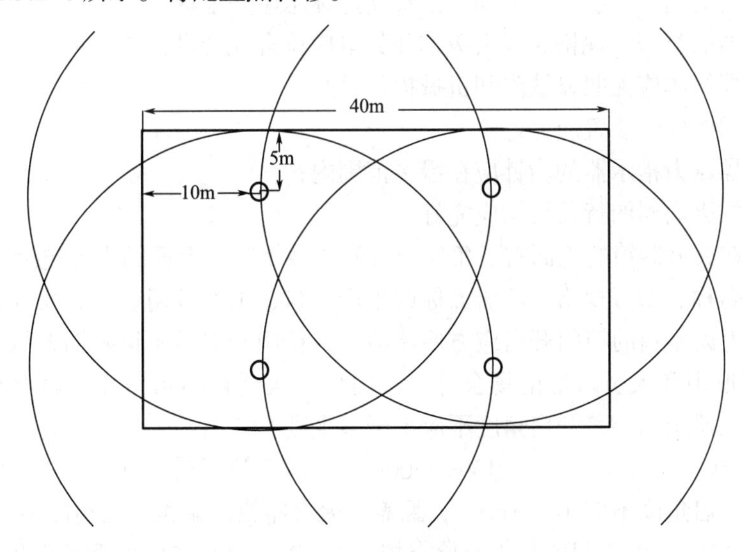


图 2.3.2–8　解决方案

**答152**：关于灭火器的设置位置。

（1）灭火器应设置在位置明显和便于取用的地点，且不得影响安全疏散。对有视线障碍的灭火器设置点，应采取什么措施？

答：设置指示其位置的发光标志。

（2）灭火器的摆放应稳固，其铭牌应朝内还是朝外？灭火器的器头宜向上还是向下？手提式灭火器宜设置在灭火器箱内或挂钩、托架上，其顶部离地面高度不应大于多少米？底部离地面高度不宜小于多少米？

答：朝外；灭火器的器头宜向上。1.5m；0.08m。

（3）很多管理单位为了防止灭火器平常被动用，经常会把灭火器箱上锁，请问此种做法是否正确？

答：错误；灭火器箱不得上锁。

（4）灭火器存放场所有没有温度要求？

答：有，不得设置在超出其使用温度范围的地点。

**答153**：关于灭火器的配置数量的问题。

（1）一个计算单元内配置的灭火器数量不得少于几具？

答：2具。

（2）每个设置点的灭火器数量不宜多于几具？

答：5具。

（3）当住宅楼每层的公共部位建筑面积超过100m$^2$时，应配置几具1A的手提式灭火器？每增加100m$^2$时，增配几具1A的手提式灭火器？

答：1具；1具。

**答154**：灭火器的进场检查主要检查什么内容？

答：（1）灭火器应符合市场准入的规定，并应有出厂合格证和相关证书；

（2）灭火器的铭牌、生产日期和维修日期等标志应齐全；

（3）灭火器的类型、规格、灭火级别和数量应符合配置设计要求；

（4）灭火器筒体应无明显缺陷和机械损伤；

（5）灭火器的保险装置应完好；

（6）灭火器压力指示器的指针应在绿区范围内；

（7）推车式灭火器的行驶机构应完好。

**答155**：在灭火器箱的正面右下角应设置耐久性铭牌，上面的内容包括哪些？

答：产品名称、型号规格、注册商标或生产厂名、生产日期或产品批号、执行标准。

**答156**：灭火器箱的箱门开启应方便灵活，其箱门开启后不得阻挡人员安全疏散。除不影响灭火器取用和人员疏散的场合外，开门型灭火器箱的箱门开启角度不应小于多少度？翻盖型灭火器箱的翻盖开启角度不应小于多少度？

答：① 根据《灭火器箱》GA 139—2009灭火器箱门开启力不应大于50N，开门式灭火器箱的箱门开启角度不应小于160°，翻盖式灭火器箱的箱盖开启角度不应小于100°。

② 根据《建筑灭火器配置验收及检查规范》GB 50444—2008开门型灭火器箱的箱门开启角度不应小于175°，翻盖型灭火器箱的翻盖开启角度不应小于100°。

**答 157：**挂钩、托架安装后应能承受一定的静载荷，不应出现松动、脱落、断裂和明显变形。检查时，以几倍的手提式灭火器的载荷悬挂于挂钩、托架上，作用 5min，观察是否出现松动、脱落、断裂和明显变形等现象？当 N 倍手提式灭火器质量小于 45kg 时，应按 45kg 进行检查。

答：5 倍。

**答 158：**灭火器配置验收的判定规则是什么？哪些属于严重缺陷项（A）？常见的 B 类和 C 类有哪些？

答：A 合格判定条件应为：A=0，且 B ≤ 1，且 B+C ≤ 4，否则为不合格。其中，严重缺陷项（A）、重缺陷项（B）和轻缺陷项（C）（表 2.3.2–14）。

**常见的灭火器缺陷** **表 2.3.2–14**

| 缺陷项 | 具体内容 |
|---|---|
| A 类 | （1）灭火器类型、规格、级别、数量；（2）相容性；（3）产品质量合格；（4）保护距离 |
| B 类 | （1）灭火器设置点附近应无障碍物，取用灭火器方便，且不得影响人员安全疏散。<br>（2）无遮挡、无上锁；（3）挂钩托架承载能力；（4）视线障碍设置发光标志<br>（5）摆放时铭牌朝外、器头朝上 |
| C 类 | （1）箱门开启角度；<br>（2）手提式灭火器底部和顶部距地面的距离 |

**答 159：**（1）每次送修的灭火器数量不得超过计算单元配置灭火器总数量的多少？

答：1/4。

（2）超出时，应选择何种灭火器替代，替代灭火器的灭火级别不应小于原配置灭火器的灭火级别？

答：相同类型和操作方法的。

（3）检查或维修后的灭火器怎么摆放？

答：均应按原设置点位置摆放。

（4）需维修、报废的灭火器应由什么单位进行？

答：灭火器生产企业或专业维修单位进行。

**答 160：**关于灭火器维修的问题。请回答下列问题

（1）某物业公司工作人员发现灭火器损失，自行进行维修。请问是否可以？

答：不可以。灭火器用户对在用灭火器进行定期检查，发现符合维修要求的灭火器应及时送生产企业维修部门或其授权的维修机构进行维修。维修人员应是从事灭火器维修工作的技术、维修操作和检验的人员，均应接受上岗前培训，熟悉本岗位职责、授权维修的灭火器的结构原理、产品标准及相关操作规程，经考核合格，持证上岗。自行维修的应当报废。

（2）二氧化碳灭火器和贮气瓶的再充装的企业只需取得相应的消防技术服务机构资质证书即可。是否正确？

答：错误。还应取得特种设备安全监督管理部门的许可。

（3）拆卸灭火器时一般采用直接拆解。

答：错误。应采用安全的拆卸方法，采取必要的安全防护措施，在确认灭火器内部无压力时，方可拆卸灭火器器头或阀门。

（4）不管是干粉灭火剂，还是洁净气体灭火器内的灭火剂、二氧化碳灭火器内的灭火剂，亦或是水基型灭灭火剂都可以回收再充装。

答：错误，见表2.3.2–15。

灭火剂的处理方法　　表2.3.2–15

| 灭火剂 | | 处理方法 |
|---|---|---|
| 干粉灭火剂 | 喷射过的 | 应按ABC干粉和BC干粉灭火剂分别进行回收储存不应用于再充装 |
| | 未喷射过的 | 经检验，干粉灭火剂的主要组分含量、含水率、吸湿率、抗结块性（针入度）和斥水性符合相关灭火剂标准后，且无外来杂质，则可用于再充装 |
| 水基型灭火剂 | | 不应用于再充装，应按符合环保要求的方法进行处理 |
| 洁净气体灭火剂（无论是否用过） | | 对其进行纯度和含水率检验，经检验符合相关灭火剂标准后，则可用于再充装 |
| 二氧化碳灭火剂（无论是否用过） | | 应对其进行纯度和含水率检验，经检验符合相关灭火剂标准后，则可用于再充装 |
| 1211和1301灭火剂 | | 在拆卸前应按国家相关的回收规则进行回收处理，并保持记录 |

（5）哪些部件应做水压试验，哪些做残余变形率的测定？

答：对确认不属于报废范围的灭火器气瓶（筒体）、贮气瓶，或可不更换的器头（阀门），装有可间歇喷射装置的喷射软管组件，以及气瓶（筒体）与器头（阀门）的连接件等应逐个进行水压试验。对二氧化碳灭火器的气瓶应逐个进行残余变形率的测定。

合格标准：水压试验应按灭火器铭牌标志上规定的水压试验压力进行，水压试验时不应有泄漏、部件脱落、破裂和可见的宏观变形。二氧化碳灭火器钢瓶的残余变形率不应大于3%。

（6）某维修机构维修时，对下列组件进行了更换，更换表如表2.3.2–16。已知共送修5瓶水基型灭火器、4瓶二氧化碳灭火器、3瓶干粉灭火器。请问是否有问题？

更换内容　　表2.3.2–16

| 更换部位 | | 数量 |
|---|---|---|
| 灭火器气瓶（筒体） | | 3 |
| 器头 | | 2 |
| 阀门 | | 1 |
| 密封片、圈、垫 | | 2 |
| 压力指示器 | | 0 |
| 水基型灭灭火器 | 滤网 | 4 |
| | 灭火剂 | 2 |
| 二氧化碳灭火器的超压安全膜片 | | 1 |

答：①灭火器气瓶（筒体）不可更换。

②密封片、圈、垫密封零件每次维修时应作更换，所以密封片、圈、垫应更换的数量是12个。

③水基型灭火剂每次维修时应作更换，所以应更换的数量是5。

④ 二氧化碳灭火器的超压安全膜片每次维修时应作更换，所以应更换的数量是 4。

具体知识如下：

① 灭火器气瓶（筒体）不可更换

② 有下列缺陷的零部件应作更换：

a）器头或阀门有明显的裂纹和损伤、阀杆变形、弹簧锈蚀、密封件破损、超压保护装置损坏、水压试验不符合要求等缺陷；

b）灭火器的压把、提把等金属件有严重损伤、变形、锈蚀等影响使用的缺陷；

c）贮气瓶式灭火器的顶针有肉眼可见的缺陷；

d）虹吸管和贮气瓶式灭火器的出气管有弯折、堵塞、损伤和裂纹等缺陷；

e）压力指示器，若卸压后指示不在零位、指示区域不清晰、外表面有变形、损伤等缺陷，或示值误差不符合《手提式灭火器 第 1 部分：性能和结构要求》GB 4351.1–2005 中相关的要求；

f）喷嘴有变形、开裂、脱落、损伤等缺陷；

g）喷射软管有变形、龟裂、断裂等缺陷；

h）喷射控制阀（喷枪）损坏；

i）水基型灭火器的滤网有损坏；

j）贮气瓶的水压试验不符合要求或永久性标志不符合《手提式灭火器 第 1 部分：性能和结构要求》GB 4351.1–2005 或《推车式灭火器》GB 8109 中规定的要求；

k）橡胶和塑料零部件有变形、变色、龟裂或断裂等缺陷；

l）推车式灭火器的车轮、车架组件的固定单元、喷射软管和喷枪的固定装置有损坏；

m）干粉灭火剂的主要组分含量、含水率、吸湿率、抗结块性（针入度）、斥水性不符合相关灭火剂标准规定的要求，或有外来杂质，或存在其他任何疑问；

n）洁净气体灭火剂和二氧化碳灭火剂的纯度、含水率不符合相关灭火剂标准规定的要求。

③ 每次维修时，下列零部件应作更换：

a）密封片、圈、垫等密封零件；

b）水基型灭火剂；

c）二氧化碳灭火器的超压安全膜片。

（7）每具经维修出厂检验合格的灭火器应加贴维修合格证。维修合格证的内容应包括哪些？

答：①维修编号；②总质量；③项目负责人签署；④维修日期；⑤维修机构名称、地址和联系电话等。

**答 161：**关于灭火器的维护管理周期。

（1）灭火器的配置、外观应多长时间进行一次检查？

答：每月。

（2）什么场所配置的灭火器，每半月进行一次检查？

答：① 候车（机、船）室、歌舞娱乐放映游艺等人员密集的公共场所；

② 堆场、罐区、石油化工装置区、加油站、锅炉房、地下室等场所。

**答162**：关于灭火器的送修问题。

（1）哪些灭火器应及时进行维修？

答：存在机械损伤、明显锈蚀、灭火剂泄露、被开启使用过或符合其他维修条件的。

（2）水基型、干粉型、洁净气体型、二氧化碳灭火器的维修期限分别是多长时间？

答：见表2.3.2–17。

**灭火器维修** **表2.3.2–17**

| 灭火器类型 | 维修期限 |
|---|---|
| 水基型灭火器 | 出场满3年；首次维修以后每满1年 |
| 干粉型灭火器 | 出场满5年；首次维修以后每满2年 |
| 净气体型灭火器 | |
| 二氧化碳灭火器 | |

**答163**：关于灭火器报废的问题。

（1）哪些类型的灭火器应报废（危险的，污染环境的）？

答：酸碱型灭火器；化学泡沫型灭火器；倒置使用型灭火器；氯溴甲烷、四氯化碳灭火器；国家政策明令淘汰的其他类型灭火器。

（2）有哪些情况的灭火器应报废？

答：灭火器有下列情况之一者，应报废：

① 永久性标志模糊，无法识别；

② 气瓶（筒体）被火烧过；

③ 气瓶（筒体）有严重变形；

④ 气瓶（筒体）外部涂层脱落面积大于气瓶（筒体）总面积的1/3；

⑤ 气瓶（筒体）外表面、连接部位、底座有腐蚀的凹坑；

⑥ 气瓶（筒体）有锡焊、铜焊或补缀等修补痕迹；

⑦ 气瓶（筒体）内部有锈屑或内表面有腐蚀的凹坑；

⑧ 水基型灭火器筒体内部的防腐层失效；

⑨ 气瓶（筒体）的连接螺纹有损伤；

⑩ 气瓶（筒体）水压试验不合格；

⑪ 不符合消防产品市场准入制度的；

⑫ 由不合法的维修机构维修过的；

⑬ 法律或法规明令禁止使用的。

（3）水基型、干粉型、洁净气体型、二氧化碳灭火器的报废期限分别是多少？

答：见表2.3.2–18。

**灭火器的报废期限** **表2.3.2–18**

| 灭火器类型 | 报废年限（年） |
|---|---|
| 水基型灭火器 | 6年 |
| 干粉型灭火器 | 10年 |
| 洁净气体型灭火器 | 10年 |
| 二氧化碳灭火器 | 12年 |

## 2.4　火灾自动报警系统

### 2.4.1　问题

**问 164：**（1）火灾自动报警系统由哪些系统构成？

（2）火灾探测报警系统由什么组成？消防联动控制系统由什么组成？

（3）火灾探测器根据其探测火灾特征参数的不同可分为哪些探测器？

**问 165：**火灾报警系统按线制（探测器和控制器之间的传输线的线数）分为哪两种类型？各自有什么特点？

**问 166：**在学习火灾自动报警系统时，小王和小李又一次进行了探讨。

（1）小李说：报警区域就是探测区域，两者一般一样大。

（2）小王说：火灾报警信号是火灾报警控制器发出的信号，消防联动控制信号、联动反馈信号、联动触发信号均是消防联动控制器发出的信号，

（3）小李说：为了省电，水泵控制柜、风机控制柜等消防电气控制装置可以采用变频启动方式。

**问 167：**消防部门对某电厂调度楼消防情况进行检查。具体情况如下：调度楼共 6 层，设置了火灾自动报警系统、气体火灾自动报警控制器每个总线回路最大负载能力为 256 个报警点，每层有 70 个报警点，共分两个总线回路，其中一层至三层为第一回路，四层至六层为第二回路。每个楼层弱电井中安装 1 只总线短路隔离器，在本楼层总线处出现短路时保护其他楼层的报警设备功能不受影响。对该生产综合楼火灾自动报警系统设置问题进行分析，提出改进措施。

**问 168：**在火灾自动报警系统中，火灾报警控制器和消防联动控制器是核心组件，是系统中火灾报警与警报的监控管理枢纽和人机交互平台。请问火灾探测报警系统和消防联动控制器的工作原理分别是什么？

**问 169：**关于区域报警系统、集中报警系统、控制中心报警系统的问题。请判断是否正确？

（1）区域报警系统中，有消防应急广播。

（2）集中报警系统中，有火灾报警控制器、消防联动控制器。

（3）集中报警系统中，有火灾探测器、手动火灾报警按钮、火灾声光警报器。

（4）区域报警系统中，有消防控制室图形显示装置。

（5）区域报警系统必须要设一个消防控制室。

（6）集中报警系统可以不设消防控制室。

（7）有两个及以上消防控制室时，应确定一个主消防控制室。

（8）主消防控制室应仅能显示本身的火灾报警信号和联动控制状态信号，但应能控制所有重要的消防设备。

（9）各分消防控制室内消防设备之间不能互相传输、显示状态信息，也不应互相控制。

（10）区域报警系统有联动功能。

问 170：某超高层建筑，控制器直接控制情况如图 2.4.1–1 所示。请判断是否正确？

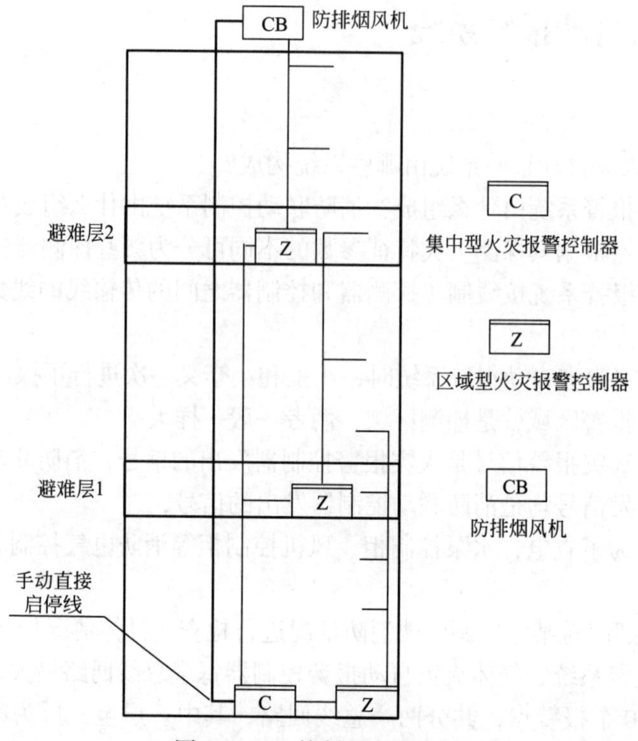


图 2.4.1–1　控制器直接控制

问 171：关于消防控制室的问题。

（1）某地消防部门到某公共建筑的消防控制室进行检查发现如下情况：

① 翻阅资料，发现只有如下资料：建筑消防设施平面布置图、消防安全管理规章制度、消防安全组织结构图、消防系统控制逻辑关系说明、值班情况。请问是否缺少资料？

② 消防控制室的通话设备只设置了消防专用电话总机。请问是否正确？

③ 发现一楼花坛用于喷水设施的连接线路接到了消防控制室。

④ 发现该场所实行每日 12h 轮班制度，白班一人，晚班一人。两人中一人持有电工证，另一人无证。

⑤ 发现消防联动控制器处于手动状态，值班人员给的说法是，防止误启动；另外有人值班就算发生火灾也来得及操作。

⑥ 消防部门人员开始对值班人员进行询问，值班人员老吴如下回答：

a. 消防部门：接到火灾警报后，你会立即想到做什么？

值班人员：立即跑到现场灭火。

消防部门：那么灭不了呢？

值班人员：打 110 报警。

b. 消防部门：如果你报警，你会怎么说？以本建筑 3 楼服装商店的一个仓库为例。

值班人员：我们这里 3 楼商店着火啦，快来人。

c. 消防部门：打完电话你会怎么做？

值班人员：跑到门口接消防员，让他们快速达到火场。

请问以上对话有哪些不妥？

（2）发现消控室室内设备的布置如图 2.4.1–2 所示。

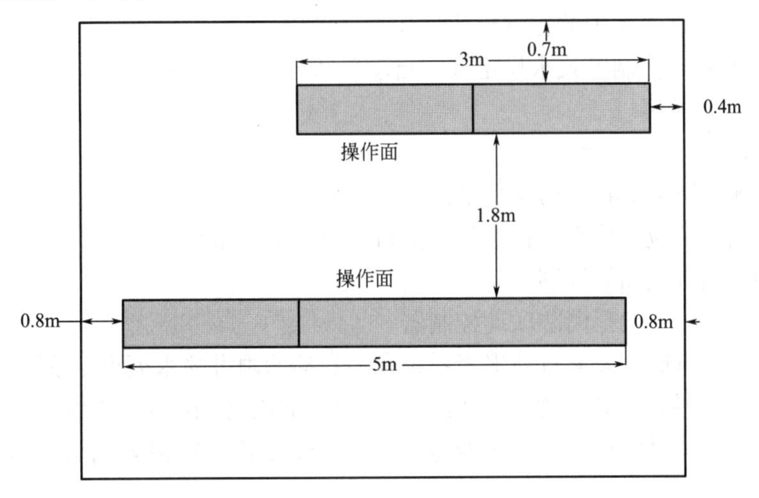


图 2.4.1–2　消控室室内设备布置

**问 172**：消防联动控制设计。

（1）消防联动控制器应能按设定的控制逻辑向各相关的受控设备发出联动控制信号，并接受相关设备的联动反馈信号。是否正确？

（2）消防联动控制器的电压控制输出应采用直流还是交流？多少伏？

（3）消防水泵、防烟和排烟风机的控制设备，必须具备哪两种控制方式？

（4）启动电流较大的消防设备宜怎样启动？

（5）需要火灾自动报警系统联动控制的消防设备，其联动触发信号应采用两个独立的报警触发装置报警信号的“与”还是“或”逻辑组合？

**问 173**：自动喷水灭火系统中湿式系统和干式系统的联动控制具体案例分析。

（1）某建筑设有火灾系统报警系统和湿式自动喷水灭火系统，使消防泵控制柜处于自动状态，检测消防泵联动控制功能，发现下列情况下水泵均启动。请判断是否正确？

① 使消防联动控制器处于自动状态，断开压力开关与消防泵控制柜的控制连接线，在没有任何火灾报警信号的情况下，打开末端试水装置，压力开关动作。

② 使消防联动控制器处于手动状态，打开末端试水装置，压力开关动作。

③ 使消防联动控制器处于手动状态，断开压力开关与消防泵控制柜的控制连接线，使末端试水装置所在防火分区内的一只感烟火灾探测器报警，打开末端试水装置，压力开关动作。

④ 使消防联动控制器处于自动状态，打开末端试水装置，压力开关动作。

⑤ 使消防联动控制器处于自动状态，断开压力开关与消防泵控制柜的控制连接线，打开末端试水装置，压力开关动作，在消防联动控制器上手动操作启动消防泵。

（2）消防检测单位的检测员小李在对某自动喷水灭火系统进行年度检测，打开某个防火分区的末端试水装置，压力开关和水流指示器均正常动作，但消防水泵却没有启动。旁边的小张给出了下列可能原因：

① 水流指示器前的信号蝶阀故障。

② 水流指示器的报警信号没有反馈到联动控制设备。

③ 消防联动控制设备中的控制模块损坏。

④ 水泵控制柜的控制模式未设定在“自动”状态。

⑤ 水泵控制柜故障。

请分析具体情况。

**问 174**：预作用系统的联动控制设计。

（1）预作用系统应由什么连锁信号直接自动启动消防水泵？

（2）联动控制方式如何控制？

（3）哪些信号应反馈至消防联动控制器？

**问 175**：在对建筑由火灾自动报警系统联动启动的雨淋喷水灭火系统进行检测时，应检测雨淋阀组联动控制功能。某检测机构对一建筑的雨淋阀组进行检测，具体情况如下：使同一报警区域内一只感烟火灾探测器与一只手动火灾报警按钮报警，发现雨淋阀组开启。请问是否正确？

**问 176**：预作用系统、雨淋系统和自动控制的水幕系统，应同时具备哪三种开启报警阀组的控制方式？

**问 177**：某公共建筑物业公司邀请检测机构对消火栓系统进行检测，检测情况如下：

（1）打开 1 楼电梯前室的室内消火栓箱门，按下消火栓按钮，水泵启动。

（2）打开屋顶试验消火栓，水泵一直未启动。

（3）用发烟器使 4 楼走道的一只感烟探测器动作，然后再按一下该楼层的消火栓按钮，水泵未启动。

（4）按下 5 楼走道的手动报警按钮，然后再按一下该楼层的消火栓按钮，水泵启动。

（5）按下消防控制室的手动控制盘的启动按钮，手泵未正常启动。

**问 178**：某检测机构对气体灭火系统的控制设计进行了检测，具体如下。

（1）使用发烟器对防护区 A 的感烟探测器发烟，使其动作，未发现其他情况。然后使用感温探测器功能试验器使 B 区的温感动作（图 2.4.1–3）。报警控制器延迟 60s 后发出启动指令。

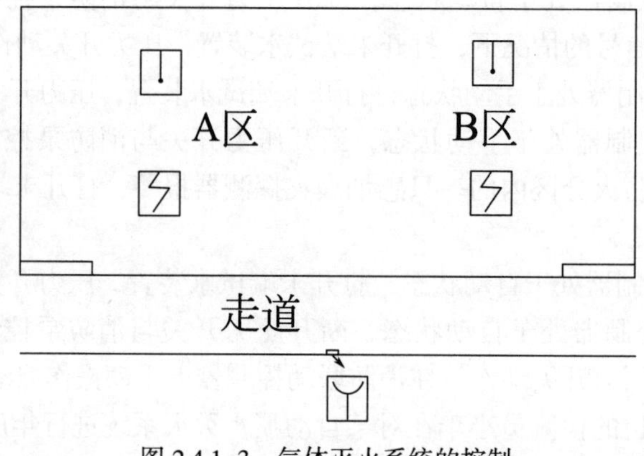


图 2.4.1–3 气体灭火系统的控制

（2）将灭火控制器的转换开关置于“手动”位置时，灭火设备处于手动状态。在该状态下，分别使用发烟器和感温探测器功能试验器使防护区 A 的感烟探测器和感烟探测器动作，控制主机启动警铃和声光报警器，通知火灾发生，但未启动灭火设备。

（3）银行数据中心机房设置了 IG541 气体灭火系统，以组合分配方式设置 A、B、C 三个气体灭火防护区。断开气体灭火控制器与各防护区气体灭火驱动装置的连接线，进行联动控制功能试验，过程如下：

按下 A 防护区门外设置的气体灭火手动自动按钮，A 防护区内声光警报器启动。然后按下气体灭火器手动停止按钮，测量气体灭火控制控制器启动输出端电压，一直为 0V。

按下 B 防护区内 1 只火灾手动报警按钮，测量气体火灾控制器输出端电压，25s 后电压为 24V。

测试 C 防护区，按下气体灭火控制器上的启动按钮。再按下相对应的停止按钮，测量气体灭火控制器启动输出端电压，25s 后电压为 24V。

请分析 3 个防护区的动作是否正确。

**问 179：**气体灭火装置、泡沫灭火装置启动及喷放各阶段的联动控制及系统的反馈信号，应反馈至消防联动控制器。系统的联动反馈信号应包括哪些内容？

**问 180：**（1）防烟系统的联动控制方式案例。某办公楼，每层为一个防火分区，设有火灾自动报警系统、室内消火栓系统和防烟排烟系统等消防设施。将正压送风机控制柜处于自动状态时，检测风机的启动情况，发现以下操作均能够启动正压送风机。请逐一分析是否正确？

① 使消防联动控制器处于自动状态，使用发烟器分别对十层的楼梯间前室及内走道的各一只感烟探测器进行模拟火灾报警测试，两只探测器先后发出火灾报警信号。

② 联动控制器处于自动状态，使用发烟器对一楼大堂的一只感烟探测器进行模拟火灾报警测试，探测器发出火灾报警信号，再按下二楼一办公室一只手动火灾报警按钮后发出再报警信号。

③ 在消防控制室内的消防联动控制器上手动按下正压送风机的启动按钮。

④ 使消防联动控制器处于手动状态，使用发烟器分别对八层的两间办公室内的各一只感烟探测器进行模拟火灾报警测试，两只探测器先后发出火灾报警信号。

⑤ 使消防联动控制器处于自动状态，手动开启设在六层防烟楼梯间的送风口。

（2）挡烟垂壁进行检测。

对二层商场电动挡烟垂壁附近的一只感烟探测器进行发烟试验，发现电动挡烟垂壁在规定时间自动降落到位。请判断是否正确？

（3）在对送风口进行单体调试时，发现如下情况送风口均会动作。请判断是否正确？

① 同一防护区内一只火灾探测器和一只手动报警按钮报警。

② 联动控制器接收到送风机启动的反馈信号。

③ 同一防护区内两只独立的感烟探测器报警。

④ 在联动控制器上手动控制送风口开启。

**问 181：**某地下车库，划分为两个面积相等的防火分区，利用挡烟垂壁划分为两个防烟分区。其中一个防火分区如图 2.4.1–4 所示。技术人员对该防火分区的排烟系统进行模拟火灾试验，触发位于该防火分区不同的防烟分区的两个独立的感烟探测器，排烟风机和排烟口均自动启动。复位之后重新进行试验，技术人员又触发位于 1 号防烟分区的感烟探测器和一个手动报警按钮，该防火分区的排烟风机启动，并联动 4 个排烟口打开。请判断以上联动控制是否正确？

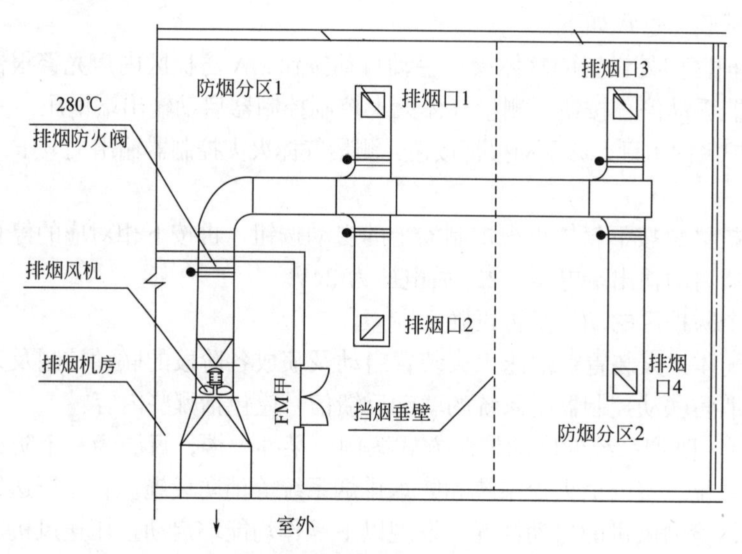


图 2.4.1–4 防火分区

**问 182**：防火门及防火卷帘系统的联动控制设计。

（1）防火门系统的联动控制设计应由哪两路信号控制？

（2）疏散通道上各防火门的开启、关闭及故障状态信号应反馈至什么设施？

（3）防火卷帘的升降应由什么来控制？

（4）某疏散通道上设置的防火卷帘的探测器布置如图 2.4.1–5，防火分区内任一只独立的感烟火灾探测器和任一只专门用于联动防火卷帘的感温火灾探测器下降到楼地面。请判断此处做法是否正确。

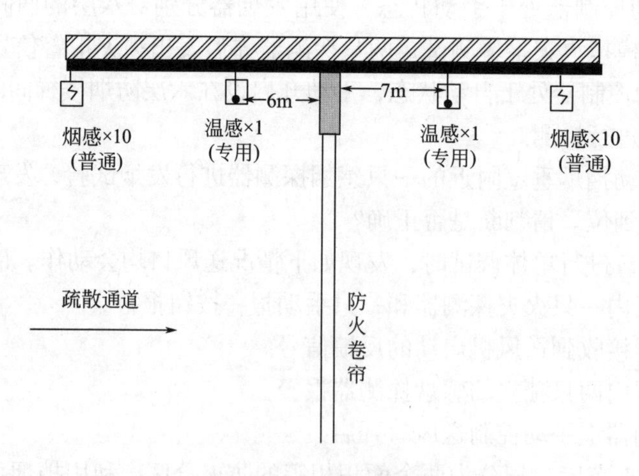


图 2.4.1–5 探测器布置

**问 183：**（1）电梯的联动控制设计

① 消防联动控制器应具有发出联动控制信号强制所有电梯停于哪一层的功能？

② 消防控制室显示什么反馈信号？轿厢内应设置什么装置？

（2）火灾警报和消防应急广播系统的联动控制设计。

① 火灾自动报警系统应设置火灾声光警报器，并应在确认火灾后启动建筑内的所有的还是着火层及相关层的火灾声光警报器？

② 未设置消防联动控制器的火灾自动报警系统，火灾声光警报器应由什么设施控制？设置消防联动控制器的火灾自动报警系统，火灾声光警报器应由什么设施控制？

③ 公共场所具有多个报警区域的保护对象，宜选用何种类型的火灾声警报器？

④ 在检查中经常发现学校、工厂等各类日常使用电铃的场所，用警铃作为火灾声警报器。请问是否可以？

⑤ 同一建筑内设置多个火灾声警报器时，火灾自动报警系统应能否同时启动和停止所有火灾声警报器工作？

⑥ 火灾声警报器单次发出火灾警报时间宜为多少秒？同时设有消防应急广播时，火灾声警报应与消防应急广播如何播放？

⑦ 哪些报警系统应设置消防应急广播？

⑧ 消防应急广播的单次语音播放时间宜为多少秒？应与火灾声警报器分时交替工作，可采取如何的交替工作方式循环播放？

⑨ 消防应急广播与普通广播或背景音乐广播合用时，应具有什么功能？

**问 184：**消防应急照明和疏散指示系统的联动控制设计

（1）集中控制型消防应急照明和疏散指示系统，应如何控制？

（2）集中电源非集中控制型消防应急照明和疏散指示系统，应如何控制？

（3）自带电源非集中控制型消防应急照明和疏散指示系统，应如何控制？

（4）当确认火灾后，全楼疏散通道的消防应急照明和疏散指示系统的启动顺序是什么？系统全部投入应急状态的启动时间不应大于几秒？

**问 185：**相关联动控制的设计。

（1）消防联动控制器应具有切断火灾区域及相关区域的所有电源的功能，此句话是否正确？

（2）当需要切断正常照明时，宜在自动喷淋系统、消火栓系统动作前还是动作后切断？

（3）火灾时可立即切断的非消防电源有什么？

（4）火灾时不应立即切掉的非消防电源有什么？

**问 186：**有关探测器的选择。请判断是否正确。

（1）在 18m 中庭安装点型感烟探测器。

（2）在净高 9m 的服装仓库安装点型感温探测器。

（3）在电缆隧道安装火焰探测器。

（4）在石油储罐设置缆式线型探测器。

**问187**：火焰探测器、可燃气体探测器的应用。

（1）哪些场所宜选择点型火焰探测器或图像型火焰探测器？

（2）哪些场所宜选择可燃气体探测器？

**问188**：（1）哪些场所宜选择线型光束感烟火灾探测器？

（2）哪些场所不宜选择线型光束感烟火灾探测器？

**问189**：哪些场所宜选择缆式线型感温火灾探测器？其工作原理是什么？

**问190**：哪些场所或部位宜选择线型光纤感温火灾探测器？优点是什么？

**问191**：根据温感探测器工作原理，温感探测器可哪3类？温度在0℃以下的场所，以及温度变化较大的场所不宜选择具有什么特性的探测器？

**问192**：哪些场所宜选择吸气式感烟火灾探测器？

**问193**：火灾报警控制器和消防联动控制器的设置。

（1）火灾报警控制器和消防联动控制器，应设置什么地方？

（2）火灾报警控制器和消防联动控制器安装在墙上时，其主显示屏高度宜为多少米？其靠近门轴的侧面距墙不应小于多少米？正面操作距离不应小于多少米？

（3）集中报警系统和控制中心报警系统中的区域火灾报警控制器在满足什么列条件时，可设置在无人值班的场所？

**问194**：点型火灾探测器的设置问题。

（1）探测区域的每个房间应至少设置几只火灾探测器？

（2）一个探测区域内所需设置的探测器数量如何计算（公式是什么）？

**问195**：某建筑顶棚上有梁，在棚上设置点型感烟火灾探测器、感温火灾探测器时，出现了图2.4.1-6～图2.4.1-11情况，请试着分析梁对探测器范围的影响。

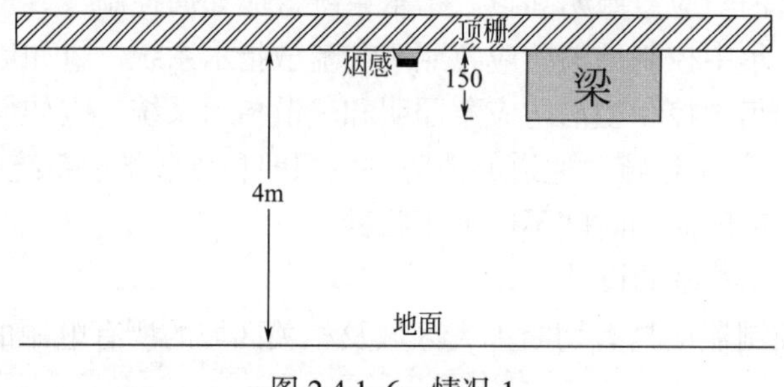


图2.4.1-6 情况1

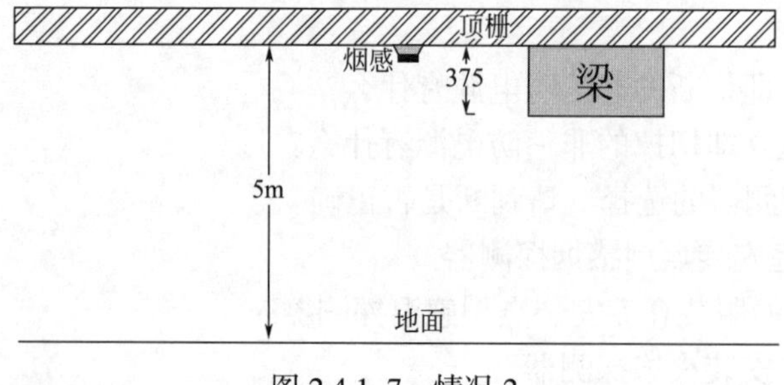


图2.4.1-7 情况2

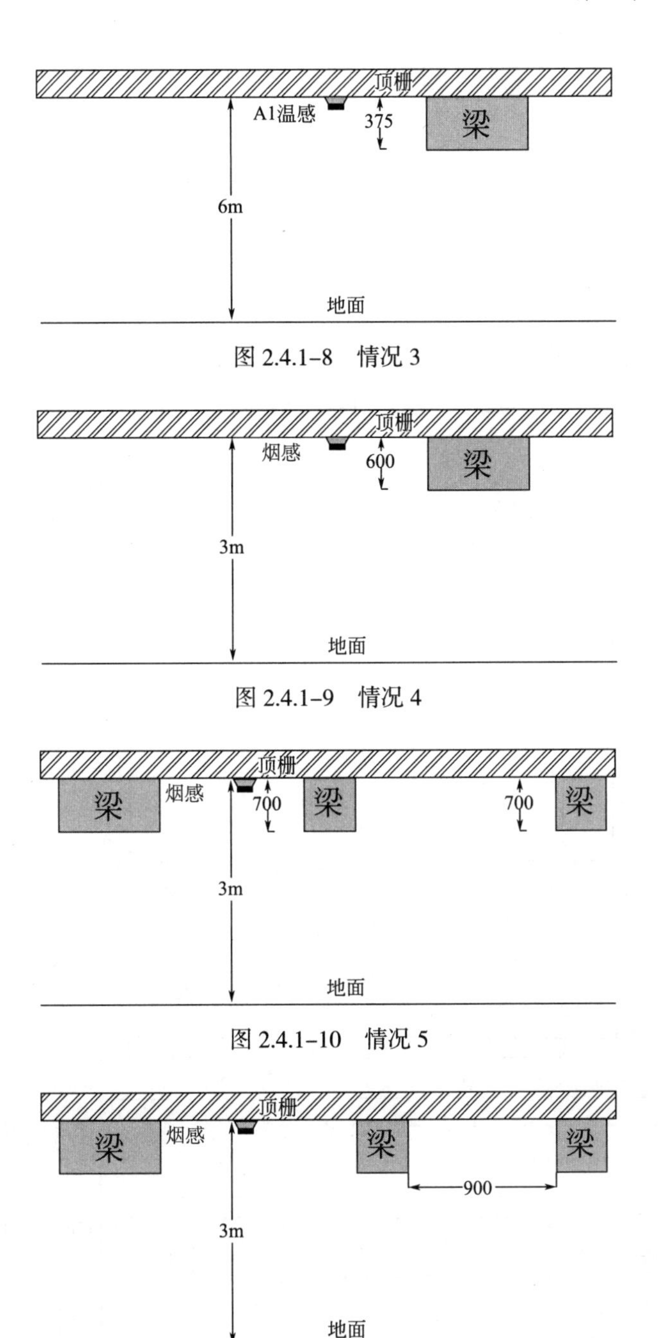


图 2.4.1–8　情况 3

图 2.4.1–9　情况 4

图 2.4.1–10　情况 5

图 2.4.1–11　情况 6

**问 196**：消防部门对某建筑点型火灾探测器的安装进行检查，发现如图 2.4.1–12 ~ 图 2.4.1–14 情况，请找出不妥之处。

**问 197**：特殊场合探测器的安装。

（1）房间被书架、设备或隔断等分隔，其顶部至顶棚或梁的距离小于房间净高的百分之多少时，每个被隔开的部分应至少安装一只点型探测器?

（2）锯齿形屋顶和坡度大于 15° 的人字形屋顶，应在哪里设置一排点型探测器?

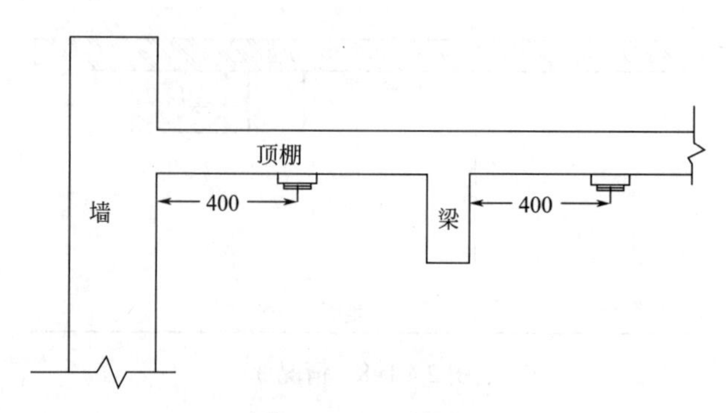


图 2.4.1-12　情况 1

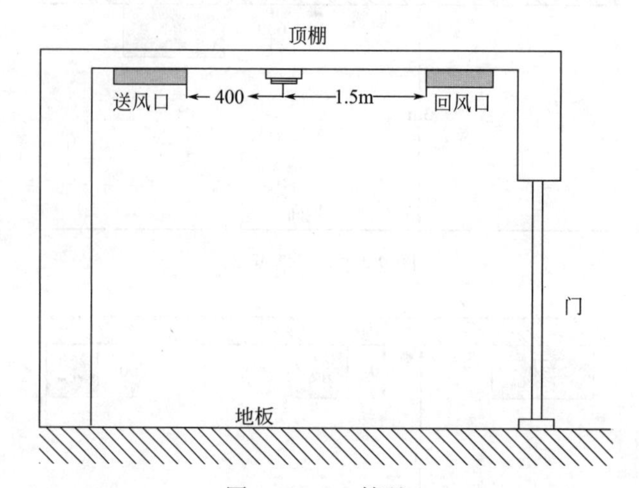


图 2.4.1-13　情况 2

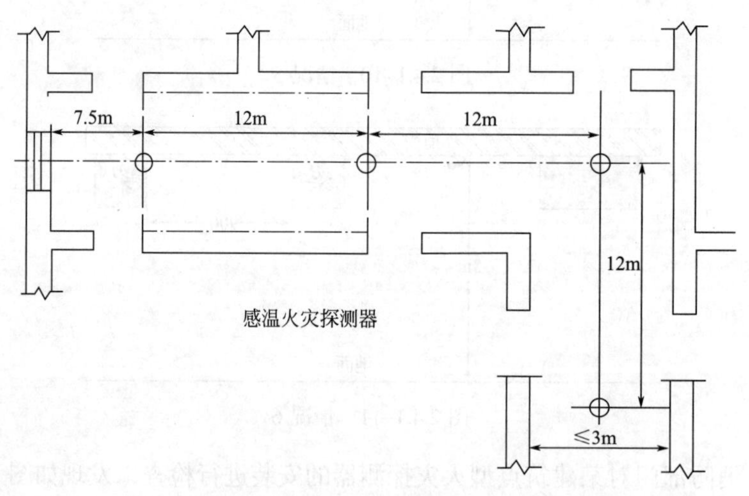


图 2.4.1-14　情况 3

（3）点型探测器宜水平还是竖直安装？当倾斜安装时，倾斜角不应大于多少度？

（4）在电梯井、升降机井设置点型探测器时，其位置宜设在何处？

**问 198：**（1）某商业综合体中庭高 23.2m，长 120m，宽 60m，设置了线型光束感烟火灾探测器，如图 2.4.1-15 所示。请判断此场所设置线型光束感烟火灾探测器的合理性。

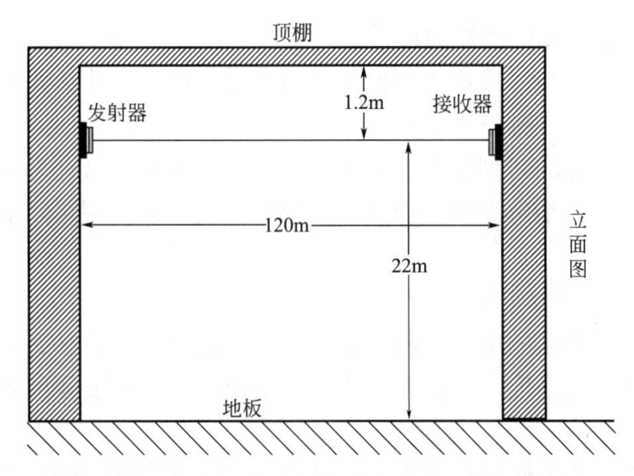


图 2.4.1-15　商业综合体线型光束感烟火灾探测器

（2）某中庭长宽高为 98m × 56m × 19.2m。设置了线型光束感烟火灾探测器，其平面图和立面图如图 2.4.1-16、图 2.4.1-17 所示。请指出此场所设置线型光束感烟火灾探测器的不正确之处，并算出至少需要多少组探测器（需画图）。

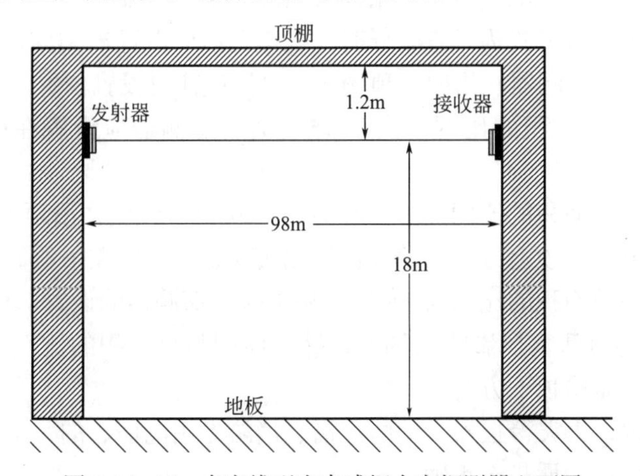


图 2.4.1-16　中庭线型光束感烟火灾探测器立面图

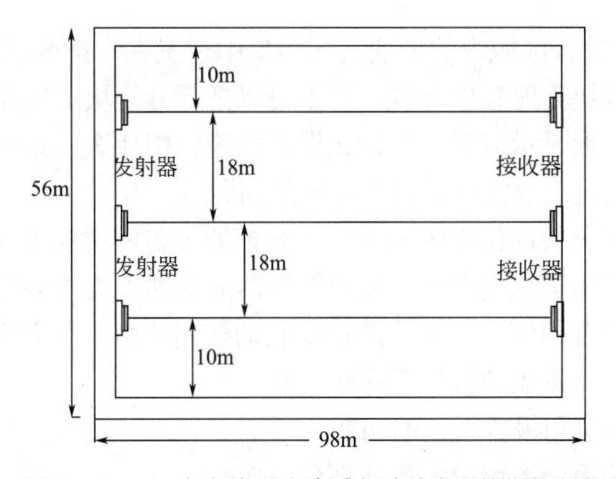


图 2.4.1-17　中庭线型光束感烟火灾探测器平面图

**问199**：线型感温火灾探测器的设置。

（1）探测器在保护电缆、堆垛等类似保护对象时，应采用什么式布置？在各种皮带输送装置上设置时，宜设置在哪里附近？

（2）设置在顶棚下方的线型感温火灾探测器，至顶棚的距离宜为多少米？探测器的保护半径是多少？应符合点型感温火灾探测器的保护半径要求；探测器至墙壁的距离宜为多少米？

**问200**：管路采样式吸气感烟火灾探测器的设置。

（1）非高灵敏型探测器的采样管网安装高度不应超过多少米？高灵敏型探测器的采样管网安装高度可超过上述高度，采样管网安装高度超过时，灵敏度可调的探测器应设置为高灵敏度，且应减小什么？

（2）一个探测单元的采样管总长不宜超过多少米？单管长度不宜超过多少米？

（3）同一根采样管能否穿越防火分区？

（4）采样孔总数不宜超过多少个？单管上的采样孔数量不宜超过多少个？

（5）当采样管道采用毛细管布置方式时，毛细管长度不宜超过多少米？

（6）有过梁、空间支架的建筑中，采样管路应固定在何处？

（7）当采样管道布置形式为垂直采样时，采样孔如何设置？

**问201**：感烟火灾探测器在格栅吊顶场所的设置应注意设置位置。

（1）镂空面积与总面积的比例不大于15%时，探测器应设置在吊顶上方还是吊顶下方？

（2）镂空面积与总面积的比例大于30%时，探测器应设置在吊顶上方还是吊顶下方？

（3）探测器设置在吊顶上方且火警确认灯无法观察时，应在吊顶下方设置什么设施？

（4）镂空面积与总面积的比例为15%～30%时，探测器的设置部位应如何确定？

（5）地铁站台等有活塞风影响的场所，镂空面积与总面积的比例为30%～70%时，探测器宜吊顶上方还是吊顶下方？

**问202**：有人说，火灾警报器、消防广播、消防专用电话、的手动报警按钮的安装高度均是一致的，请问此句话是否正确？

答:1.3~1.5m。

**问203**：（1）每个报警区域内的模块宜相对集中设置在本报警区域内的什么设施中？

（2）有些区域的模块不能集中设置，可不可以把部分模块设置在配电箱内？为什么？

（3）消防控制室图形显示装置应与什么设备相连？用什么线路连接？

**问204**：关于住宅建筑火灾自动报警系统的问题。

（1）每台住宅建筑公共部位设置的火灾声警报器覆盖的楼层不应超过几层？在哪一层要设置明显部位应设置用于直接启动火灾声警报器的手动火灾报警按钮？

（2）住宅建筑内设置的应急广播应能接受联动控制或由手动火灾报警按钮信号直接控制进行广播。每台扬声器覆盖的楼层不应超过几层？

**问205**：可燃气体探测报警系统的问题。

（1）可燃气体探测报警系统应由哪些部分组成？

（2）有人说可燃气体探测报警系统应当直接接入火灾报警控制器的探测器回路，这样能更快地联动启动有关消防设施，请问此句话是否正确？如不正确，请说明理由。

（3）可燃气体报警控制器发出报警信号时，应能启动保护区域的什么设备？

（4）可燃气体探测报警系统保护区域内有联动和警报要求时，应由什么设备来联动实现？

（5）可燃气体探测器的设置。

① 探测气体密度小于空气密度的可燃气体探测器应设置在被保护空间的什么位置？

② 探测气体密度大于空气密度的可燃气体探测器应设置在被保护空间的什么位置？

③ 探测气体密度与空气密度相当时，可燃气体探测器可设置在被保护空间的什么位置？

（6）线型可燃气体探测器的保护区域长度不宜大于多少米？

**问 206：**电气火灾监控系统。

（1）电气火灾监控系统应由哪些部分或全部设备组成？

（2）系统的工作原理是什么？

（3）剩余电流式电气火灾监控探测器和测温式电气火灾监控探测器的区别是什么？

（4）在无消防控制室且电气火灾监控探测器设置数量不超过几只时，可采用独立式电气火灾监控探测器？

（5）非独立式电气火灾监控探测器应不应接入火灾报警控制器的探测器回路？

（6）剩余电流式电气火灾监控探测器应以设置在哪里为基本原则？

（7）在供电线路泄漏电流大于 500mA 时，宜在其哪一级配电柜（箱）设置？

（8）剩余电流式电气火灾监控探测器宜不宜设置在 IT 系统的配电线路和消防配电线路中？为什么？

（9）选择剩余电流式电气火灾监控探测器时，应计及供电系统自然漏流的影响，并应选择参数合适的探测器；探测器报警值宜为多少 mA？

（10）具有探测线路故障电弧功能的电气火灾监控探测器，其保护线路的长度不宜大于多少米？

（11）测温式电气火灾监控探测器的设置

① 测温式电气火灾监控探测器应设置在哪些部位？

② 保护对象为 1000V 及以下的配电线路，测温式电气火灾监控探测器应采用什么式布置？

③ 保护对象为 1000V 以上的供电线路，测温式电气火灾监控探测器宜选择光栅光纤测温式或红外测温式电气火灾监控探测器，光栅光纤测温式电气火灾监控探测器应直接设置在何处？

**问 207：**火灾自动报警系统供电问题。

（1）火灾自动报警系统应设置直流还是交流电源和何种备用电源？其主电和备用电源分别采用何种性质的电源？并分析原因。

（2）消防控制室图形显示装置、消防通信设备等的电源，宜由什么电源供电？

（3）为了保护系统安全，很多人在火灾自动报警系统主电源上设置剩余电流动作保护和过负荷保护装置，请问是否正确？为什么？

（4）消防设备应急电源输出功率应大于火灾自动报警及联动控制系统全负荷功率的百分之多少？蓄电池组的容量应保证火灾自动报警及联动控制系统在火灾状态同时工作负荷条件下连续工作几小时以上？

（5）消防用电设备配电线路和控制回路宜按什么来划分区域？

**问208：**（1）消防控制室内的电气和电子设备的金属外壳、机柜、机架和金属管、槽等，应采用接地还是等电位连接？

（2）由消防控制室接地板引至各消防电子设备的专用接地线应选用什么材质导线，其线芯截面面积不应小于多少平方毫米？

（3）消防控制室接地板与建筑接地体之间，应采用线芯截面面积不小于多少平方毫米的铜芯绝缘导线连接？

（4）火灾自动报警系统哪些线路是采用耐火铜芯电线电缆？哪些线路是采用阻燃或阻燃耐火电线电缆？

（5）线路暗敷设时，应采用金属管、可挠（金属）电气导管或B1级以上的刚性塑料管保护，并应敷设在不燃烧体的结构层内，且保护层厚度不宜小于多少毫米？何种线路可以直接明敷？

（6）不同电压等级的线缆能否合用保护管？能否合用线槽？

（7）火探测器的传输线路，红色和蓝色或黑色代表什么含义？

**问209：**（1）火灾自动报警系统的设备、材料及配件进入施工现场应有哪些文件？

（2）导线的接头应放在管内或线槽内，是否正确？如不正确，接头应置于何处？

（3）为了防止穿线困难，管路超过哪些长度时，应在便于接线处装设接线盒？

（4）线槽敷设时，应在哪些部位设置吊点或支点？

（5）有人说引入控制器的电缆或导线、探测器底座的连接导线、手动火灾报警按钮的连接导线、模块的连接导线的余量都是一样的，你怎么看？

**问210：**系统调试具体案例分析。

某写字楼，地上4层，一级耐火等级。采用临时高压消防给水系统，屋顶消防水箱内设有增压稳压系统，该建筑还设置了火灾自动报警系统、湿式自动喷水系统、室内消火栓系统等消防设施。该建筑采用集中控制火灾报警系统，在年度消防设施检测中，检测人员针对火灾报警控制器（联动型）进行了检测，其流程如下：

对控制面板上所有指示灯、显示器和音响器件进行自检，所有功能正常；测试打印机走纸功能，纸张正常打印两段后卡死。切断备用电源，控制器发出报警信号；切断主电源，控制器自动切换至备用电源。随后检测人员在接通备用电源的情况下进行后续检验，随机断开某条总线的任意两只火灾探测器，120s后发出总线短路报警；同时使各条总线的32只输入输出模块同时动作，报警控制器死机并重启；系统复位后，原6个屏蔽点消失，无法重新屏蔽。请判断火灾报警控制器在测试中出现的问题。

**问211：**施工验收是怎么进行的？

**问212：**（1）系统验收合格评定是什么标准？

（2）哪些是A类不合格项目，哪些是B类不合格项目？

**问213：**请问火灾自动报警系统维保的周期（日检、周检、季度检查、年检）的内容是什么？

## 2.4.2　问题和答题

**答 164：**（1）火灾自动报警系统由哪些系统构成？

答：由火灾探测报警系统、消防联动控制系统、可燃气体探测报警系统及电气火灾监控系统组成。

（2）火灾探测报警系统由什么组成？消防联动控制系统由什么组成？

答：火灾探测报警系统由火灾报警控制器、触发器件（火灾探测器和手动火灾报警按钮）和火灾警报装置等组成。

消防联动控制系统由消防联动控制器、消防控制室图形显示装置、消防电气控制装置(防火卷帘控制器、气体灭火控制器等)、消防电动装置、消防联动模块、消火栓按钮、消防应急广播设备、消防电话等设备和组件组成。

（3）火灾探测器根据其探测火灾特征参数的不同可分为哪些探测器？

答：见表 2.4.2–1。

**探测器分类**　　**表 2.4.2–1**

| 探测器 | 定义 | 分类 |
|---|---|---|
| 感温火灾探测器 | 响应异常温度、温升速率和温差变化等参数的探测器 | 点型、线性光纤、缆式线型 |
| 感烟火灾探测器 | 响应悬浮在大气中的燃烧和 / 或热解产生的固体或液体微粒的探测器 | 离子感烟、光电感烟、红外光束、吸气型 |
| 感光火灾探测器（火焰探测器） | 响应火焰发出的特定波段电磁辐射的探测器 | 紫外、红外及复合式 |
| 气体火灾探测 | 响应燃烧或热解产生的气体的火灾探测器 | —— |
| 复合火灾探测器 | 将多种探测原理集中于一身的探测器 | 烟温复合、红外紫外复合 |

**答 165：**火灾报警系统按线制（探测器和控制器之间的传输线的线数）分为哪两种类型？各自有什么特点？

答：分为总线制和多线制两种类型。

多线制系统是基于工业生产过程点对点控制方式开发的传统型系统，其结构特点是火灾报警控制器采用直流信号巡检各个火灾探测器，火灾探测器和火灾报警控制器之间采用硬线点对点对应连接关系，一般系统线制为 $an+b$($n$ 是探测器数；$a$=1,2;$b$=1,2,4）。随着微电子技术的发展，先进的多线制系统采用数字编码技术，最少线制为 $n$+1。多线制系统由于工程设计、施工布线和系统维护复杂，已逐步淘汰。

总线制系统结构的核心是采用数字脉冲信号巡检和数据压缩传输，通过收发码电路和微处理机实现火灾探测器与火灾报警控制器的协议通信和整个系统的监测控制。总线制系统的结构特点是系统线制为 $an+b$($n$ 是探测器数；但 $a$=0;$b$=2,3,4 等），一般采用二总线或三总线制。这体现了系统集成、综合布线的技术特点。当火灾探测器与火灾报警控制器之间、各种功能模块与火灾报警控制器之间都采用总线连接时，称为全总线制系统，其工程布线灵活，可通过模块联动或硬件联动消防设备，系统抗干扰能力强，误报率低，总功耗小。

二总线是目前应用最广泛的一种方式。二总线制只有 G 线和 P 线两条总线，其中 G

线为公共地线，P 线完成供电、选址、自检、获取信息等功能。二总线连接又分为二总线制树形连接的方式和二总线环型连接方式，如图 2.4.2–1、图 2.4.2–2。

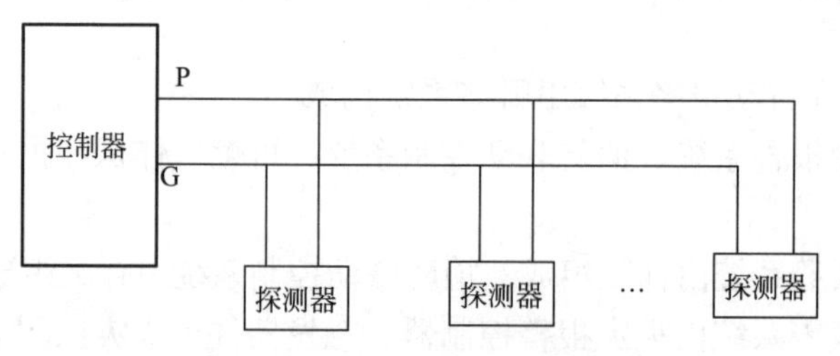


图 2.4.2–1　二总线树形连接方式

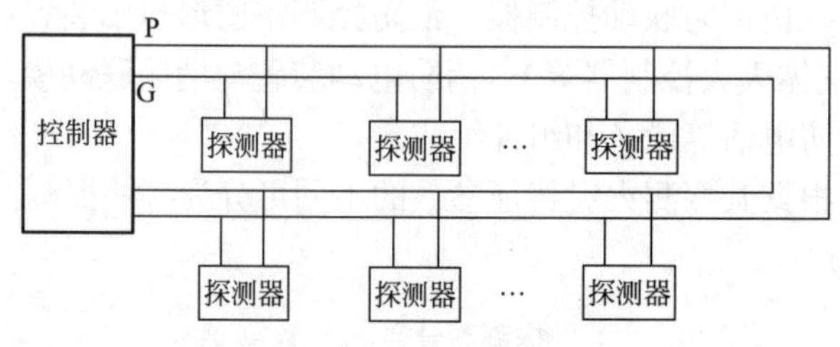


图 2.4.2–2　二总线环线连接方式

树形布线方式的控制器总线只有一端与控制器相连，一旦总线线路上发生短路、断路故障，将会对整个系统产生很大的影响。环型总线的首端和末端均与控制器相连，在系统正常的情况下控制器从首端对环路进行巡检。总线线路发生故障时，控制器对线路故障的类型及准确位置进行报警，并立即切换为双端模式，即从首端和末端同时供电并发送巡检信号，在不同方向上保证探测器正常工作，所有单元将不受线路断路的影响。假设某两个探测器之间发生短路故障，则距离这两个探测器最近的隔离器迅速将短路点隔离，同时确定出发生故障的总线部位。系统双端工作方式将保证除被隔离的单元外的所有环路单元正常工作，将故障带来的损失降低到最低程度，最大限度地保障系统的可考运行，直至系统故障排除。

**答 166**：在学习火灾自动报警系统时，小王和小李又一次进行了探讨。

（1）小李说：报警区域就是探测区域，两者一般一样大。

答：错误。报警区域是将火灾自动报警系统的警戒范围按防火分区或楼层等划分的单元。而探测区域是将报警区域按探测火灾的部位划分的单元。

一般情况下，报警区域要比探测区域大。

知识拓展：报警区域划分（表 2.4.2–2）。

**报警区域划分**　　**表 2.4.2–2**

| 报警区域应根据防火分区或楼层划分；可将一个防火分区或一个楼层划分为一个报警区域，也可将发生火灾时需要同时联动消防设备的相邻几个防火分区或楼层划分为一个报警区域 | |
|---|---|
| 电缆隧道 | 宜由一个封闭长度区间组成，一个报警区域不应超过相连的 3 个封闭长度区间 |
| 道路隧道 | 道路隧道的报警区域应根据排烟系统或灭火系统的联动需要确定，且不宜超过 150m |
| 甲、乙、丙类液体储罐区的报警区域 | 由一个储罐区组成，每个 50000m³ 及以上的外浮顶储罐应单独划分为一个报警区域 |
| 列车的报警区域 | 应按车厢划分，每节车厢应划分为一个报警区域 |

探测区域应按独立房 ( 套 ) 间划分 ( 表 2.4.2–3 )。

探测区域划分　　　　表 2.4.2–3

| 探测区域 | 大小 |
| --- | --- |
| 一个探测区域的面积 | $500m^2$ |
| 从主要入口能看清其内部的探测区域 | 不超过 $1000\ m^2$ |
| 红外光束感烟火灾探测器和缆式线型感温火灾探测器的探测区域的长度 | 不宜超过 100m |
| 空气管差温火灾探测器的探测区域长度 | 宜为 20 ～ 100m |

下列场所应单独划分探测区域：敞开或封闭楼梯间、防烟楼梯间；防烟楼梯间前室、消防电梯前室、消防电梯与防烟楼梯间合用的前室、走道、坡道；电气管道井、通信管道井、电缆隧道；建筑物闷顶、夹层。

( 2 ) 小王说：火灾报警信号是火灾报警控制器发出的信号，消防联动控制信号、联动反馈信号、联动触发信号均是消防联动控制器发出的信号。

答：错误。火灾报警信号是发生火灾时，有探测系统发送给火灾报警系统的信号。

而联动控制信号是由消防联动控制器发出的用于控制消防设备工作的信号 ( 发出的信号 )；联动反馈信号是受控消防设备 ( 设施 ) 将其工作状态信息发送给消防联动控制器的信号 ( 接收的信号 )。联动触发信号是消防联动控制器接收的用于逻辑判断的信号 ( 火灾报警控制器或其他组件传输给联动控制器的信号 )。

( 3 ) 小李说：为了省电，水泵控制柜、风机控制柜等消防电气控制装置可以采用变频启动方式。

答：错误。为保证消防水泵、防排烟风机等消防设备的运行可靠性，水泵控制柜、风机控制柜不应采用变频启动。

注意：消防水泵火灾时应工频运行，应能工频直接启泵。而消防水泵准工作状态的自动巡检应采用变频运行。

**答 167**：消防部门对某电厂调度楼消防情况进行检查。具体情况如下：调度楼共 6 层，设置了火灾自动报警系统、气体火灾自动报警控制器每个总线回路最大负载能力为 256 个报警点，每层有 70 个报警点，共分两个总线回路，其中一层至三层为第一回路，四层至六层为第二回路。每个楼层弱电井中安装 1 只总线短路隔离器，在本楼层总线处出现短路时保护其他楼层的报警设备功能不受影响。对该生产综合楼火灾自动报警系统设置问题进行分析，提出改进措施。

答：( 1 ) 第一回路、第二回路分别连接点数 $=3\times70=210$ 点，超过了规范要求的 200 点。

整改措施：第一层与第二层为第一回路，连接点数 $=2\times70=140$ 点，余量 $=256-140=116$ 点，占比为 $116/256\times100\%=45.3\% > 10\%$，符合要求。

同理，第三层和第四层为第二回路，第五层和第六层为第三回路。

( 2 ) 每个楼层弱电井中安装 1 只总线短路隔离器存在问题，即每只总线短路隔离器负担点数为 70 点，超过规范要求的 32 点。

整改措施：$70/32=2.19$，取 3 个。应该再加装两个总线隔离器，使得每只总线短路隔离器保护的火灾探测器、手动火灾报警按钮和模块等消防设备的总数不应超过 32 点。另外需要注意的是总线穿越防火分区时，应在穿越处设置总线短路隔离器。

具体知识点如下：

（1）任一台火灾报警控制器所连接的火灾探测器、手动火灾报警按钮和模块等设备总数和地址总数，均不应超过 3200 点，其中每一总线回路连接设备的总数不宜超过 200 点，且应留有不少于额定容量 10% 的余量；任一台消防联动控制器地址总数或火灾报警控制器（联动型）所控制的各类模块总数不应超过 1600 点，每一联动总线回路连接设备的总数不宜超过 100 点，且应留有不少于额定容量 10% 的余量。（此处注意额定容量≠连接点数，一般额定容量要大于连接点数）。

如松江飞繁公司产的 JB-9108DBA 型火灾报警控制器，最大负载 4 个回路，每回路 252 点，共计 1008 个地址。首先 1008 点不超过 3200 点，另外每个回路连接点数不能超过 200 点，留下至少 52 点的余量，超过 10% 的要求（图 2.4.2-3）。

图 2.4.2-3 JB-9108DBA 型火灾报警控制器

赋安公司生产的 FS5050 火灾报警控制器（联动型）最多连接 50 个回路（图 2.4.2-4），每个回路最大可带 250 点，总地址容量 12500 点。12500 点超出规范要求的 3200（1600）点，在现实中也有应用，但需咨询当地消防部门意见。

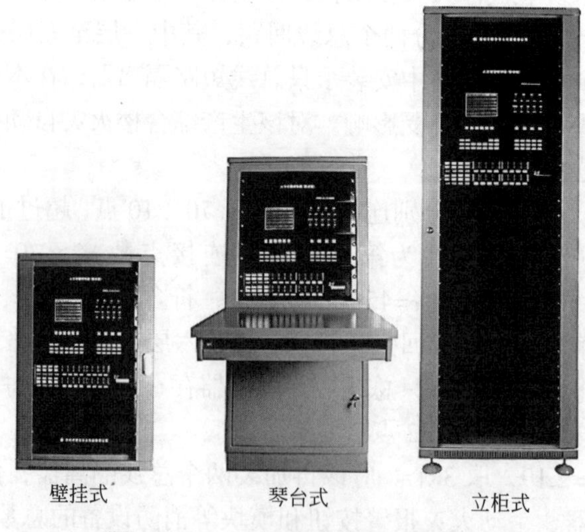


图 2.4.2-4 FS5050 火灾报警控制器

图 2.4.2–5、图 2.4.2–6 为火灾报警控制器只连接火灾探测器和手动报警按钮等报警设备（图 2.4.2–5），消防联动控制器只连接输入、输出和输入 / 输出模块等需要联动控制的设备（图 2.4.2–6）。

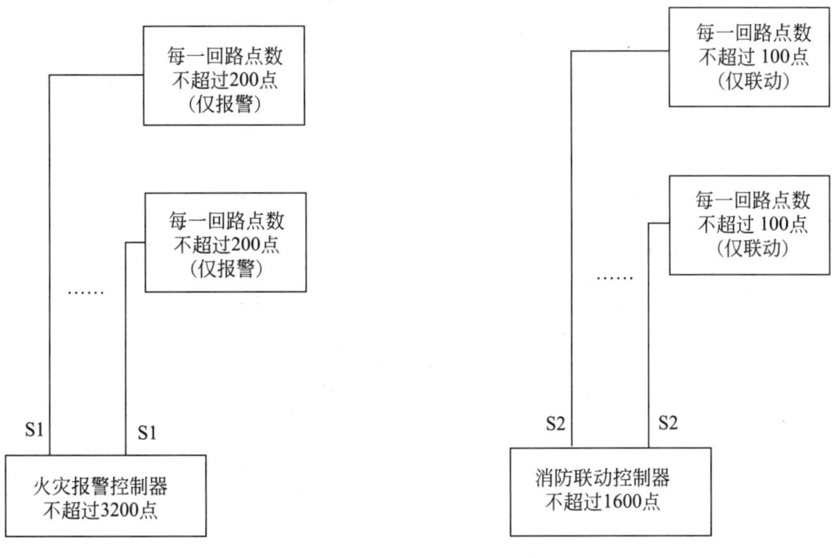


图 2.4.2–5　火灾报警控制器　　图 2.4.2–6　消防联动控制器

图 2.4.2–7 为既可以连接报警设备，又可以连接联动控制设备。适用于报警与联动控制分回路设计的系统。

图 2.4.2–8 为既可以连接报警设备，又可以连接联动控制设备。适用于报警与联动控制同回路设计的系统。

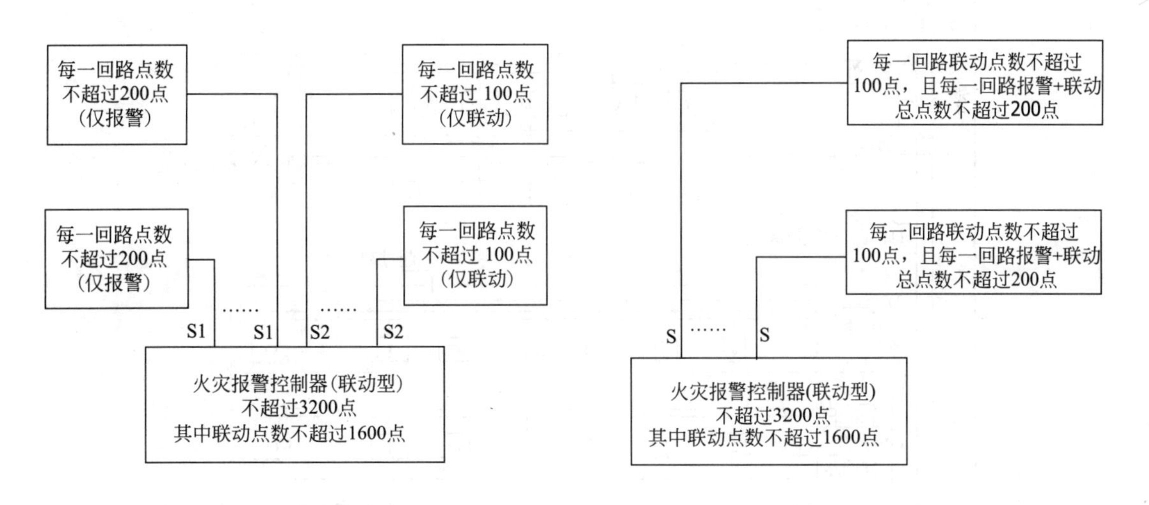


图 2.4.2–7　火灾报警控制器（控制分回路）　　图 2.4.2–8　火灾报警控制器（控制同回路）

图 2.4.2–9 为报警与联动控制分回路分控制器设计的系统。适用于较大建筑及建筑群的集中报警系统或控制中心报警系统。

（2）系统总线上应设置总线短路隔离器，每只总线短路隔离器保护的火灾探测器、手动火灾报警按钮和模块等消防设备的总数不应超过 32 点；总线穿越防火分区时，应在穿越处设置总线短路隔离器。

图 2.4.2-10 为树形结构总结隔离器连接方式。

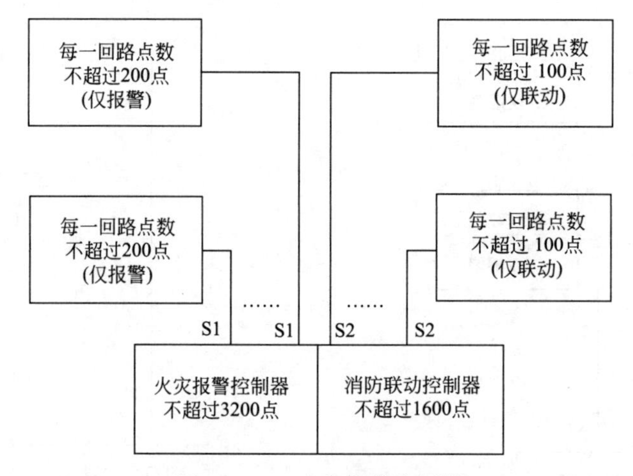


图 2.4.2-9　火灾报警控制器

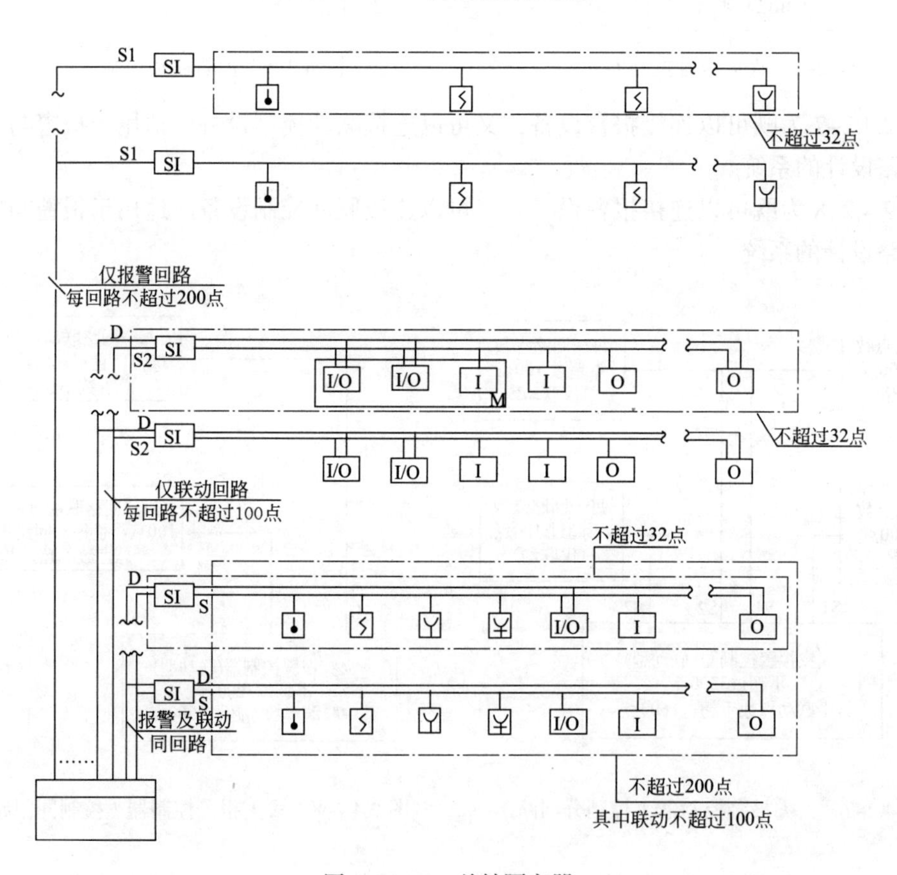


图 2.4.2-10　总结隔离器

图 2.4.2–11 为环形结构下总线短路隔离器的设置。

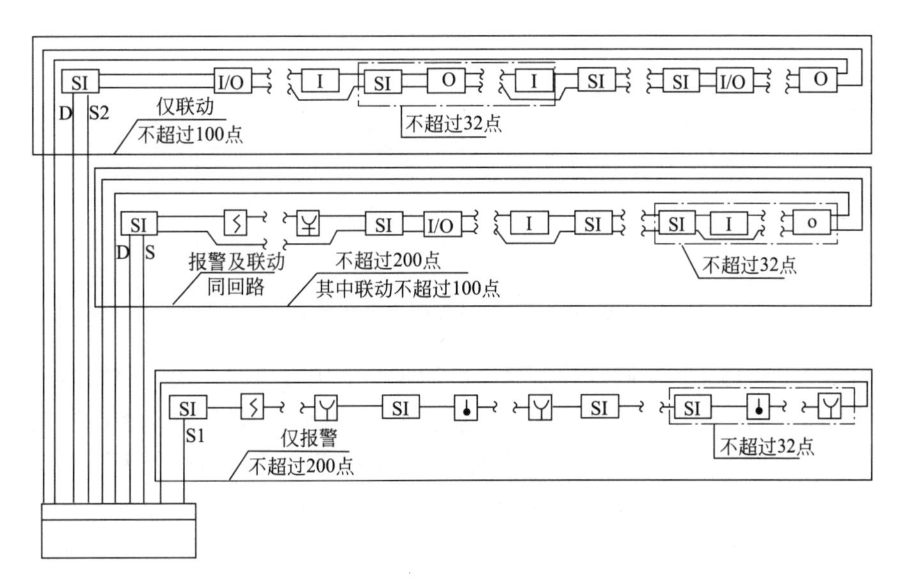


图 2.4.2–11　总线短路隔离器设置

图 2.4.2–12、图 2.4.2–13 为总线穿越防火分区处设置总线短路隔离器。

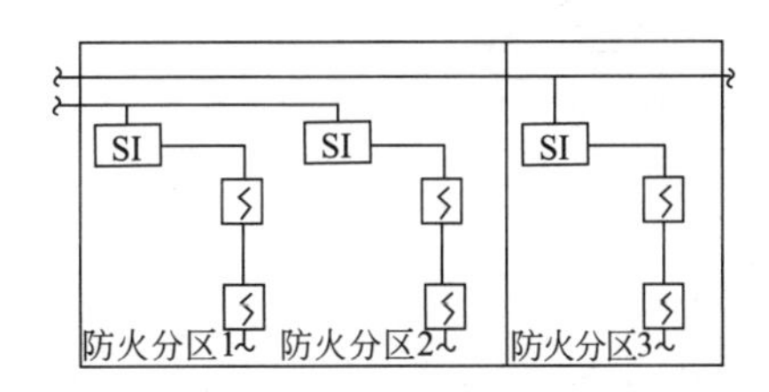


图 2.4.2–12　树形结构（穿区总线隔离器安装）

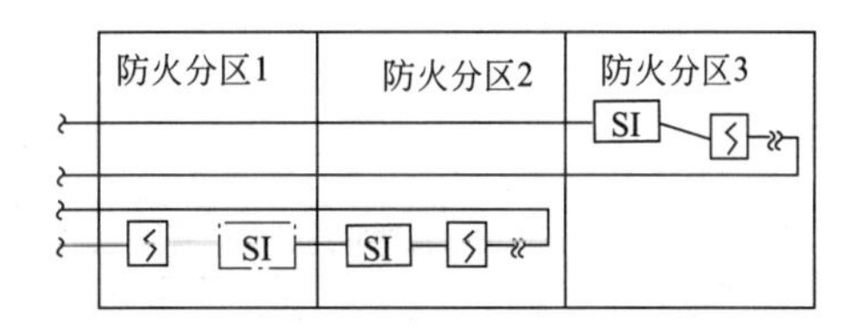


图 2.4.2–13　环形结构（穿区总线隔离器安装）

**答 168：**在火灾自动报警系统中，火灾报警控制器和消防联动控制器是核心组件，是系统中火灾报警与警报的监控管理枢纽和人机交互平台。请问火灾探测报警系统和消防联动控制器的工作原理分别是什么？

答：（1）火灾探测报警系统的原理是：如图 2.4.2–14，火灾发生时，安装在保护区域现场的火灾探测器，将火灾产生的烟雾、热量和光辐射等火灾特征参数转变为电信号，经数据处理后，将火灾特征参数信息传输至火灾报警控制器；或直接由火灾探测器做出火灾报警判断，将报警信息传输到火灾报警控制器。火灾报警控制器在接收到探测器的火灾特征参数信息或报警信息后，经报警确认判断，显示报警探测器的部位，记录探测器火灾报警的时间。处于火灾现场的人员，在发现火灾后可立即触动安装在现场的手动火灾报警按钮，手动报警按钮便将报警信息传输到火灾报警控制器，火灾报警控制器在接收到手动火灾报警按钮的报警信息后，经报警确认判断，显示动作的手动报警按钮的部位，记录手动火灾报警按钮报警的时间。火灾报警控制器在确认火灾探测器和手动火灾报警按钮的报警信息后，驱动安装在被保护区域现场的火灾警报装置，发出火灾警报，向处于被保护区域内的人员警示火灾的发生。

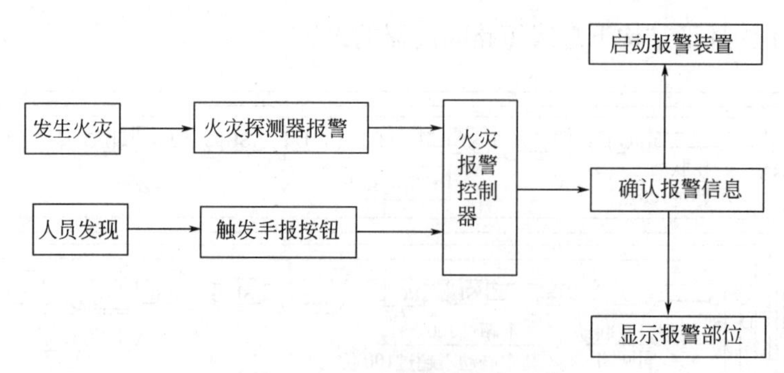


图 2.4.2–14　火灾探测报警原理

（2）如图 2.4.2–15，消防联动控制系统的原理是火灾发生时，火灾探测器和手动火灾报警按钮的报警信号等联动触发信号传输至消防联动控制器，消防联动控制器按照预设的逻辑关系对接收到的触发信号进行识别判断，在满足逻辑关系条件时，消防联动控制器按照预设的控制时序启动相应自动消防系统(设施)，实现预设的消防功能；消防控制室的消防管理人员也可以通过操作消防联动控制器的手动控制盘直接启动相应的消防系统(设施)，从而实现相应消防系统(设施)预设的消防功能。消防联动控制接收并显示消防系统(设施)动作的反馈信息。

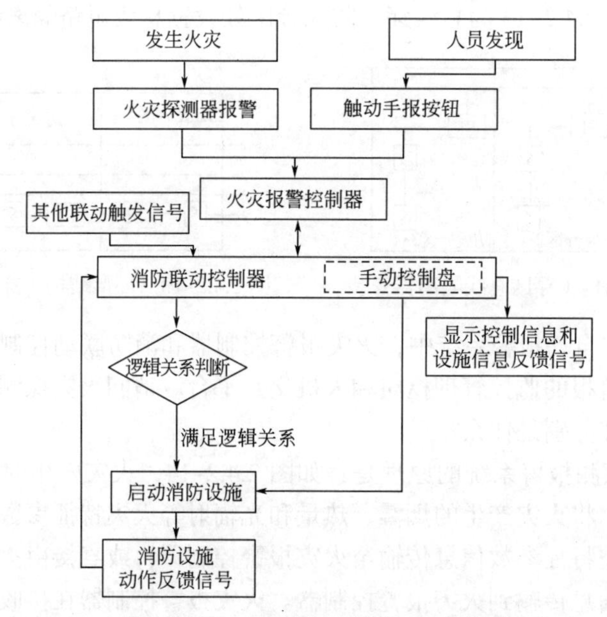


图 2.4.2–15　消防联动控制系统原理

**答 169：**关于区域报警系统、集中报警系统、控制中心报警系统的问题。请判断是否正确？

（1）区域报警系统中，有消防应急广播。

（2）集中报警系统中，有火灾报警控制器、消防联动控制器。

（3）集中报警系统中，有火灾探测器、手动火灾报警按钮、火灾声光警报器。

（4）区域报警系统中，有消防控制室图形显示装置。

（5）区域报警系统必须要设一个消防控制室。

（6）集中报警系统可以不设消防控制室。

（7）有两个及以上消防控制室时，应确定一个主消防控制室。

（8）主消防控制室应仅能显示本身的火灾报警信号和联动控制状态信号，但应能控制所有重要的消防设备。

（9）各分消防控制室内消防设备之间不能互相传输、显示状态信息，也不应互相控制。

（10）区域报警系统有联动功能。

答:（1）×，（2）√，（3）√，（4）√，（5）×，（6）×，（7）√，（8）×，（9）×，（10）×。

具体知识如下：

有两个及以上消防控制室时，应确定一个主消防控制室。主消防控制室应能显示所有火灾报警信号和联动控制状态信号，并应能控制重要的消防设备；各分消防控制室内消防设备之间可互相传输、显示状态信息，但不应互相控制，如表 2.4.2–4、图 2.4.2–16~ 图 2.4.2–18。

报警系统　　表 2.4.2–4

| | 系统构成 | 保护对象 | 是否需要联动 |
|---|---|---|---|
| 区域报警系统 | 火灾探测器、手动火灾报警按钮、火灾声光警报器及火灾报警控制器等组成，系统中可包括消防控制室图形显示装置和指示楼层的区域显示器 | 仅需要报警，不需要联动自动消防设备的保护对象 | 否 |
| 集中报警系统 | 系统应由火灾探测器、手动火灾报警按钮、火灾声光警报器、消防应急广播、消防专用电话、消防控制室图形显示装置、火灾报警控制器、消防联动控制器等组成 | 不仅需要报警，同时需要联动自动消防设备，且只设一台具有集中控制功能的火灾报警控制器和消防联动控制器的保护对象 | 是 |
| 控制中心报警系统 | 设置两个及以上消防控制室或设置两个及以上集中报警系统，且符合集中报警系统的要求 | 设置两个及以上消防控制室或设置两个及以上集中报警系统的保护对象 | 是 |

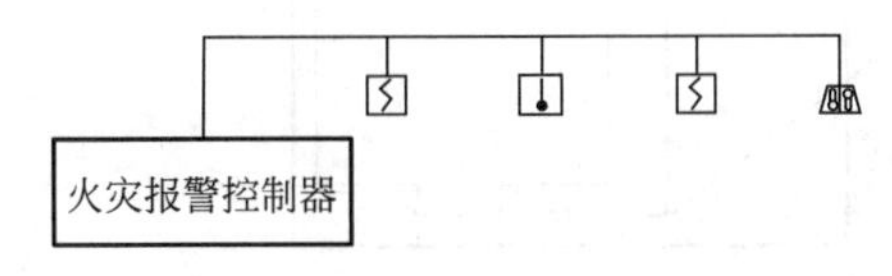


图 2.4.2–16　区域报警系统

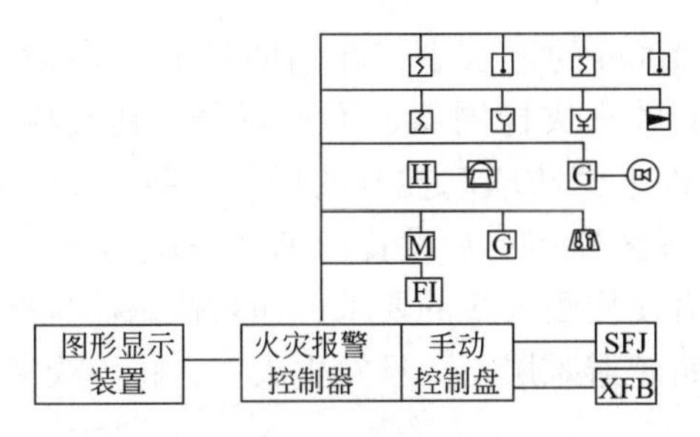


图 2.4.2–17　集中报警系统

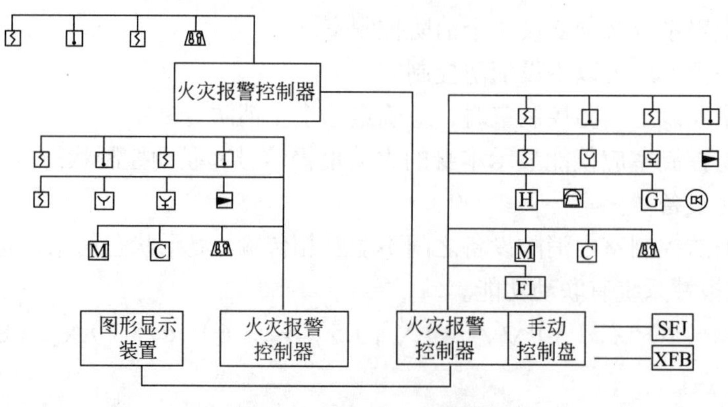


图 2.4.2-18 控制中心报警系统

答 170：某超高层建筑，控制器直接控制情况如图 2.4.2-19 所示。请判断是否正确？

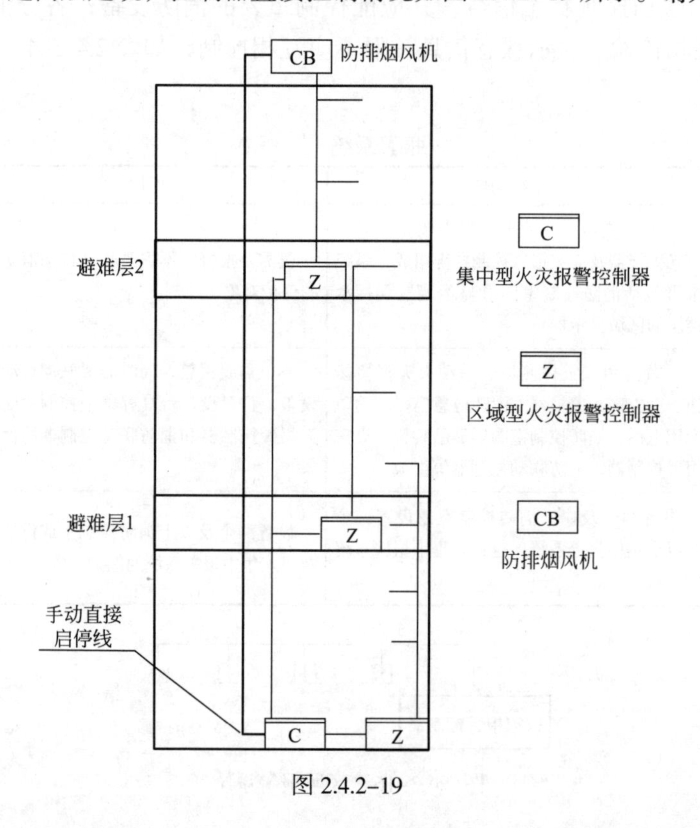


图 2.4.2-19

答：错误。高度超过 100m 的建筑中，除消防控制室内设置的控制器外（集中控制），每台控制器直接控制的火灾探测器、手动报警按钮和模块等设备不应跨越避难层。目的是为便于火灾条件下消防联动控制的操作，防止受控设备的误动作，在现场设置的火灾报警控制器应分区控制。对设置的消防设施运行的可靠性提出了更高的要求。由于报警总线线路没有使用耐火线的要求，如果控制器直接控制的火灾探测器、手动报警按钮和模块等设备跨越避难层，一旦发生火灾，将因线路烧断而无法报警和联动（图 2.4.2-20）。

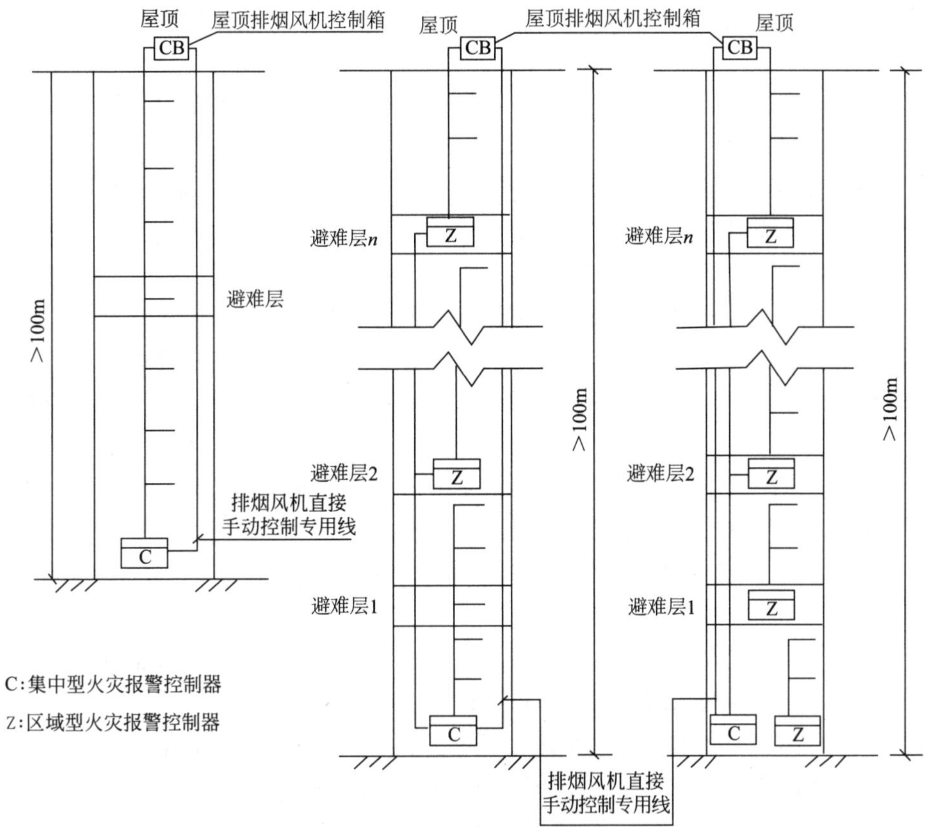


图 2.4.2-20　超高层建筑消防联动控制线路布置

**答 171**：关于消防控制室的问题。

（1）某地消防部门到某公共建筑的消防控制室进行检查发现如下情况：

① 翻阅资料，发现只有如下资料：建筑消防设施平面布置图、消防安全管理规章制度、消防安全组织结构图、消防系统控制逻辑关系说明、值班情况。请问是否缺少资料？

答：缺少。根据《火灾自动报警系统施工及验收规范》GB 50166—2007 3.4.4 条消防控制室应有相应的竣工图纸、各分系统控制逻辑关系说明、设备使用说明书、系统操作规程、应急预案、值班制度、维护保养制度及值班记录等文件资料。

根据《消防控制室通用技术要求》GB 25506—2010，消防控制室内应保存下列纸质和电子档案资料：

a）建（构）筑物竣工后的总平面布局图、建筑消防设施平面布置图、建筑消防设施系统图及安全出口布置图、重点部位位置图等；

b）消防安全管理规章制度、应急灭火预案、应急疏散预案等；

c）消防安全组织结构图，包括消防安全责任人、管理人、专职、义务消防人员等内容；

d）消防安全培训记录、灭火和应急疏散预案的演练记录；

e）值班情况、消防安全检查情况及巡查情况的记录；

f）消防设施一览表，包括消防设施的类型、数量、状态等内容；

g）消防系统控制逻辑关系说明、设备使用说明书、系统操作规程、系统和设备维护保养制度等；

h）设备运行状况、接报警记录、火灾处理情况、设备检修检测报告等资料，这些资料应能定期保存和归档。

② 消防控制室的通话设备只设置了消防专用电话总机。请问是否正确？

答：错误。还应设置用于火灾报警的外线电话。作用是以便于确认火灾后及时向消防队报警。

③ 发现一楼花坛用于喷水设施的连接线路接到了消防控制室。

答：错误。消防控制室内严禁穿过与消防设施无关的电气线路及管路。

④ 发现该场所实行每日12h轮班制度，白班一人，晚班一人。两人中一人持有电工证，另一人无证。

答：错误。消防控制室管理应实行每日24h专人值班制度，每班不应少于2人，值班人员应持有消防控制室操作职业资格证书。

⑤ 发现消防联动控制器处于手动状态，值班人员给的说法是，防止误启动；另外有人值班就算发生火灾也来得及操作。

答：错误。应确保火灾自动报警系统、灭火系统和其他联动控制设备处于正常工作状态，不得将应处于自动状态的设在手动状态；

⑥ 消防部门人员开始对值班人员进行询问，值班人员老吴如下回答：

a．消防部门：接到火灾警报后，你会立即想到做什么？

值班人员：立即跑到现场灭火。

消防部门：那么灭不了呢？

值班人员：打110报警。

b．消防部门：如果你报警，你会怎么说？以本建筑3楼服装商店的一个仓库为例。

值班人员：我们这里3楼商店着火啦，快来人。

c．消防部门：打完电话你会怎么做？

值班人员：跑到门口接消防员，让他们快速达到火场。

请问以上对话有哪些不妥？

答：a．接到火灾警报后，值班人员应立即以最快方式确认，一般通过打电话给巡逻人员。火灾确认后，值班人员应立即确认火灾报警联动控制开关处于自动状态，同时再拨打"119"报警。如果没发生火灾就报警，会浪费警力资源。

b．报警时应说明着火单位地点、起火部位、着火物种类、火势大小、报警人姓名和联系电话。平时应培训教育，不然发生火灾会吞吞吐吐。

c．值班人员应立即启动单位内部应急疏散和灭火预案，并同时报告单位负责人。此时不能离开消控室，因为消控室是建筑和整个系统的中枢，必须有人值守和控制。

（2）发现消控室室内设备的布置如图2.4.2–21所示。

答：① 1.8m错误，设备面盘前的操作距离，双列布置时不应小于2m。

② 0.8m错误，设备面盘的排列长度大于4m时，其两端应设置宽度不小于1m的通道。

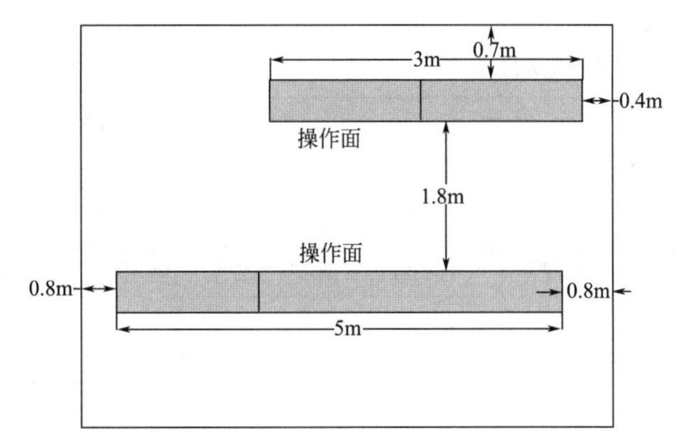


图 2.4.2–21　消控室室内设备布置

③ 0.4m 错误，至少要达到 0.5m。

④ 0.7m 错误，设备面盘后的维修距离不宜小于 1m。

具体知识如下：

消防控制室内设备的布置应符合下列规定（图 2.4.2–22、图 2.4.2–23）：

a. 设备面盘前的操作距离，单列布置时不应小于 1.5m；双列布置时不应小于 2m。

b. 在值班人员经常工作的一面，设备面盘至墙的距离不应小于 3m。

c. 设备面盘后的维修距离不宜小于 1m。

d. 设备面盘的排列长度大于 4m 时，其两端应设置宽度不小于 1m 的通道。

e. 与建筑其他弱电系统合用的消防控制室内，消防设备应集中设置，并应与其他设备间有明显间隔。

**答 172**：消防联动控制设计。

（1）消防联动控制器应能按设定的控制逻辑向各相关的受控设备发出联动控制信号，并接受相关设备的联动反馈信号。是否正确？

答：正确。

（2）消防联动控制器的电压控制输出应采用直流还是交流？多少伏？

答：直流 24V。

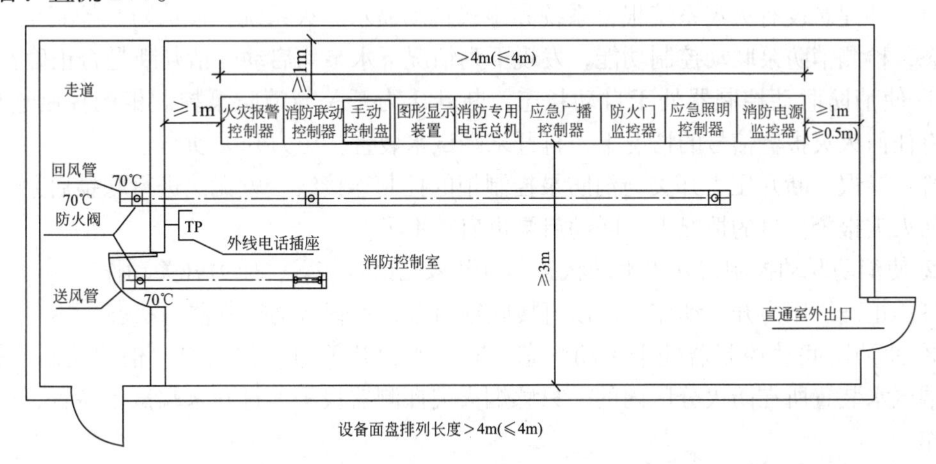


图 2.4.2–22　单列布置的消防控制室布置图

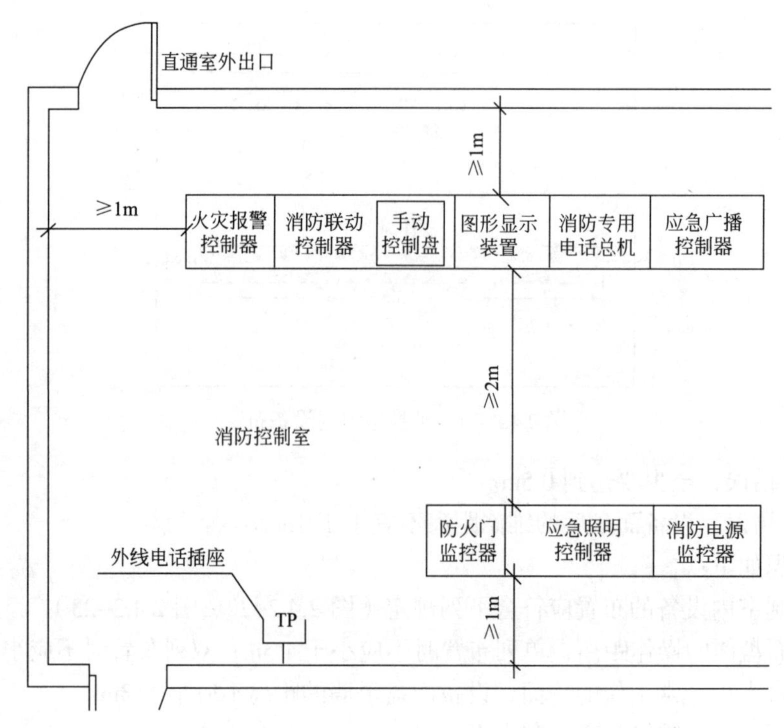


图 2.4.2–23　消防控制室内设备的布置图

（3）消防水泵、防烟和排烟风机的控制设备，必须具备哪两种控制方式？

答：联动控制、在消防控制室设置手动直接控制装置。

（4）启动电流较大的消防设备宜怎样启动？

答：分时。

（5）需要火灾自动报警系统联动控制的消防设备，其联动触发信号应采用两个独立的报警触发装置报警信号的“与”还是“或”逻辑组合？

答：与逻辑。

**答 173：**自动喷水灭火系统中湿式系统和干式系统的联动控制具体案例分析。

（1）某建筑设有火灾系统报警系统和湿式自动喷水灭火系统，使消防泵控制柜处于自动状态，检测消防泵联动控制功能，发现下列情况下水泵均启动。请判断是否正确？

① 使消防联动控制器处于自动状态，断开压力开关与消防泵控制柜的控制连接线，在没有任何火灾报警信号的情况下，打开末端试水装置，压力开关动作。

答：错误。断开压力开关与消防泵控制柜的控制连接线，就无法进行联锁启泵。在没有任何火灾报警信号的情况下，联动启泵也启动不了。

② 使消防联动控制器处于手动状态，打开末端试水装置，压力开关动作。

答：正确。压力开关动作，可以直接联锁启泵，不管联动控制器的状态。

③ 使消防联动控制器处于手动状态，断开压力开关与消防泵控制柜的控制连接线，使末端试水装置所在防火分区内的一只感烟火灾探测器报警，打开末端试水装置，压力开关动作。

答：错误，断开压力开关与消防泵控制柜的控制连接线，就无法进行联锁启泵。使消防联动控制器处于手动状态，就无法联动启泵。

④ 使消防联动控制器处于自动状态，打开末端试水装置，压力开关动作。

答：正确。压力开关动作，可以直接联锁启泵，不管联动控制器的状态。

⑤ 使消防联动控制器处于自动状态，断开压力开关与消防泵控制柜的控制连接线，打开末端试水装置，压力开关动作，在消防联动控制器上手动操作启动消防泵。

答：正确。断开压力开关与消防泵控制柜的控制连接线，就无法进行联锁启泵。因为只有一个压力开关发聩信号，所以不能形成与逻辑，不能联动启泵。但是多线盘可以远程手动启动（图 2.4.2–24、图 2.4.2–25）。不受水泵控制柜状态和联动控制器状态影响。

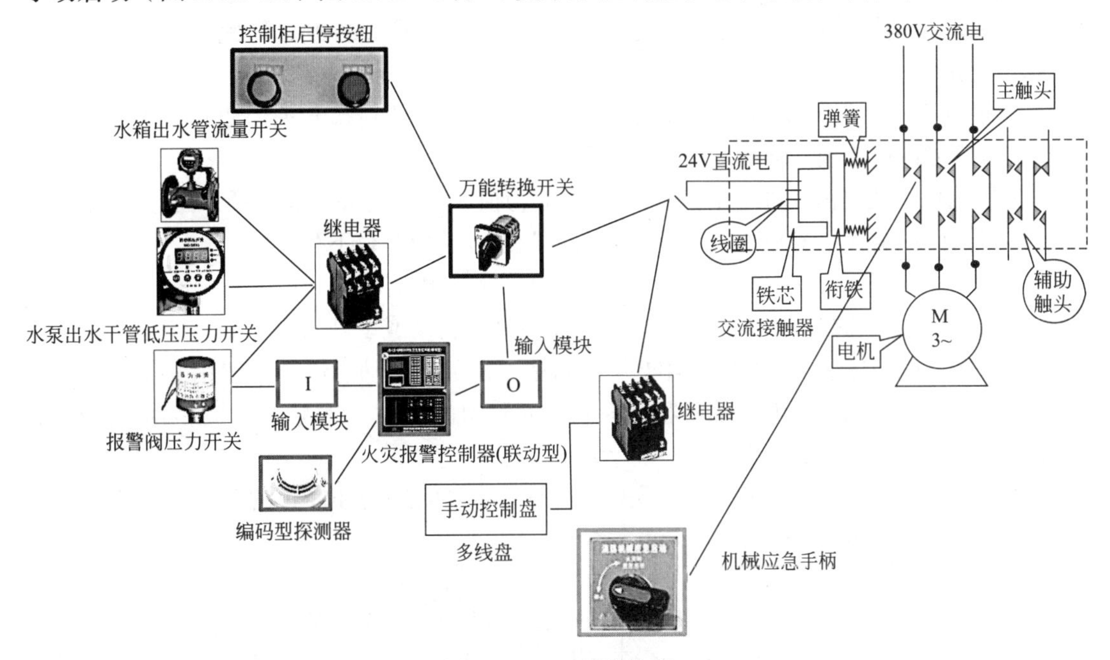


图 2.4.2–24　消防控制

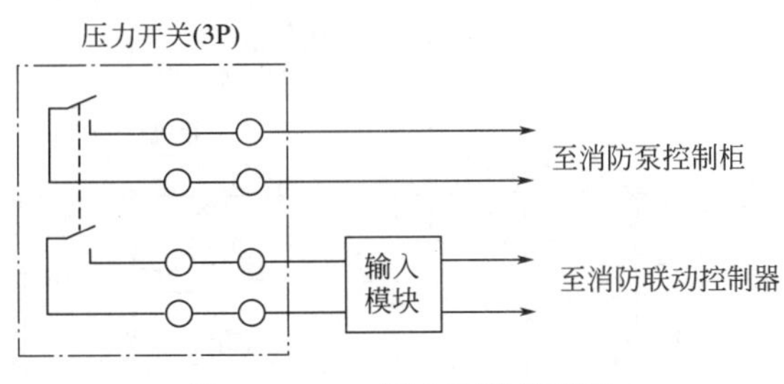


图 2.4.2–25　压力开关接线图

（2）消防检测单位的检测员小李在对某自动喷水灭火系统进行年度检测，打开某个防火分区的末端试水装置，压力开关和水流指示器均正常动作，但消防水泵却没有启动。旁边的小张给出了下列可能原因：

① 水流指示器前的信号蝶阀故障。

② 水流指示器的报警信号没有反馈到联动控制设备。

③ 消防联动控制设备中的控制模块损坏。

④ 水泵控制柜的控制模式未设定在“自动”状态。

⑤ 水泵控制柜故障。

请分析具体情况。

答：打开某个防火分区的末端试水装置，压力开关和水流指示器均正常动作，压力开关动作后，应能连锁启动水泵，说明连锁线路或线路所连接设备附件可能存在问题。

① 信号蝶阀只起到反馈误关闭（达到 1/4 就会报警）的功能，所以排除；

② 水流指示器只起到反馈水流信号的作用，排除；

③ 联动控制器控制设备的模块损坏，只能说明不能联动控制，而此处并未说到联动控制，排除；

④ 根据以上所讲知识可知，联锁控制线路需经过万能转换开关，如此开关处于手动状态，是不能进行连锁启动的。所以可能是此原因。

⑤ 因为联锁线路需经过水泵控制柜，如控制柜损坏，水泵不能启动。所以可能是此原因。

具体知识：湿式系统和干式系统的联动控制设计，应符合下列规定。

① 联动控制方式，应由湿式报警阀压力开关的动作信号作为触发信号，直接控制启动喷淋消防泵，联动控制不应受消防联动控制器处于自动或手动状态影响。

② 手动控制方式，应将喷淋消防泵控制箱（柜）的启动、停止按钮用专用线路直接连接至设置在消防控制室内的消防联动控制器的手动控制盘，直接手动控制喷淋消防泵的启动、停止。

③ 水流指示器、信号阀、压力开关、喷淋消防泵的启动和停止的动作信号应反馈至消防联动控制器（图 2.4.2–26）。

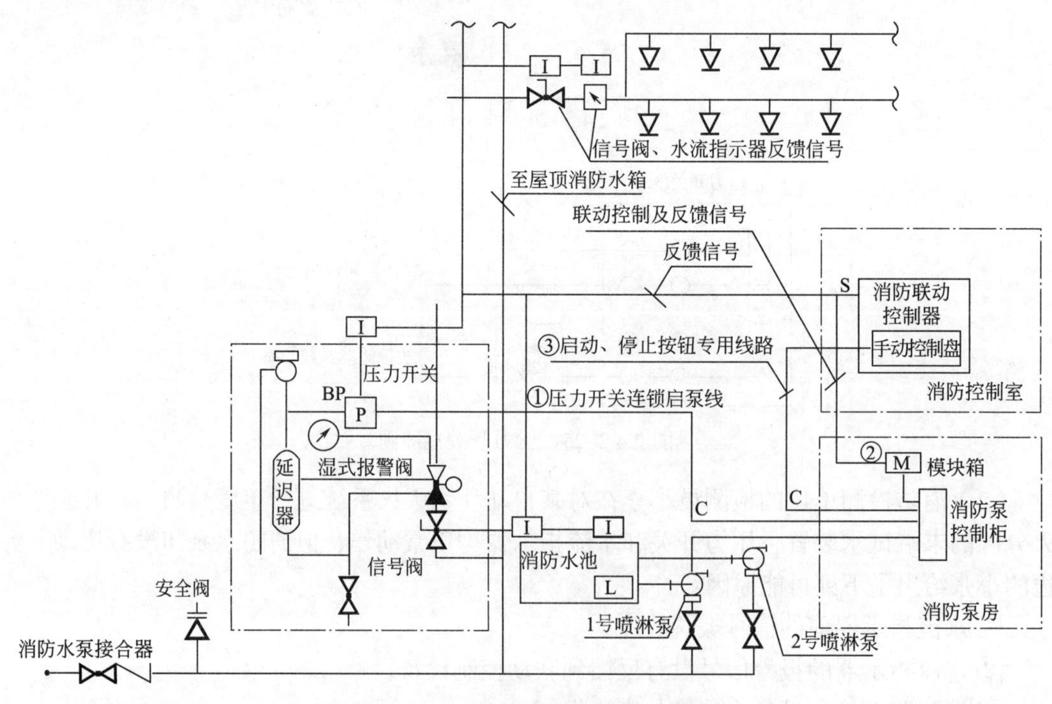


图 2.4.2–26 湿式与干式系统联动控制

**答 174：**预作用系统的联动控制设计。

（1）预作用系统应由什么连锁信号直接自动启动消防水泵？

答：火灾自动报警系统、消防水泵出水干管上设置的压力开关、高位消防水箱出水管上的流量开关和报警阀组压力开关直接自动启动消防水泵。

（2）联动控制方式如何控制？

答：单连锁：应由同一报警区域内两只及以上独立的感烟火灾探测器或一只感烟火灾探测器与一只手动火灾报警按钮的报警信号，作为预作用装置开启的联动触发信号。由消防联动控制器控制预作用阀组的开启，使系统转变为湿式系统；当系统设有快速排气装置时，应联动控制排气阀前的电动阀的开启。

双连锁：发生火灾时，探测系统动作；随着火灾发生喷头打开后气压下降，充气管路上的压力开关动作。此时系统才发出控制信号控制电磁阀开启，水压排出主阀控制腔。预作用装置保持开启状态，消防水进入喷淋及报警系统。

（3）哪些信号应反馈至消防联动控制器？

答：水流指示器、信号阀、报警阀压力开关、喷淋消防泵的启动和停止的动作信号，有压气体管道气压状态信号、压力开关和快速排气阀入口前电动阀的动作信号应反馈至消防联动控制器。

**答 175：**在对建筑由火灾自动报警系统联动启动的雨淋喷水灭火系统进行检测时，应检测雨淋阀组联动控制功能。某检测机构对一建筑的雨淋阀组进行检测，具体情况如下：使同一报警区域内一只感烟火灾探测器与一只手动火灾报警按钮报警，发现雨淋阀组开启。请问是否正确？

答：错误。联动控制方式，应由同一报警区域内两只及以上独立的感温火灾探测器或一只感温火灾探测器与一只手动火灾报警按钮的报警信号，作为雨淋阀组开启的联动触发信号。应由消防联动控制器控制雨淋阀组的开启。

具体知识：雨淋系统的联动控制设计，应符合下列规定：

a. 联动控制方式，应由同一报警区域内两只及以上独立的感温火灾探测器或一只感温火灾探测器与一只手动火灾报警按钮的报警信号，作为雨淋阀组开启的联动触发信号。应由消防联动控制器控制雨淋阀组的开启。

b. 手动控制方式，应将雨淋消防泵控制箱（柜）的启动和停止按钮、雨淋阀组的启动和停止按钮，用专用线路直接连接至设置在消防控制室内的消防联动控制器的手动控制盘，直接手动控制雨淋消防泵的启动、停止及雨淋阀组的开启。

c. 水流指示器，压力开关，雨淋阀组、雨淋消防泵的启动和停止的动作信号应反馈至消防联动控制器。

在对建筑由火灾自动报警系统联动启动的雨淋喷水灭火系统进行检测时，应检测雨淋阀组联动控制功能。

**答 176：**预作用系统、雨淋系统和自动控制的水幕系统，应同时具备哪三种开启报警阀组的控制方式？

答：自动控制；消防控制室（盘）远程控制（手动）；预作用装置或雨淋报警阀处现场手动应急操作（图 2.4.2–27）。

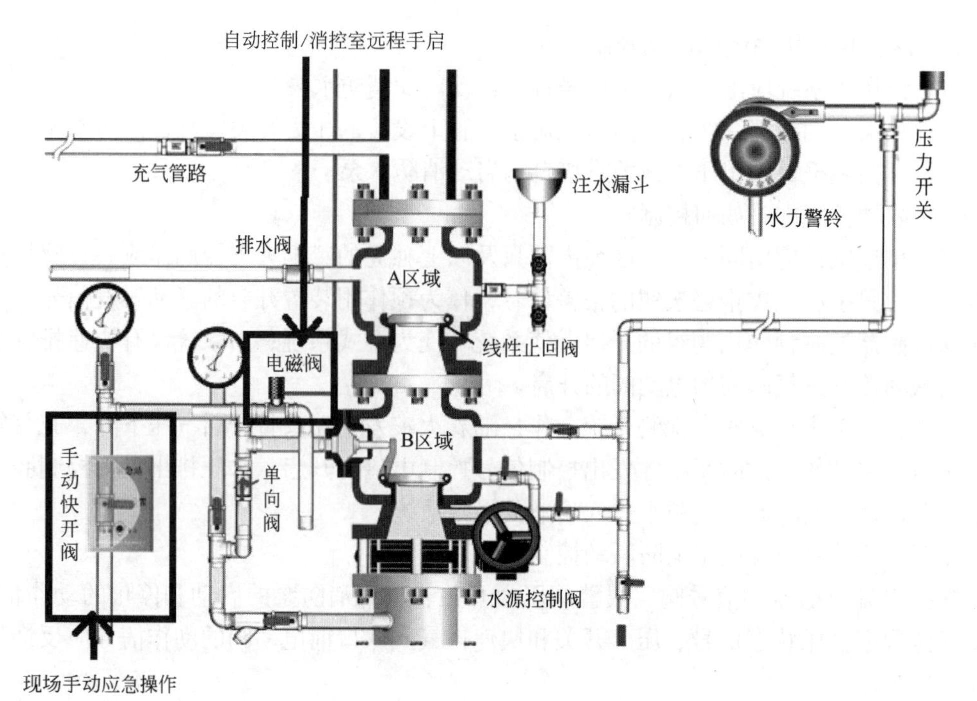


图 2.4.2–27　预作用系统手动紧急启动和自动 / 远程启动示意（黑框区域）

**答 177**：某公共建筑物业公司邀请检测机构对消火栓系统进行检测，检测情况如下：

（1）打开 1 楼电梯前室的室内消火栓箱门，按下消火栓按钮，水泵启动。

（2）打开屋顶试验消火栓，水泵一直未启动。

（3）用发烟器使 4 楼走道的一只感烟探测器动作，然后再按一下该楼层的消火栓按钮，水泵未启动。

（4）按下 5 楼走道的手动报警按钮，然后再按一下该楼层的消火栓按钮，水泵启动。

（5）按下消防控制室的手动控制盘的启动按钮，手泵未正常启动。

请判断以上说法是否正确，并说明可能的原因。

答：① 错误，消火栓按钮的动作信号应作为报警信号及启动消火栓泵的联动触发信号，由消防联动控制器联动控制消火栓泵的启动。也可以作为干式消火栓的快速开启充水信号。不能作为直接启泵的动作信号。从此处可以看出没有其他信号，所以不存在联动情况。

原因分析：接线错误。

② 错误。打开屋顶试验消火栓，水箱的水会流动，流量开关达到规定流速水泵应能直接启动；另随着水量减少，水压也会降低，水泵出水干管的低压压力开关也会发出联锁启泵信号。

原因分析：流量开关或低压压力开关接线脱落；继电器故障；水泵控制柜处于手动状态；水泵故障；交流接触器故障等。

③ 错误。当设置消火栓按钮时，消火栓按钮的动作信号可以启动消火栓泵的一路联动触发信号，另一路信号可以是任一路报警信号，然后由消防联动控制器联动控制消火栓泵的启动。

原因分析：控制模块故障；联动控制器处于手动状态；水泵控制柜处于手动状态；交流接触器故障；水泵故障等。

④ 正确。

⑤ 错误。手动控制方式，应将消火栓泵控制箱（柜）的启动、停止按钮用专用线路直接连接至设置在消防控制室内的消防联动控制器的手动控制盘，并应直接手动控制消火栓泵的启动、停止。

可能原因分析：继电器故障，水泵故障，多线盘与水泵控制柜的接线脱落等。

具体知识：

（1）联动控制方式，应将消火栓系统出水干管上设置的低压压力开关、高位消防水箱出水管上设置的流量开关或报警阀压力开关等信号作为触发信号，直接控制启动消火栓泵，联动控制不应受消防联动控制器处于自动或手动状态影响。当设置消火栓按钮时，消火栓按钮的动作信号应作为报警信号及启动消火栓泵的联动触发信号，由消防联动控制器联动控制消火栓泵的启动。

（2）手动控制方式，应将消火栓泵控制箱（柜）的启动、停止按钮用专用线路直接连接至设置在消防控制室内的消防联动控制器的手动控制盘，并应直接手动控制消火栓泵的启动、停止。

（3）消火栓泵的动作信号应反馈至消防联动控制器（图 2.4.2–28）。

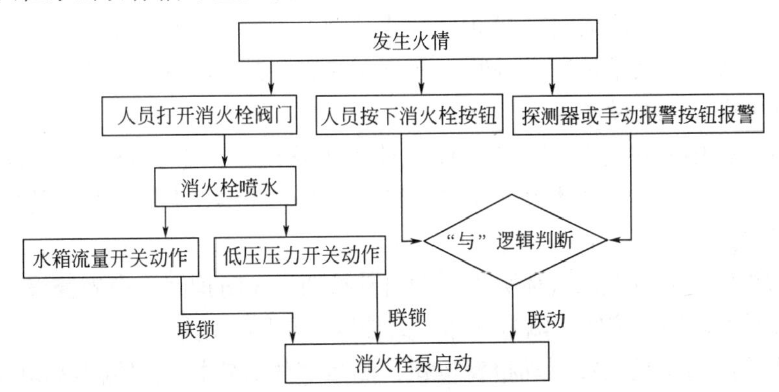


图 2.4.2–28 湿式消火栓系统的联锁和联动启泵方式图

**答 178**：某检测机构对气体灭火系统的控制设计进行了检测，具体如下。

（1）使用发烟器对防护区 A 的感烟探测器发烟，使其动作，未发现其他情况。然后使用感温探测器功能试验器使 B 区的温感动作。报警控制器延迟 60s 后发出启动指令（图 2.4.2–29）。

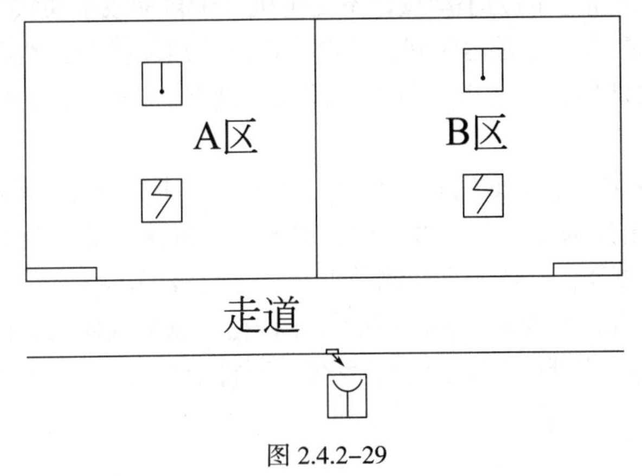


图 2.4.2–29

答：错误①：逻辑错误。

理由：应由同一防护区域内两只独立的火灾探测器的报警信号、一只火灾探测器与一只手动火灾报警按钮的报警信号或防护区外的紧急启动信号，作为系统的联动触发信号，探测器的组合宜采用感烟火灾探测器和感温火灾探测器，本案例采用不同防护区的信号错误。

错误②：第一路报警信号后，没有启动防护区A的声光报警器。

理由：气体灭火控制器、泡沫灭火控制器在接收到满足联动逻辑关系的首个联动触发信号后，应启动设置在该防护区内的火灾声光警报器，且联动触发信号应为任一防护区域内设置的感烟火灾探测器、其他类型火灾探测器或手动火灾报警按钮的首次报警信号。

错误③：延迟时间错误。就算本案例逻辑正确，60s的延迟也不符合规范要求，

理由：启动气体灭火装置、泡沫灭火装置，气体灭火控制器、泡沫灭火控制器，可设定不大于30s的延迟喷射时间。

（2）将灭火控制器的转换开关置于“手动”位置时，灭火设备处于手动状态。在该状态下，分别使用发烟器和感温探测器功能试验器使防护区A的感烟探测器和感烟探测器动作，控制主机启动警铃和声光报警器，通知火灾发生，但未启动灭火设备。

答：正确。手动状态下，需按下防护区外或控制器上的“手动启动”或“紧急启动”按钮，可以启动灭火设备。但无论控制主机处于自动或手动状态，按下“紧急启动”和“手动启动”按钮，都可启动灭火设备。

（3）银行数据中心机房设置了IG541气体灭火系统，以组合分配方式设置A、B、C三个气体灭火防护区。断开气体灭火控制器与各防护区气体灭火驱动装置的连接线，进行联动控制功能试验，过程如下：

按下A防护区门外设置的气体灭火手动自动按钮，A防护区内声光警报器启动。然后按下气体灭火器手动停止按钮，测量气体灭火控制控制器启动输出端电压，一直为0V。

按下B防护区内1只火灾手动报警按钮，测量气体火灾控制器输出端电压，25s后电压为24V。

测试C防护区，按下气体灭火控制器上的启动按钮。再按下相对应的停止按钮，测量气体灭火控制器启动输出端电压，25s后电压为24V。

请分析3个防护区的动作是否正确。

答：①A防护区正常；因为手动按钮不受主机处于自动或手动状态影响，A防护区内声光警报器启动。此时有一定延迟时间，不会立即发出启动指令，然后按下气体灭火器手动停止按钮，系统立即停止。所以气体灭火控制控制器启动输出端电压，一直为0V，也就是没启动。

②B防护区不正常，按下B防护区内1只火灾手动报警按钮，测量气体火灾控制器输出端电压，25s后电压为24V，说明一只手动报警按钮就启动，触发气体灭火联动控制功能的可以为两只探测器信号或一个探测器加一只手动报警按钮信号。

③C防护区不正常，因为按下相对应的停止按钮，测量气体灭火控制器启动输出端电压，25s后电压为24V。说明25s后启动了系统，不符合要求，系统应当停止启动。

具体知识如下：

a. 有人的防护区联动逻辑（图 2.4.2–30）。顺序按 1 → 2 → 3 → 4。

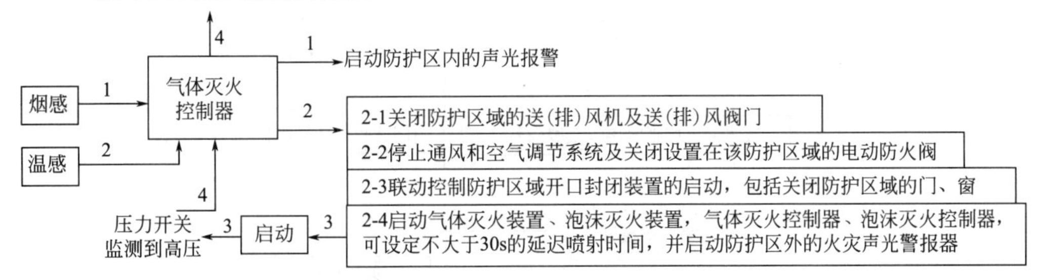


图 2.4.2–30　有人的防护区联动逻辑

b. 无人的防护区联动逻辑（图 2.4.2–31）。顺序按 1 → 2 → 3 → 4。

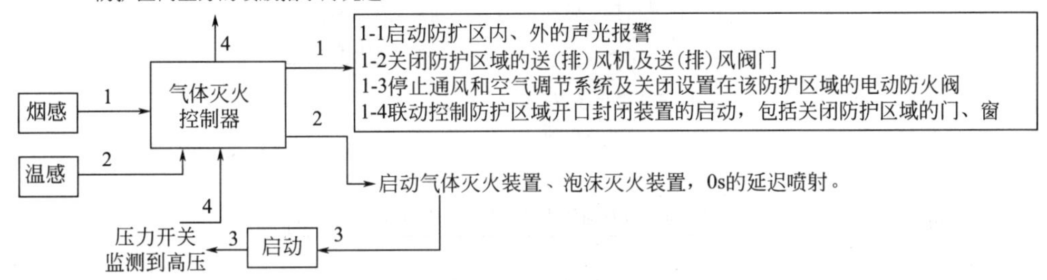


图 2.4.2–31　无人的防护区联动逻辑

c. 手动控制（图 2.4.2–32）。

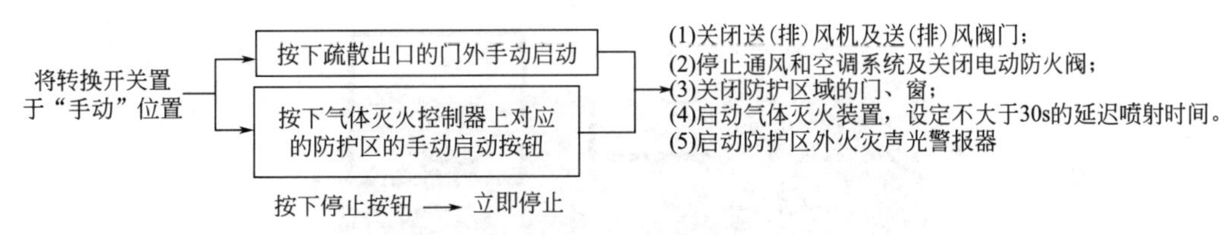


图 2.4.2–32　手动控制

图 2.4.2–33 为气体灭火系统灭火流程图，图 2.4.2–34 为防护区门外示意图。

**答 179：** 气体灭火装置、泡沫灭火装置启动及喷放各阶段的联动控制及系统的反馈信号，应反馈至消防联动控制器。系统的联动反馈信号应包括哪些内容？

答：（1）气体灭火控制器、泡沫灭火控制器直接连接的火灾探测器的报警信号。

（2）选择阀的动作信号。

（3）压力开关的动作信号。

**答 180：**（1）防烟系统的联动控制方式案例。某办公楼，每层为一个防火分区，设有火灾自动报警系统、室内消火栓系统和防烟排烟系统等消防设施。将正压送风机控制柜处于自动状态时，检测风机的启动情况，发现以下操作均能够启动正压送风机。请逐一分析是否正确？

① 使消防联动控制器处于自动状态，使用发烟器分别对十层的楼梯间前室及内走道的各一只感烟探测器进行模拟火灾报警测试，两只探测器先后发出火灾报警信号。

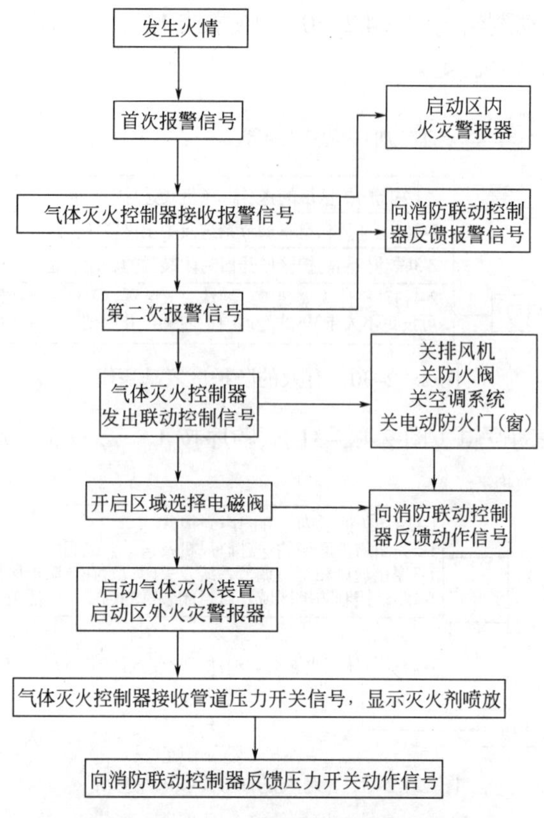


图 2.4.2–33　气体灭火系统灭火流程图

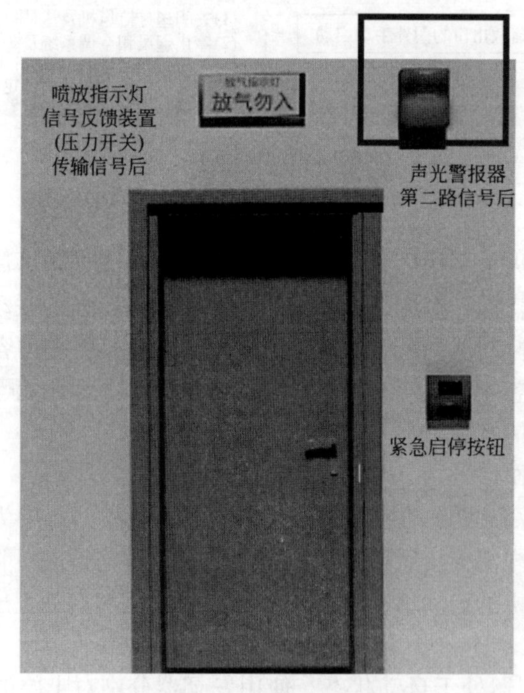


图 2.4.2–34　防护区门外示意图

答：正确。因为两路信号是同一防火分区的。

② 联动控制器处于自动状态，使用发烟器对一楼大堂的一只感烟探测器进行模拟火灾报警测试，探测器发出火灾报警信号，再按下二楼一办公室一只手动火灾报警按钮后发出再报警信号。

答：错误。由加压送风口所在防火分区内的两只独立的火灾探测器或一只火灾探测器与一只手动火灾报警按钮的报警信号，作为送风口开启和加压送风机启动的联动触发信号。此处两路信号跨越楼层（防火分区）。

③ 在消防控制室内的消防联动控制器上手动按下正压送风机的启动按钮。

答：正确。消防水泵、防烟和排烟风机的控制设备，除应采用联动控制方式外，还应在消防控制室设置手动直接控制装置。

④ 使消防联动控制器处于手动状态，使用发烟器分别对八层的两间办公室内的各一只感烟探测器进行模拟火灾报警测试，两只探测器先后发出火灾报警信号。

答：错误。消防联动控制器处于手动状态，不能进行联动启动。

⑤ 使消防联动控制器处于自动状态，手动开启设在六层防烟楼梯间的送风口。

答：正确。此处是连锁启动。

（2）挡烟垂壁进行检测。

对二层商场电动挡烟垂壁附近的一只感烟探测器进行发烟试验，发现电动挡烟垂壁在规定时间自动降落到位。请判断是否正确？

答：错误。应由同一防烟分区内且位于电动挡烟垂壁附近的两只独立的感烟火灾探测器的报警信号，作为电动挡烟垂壁降落的联动触发信号，并应由消防联动控制器联动控制电动挡烟垂壁的降落。

（3）在对送风口进行单体调试时，发现如下情况送风口均会动作。请判断是否正确？

① 同一防护区内一只火灾探测器和一只手动报警按钮报警。

答：正确。联动启动。

② 联动控制器接收到送风机启动的反馈信号。

答：错误。无此规定。

③ 同一防护区内两只独立的感烟探测器报警。

答：正确。联动启动。

④ 在联动控制器上手动控制送风口开启。

答：正确。远程手动开启。

具体知识：防烟系统的联动控制方式应符合下列规定。应由加压送风口所在防火分区内的两只独立的火灾探测器或一只火灾探测器与一只手动火灾报警按钮的报警信号，作为送风口开启和加压送风机启动的联动触发信号，并应由消防联动控制器联动控制相关层前室等需要加压送风场所的加压送风口开启和加压送风机启动。应由同一防烟分区内且位于电动挡烟垂壁附近的两只独立的感烟火灾探测器的报警信号，作为电动挡烟垂壁降落的联动触发信号，并应由消防联动控制器联动控制电动挡烟垂壁的降落。

**答 181**：某地下车库，划分为两个面积相等的防火分区，利用挡烟垂壁划分为两个防烟分区。其中一个防火分区如图 2.4.2–35 所示。技术人员对该防火分区的排烟系统进行模拟火灾试验，触发位于该防火分区不同的防烟分区的两个独立的感烟探测器，排烟风机和排烟口均自动启动。复位之后重新进行试验，技术人员又触发位于1号防烟分区的感烟探测器和一个手动报警按钮，该防火分区的排烟风机启动，并联动4个排烟口打开。请判断以上联动控制是否正确？

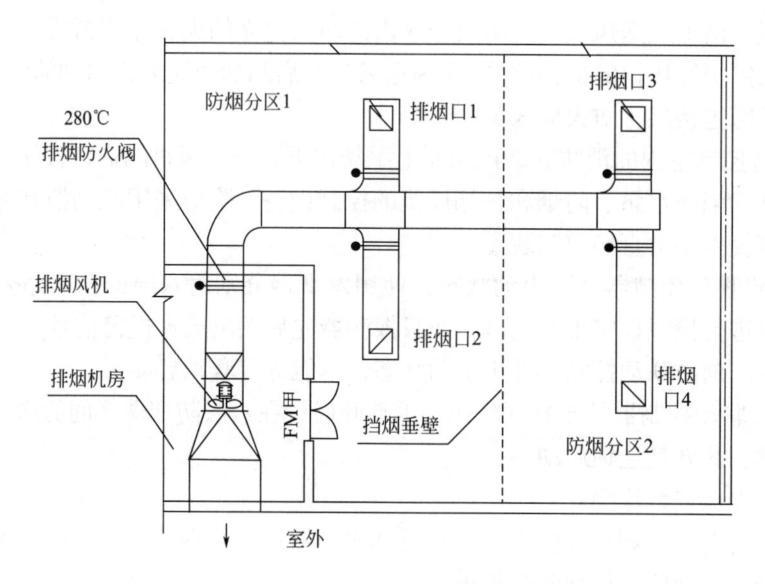


图 2.4.2–35　防火分区

答：错误（1）：触发位于该防火分区不同的防烟分区的两个独立的感烟探测器，排烟风机和排烟口均自动启动。联动控制信号应由同一防烟分区内的两只独立的火灾探测器的报警信号，不能跨防烟分区。

错误（2）：技术人员又触发位于1号防烟分区的感烟探测器和一个手动报警按钮，该防火分区的排烟风机启动并联动排烟口打开。理由是：两路联动触发信号通过消防联动控制器先启动排烟口，再由排烟口开启的动作信号，作为排烟风机启动的联动触发信号。

错误（3）：4个排烟口打开。理由：仅打开着火防烟分区的排烟口（排烟口1、2），其他的（排烟口3、4）应呈关闭状态。

具体知识：（1）排烟系统的联动控制方式应符合下列规定。

a. 应由同一防烟分区内的两只独立的火灾探测器的报警信号，作为排烟口、排烟窗或排烟阀开启的联动触发信号，并应由消防联动控制器联动控制排烟口、排烟窗或排烟阀的开启，同时停止该防烟分区的空气调节系统。

b. 应由排烟口、排烟窗或排烟阀开启的动作信号，作为排烟风机启动的联动触发信号，并应由消防联动控制器联动控制排烟风机的启动。

c. 防烟系统、排烟系统的手动控制方式，应能在消防控制室内的消防联动控制器上手动控制送风口、电动挡烟垂壁、排烟口、排烟窗、排烟阀的开启或关闭及防烟风机、排烟风机等设备的启动或停止，防烟、排烟风机的启动、停止按钮应采用专用线路直接连接至设置在消防控制室内的消防联动控制器的手动控制盘，并应直接手动控制防烟、排烟风机的启动、停止（图 2.4.2–36）。

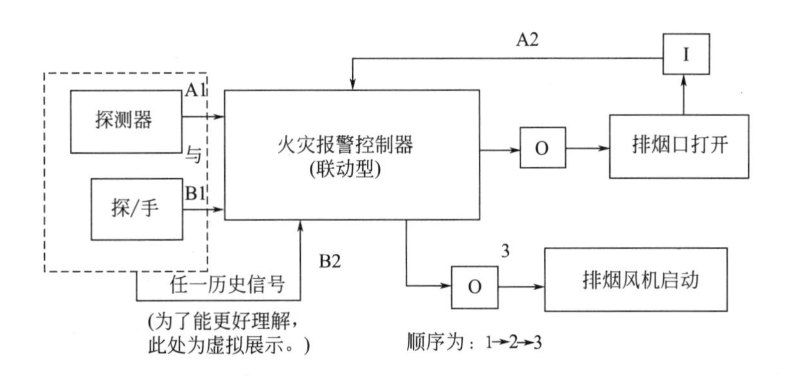


图 2.4.2-36　排烟系统联动控制

（2）送风口、排烟口、排烟窗或排烟阀开启和关闭的动作信号，防烟、排烟风机启动和停止及电动防火阀关闭的动作信号，均应反馈至消防联动控制器。

（3）排烟风机入口处的总管上设置的 280℃排烟防火阀在关闭后应直接联动控制风机停止，排烟防火阀及风机的动作信号应反馈至消防联动控制器（联锁关闭）(图 2.4.2-37)。

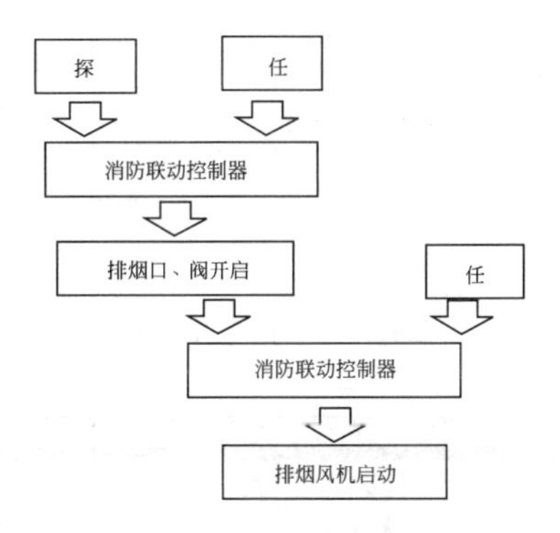


图 2.4.2-37　排烟风机启动控制

**答 182：**防火门及防火卷帘系统的联动控制设计。

（1）防火门系统的联动控制设计应由哪两路信号控制？

答：应由常开防火门所在防火分区内的两只独立的火灾探测器或一只火灾探测器与一只手动火灾报警按钮的报警信号，作为常开防火门关闭的联动触发信号，联动触发信号应由火灾报警控制器或消防联动控制器发出，并应由消防联动控制器或防火门监控器联动控制防火门关闭。

（2）疏散通道上各防火门的开启、关闭及故障状态信号应反馈至什么设施？

答：防火门监控器。

（3）防火卷帘的升降应由什么来控制？

答：防火卷帘控制器控制。

（4）某疏散通道上设置的防火卷帘的探测器布置如图 2.4.2-39，防火分区内任一只独立的感烟火灾探测器和任一只专门用于联动防火卷帘的感温火灾探测器下降到楼地面。请判断此处做法是否正确。

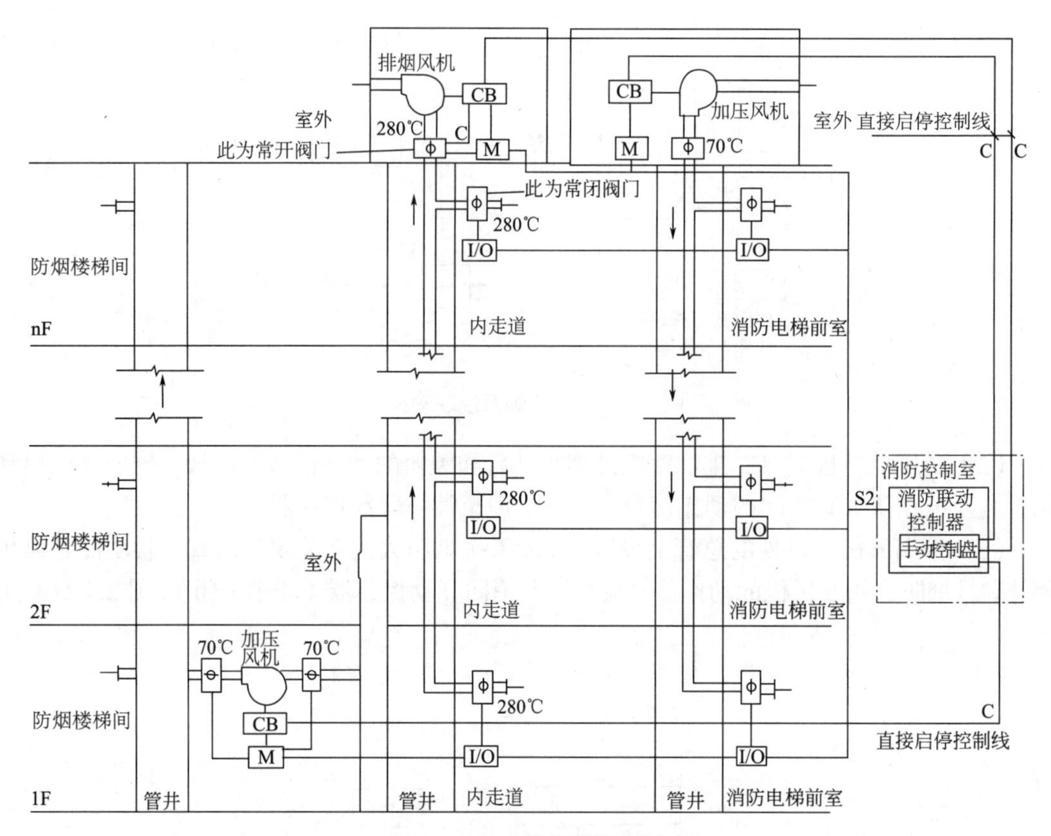


图 2.4.2-38　排烟系统控制

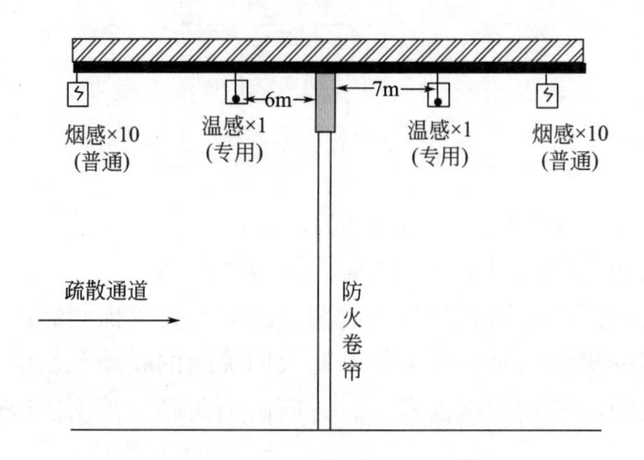


图 2.4.2-39　防火卷帘的探测器布置

答：① 图中专用温感数量不足，在卷帘的任一侧应设置不少于 2 只专门用于联动防火卷帘的感温火灾探测器。

② 专门用于联动防火卷帘的感温火灾探测器距离卷帘过远，任一侧距卷帘纵深 0.5 ~ 5m 内。

③ 控制逻辑错误。防火分区内任两只独立的感烟火灾探测器或任一只专门用于联动防火卷帘的感烟火灾探测器的报警信号应联动控制防火卷帘下降至距楼板面 1.8m 处；任一只专门用于联动防火卷帘的感温火灾探测器的报警信号应联动控制防火卷帘下降到楼板

面。此处是两步。

而非疏散通道上（如防火分隔处）设置的防火卷帘的联动控制设计，应由防火卷帘所在防火分区内任两只独立的火灾探测器的报警信号，作为防火卷帘下降的联动触发信号，并应联动控制防火卷帘直接下降到楼板面。

**答 183：**（1）电梯的联动控制设计。

① 消防联动控制器应具有发出联动控制信号强制所有电梯停于哪一层的功能？

答：首层或电梯转换层。

② 消防控制室显示什么反馈信号？轿厢内应设置什么装置？

答：电梯运行状态信息和停于首层或转换层的反馈信号；能直接与消防控制室通话的专用电话。

（2）火灾警报和消防应急广播系统的联动控制设计。

① 火灾自动报警系统应设置火灾声光警报器，并应在确认火灾后启动建筑内的所有的还是着火层及相关层的火灾声光警报器？

答：所有的。

② 未设置消防联动控制器的火灾自动报警系统，火灾声光警报器应由什么设施控制？设置消防联动控制器的火灾自动报警系统，火灾声光警报器应由什么设施控制？

答：火灾报警控制器；火灾报警控制器或消防联动控制器。

③ 公共场所具有多个报警区域的保护对象，宜选用何种类型的火灾声警报器？

答：带有语音提示的。

④ 在检查中经常发现学校、工厂等各类日常使用电铃的场所，用警铃作为火灾声警报器。请问是否可以？

答：不可以。

⑤ 同一建筑内设置多个火灾声警报器时，火灾自动报警系统应能否同时启动和停止所有火灾声警报器工作？

答：能同时控制。

⑥ 火灾声警报器单次发出火灾警报时间宜为多少秒？同时设有消防应急广播时，火灾声警报应与消防应急广播如何播放？

答：8 ~ 20s；交替循环。

⑦ 哪些报警系统应设置消防应急广播？

答：集中报警系统和控制中心报警系统。

⑧ 消防应急广播的单次语音播放时间宜为多少秒？应与火灾声警报器分时交替工作，可采取如何的交替工作方式循环播放？

答：10 ~ 30s；1 次火灾声警报器播放、1 次或 2 次消防应急广播播放的方式。

⑨ 消防应急广播与普通广播或背景音乐广播合用时，应具有什么功能？

答：强制切入消防应急广播。

**答 184：**消防应急照明和疏散指示系统的联动控制设计。

（1）集中控制型消防应急照明和疏散指示系统，应如何控制？

答：由火灾报警控制器或消防联动控制器启动应急照明控制器实现（图 2.4.2–40、

图 2.4.2–41 ）。

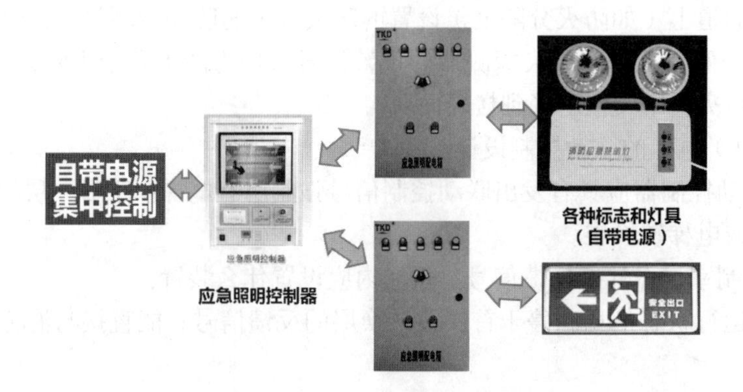


图 2.4.2–40　自带电源集中控制

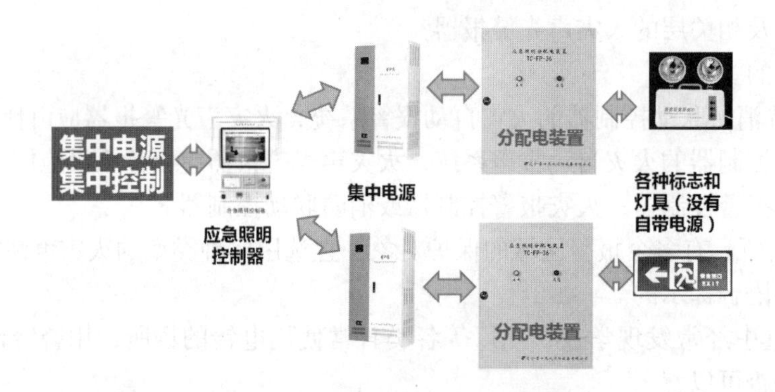


图 2.4.2–41　集中电源集中控制

（2）集中电源非集中控制型消防应急照明和疏散指示系统，应如何控制？

答：由消防联动控制器联动应急照明集中电源和应急照明分配电装置实现（图 2.4.2–42）。

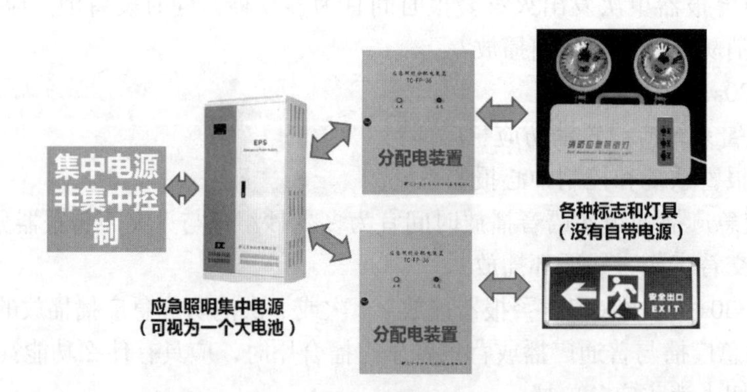


图 2.4.2–42　集中电源非集中控制

（3）自带电源非集中控制型消防应急照明和疏散指示系统，应如何控制？

答：由消防联动控制器联动消防应急照明配电箱实现（图 2.4.2–43）。

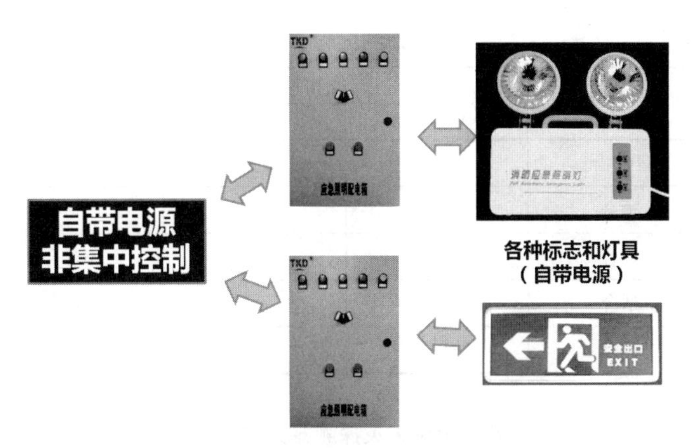


图 2.4.2–43　自带电源非集中控制

（4）当确认火灾后，全楼疏散通道的消防应急照明和疏散指示系统的启动顺序是什么？系统全部投入应急状态的启动时间不应大于几秒？

答：由发生火灾的报警区域开始，顺序启动全楼疏散通道的消防应急照明和疏散指示系统，系统全部投入应急状态的启动时间不应大于 5s。

**答 185：**相关联动控制的设计。

（1）消防联动控制器应具有切断火灾区域及相关区域的所有电源的功能，此句话是否正确？

答：不正确，切断非消防电源。

补充知识：① 火灾时可立即切断的非消防电源有：普通动力负荷、自动扶梯、排污泵、空调用电、康乐设施、厨房设施等。

② 火灾时不应立即切掉的非消防电源有：正常照明、生活给水泵、安全防范系统设施、地下室排水泵、客梯和Ⅰ～Ⅲ类汽车库作为车辆疏散口的提升机。

（2）当需要切断正常照明时，宜在自动喷淋系统、消火栓系统动作前还是动作后切断？

答：动作前。

（3）火灾时可立即切断的非消防电源有什么？

答：普通动力负荷、自动扶梯、排污泵、空调用电、康乐设施、厨房设施等。

（4）火灾时不应立即切掉的非消防电源有什么？

答：正常照明、生活给水泵、安全防范系统设施、地下室排水泵、客梯和Ⅰ～Ⅲ类汽车库作为车辆疏散口的提升机。

**答 186：**有关探测器的选择。请判断是否正确。

（1）在 18m 中庭安装点型感烟探测器。

（2）在净高 9m 的服装仓库安装点型感温探测器。

（3）在电缆隧道安装火焰探测器。

（4）在石油储罐设置缆式线型探测器。

答：（1）错误。如表 2.4.2–5、表 2.4.2–6 所示，点型感烟探测器最大安装高度为 12m。

火灾探测器安装 表2.4.2–5

| 房间高度 $h$(m) | 点型感烟火灾探测器 | 点型感温火灾探测器 | | | 火焰探测器 |
|---|---|---|---|---|---|
| | | A1、A2 | B | C、D、E、F、G | |
| $12 < h \leqslant 20$ | 不适合 | 不适合 | 不适合 | 不适合 | 适合 |
| $8 < h \leqslant 12$ | 适合 | 不适合 | 不适合 | 不适合 | 适合 |
| $6 < h \leqslant 8$ | 适合 | 适合 | 不适合 | 不适合 | 适合 |
| $4 < h \leqslant 6$ | 适合 | 适合 | 适合 | 不适合 | 适合 |
| $h \leqslant 4$ | 适合 | 适合 | 适合 | 适合 | 适合 |

点型感温火灾探测器分类 表2.4.2–6

| 探测器类别 | 典型应用温度（℃） | 最高应用温度（℃） | 动作温度下限值（℃） | 动作温度上限值（℃） |
|---|---|---|---|---|
| A1 | 25 | 50 | 54 | 65 |
| A2 | 25 | 50 | 54 | 70 |
| B | 40 | 65 | 69 | 85 |
| C | 55 | 80 | 84 | 100 |
| D | 70 | 95 | 99 | 115 |
| E | 85 | 110 | 114 | 130 |
| F | 100 | 125 | 129 | 145 |
| G | 115 | 140 | 144 | 160 |

但是注意一个特殊情况：建筑高度不超过14m的封闭探测空间，且火灾初期会产生大量的烟时，可设置点型感烟火灾探测器。

（2）错误。点型感温探测器最高安装在8米净高内场所。此处可以安装线型光束感烟探测器或吸气式感烟探测器。

（3）错误。电缆隧道应安装缆式线型探测器。

（4）错误。此处较为危险，应安装线型光纤感温火灾探测器。

具体知识如下：

（1）表2.4.2–7所示场所宜选择点型感烟火灾探测器。

选择点型感烟火灾探测器的场所 表2.4.2–7

| |
|---|
| ①饭店、旅馆、教学楼、办公楼的厅堂、卧室、办公室、商场、列车载客车厢等 |
| ②计算机房、通信机房、电影或电视放映室等 |
| ③楼梯、走道、电梯机房、车库等 |
| ④书库、档案库等 |

（2）离子感烟与光电感烟的区别与应用。

① 下列场所不宜选择点型离子感烟火灾探测器：相对湿度经常大于95%；气流速度大于5m/s；有大量粉尘、水雾滞留；可能产生腐蚀性气体；在正常情况下有烟滞留；产生醇类、醚类、酮类等有机物质。

② 原因：离子感烟火灾探测器可以探测任何一种烟，对粒子尺寸无特殊限制，只存在响应行为的数值差异，但其探测性能受长期潮湿影响较大。它是在电离室内含有少量放射性物质，可使电离室内空气成为导体，允许一定电流在两个电极之间的空气中通过，射线使局部空气成电离状态，经电压作用形成离子流，这就给电离室一个有效的导电性。当烟粒子进入电离化区域时，它们由于与离子相接合而降低了空气的导电性，形成离子移动的减弱。当导电性低于预定值时，探测器发出警报。

③ 下列场所不宜选择点型光电感烟火灾探测器：有大量粉尘、水雾滞留；可能产生蒸气和油雾；高海拔地区；在正常情况下有烟滞留。

④ 原因：它是利用起火时产生的烟雾能够改变光的传播特性这一基本性质而研制的。根据烟粒子对光线的吸收和散射作用。所以本来场所里就有烟雾或粉尘的会发生误报警。高海拔地区由于空气稀薄，烟粒子也稀薄，因此光电感烟探测器就不容易响应。而离子感烟探测器电离出来的离子本身就会由于空气稀薄而减少，所以其探测灵敏度不会受影响。

（3）点型感温火灾探测器宜用在下列场所（表 2.4.2–8）：

**点型感温火灾探测器宜选用的场所** 表 2.4.2–8

| 场所 |
| --- |
| 相对湿度经常大于 95% |
| 可能发生无烟火灾 |
| 有大量粉尘 |
| 吸烟室等在正常情况下有烟或蒸气滞留的场所 |
| 厨房、锅炉房、发电机房、烘干车间等不宜安装感烟火灾探测器的场所 |
| 需要联动熄灭“安全出口”标志灯的安全出口内侧 |

**答 187：**火焰探测器、可燃气体探测器的应用。

（1）哪些场所宜选择点型火焰探测器或图像型火焰探测器？

答：见表 2.4.2–9。

**选择点型火焰探测器或图像型火焰探测器的场所** 表 2.4.2–9

| 场所 |
| --- |
| 火灾时有强烈的火焰辐射 |
| 可能发生液体燃烧等无阴燃阶段的火灾 |
| 需要对火焰做出快速反应 |

（2）哪些场所宜选择可燃气体探测器？

答：见表 2.4.2–10。

**选择可燃气体探测器的场所** 表 2.4.2–10

| 场所 |
| --- |
| （1）使用可燃气体的场所 |
| （2）燃气站和燃气表房以及存储液化石油气罐的场所 |
| （3）其他散发可燃气体和可燃蒸气的场所 |

**答 188：**（1）哪些场所宜选择线型光束感烟火灾探测器？

答：见表 2.4.2–11、图 2.4.2–44。

（2）哪些场所不宜选择线型光束感烟火灾探测器？

答：见表2.4.2–11、图2.4.2–44。

适用场所和不适用场所　　表2.4.2–11

| 适用场所 | 不适用场所 |
|---|---|
| 无遮挡的大空间或有特殊要求的房间（高度可达20m） | ① 有大量粉尘、水雾滞留 |
| | ② 可能产生蒸气和油雾 |
| | ③ 在正常情况下有烟滞留 |
| | ④ 固定探测器的建筑结构由于振动等原因会产生较大位移的场所。（振动会带来光束偏移，引起误报警或故障报警） |

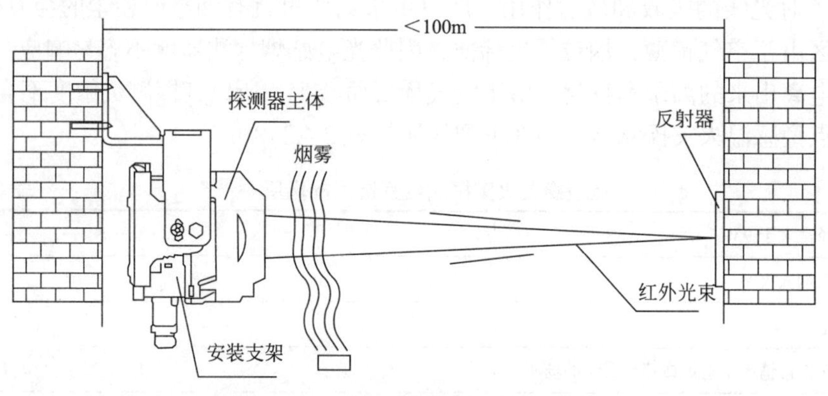


图2.4.2–44　线型光束感烟火灾探测器

**答189**：哪些场所宜选择缆式线型感温火灾探测器？其工作原理是什么？

答：见表2.4.2–12。

选择缆式线型感温火灾探测器的场所　　表2.4.2–12

| |
|---|
| ① 电缆隧道、电缆竖井、电缆夹层、电缆桥架 |
| ② 不易安装点型探测器的夹层、闷顶 |
| ③ 各种皮带输送装置 |
| ④ 其他环境恶劣不适合点型探测器安装的场所 |

原理：缆式感温探测器回路之间温度的变化，引起的回路之间电阻的变化：如温度升高，电阻下降。这种变化通过相应的电子模块来监视，同时在预先设定的档位把这种变化转换成信号，如达到报警位置，则发出报警信号。缺点：有电流易产生电火花危险，对设定的温度（如65℃、85℃、105℃）进行报警，不可逆性（一般只能重新更换）（图2.4.2–45）。

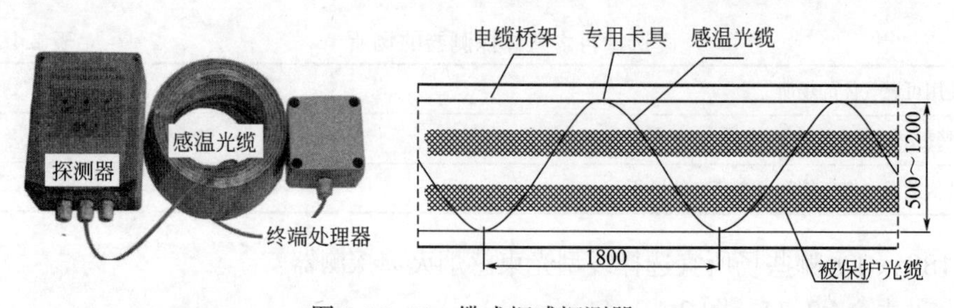


图2.4.2–45　缆式烟感探测器

**答 190：**哪些场所或部位宜选择线型光纤感温火灾探测器？优点是什么？

答：见表 2.4.2–13。

**宜选择线型光纤感温火灾探测器的场所　　表 2.4.2–13**

| |
|---|
| ① 除液化石油气外的石油储罐 |
| ② 需要设置线型感温火灾探测器的易燃易爆场所 |
| ③ 需要监测环境温度的地下空间等场所宜设置具有实时温度监测功能的线型光纤感温火灾探测器 |
| ④ 公路隧道、敷设动力电缆的铁路隧道和城市地铁隧道等 |

优点：无电检测技术，本身非常安全，光纤主要传输光线。抵抗一切电磁干扰。实时在线温度监测，石英材料耐高温，寿命长。

**答 191：**根据温感探测器工作原理，温感探测器可哪 3 类？温度在 0℃以下的场所，以及温度变化较大的场所不宜选择具有什么特性的探测器？

答：分为如表 2.4.2–14 三类。

**感温探测器分类　　表 2.4.2–14**

| 分类 | 特性 |
|---|---|
| （1）定温式探测器 | 在规定时间内，火灾引起的温度上升超过某个定值时启动报警 |
| （2）差温式探测器 | 在规定时间内，火灾引起的温度上升速率超过某个规定值时启动报警 |
| （3）差定温式探测器 | 结合了定温和差温两种作用原理并将两种探测器结构组合在一起 |

注：温度在 0℃以下的场所，不宜选择定温探测器；温度变化较大的场所，不宜选择具有差温特性的探测器。

**答 192：**哪些场所宜选择吸气式感烟火灾探测器？

答：见表 2.4.2–15、图 2.4.2–46。

**宜选择吸气式感烟火灾探测器的场所　　表 2.4.2–15**

| |
|---|
| （1）具有高速气流的场所 |
| （2）点型感烟、感温火灾探测器不适宜的大空间、舞台上方、建筑高度超过 12m 或有特殊要求的场所 |
| （3）低温场所 |
| （4）需要进行隐蔽探测的场所 |
| （5）需要进行火灾早期探测的重要场所 |
| （6）人员不宜进入的场所 |

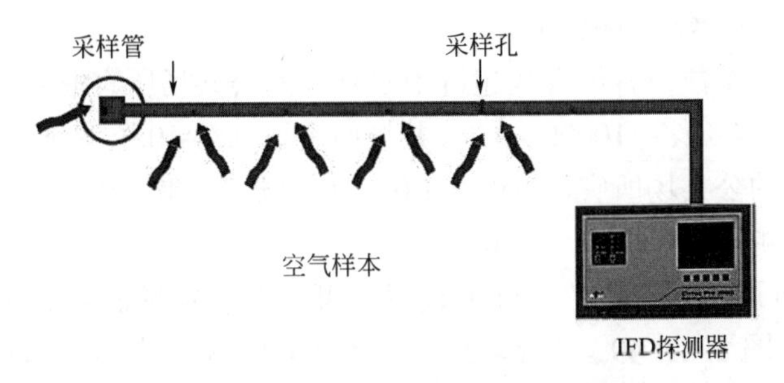


图 2.4.2–46　吸气式感烟火灾探测器

**答193**：火灾报警控制器和消防联动控制器的设置。

（1）火灾报警控制器和消防联动控制器，应设置什么地方？

答：在消防控制室内或有人值班的房间和场所。

（2）火灾报警控制器和消防联动控制器安装在墙上时，其主显示屏高度宜为多少米？其靠近门轴的侧面距墙不应小于多少米？正面操作距离不应小于多少米？

答：1.5 ~ 1.8m；0.5m；1.2m。

（3）集中报警系统和控制中心报警系统中的区域火灾报警控制器在满足什么列条件时，可设置在无人值班的场所？

答：① 本区域内无需要手动控制的消防联动设备。

② 本火灾报警控制器的所有信息在集中火灾报警控制器上均有显示，且能接收起集中控制功能的火灾报警控制器的联动控制信号，并自动启动相应的消防设备。

③ 设置的场所只有值班人员可以进入（图 2.4.2–47）。

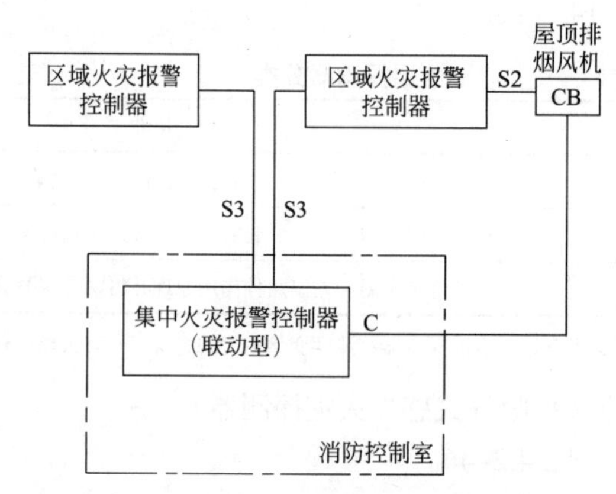


图 2.4.2–47　火灾报警控制器设置

**答194**：点型火灾探测器的设置问题。

（1）探测区域的每个房间应至少设置几只火灾探测器？

答：一只。

（2）一个探测区域内所需设置的探测器数量如何计算（公式是什么）？

答：$N=S/KA$。

式中　$N$——探测器数量（只），$N$ 应取整数；

$S$——该探测区域面积，$m^2$；

$K$——修正系数，容纳人数超过10000人的公共场所宜取0.7 ~ 0.8；容纳人数为2000人 ~ 10000人的公共场所宜取0.8 ~ 0.9,容纳人数为500人 ~ 2000人的公共场所宜取0.9 ~ 1.0，其他场所可取1.0；

$A$——探测器的保护面积，$m^2$。

**答195**：某建筑顶棚上有梁，在棚上设置点型感烟火灾探测器、感温火灾探测器时，出现了图 2.4.2–48、图 2.4.2–49、图 2.4.2–51、图 2.4.2–53、图 2.4.2–54、图 2.4.2–55 的情况，请试着分析梁对探测器范围的影响。

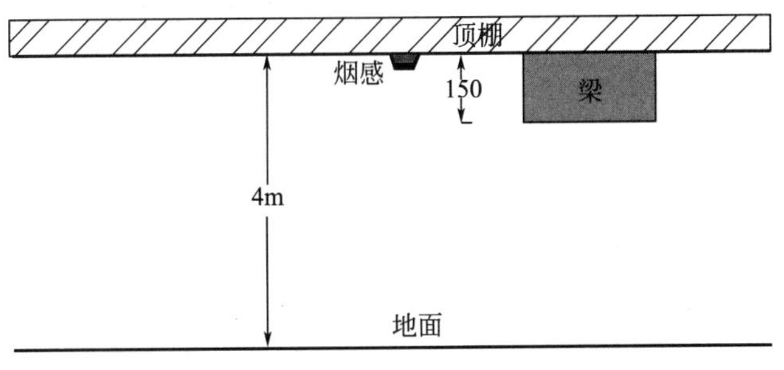


图 2.4.2–48　情况 1

答：当梁突出顶棚的高度小于 200mm 时，可不计梁对探测器保护面积的影响。

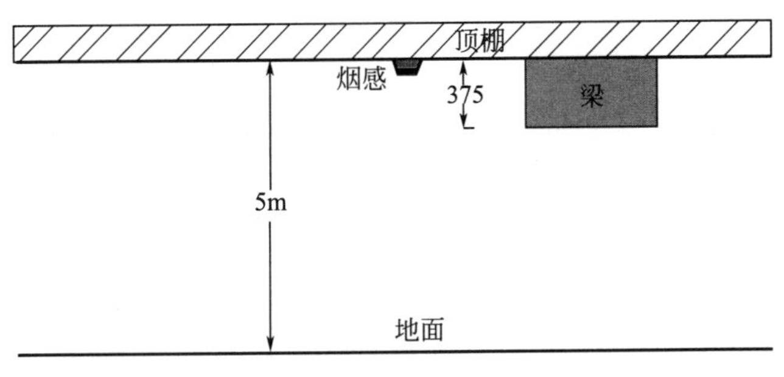


图 2.4.2–49　情况 2

答：当梁突出顶棚的高度为 375mm，在 200 ~ 600mm 时，按图 2.4.2–50 确定梁对探测器保护面积的影响。从图 2.4.2–50 可知，需计梁对探测器保护面积的影响。只有高度达到 12m 才不计。

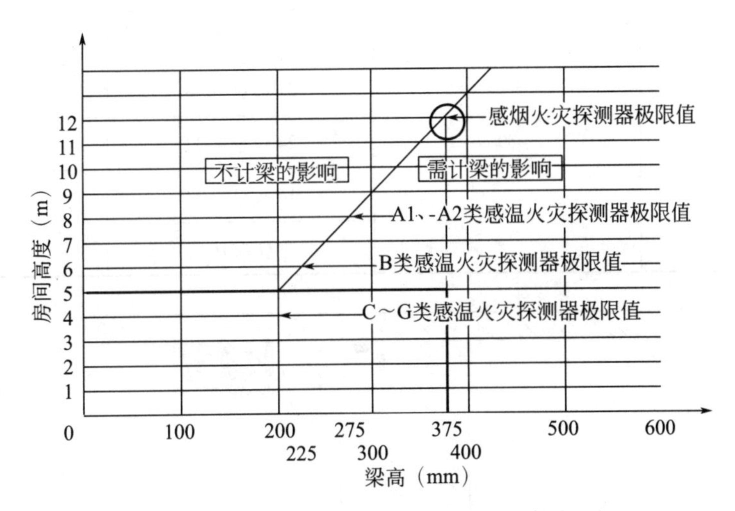


图 2.4.2–50　梁对探测器保护面积的影响（一）

按表 2.4.2–16 确定一只探测器能够保护的梁间区域的数量。

按梁间区域面积确定一只探测器保护的梁间区域的个数　　表 2.4.2-16

| 探测器的保护面积 $A$（$m^2$） | | 梁隔断的梁间区域面积 $Q$（$m^2$） | 一只探测器保护的梁间区域的个数（个） |
|---|---|---|---|
| 感温探测器 | 20 | $Q>12$ | 1 |
| | | $8<Q\leqslant 12$ | 2 |
| | | $6<Q\leqslant 8$ | 3 |
| | | $4<Q\leqslant 6$ | 4 |
| | | $Q\leqslant 4$ | 5 |
| | 30 | $Q>18$ | 1 |
| | | $12<Q\leqslant 18$ | 2 |
| | | $9<Q\leqslant 12$ | 3 |
| | | $6<Q\leqslant 9$ | 4 |
| | | $Q\leqslant 6$ | 5 |
| 感烟探测器 | 60 | $Q>36$ | 1 |
| | | $24<Q\leqslant 36$ | 2 |
| | | $18<Q\leqslant 24$ | 3 |
| | | $12<Q\leqslant 18$ | 4 |
| | | $Q\leqslant 12$ | 5 |
| | 80 | $Q>48$ | 1 |
| | | $32<Q\leqslant 48$ | 2 |
| | | $24<Q\leqslant 32$ | 3 |
| | | $16<Q\leqslant 24$ | 4 |
| | | $Q\leqslant 16$ | 5 |

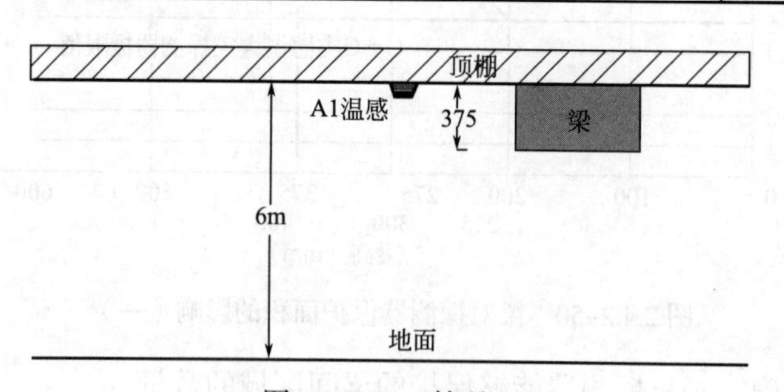


图 2.4.2-51　情况 3

答：从图 2.4.2-52 可知，需计梁对探测器保护面积的影响。

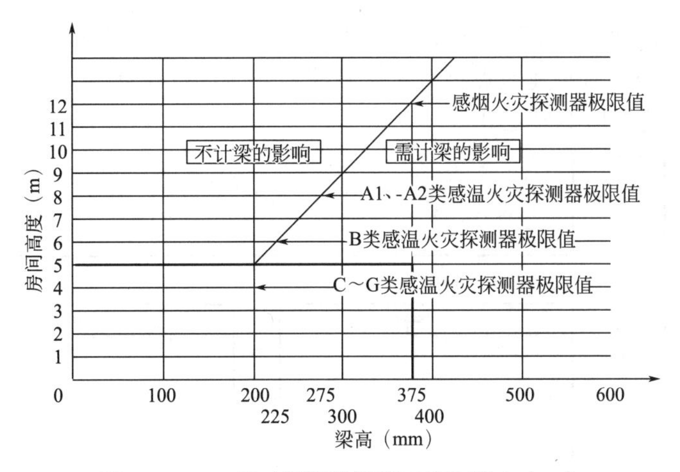


图 2.4.2–52　梁对探测器保护面积的影响（二）

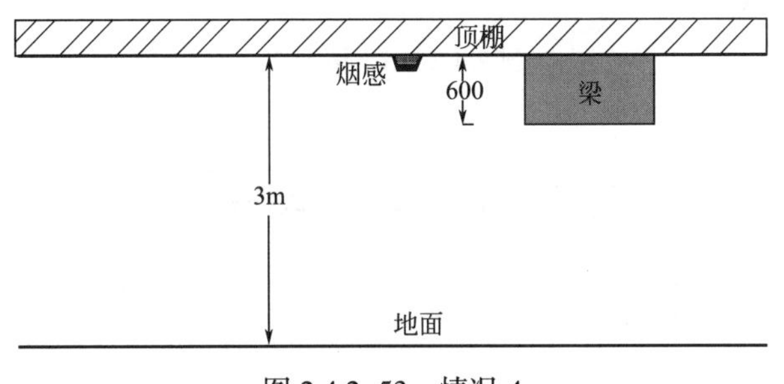


图 2.4.2–53　情况 4

答：需计梁的影响。

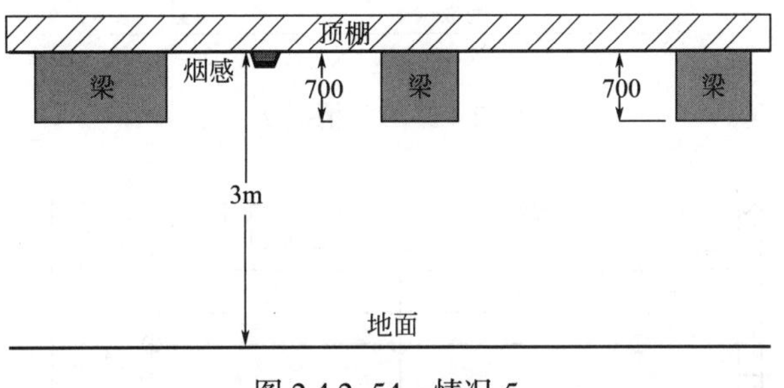


图 2.4.2–54　情况 5

答：当梁突出顶棚的高度超过 600mm 时，被梁隔断的每个梁间区域应至少设置一只探测器。所以应在上图右侧梁间设探测器。

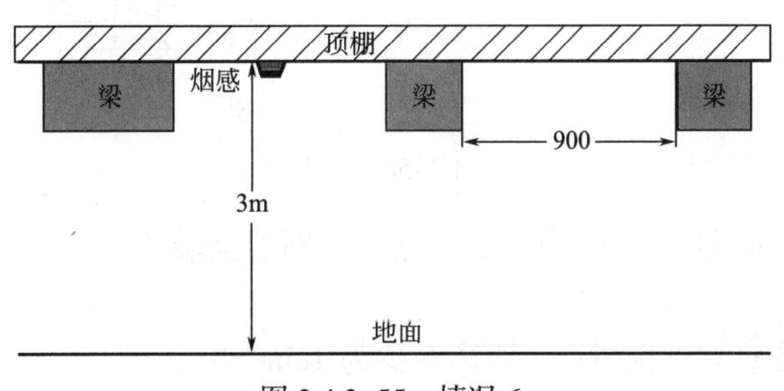


图 2.4.2–55　情况 6

答：当梁间净距小于1m时，可不计梁对探测器保护面积的影响。

**答196：**消防部门对某建筑点型火灾探测器的安装进行检查，发现如图2.4.2-56 ~图2.4.2-58的情况，请找出不妥之处。

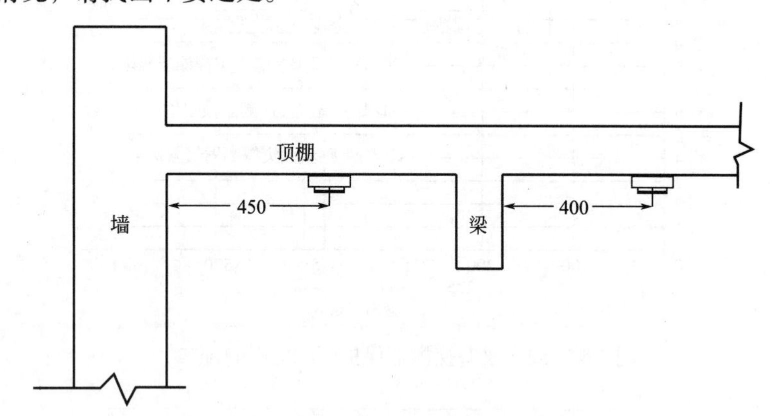


图2.4.2-56 情况1

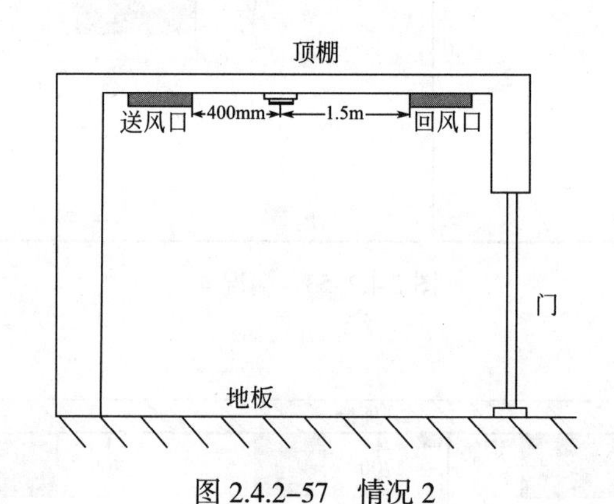


图2.4.2-57 情况2

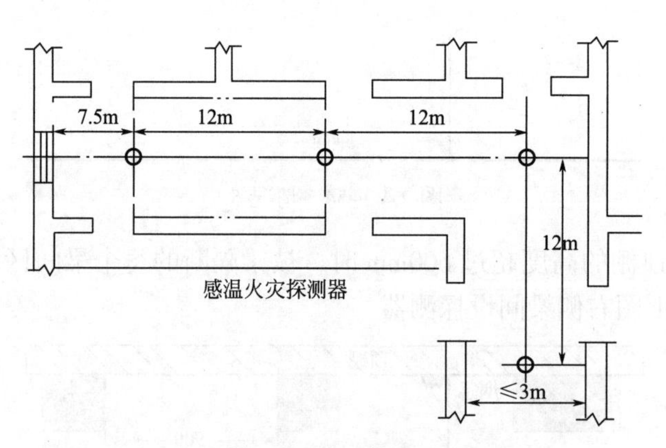


图2.4.2-58 情况3

情况1答：450mm和400mm均不妥，点型探测器至墙壁、梁边的水平距离，不应小于0.5m。

情况2答：错误① 靠近送风口，距离至少为1.5m。

错误② 远离回风口，宜接近回风口安装。

情况 3 答：在宽度小于 3m 的内走道顶棚上设置点型探测器时，宜居中布置。感温火灾探测器的安装间距不应超过 10m（此处为 12m）；探测器至端墙的距离，不应大于探测器安装间距的 1/2 即 5m（此处为 7.5m）。

具体知识如下：

（1）在宽度小于 3m 的内走道顶棚上设置点型探测器时，宜居中布置。感温火灾探测器的安装间距不应超过 10m；感烟火灾探测器的安装间距不应超过 15m；探测器至端墙的距离，不应大于探测器安装间距的 1/2。

（2）点型探测器至墙壁、梁边的水平距离，不应小于 0.5m。

（3）点型探测器周围 0.5m 内，不应有遮挡物。

（4）点型探测器至空调送风口边的水平距离不应小于 1.5m，并宜接近回风口安装。探测器至多孔送风顶棚孔口的水平距离不应小于 0.5m（图 2.4.2-59）。

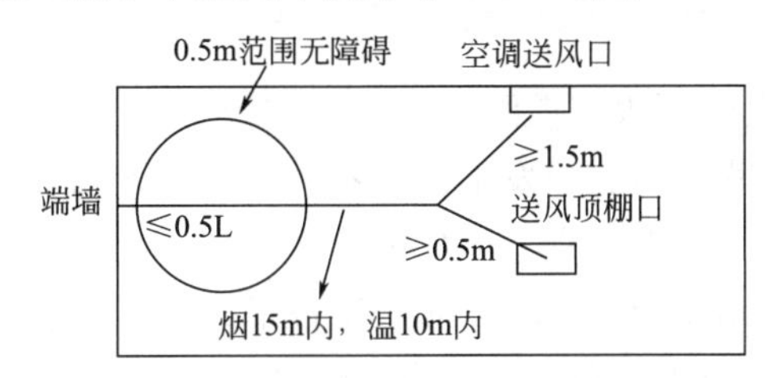


图 2.4.2-59　点型探测器安装位置

**答 197**：特殊场合探测器的安装。

（1）房间被书架、设备或隔断等分隔，其顶部至顶棚或梁的距离小于房间净高的百分之多少时，每个被隔开的部分应至少安装一只点型探测器？

答：5%（图 2.4.2-60）。

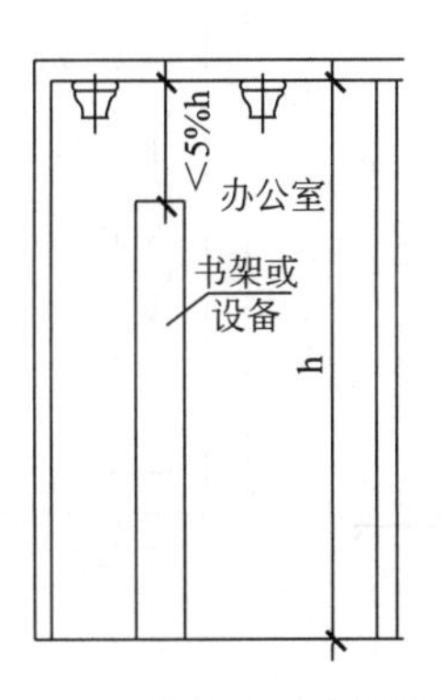


图 2.4.2-60　特殊场合探测器安装

（2）锯齿形屋顶和坡度大于 15° 的人字形屋顶，应在哪里设置一排点型探测器？

答：每个屋脊处。

（3）点型探测器宜水平还是竖直安装？当倾斜安装时，倾斜角不应大于多少度？

答：水平安装；45°

（4）在电梯井、升降机井设置点型探测器时，其位置宜设在何处？

答：井道上方的机房顶棚上。

**答 198**：（1）某商业综合体中庭高 23.2m，长 120m，宽 60m，设置了线型光束感烟火灾探测器，如图2.4.2-61所示。请判断此场所设置线型光束感烟火灾探测器的合理性。

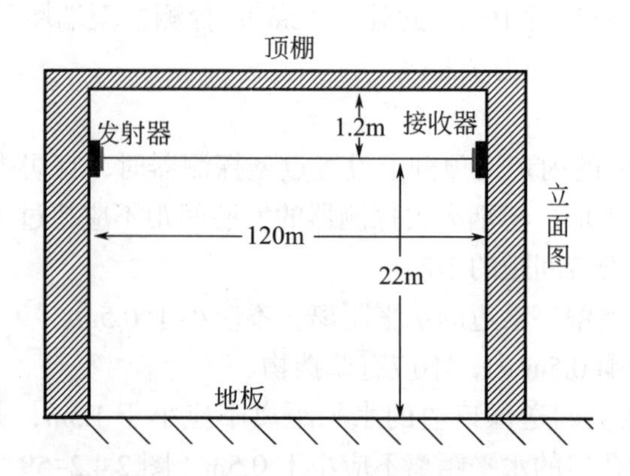


图2.4.2-61 线型光束烟感探测器安装

答：不合理。线型光束感烟火灾探测器的光束轴线至顶棚的垂直距离宜为0.3 ~ 1.0m，距地高度不宜超过20m。另探测器的发射器和接收器之间的距离不宜超过100m。所以此处可选用灵敏型吸气式感烟探测器或红外火灾探测器。

（2）某中庭长宽高为98m × 56m × 19.2m。设置了线型光束感烟火灾探测器，其平面图和立面图如图2.4.2-62、图2.4.2-63所示。请指出此场所设置线型光束感烟火灾探测器的不正确之处，并算出至少需要多少组探测器（需画图）。

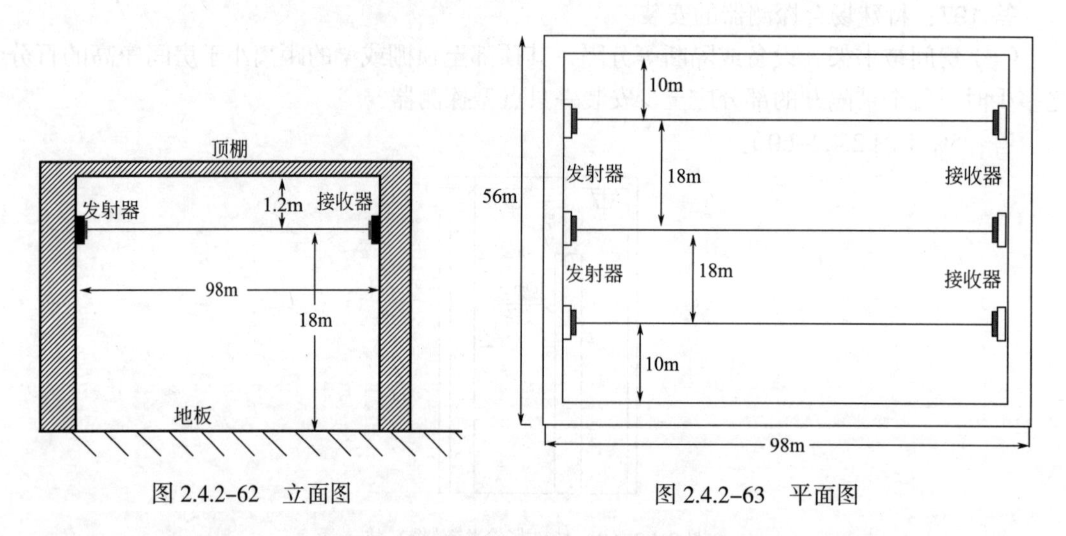


图2.4.2-62 立面图

图2.4.2-63 平面图

答：① 立面图中，探测器的光束轴线至顶棚的垂直距离为1.2m不妥，整改：探测器的光束轴线至顶棚的垂直距离宜为0.3 ~ 1.0m。

② 平面图中，相邻两组探测器的水平距离为18m不妥，不应大于14m；

③ 平面图中，探测器至侧墙水平距离为10m不妥，探测器至侧墙水平距离不应大于7m，且不应小于0.5m。

整改措施如图2.4.2-64所示。至少需要4组探测器。

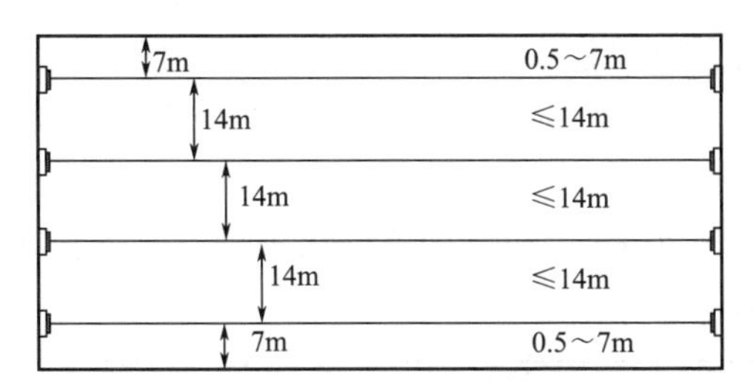


图 2.4.2-64　整改措施

具体知识：

线型光束感烟火灾探测器的设置应符合下列规定（图 2.4.2-65）：

a. 探测器的光束轴线至顶棚的垂直距离宜为 0.3 ~ 1.0m，距地高度不宜超过 20m。

b. 相邻两组探测器的水平距离不应大于 14m，探测器至侧墙水平距离不应大于 7m，且不应小于 0.5m，探测器的发射器和接收器之间的距离不宜超过 100m。

c. 探测器应设置在固定结构上。

d. 探测器的设置应保证其接收端避开日光和人工光源直接照射。

e. 选择反射式探测器时，应保证在反射板与探测器间任何部位进行模拟试验时，探测器均能正确响应。

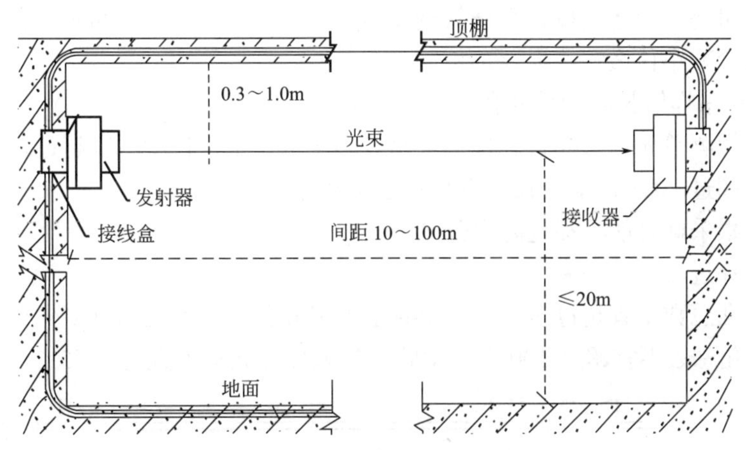


图 2.4.2-65　线性光束感烟火灾探测器安装示意

**答 199**：线型感温火灾探测器的设置。

（1）探测器在保护电缆、堆垛等类似保护对象时，应采用什么式布置？在各种皮带输送装置上设置时，宜设置在哪里附近？

答：接触式布置；装置的过热点附近（图 2.4.2-66）。

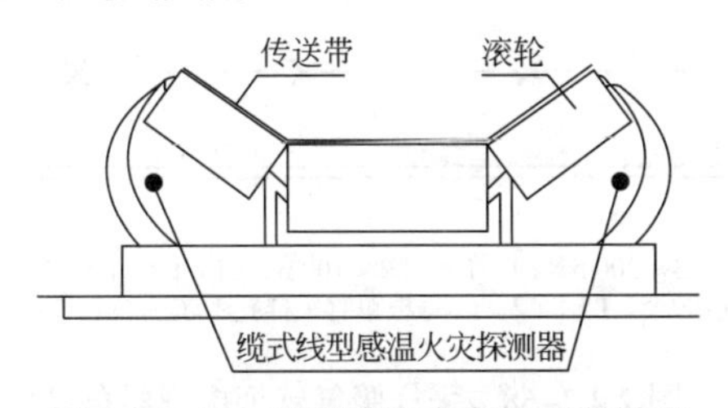


图 2.4.2-66　线型感温火灾探测器设置

（2）设置在顶棚下方的线型感温火灾探测器，至顶棚的距离宜为多少米？探测器的保护半径是多少？应符合点型感温火灾探测器的保护半径要求；探测器至墙壁的距离宜为多少米？

答：至顶棚的距离宜为0.1m；和点型感温火灾探测器的保护半径要求一致，即15m；1 ~ 1.5m（图2.4.2-67）。

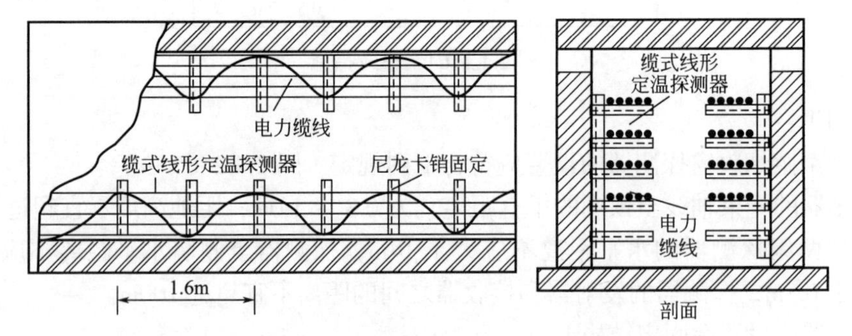


图2.4.2-67 电缆地沟内缆式定温探测器安装图

**答200**：管路采样式吸气感烟火灾探测器的设置。

（1）非高灵敏型探测器的采样管网安装高度不应超过多少米？高灵敏型探测器的采样管网安装高度可超过上述高度，采样管网安装高度超过时，灵敏度可调的探测器应设置为高灵敏度，且应减小什么？

答：16m；采样管长度和采样孔数量。

（2）一个探测单元的采样管总长不宜超过多少米？单管长度不宜超过多少米？

答：不宜超过200m，单管长度不宜超过100m。

（3）同一根采样管能否穿越防火分区？

答：不应穿过。

（4）采样孔总数不宜超过多少个？单管上的采样孔数量不宜超过多少个？

答：采样孔总数不宜超过100个，单管上的采样孔数量不宜超过25个（图2.4.2-68）。

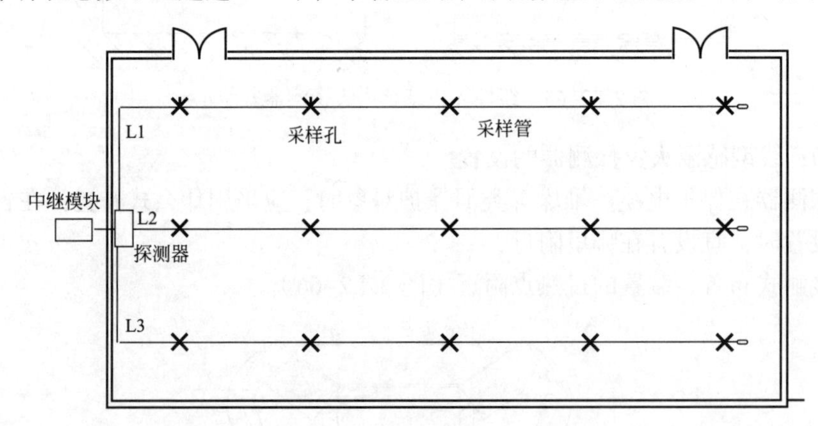


图2.4.2-68 采样吸气感烟探测器布置

（5）当采样管道采用毛细管布置方式时，毛细管长度不宜超过多少米？

答：4m（图 2.4.2–69）。

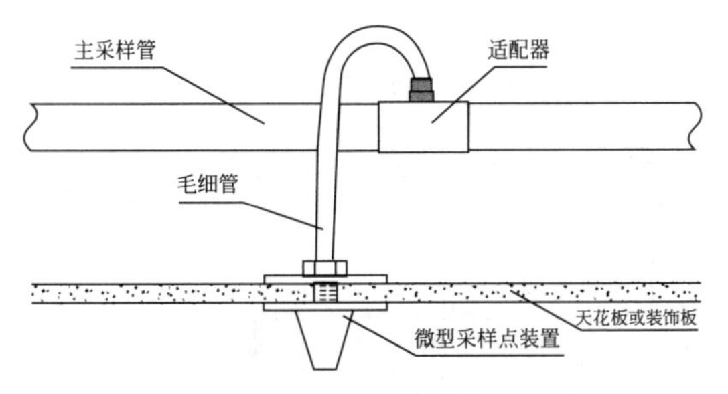


图 2.4.2–69　毛细管采样示意图

（6）有过梁、空间支架的建筑中，采样管路应固定在何处？

答：过梁、空间支架上。

（7）当采样管道布置形式为垂直采样时，采样孔如何设置？

答：每 2℃温差间隔或 3m 间隔（取最小者）应设置一个采样孔，采样孔不应背对气流方向。

**答 201：**感烟火灾探测器在格栅吊顶场所的设置应注意设置位置。

（1）镂空面积与总面积的比例不大于 15% 时，探测器应设置在吊顶上方还是吊顶下方？

答：吊顶下方（图 2.4.2–70）。

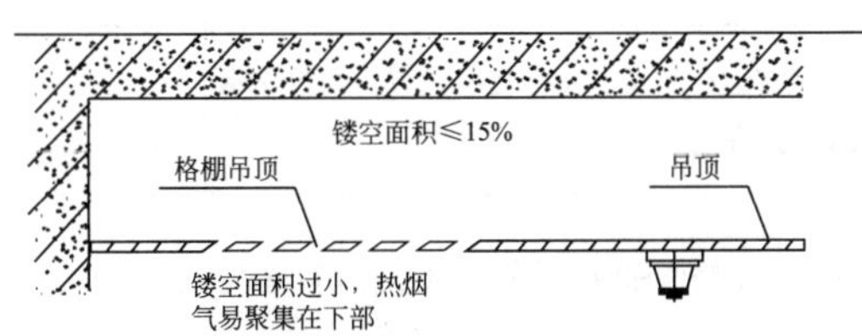


图 2.4.2–70　感烟火灾探测器设置

（2）镂空面积与总面积的比例大于 30% 时，探测器应设置在吊顶上方还是吊顶下方？

答：吊顶上方。

（3）探测器设置在吊顶上方且火警确认灯无法观察时，应在吊顶下方设置什么设施？

答：探测器设置在吊顶上方且火警确认灯无法观察时，应在吊顶下方设置火警确认灯（图 2.4.2–71）。

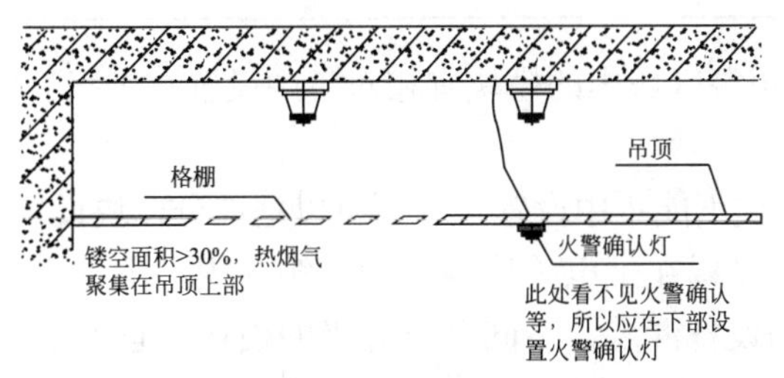


图 2.4.2–71　探测器设置

（4）镂空面积与总面积的比例为 15% ~ 30% 时，探测器的设置部位应如何确定？

答：探测器的设置部位应根据实际试验结果确定。

（5）地铁站台等有活塞风影响的场所，镂空面积与总面积的比例为 30% ~ 70% 时，探测器宜吊顶上方还是吊顶下方？

答：同时设置在吊顶上方和下方（图 2.4.2–72）。

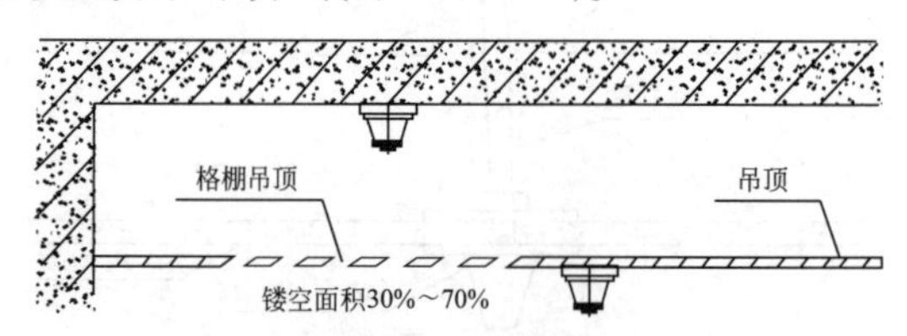


地铁运行时使得隧道内空气压缩或膨胀而引起的空气流通，所以会造成吊顶上下都会有烟气聚集。

图 2.4.2–72　地铁站台探测器设置

**答 202**：有人说，火灾警报器、消防广播、消防专用电话的手动报警按钮的安装高度均是一致的，请问此句话是否正确？

答：不正确。见表 2.4.2–17。

安装距离和安装高度　　表 2.4.2–17

| | 安装间距 | 安装高度 | 要求 |
|---|---|---|---|
| 手报按钮 | 防火分区内的任何位置到最近的手报的距离≤ 30m | 1.3 ~ 1.5m | 每个防火分区至少一只 |
| 火灾报警探制器和消防联动控制器 | | 1.5 ~ 1.8m | |
| 区域显示器（火灾显示盘）宾馆、饭店等场所 | 一个报警区域有多个楼层，每个楼层设置一台仅显示本楼层的区域显示器 | 1.3 ~ 1.5m | 每个报警区域宜设置一台区域显示器 |
| 火灾警报器 | 每楼的楼梯口、消防电梯前室、建筑内部拐角设置 | ＞ 2.2m | 且不宜与安全出口指示标志灯具设置在同一面墙上（1m） |
| 消防应急广播 | 从一个防火分区内的任何部位到最近扬声器的距离≤ 25m，走道末端距最近的距离不应大于 12.5m | ＞ 2.2m | 走道大厅功率 3W。噪声大于 60dB 的场所，应高于背景噪声 15dB |
| 消防专用电话 | 消防水泵房、发电机房、配变电室、各种机房（防排烟、空调、计算机、消防电梯等）消防专用电话分机 | 1.3 ~ 1.5m | |
| | 设有手报按钮或消火栓按钮等处，宜设置电话插孔 | | |
| | 避难层应每隔 20m 设置一个消防专用电话分机或电话插孔 | | |

**答 203**：（1）每个报警区域内的模块宜相对集中设置在本报警区域内的什么设施中？

答：金属模块箱。

（2）有些区域的模块不能集中设置，可不可以把部分模块设置在配电箱内？为什么？

答：不可以，严禁设置在配电（控制）柜（箱）内。由于模块工作电压通常为 24V，不应与其他电压等级的设备混装，不同电压等级的模块一旦混装，将可能相互产生影响，导致系统不能可靠动作。

（3）消防控制室图形显示装置应与什么设备相连？用什么线路连接？

答：火灾报警控制器、消防联动控制器、电气火灾监控器、可燃气体报警控制器等消防设备之间；应采用专用线路连接。

**答 204**：关于住宅建筑火灾自动报警系统的问题。

（1）每台住宅建筑公共部位设置的火灾声警报器覆盖的楼层不应超过几层？在哪一层要设置明显部位应设置用于直接启动火灾声警报器的手动火灾报警按钮？

答：3 层，首层。

（2）住宅建筑内设置的应急广播应能接受联动控制或由手动火灾报警按钮信号直接控制进行广播。每台扬声器覆盖的楼层不应超过几层？

答：3 层。

**答 205**：可燃气体探测报警系统的问题。

（1）可燃气体探测报警系统应由哪些部分组成？

答：可燃气体报警控制器、可燃气体探测器和火灾声光警报器等组成（图 2.4.2–73）。

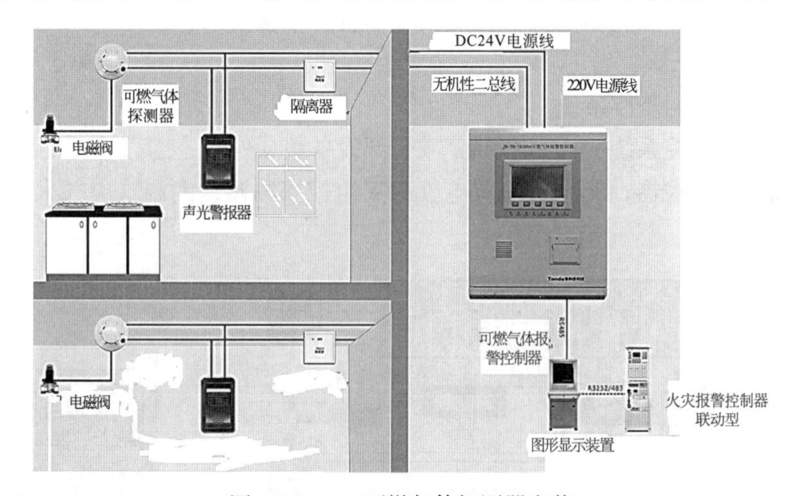


图 2.4.2–73 可燃气体探测器安装

（2）有人说可燃气体探测报警系统应当直接接入火灾报警控制器的探测器回路，这样能更快地联动启动有关消防设施，请问此句话是否正确？如不正确，请说明理由。

答：不正确。可燃气体探测报警系统应独立组成，可燃气体探测器不应接入火灾报警控制器的探测器回路；当可燃气体的报警信号需接入火灾自动报警系统时，应由可燃气体报警控制器接入。

原因：① 可燃气体探测器功耗都很大，接入总线后对总线的稳定工作十分不利。

② 可燃气体探测器的使用寿命短，到寿命后对同一总线配接的火灾探测器的正常工作也会产生不利影响。

③ 可燃气体探测器每年都需要标定，标定期间对同一总线配接的火灾探测器的正常工作也会产生影响。

④ 可燃气体报警信号与火灾报警信号的时间与含义均不相同，需要采取的处理方式也不同。

（3）可燃气体报警控制器发出报警信号时，应能启动保护区域的什么设备？

答：火灾声光警报器。

（4）可燃气体探测报警系统保护区域内有联动和警报要求时，应由什么设备来联动实现？

答：可燃气体报警控制器或消防联动控制器。

（5）可燃气体探测器的设置。

① 探测气体密度小于空气密度的可燃气体探测器应设置在被保护空间的什么位置？

答：顶部。

② 探测气体密度大于空气密度的可燃气体探测器应设置在被保护空间的什么位置？

答：下部。

③ 探测气体密度与空气密度相当时，可燃气体探测器可设置在被保护空间的什么位置？

答：中间部位或顶部。

（6）线型可燃气体探测器的保护区域长度不宜大于多少米？

答：60m。

**答206：**电气火灾监控系统。

（1）电气火灾监控系统应由哪些部分或全部设备组成？

答：电气火灾监控器；剩余电流式电气火灾监控探测器；测温式电气火灾监控探测器（图2.4.2-74）。

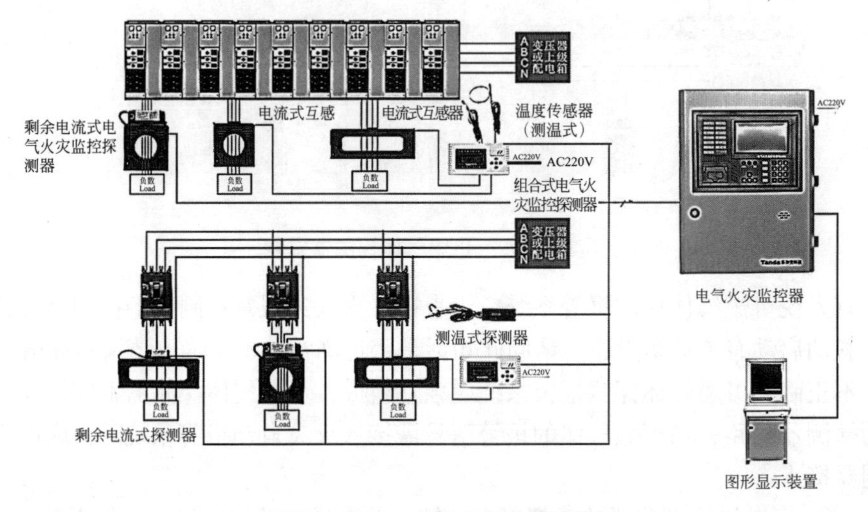


图2.4.2-74　电气火灾监控系统

（2）系统的工作原理是什么？

答：发生电气故障时，电气火灾监控探测器将保护线路中的剩余电流、温度等电气故障参数信息转变为电信号，经数据处理后，探测器做出报警判断，将报警信息传输到电气火灾监控器。电气火灾监控器在接收到探测器的报警信息后，经确认判断，显示电气故障报警探测器的部位信息，记录探测器报警的时间，同时驱动安装在保护区域现场的声光警报装置，发出声光警报，警示人员采取相应的处置措施，排除电气故障、消除电气火灾隐患，防止电气火灾的发生。

（3）剩余电流式电气火灾监控探测器和测温式电气火灾监控探测器的区别是什么？

答：① 剩余电流保护式电气火灾监控探测器，即当被保护线路的相线直接或通过非预期负载对大地接通，而产生近似正弦波形且其有效值呈缓慢变化的剩余电流，当该电流大于预定数值时即自动报警的电气火灾监控探测器。

② 测温式（过热保护式）电气火灾监控探测器，即当被保护线路的温度高于预定数值时，自动报警的电气火灾监控探测器。

（4）在无消防控制室且电气火灾监控探测器设置数量不超过几只时，可采用独立式电气火灾监控探测器？

答：8 只（图 2.4.2–76）。

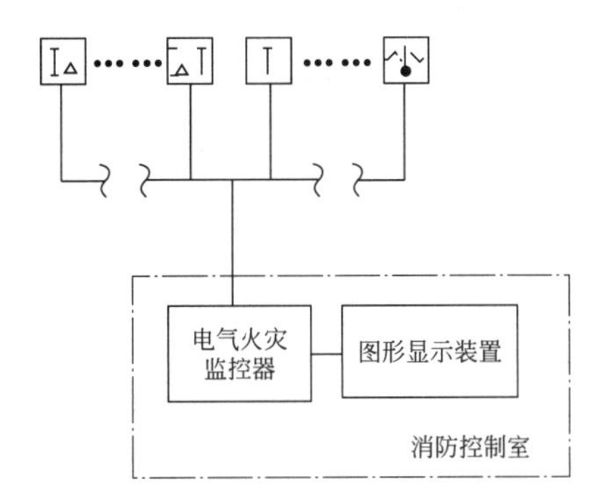


图 2.4.2–75　非独立式电气火灾监控探测器

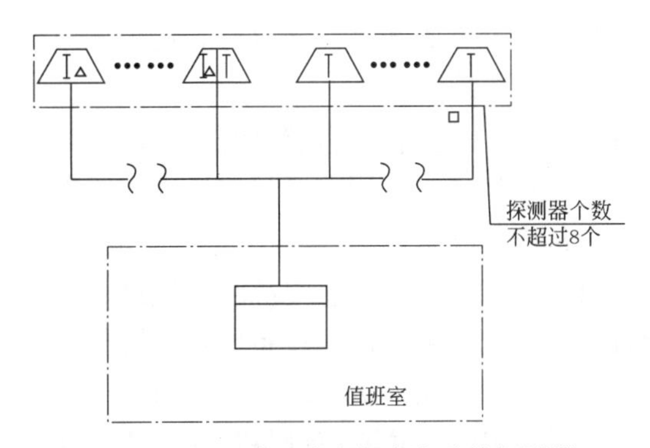


图 2.4.2–76　独立式电气火灾监控探测器

（5）非独立式电气火灾监控探测器应不应接入火灾报警控制器的探测器回路？

答：不应，应接入电气火灾监控器（图 2.4.2–75）。

（6）剩余电流式电气火灾监控探测器应以设置在哪里为基本原则？

答：低压配电系统首端，宜设置在第一级配电柜（箱）的出线端。

（7）在供电线路泄漏电流大于 500mA 时，宜在其哪一级配电柜（箱）设置？

答：下一级。

（8）剩余电流式电气火灾监控探测器宜不宜设置在 IT 系统的配电线路和消防配电线路中？为什么？

答：不宜。剩余电流式电气火灾监控探测器在无地线的供电线路中不能正确探测，不适合使用；而消防供电线路由于其本身要求较高，且平时不用，因此也没必要设置剩余电流式电气火灾监控探测器。

（9）选择剩余电流式电气火灾监控探测器时，应计及供电系统自然漏流的影响，并应选择参数合适的探测器；探测器报警值宜为多少毫安？

答：300 ~ 500mA。

（10）具有探测线路故障电弧功能的电气火灾监控探测器，其保护线路的长度不宜大于多少米？

答：100m。

（11）测温式电气火灾监控探测器的设置

① 测温式电气火灾监控探测器应设置在哪些部位？

答：电缆接头、端子、重点发热部件等部位。

② 保护对象为1000V及以下的配电线路，测温式电气火灾监控探测器应采用什么式布置？

答：接触式。

③ 保护对象为1000V以上的供电线路，测温式电气火灾监控探测器宜选择光栅光纤测温式或红外测温式电气火灾监控探测器，光栅光纤测温式电气火灾监控探测器应直接设置在何处？

答：保护对象的表面。

**答207**：火灾自动报警系统供电问题。

（1）火灾自动报警系统应设置直流还是交流电源和何种备用电源？其主电和备用电源分别采用何种性质的电源？并分析原因。

答：交流；蓄电池备用电源。火灾自动报警系统的交流电源应采用消防电源，因为普通民用电源可能在火灾条件下被切断；备用电源可采用火灾报警控制器和消防联动控制器自带的蓄电池电源或消防设备应急电源。

备用电源如采用集中设置的消防设备应急电源时，应进行独主回路供电，防止由于接入其他设备的故障而导致回路供电故障；消防设备应急电源的容量应能保障在系统处于最大负载状态下不影响火灾报警控制器和消防联动控制器的正常工作。

（2）消防控制室图形显示装置、消防通信设备等的电源，宜由什么电源供电？

答：UPS电源装置或消防设备应急电源供电。

注：UPS电源装置是一种静态交流不停电电源装置，当城市电网突然停电时，仍能保证交流电源不间断地供电。正常时，由城市电网交流电源经整流器变为直流，对蓄电池组进行浮充，同时经逆变器输出优质的交流电源对重要的设备供电，当城市电网突然停电时，它能自动转换到蓄电池组，利用蓄电池储能环节放电，经逆变器对重要设备供电。

（3）为了保护系统安全，很多人在火灾自动报警系统主电源上设置剩余电流动作保护和过负荷保护装置，请问是否正确？为什么？

答：不正确。火灾自动报警系统主电源不应设置剩余电流动作保护和过负荷保护装置。剩余电流动作保护和过负荷保护装置一旦报警会自动切断电源，因此火灾自动报警系统主电源不应采用剩余电流动作保护和过负荷保护装置保护。

（4）消防设备应急电源输出功率应大于火灾自动报警及联动控制系统全负荷功率的百分之多少？蓄电池组的容量应保证火灾自动报警及联动控制系统在火灾状态同时工作负荷条件下连续工作几小时以上？

答：120%；3h 以上。

（5）消防用电设备配电线路和控制回路宜按什么来划分区域？

答：防火分区（图 2.4.2–77）。

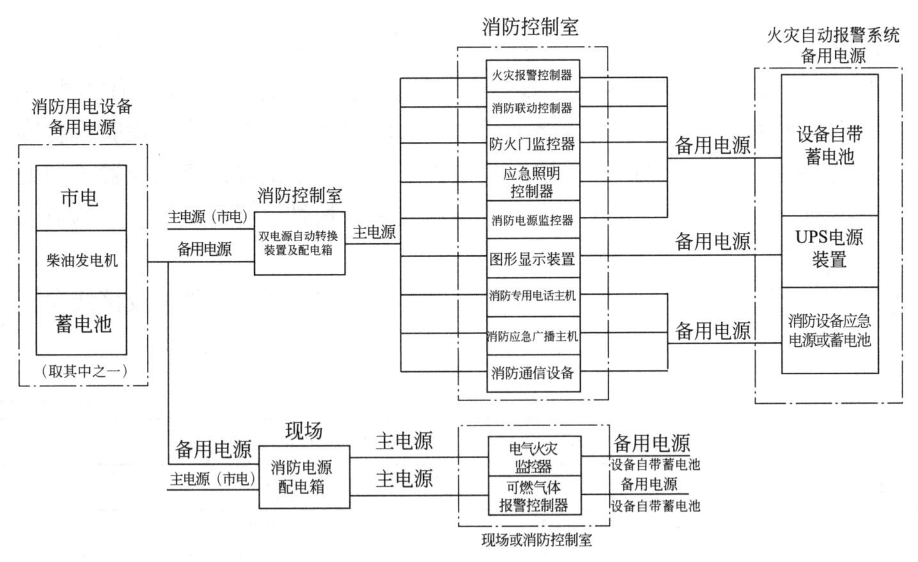


图 2.4.2–77　火灾自动报警系统供电系统图

**答 208:**（1）消防控制室内的电气和电子设备的金属外壳、机柜、机架和金属管、槽等，应采用接地还是等电位连接？

答：等电位连接。

（2）由消防控制室接地板引至各消防电子设备的专用接地线应选用什么材质导线，其线芯截面面积不应小于多少平方毫米？

答：铜芯绝缘导线，其线芯截面面积不应小于 4mm$^2$。

（3）消防控制室接地板与建筑接地体之间，应采用线芯截面面积不小于多少平方毫米的铜芯绝缘导线连接？

答：25mm$^2$。

（4）火灾自动报警系统哪些线路是采用耐火铜芯电线电缆？哪些线路是采用阻燃或阻燃耐火电线电缆？

答：见表 2.4.2–18。

**电缆材质的使用**　　　　**表 2.4.2–18**

| 电缆材质 | 线路运用 | 原因 |
| --- | --- | --- |
| 耐火铜芯电线电缆 | 供电线路、消防联动控制线路 | 需要在火灾时继续工作 |
| 阻燃或阻燃耐火线缆 | 报警总线、消防应急广播和消防专用电话传输线路 | 以避免其在火灾中发生延燃 |

（5）线路暗敷设时，应采用金属管、可挠（金属）电气导管或B1级以上的刚性塑料管保护，并应敷设在不燃烧体的结构层内，且保护层厚度不宜小于多少毫米？何种线路可以直接明敷？

答：30mm；矿物绝缘类不燃性电缆。

（6）不同电压等级的线缆能否合用保护管？能否合用线槽？

答：不应穿入同一根保护管内，当合用同一线槽时，线槽内应有隔板分隔。

（7）火探测器的传输线路，红色和蓝色或黑色代表什么含义？

答：正极“+”线应为红色，负极“–”线应为蓝色或黑色。

**答209：**（1）火灾自动报警系统的设备、材料及配件进入施工现场应有哪些文件？

答：清单、使用说明书、质量合格证明文件、国家法定质检机构的检验报告等文件。

（2）导线的接头应放在管内或线槽内，是否正确？如不正确，接头应置于何处？

答：不正确，导线在管内或线槽内，不应有接头或扭结。导线的接头，应在接线盒内焊接或用端子连接。

（3）为了防止穿线困难，管路超过哪些长度时，应在便于接线处装设接线盒？

答：见表2.4.2–19。

**管子长度**　　**表2.4.2–19**

| 管长度 | 有无弯曲 |
|---|---|
| 管子长度每超过30m | 无弯 |
| 管子长度每超过20m | 1个弯曲 |
| 管子长度每超过10m | 2个弯曲 |
| 管子长度每超过8m | 3个弯曲 |

（4）线槽敷设时，应在哪些部位设置吊点或支点？

答：线槽始端、终端及接头处；距接线盒0.2m处；线槽转角或分支处；直线段不大于3m处。

（5）有人说引入控制器的电缆或导线、探测器底座的连接导线、手动火灾报警按钮的连接导线、模块的连接导线的余量都是一样的，你怎么看？

答：不正确，引入控制器的电缆或导线的余量是200mm；其他均是150mm。

**答210：**系统调试具体案例分析。

某写字楼，地上4层，一级耐火等级。采用临时高压消防给水系统，屋顶消防水箱内设有增压稳压系统，该建筑还设置了火灾自动报警系统、湿式自动喷水系统、室内消火栓系统等消防设施。该建筑采用集中控制火灾报警系统，在年度消防设施检测中，检测人员针对火灾报警控制器（联动型）进行了检测，其流程如下：

对控制面板上所有指示灯、显示器和音响器件进行自检，所有功能正常；测试打印机走纸功能，纸张正常打印两段后卡死。切断备用电源，控制器发出报警信号；切断主电源，控制器自动切换至备用电源。随后检测人员在接通备用电源的情况下进行后续检验，随机断开某条总线的任意两只火灾探测器，120s后发出总线短路报警；同时使各条总线的32只输入输出模块同时动作，报警控制器死机并重启；系统复位后，原6个屏蔽点消失，无法重新屏蔽。请判断火灾报警控制器在测试中出现的问题。

答：如表 2.4.2–20，（1）测试打印机走纸功能，纸张正常打印两段后卡死存在问题，打印机应能正常打印。

（2）断开某条总线的任意两只火灾探测器，120s 后发出总线短路报警存在问题，控制器应在 100s 内发出故障信号。

（3）同时使各条总线的 32 只输入输出模块同时动作，报警控制器死机并重启存在问题，防联动控制器的最大负载功能至少要达到 50 个输入 / 输出模块同时处于动作状态下能正常运行。

（4）系统复位后，原 6 个屏蔽点消失，无法重新屏蔽存在问题。主机可能存在故障，记忆功能损坏。

系统调试 表 2.4.2–20

| | | |
|---|---|---|
| 火灾自动报警系统 | 红外光束感烟火灾探测器调试 | （1）调整探测器的光路调节装置，使探测器处于正常监视状态。<br>（2）用减光率为 0.9dB 的减光片遮挡光路，探测器不应发出火灾报警信号。<br>（3）用产品生产企业设定减光率（1.0 ~ 10.0dB）的减光片遮挡光路，探测器应发出火灾报警信号。<br>（4）用减光率为 11.5dB 的减光片遮挡光路，探测器应发出故障信号或火灾报警信号 |
| | 火灾报警控制器调试 | （1）调试前应切断火灾报警控制器的所有外部控制连线，并将任一个总线回路的火灾探测器以及该总线回路上的手动火灾报警按钮等部件连接后，方可接通电源。<br>（2）使控制器与探测器之间的连线断路和短路，控制器应在 100s 内发出故障信号；在故障状态下，使任一非故障部位的探测器发出火灾报警信号，控制器应在 1min 内发出火灾报警信号，并应记录火灾报警时间；再使其他探测器发出火灾报警信号，检查控制器的再次报警功能；<br>（3）检查消音和复位功能；<br>（4）使控制器与备用电源之间断路和短路，控制器应在 100s 内发出故障信号；<br>（5）使总线隔离器保护范围内的任一点短路，检查总线隔离器的隔离保护功能；<br>（6）使任一总线回路上不少于 10 只探测器同时处于报警，检查控制器的负载功能 |
| | 消防联动控制器调试 | （1）将消防联动控制器与火灾报警控制器、任一回路的输入 / 输出模块及该回路模块控制的受控设备相连接，切断所有受控现场设备的控制连线，接通电源。<br>（2）使消防联动控制器分别处于自动工作和手动工作状态，检查其状态显示；<br>（3）消防联动控制器与各模块之间、消防联动控制器与备用电源之间的连线断路和短路时，消防联动控制器能在 100s 内发出故障信号。<br>（4）使总线隔离器保护范围内的任一点短路，检查总线隔离器的隔离保护功能。<br>（5）使至少 50 个输入 / 输出模块同时处于动作状态（模块总数少于 50 个时，使所有模块动作），检查消防联动控制器的最大负载功能 |
| | 火灾声光警报器 | 逐一将火灾声光警报器与火灾报警控制器相连，接通电源。非住宅内使用室内型和室外型火灾声警报器的声信号至少在一个方向上 3m 处的声压级（A 计权）应不小于 75dB，且在任意方向上 3m 处的声压级（A 计权）应不大于 120dB。具有两种及以上不同音调的火灾声警报器，其每种音调应有明显区别。火灾光警报器的光信号在 100 ~ 500lx 环境光线下，25m 处应清晰可见 |
| | 消防设备应急电源 | （1）手动启动应急电源输出，应急电源的主电和备用电源应不能同时输出，且应在 5s 内完成应急转换。<br>（2）手动停止应急电源的输出，应急电源应恢复到启动前的工作状态。<br>（3）断开应急电源的主电源，应急电源应能发出声提示信号，声信号应能手动消除；接通主电源，应急电源应恢复到主电工作状态。<br>（4）给具有联动自动控制功能的应急电源输入联动启动信号，应急电源应在 5s 内转入到应急工作状态，且主电源和备用电源应不能同时输出；输入联动停止信号，应急电源应恢复到主电工作状态。<br>（5）具有手动和自动控制功能的应急电源处于自动控制状态，然后手动插入操作，应急电源应有手动插入优先功能，且应有自动控制状态和手动控制状态指示 |

续表

| | | |
|---|---|---|
| 火灾自动报警系统 | 系统备用电源调试 | （1）检查系统中各种控制装置使用的备用电源容量，电源容量应与设计容量相符。<br>（2）使各备用电源放电终止，再充电48h后断开设备主电源，备用电源至少应保证设备工作8h，且应满足相应的标准及设计要求 |
| | 可燃气体报警控制器调试 | （1）切断可燃气体报警控制器的所有外部控制连线，将任一回路与控制器相连接后，接通电源。<br>（2）控制器应按关要求进行下列功能试验，并应满足相应要求：<br>1）自检功能和操作级别。<br>2）控制器与探测器之间的连线断路和短路时，控制器应在100s内发出故障信号。<br>3）在故障状态下，使任一非故障探测器发出报警信号，控制器应在1min内发出报警信号，并应记录报警时间；再使其他探测器发出报警信号，检查控制器的再次报警功能。<br>4）消音和复位功能。<br>5）控制器与备用电源之间的连线断路和短路时，控制器应在100s内发出故障信号。<br>6）高限报警或低、高两段报警功能。<br>7）报警设定值的显示功能。<br>8）控制器最大负载功能，使至少4只可燃气体探测器同时处于报警状态（探测器总数少于4只时，使所有探测器均处于报警状态） |
| | 可燃气体探测器调试 | （1）依次逐个将可燃气体探测器按产品生产企业提供的调试方法使其正常动作，探测器应发出报警信号。<br>（2）对探测器施加达到响应浓度值的可燃气体标准样气，探测器应在30s内响应。撤去可燃气体，探测器应在60s内恢复到正常监视状态。<br>（3）对于线型可燃气体探测器除符合本节规定外，尚应将发射器发出的光全部遮挡，探测器相应的控制装置应在100s内发出故障信号 |

**答211**：施工验收是怎么进行的?

答：根据《火灾自动报警系统施工及验收规范》GB 50166—2007第5.1.5条规定

系统中各装置的安装位置、施工质量和功能等的验收数量应满足以下要求。

（1）各类消防用电设备主、备电源的自动转换装置，应进行3次转换试验，每次试验均应正常。

（2）火灾报警控制器（含可燃气体报警控制器）和消防联动控制器应按实际安装数量全部进行功能检验。消防联动控制系统中其他各种用电设备、区域显示器应按下列要求进行功能检验：

1）实际安装数量在5台以下者，全部检验；

2）实际安装数量在6 ~ 10台者，抽验5台；

3）实际安装数量超过10台者，按实际安装数量30% ~ 50%的比例抽验、但抽验总数不应少于5台；

4）各装置的安装位置、型号、数量、类别及安装质量应符合设计要求。

（3）火灾探测器（含可燃气体探测器）和手动火灾报警按钮，应按下列要求进行模拟火灾响应（可燃气体报警）和故障信号检验：

1）实际安装数量在100只以下者，抽验20只（每个回路都应抽验）；

2）实际安装数量超过100只，每个回路按实际安装数量10% ~ 20%的比例进行抽验，但抽验总数应不少于20只；

3）被检查的火灾探测器的类别、型号、适用场所、安装高度、保护半径、保护面积和探测器的间距等均应符合设计要求。

（4）室内消火栓的功能验收应在出水压力符合现行国家有关建筑设计防火规范的条件下，抽验下列控制功能：

1）在消防控制室内操作启、停泵 1 ~ 3 次；

2）消火栓处操作启泵按钮，按实际安装数量 5% ~ 10% 的比例抽验。

（5）自动喷水灭火系统，应在符合现行国家标准《自动喷水灭火系统设计规范》GB 50084 的条件下，抽验下列控制功能：

1）在消防控制室内操作启、停泵 1 ~ 3 次；

2）水流指示器、信号阀等按实际安装数量的 30% ~ 50% 的比例抽验；

3）压力开关、电动阀、电磁阀等按实际安装数量全部进行检验。

（6）气体、泡沫、干粉等灭火系统，应在符合国家现行有关系统设计规范的条件下按实际安装数量的 20% ~ 30% 的比例抽验下列控制功能：

1）自动、手动启动和紧急切断试验 1 ~ 3 次；

2）与固定灭火设备联动控制的其他设备动作（包括关闭防火门窗、停止空调风机、关闭防火阀等）试验 1 ~ 3 次。

（7）电动防火门、防火卷帘，5 樘以下的应全部检验，超过 5 樘的应按实际安装数量的 20% 的比例抽验，但抽验总数不应小于 5 樘，并抽验联动控制功能。

（8）防烟排烟风机应全部检验，通风空调和防排烟设备的阀门，应按实际安装数量的 10% ~ 20% 的比例抽验，并抽验联动功能，且应符合下列要求：

1）报警联动启动、消防控制室直接启停、现场手动启动联动防烟排烟风机 1 ~ 3 次；

2）报警联动停、消防控制室远程停通风空调送风 1 ~ 3 次；

3）报警联动开启、消防控制室开启、现场手动开启防排烟阀门 1 ~ 3 次。

（9）消防电梯应进行 1 ~ 2 次手动控制和联动控制功能检验，非消防电梯应进行 1 ~ 2 次联动返回首层功能检验，其控制功能、信号均应正常。

（10）火灾应急广播设备，应按实际安装数量的 10% ~ 20% 的比例进行下列功能检验。

1）对所有广播分区进行选区广播，对共用扬声器进行强行切换；

2）对扩音机和备用扩音机进行全负荷试验；

3）检查应急广播的逻辑工作和联动功能；

（11）消防专用电话的检验，应符合下列要求：

1）消防控制室与所设的对讲电话分机进行 1 ~ 3 次通话试验；

2）电话插孔按实际安装数量的 10% ~ 20% 的比例进行通话试验；

3）消防控制室的外线电话与另一部外线电话模拟报警电话进行 1 ~ 3 次通话试验。

（12）火灾应急照明和疏散指示控制装置应进行 1 ~ 3 次使系统转入应急状态检验，系统中各消防应急照明灯具均应能转入应急状态。系统验收。

**答 212：**（1）系统验收合格评定是什么？

答：A=0，B ≤ 2，且 B+C ≤检查项的 5% 为合格，否则为不合格

（2）哪些是 A 类不合格项目，哪些是 B 类不合格项目？

答：见表 2.4.2–21。

**系统验收** **表 2.4.2–21**

| | 具体情形 |
|---|---|
| A类（A=0） | （1）系统内的设备及配件规格型号与设计不符；<br>（2）无国家相关证书和检验报告的；<br>（3）系统内的任一控制器和火灾探测器无法发出报警信号；<br>（4）无法实现要求的联动功能的 |
| B类（B≤2） | 验收前提供资料不符合下列要求的：<br>（1）竣工验收申请报告、设计变更通知书、竣工图；<br>（2）工程质量事故处理报告；<br>（3）施工现场质量管理检查记录；<br>（4）火灾自动报警系统施工过程质量管理检查记录；<br>（5）火灾自动报警系统的检验报告、合格证及相关材料 |
| C类（B+C≤检查项的5%） | 除A、B外的其他项目 |

**答213：请问火灾自动报警系统维保的周期（日检、周检、季度检查、年检）的内容是什么？**

答：见表2.4.2–22、表2.4.2–23。

**维保的周期** **表 2.4.2–22**

| 频率 | 部位 | 内容与其他备注 |
|---|---|---|
| 日检 | 火灾报警控制器 | 功能 |
| 季检 | 探测器的动作及确认灯显示 | 分期分批 |
| | 火灾警报装置 | 声光显示 |
| | 水流指示器、压力开关 | 报警功能、信号显示 |
| | 主电源和备用电源 | 1～3次自动切换试验 |
| | 室内消火栓、自动喷水、泡沫、气体、干粉等灭火系统的控制设备 | |
| | 抽验电动防火门、防火卷帘门 | 抽检数量不小于总数的25% |
| | 选层试验消防应急广播设备，公共广播强制转入火灾应急广播 | 抽检数量不小于总数的25% |
| | 火灾应急照明与疏散指示标志 | 控制装置 |
| | 送风机、排烟机和自动挡烟垂壁 | 控制设备 |
| | 消防电梯 | 迫降 |
| | 消防电话和电话插孔在消防控制室进行对讲通话试验 | 应抽取不小于总数25% |
| 年检 | 全部探测器和手动报警装置 | 试验至少1次 |
| | 自动和手动打开排烟阀，关闭电动防火阀和空调系统 | |
| | 全部电动防火门、防火卷帘 | 试验至少1次 |
| | 强制切断非消防电源功能试验 | |

清洗　表 2.4.2-23

| 探测器 | 周期 | 清洗内容 |
| --- | --- | --- |
| 点型感烟火灾探测器 | 投入运行 2 年后，应每隔 3 年 | 至少全部清洗一遍 |
| 采样管采样的吸气式感烟火灾探测器 | 最长的时间间隔不应超过 1 年 | 定期吹洗 |

# 2.5 气体灭火系统

## 2.5.1 问题

**问 214：**气体灭火系统的分类

（1）气体灭火系统按防护对象的保护形式可以分为哪两种形式？

（2）气体灭火系统按其安装结构形式可以分为哪两种？有管网系统又可以分为哪两类？

（3）气体灭火系统按使用的灭火剂可以分为哪两种？

（4）什么系统是将灭火剂从储存装置经由干管支管输送至喷放组件实施喷放的灭火系统？

（5）什么系统是将灭火剂储存装置和喷放组件等预先设计、组装成套且具有联动控制功能的灭火系统？

（6）什么系统一套气体灭火剂储存装置通过管网的选择分配，保护两个或两个以上防护区的灭火系统？

**问 215：**气体灭火系统一般由什么构件构成？各自的作用或安装位置是什么？

**问 216：**高压二氧化碳灭火系统、内储压式七氟丙烷灭火系统与惰性气体灭火系统的系统工作原理是什么？

答：当防护区发生火灾，产生烟雾使得烟感探测器动作，传输信号给气体灭火控制器，控制器打开防护区内的声光报警器，提醒防护区内部人员。随着温度升高，高温使得温感探测器动作，探测器将火灾信号转变为电信号传送到报警灭火控制器，控制器自动发出声光报警并经逻辑判断后，启动联动装置，经过一段时间延时（最多 30s），发出系统启动信号，启动驱动气体瓶组上的电磁阀打开容器阀释放驱动气体，打开通向发生火灾的防护区的选择阀（气动选择阀），同时打开灭火剂瓶组的容器阀，各瓶组的灭火剂经连接管汇集到集流管，通过选择阀到达安装在防护区内的喷头进行喷放灭火，同时安装在管道上的信号反馈装置动作，将信号传送到控制器，由控制器启动防护区外的释放警示灯和警铃。

**问 217：**（1）两个或两个以上的防护区采用组合分配系统时，一个组合分配系统所保护的防护区不应超过几个？

（2）组合分配系统的灭火剂储存量，应按储存量最大的防护区确定还是按所有防护区储存量之和来确定？为什么？

（3）一个防护区设置的预制灭火系统，其装置数量不宜超过几台？

（4）同一防护区内的预制灭火系统装置多于 1 台时，必须能同时启动，其动作响应时差不得大于几秒？

（5）防护区内设置的预制灭火系统的充压压力不应大于多少兆帕？

（6）灭火系统的灭火剂储存量怎么计算？

**问218**：备用量的设置。

（1）组合分配的二氧化碳灭火系统和其他气体灭火系统的储存装置何时应设置备用量？

（2）备用量的储存量如何确定？

**问219**：（1）灭火系统的设计温度，应采用多少摄氏度？

（2）同一集流管上的储存容器，其什么应相同？

（3）同一防护区，当设计两套或三套管网时，集流管和系统启动装置是分别设置还是公用？

（4）管网上能否采用四通管件进行分流？

**问220**：喷头的保护高度和保护半径的问题。

（1）二氧化碳灭火系统，当保护对象为可燃液体时，液面至容器缘口的距离不得小于多少毫米？

（2）喷头宜贴近防护区顶面安装，距顶面的最大距离不宜大于多少米？

（3）最大保护高度和最小保护高度分别是多少？

（4）喷头安装高度小于1.5m和喷头安装高度不小于1.5m时，保护半径分别是多少？

（5）热气溶胶预制灭火系统装置的喷口宜高于防护区地面多少米？

**问221**：单台热气溶胶预制灭火系统装置的保护容积不应大于多少立方米？设置多台装置时，其相互间的距离不得大于几米？采用热气溶胶预制灭火系统的防护区，其高度不宜大于多少米？

**问222**：气体灭火系统适用于扑救下列火灾？不适用扑灭哪些火灾？

**问223**：气体灭火系统的防护区划分问题。

（1）防护区宜以单个封闭还是单个防火分区空间划分？

（2）同一区间的吊顶层和地板下需同时保护时，可否合为一个防护区？

（3）采用管网灭火系统时，一个防护区的面积不宜大于多少平方米？容积不宜大于多少立方米？

（4）采用预制灭火系统时，一个防护区的面积不宜大于多少平方米？容积不宜大于多少立方米？

**问224**：防护区的安全要求。

（1）防护区的围护结构及门、窗的耐火极限不应低于多少小时？

（2）吊顶的耐火极限不应低于多少小时？

（3）围护结构及门窗的允许压强不宜小于多少帕？

（4）防护区设置的泄压口，宜设在外墙还是内墙上？泄压口的高度如何确定？

（5）为了保证保护区域空间环境的密闭，喷放灭火剂前，防护区内所有开口应能自行关闭。此句话是否正确？

（6）二氧化碳灭火系统中，防护区用的通风机和通风管道中的防火阀，在喷放二氧化碳前应进行什么动作？

（7）防护区的最低环境温度不应低于多少摄氏度？

**问 225**：气体灭火系统喷气时间的问题。

七氟丙烷灭火系统在通信机房和电子计算机房等防护区、IG541 混合气体灭火系统喷放至设计用量的 95% 时、在通信机房、热气溶胶预制灭火系统在电子计算机房等防护区、全淹没灭火系统二氧化碳、局部应用灭火系统的二氧化碳灭火系统喷放时间分别是多少？

**问 226**：七氟丙烷灭火系统和 IG541 混合气体灭火系统的灭火设计浓度和惰化设计浓度分别是灭火浓度和多花浓度的多少倍？

**问 227**：七氟丙烷灭火系统和 IG541 混合气体灭火系统灭火浸渍时间是多少？

**问 228**：储存装置上应设耐久的固定铭牌，铭牌上应标明什么？

**问 229**：（1）管网灭火系统的储存装置宜设在哪里？

（2）储瓶间宜靠近防护区，并应符合建筑物耐火等级应符合什么要求？

（3）储瓶间和设置预制灭火系统的防护区的环境温度应为多少摄氏度？

**问 230**：（1）在通向每个防护区的灭火系统主管道上，应设什么设施？

（2）组合分配系统中的每个防护区应设置控制灭火剂流向的选择阀，其公称直径应与该防护区灭火系统的主管道公称直径相等还是大于？

（3）选择阀的位置应靠近储存容器且便于操作。选择阀的永久性铭牌应标明什么？

（4）喷头的布置应满足喷放后气体灭火剂在防护区内均匀分布的要求。当保护对象属可燃液体时，喷头射流方向能否朝向液体表面？

**问 231**：关于气体灭火系统的启动方式。

（1）管网灭火系统应设哪三种启动方式？预制灭火系统应设哪两种启动方式？为什么管网灭火系统比预制灭火系统多一种启动方式？

（2）气体灭火报警控制主机切换成自动状态，此时不管按下防护区外的“紧急启动”按钮或控制器上的“手动启动”系统都不会启动。此句话是否正确？

（3）当只有一种探测器发出火灾信号时，控制主机不会进行任何的动作。请判断是否正确？

（4）当两种探测器发出火灾信号时，控制主机启动警铃或声光报警器，联动关闭防护区开口，进入灭火启动延时，达到设定的延时时间后，自动启动灭火装置。此时按下防护区外或控制器上的“紧急停止”按钮，系统不会停止。请判断是否正确？

（5）当气体灭火装置转换开关置于“手动”位置时，灭火系统处于手动状态。在该状态下，探测器发出火灾信号，控制主机启动警铃和声光报警器，通知火灾发生，也会启动系统。请判断是否正确？

（6）很多人说机械应急操作启动就是防护区外的“紧急启动”按钮。请判断是否正确？

（7）机械应急启动就是压下容器阀上的机械应急启动把手，释放灭火剂，实施灭火。请判断是否正确？

（8）很多人机械应急启动保险销只存在于电磁阀上。请问是否正确？

**问 232**：采用自动控制启动方式时，根据人员安全撤离防护区的需要，应有不大于多少秒的可控延迟喷射？什么防护区可设置为无延迟的喷射？

**问 233**：灭火设计浓度或实际使用浓度大于无毒性反应浓度（NOAEL 浓度）的防护

区和采用热气溶胶预制灭火系统的防护区，应设什么装置?

**问234**：自动控制装置应在接到几个独立的火灾信号后才能启动？手动控制装置和手动与自动转换装置应设何处？安装高度为中心点距地面多少m？机械应急操作装置应设置在何处?

**问235**：关于选择阀开启时机的问题。

（1）《气体灭火系统设计规范》GB 50370—2005规定，组合分配系统启动时，选择阀应在何时打开?

（2）《火灾自动报警系统设计规范》GB 50116—2013组合分配系统应首先开启相应防护区域的选择阀，还是先开启启动气体灭火装置、泡沫灭火装置?

**问236**：（1）防护区通道和出口有什么要求?

（2）气体灭火系统防护区内和防护区外要设置什么设施?

（3）灭火剂喷放指示灯信号是否是在火灾被扑灭后自动解除?

（4）防护区的门有什么要求?

**问237**：（1）灭火后的防护区应通风换气，地下防护区和无窗或设固定窗扇的地上防护区，应设置什么装置?

（2）排风口宜设在防护区的上部还是下部并应直通室外?

（3）通信机房、电子计算机房等场所的通风换气次数应不少于每小时几次?

（4）经过有爆炸危险和变电、配电场所的管网以及布设在以上场所的金属箱体等，应设什么设施?

**问238**：二氧化碳灭火系统。

（1）储存容器的工作压力不应小于多少兆帕，储存容器或容器阀上应设什么装置泄压装置?

（2）储存装置的环境温度应为多少摄氏度?

（3）二氧化碳灭火系统的储存装置压力在2.0MPa是否报警?

（4）二氧化碳灭火系统的储存装置应具有灭火剂泄漏检测功能，当储存容器中充装的二氧化碳损失量达到其初始充装量的百分之多少时，应能发出声光报警信号并及时补充?

（5）不具备自然通风条件的二氧化碳灭火系统储存容器间，应设机械排风装置，排风口距储存容器间地面高度不宜大于0.5m，排出口应直接通向室外，正常排风量宜按换气次数不小于几次/h确定，事故排风量应按换气次数不小于几次/h确定?

**问239**：在对某单位灭火剂储存容器及容器阀、单向阀、连接管、集流管、安全泄放装置、选择阀、阀驱动装置、喷嘴、信号反馈装置、检漏装置、减压装置等系统组件的外观质量检查时发现如下情况：

（1）系统组件无碰撞变形及其他机械性损伤。

（2）组件外露非机械加工表面保护涂层完好。

（3）组件所有外露接口均敞开，接口螺纹和法兰密封面无损伤。

（4）铭牌清晰、牢固、方向正确。

（5）同一规格的灭火剂储存容器，其高度差为25mm。

（6）同一规格的驱动气体储存容器，其高度差为20mm。

请问上述问题存在的问题?

**问 240**：（1）气动驱动装置储存容器内气体压力不应低于设计压力，且不得超过设计压力的百分之多少?

（2）灭火剂储存装置安装后，泄压装置的泄压方向能不能朝向操作面? 低压二氧化碳灭火系统的安全阀应通过专用的泄压管接到何处?

（3）选择阀操作手柄应安装在操作面一侧，当安装高度超过多少米时应采取便于操作的措施?

**问 241**：管道安装。

（1）管道末端应采用防晃支架固定，支架与末端喷嘴间的距离不应大于多少毫米?

（2）当穿过建筑物楼层的公称直径大于或等于 50mm 的主干管道，何处应设防晃支架?

（3）有人说灭火剂输送管道和气动驱动装置的管道完毕后，要做的试验项目是一样的，你怎么看?

**问 242**：（1）气体灭火系统的调试项目有哪些?

答：调试项目应包括模拟启动试验、模拟喷气试验和模拟切换操作（备用量切换、主备电源切换）试验。

（2） 系统功能验收时应验收的项目是什么?

**问 243**：请问气体灭火系统日检、月检、季度检查和年检的内容分别是什么?

## 2.5.2　问题和答题

**答 214**：气体灭火系统的分类

（1）气体灭火系统按防护对象的保护形式可以分为哪两种形式?

答：全淹没系统和局部应用系统两种形式。

（2）气体灭火系统按其安装结构形式可以分为哪两种? 有管网系统又可以分为哪两类?

答：分为管网灭火系统和预制灭火系统（柜式气体灭火装置、悬挂式气体灭火装置）；管网灭火系统中可以分为组合分配灭火系统和单元独立灭火系统。

（3）气体灭火系统按使用的灭火剂可以分为哪两种?

答：按使用的灭火剂可分为二氧化碳灭火系统、七氟丙烷灭火系统和惰性气体灭火系统等（图 2.5.2–1）。

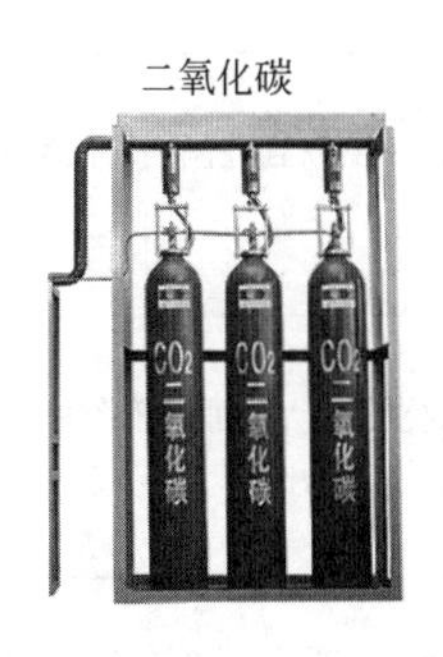

惰性气体

IG541系统

图 2.5.2–1　灭火系统分类

（4）什么系统是将灭火剂从储存装置经由干管支管输送至喷放组件实施喷放的灭火系统？

答：管网灭火系统。

（5）什么系统是将灭火剂储存装置和喷放组件等预先设计、组装成套且具有联动控制功能的灭火系统？

答：预制灭火系统。

（6）什么系统一套气体灭火剂储存装置通过管网的选择分配，保护两个或两个以上防护区的灭火系统？

答：组合分配系统。

**答 215：气体灭火系统一般由什么构件构成？各自的作用或安装位置是什么？**

答：气体灭火系统一般由灭火剂瓶组、驱动气体瓶组、单向阀、选择阀、减压装置、驱动装置、集流管、连接管、喷嘴、信号反馈装置、安全泄放装置、控制盘、检漏装置、低泄高封阀、管路管件等部件构成。不同的气体灭火系统其结构形式和组成部件的数量也不完全相同（表 2.5.2–1）。

气体灭火系统的组成　　表 2.5.2–1

<table>
<tr><th>组件</th><th colspan="2">作用和安装位置</th></tr>
<tr><td>容器阀</td><td colspan="2">（1）安装位置：安装在容器上；<br>（2）功能：封存、释放、充装、超压泄放；<br>（3）又称瓶头阀</td></tr>
<tr><td>选择阀</td><td colspan="2">（1）定义：在组合分配系统中，用于控制灭火剂经管网释放到预定防护区或保护对象的阀门，选择阀和防护区一一对应；<br>（2）常见的启动方式：气动启动型、电磁启动型</td></tr>
<tr><td rowspan="2">单向阀</td><td>安装于灭火剂流通管路</td><td>（1）安装位置：装于连接管与集流管之间；<br>（2）作用：防止灭火剂从集流管向灭火剂瓶组返流</td></tr>
<tr><td>安装驱动气体控制管路上</td><td>（1）安装位置：装于启动管路上；<br>（2）作用：用来控制气体流动方向，启动特定的阀门</td></tr>
<tr><td>集流管</td><td colspan="2">定义：将多个灭火剂瓶组的灭火剂汇集一起再分配到各防护区的汇流管路</td></tr>
<tr><td rowspan="2">安全泄放装置</td><td>装于瓶组（灭火剂瓶组、驱动气体瓶组）</td><td rowspan="2">作用：以防止瓶组和灭火剂管道非正常受压时爆炸</td></tr>
<tr><td>装于集流管上</td></tr>
<tr><td>驱动装置</td><td colspan="2">（1）作用：用于驱动容器阀、选择阀使其动作；<br>（2）分类：气动型驱动器、电磁型驱动装置、机械型驱动器和燃气型驱动器</td></tr>
<tr><td>检漏装置</td><td colspan="2">（1）作用：用于监测瓶组内介质的压力或质量损失；<br>（2）组件：包括压力显示器、称重装置和液位测量装置等</td></tr>
<tr><td>信号反馈装置</td><td colspan="2">（1）安装位置：安装在灭火剂释放管路或选择阀上；<br>（2）作用：将灭火剂释放的压力或流量信号转换为电信号，并反馈到控制中心的装置，常见的是把压力信号转换为电信号的信号反馈装置；<br>（3）一般也称为压力开关</td></tr>
<tr><td>低泄高封阀</td><td colspan="2">（1）安装位置：它安装在系统启动管路上；<br>（2）作用：为了防止系统由于驱动气体泄漏的累积而引起系统的误动作而在管路中设置的阀门；<br>（3）原理：正常情况下处于开启状态，只有进口压力达到设定压力时才关闭，其主要作用是排除由于气源泄漏积聚在启动管路内的气体</td></tr>
</table>

**答 216：高压二氧化碳灭火系统、内储压式七氟丙烷灭火系统与惰性气体灭火系统的系统工作原理是什么？**

答：当防护区发生火灾，产生烟雾使得烟感探测器动作，传输信号给气体灭火控制器，控制器打开防护区内的声光报警器，提醒防护区内部人员。随着温度升高，高温使得温感探测器动作，探测器将火灾信号转变为电信号传送到报警灭火控制器，控制器自动发出声光报警并经逻辑判断后，启动联动装置，经过一段时间延时（最多 30s），发出系统启动信号，启动驱动气体瓶组上的电磁阀打开容器阀释放驱动气体，打开通向发生火灾的防护区的选择阀（气动选择阀），同时打开灭火剂瓶组的容器阀，各瓶组的灭火剂经连接管汇集到集流管，通过选择阀到达安装在防护区内的喷头进行喷放灭火，同时安装在管道上的信号反馈装置动作，将信号传送到控制器，由控制器启动防护区外的释放警示灯和警铃（图 2.5.2–2、图 2.5.2–3）。

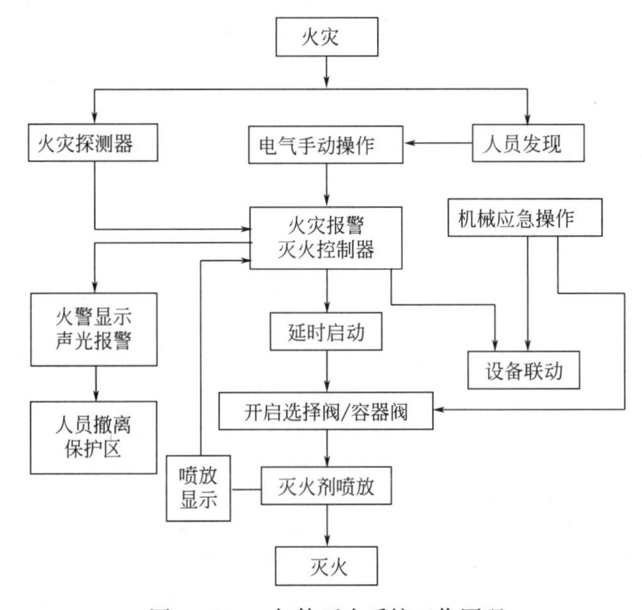


图 2.5.2–2　气体灭火系统工作原理

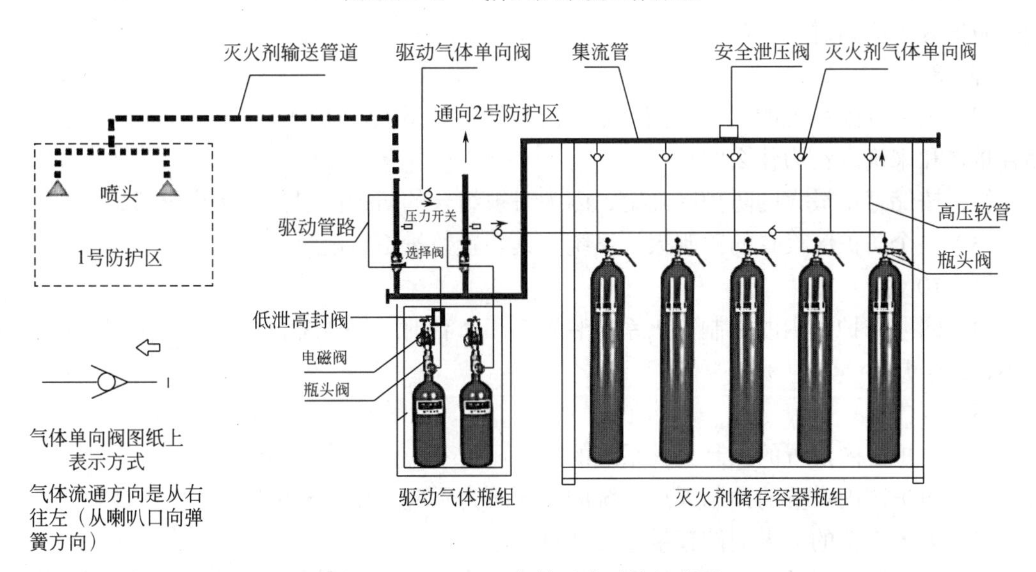


图 2.5.2–3　IG541 气体灭火系统组成图

图2.5.2-4为长沙磐龙生产的七氟丙烷灭火系统示意图。

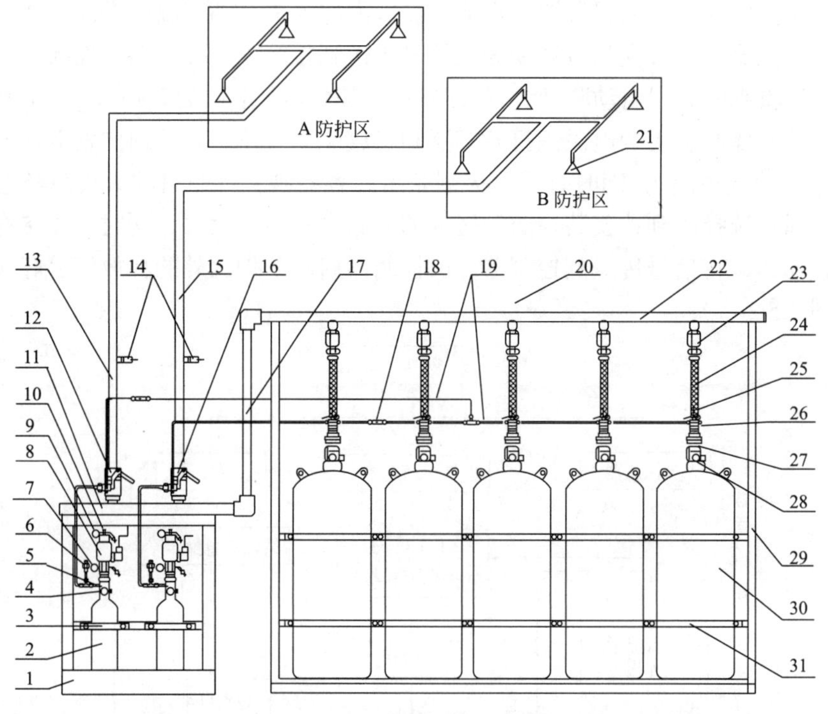


图2.5.2-4 七氟丙烷灭火系统

1—启动瓶瓶组架；2—启动瓶；3—启动瓶抱箍；4—启动瓶压力表；5—启动瓶容器阀；6—低泄高封阀；7—电磁驱动器保险销；8—启动瓶电磁驱动器；9—机械应急启动保险销；10—机械应急启动按钮；11—集散管；12—A区选择阀；13—A区灭火输送管道；14—A、B区压力信号器；15—B区灭火输送管道；16—B区选择阀；17—连接管；18—启动气体单向阀；19—启动管路；20—安全阀；21—喷嘴；22—集流管；23—液体单向阀；24—高压软管灭火剂储瓶瓶组架；25—机械应急启动手柄；26—气动驱动器；27—灭火剂储瓶容器阀；28—灭火剂储瓶压力表；29—灭火剂储瓶瓶组架；30—灭火剂储瓶；31—储瓶抱箍

**答217：**（1）两个或两个以上的防护区采用组合分配系统时，一个组合分配系统所保护的防护区不应超过几个？

答：8个。

（2）组合分配系统的灭火剂储存量，应按储存量最大的防护区确定还是按所有防护区储存量之和来确定？为什么？

答：按储存量最大的防护区确定，因为对被组合的防护区只按一次火灾考虑。

（3）一个防护区设置的预制灭火系统，其装置数量不宜超过几台？

答：10台。

（4）同一防护区内的预制灭火系统装置多于1台时，必须能同时启动，其动作响应时差不得大于几秒？

答：2s。

（5）防护区内设置的预制灭火系统的充压压力不应大于多少兆帕？

答：防护区内设置的预制灭火系统的充压压力不应大于2.5MPa。

（6）灭火系统的灭火剂储存量怎么计算？

答：应为防护区的灭火设计用量、储存容器内的灭火剂剩余量和管网内的灭火剂剩余量之和。

**答 218**：备用量的设置。

（1）组合分配的二氧化碳灭火系统和其他气体灭火系统的储存装置何时应设置备用量？

答：见表 2.5.2–2。

**何时设置备用量**　　**表 2.5.2–2**

| 灭火系统 | 何时设置备用量 |
|---|---|
| 组合分配的二氧化碳灭火系统 | 保护 5 个及 5 个以上的防护区或保护对象时，或在 48h 内不能恢复时 |
| 其他气体灭火系统 | 72h 内不能重新充装恢复工作的 |

（2）备用量的储存量如何确定？

答：系统原储存量的 100% 设置备用量。

**答 219**：（1）灭火系统的设计温度，应采用多少摄氏度？

答：20℃。

（2）同一集流管上的储存容器，其什么应相同？

答：其规格、充压压力和充装量应相同。

（3）同一防护区，当设计两套或三套管网时，集流管和系统启动装置是分别设置还是公用？

答：集流管可分别设置，系统启动装置必须共用。

（4）管网上能否采用四通管件进行分流？

答：不应采用，会影响分流的准确，造成实际分流与设计计算差异较大。

**答 220**：喷头的保护高度和保护半径的问题。

（1）二氧化碳灭火系统，当保护对象为可燃液体时，液面至容器缘口的距离不得小于多少毫米？

答：当保护对象为可燃液体时，液面至容器缘口的距离不得小于 150mm。

（2）喷头宜贴近防护区顶面安装，距顶面的最大距离不宜大于多少米？

答：0.5m。

（3）最大保护高度和最小保护高度分别是多少？

答：最大保护高度不宜大于 6.5m；最小保护高度不应小于 0.3m。

（4）喷头安装高度小于 1.5m 和喷头安装高度不小于 1.5m 时，保护半径分别是多少？

答：不宜大于 4.5m；不应大于 7.5m。

（5）热气溶胶预制灭火系统装置的喷口宜高于防护区地面多少米？

答：2.0m。

**答 221**：单台热气溶胶预制灭火系统装置的保护容积不应大于多少立方米？设置多台装置时，其相互间的距离不得大于几米？采用热气溶胶预制灭火系统的防护区，其高度不宜大于多少米？

答：160m$^3$；10m；6.0m。

**答 222**：气体灭火系统适用于扑救下列火灾？不适用扑灭哪些火灾？

答：适用于电气火灾；固体表面火灾；液体火灾；灭火前能切断气源的气体火灾。

气体灭火系统不适用于扑救下列火灾：硝化纤维、硝酸钠等氧化剂或含氧化剂的化学制品火灾；钾、镁、钠、钛、锆、铀等活泼金属火灾；氢化钾、氢化钠等金属氢化物火灾；过氧化氢、联胺等能自行分解的化学物质火灾；可燃固体物质的深位火灾。

**答223**：气体灭火系统的防护区划分问题。

（1）防护区宜以单个封闭还是单个防火分区空间划分？

答：单个封闭空间。

（2）同一区间的吊顶层和地板下需同时保护时，可否合为一个防护区？

答：可以。

（3）采用管网灭火系统时，一个防护区的面积不宜大于多少平方米？容积不宜大于多少立方米？

答：800m$^2$；3600m$^3$。

（4）采用预制灭火系统时，一个防护区的面积不宜大于多少平方米？容积不宜大于多少立方米？

答：500m$^2$；1600m$^3$。

**答224**：防护区的安全要求。

（1）防护区的围护结构及门、窗的耐火极限不应低于多少小时？

答：0.5h。

（2）吊顶的耐火极限不应低于多少小时？

答：0.25h。

（3）围护结构及门窗的允许压强不宜小于多少帕？

答：1200Pa。

（4）防护区设置的泄压口，宜设在外墙还是内墙上？泄压口的高度如何确定？

答：外墙上；泄压口应位于防护区净高的2/3以上（表2.5.2–3）。

**泄压口位置** **表2.5.2–3**

| | |
|---|---|
| 泄压口 | 当火灾发生时，气体灭火系统启动，喷放灭火剂灭火，防护区内的压力随之升高。当压力上升至设定值时，泄压执行机构迅速将叶片从关闭状态转变为开启状态，防护区压力释放，使防护区结构不至破坏。当防护区压力下降至设定值以下时，泄压机构复位，叶片关闭 |

（5）为了保证保护区域空间环境的密闭，喷放灭火剂前，防护区内所有开口应能自行关闭。此句话是否正确？

答：错误，防护区内除泄压口外的开口应能自行关闭。

（6）二氧化碳灭火系统中，防护区用的通风机和通风管道中的防火阀，在喷放二氧化碳前应进行什么动作？

答：自动关闭。

（7）防护区的最低环境温度不应低于多少摄氏度？

答：–10℃。

**答225**：气体灭火系统喷气时间的问题。

七氟丙烷灭火系统在通信机房和电子计算机房等防护区、IG541混合气体灭火系统喷放至设计用量的 95% 时、在通信机房、热气溶胶预制灭火系统在电子计算机房等防护区、全淹没灭火系统二氧化碳、局部应用灭火系统的二氧化碳灭火系统喷放时间分别是多少？

答：见表 2.5.2–4。

喷放时间　　表 2.5.2–4

| 灭火系统 | 分类 | 喷放时间 | 其他规定 |
|---|---|---|---|
| 二氧化碳灭火系统 | 全淹没灭火系统 | ≤ 1min | 当扑救固体深位火灾时，喷放时间不应大于 7min，并应在前 2min 内使二氧化碳的浓度达到 30% |
| | 局部应用灭火系统 | ≥ 0.5min | 对于燃点温度低于沸点温度的液体和可熔化固体的火灾，二氧化碳的喷射时间不应小于 1.5min |
| 七氟丙烷灭火系统 | 在通信机房和电子计算机房等防护区 | ≤ 8s | |
| | 在其他防护区 | ≤ 10s | |
| IG541 混合气体灭火系统 | 当 IG541 混合气体灭火剂喷放至设计用量的 95% 时 | 其喷放时间不应大于 60s，且不应小于 48s | |
| 热气溶胶预制灭火系统 | 在通信机房、电子计算机房等防护区 | ≤ 90s | 喷口温度不应大于 150℃ |
| | 在其他防护区 | ≤ 120s | 喷口温度不应大于 180℃ |

**答 226**：七氟丙烷灭火系统和 IG541 混合气体灭火系统的灭火设计浓度和惰化设计浓度分别是灭火浓度和多花浓度的多少倍？

答：七氟丙烷灭火系统的灭火设计浓度不应小于灭火浓度的 1.3 倍，惰化设计浓度不应小于惰化浓度的 1.1 倍。

IG541 混合气体灭火系统的灭火设计浓度不应小于灭火浓度的 1.3 倍，惰化设计浓度不应小于惰化浓度的 1.1 倍。

**答 227**：七氟丙烷灭火系统和 IG541 混合气体灭火系统灭火浸渍时间是多少？

答：（1）木材、纸张、织物等固体表面火灾，宜采用 20min；两者相同。

（2）通信机房、电子计算机房内的电气设备火灾，七氟丙烷灭火系统应采用 5min；IG541 混合气体灭火系统宜采用 10min；

（3）其他固体表面火灾，宜采用 10min；两者相同。

（4）七氟丙烷灭火系统气体和液体火灾，不应小于 1min。IGSH 对此无要求。

**答 228**：储存装置上应设耐久的固定铭牌，铭牌上应标明什么？

答：每个容器的编号、容积、皮重、灭火剂名称、充装量、充装日期和充压压力等；

**答 229**：（1）管网灭火系统的储存装置宜设在哪里？

答：专用储瓶间内。

（2）储瓶间宜靠近防护区，并应符合建筑物耐火等级应符合什么要求？

答：不低于二级。

（3）储瓶间和设置预制灭火系统的防护区的环境温度应为多少摄氏度？

答：–10 ~ 50℃。

**答 230**：（1）在通向每个防护区的灭火系统主管道上，应设什么设施？

答：压力讯号器或流量讯号器。

（2）组合分配系统中的每个防护区应设置控制灭火剂流向的选择阀，其公称直径应与该防护区灭火系统的主管道公称直径相等还是大于？

答：相等。

（3）选择阀的位置应靠近储存容器且便于操作。选择阀的永久性铭牌应标明什么？

答：其工作防护区。

（4）喷头的布置应满足喷放后气体灭火剂在防护区内均匀分布的要求。当保护对象属可燃液体时，喷头射流方向能否朝向液体表面？

答：不应。

**答231**：关于气体灭火系统的启动方式。

（1）管网灭火系统应设哪三种启动方式？预制灭火系统应设哪两种启动方式？为什么管网灭火系统比预制灭火系统多一种启动方式？

答：管网灭火系统应设自动控制、手动控制和机械应急操作；预制灭火系统应设自动控制和手动控制两种启动方式。

原因：预制系统的灭火剂瓶组放在防护区内，如果人员应急控制打开，气体马上会喷射出来，会对人身安全造成危害。

（2）气体灭火报警控制主机切换成自动状态，此时不管按下防护区外的“紧急启动”按钮或控制器上的“手动启动”系统都不会启动。此句话是否正确？

答：错误。无论控制主机处于自动或手动状态，按下“紧急启动”和“手动启动”按钮，都可启动灭火系统。

（3）当只有一种探测器发出火灾信号时，控制主机不会进行任何的动作。请判断是否正确？

答：错误。当只有一种探测器发出火灾信号时，控制主机会启动警铃和声光报警器，通知火灾发生，但并不启动灭火装置。

（4）当两种探测器发出火灾信号时，控制主机启动警铃或声光报警器，联动关闭防护区开口，进入灭火启动延时，达到设定的延时时间后，自动启动灭火装置。此时按下防护区外或控制器上的“紧急停止”按钮，系统不会停止。请判断是否正确？

答：错误。如在喷放延时过程中发现不需要启动灭火装置，可按下防护区外或控制器上的“紧急停止”按钮，终止灭火指令（图2.5.2-5）。

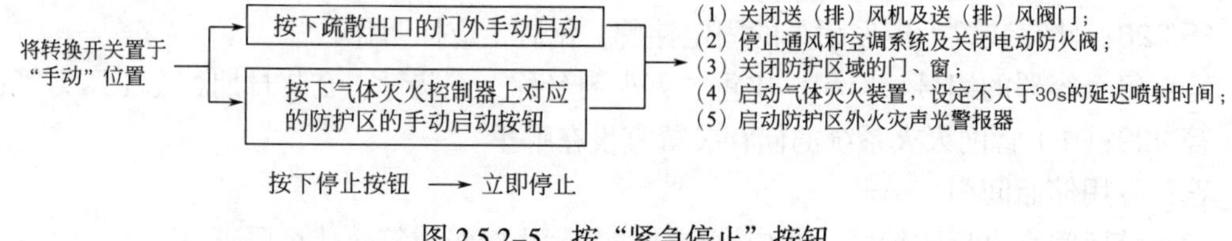


图2.5.2-5 按“紧急停止”按钮

（5）当转换开关置于“手动”位置时，灭火系统处于手动状态。在该状态下，探测器发出火灾信号，控制主机启动警铃和声光报警器，通知火灾发生，也会启动系统。请判断。

答：错误。但并不启动灭火系统。此时如果按下防护区外或控制器上的“手动启动”或“紧急启动”按钮，才可以启动灭火系统。

（6）很多人说机械应急操作启动就是防护区外的“紧急启动”按钮。请判断是否正确？

答：错误。机械应急操作启动是拔出相应防护区启动瓶电磁驱动器上的“机械应急启动保险销”，按下机械应急启动按钮，电磁驱动器打开启动瓶释放启动气体，启动灭火系统（图 2.5.2–6）。

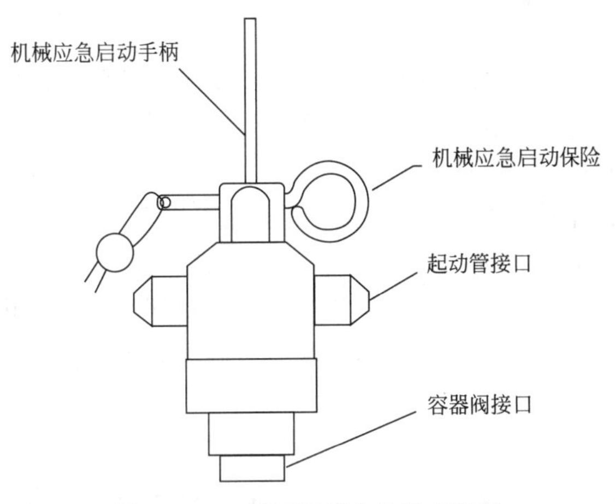


图 2.5.2–6　按下机械应急启动按钮

（7）机械应急启动就是压下容器阀上的机械应急启动把手，释放灭火剂，实施灭火。请判断是否正确？

答：错误。当一保护区域发生火情，灭火控制器不能发出灭火指令时，应立即通知所有人员撤离此保护区，然后前往控制该区域的气瓶间进行如图 2.5.2–7 操作。

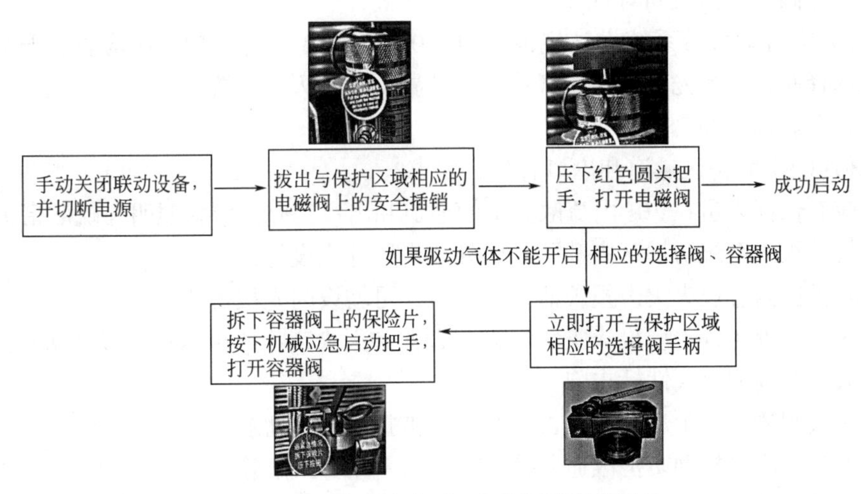


图 2.5.2–7　发生火灾时，气瓶间进行的操作

（8）很多人机械应急启动保险销只存在于电磁阀上。请问是否正确？

答：错误（图 2.5.2–8、图 2.5.2–9）。

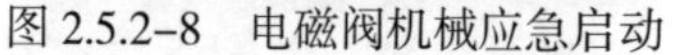
图 2.5.2–8 电磁阀机械应急启动

图 2.5.2–9 容器阀机械应急启动

**答 232**：采用自动控制启动方式时，根据人员安全撤离防护区的需要，应有不大于多少秒的可控延迟喷射？什么防护区可设置为无延迟的喷射？

答：30s；对于平时无人工作的防护区。

**答 233**：灭火设计浓度或实际使用浓度大于无毒性反应浓度（NOAEL 浓度）的防护区和采用热气溶胶预制灭火系统的防护区，应设什么装置？

答：手动与自动控制的转换装置。当人员进入防护区时，应能将灭火系统转换为手动控制方式；当人员离开时，应能恢复为自动控制方式。防护区内外应设手动、自动控制状态的显示装置。

**答 234**：自动控制装置应在接到几个独立的火灾信号后才能启动？手动控制装置和手动与自动转换装置应设何处？安装高度为中心点距地面多少米？机械应急操作装置应设置在何处？

答：两个；在防护区疏散出口的门外便于操作的地方；安装高度为中心点距地面 1.5m。机械应急操作装置应设在储瓶间内或防护区疏散出口门外便于操作的地方。

**答 235**：关于选择阀开启时机的问题。

（1）《气体灭火系统设计规范》GB 50370—2005 规定，组合分配系统启动时，选择阀应在何时打开？

答：容器阀开启前或同时打开。

（2）《火灾自动报警系统设计规范》GB 50116–2013 组合分配系统应首先开启相应防护区域的选择阀，还是先开启启动气体灭火装置、泡沫灭火装置？

答：先开启选择阀。

**答 236**：（1）防护区通道和出口有什么要求？

答：应有保证人员在 30s 内疏散完毕的通道和出口。应设应急照明与疏散指示标志。

（2）气体灭火系统防护区内和防护区外要设置什么设施？

答：防护区内应设火灾声报警器，必要时，可增设闪光报警器。

防护区入口处（外）应设火灾声、光报警器和灭火剂喷放指示灯，以及防护区采用的相应气体灭火系统的永久性标志牌。

（3）灭火剂喷放指示灯信号是否是在火灾被扑灭后自动解除？

答：不是，应保持到防护区通风换气后，以手动方式解除。

（4）防护区的门有什么要求？

答：向疏散方向开启，并能自行关闭；用于疏散的门必须能从防护区内打开。

**答 237**：（1）灭火后的防护区应通风换气，地下防护区和无窗或设固定窗扇的地上防护区，应设置什么装置?

答：机械排风装置。

（2）排风口宜设在防护区的上部还是下部并应直通室外?

答：下部。

（3）通信机房、电子计算机房等场所的通风换气次数应不少于每小时几次?

答：5 次。

（4）经过有爆炸危险和变电、配电场所的管网以及布设在以上场所的金属箱体等，应设什么设施?

答：防静电接地。

**答 238：**二氧化碳灭火系统。

（1）储存容器的工作压力不应小于多少兆帕，储存容器或容器阀上应设什么装置泄压装置?

答：15MPa；泄压装置。

（2）储存装置的环境温度应为多少摄氏度?

答：0 ~ 49℃。

（3）二氧化碳灭火系统的储存装置压力在 2.0MPa 是否报警?

答：不报警，高压报警压力设定值应为 2.2MPa，低压报警压力设定值应为 1.8MPa。

（4）二氧化碳灭火系统的储存装置应具有灭火剂泄漏检测功能，当储存容器中充装的二氧化碳损失量达到其初始充装量的百分之多少时，应能发出声光报警信号并及时补充?

答：10%。

（5）不具备自然通风条件的二氧化碳灭火系统储存容器间，应设机械排风装置，排风口距储存容器间地面高度不宜大于 0.5m，排出口应直接通向室外，正常排风量宜按换气次数不小于几次 /h 确定，事故排风量应按换气次数不小于几次每小时确定?

答：正常排风量宜按换气次数不小于 4 次 /h 确定，事故排风量应按换气次数不小于 8 次 /h 确定。

**答 239：**在对某单位灭火剂储存容器及容器阀、单向阀、连接管、集流管、安全泄放装置、选择阀、阀驱动装置、喷嘴、信号反馈装置、检漏装置、减压装置等系统组件的外观质量检查时发现如下情况：

（1）系统组件无碰撞变形及其他机械性损伤。

（2）组件外露非机械加工表面保护涂层完好。

（3）组件所有外露接口均敞开，接口螺纹和法兰密封面无损伤。

（4）铭牌清晰、牢固、方向正确。

（5）同一规格的灭火剂储存容器，其高度差为 25mm。

（6）同一规格的驱动气体储存容器，其高度差为 20mm。

请问上述问题存在的问题?

答：（1）（2）没有问题。

（3）组件所有外露接口均设有防护堵、盖，且封闭良好，接口螺纹和法兰密封面无损伤。

（4）没有问题。

（5）同一规格的灭火剂储存容器，其高度差不宜超过20mm。

（6）同一规格的驱动气体储存容器，其高度差不宜超过10mm。

**答240：**（1）气动驱动装置储存容器内气体压力不应低于设计压力，且不得超过设计压力的百分之多少？

答：5%。

（2）灭火剂储存装置安装后，泄压装置的泄压方向能不能朝向操作面？低压二氧化碳灭火系统的安全阀应通过专用的泄压管接到何处？

答：不应朝向操作面；接到室外。

（3）选择阀操作手柄应安装在操作面一侧，当安装高度超过多少米时应采取便于操作的措施？

答：1.7m。

**答241：**管道安装。

（1）管道末端应采用防晃支架固定，支架与末端喷嘴间的距离不应大于多少毫米？

答：500mm。

（2）当穿过建筑物楼层的公称直径大于或等于50mm的主干管道，何处应设防晃支架？

答：垂直方向和水平方向至少应各安装1个防晃支架，当穿过建筑物楼层时，每层应设1个防晃支架。当水平管道改变方向时，应增设防晃支架。

（3）有人说灭火剂输送管道和气动驱动装置的管道完毕后，要做的试验项目是一样的，你怎么看？

答：不一样；灭火剂输送管道安装完毕应进行强度试验和气压严密性试验，并合格。气动驱动装置的管道安装后应做气压严密性试验，并合格。

**答242：**（1）气体灭火系统的调试项目有哪些？

答：调试项目应包括模拟启动试验、模拟喷气试验和模拟切换操作（备用量切换、主备电源切换）试验。

（2）系统功能验收时应验收的项目是什么？

答：和调试项目一样。

① 系统功能验收时，应进行模拟启动试验，并合格。

② 系统功能验收时，应进行模拟喷气试验，并合格。

③ 系统功能验收时，应对设有灭火剂备用量的系统进行模拟切换操作试验，并合格。

④ 系统功能验收时，应对主用、备用电源进行切换试验，并合格。

**答243：**请问气体灭火系统日检、月检、季度检查和年检的内容分别是什么？

答：见表2.5.2–5。

**气体灭火系统检查周期和项目** 表2.5.2–5

| 检查周期 | 检查项目 | 内容 |
| --- | --- | --- |
| 日检 | 低压二氧化碳储存装置 | 运行情况 |
| | 低压二氧化碳储存装置间 | 设备状态 |

续表

| 检查周期 | 检查项目 | 内容 |
| --- | --- | --- |
| 月检 | 低压二氧化碳灭火系统储存装置的液位计检查 | 灭火剂损失10%时应及时补充 |
| | 高压二氧化碳灭火系统、七氟丙烷管网灭火系统及IG541灭火系统的全部系统组件应无碰撞变形及其他机械性损伤，表面应无锈蚀，保护涂层应完好，铭牌和标志牌应清晰，手动操作装置的防护罩、铅封和安全标志应完整 | — |
| | 高压二氧化碳灭火系统、七氟丙烷管网灭火系统及IG541灭火系统的灭火剂和驱动气体储存容器内的压力 | 不得小于设计储存压力的90%。 |
| | 预制灭火系统的设备状态和运行状况应正常 | — |
| 季检 | 气体灭火系统进行1次全面检查 | — |
| | 可燃物的种类、分布情况，防护区的开口情况 | — |
| | 储存装置间的设备、灭火剂输送管道和支、吊架的固定，应无松动。连接管应无变形、裂纹及老化。必要时，送法定质量检验机构进行检测或更换 | — |
| | 各喷嘴孔口应无堵塞 | — |
| | 高压二氧化碳储存容器逐个进行称重检查 | 灭火剂净重不得小于设计储存量的90% |
| | 灭火剂输送管道有损伤与堵塞，进行严密性试验和吹扫 | — |
| 年检 | 1次模拟启动试验 | 每个防护区 |
| | 1次模拟喷气试验 | |

## 2.6　防排烟系统

### 2.6.1　问题

**问244：**防烟系统和排烟系统可以用在同一地方，请问是否正确？

**问245：**加压送风口、排烟防火阀、防火阀、风阀、自垂百叶式加压送风口平时都呈开启状态。请问是否正确？

**问246：**在防烟系统中，经常提到共用前室、合用前室、独立前室、消防电梯前室等等，请说明几者之间的区别。

**问247：**下列建筑中，其楼梯间和前室应分别选用何种送风方式，请说明理由。

（1）高度为54m的综合楼，地下2层，设有合用前室。

（2）某住宅部分与非住宅的组合建筑，住宅部分和非住宅部分均设置防烟楼梯间且两者独立设置，另其前室均采用合用前室（图2.6.1–1）。

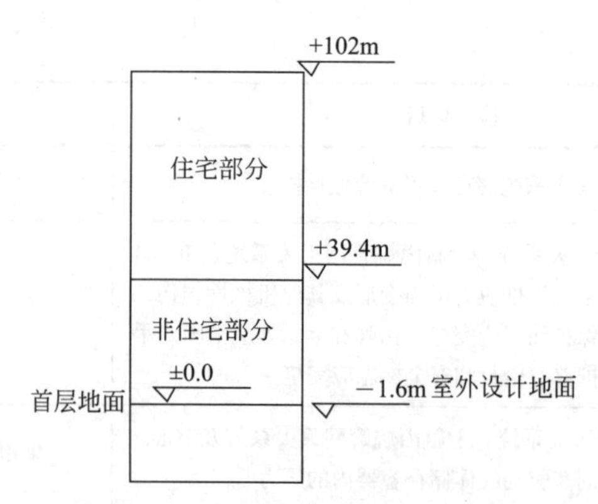


图 2.6.1-1　组合建筑的防烟楼梯

（3）某建筑高度为45m的办公楼，合用前室采用全敞开的阳台。

（4）某商业综合体高45m，东南角设置裙房，高18m。其防烟楼梯间在裙房高度以上部分采用自然通风，裙房的合用前室不能满足自然通风条件，其前室怎么进行防烟？

（5）某建筑地下3层，地下部分采用防烟楼梯间前室，其消防电梯前室也是独立设置，已知其无自然通风条件。

**问248**：下列建筑中的楼梯间和前室应分别选用了不同的送风方式，请判断是否正确并说明理由。

（1）某建筑高度为45m的办公楼，楼梯间未设置防烟系统，合用前室布置情况如图2.6.1-2所示。

（2）某住宅建筑高度98m，共31层。合用前室因没有可开启外窗，所以采用机械加压送风系统，楼梯间采用自然通风系统（图2.6.1-3）。

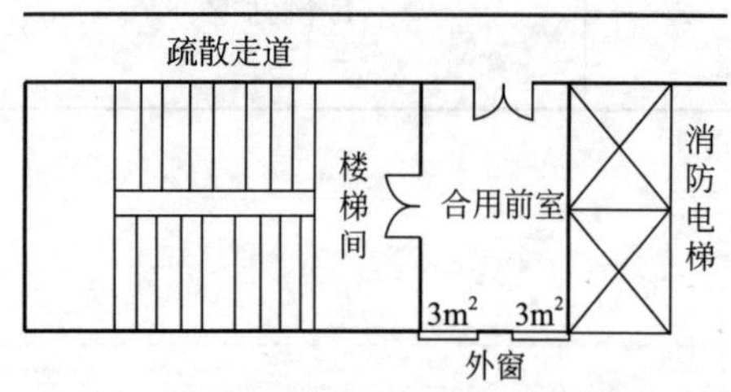


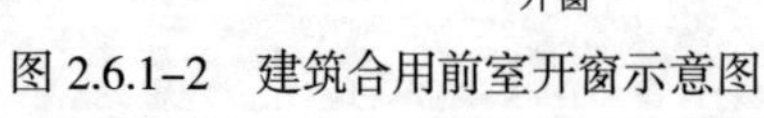

图 2.6.1-2　建筑合用前室开窗示意图

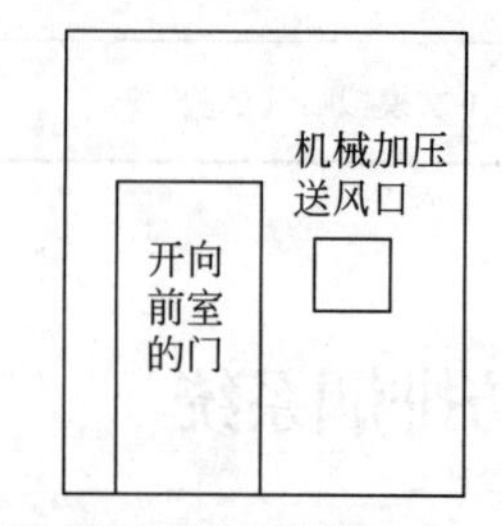


图 2.6.1-3　住宅建筑前室内送风口布置示意图

**问249**：（1）某住宅建筑高78m，独立前室不能满足自然通风条件，楼梯间采用机械加压送风。如图2.6.1-4所示。请判断是否正确，说明理由。

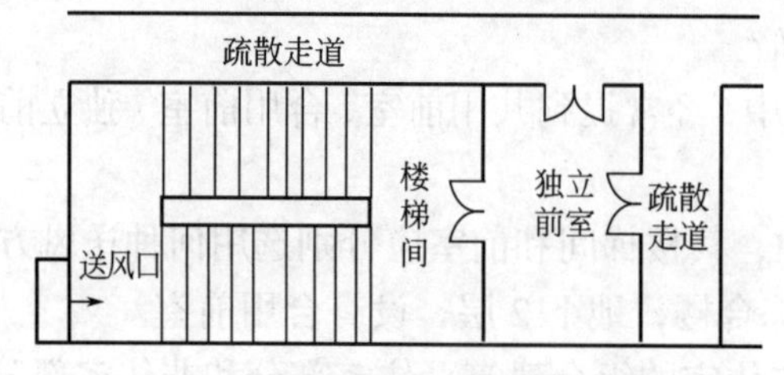


图 2.6.1-4　住宅建筑楼梯间采用机械送风

（2）某住宅建筑高86m，为了节约成本，楼梯间和合用前室共用机械加压送风系统。

请判断是否正确，说明理由。

（3）某 58m 住宅，两个楼梯间因多重原因无法拉开，采用剪刀楼梯形式。两个楼梯间及其前室的机械加压送风系统应分别独立设置。其两个楼梯间与前室合用机械加压送风系统。请判断是否正确，说明理由。

**问 250：**某多层公共建筑，采用封闭楼梯间。因其不能满足自然通风条件，所以设置机械加压送风系统。地下部分的封闭楼梯间与地上共用，未设置机械加压送风系统。请判断是否正确，说明理由。

**问 251：**某商场设置避难走道，前室设置了机械加压送风系统，而楼梯间未设置机械加压送风系统，如图 2.6.1–5 所示。请判断是否正确，说明理由。

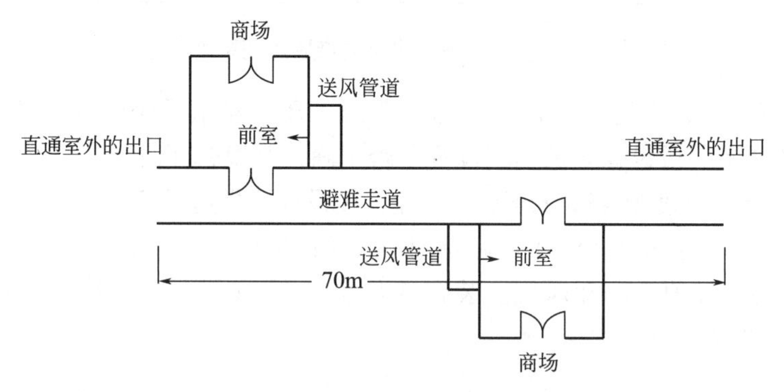


图 2.6.1–5　某商场避难走道防烟设置

**问 252：**某公共建筑共 10 层，高度 36m。楼梯间与前室均采用自然通风防烟方式，每层独立前室均开设有效面积 $1.8m^2$ 的可开启外窗。楼梯间设置如图 2.6.1–6 所示，请判断设置是否正确，并说明理由。

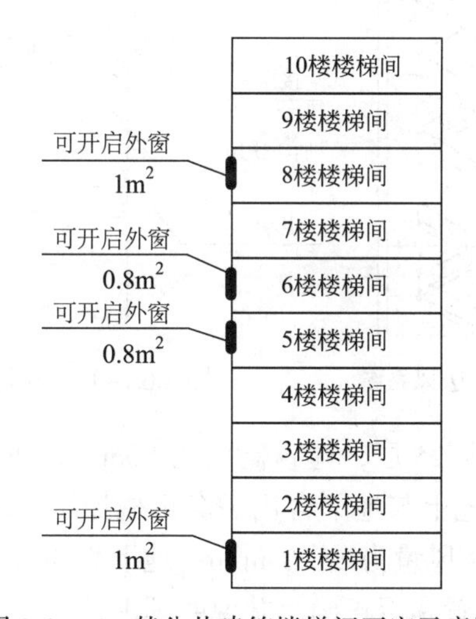


图 2.6.1–6　某公共建筑楼梯间开窗示意图

**问 253：**某超高层，四方均无障碍物。避难层采用自然通风防烟。设置情况如图 2.6.1–7 所示。请判断设置是否正确，并说明理由。

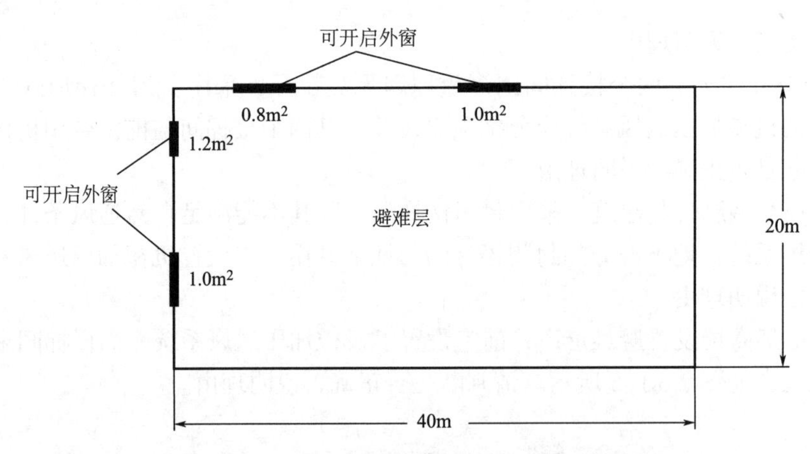


图 2.6.1–7 某超高层建筑避难层防烟系统设置

**问 254**：有人说，不管是机械加压送风系统，还是排烟系统竖向设置时，高度超过 100m 的建筑才要求分段设置。请判断设置是否正确，并说明理由。

**问 255**：某建筑高度为 45m 的建筑，设计人员设计了带送风管道的机械加压送风系统。后因楼梯间设置加压送风井（管）道确有困难，所以采用直灌式加压送风系统。送风量还是采用刚开始的设计值。已知风机安装在 A 位置（图 2.6.1–8、图 2.6.1–9）。请判断设置是否正确，并说明理由。

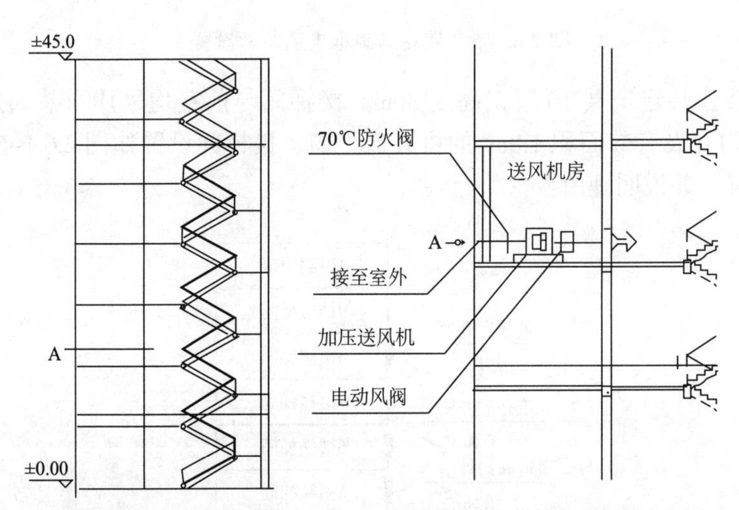


图 2.6.1–8 采用自灌式加压送风系统（一） 图 2.6.1–9 采用直灌式加压送风系统（二）

**问 256**：某医疗建筑地上 25 层，建筑高度为 80m，地下 2 层，地下主要功能是药品仓储功能。为了节约成本，地上与地下合用一套机械加压送风系统。设计人员在设计时，确定地上建筑所需设计加压送风量为 15 万 $m^3/h$，地下为 3 万 $/m^3$。最终经过讨论确定，全楼取值 15 万 $m^3/h$。请判断设置是否正确，并说明理由。

**问 257**：关于送风机的进风口与排烟风机的出风口的设置，消防部门在对该地区的一些场所检查时发现如下情况。

情况 1：如图 2.6.1–10 所示，请判断设置是否正确，并说明理由。

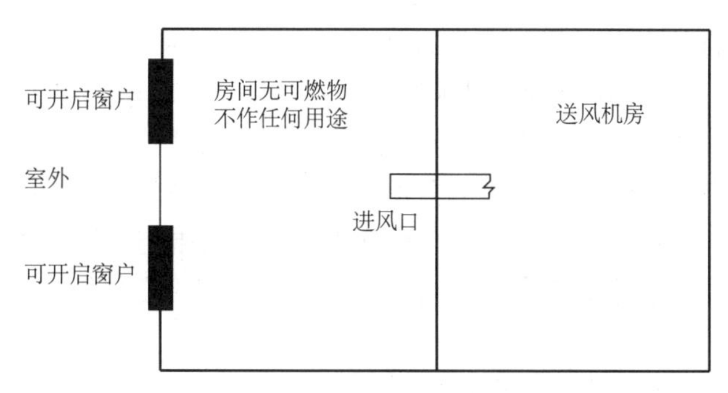


图 2.6.1–10　情况 1

情况 2：如图 2.6.1–11 所示，将加压送风机放置于屋顶，采用石棉瓦遮雨。请判断设置是否正确，并说明理由。

图 2.6.1–11　情况 2

情况 3：如平面图图 2.6.1–12 所示，送风机的进风口与排烟风机的出风口设在同一面上。请判断设置是否正确，并说明理由。

情况 4：如立面图图 2.6.1–13 所示，送风机的进风口与排烟风机的出风口设在同一面上。请判断设置是否正确，并说明理由。

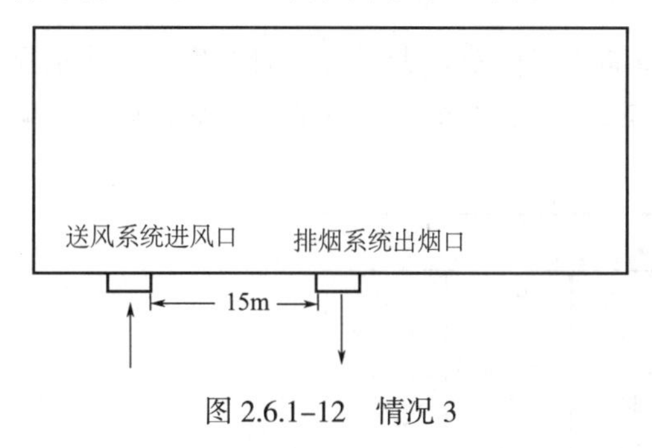


图 2.6.1–12　情况 3

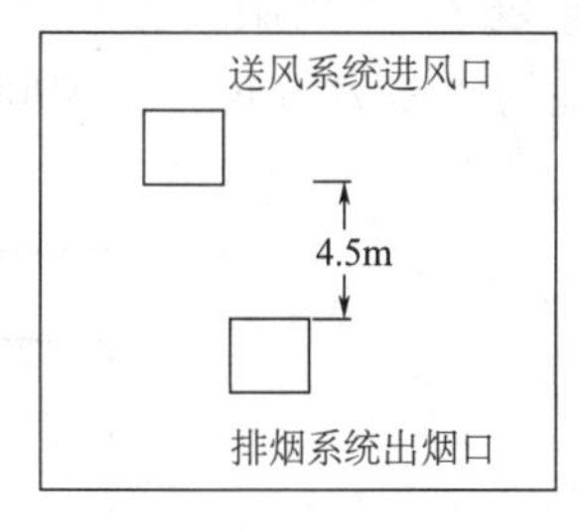


图 2.6.1–13　情况 4

**问 258：**某大楼地上共 19 层，地下 2 层，地上是综合楼，地下使用功能为汽车库。已知地上和地下共用机械加压送风系统。楼梯间在 1 楼、5 楼、9 楼、13 楼、17 楼每层设置一个常闭式送风口，前室每隔在 –2 楼、1 楼、3 楼、5 楼、7 楼、9 楼、11 楼、13 楼、15 楼、17 楼、19 楼每层设置一个常开式百叶送风口。另为了通风，在楼梯间设置了百叶窗，在前室设置了可开启外窗。

**问 259：**对某大型超市设置的机械排烟系统进行验收，开启防烟分区一的全部排烟口，排烟风机启动后测试排烟口处的风速为 13m/s。开启防烟分区二的全部排烟口，补风机启动后测试补风口处的风速为7m/s。请判断是否正确，并说明理由。

**问260**：关于机械加压送风管、排烟管道、补风管道，小李和小王又一次进行了讨论。

（1）小李说：机械加压送风管和排烟管道均可以和其他管道共用管道井。

（2）小王说：机械加压送风管的水平管和竖管的耐火极限要求相同。

（3）小李说：排烟管道可以不放置于吊顶内，耐火极限与放置吊顶内一致。

（4）小王说：补风系统管道穿越防火分区和排烟系统管道穿越防火分区耐火极限要求一致。

**问261**：请判断下列说法是否正确。

（1）很多人说，楼梯间设置自然通风防烟时，应在顶部设置固定窗。

（2）如楼梯间采用机械加压送风系统时，应在顶部设置可开启外窗。

（3）设置机械加压送风系统的避难层（间），为了保证密封性，增加防烟效果，只能设置固定窗。

（4）当建筑设置机械排烟系统时，一般在外墙设置可开启外窗。

**问262**：某商场的避难走道和前室均设置机械加压送风系统，如图2.6.1-14所示，请求出避难走道和前室的设计送风量。

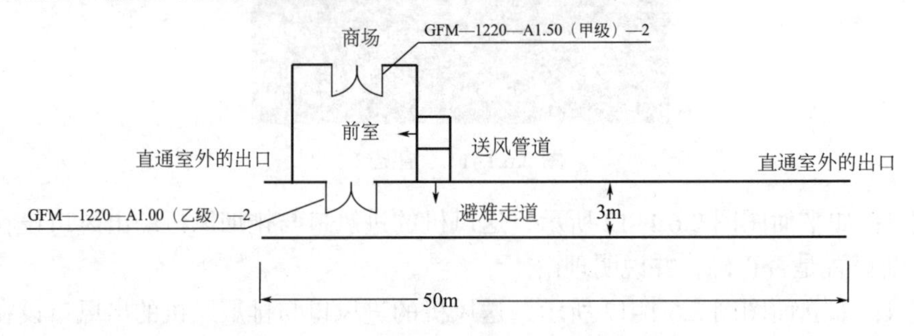


图2.6.1-14　某商场的避难走道和前室设置

**问263**：消防服务机构在对某建筑机械加压送风系统进行检查时发现，合用前室与疏散走道的压差为30Pa，楼梯间与合用前室的压差为40Pa，请问是否正确，如不正确请给出解决措施（图2.6.1-15）。

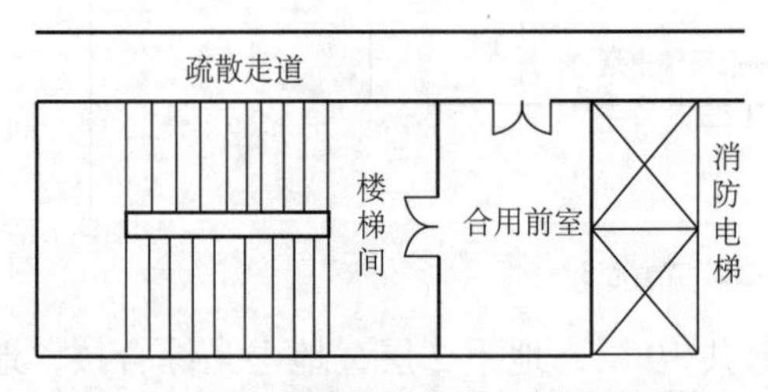


图2.6.1-15　某建筑的机械加压送风系统

**问264**：在计算楼梯间或前室的机械加压送风量时，门洞断面风速值是非常重要的因素。

情况1：如图2.6.1-16所示，防烟楼梯间与合用前室均机械加压送风，请问防烟楼梯间与合用前室门洞断面风速分别如何要求？

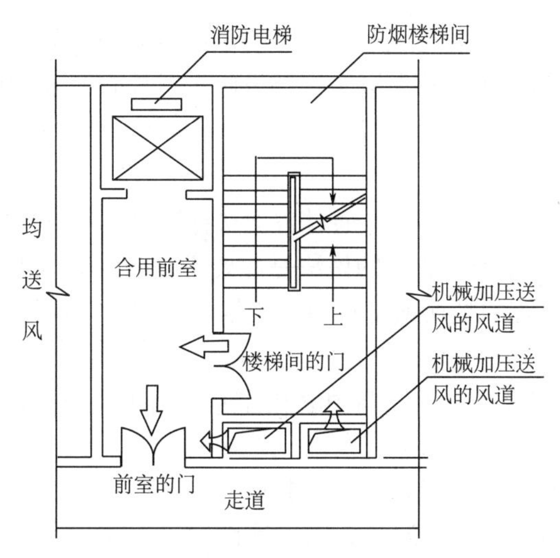


图 2.6.1–16　情况 1

情况 2：如图 2.6.1–17 所示，请问防烟楼梯间门洞断面风速分别如何要求？

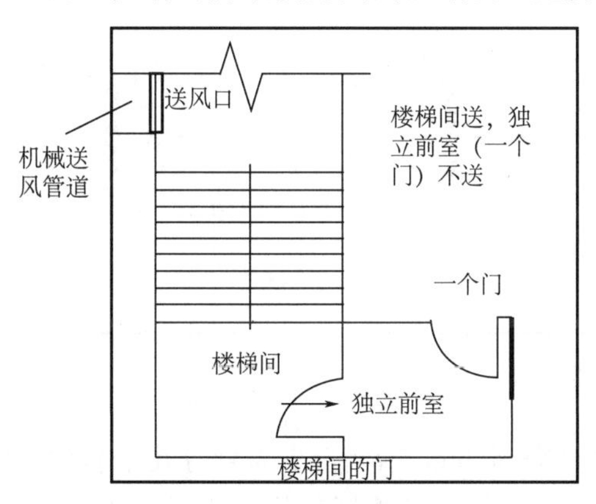


图 2.6.1–17　情况 2

情况 3：如图 2.6.1–18 所示，当独立前室、共用前室或合用前室机械加压送风而楼梯间采用可开启外窗的自然通风系统时，通向独立前室、共用前室或合用前室疏散门的门洞风速如何要求？

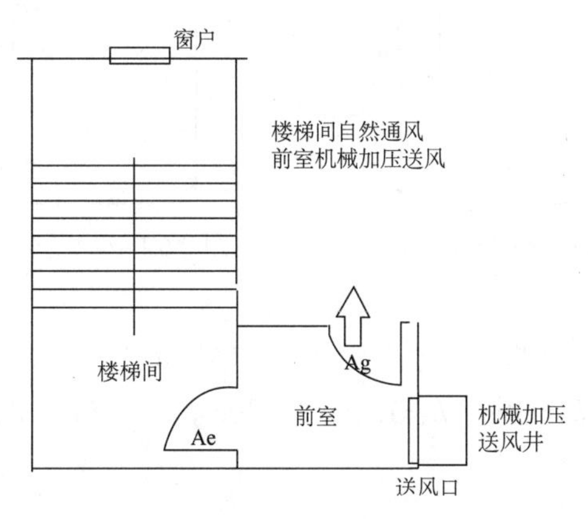


图 2.6.1–18　情况 3

**问 265**：门开启时，达到规定风速值所需的送风量如何计算？

**问 266**：某地消防部门在对某大厦防排烟设施进行检查时发现如下问题：

（1）该建筑 3 楼划分为 5 个防烟分区，其中一个防烟分区同时采用自然排烟和机械排烟。

（2）该建筑 1 ~ 2 楼为商场，内部通过自动扶梯连接，方便购物狂上下。检查时发现，开口部未设置挡烟垂壁，商场物业给的说法是此处不是防烟分区的分隔处。

（3）4 楼设置排烟系统的场所或部位应采用挡烟垂壁、结构梁及隔墙等划分防烟分区。部分跨越防火分区。

（4）中庭应设置排烟设施，那么与中庭相连通的回廊及周围场所的排烟系统应如何设置呢？

**问 267**：请求出各场所挡烟垂帘的最小长度。

情况 1：某娱乐场所，单层空间，采用机械排烟。如图 2.6.1-19 所示。

情况 2：某商场，单层空间，采用自然排烟。如图 2.6.1-20 所示。

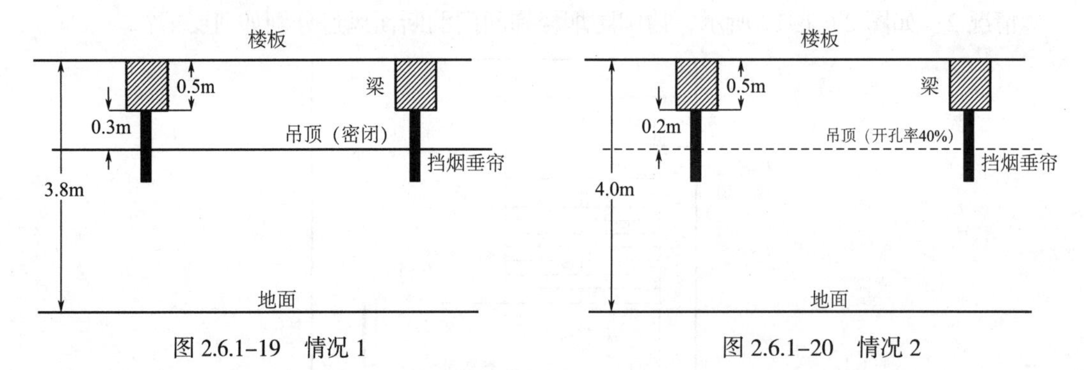


图 2.6.1-19　情况 1　　　　图 2.6.1-20　情况 2

**问 268**：（1）公共建筑净高 3m。请问至少需划分几个防烟分区（图 2.6.1-21）。

（2）公共建筑净高 4m。请问至少需划分几个防烟分区（图 2.6.1-22）。

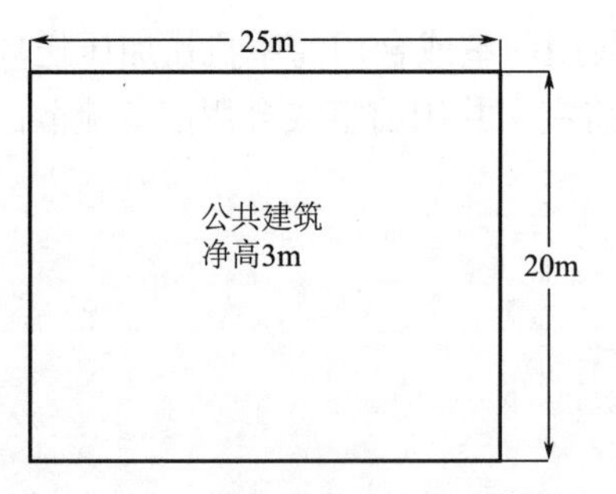


图 2.6.1-21　公共建筑净高 3m 防烟分区

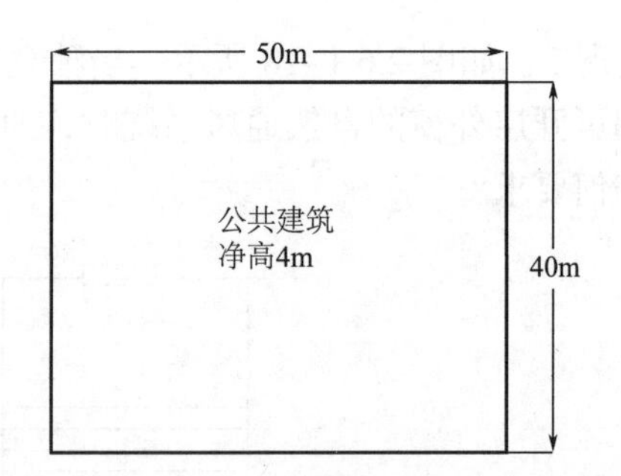


图 2.6.1-22　公共建筑净高 4m 防烟分区

（3）某建筑采用机械排烟，3 楼平面布置如图 2.6.1-23 所示，空间净高 4m。已知走道宽度 2.0m。$L_1$=1.0m。$L_2$=30m，$L_3$=15m，$L_4$=20m，$L_5$=15m。走道共划分一个防烟分区，是否正确？

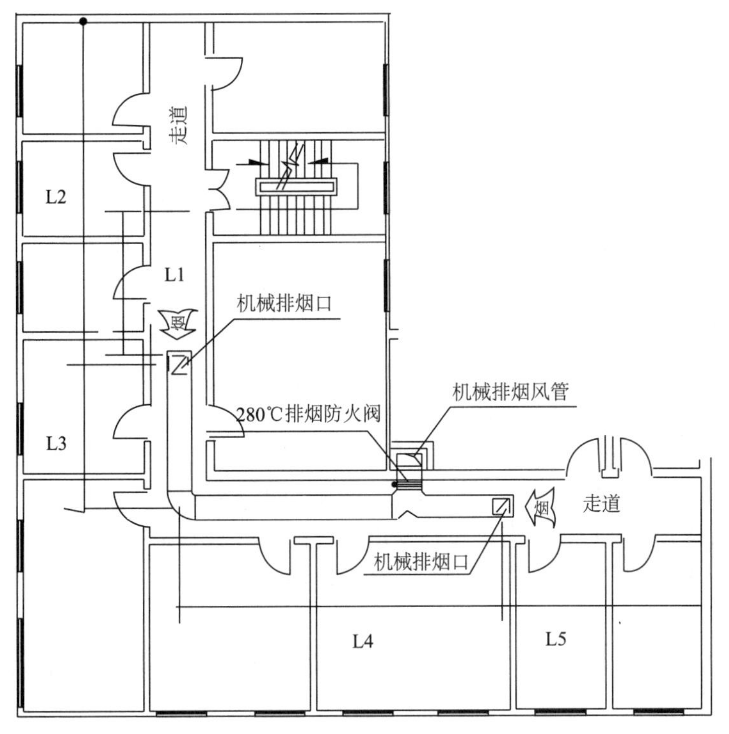


图 2.6.1–23　某建筑一个防烟分区

（4）某建筑采用机械排烟，3 楼平面布置如图 2.6.1–24 所示，空间净高 4m。已知走道宽度 4.0m。$L_2$=30m，$L_3$=15m，$L_4$=20m，$L_5$=15m。走道共划分 2 个防烟分区，是否正确？

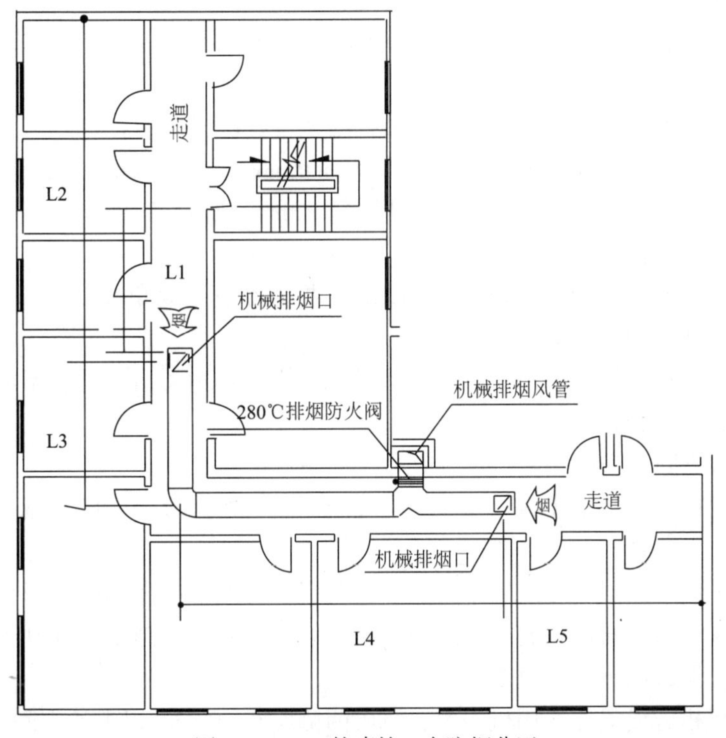


图 2.6.1–24　某建筑 2 个防烟分区

**问269**：采用自然排烟和机械排烟，防烟分区内任一点与最近的排烟口之间距离均可以达到37.5m。

**问270**：自然排烟窗（口）的设置，请判断下列说法。

（1）一般设置在排烟区域的顶部或外墙。

（2）当设置在外墙上时，自然排烟窗（口）可以设置在储烟仓下沿。

（3）房间面积越大，自然排烟窗（口）的开启方向就可以不限了。

（4）自然排烟窗（口）宜分散均匀布置，且每组的长度不宜大于3.0m。

（5）设置在防火墙两侧的自然排烟窗（口）之间最近边缘的水平距离不应小于1.0m。

**问271**：关于机械排烟口设置，请判断下列说法。

（1）排烟口可以设置在吊顶内。

（2）排烟口宜设置在顶棚或靠近顶棚的墙面上。

（3）排烟口应设在储烟仓内，但走道、室内空间净高不大于3m的区域，其排烟口可设置在其净空高度的1/2以上；当设置在侧墙时，吊顶与其最近边缘的距离不应大于0.5m。

（4）需要设置机械排烟系统的房间，当其建筑面积很小时，可通过走道排烟，房间内不需排烟。

（5）火灾时由火灾自动报警系统联动开启排烟区域的排烟阀或排烟口，可以不在现场设置手动开启装置。

（6）排烟口的设置宜使烟流方向与人员疏散方向相同，排烟口与附近安全出口相邻边缘之间的水平距离不应小于1.0m。

（7）当排烟口设在吊顶内且通过吊顶上部空间进行排烟时，吊顶应采用不燃材料，且吊顶内不应有可燃物。

（8）当排烟口设在吊顶内且通过吊顶上部空间进行排烟时，封闭式吊顶上设置的烟气流入口的颈部烟气速度不宜大于1.5m/s。

**问272**：位于地上四层的下列房间，请判断是否要机械排烟。

（1）棋牌室，建筑面积36m$^2$，上悬窗0.9m×0.6m，开启角40°，2个。

（2）办公室，建筑面积106m$^2$，中分推拉窗1.5m×1.5m，2个。

（3）书库，建筑面积200m$^2$，平开窗，1.5m×1.5m，4个。

（4）储藏室，400m$^2$，侧推窗0.7m×1.2m，共10个，开启角80°

（5）办公室建筑面积63m$^2$，无窗。

**问273**：设置自然排烟的场所，除自然排烟所需排烟窗（口）外，不需在设置其他排烟辅助设施。请问是否正确。

**问274**：请判断下列说法是否正确。

（1）当建筑的机械排烟系统沿水平方向布置时，每个防火分区的机械排烟系统应独立设置。

（2）排烟系统与通风、空气调节系统应分开设置；当确有困难时可以合用，但应符合排烟系统的要求，且当排烟口打开时，每个排烟合用系统的管道上需联动关闭的通风和空气调节系统的控制阀门不应超过20个。

（3）排烟风机应设置在专用机房内，风机两侧应有500mm以上的空间。

（4）对于排烟系统与通风空气调节系统共用的系统，其排烟风机与排风风机的合用机房内可以再设置用于机械加压送风的风机与管道。

（5）送风机和排烟风机应满足 280℃时连续工作 30min 的要求。

（6）排烟风机入口处的排烟防火阀关闭时，发送信号给联动控制器，等符合逻辑关系时。发出控制指令关闭排烟风机。

**问 275：**很多人说：防火阀和排烟防火阀安装位置、公称动作温度都一致。请问是否正确。

**问 276：**很多人说，不论是电缆井、电梯井、还是机械加压送风系统的管道井，亦或是排烟系统的管道井。其井壁或是与其他部位的隔墙的耐火极限均是相同的，另外在井壁或是隔墙上开门均是乙级防火门。请问此种说法是否正确。

**问 277：**某建筑的排烟系统设置如图 2.6.1–25 所示，补风口与排烟口设置在同一防烟分区。请判断是否正确。

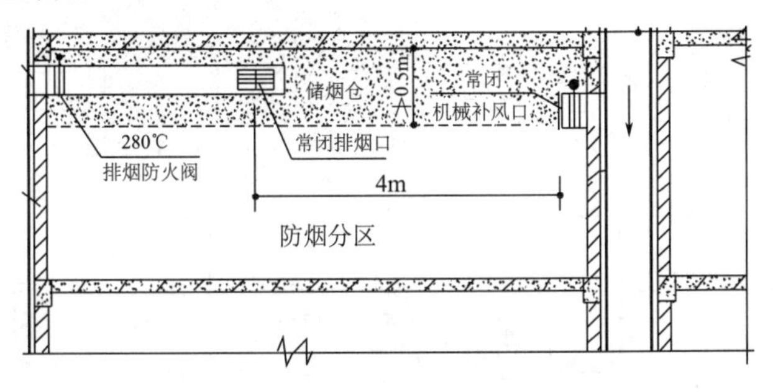


图 2.6.1–25　某建筑的排烟系统

**问 278：**设置排烟系统什么场所不需要设置补风系统？

**问 279：**补风系统应直接从哪里引入空气？补风量如何要求？

**问 280：**排烟量的计算。如图 2.6.1–26 所示建筑共 4 层，每层建筑面积 2000m$^2$，均设有自动喷水灭火系统。1 层空间净高 7m，包含展览和办公场所，2 层空间净高 6m，3 层和 4 层空间净高均为 5m。求出该建筑的设计排烟量。

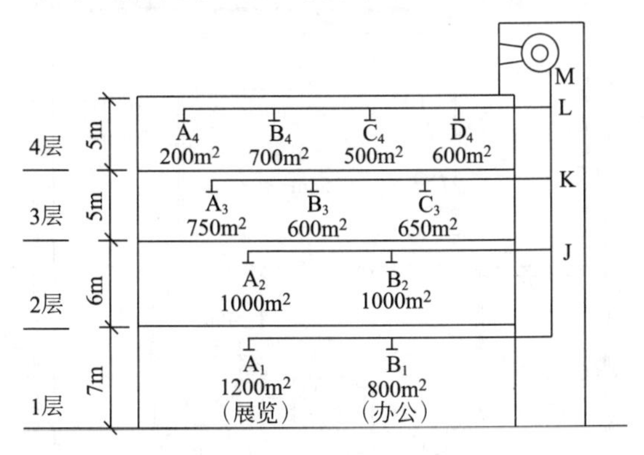


图 2.6.1–26　排烟量计算

**问 281：**关于走道的排烟量计算如何进行？

**问 282：**某一高层建筑，其与裙房之间设有防火分割设施，且裙房一防火分区跨越楼层，最大建筑面积小于 5000m²，裙楼设有自动喷水灭火系统。此防火分区分为 9 个防烟分区，各防烟分区面积见下表。一层层高 7.0m，净高控制在 5.5m；二层层高 6.0m，净高控制在 4.5m；中庭建筑高度 18.0m。计算各防烟分区以及中庭的排烟量（图 2.6.1–27、图 2.6.1–28）。

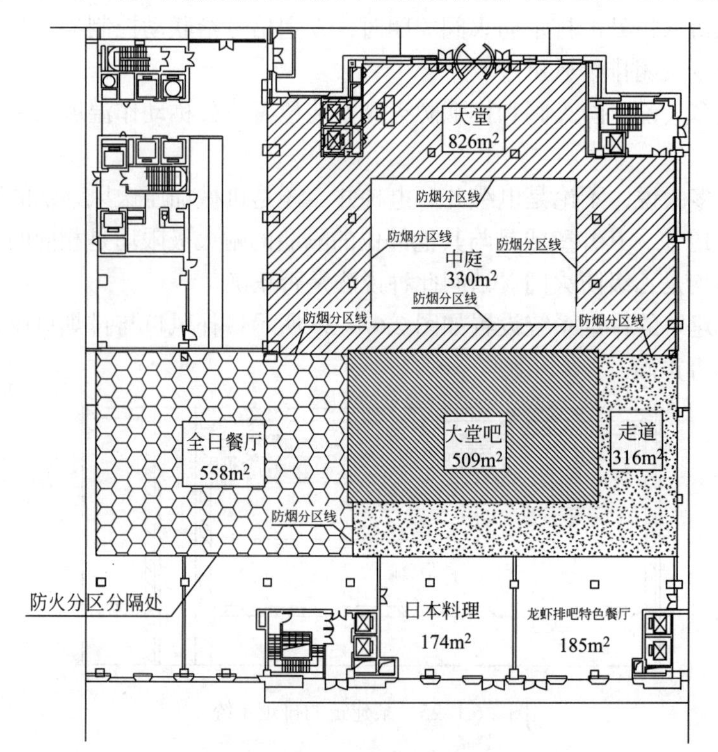


图 2.6.1–27 一层建筑平面图

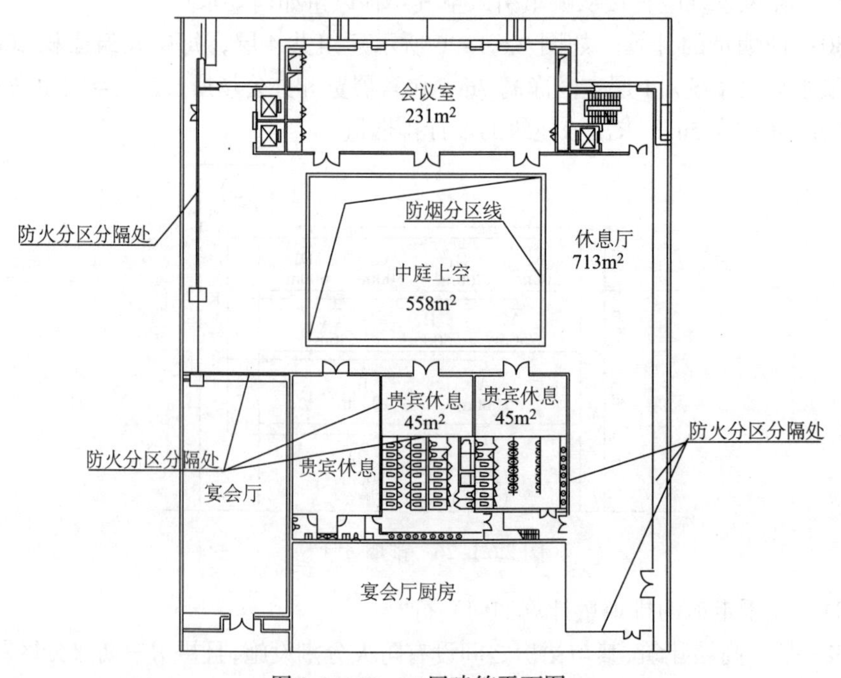


图 2.6.1–28 二层建筑平面图

**问 283：** 请问加压送风机有几种启动方式？

**问 284：** 判断下列说法是否正确。

（1）当防火分区内火灾确认后，应能在 30s 内联动开启常闭加压送风口和加压送风机。

（2）只需要打开靠近该着火层的楼梯间的加压送风机。

（3）只需打开着火层前室的送风口。

（4）消防控制设备仅需显示防烟系统的送风机，不需显示阀门的启闭状态。

**问 285：** 排烟风机、补风机的控制方式有哪些？

**问 286：** 判断下面说法是否正确，并说明理由。

（1）机械排烟系统中的常闭排烟阀或排烟口只需具备火灾自动报警系统自动开启、现场手动开启功能。

（2）当火灾确认后，火灾自动报警系统应在 30s 内联动开启相应防烟分区的全部排烟阀、排烟口、排烟风机和补风设施，并应在 60s 内自动关闭与排烟无关的通风、空调系统。

（3）当火灾确认后，为了尽可能的排烟，应打开着火分烟分区和其相邻的另 2 个分区的排烟口。

**问 287：** 关于活动挡烟垂壁的问题。

（1）应具有哪些启动功能？

（2）当火灾确认后，火灾自动报警系统应在多少秒内联动相应防烟分区的全部活动挡烟垂壁，多少秒以内挡烟垂壁应开启到位。

（3）挡烟垂壁在 620±20℃的高温作用下，保持完整性的时间不应小于多少分钟？

（4）从初始安装位置自动运行至挡烟工作位置时，其运行速度不应小于多少米每秒，而且总运行时间不应大于多少秒？

（5）活动挡烟垂壁与建筑结构（柱或墙）面的缝隙不应大于多少毫米，由两块或两块以上的挡烟垂帘组成的连续性挡烟垂壁，各块之间不应有缝隙，搭接宽度不应小于多少毫米？

**问 288：** 关于自动排烟窗的问题。

（1）如何控制？

（2）当采用与火灾自动报警系统自动启动时，自动排烟窗应在多少秒内或小于烟气充满储烟仓时间内开启完毕。

（3）带有温控功能自动排烟窗，其温控释放温度如何要求？

**问 289：** 如何进行常闭送风口、排烟阀或排烟口调试？

**问 290：** 送风机、排烟风机应进行全数调试，判断下列关于调试内容是否正确。

（1）手动开启风机，风机应正常运转 1.0h，叶轮旋转运转平稳、无异常振动与声响。

（2）应核对风机的铭牌值，只需测定风机的风量。

（3）消防控制室仅能手动控制风机的启动，不能停止。

（4）风机进、出风管上安装单向风阀或电动风阀，一般先开风机，再开风阀。

**问 291：** 某建筑共 9 层，楼梯间和前室分别设置一套送风系统。机械加压送风机放置于屋顶的机房。在进行机械加压送风系统风速及余压的调试时，如下进行了工作，请判断。

（1）选取 7–9 楼模拟送风最不利的三个连续楼层模拟起火层及其上下层。

（2）同时楼梯间和前室的门都打开。

（3）经现场测定，正压送风机的风量值、风压值分别为风机名牌值的 87%、113%。

问 292：如何进行机械排烟系统风速和风量的调试。

问 293：对某商场地下车库的机械排烟系统进行验收时，选择一个防烟分区的一只感温探测器和一只手动报警装置进行模拟火灾试验，然后观察排烟阀和排烟风机的动作情况，并使用风速仪测试相应排烟口的风速。发现相邻防烟区的排烟阀开启，并联动相应的排烟风机，排烟口处的风速仪测试结果为 12m/s。请问是否正确？

问 294：排烟防火阀的安装应注意什么问题？

问 295：送风口、排烟阀或排烟口的安装位置应符合标准和设计要求，并应固定牢靠，表面平整、不变形，调节灵活；排烟口距可燃物或可燃构件的距离不应小于多少米？

问 296：某建筑风机安装后，提请验收，应验收未通过被要求返工，请判断原因。

（1）风机外壳至墙壁距离为 500mm。

（2）风机应设在混凝土或钢架基础上，且设置减振装置（采用弹簧和橡胶）。

（3）吊装风机的支、吊架焊接牢固、安装可靠。

（4）风机驱动装置的外露部位应装设防护罩；直通大气的进、出风口应装设防护网，并应设防雨措施。

问 297：关于机械加压送风系统的联动调试的问题。

某建筑进行联动调试时，发生下列现象，请判断是否满足要求。

（1）人工使 3 楼走道的感烟探测器动作，并按下手动报警按钮，风机未启动。

（2）人工打开 4 楼前室的常闭送风口时，送风机启动。

（3）与火灾自动报警系统联动调试时，当火灾自动报警探测器发出火警信号后，送风口 30s 开启。

（4）消防控制室接收到了送风口和送机的开启信号。

问 298：防排烟系统工程质量验收内容和比例是什么？

问 299：防排烟系统工程质量验收判定条件是什么？

问 300：系统维护管理的周期和内容是什么？

## 2.6.2 问题和答题

答 244：防烟系统和排烟系统可以用在同一地方，请问是否正确？

答：错误。防烟系统是通过采用自然通风方式，防止火灾烟气在楼梯间、前室、避难层（间）等空间内积聚，或通过采用机械加压送风方式阻止火灾烟气侵入楼梯间、前室、避难层（间）等空间的系统。

排烟系统是采用自然排烟或机械排烟的方式，将房间、走道等空间的火灾烟气排至建筑物外的系统，分为自然排烟系统和机械排烟系统。从中可以看出，防烟系统和排烟系统是用于不同场所。

根据《建筑设计防火规范》GB 50016-2014（2018 年版）

（1）应设置防烟系统的场所或部位如表 2.6.2-1。

**应设置防烟系统的场所或部位　　　　表 2.6.2–1**

| 下列场所或部位应设置防烟设施 | 防烟楼梯间的前室或合用前室符合梁条件之一时，楼梯间可不设置防烟系统 |
|---|---|
| （1）防烟楼梯间及其前室 | （1）前室或合用前室采用敞开的阳台、凹廊 |
| （2）消防电梯间前室或合用前室 | （2）前室或合用前室具有不同朝向的可开启外窗，且可开启外窗的面积满足自然排烟口的面积要求 |
| （3）避难走道的前室、避难层（间） | |

（2）排烟设施的设置场所（表 2.6.2–2）

**排烟设施的设置场所　　　　表 2.6.2–2**

| 建筑性质 | 具体情形 |
|---|---|
| 厂房或仓库 | 人员或可燃物较多的丙类生产场所，丙类厂房内建筑面积大于 300m² 且经常有人停留或可燃物较多的地上房间 |
| | 建筑面积大于 5000m² 的丁类生产车间 |
| | 占地面积大于 1000m² 的丙类仓库 |
| | 高度大于 32m 的高层厂房（仓库）内长度大于 20m 的疏散走道，其他厂房（仓库）内长度大于 40m 的疏散走道 |
| 民用建筑 | 设置在一、二、三层且房间建筑面积大于 100m² 的歌舞娱乐放映游艺场所，设置在四层及以上楼层、地下或半地下的歌舞娱乐放映游艺场所 |
| | 中庭 |
| | 公共建筑内建筑面积大于 100m² 且经常有人停留的地上房间 |
| | 公共建筑内建筑面积大于 300m² 且可燃物较多的地上房间 |
| | 建筑内长度大于 20m 的疏散走道 |
| 地下或半地下建筑（室）、地上建筑内的无窗房间 | 当总建筑面积大于 200m² 或一个房间建筑面积大于 50m²，且经常有人停留或可燃物较多 |

**答 245**：加压送风口、排烟防火阀、防火阀、风阀、自垂百叶式加压送风口平时都呈开启状态。请问是否正确？

答：错误。

（1）加压送风口既有常开式，也有常闭式。如前室应每层设一个常闭式加压送风口，楼梯间宜设置常开式百叶送风口。另楼梯间可采用自垂百叶式加压送风口，此加压送风口平时靠百叶重力自行关闭，加压时自行开启（图 2.6.2–1 ~ 图 2.6.2–3）。

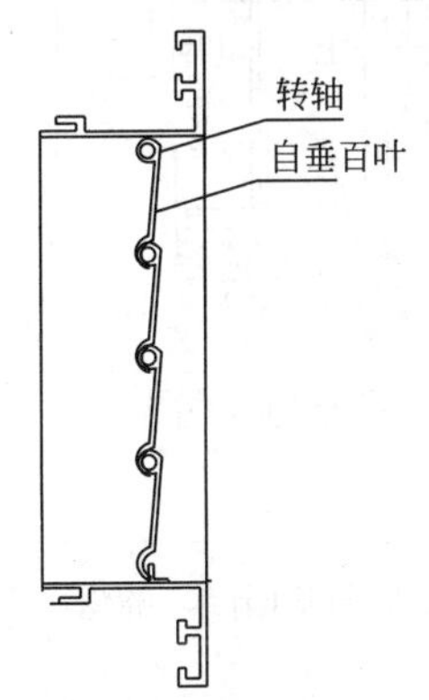


图 2.6.2–1　平时靠自重关闭

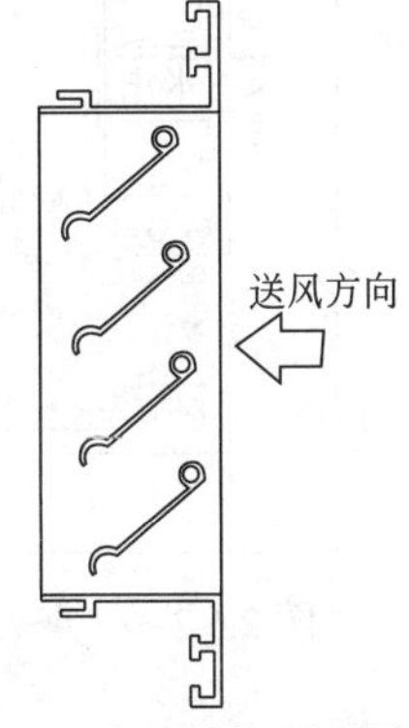


图 2.6.2–2　当开始加压送风，压力大于百叶自重，百叶自动打开

图 2.6.2–3　百叶送风口

（2）排烟防火阀是安装在机械排烟系统的管道上，平时呈开启状态，火灾时当排烟管道内烟气温度达到280℃时关闭，并在一定时间内能满足漏烟量和耐火完整性要求，起隔烟阻火作用的阀门。

（3）排烟阀是安装在机械排烟系统各支管端部（烟气吸入口）处，平时呈关闭状态并满足漏风量要求，火灾时可手动和电动启闭，起排烟作用的阀门。

（4）风阀是安装在送风机出风管或进风管上，防止平时因自然拔风造成的冷空气侵入。所以平时常闭，火灾时自动开启（图2.6.2-4）。

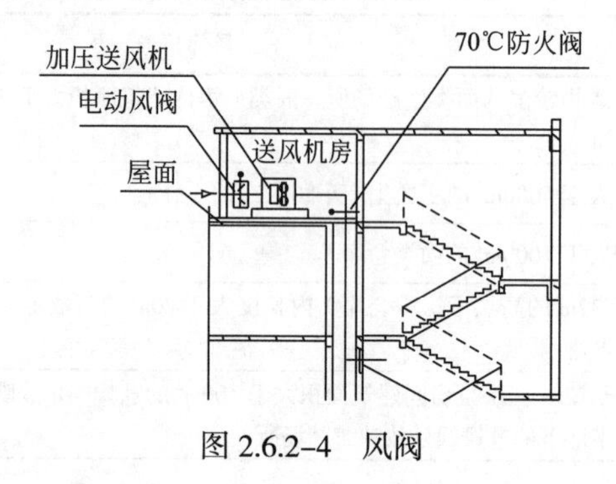


图2.6.2-4　风阀

（5）防火阀是安装在通风空调系统送回风管道上，平时呈开启状态，火灾时当管道内的烟气温度达到一定温度（一般为70℃）时自动关闭，起隔烟阻火作用的阀门。

**答246：**在防烟系统中，经常提到共用前室、合用前室、独立前室、消防电梯前室等，请说明几者之间的区别。

答：（1）独立前室：只与一部疏散楼梯相连的前室（图2.6.2-5）。

（2）共用前室：（居住建筑）剪刀楼梯间的两个楼梯间共用同一前室时的前室（图2.6.2-6）。

（3）合用前室：防烟楼梯间前室与消防电梯前室合用时的前室（图2.6.2-7）。

（4）消防电梯前室：只与消防电梯相连的前室。

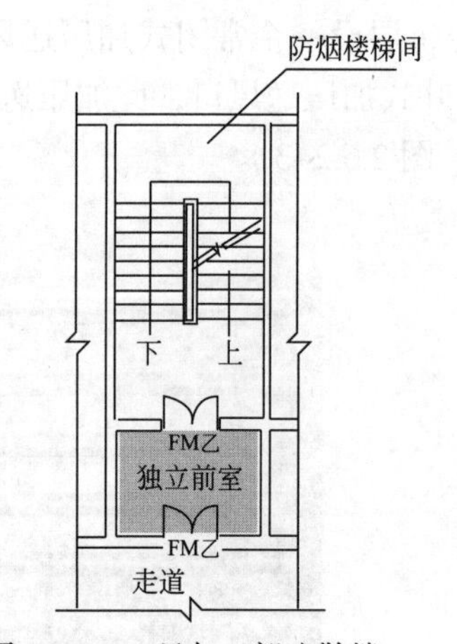


图2.6.2-5　只与一部疏散楼梯相连的独立前室

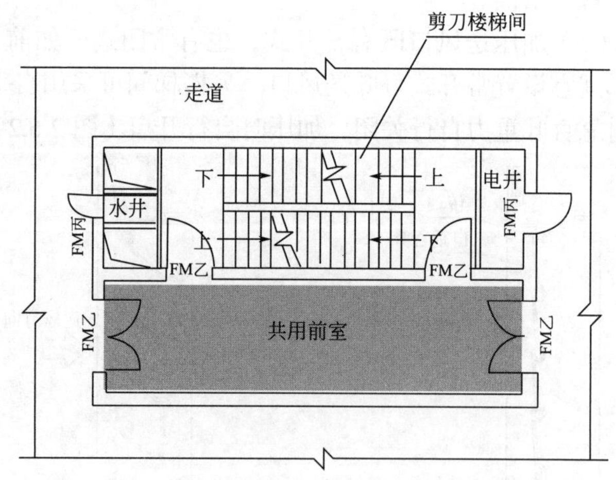


图2.6.2-6　剪刀楼梯间的两个楼梯间共用同一前室

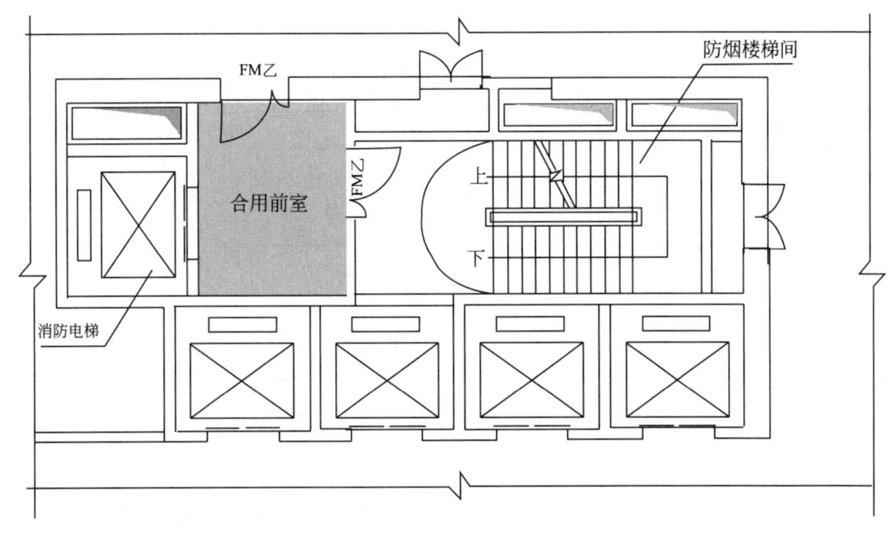


图 2.6.2–7 独立前室与消防电梯前室合用

**答 247**：下列建筑中，其楼梯间和前室应分别选用何种防烟方式，请说明理由。

（1）高度为 54m 的综合楼，地下 2 层，设有合用前室。

答：防烟楼梯间和合用前室应采用机械加压送风系统。

理由：建筑高度大于 50m 的公共建筑、工业建筑和建筑高度大于 100m 的住宅建筑，其防烟楼梯间、独立前室、共用前室、合用前室及消防电梯前室应采用机械加压送风系统。

（2）某住宅部分与非住宅的组合建筑，住宅部分和非住宅部分均设置防烟楼梯间且两者独立设置，另其前室均采用合用前室（图 2.6.2–8）。

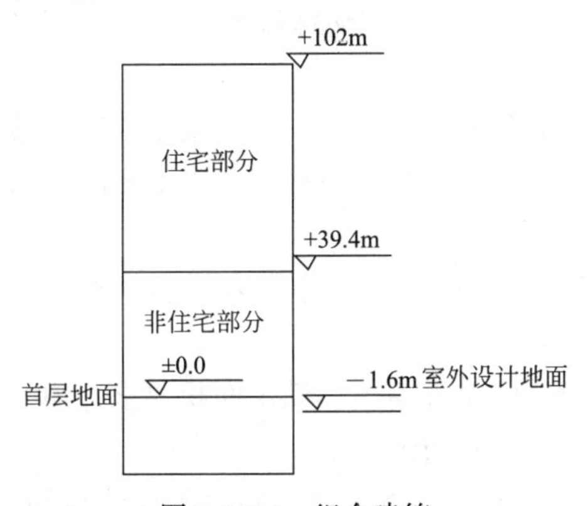


图 2.6.2–8 组合建筑

答：非住宅部分的建筑高度为 39.4–（–1.6）=41m ＜ 50m。所以防烟楼梯间和合用前室应采用自然通风防烟系统。当不能设置自然通风系统时，应采用机械加压送风系统。

理由：建筑高度小于或等于 50m 的公共建筑、工业建筑和建筑高度小于或等于 100m 的住宅建筑，其防烟楼梯间、独立前室、共用前室、合用前室（除共用前室与消防电梯前室合用外）及消防电梯前室应采用自然通风系统；当不能设置自然通风系统时，应采用机械加压送风系统。

住宅部分建筑高度：102–（–1.6）=103.6m ＞ 100m，所以其防烟楼梯间和合用前室应采用机械加压送风系统（图 2.6.2–9）。

| 高度 | 非住宅 | 住宅 |
|---|---|---|
| $a \leqslant 50$m<br>$a+b \leqslant 5100$m | 自然通风 | 自然通风 |
| $a > 50$m<br>$a+b \leqslant 100$m | 机械加压 | 自然通风 |
| $a \leqslant 50$m<br>$a+b > 100$m | 自然通风 | 机械加压 |
| $a > 50$m<br>$a+b > 100$m | 机械加压 | 机械加压 |

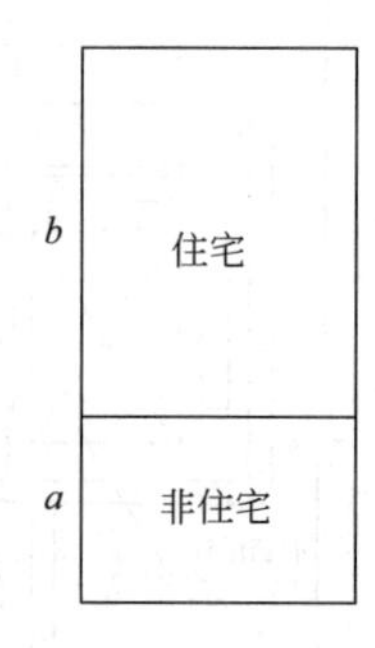


图 2.6.2–9　组合建筑的送风系统

（3）某建筑高度为 45m 的办公楼，合用前室采用全敞开的阳台。

答：合用前室采用全敞开的阳台进行自然防烟，楼梯间可不设置防烟系统。

理由：当独立前室或合用前室满足下列条件之一时，楼梯间可不设置防烟系统。

1）采用全敞开的阳台或凹廊；

2）设有两个及以上不同朝向的可开启外窗，且独立前室两个外窗面积分别不小于 $2.0m^2$，合用前室两个外窗面积分别不小于 $3.0m^2$。

（4）某商业综合体高 45m，东南角设置裙房，高 18m。其防烟楼梯间在裙房高度以上部分采用自然通风，裙房的合用前室不能满足自然通风条件，其前室怎么进行防烟?

答：应采用机械加压送风系统。机械加压送风口应设置在前室的顶部或正对前室入口的墙面。裙房高度以内的楼梯间可不设防烟系统。

（5）某建筑地下 3 层，地下部分采用防烟楼梯间前室，其消防电梯前室也是独立设置，已知其无自然通风条件。

答：防烟楼梯间前室及消防电梯前室应采用机械加压送风系统。

**答 248：**下列建筑中的楼梯间和前室应分别选用了不同的送风方式，请判断是否正确并说明理由。

（1）某建筑高度为 45m 的办公楼，楼梯间未设置防烟系统，合用前室布置情况如图 2.6.2–10 所示。

答：错误。合用前室设有两个外窗虽然满足面积要求，但是不能满足不同朝向，所以应在楼梯间设置开设窗户进行自然防烟。

理由：建筑高度小于或等于 50m 的公共建筑、工业建筑和建筑高度小于或等于 100m 的住宅建筑，其防烟楼梯间、独立前室、共用前室、合用前室（除共用前室与消防电梯前室合用外）及消防电梯前室应采用自然通风系统；当不能设置自然通风系统时，应采用机械加压送风系统。防烟系统的选择，尚应符合下列规定：

当独立前室或合用前室满足下列条件之一时，楼梯间可不设置防烟系统，

1）采用全敞开的阳台或凹廊；

2）设有两个及以上不同朝向的可开启外窗，且独立前室两个外窗面积分别不小于 $2.0m^2$，合用前室两个外窗面积分别不小于 $3.0m^2$（图 2.6.2–11、图 2.6.2–12）。

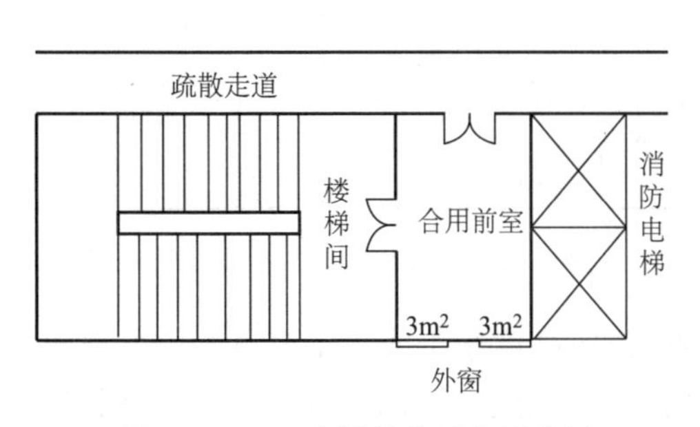


图 2.6.2–10　合用前室开窗示意图

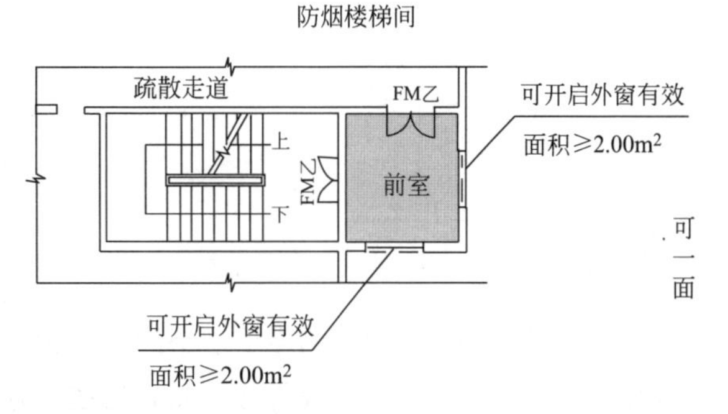


图 2.6.2–11　设有不同朝向可开启外窗的独立前室

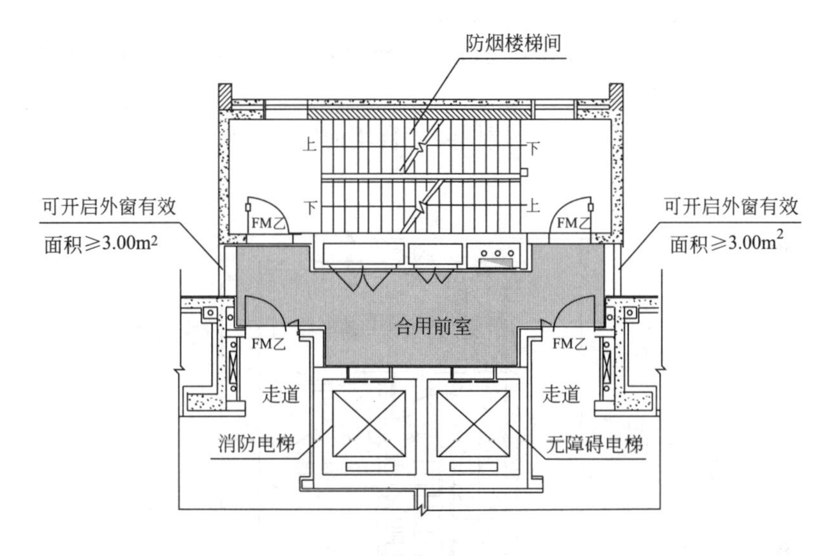


图 2.6.2–12　设有不同朝向可开启外窗的合用前室

（2）某住宅建筑高度 98m，共 31 层。合用前室因没有可开启外窗，所以采用机械加压送风系统，楼梯间采用自然通风系统（图 2.6.2–13）。

答：错误。因为机械加压送风口未设置在前室的顶部或正对前室入口的墙面。

理由：将前室的机械加压送风口设置在前室的顶部，其目的是为了形成有效阻隔烟气的风幕；而将送风口设在正对前室入口的墙面上，是为了形成正面阻挡烟气侵入前室的效果。当前室的加压送风口的设置不符合上述规定时，其楼梯间就必须设置机械加压送风系统。

当独立前室、共用前室及合用前室的机械加压送风口设置在前室的顶部或正对前室入口的墙面时，楼梯间可采用自然通风系统；当机械加压送风口未设置在前室的顶部或正对前室入口的墙面时，楼梯间应采用机械加压送风系统。

**答 249：**（1）某住宅建筑高 78m，独立前室不能满足自然通风条件，楼梯间采用机械加压送风。如图 2.6.2–14 所示。请判断是否正确，说明理由。

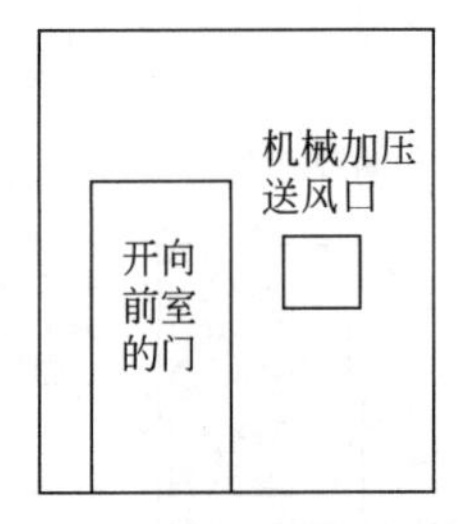


图 2.6.2–13 前室内送风口布置示意图

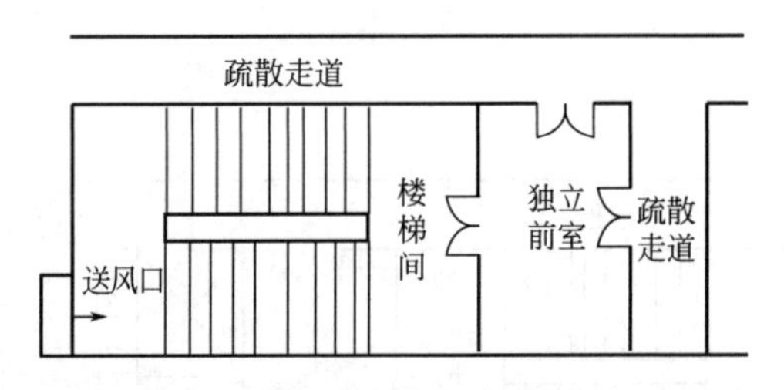


图 2.6.2–14 某住宅楼梯间采用机械加压送风

答：错误。理由：独立前室有 2 个门与走道相通。建筑高度小于或等于 50m 的公共建筑、工业建筑和建筑高度小于或等于 100m 的住宅建筑，当采用独立前室且其仅有一个门与走道或房间相通时，可仅在楼梯间设置机械加压送风系统；当独立前室有多个门时，楼梯间、独立前室应分别独立设置机械加压送风系统。

（2）某住宅建筑高 86m，为了节约成本，楼梯间和合用前室共用机械加压送风系统。请判断是否正确，说明理由。

答：错误。当采用合用前室时，楼梯间、合用前室应分别独立设置机械加压送风系统（图 2.6.2–15）。

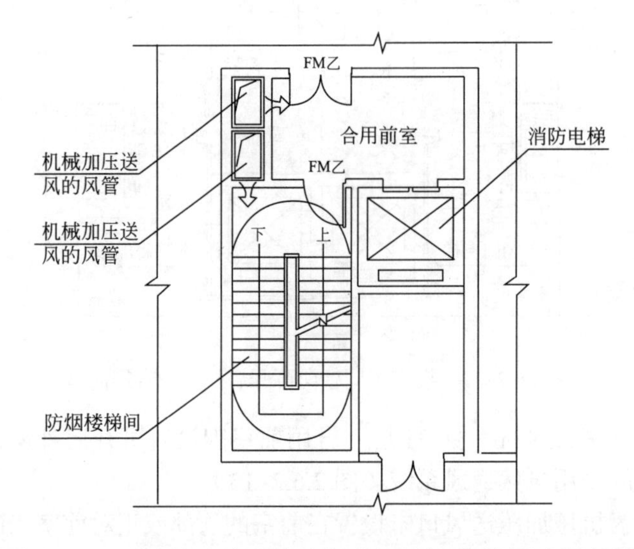


图 2.6.2–15 楼梯间、合用前室分别独立设置机械加压送风系统

（3）某 58m 住宅，两个楼梯间因多重原因无法拉开，采用剪刀楼梯形式。两个楼梯间及其前室的机械加压送风系统应分别独立设置。其两个楼梯间与前室合用机械加压送风系统。请判断是否正确，说明理由。

答：错误。当采用剪刀楼梯时，其两个楼梯间及其前室的机械加压送风系统应分别独立设置。

对于剪刀楼梯无论是公共建筑还是住宅建筑，为了保证两部楼梯的加压送风系统不至于在火灾发生时同时失效，其两部楼梯间和前室、合用前室的机械加压送风系统（风机、风道、风口）应分别独立设置，两部楼梯间也要独立设置风机和风道、风口（图 2.6.2–16）。

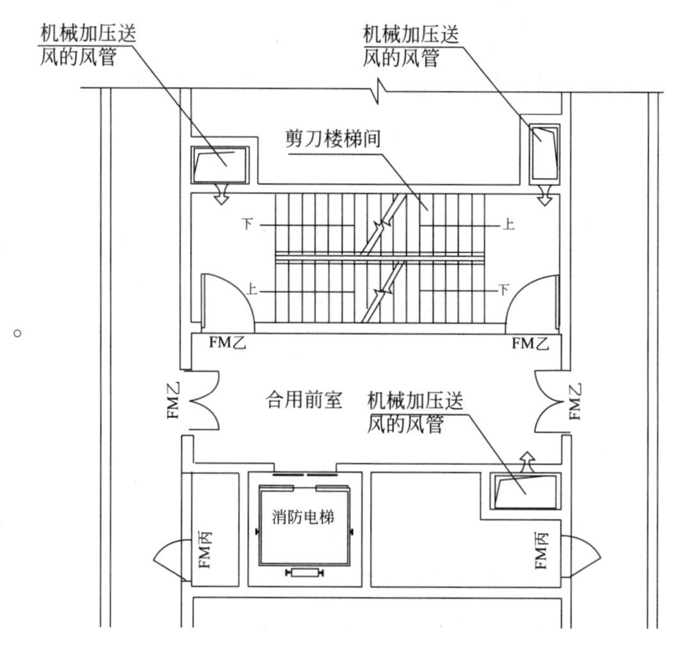


图 2.6.2–16　剪刀楼梯间和合用前室场分别设置送风系统

**答 250：**某多层公共建筑，采用封闭楼梯间。因其不能满足自然通风条件，所以设置机械加压送风系统。地下部分的封闭楼梯间与地上共用，未设置机械加压送风系统。请判断是否正确，说明理由。

答：错误。理由：当地下、半地下建筑（室）的封闭楼梯间不与地上楼梯间共用且地下仅为一层时，可不设置机械加压送风系统，但首层应设置有效面积不小于 1.2m² 的可开启外窗或直通室外的疏散门（图 2.6.2–17）。

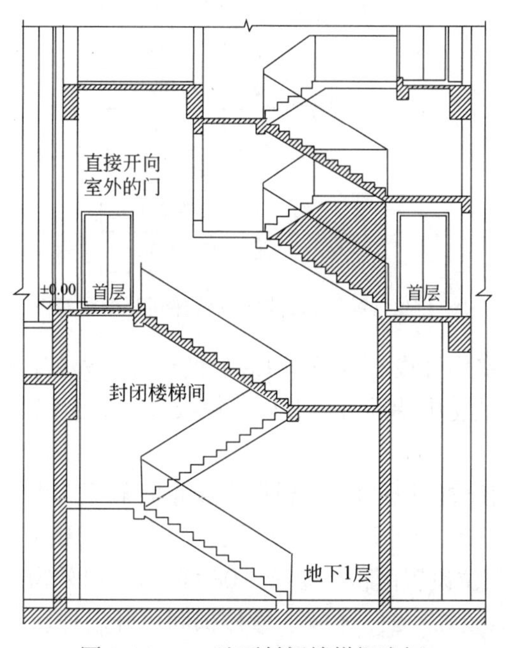


图 2.6.2–17　地下封闭楼梯间防烟

**答 251**：某商场设置避难走道，前室设置了机械加压送风系统，而楼梯间未设置机械加压送风系统，如图 2.6.2–18 所示。请判断是否正确，说明理由。

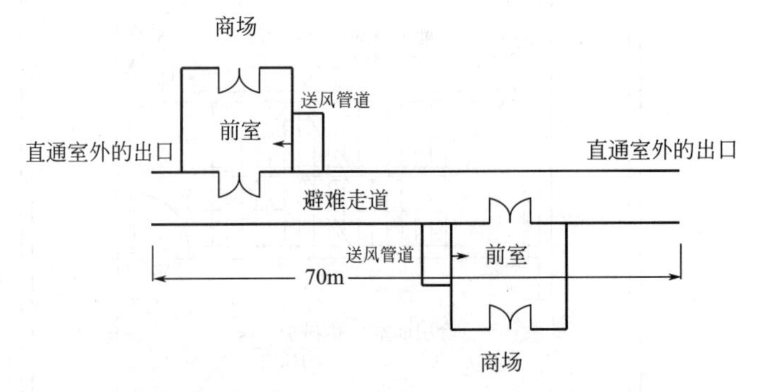


图 2.6.2–18　某商场设置的避难走道防烟设置

答：错误。楼梯间也应设置机械加压送风系统。

理由：避难走道应在其前室及避难走道分别设置机械加压送风系统，但下列情况可仅在前室设置机械加压送风系统：（1）避难走道一端设置安全出口，且总长度小于 30m；（2）避难走道两端设置安全出口，且总长度小于 60m。

**答 252**：某公共建筑共 10 层，高度 36m。楼梯间与前室均采用自然通风防烟方式，每层独立前室均开设有效面积 $1.8m^2$ 的可开启外窗。楼梯间设置如图 2.6.2–19 所示，请判断设置是否正确，并说明理由。

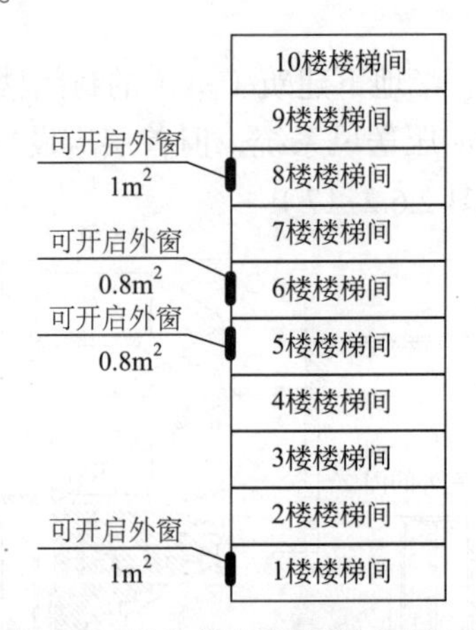


图 2.6.2–19　某公共建筑楼梯间开窗示意图

答：① 每层独立前室均开设有效面积 $1.8m^2$ 的可开启外窗错误。理由：前室采用自然通风方式时，独立前室、消防电梯前室可开启外窗或开口的面积不应小于 $2.0m^2$，共用前室、合用前室不应小于 $3.0m^2$。

② 1 楼、5 楼楼梯间设置可开启外窗错误，布置间隔不应大于 3 层。

③ 10 楼外墙或屋顶未设置可开启外窗错误，理由：采用自然通风方式的封闭楼梯间、防烟楼梯间，应在最高部位设置面积不小于 $1.0m^2$ 的可开启外窗或开口。

④ 如图 2.6.2–20、图 2.6.2–21，1 ~ 5 楼楼梯间可开启外窗面积之和为 $1.8m^2$，6 ~ 10 楼可开启外窗之和为 $1.8m^2$ 均错误，理由：理由：当建筑高度大于 10m 时，尚应在楼梯间

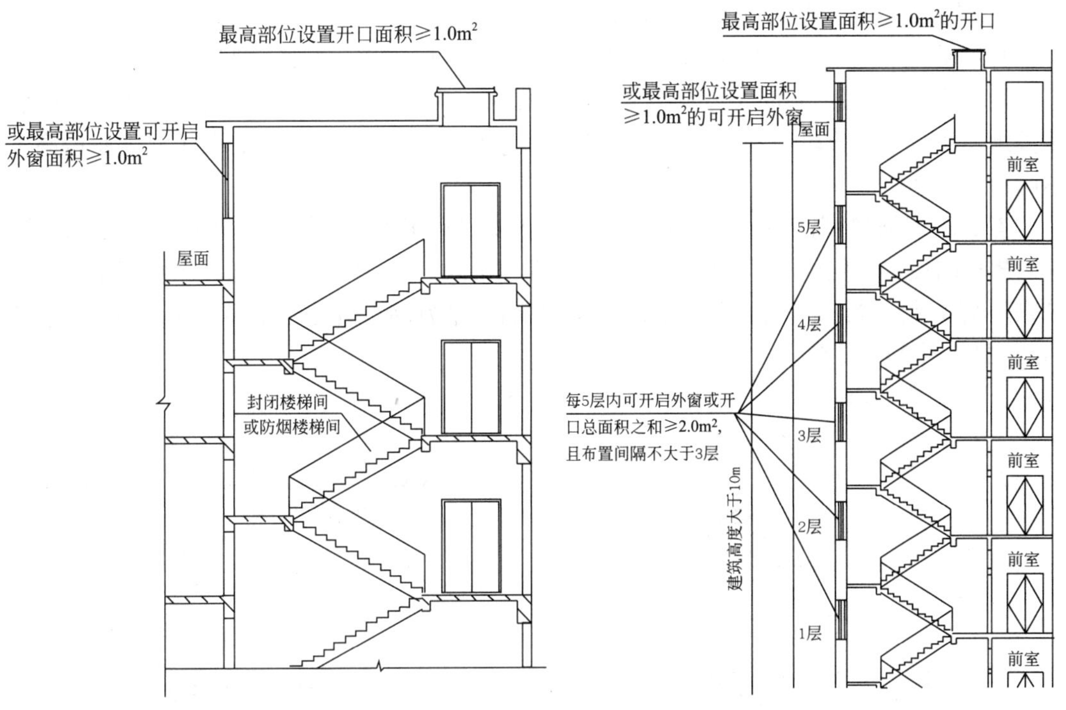


图 2.6.2–20 建筑高度小于等于 10m 建筑楼梯间采用自然防烟图

图 2.6.2–21 建筑高度大于 10m 建筑楼梯间采用自然防烟图

的外墙上每 5 层内设置总面积不小于 2.0m$^2$ 的可开启外窗或开口

**答 253：** 某超高层，四方均无障碍物。避难层采用自然通风防烟。设置情况如图 2.6.2–22 所示。请判断设置是否正确，并说明理由。

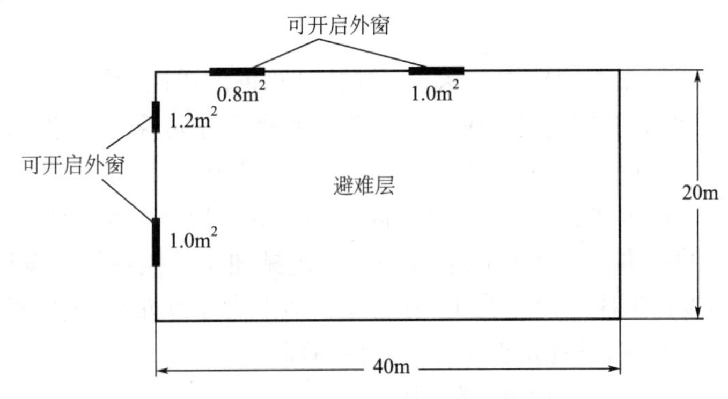


图 2.6.2–22 避难层自然防烟图

答：错误。（1）0.8+1.0=1.8m$^2$<2m$^2$。

（2）0.8+1.0+1.2+1.0=4m$^2$<20×40×2%=16m$^2$。

理由：采用自然通风方式的避难层（间）应设有不同朝向的可开启外窗，其有效面积不应小于该避难层（间）地面面积的 2%，且每个朝向的面积不应小于 2.0m$^2$。

整改措施：在四面外墙上，每面设置 2 个均是 2m$^2$ 的可开启外窗。

**答 254：** 有人说，不管是机械加压送风系统，还是排烟系统竖向设置时，高度超过

100m的建筑才要求分段设置。请判断设置是否正确，并说明理由。

答：错误。建筑高度大于100m的建筑，其机械加压送风系统应竖向分段独立设置，且每段高度不应超过100m。建筑高度超过50m的公共建筑和建筑高度超过100m的住宅，其排烟系统应竖向分段独立设置，且公共建筑每段高度不应超过50m，住宅建筑每段高度不应超过100m。

**答255：**某建筑高度为45m的建筑，设计人员设计了带送风管道的机械加压送风系统。后因楼梯间设置加压送风井（管）道确有困难，所以采用直灌式加压送风系统。送风量还是采用刚开始的设计值。已知风机安装在A位置。请判断设置是否正确，并说明理由（图2.6.2-23、图2.6.2-24）。

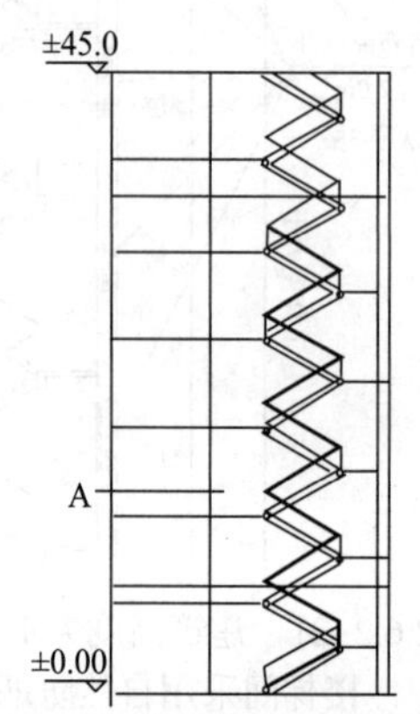


图2.6.2-23　自灌式加压送风系统（一）

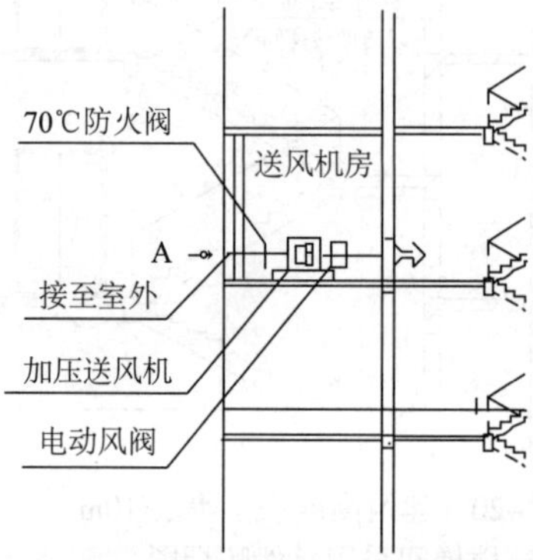

70℃防火阀
送风机房
A
接至室外
加压送风机
电动风阀

图2.6.2-24　直灌式加压送风系统（二）

答：（1）错误①：采用单点送风错误，建筑高度大于32m的高层建筑，应采用楼梯间两点部位送风的方式，送风口之间距离不宜小于建筑高度的1/2。

（2）错误②：加压送风口放置在楼梯间靠下部位，加压送风口不宜设在影响人员疏散的部位。

（3）错误③：送风量不变错误，送风量应按计算值的送风量增加20%。

注意：建筑高度小于或等于50m的建筑，楼梯间才可采用直灌式加压送风系统。≤32m可单点送风，32m＜高度≤50m时，需采用两点送风方式。

**答256：**某医疗建筑地上25层，建筑高度为80m，地下2层，地下主要功能是药品仓储功能。为了节约成本，地上与地下合用一套机械加压送风系统。设计人员在设计时，确定地上建筑所需设计加压送风量为15万$m^3/h$，地下为3万$/m^3$。最终经过讨论确定，全楼取值15万$m^3/h$。请判断设置是否正确，并说明理由。

答：（1）地上和地下不应共用机械加压送风系统。

理由：设置机械加压送风系统的楼梯间的地上部分与地下部分，其机械加压送风系统应分别独立设置。当受建筑条件限制，且地下部分为汽车库或设备用房时，可共用机械加压送风系统。

（2）地上地下送风量取最大值错误，理由：如地上部分与地下部分共用机械加压送风系统，地上、地下部分的加压送风量，相加后作为共用加压送风系统风量。

**答257：**关于送风机的进风口与排烟风机的出风口的设置，消防部门在对该地区的一些场所检查时发现如下情况。

情况 1：如图 2.6.2–25 所示，请判断设置是否正确，并说明理由。

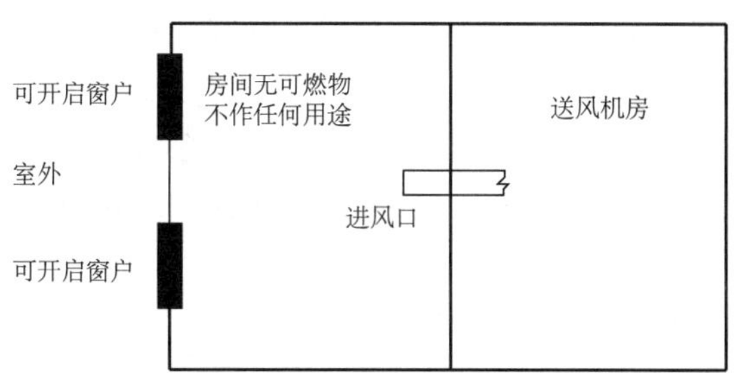


图 2.6.2–25　情况 1

答：错误。送风机的进风口应直通室外，且应采取防止烟气被吸入的措施。

情况 2：如图 2.6.2–26 所示，将加压送风机放置于屋顶，采用石棉瓦遮雨。请判断设置是否正确，并说明理由。

图 2.6.2–26　情况 2

答：错误。① 送风机宜设置在系统的下部。

② 送风机应设置在专用机房内，为保证加压送风机不因受风、雨、异物等侵蚀损坏，在火灾时能可靠运行。

情况 3：如平面图图 2.6.2–27 所示，送风机的进风口与排烟风机的出风口设在同一面上。请判断设置是否正确，并说明理由。

答：错误。送风机的进风口不应与排烟风机的出风口设在同一面上。当确有困难时，送风机的进风口与排烟风机的出风口应分开布置，且水平布置时，两者边缘最小水平距离不应小于 20.0m。

情况 4：如立面图图 2.6.2–28 所示，送风机的进风口与排烟风机的出风口设在同一面上。请判断设置是否正确，并说明理由。

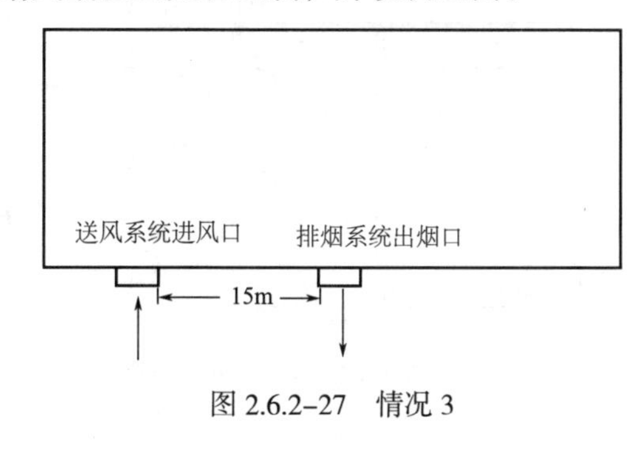


图 2.6.2–27　情况 3

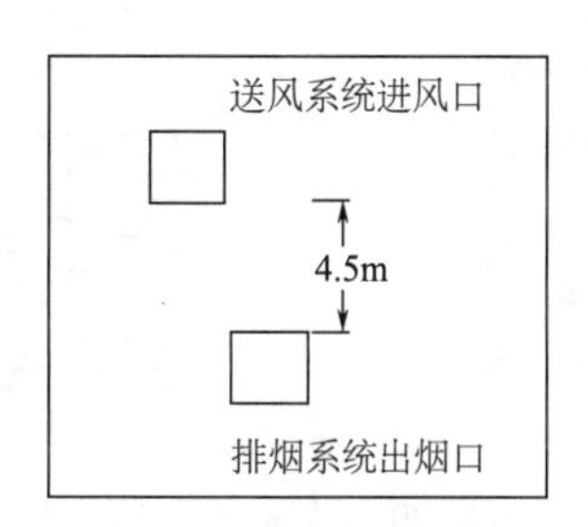


图 2.6.2–28　情况 4

答：错误。送风机的进风口不应与排烟风机的出风口设在同一面上。当确有困难时，送风机的进风口与排烟风机的出风口应分开布置，且竖向布置时，送风机的进风口应设置在排烟出口的下方,采取防止排出的烟气被吸入。其两者边缘最小垂直距离不应小于6.0m。

**答258**：某大楼地上共19层，地下2层，地上是综合楼，地下使用功能为汽车库。已知地上和地下共用机械加压送风系统。楼梯间在1楼、5楼、9楼、13楼、17楼每层设置一个常闭式送风口，前室每隔在–2楼、1楼、3楼、5楼、7楼、9楼、11楼、13楼、15楼、17楼、19楼每层设置一个常开式百叶送风口。另为了通风，在楼梯间设置了百叶窗，在前室设置了可开启外窗。

答：（1）–1、–2楼的楼梯间未设置加压送风口错误，根据《建筑防火设计规范》GB 50016—2014（2018版）6.4.4除通向避难层错位的疏散楼梯外，建筑内的疏散楼梯间在各层的平面位置不应改变。除住宅建筑套内的自用楼梯外，地下或半地下建筑（室）的疏散楼梯间，应符合下列规定：建筑的地下或半地下部分与地上部分不应共用楼梯间，确需共用楼梯间时，应在首层采用耐火极限不低于2.00h的防火隔墙和乙级防火门将地下或半地下部分与地上部分的连通部位完全分隔，并应设置明显的标志。

也就是说，地下和地上虽然共用了楼梯间，但是两者已做了分隔，+1楼送风口的送的风不能进入地下空间，所以应该在–1、–2楼的楼梯间分别设置1个机械加压送风口。

（2）1楼、5楼、9楼、13楼、17楼每层设置一个常闭式送风口错误，除直灌式加压送风方式外，楼梯间宜每隔2层～3层设一个常开式百叶送风口。

（3）前室每隔在–2楼、1楼、3楼、5楼、7楼、9楼、11楼、13楼、15楼、17楼、19楼每层设置一个常开式百叶送风口错误，前室应每层设一个常闭式加压送风口，并应设手动开启装置。

注意：送风口不宜设置在被门挡住的部位（图2.6.2–29、图2.6.2–30）。

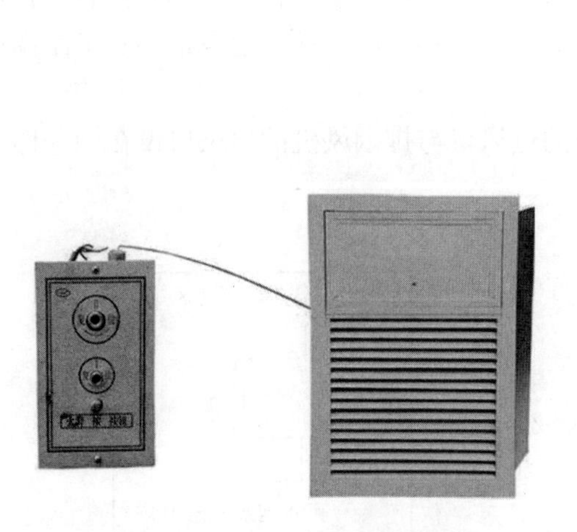

图2.6.2–29 送风口手动开启装置

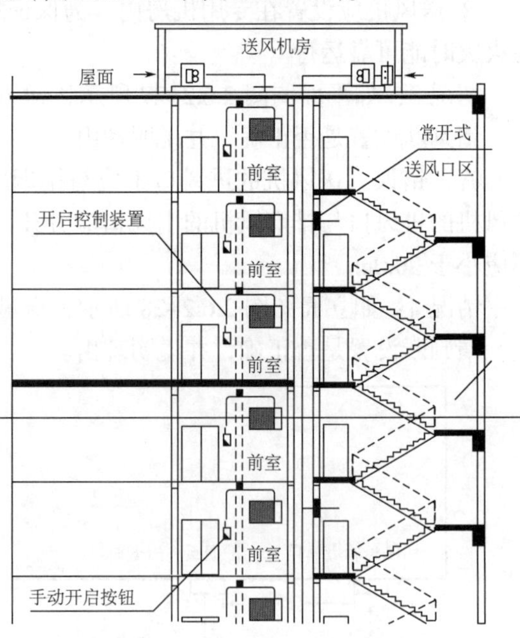


图2.6.2–30 送风口设置

（4）为了通风，在楼梯间设置了百叶窗，在前室设置了可开启外窗错误。

理由：采用机械加压送风的场所不应设置百叶窗，且不宜设置可开启外窗。目的是防止漏风。

**答 259：**对某大型超市设置的机械排烟系统进行验收，开启防烟分区一的全部排烟口，排烟风机启动后测试排烟口处的风速为 13m/s。开启防烟分区二的全部排烟口，补风机启动后测试补风口处的风速为 7m/s。请判断是否正确，并说明理由。

答：（1）排烟口处的风速为 13m/s 错误，不应大于 10m/s。

（2）补风口处的风速为 7m/s 错误，本场所属于人员密集场所，不应超过 5m/s（表 2.6.2–3）。

**风速总结（m/s）**　　**表 2.6.2–3**

<table>
<tr><th colspan="3">机械防烟</th><th colspan="3">机械排烟</th><th>补风</th></tr>
<tr><td>机械加压送风口</td><td>风速</td><td>≤ 7</td><td>机械排烟口</td><td>风速</td><td>≤ 10</td><td rowspan="3">自然补风：≤ 3<br>机械补风：≤ 10<br>人密机械：≤ 5</td></tr>
<tr><td rowspan="2">机械加压送风管道</td><td>内壁金属风速</td><td>≤ 20</td><td rowspan="2">机械排烟管道</td><td>内壁金属风速</td><td>≤ 20</td></tr>
<tr><td>内壁非金属</td><td>≤ 15</td><td>内壁非金属</td><td>≤ 15</td></tr>
</table>

**答 260：**关于机械加压送风管、排烟管道、补风管道，小李和小王又一次进行了讨论。

（1）小李说：机械加压送风管和排烟管道均可以和其他管道共用管道井。

（2）小王说：机械加压送风管的水平管和竖管的耐火极限要求相同。

（3）小李说：排烟管道可以不放置于吊顶内，耐火极限与放置吊顶内一致。

（4）小王说：补风系统管道穿越防火分区和排烟系统管道穿越防火分区耐火极限要求一致。

答：均错误。详见表 2.6.2–4。

**管道耐火极限**　　**表 2.6.2–4**

<table>
<tr><th colspan="3">情形</th><th>最低耐火极限（h）</th></tr>
<tr><td rowspan="4">机械加压送风管</td><td rowspan="2">竖向</td><td>独立管道井</td><td>—</td></tr>
<tr><td>不在井、合用井</td><td>1.0</td></tr>
<tr><td rowspan="2">水平</td><td>吊顶内</td><td>0.5</td></tr>
<tr><td>不在吊顶</td><td>1.0</td></tr>
<tr><td rowspan="5">排烟管道</td><td>竖向</td><td>必须独立管道井</td><td>0.5</td></tr>
<tr><td rowspan="2">水平</td><td>吊顶内</td><td>0.5</td></tr>
<tr><td>不在吊顶，设于室内</td><td>1.0</td></tr>
<tr><td colspan="2">走道吊顶 / 穿防火分区的管道</td><td>1.0</td></tr>
<tr><td colspan="2">设备用房、汽车库</td><td>0.5</td></tr>
<tr><td rowspan="2">补风管道</td><td colspan="2">—</td><td>0.5</td></tr>
<tr><td colspan="2">管道跨越防火分区</td><td>1.5</td></tr>
</table>

**答261**：（1）很多人说，楼梯间设置自然通风防烟时，应在顶部设置固定窗。

答：错误。楼梯间设置自然通风防烟时，应在顶部设置可开启外窗。

（2）如楼梯间采用机械加压送风系统时，应在顶部设置可开启外窗。

答：错误，楼梯间采用机械加压送风系统时，应在顶部设置固定窗。

具体知识：设置机械加压送风系统的封闭楼梯间、防烟楼梯间，尚应在其顶部设置不小于1$m^2$的固定窗。靠外墙的防烟楼梯间，尚应在其外墙上每5层内设置总面积不小于2$m^2$的固定窗。

（3）设置机械加压送风系统的避难层（间），为了保证密封性，增加防烟效果，只能设置固定窗。

答：错误。设置机械加压送风系统的避难层（间），尚应在外墙设置可开启外窗，其有效面积不应小于该避难层（间）地面面积的1%。目的是发生火灾时，避难层（间）内聚集着暂时避难、等待救援的楼内人员，其中包含行动不便者。设置可开启外窗主要是保证避难人员的新风需求，同时保持避难层（间）的空气对流。

（4）当建筑设置机械排烟系统时，一般在外墙设置可开启外窗。

答：错误。设置固定窗。

下列地上建筑或部位，当设置机械排烟系统时，尚应在外墙或屋顶设置固定窗：

① 任一层建筑面积大于2500$m^2$的丙类厂房（仓库）；

② 任一层建筑面积大于3000$m^2$的商店建筑、展览建筑及类似功能的公共建筑；

③ 总建筑面积大于1000$m^2$的歌舞、娱乐、放映、游艺场所；

④ 商店建筑、展览建筑及类似功能的公共建筑中长度大于60m的走道；

⑤ 靠外墙或贯通至建筑屋顶的中庭。

具体知识：

（1）固定窗的布置应符合下列规定：

① 非顶层区域的固定窗应布置在每层的外墙上；

② 顶层区域的固定窗应布置在屋顶或顶层的外墙上，但未设置自动喷水灭火系统的以及采用钢结构屋顶或预应力钢筋混凝土屋面板的建筑应布置在屋顶。

（2）固定窗的设置和有效面积应符合下列规定：

① 设置在顶层区域的固定窗，其总面积不应小于楼地面面积的2%。

② 设置在靠外墙且不位于顶层区域的固定窗，单个固定窗的面积不应小于1$m^2$，且间距不宜大于20m，其下沿距室内地面的高度不宜小于层高的1/2。供消防救援人员进入的窗口面积不计入固定窗面积，但可组合布置。

③ 设置在中庭区域的固定窗，其总面积不应小于中庭楼地面面积的5%。

④ 固定玻璃窗应按可破拆的玻璃面积计算，带有温控功能的可开启设施应按开启时的水平投影面积计算。

另外注意：固定窗宜按每个防烟分区在屋顶或建筑外墙上均匀布置且不应跨越防火分区。

**答262**：某商场的避难走道和前室均设置机械加压送风系统，如图2.6.2-31所示，请求出避难走道和前室的设计送风量。

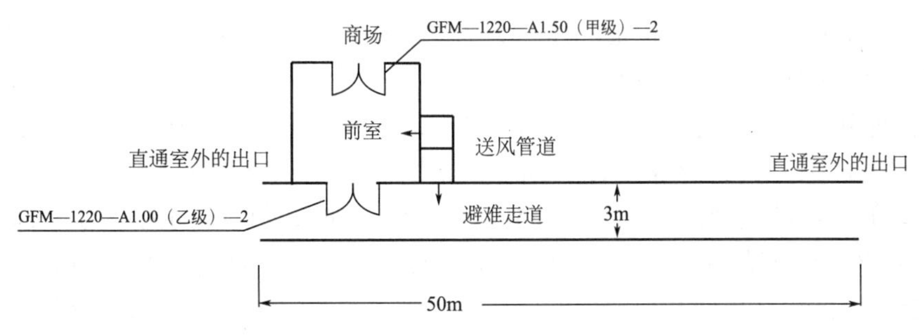


图 2.6.2-31　避难走道送风示意图

答:（1）避难走道前室的送风量应按直接开向前室的疏散门（甲级）的总断面积乘以 1.0m/s 门洞断面风速计算。注意：GFM—1220—A1.50（甲级）—2。表示隔热（A 类）钢质防火门，其洞口宽度为 1200mm，洞口高度为 2000mm，耐火完整性和耐火隔热性的时间均不小于 1.50h 的甲级双扇防火门。

避难走道前室的送风量为 $1.2 \times 2.0 \times 1.0 \times 3600=8640m^3/h$。

因为机械加压送风系统的设计风量不应小于计算风量的 1.2 倍。

所以设计风量 $=8640 \times 1.2=10368m^3/h$。

（2）封闭避难层（间）、避难走道的机械加压送风量应按避难层（间）、避难走道的净面积每平方米不少于 $30m^3/h$ 计算。

所以避难走道的机械加压设计送风量 $=50 \times 3 \times 30 \times 1.2=5400m^3/h$（图 2.6.2-32）。

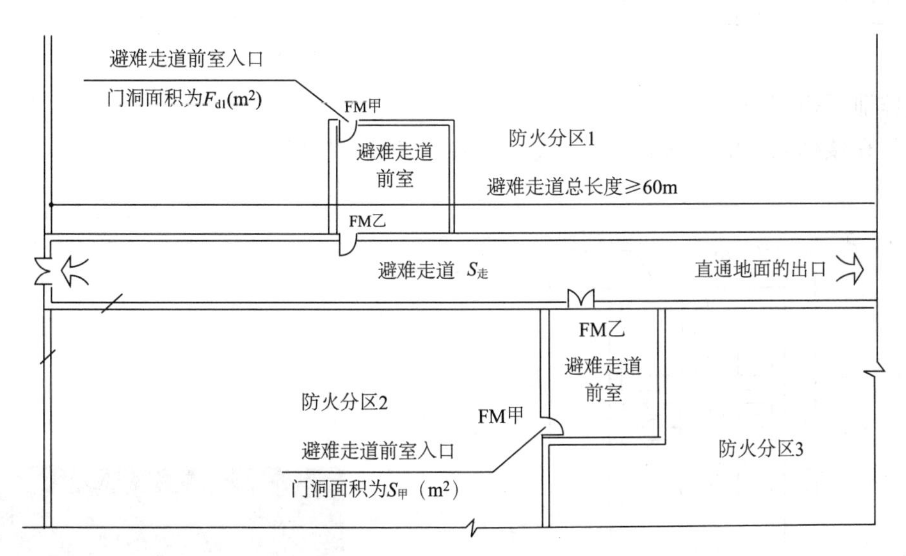


图 2.6.2-32　避难走道和前室送风量计算

避难走道送风量 $=S_{走道}$（$m^2$）$\times 30m^3/$（$m^2 \cdot h$）$=m^3/h$

走道前室送风量 $=S_{甲}$（$m^2$）$\times 1.0m/s \times 3600s/h=m^3/h$

**答 263：** 消防服务机构在对某建筑机械加压送风系统进行检查时发现，合用前室与疏散走道的压差为 30Pa，楼梯间与合用前室的压差为 40Pa（图 2.6.2-33），请问是否正确，如不正确请给出解决措施。

答:（1）合用前室与疏散走道的压差为30Pa正确，理由是：前室、封闭避难层（间）与走道之间的压差应为25～30Pa；

（2）楼梯间与合用前室的压差为40Pa错误，理由是机械加压送风量应满足走廊至前室至楼梯间的压力呈递增分布。楼梯间与走道之间的压差应为40～50Pa；前室、封闭避难层（间）与走道之间的压差应为25Pa～30Pa。如果设楼梯间的压力为$P_1$，合用前室的压力为$P_2$，走道的压力为$P_3$。即$P_1$-$P_3$=40～50Pa，$P_2$-$P_3$=25Pa～30Pa。那么$P_1$-$P_2$=10～25Pa。所以楼梯间与前室之间的压差过大（图2.6.2-34）。需设置泄压措施。

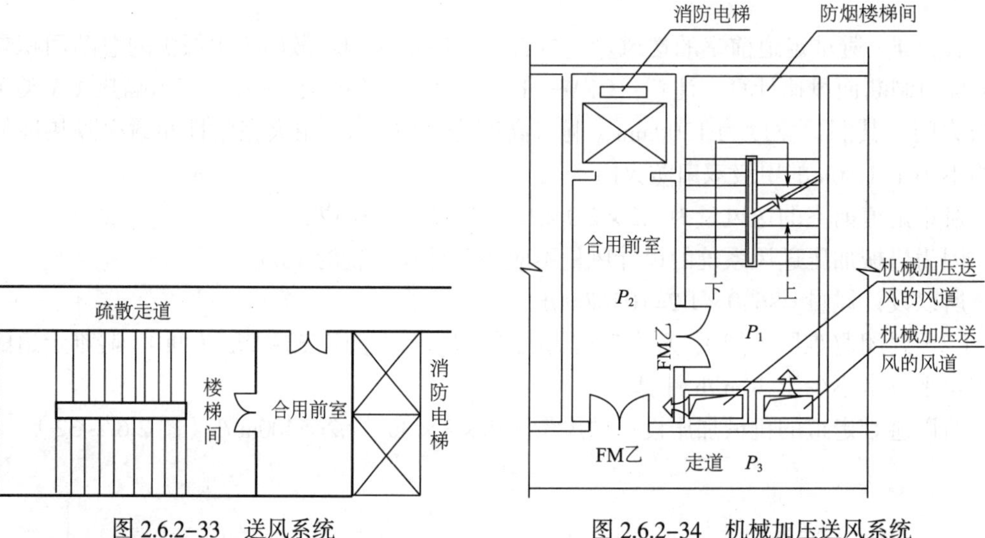


图2.6.2-33 送风系统　　图2.6.2-34 机械加压送风系统

具体泄压措施如下：

（1）在楼梯间与前室的墙上设置电动余压阀图2.6.2-35。

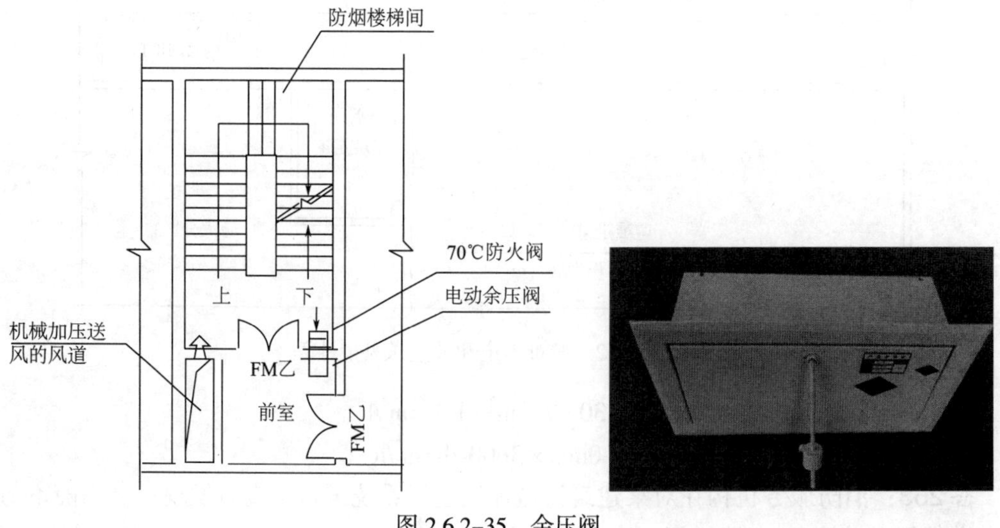


图2.6.2-35 余压阀

（2）在楼梯间装上压力传感器，如压力超标，压力传感器控制送风机出口旁通管上的调节阀开启，进行分流分量减压（图 2.6.2–36）。

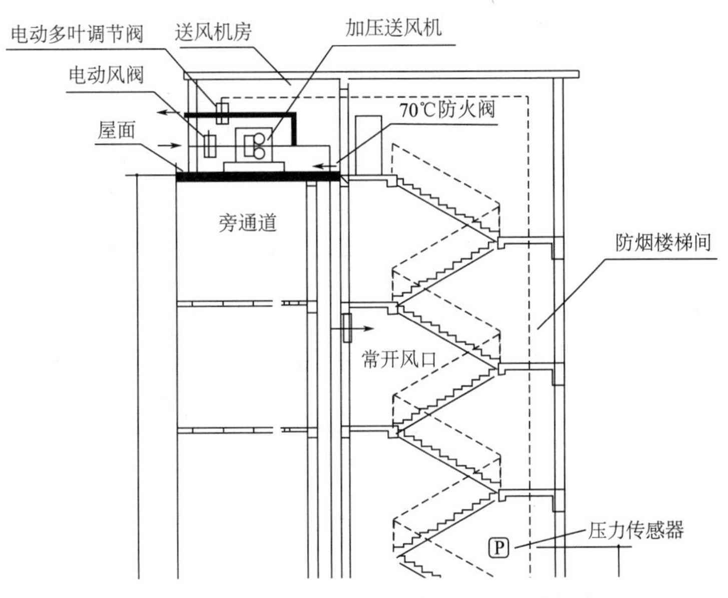


图 2.6.2–36　压力传感器控制旁通管的调节阀减压

**答 264**：在计算楼梯间或前室的机械加压送风量时，门洞断面风速值是非常重要的因素。

情况 1：如图 2.6.2–37 所示，防烟楼梯间与合用前室均机械加压送风，请问防烟楼梯间与合用前室门洞断面风速分别如何要求？

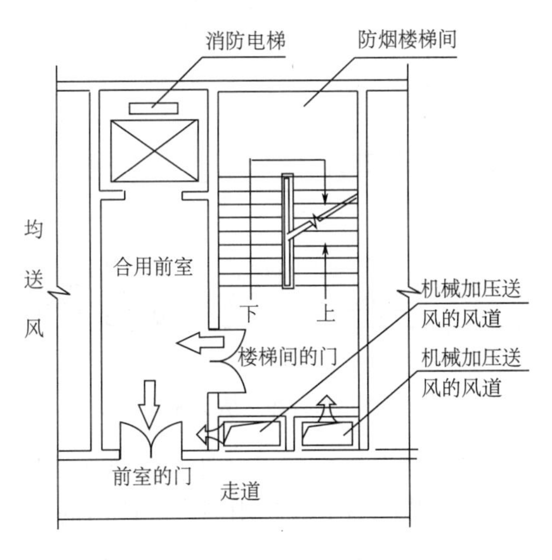


图 2.6.2–37　情况 1

答：当楼梯间和独立前室、共用前室、合用前室均机械加压送风时，通向楼梯间和独立前室、共用前室、合用前室疏散门的门洞断面风速均不应小于 0.7m/s。

情况 2：如图 2.6.2–38 所示，请问防烟楼梯间门洞断面风速分别如何要求？

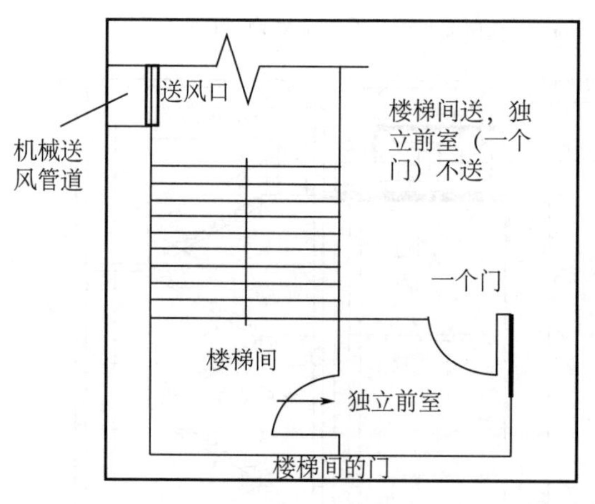


图 2.6.2–38　情况 2

答：当楼梯间机械加压送风、只有一个开启门的独立前室不送风时，通向楼梯间疏散门的门洞断面风速不应小于 1.0m/s。

情况 3：如图 2.6.2–39 所示，当独立前室、共用前室或合用前室机械加压送风而楼梯间采用可开启外窗的自然通风系统时，通向独立前室、共用前室或合用前室疏散门的门洞风速如何要求？

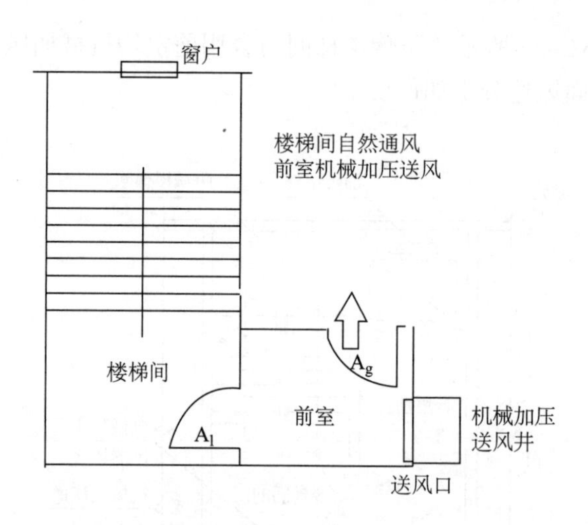


图 2.6.2–39　情况 3

答：当独立前室、共用前室或合用前室机械加压送风而楼梯间采用可开启外窗的自然通风系统时，通向独立前室、共用前室或合用前室疏散门的门洞风速不应小于 $0.6(A_l/A_g+1)$（m/s）。

风速总结见表 2.6.2–5。

对于楼梯间来说，其开启门是指前室通向楼梯间的门；对于前室，是指走廊或房间通向前室的门。

门洞断面风速值总结　　表 2.6.2–5

| 条件 | 何处测量风速 | 风速 $v$ |
|---|---|---|
| 均送风 | 楼梯间和前室疏散门门洞 | ≥ 0.7m/s |
| 楼梯间送，独立前室不送（只有一个门）或消防电梯前室 | 楼梯间疏散门或通向消防电梯前室的门 | ≥ 1.0m/s |
| 前室送风，楼梯间自然通风 | 前室疏散门（独立、共用、合用） | ≥ 0.6（$A_l/A_g+1$)（m/s）；$A_l$ 为楼梯间疏散门的总面积，$A_g$ 为前室疏散门的总面积 |

**答 265**：门开启时，达到规定风速值所需的送风量如何计算？

答：按公式 $L_1=A_k v N_1$

式中　$A_k$——一层内开启门的截面面积，$m^2$，对于住宅楼梯前室，可按一个门的面积取值；

$v$ ——门洞断面风速，m/s；

$N_1$——设计疏散门开启的楼层数量；

关于 $N_1$ 取值如表 2.6.2–6 所示。

$N_1$ 取值　　表 2.6.2–6

| | 条件 | 开启层数 | N1 取值 |
|---|---|---|---|
| 楼梯间（常开风口） | <24m | 设计 2 层内疏散门开启 | 2 |
| | ≥ 24m | 设计 3 层内疏散门开启 | 3 |
| | 地下 | 设计 1 层内疏散门开启 | 1 |
| 前室（合用前室）（常闭风口） | — | — | 3 |

那么系统总体的送风量如何计算呢？

楼梯间或前室的机械加压送风量应按下列公式计算：

$$L_j=L_1+L_2$$

$$L_s=L_1+L_3$$

式中　$L_j$——楼梯间的机械加压送风量；

$L_s$——前室的机械加压送风量；

$L_1$——门开启时，达到规定风速值所需的送风量，$m^3/s$；

$L_2$——门开启时规定风速值下，其他门缝漏风总量，$m^3/s$；

$L_3$——未开启的常闭送风阀的漏风总量，$m^3/s$。

比如总共 10 层楼，共开了 3 层的楼梯间的门模拟着火层和上下层测量风速，那么剩下 7 层门没开，靠考虑 7 层门的漏风量。同样开了 3 层前室的送风阀，那么剩下 7 个送风阀没开，它们也会漏风，所以也要考虑其漏风量。具体可以参照《建筑防烟排烟系统技术标准》GB 51251—2017 第 3.4.7 条和第 3.4.8 条。

**答 266**：某地消防部门在对某大厦防排烟设施进行检查时发现如下问题：

（1）该建筑 3 楼划分为 5 个防烟分区，其中一个防烟分区同时采用自然排烟和机械排烟。

答：错误。同一个防烟分区应采用同一种排烟方式。因为两种方式相互之间对气流的干扰，影响排烟效果。尤其是在排烟时，自然排烟口还可能会在机械排烟系统动作后变成进风口，使其失去排烟作用。

（2）该建筑1～2楼为商场，内部通过自动扶梯连接，方便购物狂上下。检查时发现，开口部未设置挡烟垂壁，商场物业给的说法是此处不是防烟分区的分隔处。

答：错误。设置排烟设施的建筑内，敞开楼梯和自动扶梯穿越楼板的开口部应设置挡烟垂壁等设施。因为上、下层之间应是两个不同防烟分区，烟气应该在着火层及时排出，否则容易引导烟气向上层蔓延的混乱情况，给人员疏散和扑救都带来不利。在敞开楼梯和自动扶梯穿越楼板的开口部位应设置挡烟垂壁或卷帘，以阻挡烟气向上层蔓延。不得叠加计算防烟分区。

（3）4楼设置排烟系统的场所或部位应采用挡烟垂壁、结构梁及隔墙等划分防烟分区。部分跨越防火分区。

答：错误，防烟分区不应跨越防火分区。

（4）中庭应设置排烟设施，那么与中庭相连通的回廊及周围场所的排烟系统应如何设置呢？

答：周围场所应按现行国家标准《建筑设计防火规范》GB 50016—2014（2018版）中的规定设置排烟设施。

回廊排烟设施的设置应符合下列规定：1）当周围场所各房间均设置排烟设施时，回廊可不设，但商店建筑的回廊应设置排烟设施；2）当周围场所任一房间未设置排烟设施时，回廊应设置排烟设施。

注意：如果中庭与周围场所未采用防火隔墙、防火玻璃隔墙、防火卷帘时，中庭与周围场所之间应设置挡烟垂壁。

**答267**：请求出各场所挡烟垂帘的最小长度。

情况1：某娱乐场所，单层空间，采用机械排烟。如图2.6.2-40所示。

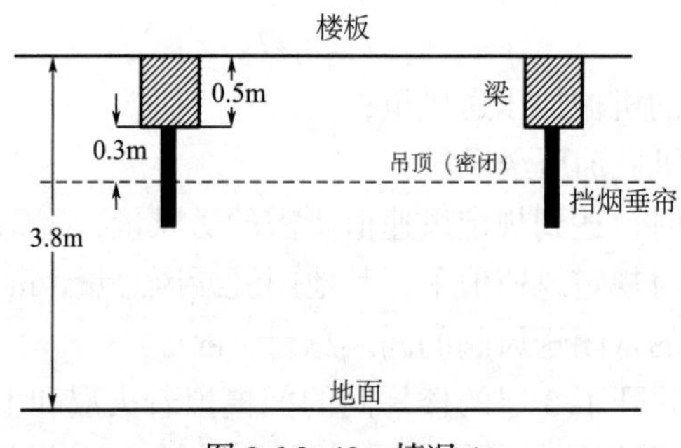


图2.6.2-40 情况1

答：本题属于一串三考点，较为复杂。分析步骤如下

① 因为此场所有吊顶，当吊顶密闭，或开孔不均匀或开孔率小于或等于25%时，吊顶内空间高度不得计入储烟仓高度。如图2.6.2-41所示，那本场所室内净高为3.8-0.3-0.5=3m，储烟仓高度即为吊顶下部分的挡烟垂帘高度。

② 因为当采用机械排烟方式时，储烟仓的高度不应小于空间净高的10%，且不应小

于 500mm。

储烟仓高度 =3.0 × 10%=0.3m，且不应小于 500mm。所以取 500mm。

③ 判断：储烟仓底部距地面的高度应大于安全疏散所需的最小清晰高度。走道、室内空间净高不大于 3m 的区域，其最小清晰高度不宜小于其净高的 1/2，其他区域的最小清晰高度应按下式计算：

$$H_q=1.6+0.1H'$$

式中 $H_q$——最小清晰高度（m）；

$H'$——对于单层空间，取排烟空间的建筑净高度，m；对于多层空间，取最高疏散楼层的层高（m）。

所以最小清晰高度 =$3 \times \frac{1}{2}$ =1.5m。因 3.0–0.5=2.5 > 1.5m，所以满足要求。

④ 结论：储烟仓高度取 500mm，所以挡烟垂帘高度 =0.3+0.5=0.8m。

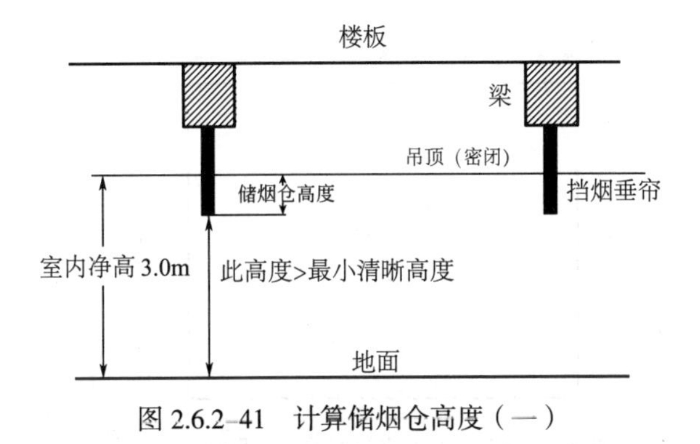


图 2.6.2–41 计算储烟仓高度（一）

情况 2：某商场，单层空间，采用自然排烟。如图 2.6.2–42 所示。

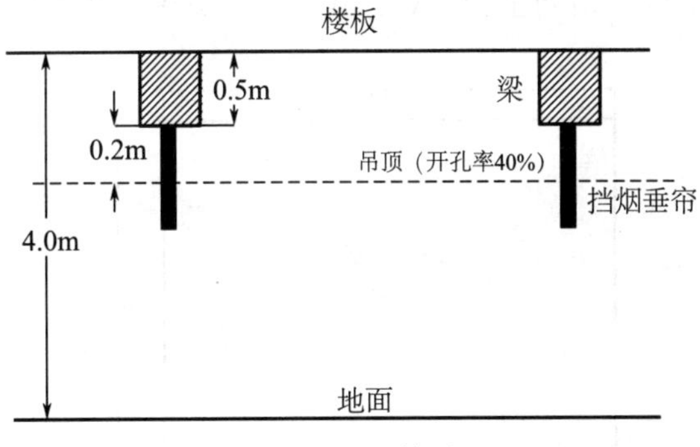


图 2.6.2–42 情况 2

答：① 因吊顶开孔> 25%，吊顶内空间高度计入储烟仓高度。如图 2.6.2–43 所示。

② 当采用自然排烟方式时，储烟仓的高度不应小于空间净高的 20%，且不应小于 500mm；

储烟仓高度 =4.0 × 0.2=0.8m，且不应小于 500mm，所以取值 0.8m。

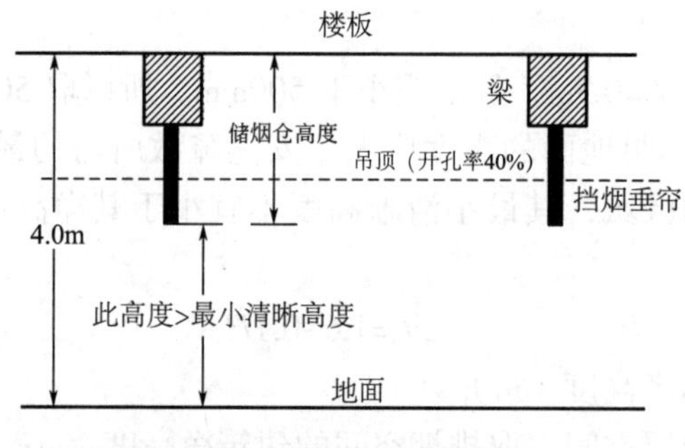


图 2.6.2–43　储烟仓高度计算（二）

③ 判断。挡烟垂壁下沿到地面高度为 4.0–0.8=3.2m。

最小清晰高度 =1.6+0.1 × 4.0=2.0m。因为 3.2m ＞ 2.0m，所以符合要求。

④ 结论。所以挡烟垂帘的高度为 0.8–0.5=0.3m。

**答 268:**（1）公共建筑净高 3m。请问至少需划分几个防烟分区（图 2.6.2–44）。

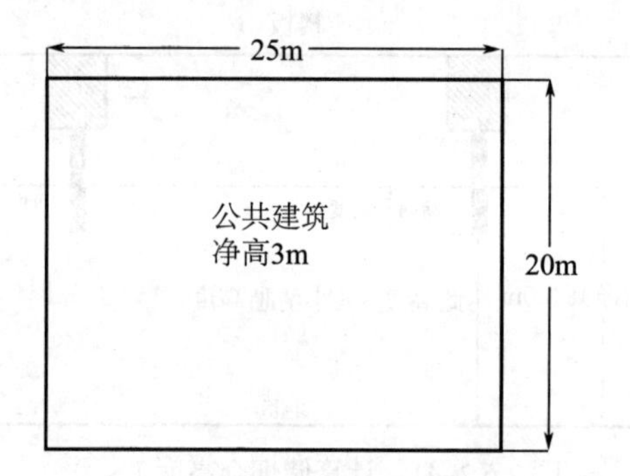


图 2.6.2–44　公共建筑净高 3m 防烟分区划分

答：至少需划分 2 个防烟分区。虽然面积未超过 500m²，但是最长边超过了 24m。

（2）公共建筑净高 4m。请问至少需划分几个防烟分区（图 2.6.2–45）。

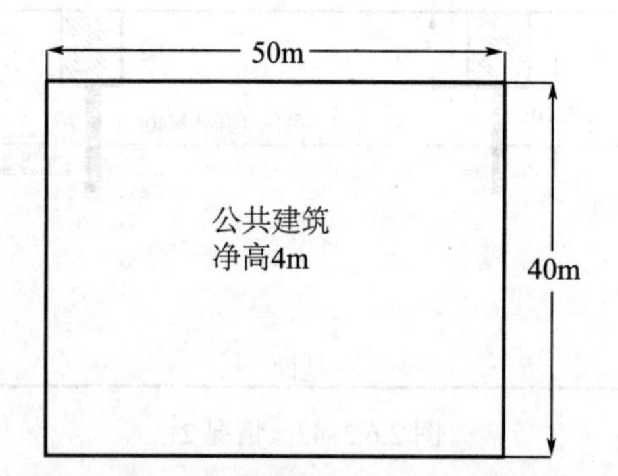


图 2.6.2–45　公共建筑净高 4m 防烟分区划分

答：至少需要划分 4 个防烟分区。如下：首先控制最长边 36m，然后控制不超过面积 1000m² 的要求，也就是短边最长为 1000/36=27.78m。此处我们取 27m 分析。如图 2.6.2–46 所示，剩下阴影部位也有 40m 和 50m 的长边，所以只能划分 4 个防烟分区，如图 2.6.2–47。

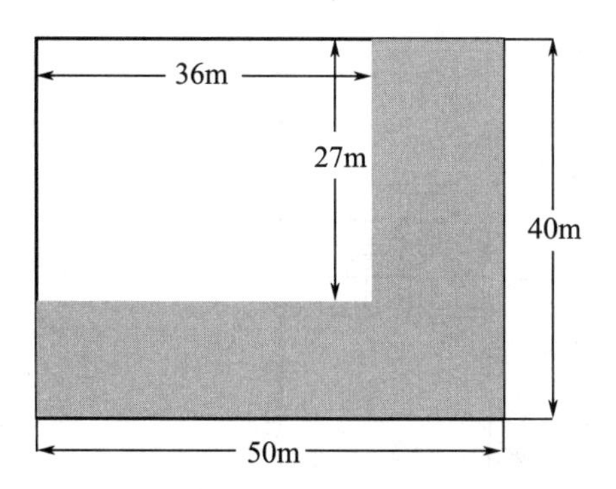


图 2.6.2–46　防烟分区（一）

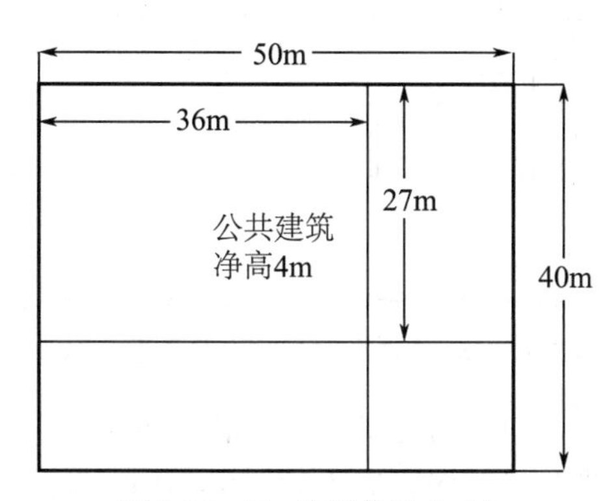


图 2.6.2–47　防烟分区（二）

总结：防烟分区划分应符合表 2.6.2–7。

**防烟分区划分**　　**表 2.6.2–7**

| | 空间净高 | 长边最大长度 | 一个防烟分区最大面积 | 其他要求 |
|---|---|---|---|---|
| 公共建筑工业建筑 | $H \leqslant 3$ | 24 | 500 | 走道宽度≤ 2.5m, 防烟分区的长边不应大于 60m |
| | $3 < H \leqslant 6$ | 36 | 1000 | |
| | $H > 6$ | 60 自然对流 75 | 2000 | |
| | $H > 9$ | 防烟分区之间可不设置挡烟设施 | | |
| | 工业建筑自然排烟 | 长边最大长度≤净高 8 倍 | | — |
| 汽车库 | — | — | 2000 | — |

注意：采用自然排烟系统时，其防烟分区的长边长度尚不应大于建筑内空间净高的 8 倍。

当走道宽度大于 2.5m 时，其防烟分区的长边最大允许长度 $L$ 应按表 2.6.2–7 取值。

（3）某建筑采用机械排烟，3 楼平面布置如图 2.6.2–48 所示，空间净高 4m。已知走道宽度 2.0m。$L_1$=1.0m。$L_2$=30m，$L_3$=15m，$L_4$=20m，$L_5$=15m。走道共划分一个防烟分区，是否正确？

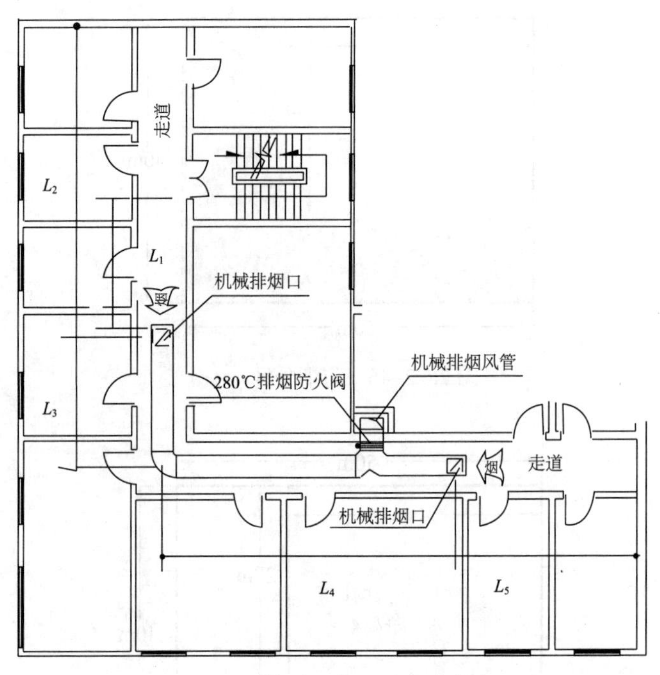


图 2.6.2–48　3 楼平面布置（走道宽度 2m）

答：① $L_1$=1.0m 错误，排烟口与附近安全出口相邻边缘之间的水平距离不应小于 1.5m。

② 走道共划分一个防烟分区错误，$L_2+L_3+L_4+L_5$=80m>60m，所以需划分至少两个防烟分区。

（4）某建筑采用机械排烟，3 楼平面布置如图 2.6.2–49 所示，空间净高 4m。已知走道宽度 4.0m。$L_2$=30m，$L_3$=15m，$L_4$=20m，$L_5$=15m。走道共划分 2 个防烟分区，是否正确？

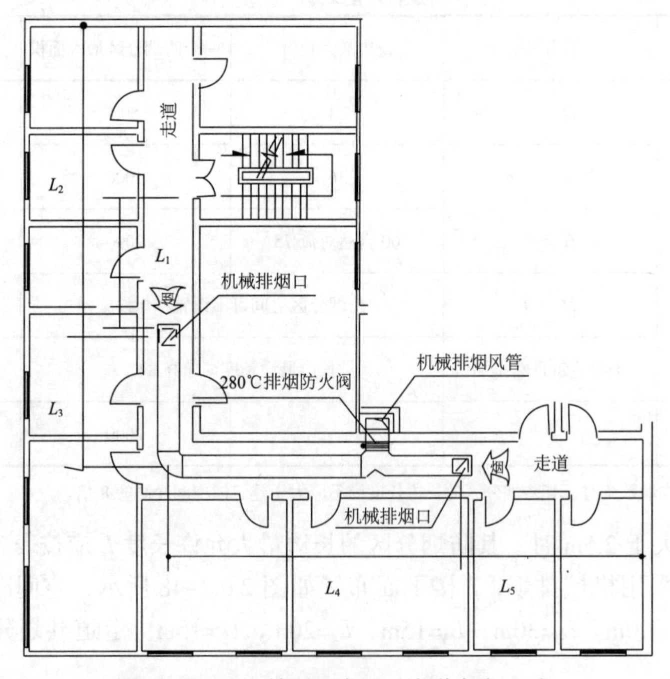


图 2.6.2–49　3 楼平面布置（走道宽度 4m）

答：走道共划分 2 个防烟分区错误，因为净宽大于 2m，所以不能取 60m 来划分。走道净高 4m，长边最长长度为 36m，所以每 36m 划分一个分区（根据表 2.6.2-7）。

$L_2+L_3+L_4+L_5$=80m>36m，80/36=2.22（个）取整 3 个。所以至少划分 3 个防烟分区。

**答 269：**采用自然排烟和机械排烟，防烟分区内任一点与最近的排烟口之间距离均可以达到 37.5m。

答：错误（表 2.6.2-8）。

**排烟口布置的水平距离要求　　表 2.6.2-8**

| 分类 | | 防烟分区内任一点与最近的排烟窗（口）之间的水平距离 |
|---|---|---|
| 自然排烟 | 公共建筑 | 不应大于 30m |
| | | 当公共建筑空间净高大于或等于 6m，且具有自然对流条件时，其水平距离不应大于 37.5m |
| | 工业建筑 | 不应大于 30m 且不应大于建筑内空间净高的 2.8 倍 |
| 机械排烟 | | 不应大于 30m |

**答 270：**自然排烟窗（口）的设置，请判断下列说法。

（1）一般设置在排烟区域的顶部或外墙。

答：正确。

（2）当设置在外墙上时，自然排烟窗（口）可以设置在储烟仓下沿。

答：错误。应在储烟仓以内。但走道、室内空间净高不大于 3m 的区域的自然排烟窗（口）可设置在室内净高度的 1/2 以上；

（3）房间面积越大，自然排烟窗（口）的开启方向就可以不限了。

答：错误。当房间面积不大于 200m$^2$ 时，自然排烟窗（口）的开启方向可不限。

（4）自然排烟窗（口）宜分散均匀布置，且每组的长度不宜大于 3.0m。

答：正确。

（5）设置在防火墙两侧的自然排烟窗（口）之间最近边缘的水平距离不应小于 1.0m。

答：错误，2.0m。

**答 271：**关于机械排烟口设置，请判断下列说法。

（1）排烟口可以设置在吊顶内。

答：正确。非封闭式吊顶的开孔率不应小于吊顶净面积的 25%，且孔洞应均匀布置。

（2）排烟口宜设置在顶棚或靠近顶棚的墙面上。

答：正确。为了利于排烟。

（3）排烟口应设在储烟仓内，但走道、室内空间净高不大于 3m 的区域，其排烟口可设置在其净空高度的 1/2 以上；当设置在侧墙时，吊顶与其最近边缘的距离不应大于 0.5m。

答：正确。此处与自然排烟要求相似。

（4）需要设置机械排烟系统的房间，当其建筑面积很小时，可通过走道排烟，房间内不需排烟。

答：正确。对于需要设置机械排烟系统的房间，当其建筑面积小于 50m$^2$ 时，可通过走道排烟，排烟口可设置在疏散走道。

（5）火灾时由火灾自动报警系统联动开启排烟区域的排烟阀或排烟口，可以不在现场设置手动开启装置。

答：错误。为了联锁启动排烟风机的需要，应在现场设置手动开启装置（图 2.6.2-50）。

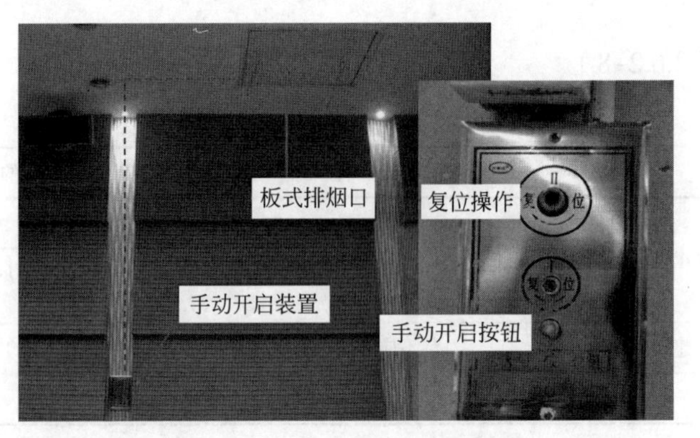


图 2.6.2-50 手动开启装置

（6）排烟口的设置宜使烟流方向与人员疏散方向相同，排烟口与附近安全出口相邻边缘之间的水平距离不应小于 1.0m。

答：错误。相反，1.5m。如图 2.6.2-51 所示。

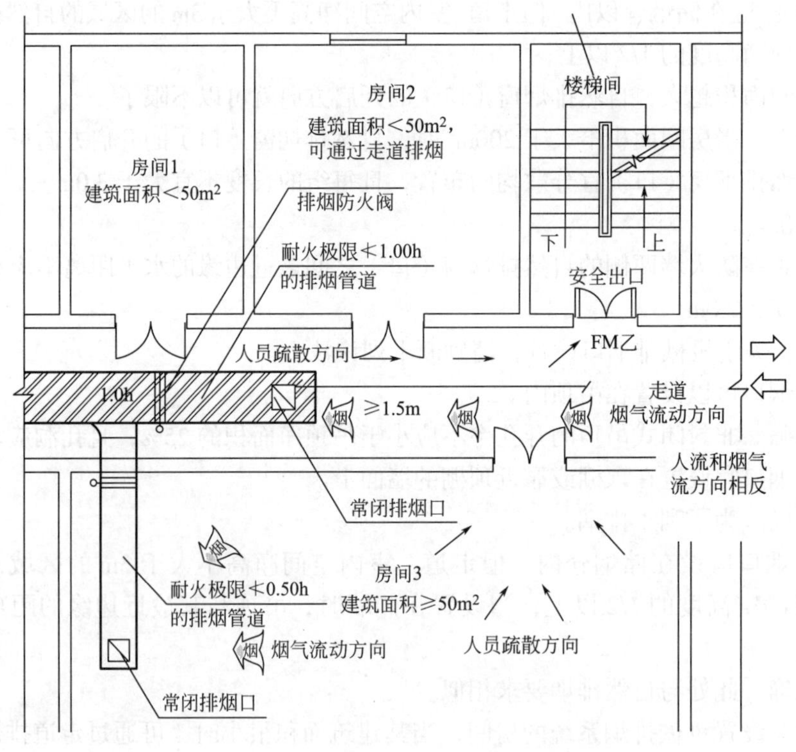


图 2.6.2-51 排烟口设置

（7）当排烟口设在吊顶内且通过吊顶上部空间进行排烟时，吊顶应采用不燃材料，且吊顶内不应有可燃物。

答：正确。

（8）当排烟口设在吊顶内且通过吊顶上部空间进行排烟时，封闭式吊顶上设置的烟气流入口的颈部烟气速度不宜大于 1.5m/s。

答：正确。

**答 272**：位于地上四层的下列房间，请判断是否要机械排烟。

（1）棋牌室，建筑面积 $36m^2$，上悬窗 0.9mx0.6m，开启角 40°，2 个。

答：棋牌室需要机械排烟。自然排烟要保证开窗有效面积不小于该房间建筑面积 2% 的自然排烟窗（口）。

自然排烟需要面积为：$36 \times 2\%=36 \times 0.02=0.72m^2$。

$0.9 \times 0.6 \times \sin 40° \times 2=0.9 \times 0.6 \times 0.64 \times 2=0.69m^2$，不满足自然排烟。

（2）办公室，建筑面积 $106m^2$，中分推拉窗 1.5 × 1.5m，2 个。

答：不要机械排烟。$106 \times 2\%=2.12m^2$。$1.5 \times 1.5/2 \times 2=2.25$，满足自然排烟，不需机械。

（3）书库，建筑面积 $200m^2$，平开窗，1.5m × 1.5m，4 个。

答：书库面积未大于 $300m^2$，不需要排烟。

（4）储藏室，$400m^2$，侧推窗 0.7m × 1.2m，共 10 个，开启角 80°

答：储藏室不需要机械排烟，$400 \times 2\%=8m^2$，$0.7 \times 1.2 \times 10=8.4$ 满足要求。

（5）办公室建筑面积 $63m^2$，无窗。

答：应设机械排烟。地下或半地下建筑（室）、地上建筑内的无窗房间，当总建筑面积大于 $200m^2$ 或一个房间建筑面积大于 $50m^2$，且经常有人停留或可燃物较多时，应设置排烟设施。

具体知识：除《建筑防烟排烟系统技术标准》GB 51251—2017 另有规定外，自然排烟窗（口）开启的有效面积尚应符合下列规定：

① 当采用开窗角大于 70° 的悬窗时，其面积应按窗的面积计算；当开窗角小于或等于 70° 时，其面积应按窗最大开启时的水平投影面积计算（图 2.6.2–52、图 2.6.2–53）。

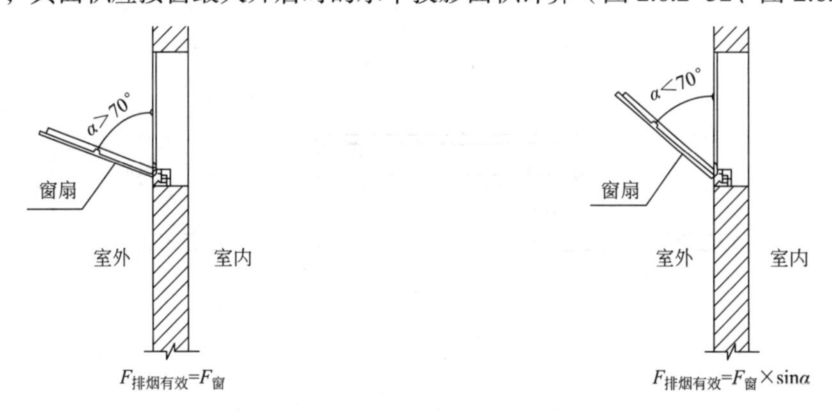


图 2.6.2–52　α>70° 的下悬窗剖面图　　图 2.6.2–53　α<70° 的下悬窗剖面图

② 当采用开窗角大于 70° 的平开窗时，其面积应按窗的面积计算；当开窗角小于或等于 70° 时，其面积应按窗最大开启时的竖向投影面积计算（图 2.6.2–54、图 2.6.2–55）。

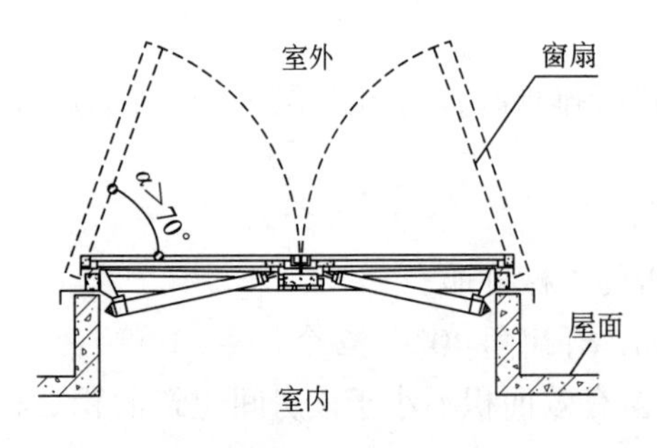


图 2.6.2–54　$F_{排烟有效}=F_{窗}$

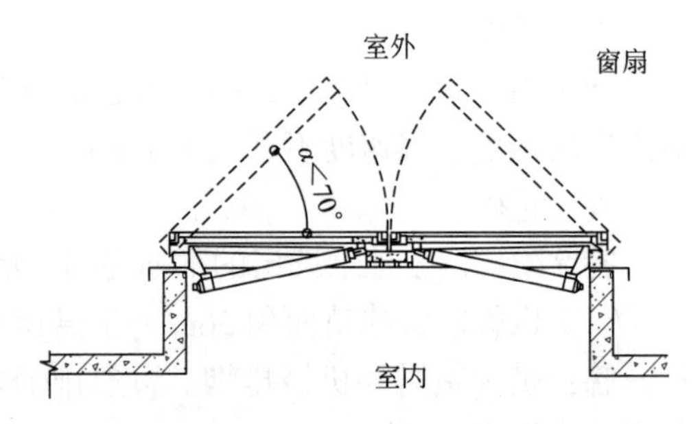


图 2.6.2–55　$F_{排烟有效}=F_{窗}\times\sin\alpha$

③ 当采用推拉窗时，其面积应按开启的最大窗口面积计算（图 2.6.2–56、图 2.6.2–57）。

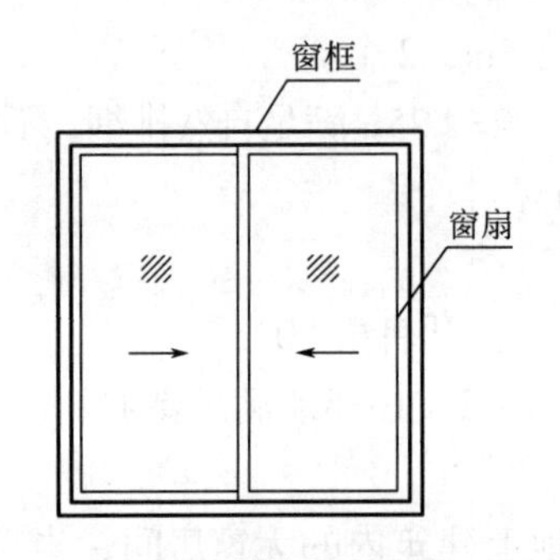


$F_{排烟有效}$=开启的最大窗口面积

图 2.6.2–56　推拉窗立面示意图

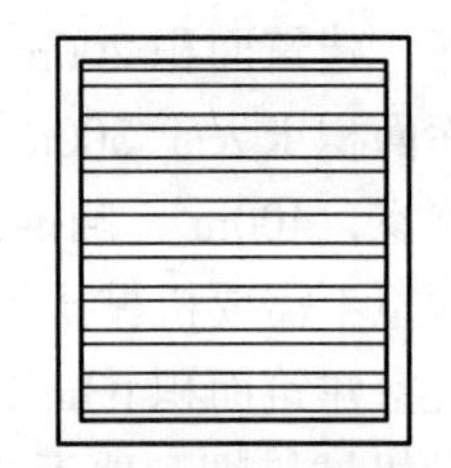

$F_{排烟有效}=F_{窗}$×有效面积系数

图 2.6.2–57　百叶窗立面示意图

④ 当采用百叶窗时，其面积应按窗的有效开口面积计算。

⑤ 当平推窗设置在顶部时，其面积可按窗的 1/2 周长与平推距离乘积计算，且不应大于窗面积（图 2.6.2–58）。

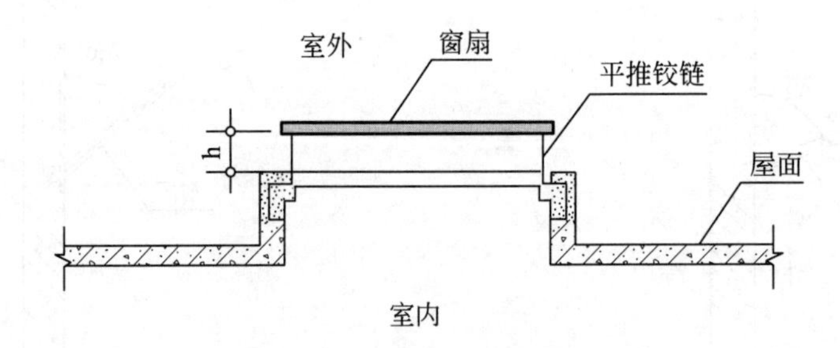


$F_{排烟有效}=0.50\times F_{窗周长}\times h\leq F_{窗面积}$

图 2.6.2–58　设置在顶部的平推窗剖面示意图

⑥ 当平推窗设置在外墙时，其面积可按窗的 1/4 周长与平推距离乘积计算，且不应大于窗面积（图 2.6.2–59、图 2.6.2–60）。

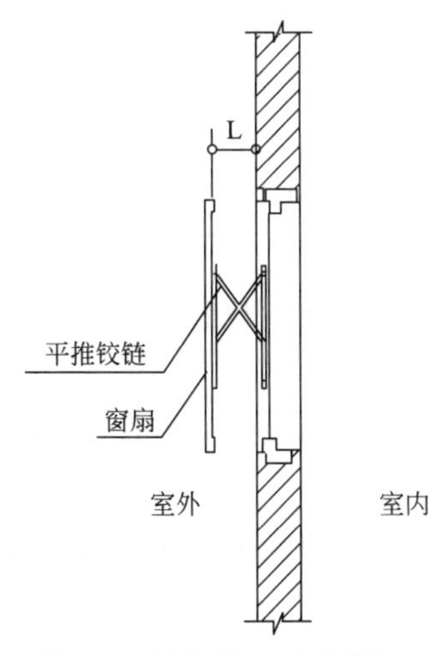


图 2.6.2-59　设置在外墙上的平推窗剖面示意图

图 2.6.2-60　平推窗

**答 273：**设置自然排烟的场所，除自然排烟所需排烟窗（口）外，不需在设置其他排烟辅助设施。请问是否正确。

答：错误。除洁净厂房外，设置自然排烟系统的任一层建筑面积大于 2500m$^2$ 的制鞋、制衣、玩具、塑料、木器加工储存等丙类工业建筑，除自然排烟所需排烟窗（口）外，尚宜在屋面上增设可熔性采光带（窗），其面积应符合下列规定：

（1）未设置自动喷水灭火系统的，或采用钢结构屋顶，或采用预应力钢筋混凝土屋面板的建筑，不应小于楼地面面积的 10%；

（2）其他建筑不应小于楼地面面积的 5%。注：可熔性采光带（窗）的有效面积应按其实际面积计算。

**答 274：**请判断下列说法是否正确。

（1）当建筑的机械排烟系统沿水平方向布置时，每个防火分区的机械排烟系统应独立设置。

答：正确。

（2）排烟系统与通风、空气调节系统应分开设置；当确有困难时可以合用，但应符合排烟系统的要求，且当排烟口打开时，每个排烟合用系统的管道上需联动关闭的通风和空气调节系统的控制阀门不应超过 20 个。

答：错误。10 个。

（3）排烟风机应设置在专用机房内，风机两侧应有 500mm 以上的空间。

答：错误。600mm。

（4）对于排烟系统与通风空气调节系统共用的系统，其排烟风机与排风风机的合用机房内可以再设置用于机械加压送风的风机与管道。

答：错误。具体知识如下：

对于排烟系统与通风空气调节系统共用的系统，其排烟风机与排风风机的合用机房应符合下列规定：

① 机房内应设置自动喷水灭火系统；

② 机房内不得设置用于机械加压送风的风机与管道；

③ 排烟风机与排烟管道的连接部件应能在280℃时连续30min保证其结构完整性。

（5）送风机和排烟风机应满足280℃时连续工作30min的要求。

答：错误。只有排烟风机有此要求。

（6）排烟风机入口处的排烟防火阀关闭时，发送信号给联动控制器，等符合逻辑关系时。发出控制指令关闭排烟风机。

答：错误。排烟风机应与风机入口处的排烟防火阀连锁，当该阀关闭时，排烟风机应能停止运转。

**答275**：很多人说：防火阀和排烟防火阀安装位置、公称动作温度都一致。请问是否正确？

答：错误。如表2.6.2-9、图2.6.2-61、图2.6.2-62所示。

防火阀和排烟防火阀　　表2.6.2-9

| | 防火阀 | 排烟防火阀 |
|---|---|---|
| 公称动作温度 | 70℃，厨房150℃ | 280℃ |
| 安装管道 | 通风空调系统送回风管道 | 机械排烟系统管道 |
| 安装位置 | （1）穿越防火分区处；<br>（2）穿越通风、空气调节机房的房间隔墙和楼板处；<br>（3）穿越重要或火灾危险性大的场所的房间隔墙和楼板处；<br>（4）穿越防火分隔处的变形缝两侧；<br>（5）竖向风管与每层水平风管交接处的水平管段上。<br>注：每个防火分区的通风空调均独立设施时，上面的情形（5）可不设 | （1）穿越防火分区处；<br>（2）垂直风管与每层水平风管交接处的水平管段上；<br>（3）一个排烟系统负担多个防烟分区的排烟支管上；<br>（4）排烟风机入口处 |

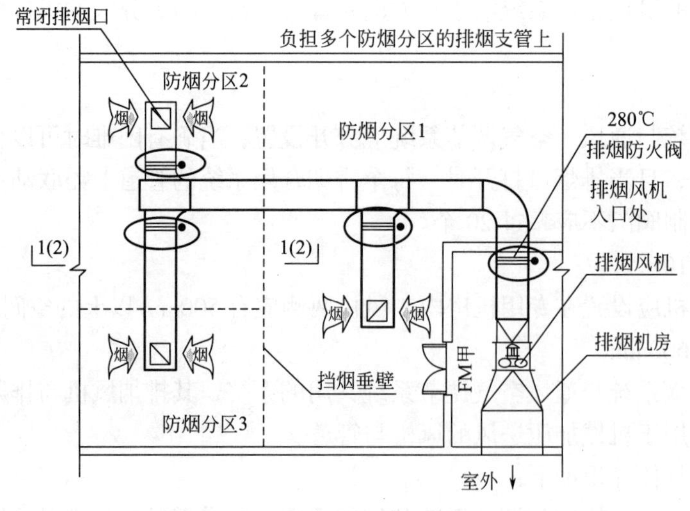


图2.6.2-61　排烟防火阀设置图（一）

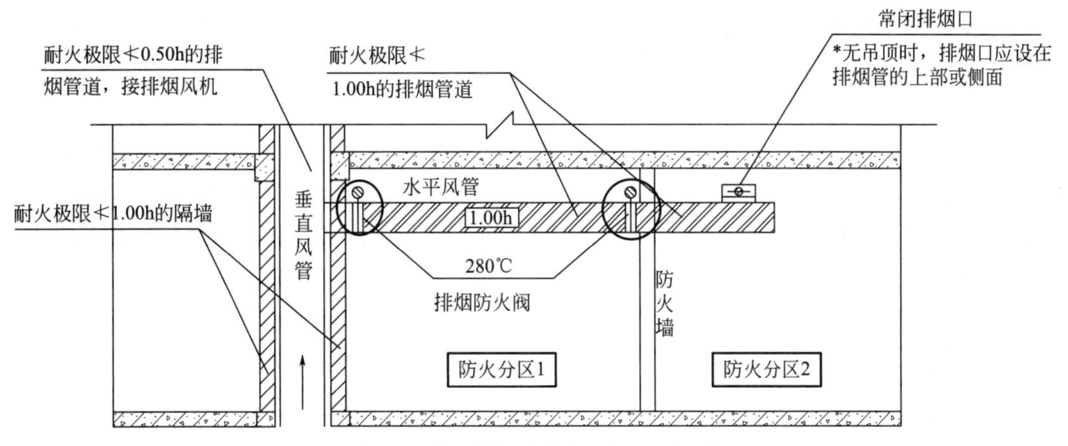


图 2.6.2-62　排烟防火阀设置图（二）

**答 276**：很多人说，不论是电缆井、电梯井、还是机械加压送风系统的管道井，亦或是排烟系统的管道井。其井壁或是与其他部位的隔墙的耐火极限均是相同的，另外在井壁或是隔墙上开门均是乙级防火门。请问此种说法是否正确。

答：错误（表 2.6.2-10）。

**各种井、道耐火极限　　表 2.6.2-10**

| | 井壁 / 隔墙最低耐火极限 | 井壁 / 隔墙上的检查门 | 设置要求 |
|---|---|---|---|
| 电缆井、管道井、排烟（气）道、垃圾道 | （井壁）1.0h | （井壁）丙级 | 分别独立 |
| 电梯井、机房之间 | （隔墙）2.0h | （隔墙）甲级 | 独立 |
| 电梯层门 | 1.0h | — | |
| 机械加压送风系统的管道井 | （隔墙）1.0h | （隔墙）乙级 | 竖向管道应独立设置管道井内，未设在或与其他管道合用管道井的送风管道，其耐火极限不应低于 1.00h |
| 排烟系统的管道井 | （隔墙）1.0h | （隔墙）乙级 | 竖向排烟管道应设置在独立管道井内，排烟管道的耐火极限不应低于 0.50h |

**答 277**：某建筑的排烟系统设置如图 2.6.2-63 所示，补风口与排烟口设置在同一防烟分区。请判断是否正确。

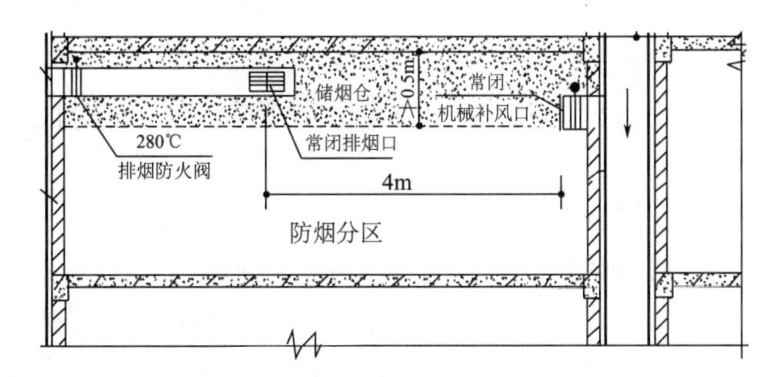


图 2.6.2-63　某建筑的排烟系统设置

答：（1）补风口设置在储烟仓内错误，当补风口与排烟口设置在同一防烟分区时，补风口应设在储烟仓下沿以下。且补风口应与储烟仓、排烟口保持尽可能大的间距，这样才不会扰动烟气，也不会使冷热气流相互对撞，造成烟气的混流。

（2）补风口与排烟口水平距离4m错误，补风口与排烟口水平距离不应少于5m。

具体知识：补风口与排烟口设置在同一空间内相邻的防烟分区时，补风口位置不限（当补风口与排烟口设置在同一空间内相邻的防烟分区时，由于挡烟垂壁的作用，冷热气流已经隔开，故补风口位置不限）；当补风口与排烟口设置在同一防烟分区时，补风口应设在储烟仓下沿以下；补风口与排烟口水平距离不应少于5m（图2.6.2-64）。

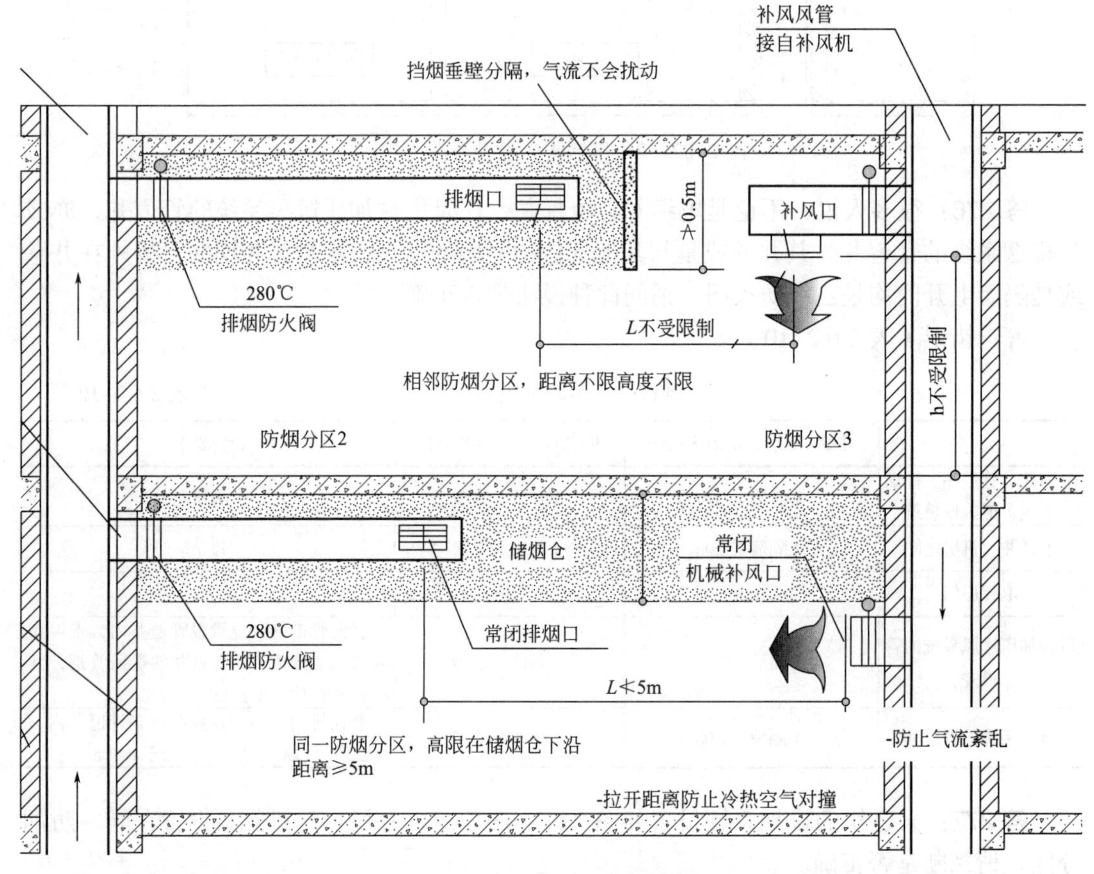


图2.6.2-64　补风口设置位置

**答278：**设置排烟系统什么场所不需要设置补风系统？

答：除地上建筑的走道或建筑面积小于500m²的房间外，设置排烟系统的场所应设置补风系统。

**答279：**补风系统应直接从哪里引入空气？补风量如何要求？

答：室外引入空气，且补风量不应小于排烟量的50%。

**答280：**排量量的计算。如图2.6.2-65所示建筑共4层，每层建筑面积2000m²，均设有自动喷水灭火系统。1层空间净高7m，包含展览和办公场所，2层空间净高6m，3层和4层空间净高均为5m。求出该建筑的设计排烟量。

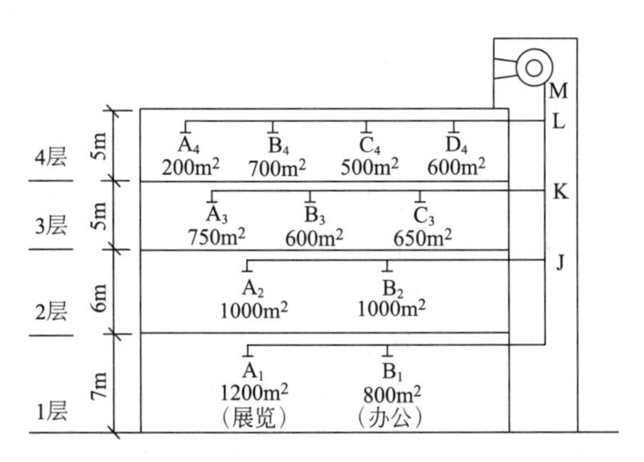


图 2.6.2–65　排烟量计算

答：思路：因为发生火灾，仅打开着火防烟分区的排烟口。所以竖向排烟系统排烟量的计算。每一层分别计算排烟量，取最大值为系统排烟量。

（1）1 楼排烟量计算：按表 2.6.2–11 取值。展览区域取 9.1 万 $m^3/h$，办公区 6.3 万 $m^3/h$。

**公共建筑、工业建筑中空间净高大于 6m 场所的计算排烟量　　表 2.6.2–11**

| 空间净高（m） | 办公、学校（$\times10^4m^3/h$） | | 商店、展览（$\times10^4m^3/h$） | | 厂房、其他公共建筑（$\times10^4m^3/h$） | | 仓库（$\times10^4m^3/h$） | |
|---|---|---|---|---|---|---|---|---|
| | 无喷淋 | 有喷淋 | 无喷淋 | 有喷淋 | 无喷淋 | 有喷淋 | 无喷淋 | 有喷淋 |
| 6.0 | 12.2 | 5.2 | 17.6 | 7.8 | 15.0 | 7.0 | 30.1 | 9.3 |
| 7.0 | 13.9 | 6.3 | 19.6 | 9.1 | 16.8 | 8.2 | 32.8 | 10.8 |
| 8.0 | 15.8 | 7.4 | 21.8 | 10.6 | 18.9 | 9.6 | 35.4 | 12.4 |
| 9.0 | 17.8 | 8.7 | 24.2 | 12.2 | 21.1 | 11.1 | 38.5 | 14.2 |
| 自然排烟侧窗口部风速（m/s） | 0.94 | 0.64 | 1.06 | 0.78 | 1.01 | 0.74 | 1.26 | 0.84 |

注：1. 建筑空间净高大于 9.0m 的，按 9.0m 取值；建筑空间净高位于表中两个高度之间的，按线性插值法取值；表中建筑空间净高为 6m 处的各排烟量值为线性插值法的计算基准值；
2. 当采用自然排烟方式时，储烟仓厚度应大于房间净高的 0.2 倍；自然排烟窗（口）面积 = 计算排烟量 / 自然排烟窗（口）处风速；当采用顶开窗排烟时，其自然排烟窗（口）的风速可按侧窗口部风速的 1.4 倍计。

又根据“当一个排烟系统担负多个防烟分区排烟时，其系统排烟量的计算应符合下列规定：当系统负担具有相同净高场所，对于建筑净高大于 6m 场所，应按排烟量最大一个防烟分区的排烟量计算”，所以 1 楼取 9.1 万 $m^3/h$。

（2）2 楼排烟量计算：

建筑空间净高小于或等于 6m 的场所，其排烟量应按不小于 $60m^3/(h\cdot m^2)$ 计算，且取值不小于 $15000m^3/h$，或设置有效面积不小于该房间建筑面积 2% 的自然排烟窗（口）。

A2 分区排烟量 =B2 分区排烟量 $=1000\times60=6$ 万 $m^3/h>1.5$ 万 $m^3/h$。

又：一个排烟系统担负多个防烟分区排烟时，其系统排烟量的计算应符合下列规定：当系统负担具有相同净高场所，对于建筑净高为 6m 及以下的场所，应按任意两个相邻防烟分区的排烟量之和的最大值计算。

所以：2 楼排烟量 =6+6=12 万 $m^3/h$。

（3）3 楼排烟量计算：

A3=750×60=4.5 万 $m^3/h$；B3=600×60=3.6 万 $m^3/h$；C3=650×60=3.9 万 $m^3/h$。

所以 3 楼排烟量取：4.5+3.6=8.1 万 $m^3/h$。

（4）4 楼排烟量计算：

A4=200×60=1.2 万 $m^3/h$<1.5 万 $m^3/h$，取 1.5 万 $m^3/h$；B4=700×60=4.2 万 $m^3/h$；C4=500×60=3 万 $m^3/h$；D4=600×60=3.6 万 $m^3/h$。

所以 4 楼排量取：4.2+3=7.2 万 $m^3/h$。

综上，全楼计算风量取最大值 12 万 $m^3/h$，设计风量 =14.4 万 $m^3/h$。

**答 281：**关于走道的排烟量计算如何进行？

答：（1）当公共建筑仅需在走道或回廊设置排烟时，其机械排烟量不应小于 13000$m^3/h$,或在走道两端（侧）均设置面积不小于 2$m^2$ 的自然排烟窗（口）且两侧自然排烟窗（口）的距离不应小于走道长度的 2/3；

（2）当公共建筑房间内与走道或回廊均需设置排烟时，其走道或回廊的机械排烟量可按 60$m^3/(h \cdot m^2)$计算,且不小于 13000$m^3/h$,或设置有效面积不小于走道、回廊建筑面积 2% 的自然排烟窗（口）。

**答 282：**某一高层建筑,其与裙房之间设有防火分割设施,且裙房一防火分区跨越楼层，最大建筑面积小于 5000$m^2$，裙楼设有自动喷水灭火系统。此防火分区分为 9 个防烟分区，各防烟分区面积见图 2.6.2-66、图 2.6.2-67。一层层高 7.0m，净高控制在 5.5m；二层层高 6.0m，净高控制在 4.5m；中庭建筑高度 18.0m。计算各防烟分区以及中庭的排烟量。

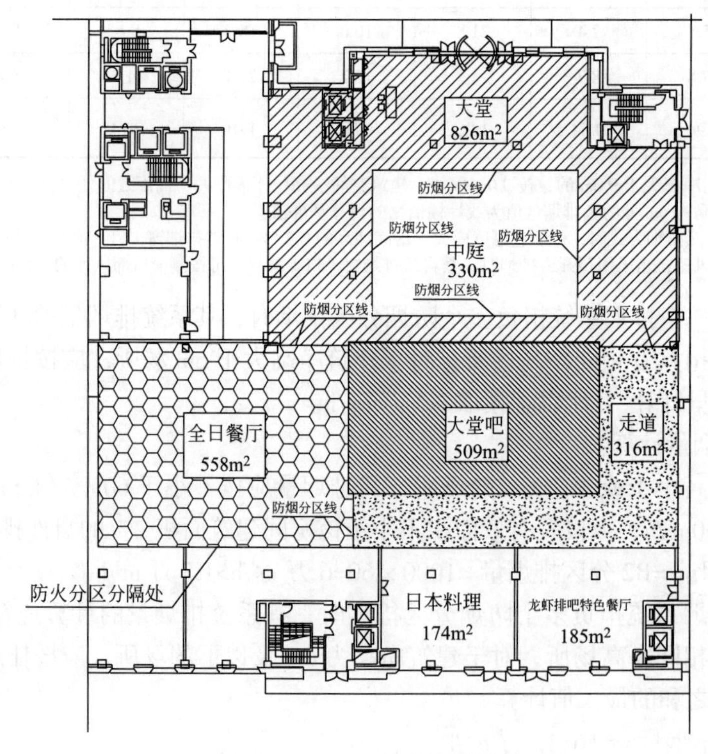


图 2.6.2-66　一层建筑平面图

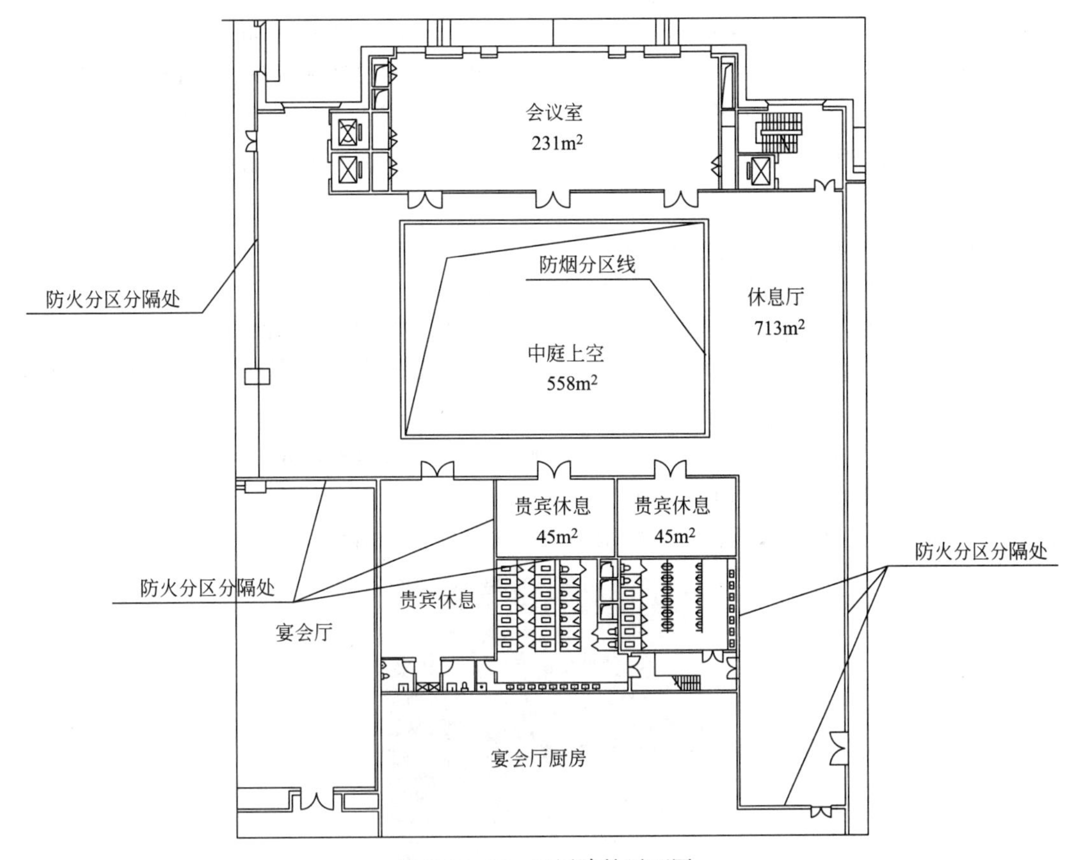


图 2.6.2-67　二层建筑平面图

答：中庭排烟量的计算应符合下列规定：

（1）中庭周围场所设有排烟系统时，中庭采用机械排烟系统的，中庭排烟量应按周围场所防烟分区中最大排烟量的 2 倍数值计算，且不应小于 107000m³/h；中庭采用自然排烟系统时，应按上述排烟量和自然排烟窗（口）的风速不大于 0.5m/s 计算有效开窗面积。

（2）当中庭周围场所不需设置排烟系统，仅在回廊设置排烟系统时，回廊的排烟量不应小于《建筑防烟排烟系统技术标准》GB 51251—2017 第 4.6.3 条第 3 款的规定，中庭的排烟量不应小于 40000m³/h；中庭采用自然排烟系统时，应按上述排烟量和自然排烟窗（口）的风速不大于 0.4m/s 计算有效开窗面积。

首先计算一层大堂、全日餐厅、大堂吧、日本料理、龙虾排吧特色餐厅以及走道的排烟量。

由于一层净高控制在 5.5m，所以根据现行国家标准《建筑防烟排烟系统技术标准》GB 51251—2017 第 4.6.3 条第 2 款的规定，室内空间净高小于或等于 6m 的场所，其排烟量按 60m³/（h · m²）计算且不小于 15000m³/h，则一层大堂、全日餐厅、大堂吧、日本料理、龙虾排吧特色餐厅的排烟量计算如下：

① 大堂：$V_{1-1}=826\times60=49560\text{m}^3/\text{h}>15000\text{m}^3/\text{h}$；

② 全日餐厅：$V_{1-2}=558\times60=33480\text{m}^3/\text{h}>15000\text{m}^3/\text{h}$；

③ 大堂吧：$V_{1-3}=509\times60=30540\text{m}^3/\text{h}>15000\text{m}^3/\text{h}$；

④ 日本料理：$V_{1\text{-}4}$ = 174 × 60=10440m³/h < 15000m³/h，取 15000m³/h；

⑤ 龙虾排吧特色餐厅：$V_{1\text{-}5}$ = 185 × 60 = 11100m³/h < 15000m³/h，取 15000m³/h；

⑥ 走道长边小于 36m，最小净宽 5.6m。根据现行国家标准《建筑防烟排烟系统技术标准》GB 51251-2017 第 4.6.3 条第 4 款的规定，走道的排烟量：$V_{1\text{-}6}$=316 × 60=18960m³/h>13000m³/h。

然后计算二层各防烟分区的排烟量

⑦ 休息厅：$V_{2\text{-}1}$=713 × 60=42780m³/h > 15000m³/h；

⑧ 会议室：$V_{2\text{-}2}$=231 × 60=13860m³/h < 15000m³/h，取 15000m³/h；

所以中庭排烟量应按周围场所防烟分区中最大排烟量的 2 倍数值计算，且不应小于 107000m³/h。

中庭：$V_{2\text{-}3}$=2 × 49560=99120m³/h < 107000m³/h，取 107000m³/h。

**答 283**：请问加压送风机有几种启动方式？

答：4 种。（1）现场手动启动（控制柜启动）（图 2.6.2-68）；

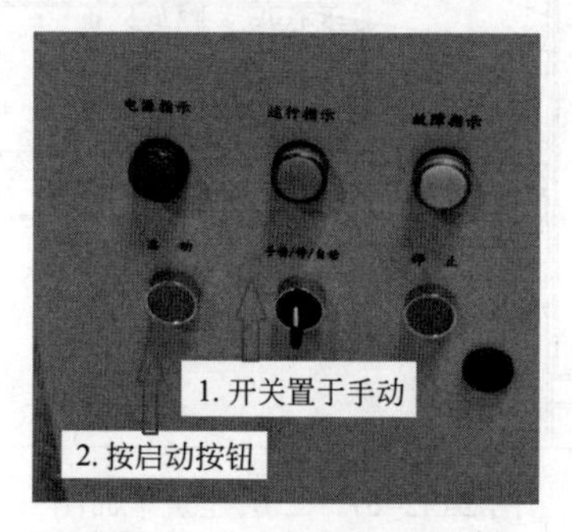


图 2.6.2-68　现场手动启动

（2）通过火灾自动报警系统自动启动（联动启动）。

（3）消防控制室手动启动（远程手动启动 / 多线盘启动）（图 2.6.2-69）。

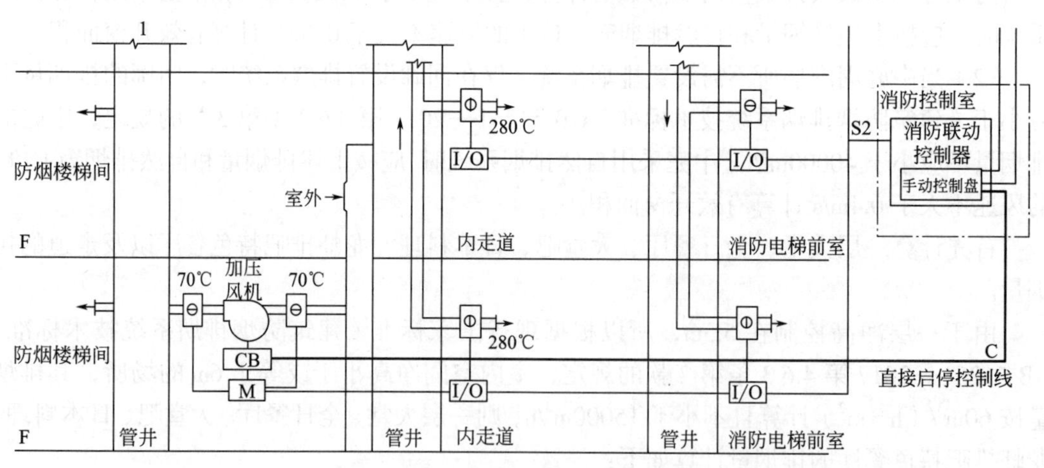


图 2.6.2-69　消防控制室手动启动

（4）系统中任一常闭加压送风口开启时，加压风机应能自动启动（联锁启动）。

**答 284**：判断下列说法是否正确。

（1）当防火分区内火灾确认后，应能在30s内联动开启常闭加压送风口和加压送风机。

答：错误，15s。

（2）只需要打开靠近该着火层的楼梯间的加压送风机。

答：错误。应打开防火分区楼梯间的全部加压送风机。

（3）只需打开着火层前室的送风口。

答：错误。应开启该防火分区内着火层及其相邻上下层前室及合用前室的常闭送风口，同时开启加压送风机。

（4）消防控制设备仅需显示防烟系统的送风机，不需显示阀门的启闭状态。

答：错误。消防控制设备应显示防烟系统的送风机、阀门等设施启闭状态。

**答285**：排烟风机、补风机的控制方式有哪些？

答：（1）现场手动启动；

（2）火灾自动报警系统自动启动（联动）。

（3）消防控制室手动启动（多线盘远程手动）。

（4）系统中任一排烟阀或排烟口开启时，排烟风机、补风机自动启动（联锁启动）。

（5）排烟防火阀在280℃时应自行关闭，并应连锁关闭排烟风机和补风机（联锁关闭）。

**答286**：判断下面说法是否正确，并说明理由。

（1）机械排烟系统中的常闭排烟阀或排烟口只需具备火灾自动报警系统自动开启、现场手动开启功能。

答：错误。机械排烟系统中的常闭排烟阀或排烟口应具有火灾自动报警系统自动开启、消防控制室手动开启和现场手动开启功能，其开启信号应与排烟风机联动。

（2）当火灾确认后，火灾自动报警系统应在30s内联动开启相应防烟分区的全部排烟阀、排烟口、排烟风机和补风设施，并应在60s内自动关闭与排烟无关的通风、空调系统。

答：错误。15s，30s。

（3）当火灾确认后，为了尽可能的排烟，应打开着火分烟分区和其相邻的另2个分区的排烟口。

答：错误。担负两个及以上防烟分区的排烟系统，应仅打开着火防烟分区的排烟阀或排烟口，其他防烟分区的排烟阀或排烟口应呈关闭状态。

**答287**：关于活动挡烟垂壁的问题。

（1）应具有哪些启动功能？

答：火灾自动报警系统自动启动和现场手动启动功能。

（2）当火灾确认后，火灾自动报警系统应在多少秒内联动相应防烟分区的全部活动挡烟垂壁，多少秒以内挡烟垂壁应开启到位。

答：15s；60s。

（3）挡烟垂壁在620±20℃的高温作用下，保持完整性的时间不应小于多少分钟？

答：30min。

（4）从初始安装位置自动运行至挡烟工作位置时，其运行速度不应小于多少米每秒，而且总运行时间不应大于多少秒？

答：0.07m/s；60s。

（5）活动挡烟垂壁与建筑结构（柱或墙）面的缝隙不应大于多少毫米，由两块或两块以上的挡烟垂帘组成的连续性挡烟垂壁，各块之间不应有缝隙，搭接宽度不应小于多少毫米？

答：60mm；100mm。

**答288：**关于自动排烟窗的问题。

（1）如何控制？

答：采用与火灾自动报警系统联动和温度释放装置联动的控制方式。

（2）当采用与火灾自动报警系统自动启动时，自动排烟窗应在多少秒内或小于烟气充满储烟仓时间内开启完毕。

答：60s。

（3）带有温控功能自动排烟窗，其温控释放温度如何要求？

答：应大于环境温度30℃且小于100℃。

**答289：**如何进行常闭送风口、排烟阀或排烟口调试？

答：调试数量：全数调试。

① 进行手动开启、复位试验，阀门动作应灵敏、可靠，远距离控制机构的脱扣钢丝连接不应松弛、脱落；

② 模拟火灾，相应区域火灾报警后，同一防火分区的常闭送风口和同一防烟分区内的排烟阀或排烟口应联动开启；

③ 阀门开启后的状态信号应能反馈到消防控制室；

④ 阀门开启后应能联动相应的风机启动。

**答290：**送风机、排烟风机应进行全数调试，判断下列关于调试内容是否正确。

（1）手动开启风机，风机应正常运转1.0h，叶轮旋转运转平稳、无异常振动与声响。

答：错误。2.0h。还应查看叶轮旋转方向是否正确。

（2）应核对风机的铭牌值，只需测定风机的风量。

答：错误。还有风压、电流和电压。

（3）消防控制室仅能手动控制风机的启动，不能停止。

答：错误。能控制启停；风机的启动、停止状态信号应能反馈到消防控制室。

（4）风机进、出风管上安装单向风阀或电动风阀，一般先开风机，再开风阀。

答：错误。风阀的开启与关闭应与风机的启动、停止同步。

**答291：**某建筑共9层，楼梯间和前室分别设置一套送风系统。机械加压送风机放置于屋顶的机房。在进行机械加压送风系统风速及余压的调试时，进行了如下工作，请判断。

（1）选取7～9楼模拟送风最不利的三个连续楼层模拟起火层及其上下层。

答：错误。送风系统末端所对应的送风最不利的三个连续楼层模拟起火层及其上下层，应选取1～3层。

（2）同时楼梯间和前室的门都打开。

答：错误。对楼梯间和前室的调试应单独分别进行，且互不影响。

（3）经现场测定，正压送风机的风量值、风压值分别为风机名牌值的87%、113%。

答：错误。调试送风系统使上述楼层的楼梯间、前室及封闭避难层（间）的风压值及疏散门的门洞断面风速值与设计值的偏差不大于 10%；

**答 292：**如何进行机械排烟系统风速和风量的调试。

答：全数调试。

① 应根据设计模式，开启排烟风机和相应的排烟阀或排烟口，调试排烟系统使排烟阀或排烟口处的风速值及排烟量值达到设计要求；

② 开启排烟系统的同时，还应开启补风机和相应的补风口，调试补风系统使补风口处的风速值及补风量值达到设计要求；

③ 应测试每个风口风速，核算每个风口的风量及其防烟分区总风量。

**答 293：**对某商场地下车库的机械排烟系统进行验收时，选择一个防烟分区的一只感温探测器和一只手动报警装置进行模拟火灾试验，然后观察排烟阀和排烟风机的动作情况，并使用风速仪测试相应排烟口的风速。发现相邻防烟区的排烟阀开启，并联动相应的排烟风机，排烟口处的风速仪测试结果为 12m/s。请问是否正确？

答：错误。应该是相应防烟区的排烟阀开启，并联动相应的排烟风机，排烟口处的风速≤ 10m/s。

**答 294：**排烟防火阀的安装应注意什么问题？

答：如图 2.6.2-70，（1）检查型号、规格及安装的方向、位置应符合设计要求；

（2）阀门应顺气流方向关闭，防火分区隔墙两侧的排烟防火阀距墙端面不应大于 200mm；

（3）手动和电动装置应灵活、可靠，阀门关闭严密；

（4）应设独立的支、吊架，当风管采用不燃材料防火隔热时，阀门安装处应有明显标识。

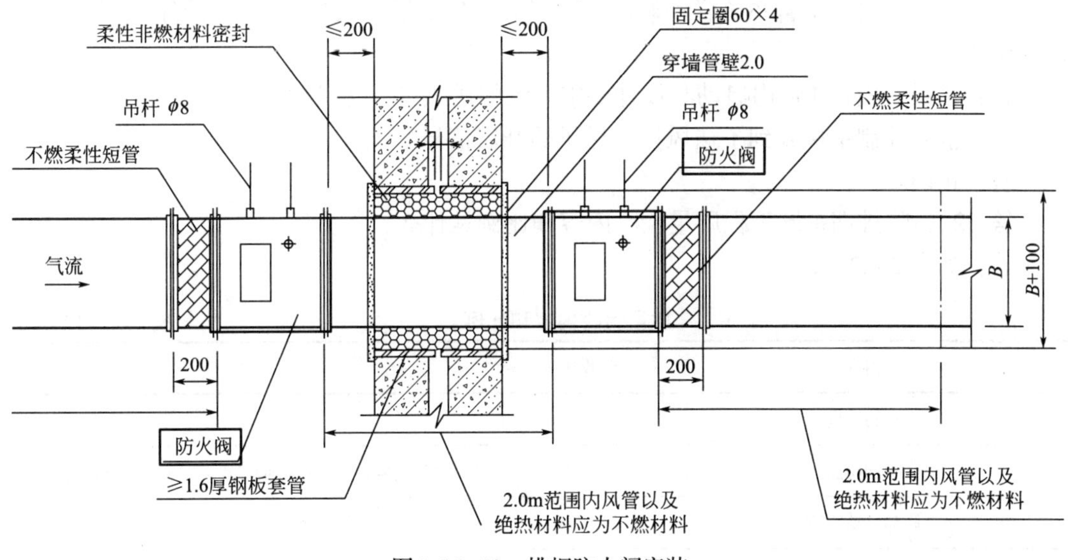


图 2.6.2-70　排烟防火阀安装

**答 295：**送风口、排烟阀或排烟口的安装位置应符合标准和设计要求，并应固定牢靠，表面平整、不变形，调节灵活；排烟口距可燃物或可燃构件的距离不应小于多少米？

答：1.5m。

**答 296：**某建筑风机安装后，提请验收，因验收未通过被要求返工，请判断原因。

（1）风机外壳至墙壁距离为500mm。

答：错误。不应小于600mm。

（2）风机应设在混凝土或钢架基础上，且设置减振装置（采用弹簧和橡胶）。

答：错误。

答：不应设置减振装置；若排烟系统与通风空调系统共用且需要设置减振装置时，不应使用橡胶减振装置。

原因：发生火灾紧急情况，并不需要考虑设备运行所产生的振动和噪声。而减振装置大部分采用橡胶、弹簧或两者的组合，当设备在高温下运行时，橡胶会变形溶化、弹簧会失去弹性或性能变差，影响排烟风机可靠的运行。

（3）吊装风机的支、吊架焊接牢固、安装可靠。

答：正确。

（4）风机驱动装置的外露部位应装设防护罩；直通大气的进、出风口应装设防护网，并应设防雨措施。

答：正确。

**答297：**关于机械加压送风系统的联动调试的问题。

某建筑进行联动调试时，发生下列现象，请判断是否满足要求。

（1）人工使3楼走道的感烟探测器动作，并按下手动报警按钮，风机未启动。

答：不满足。未联动启动。

（2）人工打开4楼前室的常闭送风口时，送风机启动。

答：满足要求。联锁启动。

（3）与火灾自动报警系统联动调试时，当火灾自动报警探测器发出火警信号后，送风口30s开启。

答：错误。应在15s内启动与设计要求一致的送风口、送风机。

（4）消防控制室接收到了送风口和送机的开启信号。

答：正确。

**答298：**防排烟系统工程质量验收内容和比例是什么？

答：如表2.6.2-12。

质量验收内容和比例　　**表2.6.2-12**

| 内容 | 验收比例 | 其他 |
|---|---|---|
| 观感质量 | 30% | |
| 手动功能 | 30% | 风机手动启停，送风口排烟口等、垂壁手动开启与复位 |
| 联动启动功能 | 100% | 启动、展开时间、反馈信号 |
| 自然通风与自然排烟 | 30% | 布置方式和面积 |
| 机械防烟主要参数（最不利3层的门） | 100% | 风压、门洞断面风速符合规范偏差不大于10% |
| 机械防烟主要参数（开任一分区） | 100% | 排烟口和补风风速、风量符合规范偏差不大于10% |

**答299：**见表2.6.2-13。防排烟系统工程质量验收判定条件是什么？

**质量验收判定条件**　　**表 2.6.2–13**

<table>
<tr><th>类型</th><th>要求</th><th>判定条件</th></tr>
<tr><td rowspan="3">A 类<br>严重缺陷</td><td rowspan="3">A=0</td><td>系统的设备、部件型号规格与设计不符</td></tr>
<tr><td>无出厂质量合格证明文件及符合国家市场准入制度规定的文件</td></tr>
<tr><td>手动控制功能、联动启动功能、自然通风与自然排烟的面积与布置方式、机械防烟的风压和风速、机械排烟的风量与风速</td></tr>
<tr><td>B 类<br>重缺陷</td><td>B ≤ 2</td><td>竣工验收申请报告；施工图、设计说明书、设计变更通知书和设计审核意见书、竣工图；工程质量事故处理报告；防烟、排烟系统施工过程质量检查记录；防烟、排烟系统工程质量控制资料检查记录</td></tr>
<tr><td>C 类<br>轻缺陷</td><td>B+C ≤ 6</td><td>观感质量</td></tr>
</table>

**答 300：**见表 2.6.2–14。系统维护管理的周期和内容是什么？

**系统维护管理的周期和内容**　　**表 2.6.2–14**

<table>
<tr><th>检查周期</th><th>部位</th><th>内容</th></tr>
<tr><td rowspan="2">季度</td><td>防烟、排烟风机</td><td rowspan="2">一次功能检测启动试验及供电线路检查</td></tr>
<tr><td>活动挡烟垂壁、自动排烟窗</td></tr>
<tr><td>半年</td><td>全部排烟防火阀、送风阀或送风口、排烟阀或排烟口</td><td>进行自动和手动启动试验一次</td></tr>
<tr><td>每年</td><td>全部防烟、排烟系统</td><td>进行一次联动试验和性能检测</td></tr>
</table>